本书精彩案例欣赏

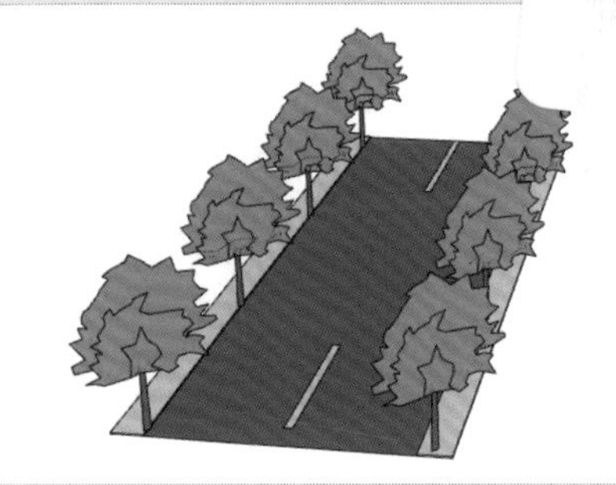
道路绿植1

道路绿植2

玻璃桥

光影

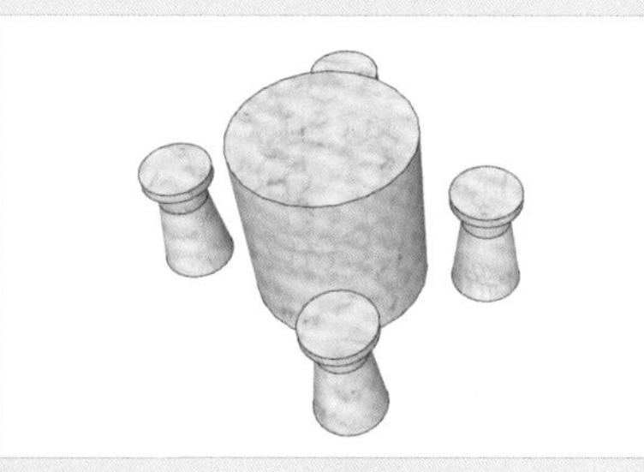
石桌

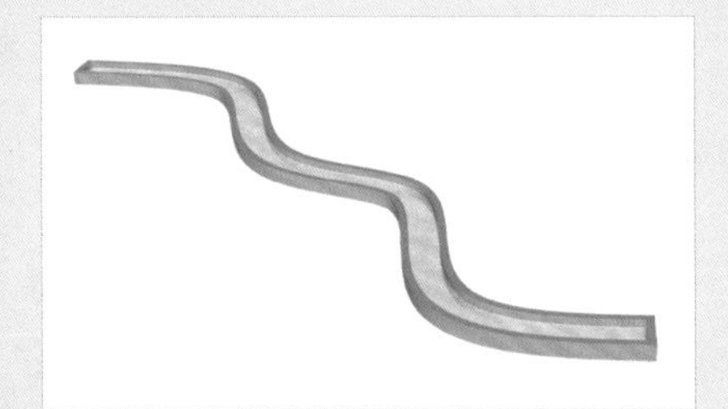
弧形水池

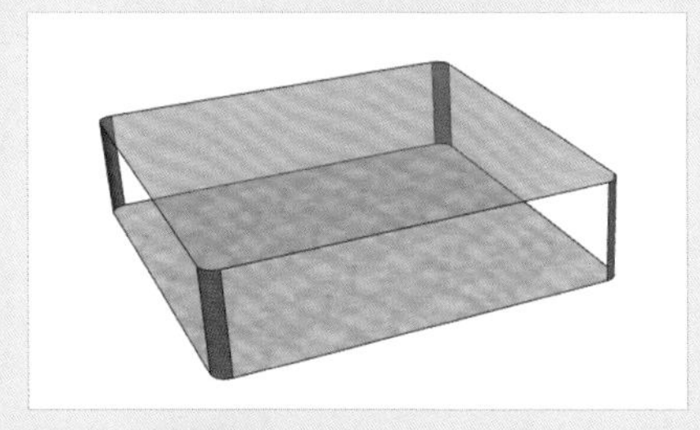
户外雨棚

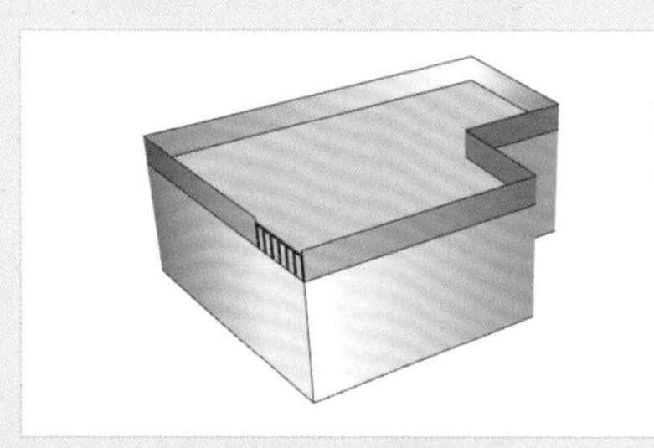
建筑模型轮廓

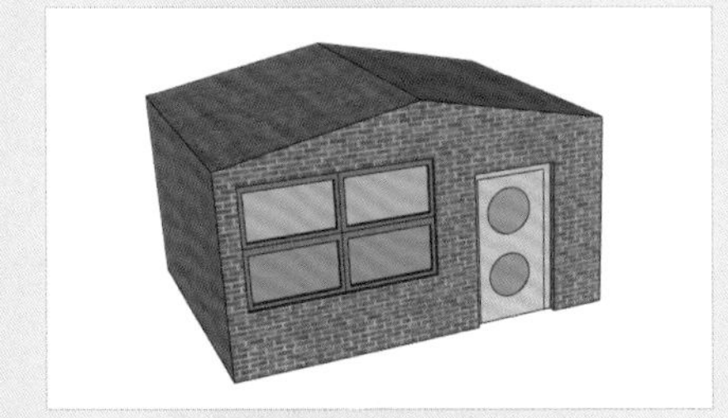
小房子

小广场

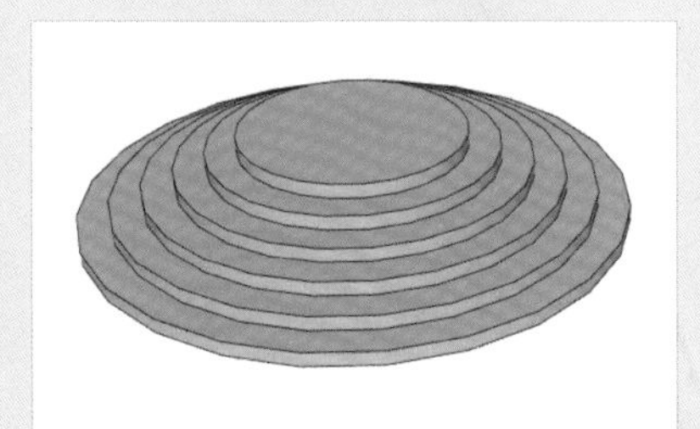
圆形楼梯

水果篮

碗

扇子

本书精彩案例欣赏

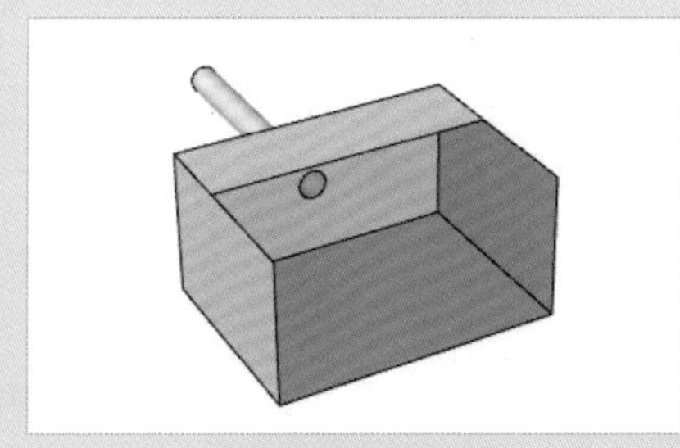

簸箕

茶几

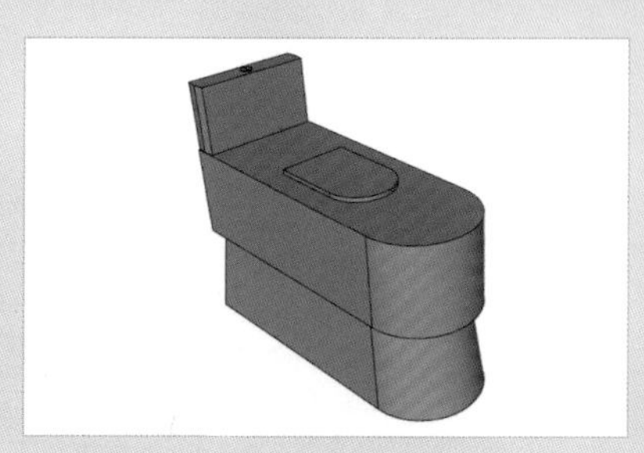

马桶

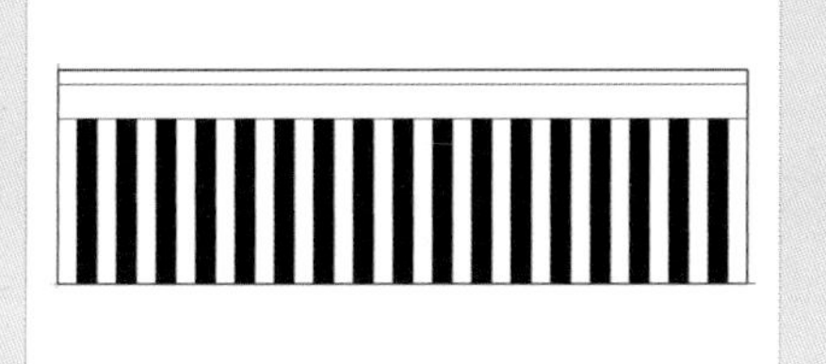

电子琴键盘

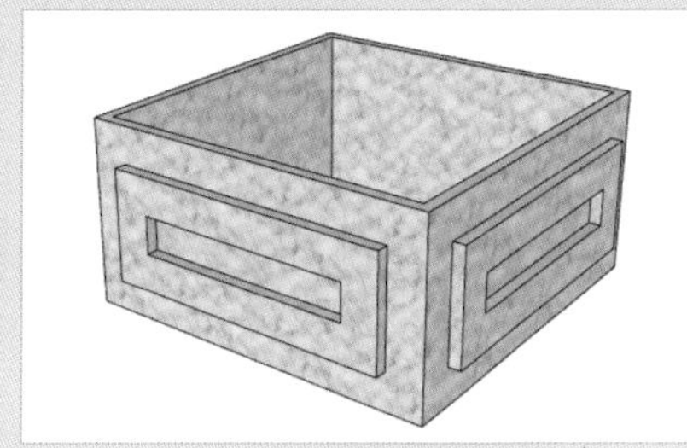

花盆

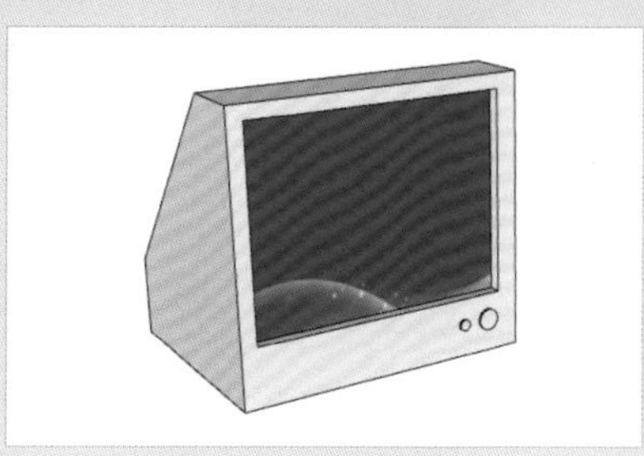

计算机

照片匹配床头柜

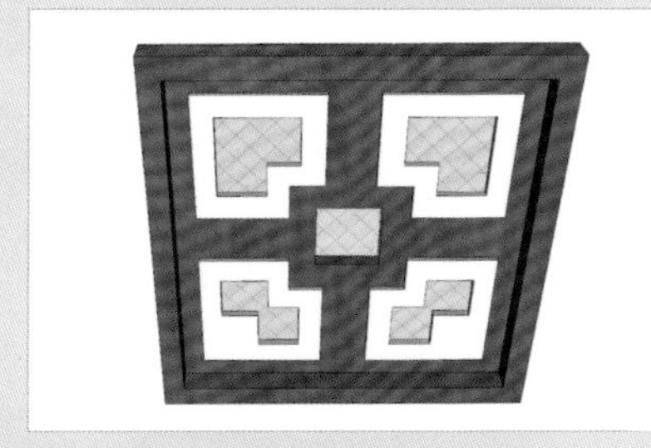

中式窗格

显示器

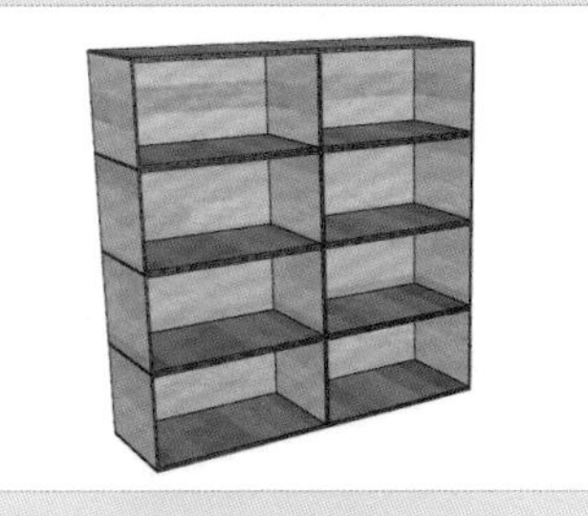

书架

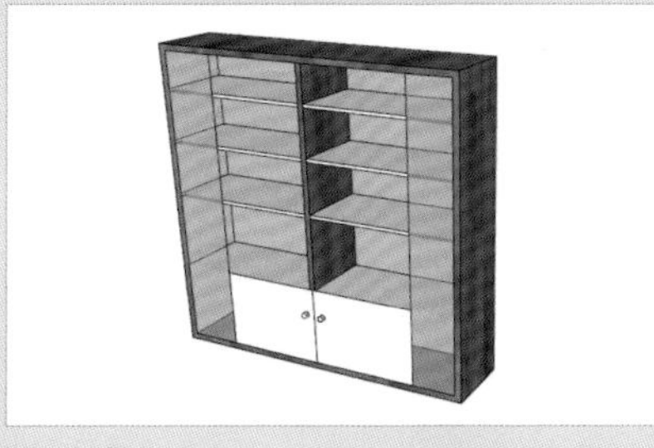

书桌

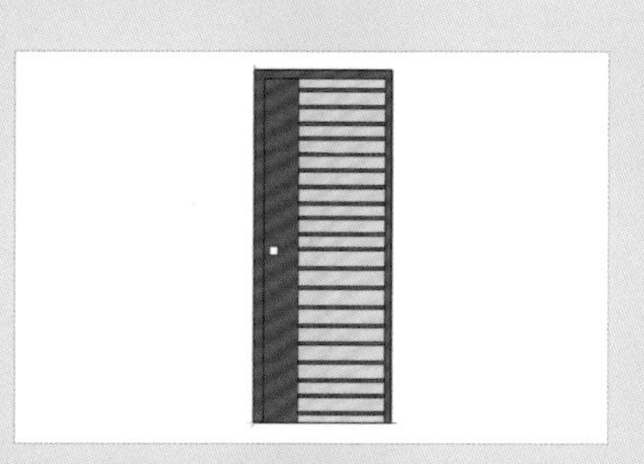

栅格门

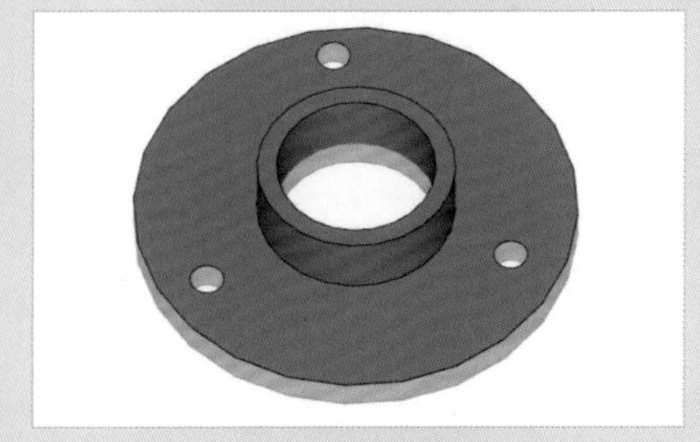

法兰盘

雨伞

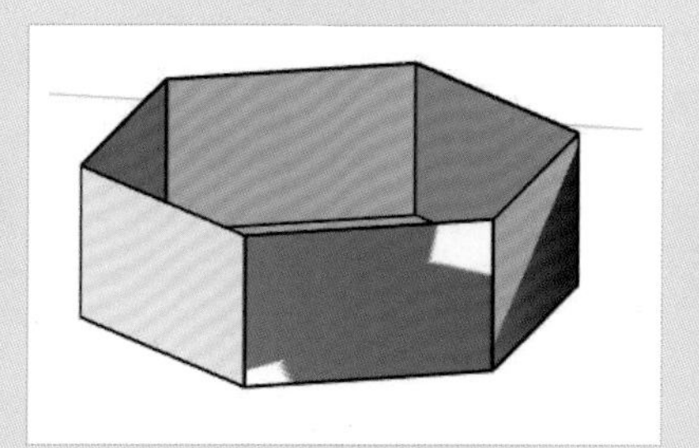

玻璃幕墙

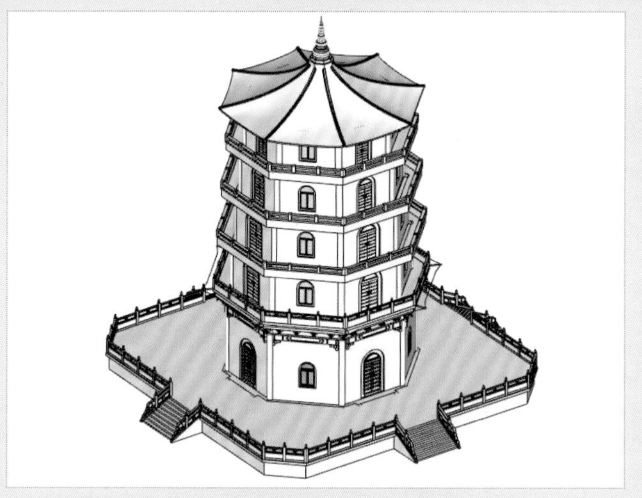

古塔1

古塔2

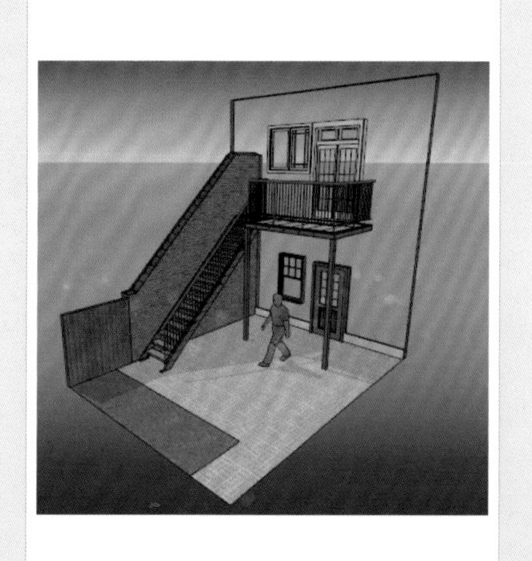

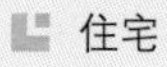住宅

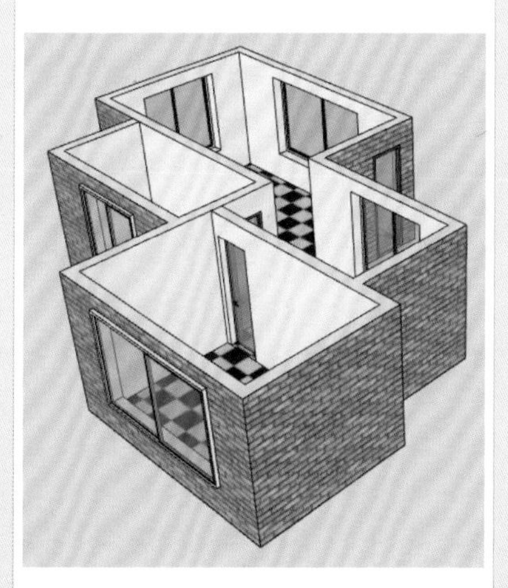

房间门窗洞

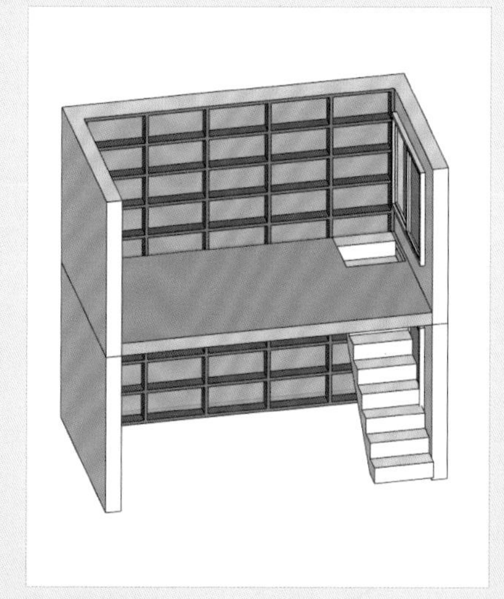

简易房子

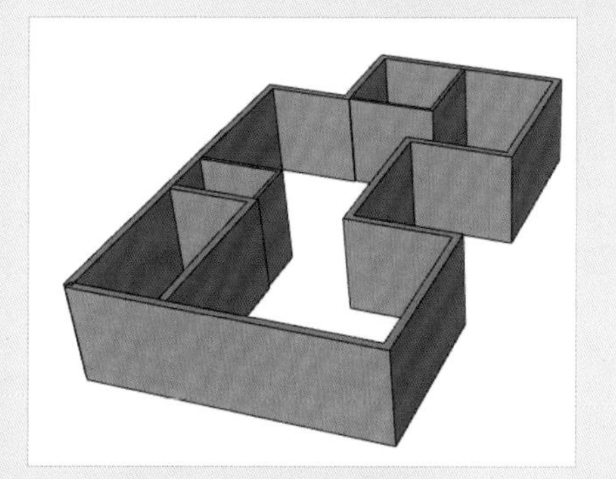

绘制墙体

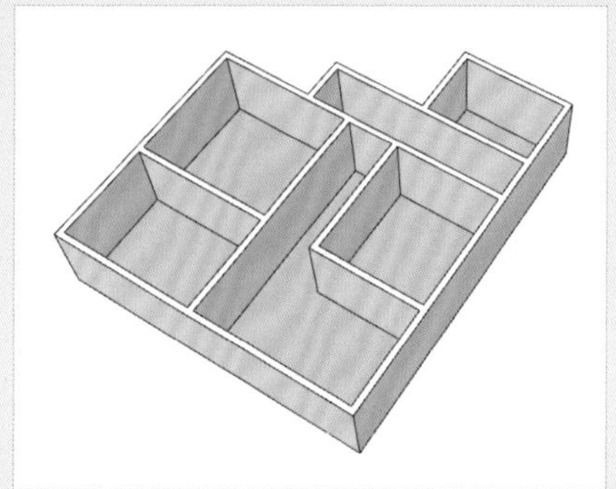

修补墙体

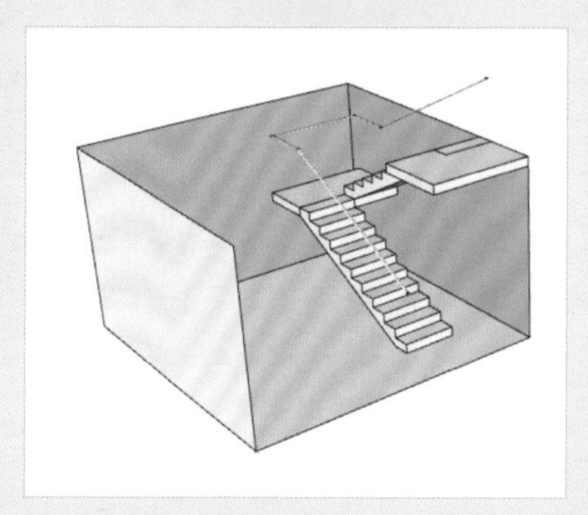

双跑楼梯

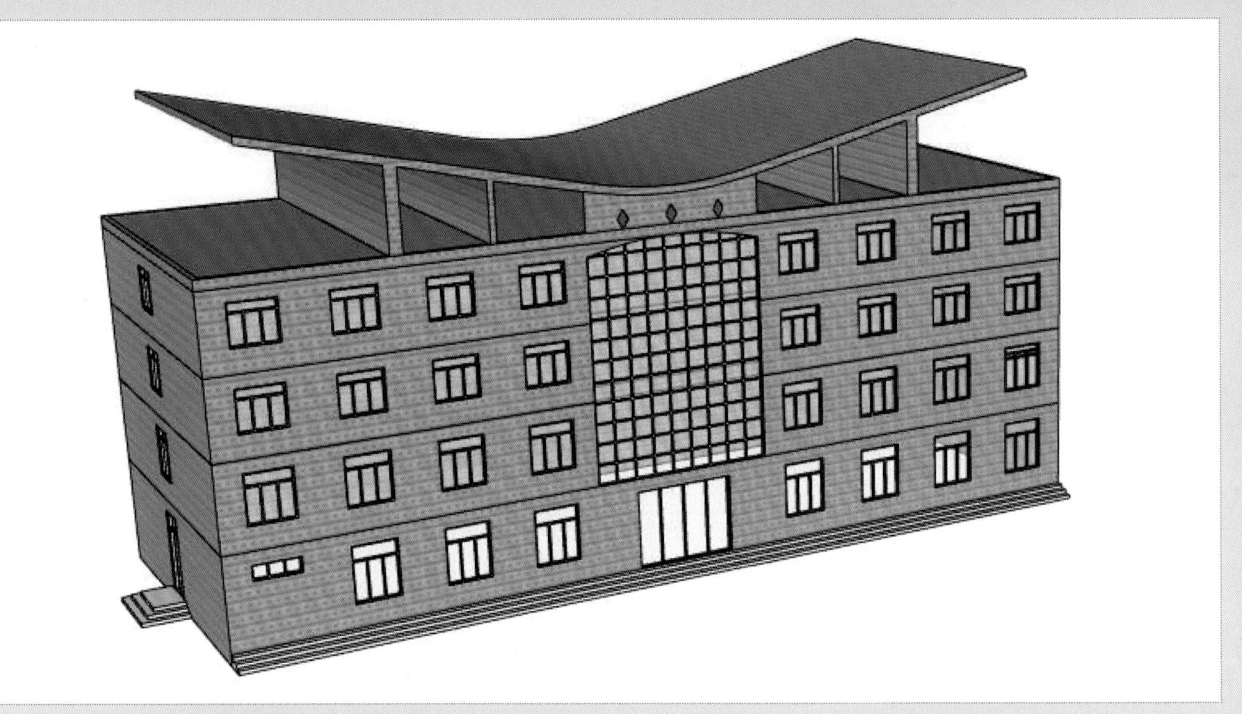

办公大楼

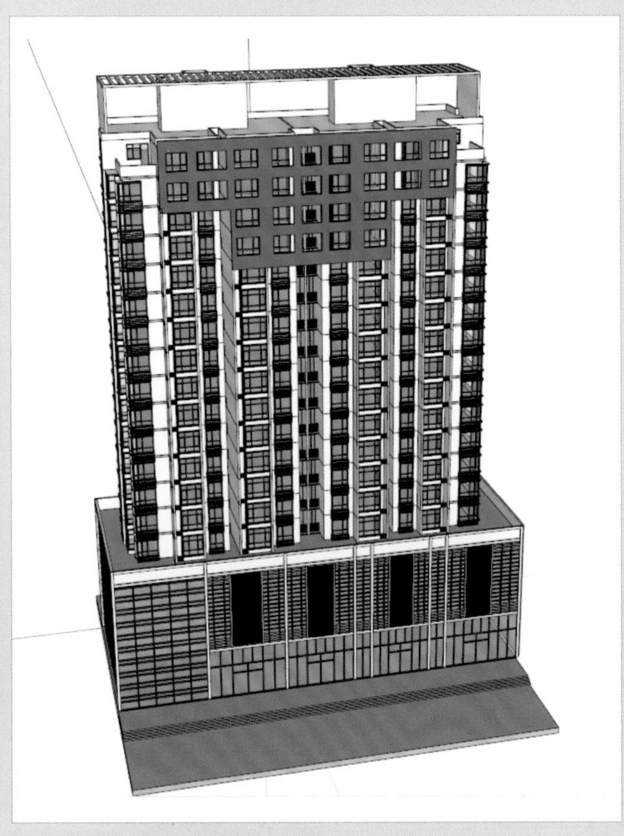

居民楼

古塔

CAD/CAM/CAE/EDA 微视频讲解大系

中文版 SketchUp 2023 草图大师从入门到精通

（实战案例版）

158 集同步微视频讲解　60 个实例案例分析

☑平面绘图　☑三维建模　☑测量标注　☑数据交互　☑辅助建模插件　☑辅助编辑插件　☑三维工具插件
☑修补工具与特殊图形插件　☑古塔建模　☑居民楼建模　☑办公大楼建模

天工在线　编著

· 北京 ·

内 容 提 要

《中文版 SketchUp 2023 草图大师从入门到精通（实战案例版）》是一本 SketchUp 视频教程、基础教程。本书囊括了 SketchUp 基本工具、常用绘图工具、常用编辑工具、各种绘图插件等必备的基础知识，以实用为出发点，系统全面地介绍了 SketchUp 2023 软件在建筑设计方面的基础知识与应用技巧。全书共 17 章，包括 SketchUp 2023 入门、显示工具、平面绘图命令、常用编辑命令、测量与标注、三维建模、实用工具、创建三维建筑效果、数据交互、绘制轴线和墙体、辅助建模插件、修补工具与特殊图形插件、辅助编辑插件、三维工具插件、古塔建模实例、居民楼建模实例、办公大楼建模实例等。书中的每个重要知识点均配有实例讲解，既能提高读者的动手能力，又能加深读者对知识点的理解。

本书配有极为丰富的学习资源，其中配套资源包括：① 158 集同步微视频讲解，扫描二维码，可以随时随地看视频，超方便；② 全书实例的源文件和初始文件，可以直接调用、查看和对比学习，效率更高。附赠资源包括：① SketchUp 设计实例源文件；② SketchUp 设计实例同步视频讲解。

本书适合广大城乡规划设计、园林景观设计、建筑设计、室内设计等相关行业工作人员和相关专业的大中专院校学生学习，也可供房地产开发、动画设计公司等从业人员和其他 SketchUp 爱好者学习参考。使用 SketchUp 2022、SketchUp 2021、SketchUp 2020 等低版本软件的读者也可参考学习。

图书在版编目（CIP）数据

中文版SketchUp 2023草图大师从入门到精通 ：实战案例版 / 天工在线编著. -- 北京 ： 中国水利水电出版社, 2024.4

（CAD/CAM/CAE/EDA微视频讲解大系）

ISBN 978-7-5226-2251-4

I. ①中… II. ①天… III. ①建筑设计－计算机辅助设计－应用软件 IV. ①TU201.4

中国国家版本馆 CIP 数据核字(2024)第 021067 号

丛 书 名	CAD/CAM/CAE/EDA 微视频讲解大系
书 名	中文版 SketchUp 2023 草图大师从入门到精通（实战案例版） ZHONGWENBAN SketchUp 2023 CAOTU DASHI CONG RUMEN DAO JINGTONG
作 者	天工在线 编著
出版发行	中国水利水电出版社 （北京市海淀区玉渊潭南路 1 号 D 座 100038） 网址：www.waterpub.com.cn E-mail：zhiboshangshu@163.com 电话：（010）62572966-2205/2266/2201（营销中心）
经 售	北京科水图书销售有限公司 电话：（010）68545874、63202643 全国各地新华书店和相关出版物销售网点
排 版	北京智博尚书文化传媒有限公司
印 刷	河北文福旺印刷有限公司
规 格	203mm×260mm 16 开本 22.75 印张 607 千字 2 插页
版 次	2024 年 4 月第 1 版 2024 年 4 月第 1 次印刷
印 数	0001—3000 册
定 价	89.80 元

前　　言

Preface

21 世纪是一个数字化的多媒体时代，计算机的应用领域得到了广泛的发展。科技的发展改善了设计师的工作条件和工作方式，设计师从过去单一的手工绘图发展到现在能够运用计算机轻松制图。过去的手绘图存在许多不足，如透视角度的选择很困难，色彩、材质、光影变化不真实等。计算机制图软件的产生在设计领域完全是一场革命。

SketchUp 是谷歌公司拥有的一款设计类建模软件。SketchUp 的效果直观，方便推敲，可以让设计师边构思边创作，使得设计师在设计时能够直接与他人交流。SketchUp 简便易学，功能强大，它融合了铅笔画的自然笔触，可以迅速地构建、显示、编辑三维建筑模型，同时还可以导出位图、DWG 或 DXF 格式的 2D 矢量文件等平面图形。

本书内容设计

➘　结构合理，适合自学

本书在编写时充分考虑了初学者的特点，内容讲解由浅入深、循序渐进，能够引导初学者快速入门。在知识点的安排上没有面面俱到，而是实用够用即可。学好本书，读者能掌握实际设计工作中需要的各项技术。

➘　视频讲解，通俗易懂

为了提高学习效率，本书为所有实例配备了相应的教学视频。视频录制时采用实际授课的形式，在各知识点的关键处给出解释、提醒和注意事项。这些内容都是专业知识和经验的提炼，可以帮助读者高效学习，让读者体会到更多的绘图乐趣。

➘　知识全面，实例丰富

本书详细介绍了 SketchUp 2023 的使用方法和编辑技巧，内容涵盖了 SketchUp 基本工具、常用绘图工具、常用编辑工具以及各种绘图插件等知识。在介绍知识点时辅以大量的实例，并提供了具体的设计过程和大量的图示，以帮助读者快速理解、掌握所学知识点。

➘　栏目设置，关键实用

本书根据需要并结合实际工作经验，穿插了大量的“注意”“教你一招”等小栏目，给读者以关键提示。为了让读者有更多的机会动手操作，本书还设置了“动手学”栏目，读者在快速理解相关知识点后动手练习，可以达到举一反三的高效学习效果。

本书显著特点

➘　体验好，随时随地学习

二维码扫一扫，随时随地看视频。本书实例均提供了二维码，读者可以通过手机微信“扫一扫”功能，随时随地观看相关的教学视频（若个别手机不能播放，请参考前言中的“本书学习资源列表及获取方式”在计算机上下载后观看）。

➘ 资源多，全方位辅助学习

从配套到拓展，资源库一应俱全。本书提供了几乎所有实例的配套视频和源文件，还提供了赠送的实例源文件及其操作过程视频。

➘ 实例多，用实例学习更高效

实例丰富详尽，边学边做更快捷。跟着大量实例学习，边学边做，从做中学，可以使学习更深入、更高效。

➘ 入门易，全力为初学者着想

遵循学习规律，入门实战相结合。本书采用“基础知识+实例”的形式，内容由浅入深、循序渐进；入门知识与实战经验相结合，使学习更有效率。

➘ 服务快，学习无后顾之忧

提供在线服务，可随时随地交流。提供公众号、QQ 群等多种服务渠道，为方便读者学习提供最大限度的帮助。

本书学习资源列表及获取方式

为了让读者在较短时间内学会并精通 SketchUp 2023 辅助绘图技术，本书提供了极为丰富的学习配套资源，具体如下。

➘ 配套资源

（1）为方便读者学习，本书实例均录制了操作讲解视频，共 158 集（可扫描二维码直接观看或通过下面介绍的方法下载后观看）。

（2）本书包含 60 个中小实例（素材和源文件可通过下面介绍的方法下载后使用）。

➘ 拓展学习资源

（1）SketchUp 设计实例源文件（20 例）。

（2）SketchUp 设计实例同步视频（300 分钟）。

以上资源的获取及联系方式（注意：本书不配光盘，以上提到的所有资源均须通过以下方法下载后使用）

（1）扫描并关注下面的微信公众号，然后发送“SU2023”到公众号后台，获取本书资源下载链接，将该链接复制到计算机浏览器的地址栏中，根据提示进行下载。

（2）读者可加入 QQ 群 833467614（**若群满，则会创建新群。请根据加群时的提示加入对应的群**），作者不定时在线答疑，读者也可以互相交流学习。

特别说明（新手必读）

读者在学习本书或按照本书上的实例进行操作时，请先在计算机中安装 SketchUp 中文版操作软件，可以在谷歌官网下载该软件试用版本，也可以购买正版软件安装。

关于作者

本书由天工在线组织编写。天工在线是一个 CAD/CAM/CAE/EDA 技术研讨、工程开发、培训咨询和图书创作的工程技术人员协作联盟，包含 40 多位专职和众多兼职 CAD/CAM/CAE/EDA 工程技术专家。其创作的很多教材成为国内具有引导性的旗帜作品，在国内相关专业方向图书创作领域具有举足轻重的地位。

致谢

本书能够顺利出版，是作者、编辑和所有审校人员共同努力的结果，在此表示深深的感谢。同时，祝福所有读者在通往优秀工程师的道路上一帆风顺。

编　者

目　录

Contents

第 1 章　SketchUp 2023 入门

内容简介

本章对 SketchUp 2023 进行了介绍，让读者了解 SketchUp 2023 的工作界面、工具栏、初始绘图环境设置和系统设置等。

内容要点

- SketchUp 软件介绍
- SketchUp 2023 工作界面
- SketchUp 2023 环境设置

案例效果

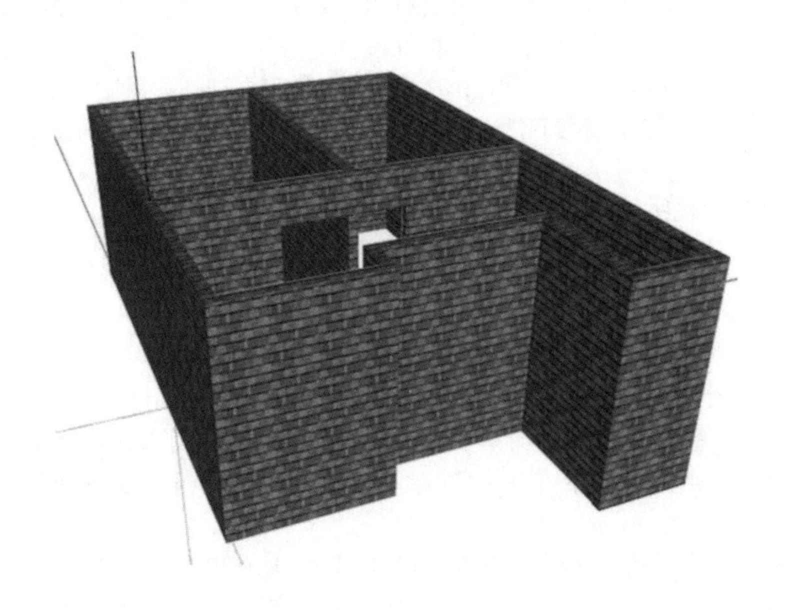

1.1　SketchUp 软件介绍

SketchUp 建筑草图设计工具（简称 SU 或草图大师）是由@Last Software 公司（现在已经被谷歌公司收购）推出的一款建筑类建模软件。它是一款令人耳目一新的设计工具，可以给建筑师带来边构思边表现的体验。该产品打破了建筑师设计思想表现的束缚，可以快速形成建筑草图，创作建筑方案。SketchUp 被建筑师称为最优秀的建筑草图工具，它给建筑创作领域带来了一场革命。

SketchUp 相当简便易学，而且功能强大，不熟悉计算机的建筑师都可以很快地掌握。它融合了铅笔画的优美与自然笔触，可以迅速地建构、显示、编辑三维建筑模型，同时可以导出透视图、DWG 或 DXF 格式的 2D 向量文件等尺寸正确的平面图形。这是一款注重设计摸索过程的软件，世界上大多数 AEC（建筑工程）企业或大学采用了此软件。建筑师在方案创作中若使用 AutoCAD，那么工作量会较为繁重；如果使用 SketchUp，则会更简洁和灵活。作为一款专业的草图绘制工具，SketchUp 可以让建筑师更直接、方便地与业主和甲方交流。这些特性同样适用于装潢设计师和户型设计师。在美洲、欧洲、东南亚，SketchUp 拥有广大的客户群，国内几所著名的高校建筑系对教育版的使用都有良好的反响。

SketchUp 是一套直接面向设计方案创作过程而不只是面向渲染成品或施工图纸设计的工具，其创作过程不仅能够充分表达设计师的思想，而且完全满足与客户即时交流的需要，与设计师用手工绘制构思草图的过程很相似，将其成品导入其他着色、后期渲染软件，可以继续形成照片级的商业效果图。

SketchUp 产品具有以下特点：

（1）直接面向设计过程。设计师可以直接在计算机上进行直观的构思，随着构思的不断清晰，细节不断增加，最终形成的模型可以直接交给其他具备高级渲染能力的软件进行最终渲染。这样，设计师可以最大限度地减少机械重复劳动和控制设计成果的准确性。

（2）界面简洁，易学易用，命令极少，完全避免了其他设计软件的复杂性。

（3）直接针对建筑设计和室内设计，尤其是建筑设计，设计过程的任何阶段都可以作为直观的三维成品，甚至可以模拟手绘草图的效果，完全解决了即时与业主交流的问题。

（4）可以为模型表面赋予材质、贴图，并且有 2D、3D 配景（当然可以自己制作），形成的图面效果类似于钢笔淡彩，使设计过程的交流完全可行。

（5）可以方便地生成任何方向的剖面，形成可供演示的剖面动画。

（6）准确定位阴影。可以设定建筑所在的城市、时间，并且可以实时分析阴影，形成阴影的演示动画。

操作环境是指与本软件相关的操作界面、绘图系统设置等一些最基本的界面和参数。

扫一扫，看视频

1.2 SketchUp 2023 工作界面

双击桌面上的图标，启动 SketchUp 2023。软件将打开“欢迎使用 SketchUp”对话框，如图 1.1 所示。在 SketchUp 中，每个模型都是基于模板的，这些模板预先定义了模型的背景和单位。在“文件”面板上，有系统推荐的若干个模板，单击右侧的“更多模板”按钮，可以显示更多的模板供用户选择和使用。

这里我们选择第一个“建筑-毫米”模板，进入 SketchUp 2023 的工作界面，如图 1.2 所示。SketchUp 2023 默认的工作界面十分简洁，主要由标题栏、菜单栏、工具栏、绘图区、状态栏、数值输入框和默认面板等组成。

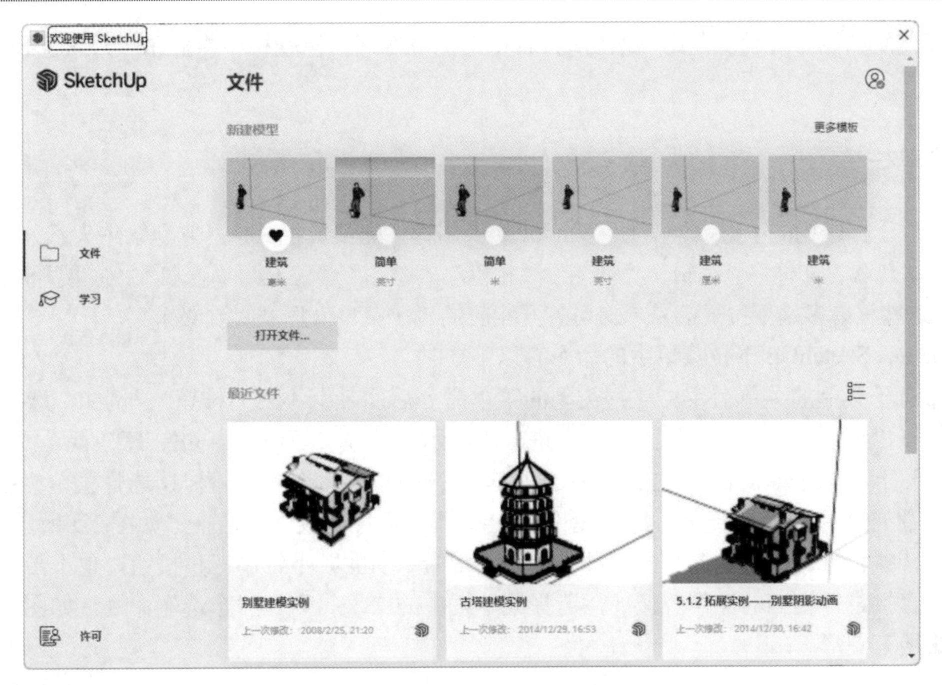

图 1.1　“欢迎使用 SketchUp”对话框

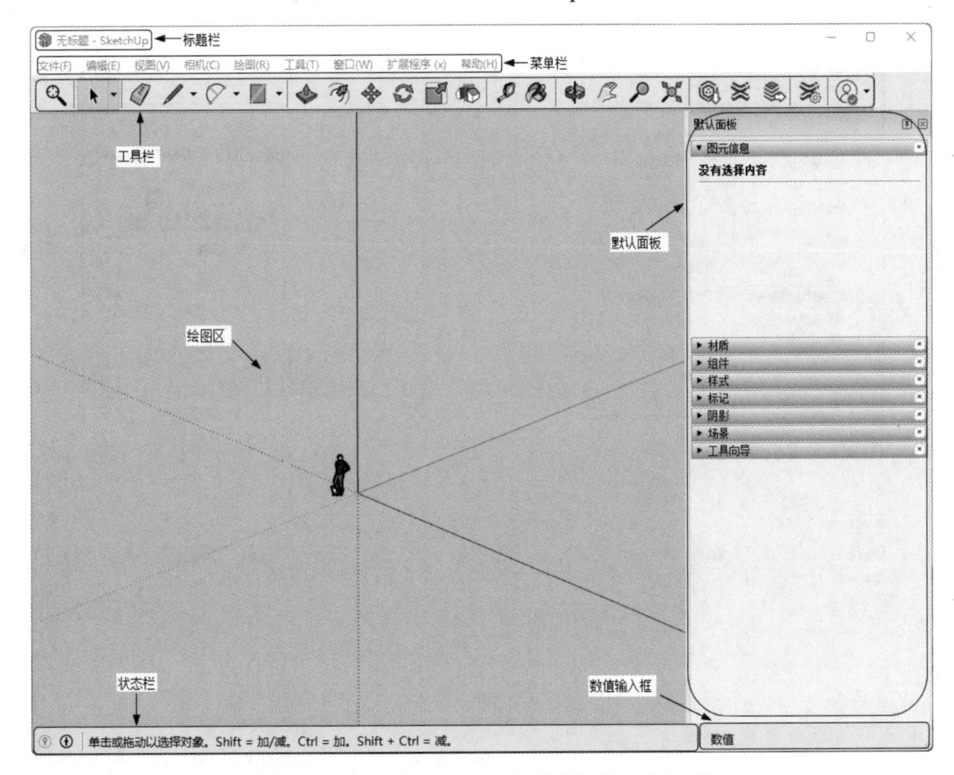

图 1.2　SketchUp 2023 中文版默认的工作界面

1.2.1　标题栏

SketchUp 2023 默认的工作界面的最上端是标题栏。标题栏中显示了系统当前正在运行的应用程序和用户正在使用的图形文件。在第一次启动 SketchUp 2023 时，标题栏中将显示“无标题-SketchUp”，如图 1.2 所示。

1.2.2 菜单栏

菜单栏位于标题栏的下方，同其他 Windows 应用程序的菜单栏一样，它包含绝大部分工具、设置和命令。默认包含“文件”“编辑”“视图”“相机”“绘图”“工具”“窗口”“扩展程序”“帮助”9 个菜单，这些菜单多是下拉式的，单击可打开相应的“子菜单”以及“次级子菜单”。

一般来讲，SketchUp 下拉菜单中的命令有以下 3 种。

（1）带有子菜单的菜单命令。这种类型的菜单命令后面带有小三角按钮›。例如，选择菜单栏中的“视图”→“边线类型”命令，系统就会进一步显示“边线”等命令，如图 1.3 所示。

（2）打开对话框的菜单命令。这种类型的菜单命令后面带有省略号。例如，选择菜单栏中的①“窗口”→②“管理面板”命令（图 1.4），系统就会打开“管理面板”对话框，如图 1.5 所示。

（3）直接执行操作的菜单命令。这种类型的菜单命令后面既不带小三角按钮，也不带省略号，选择该命令将直接进行相应的操作。例如，选择菜单栏中的“编辑”→“全选”命令，如图 1.6 所示，系统将选中所有图形。

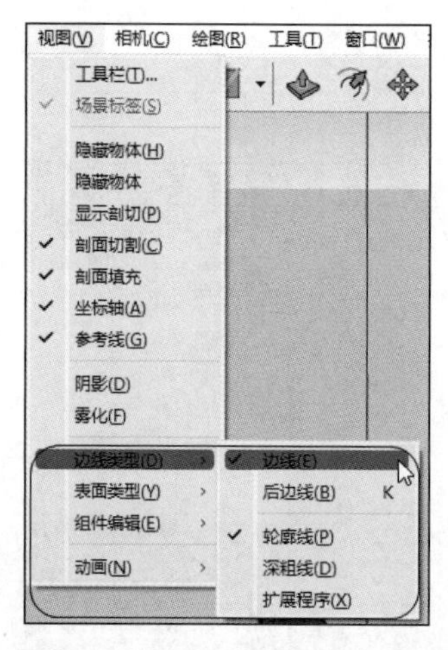

图 1.3　带有子菜单的菜单命令

图 1.4　打开对话框的菜单命令

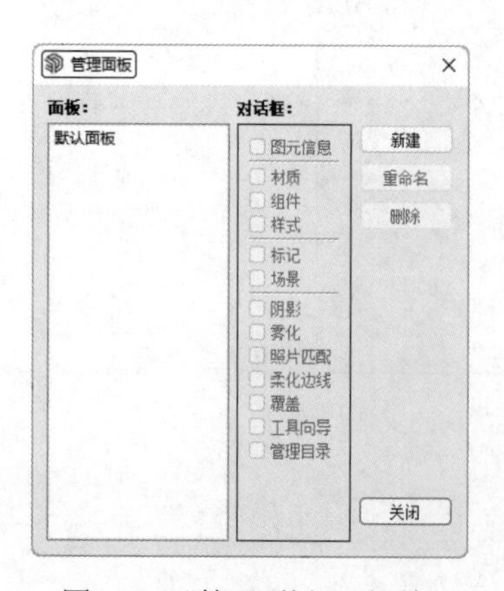

图 1.5　“管理面板”对话框

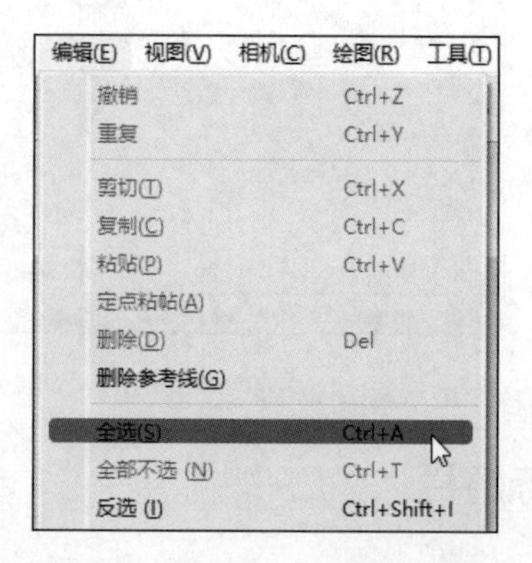

图 1.6　“编辑”→“全选”命令

1.2.3 工具栏

工具栏位于菜单栏下方，各种工具栏可根据用户个人喜好选择开启和关闭，并且可以自定义工具栏附着的位置。

1. “标准”工具栏

“标准”工具栏包含与文件管理及绘图管理相关的工具以及打印选项，包括新建、打开、保存、剪切、复制、粘贴、删除、撤销、重复、打印和模型信息，如图1.7所示。

- 新建：创建新模型。
- 打开：打开现有模型，选择目标文件，双击即可打开。
- 保存：设置文件保存路径和文件名，保存当前模型。
- 剪切：将当前内容剪切到剪贴板中。
- 复制：将当前内容复制到剪贴板中。
- 粘贴：粘贴剪贴板内容。
- 删除：删除选择的图元。
- 撤销：取消之前的操作。
- 重复：撤销一次操作后，再次执行该操作。
- 打印：打印当前模型。
- 模型信息：打开“模型信息”窗口。

图1.7 “标准”工具栏

2. “使用入门”工具栏

SketchUp 2023默认的工作界面显示“使用入门”工具栏，其中包含很多工具，如图1.8所示。

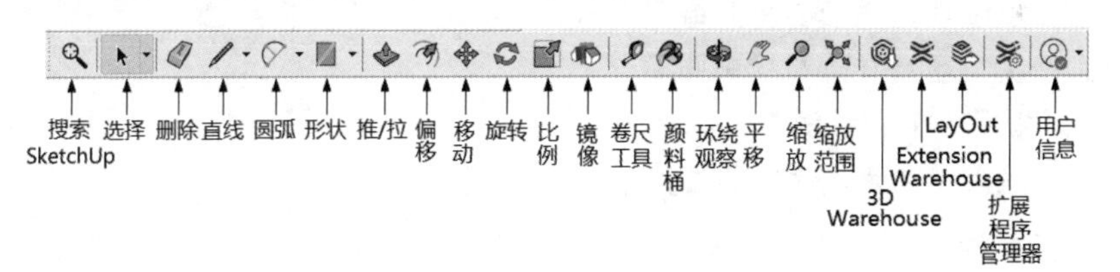

图1.8 “使用入门”工具栏

- 搜索SketchUp：输入关键词搜索工具或命令。
- 选择：选择物体时使用Shift键扩大选择范围，拖动鼠标进行多重选择。
- 删除：在要删除的物体上单击，将物体删除。
- 直线：绘制边线或直线物体。
- 圆弧：绘制圆弧物体。
- 形状：绘制矩形、圆和多边形物体。
- 推/拉：拉伸平面物体以创建3D模型。
- 偏移：以离原始线等距的距离复制线条。
- 移动：移动、复制或扭曲选定物体。
- 旋转：沿圆形的路径旋转、拉伸、扭曲或复制物体。
- 比例：以与模型中其他物体相对的比例对几何图形的一部分进行尺寸调整及拉伸。

- 镜像：反转或镜像物体。
- 卷尺工具：测量距离、创建引导线或调整模型缩放比例。
- 颜料桶：为物体指定材质和颜色。
- 环绕观察：通过调整相机视角的方式进行调整。
- 平移：垂直或水平移动视角，而模型显示大小比例不变。
- 缩放：将视角拉近或拉远，调整整个模型在视图中显示的大小。
- 缩放范围：调整缩放的范围。
- 3D Warehouse：打开 3D Warehouse。
- Extension Warehouse：向 Extension Warehouse 添加扩展程序。
- LayOut：打开 LayOut。
- 扩展程序管理器：打开“扩展程序管理器”对话框。
- 用户信息：登录、注销或管理账户。

3. “绘图”工具栏

“绘图”工具栏包括直线、手绘线、矩形、旋转长方形、圆、多边形、圆弧、两点圆弧、3 点圆弧和扇形等工具，如图 1.9 所示。

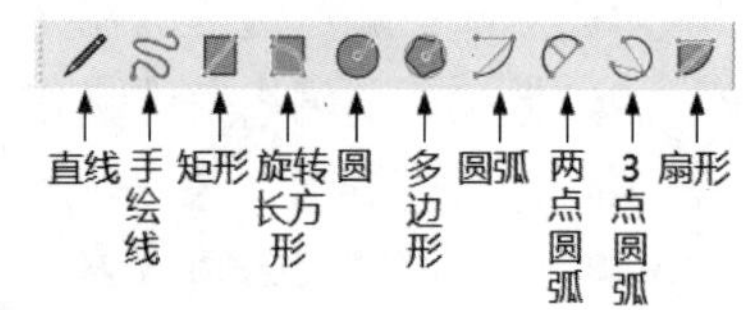

图 1.9 “绘图”工具栏

- 直线：绘制边线或直线物体。
- 手绘线：绘制不规则的手绘曲线物体或 3D 折线物体。
- 矩形：绘制矩形或正方形物体。
- 旋转长方形：按照指定的角度绘制长方形。
- 圆：绘制圆形物体。
- 多边形：绘制多边形物体。
- 圆弧：指定中心点、半径和终点绘制圆弧。
- 两点圆弧：定义端点和弧高绘制圆弧。
- 3 点圆弧：指定 3 个点绘制圆弧。
- 扇形：通过定义中心点、半径和终点绘制一个扇形平面。

4. “编辑”工具栏

“编辑”工具栏包括移动、推/拉、旋转、路径跟随、比例、镜像和偏移工具，如图 1.10 所示，下面主要介绍路径跟随工具。

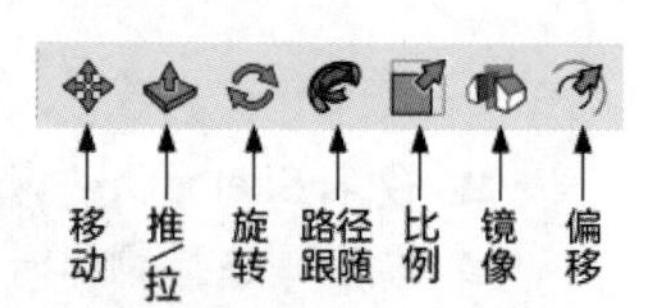

图 1.10 “编辑”工具栏

路径跟随：沿路径拉伸平面。

5. “建筑施工”工具栏

“建筑施工”工具栏包括卷尺、尺寸、量角器、文本、轴和 3D 文本工具，如图 1.11 所示。

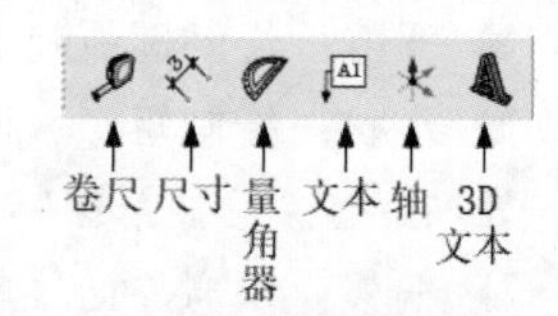

图 1.11 “建筑施工”工具栏

- 卷尺：测量距离、创建引导线或者调整模型比例。
- 尺寸：通过定义两个点创建线性尺寸。
- 量角器：测量角度并创建有角度的引导线。
- 文本：插入文字或者添加基于引线的详细信息。
- 轴：移动或重新定向整个模型或者单个组/组件的绘图轴。
- 3D 文本：创建 3D 文字。

6. “相机”工具栏

“相机”工具栏包括环绕观察、平移、缩放、缩放窗口、缩放范围、撤销以返回上一个相机视野、定位相机、观察和行走工具，如图 1.12 所示，下面对重点工具进行介绍。

- 缩放窗口：划定一个显示区域，将模型在区域内进行最大化显示。
- 撤销以返回上一个相机视野：跳转到上一个相机视图。
- 定位相机：将视角置于特定的位置和视点高度，以便检查视线或者在模型中漫游。
- 观察：从一个固定视角环顾模型。
- 行走：单击并按住要前往的位置即可在模型中漫游。

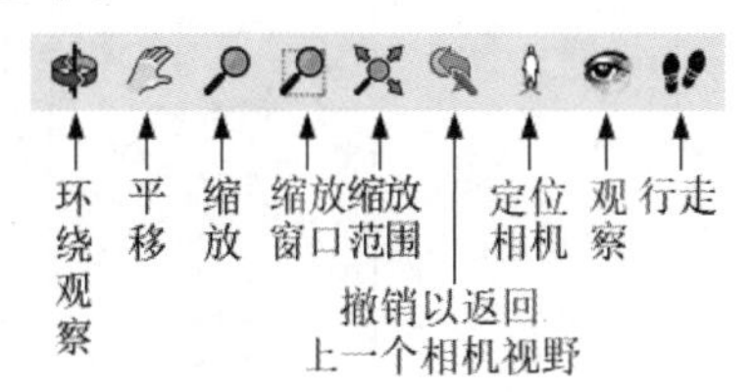

图 1.12 “相机”工具栏

7. “阴影”工具栏

“阴影”工具栏是针对阴影设置的，包括调出阴影和控制阴影时间日期滑块，如图 1.13 所示。

8. “样式”工具栏

“样式”工具栏包括 X 射线、后边线、线框、隐藏线、着色显示、贴图和单色显示工具，如图 1.14 所示。

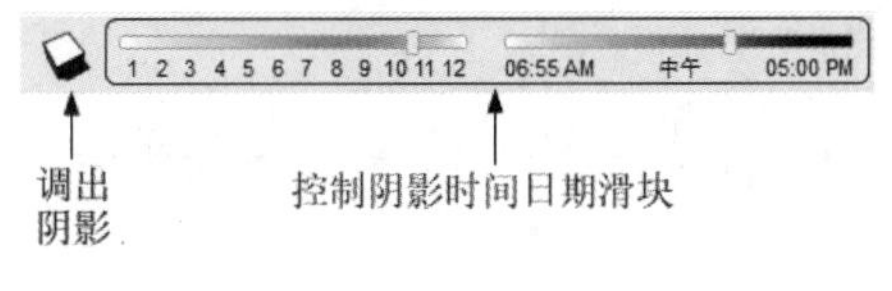

图 1.13 “阴影”工具栏

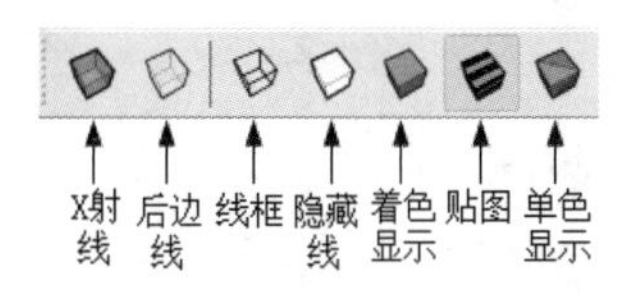

图 1.14 “样式”工具栏

- X 射线：通过打开或关闭平面透视度来透视对象。
- 后边线：切换后边线的可见性。
- 线框：以线框模式显示视图。
- 隐藏线：显示没有阴影或纹理的平面。
- 着色显示：显示带有阴影但没有纹理的平面。
- 贴图：显示带有阴影并应用了任何纹理的平面。
- 单色显示：以默认正面和背面颜色显示各个平面。

9. “截面”工具栏

“截面”工具栏包括剖切面、显示剖切面、显示剖面和显示剖面填充工具，如图 1.15 所示。

- 剖切面：创建剖面图以便查看内部几何图形。
- 显示剖切面：切换剖切面的可见性。
- 显示剖面：显示或隐藏激活的剖面图。
- 显示剖面填充：切换剖面图内填充的显示。

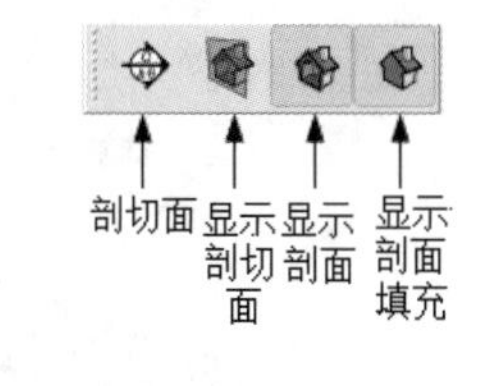

图 1.15 “截面”工具栏

动手学——设置标准工具栏

【操作步骤】

（1）❶选择菜单栏中的“视图”→❷“工具栏”命令，如图 1.16 所示，打开“工具栏”对话框。带有对勾的工具栏会在软件中显示。❸这里勾选“标准”复选框，如图 1.17 所示。❹单击“关闭”按钮，系统将在窗口中打开“标准”工具栏，如图 1.18 所示。

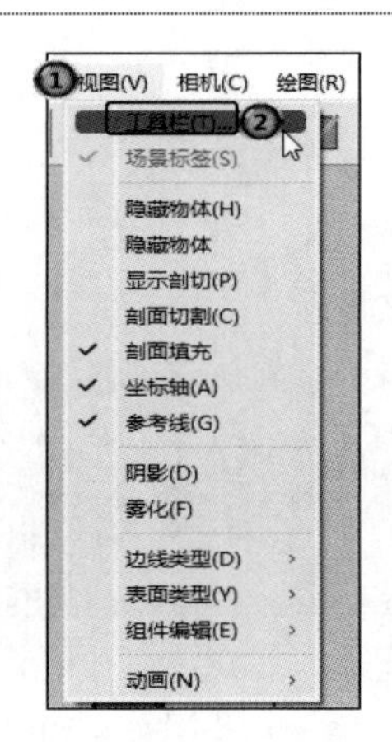

图 1.16　选择“工具栏”命令

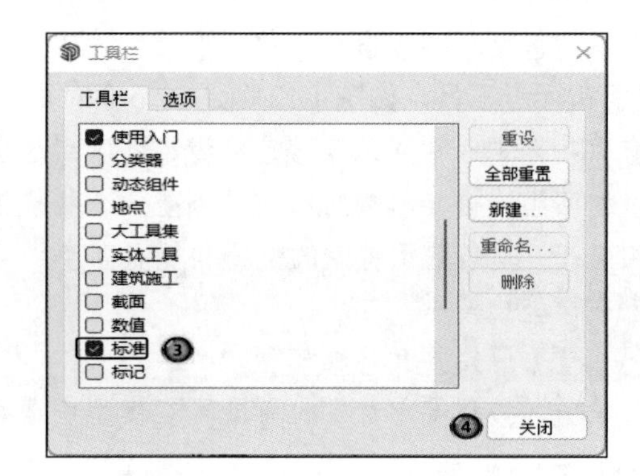

图 1.17　“工具栏”对话框

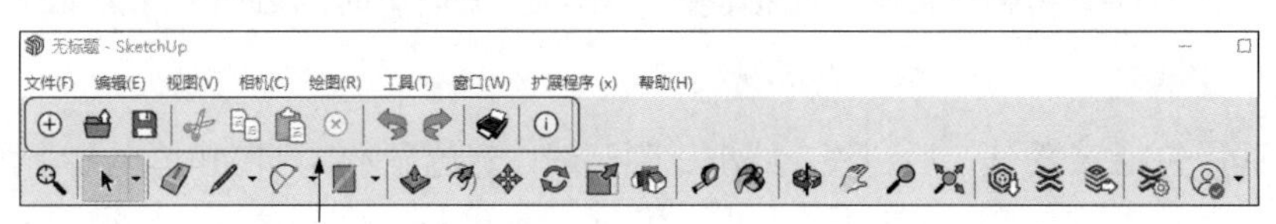

图 1.18　打开“标准”工具栏

（2）将鼠标指针移动到某个按钮上，稍停片刻即在该按钮的一侧显示相应的功能提示。此时，单击该按钮就可以启动相应的命令。

（3）将鼠标指针放在标准工具栏最左侧，此时鼠标指针会变成“移动”按钮，如图 1.19 所示。拖动工具栏到绘图区，使其变为浮动工具栏，此时该工具栏的标题将显示，如图 1.20 所示。

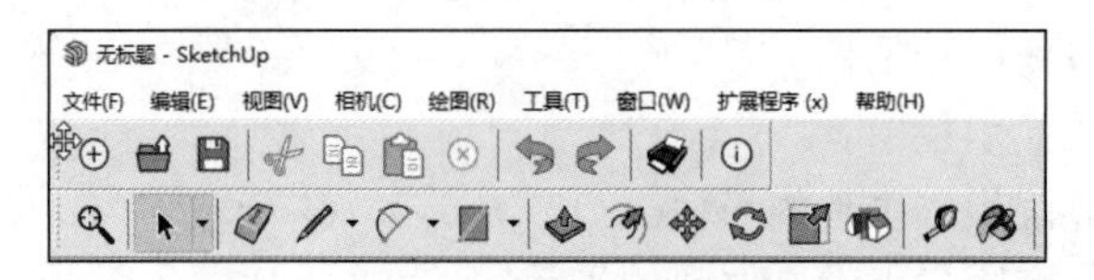

图 1.19　鼠标指针变成“移动”按钮

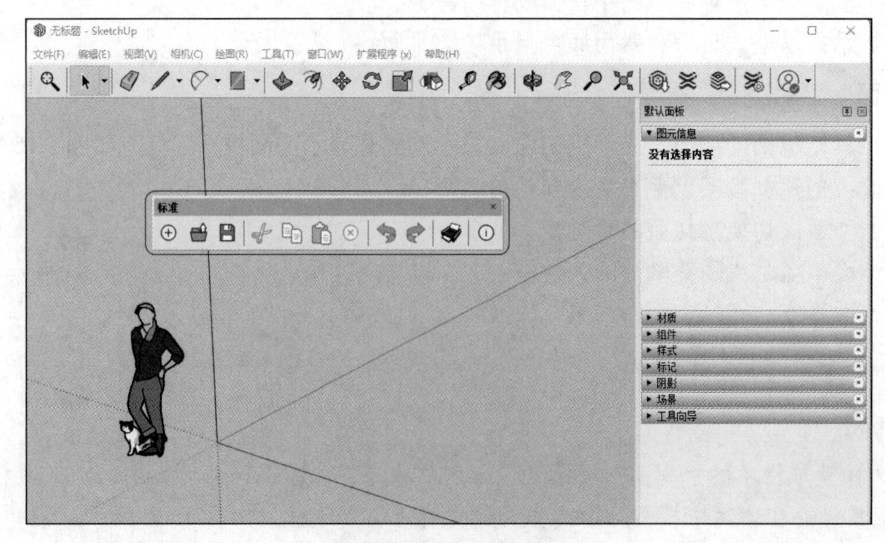

图 1.20　“浮动”工具栏

（4）将鼠标指针移动到“标准”工具栏的标题附近，按住鼠标不松手，拖动鼠标使鼠标指针移动到工作界面左侧，松开鼠标。此时“标准”工具栏将由“浮动”工具栏转换为“固定”工具栏，如图 1.21 所示。

（5）选择菜单栏中的“视图”→“工具栏”命令，打开“工具栏”对话框。取消勾选“标准”复选框，如图 1.22 所示。单击“关闭”按钮，系统将关闭“标准”工具栏。

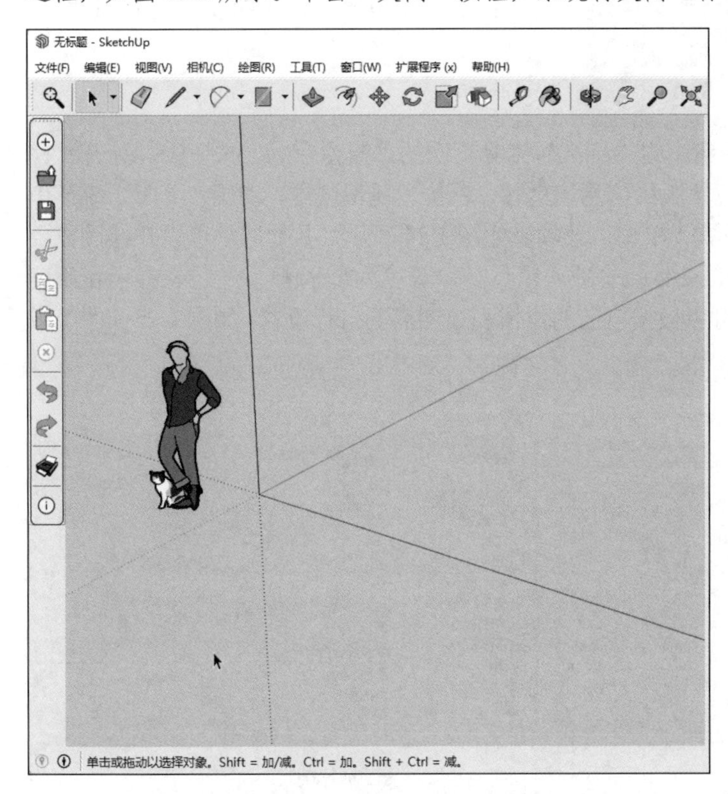

图 1.21 “固定”工具栏

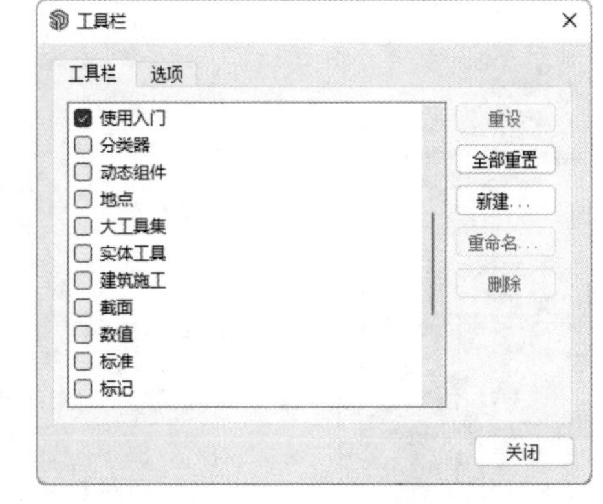

图 1.22 取消勾选“标准”复选框

1.2.4 绘图区

绘图区是绘制图形的操作区域，它占据了默认工作界面大部分的空间。

1.2.5 状态栏

状态栏位于绘图区左下方，状态栏的左侧显示当前命令的提示信息和相关功能。使用不同的操作时，提示信息也会不同。通常，这些信息是对命令和工具的描述和解释，根据提示，用户更便于操作。

1.2.6 数值输入框

显示绘制图形的尺寸信息，也可以通过直接输入数值来确定物体的尺寸。

1.3 SketchUp 2023 环境设置

初始绘图环境设置是指用户为了绘制图形的准确性和简易性，在启动 SketchUp 后先对软件环境进行设置或更改一些系统参数和显示模式等操作，主要包括对模型信息、系统设置进行设置。

1.3.1 模型信息

选择“窗口”→“模型信息”命令或者单击“标准”工具栏中的“模型信息”按钮ⓘ，打开“模型信息”对话框，如图 1.23 所示。其中包括版权信息、尺寸、单位、地理位置、动画、分类、统计信息、文本、文件、渲染和组件等。首先设置“单位”选项，如图 1.24 所示，其他选项可以在绘图需要时再进行设置。SketchUp 的“单位”默认采用十进制 十进制 ，长度为毫米 毫米 ，显示精确度改为 0 mm 。其余的捕捉长度或角度等就可以根据自己的习惯和绘图需要自行设置，如图 1.25～图 1.32 所示。

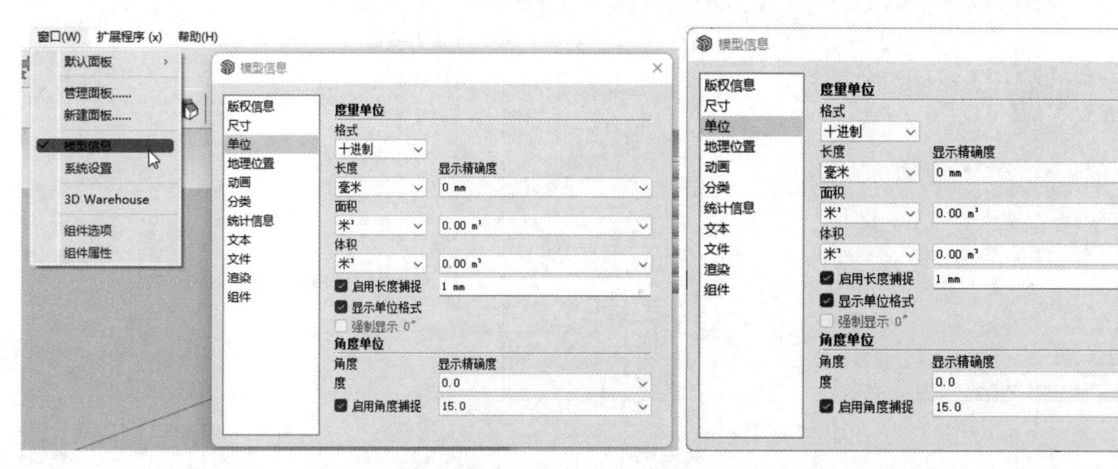

图 1.23　“模型信息”对话框

图 1.24　“单位”设置

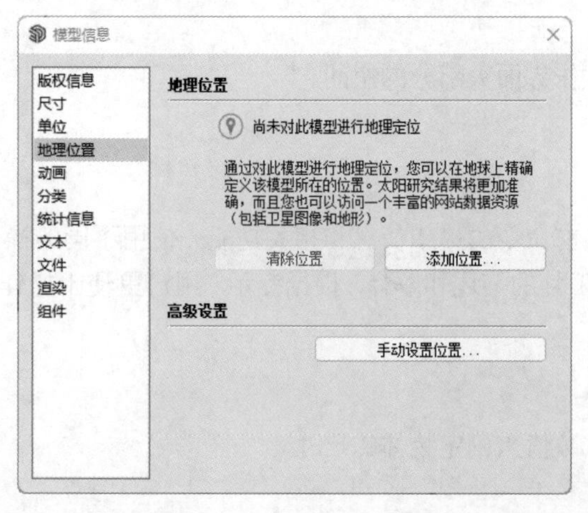

图 1.25　“地理位置”设置

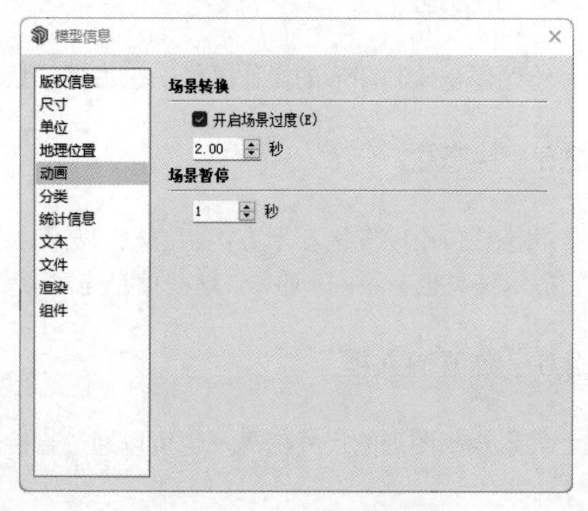

图 1.26　“动画”设置

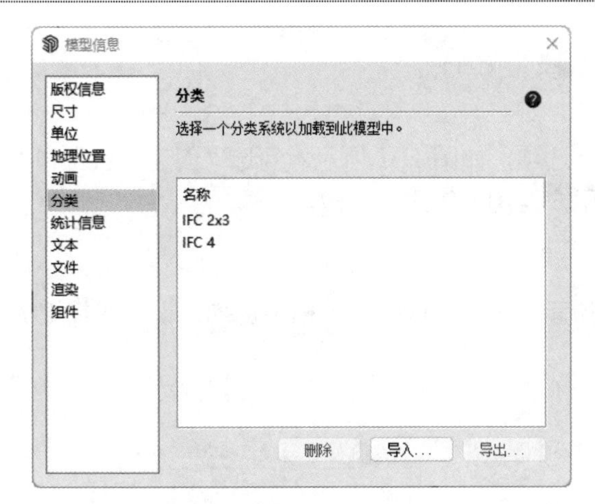

图 1.27　“分类”设置

图 1.28　“统计信息”设置

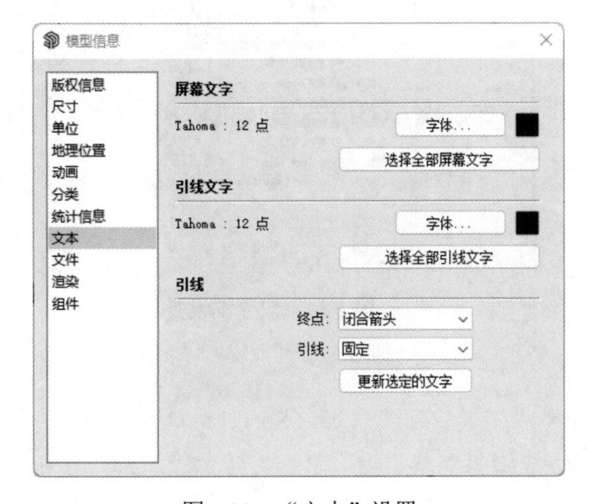

图 1.29　“文本”设置

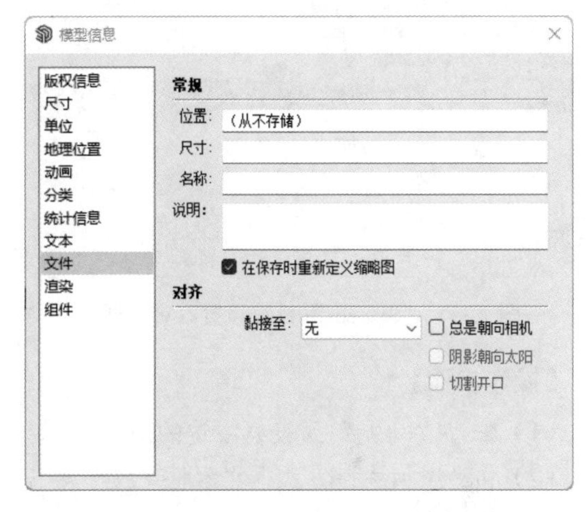

图 1.30　“文件”设置

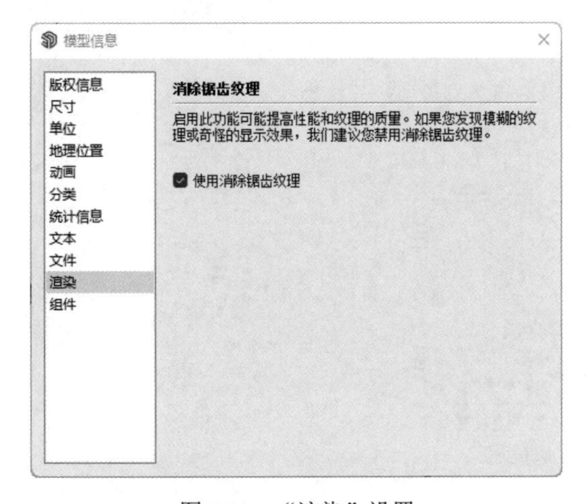

图 1.31　“渲染”设置

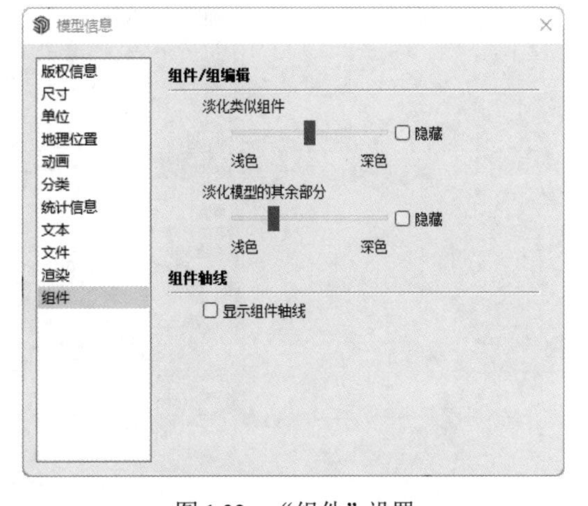

图 1.32　“组件”设置

1.3.2　系统设置

选择“窗口”→“系统设置”命令，打开“SketchUp 系统设置”对话框，如图 1.33 所示。在初始绘图环境中主要设置“自动保存”和快捷键。

1. “自动保存”设置

在“SketchUp 系统设置”对话框中选择“常规”选项，如图 1.33 所示。勾选“创建备份”和“自动保存”复选框，然后设置自动保存时间。可根据用户绘图所需进行更改。

2. 快捷键设置

选择对话框中的“快捷方式”选项，如图 1.34 所示。在“功能”列表框中选择并设置快捷键的命令。例如，将选择物体的快捷键设置为“空格”键。

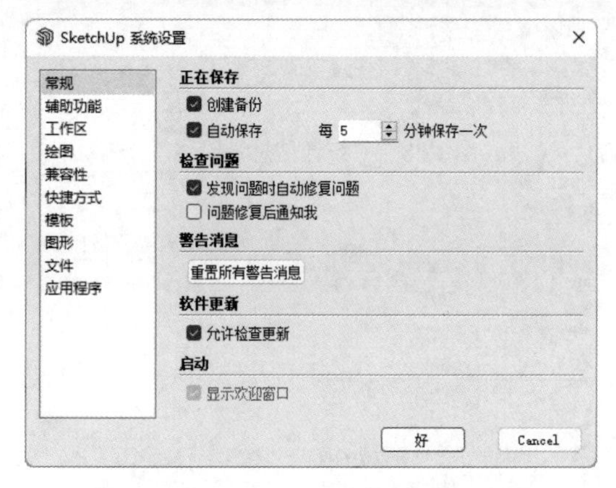

图 1.33 “SketchUp 系统设置”对话框

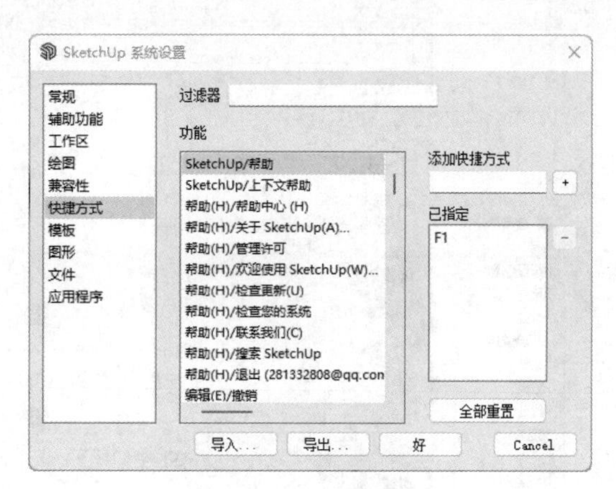

图 1.34 快捷键设置

【操作步骤】

（1）拖动“功能”列表框右边的滚动条，寻找命令“工具（T）/选择（S）”并单击选中。

（2）在“添加快捷方式”文本框中按下要设置的快捷键“空格”键，单击右边的“添加”按钮[+]，完成对“选择”命令快捷键的设置，如图 1.35 所示。

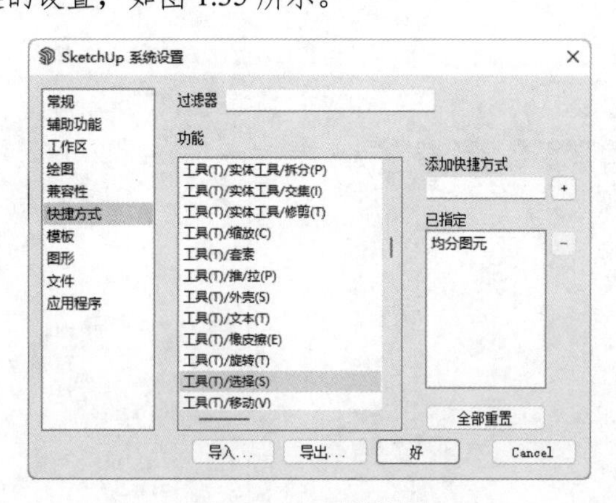

图 1.35 设置快捷键

其他设置如图 1.36～图 1.43 所示。

3. 导出和导入快捷键

由于每个用户习惯使用的快捷键设置不一样，所以可以将自己设置的快捷键导出为一种格式的文件。在使用新计算机前可以将设置的快捷键导入。

（1）导出快捷键：将所有的快捷键设置好以后，单击“导出”按钮，打开如图 1.44 所示的“输出预置”对话框。输入导出文件的文件名并选择要导出的路径，然后单击“导出”按钮。

（2）导入快捷键：在“SketchUp 系统设置”对话框中单击“导入”按钮，打开“输入预置”对话框，如图 1.45 所示。选择要导入的文件名和路径，单击“导入”按钮，完成快捷键导入。

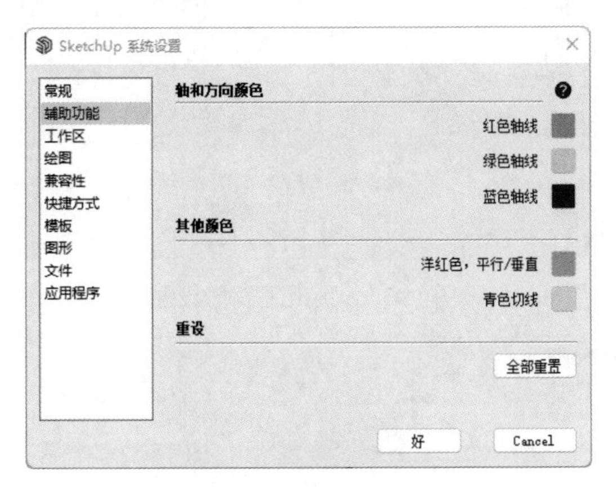

图 1.36 “辅助功能”设置

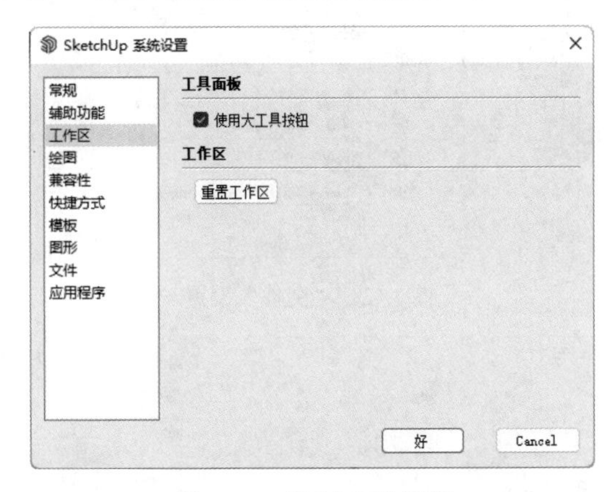

图 1.37 “工作区”设置

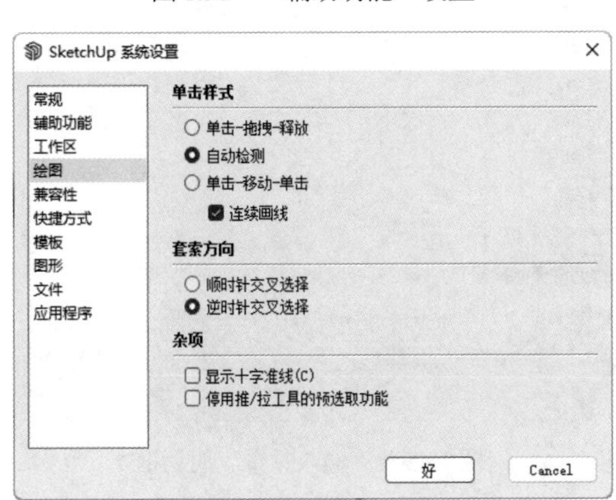

图 1.38 “绘图”设置

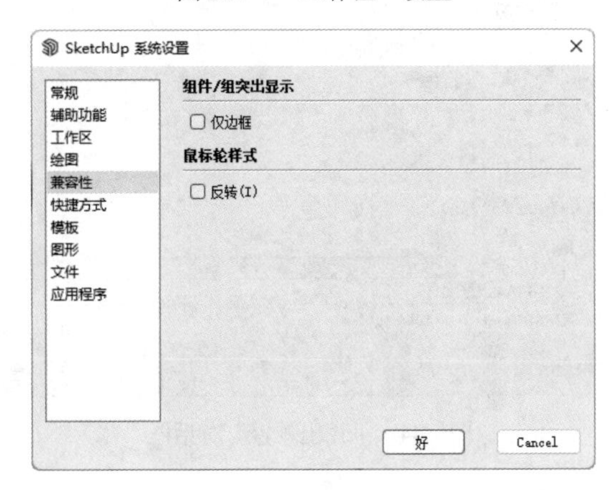

图 1.39 “兼容性”设置

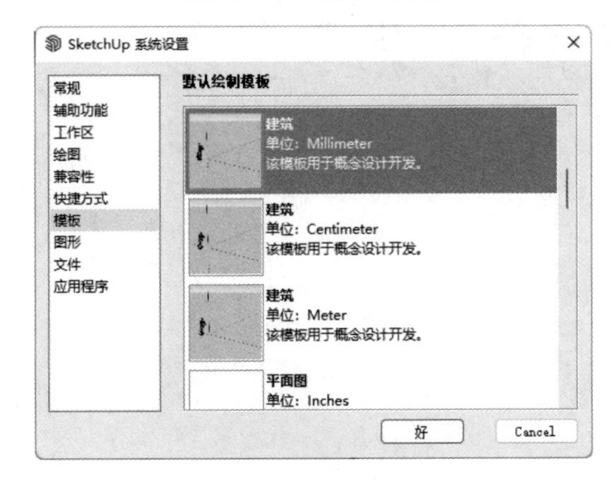

图 1.40 “模板”设置

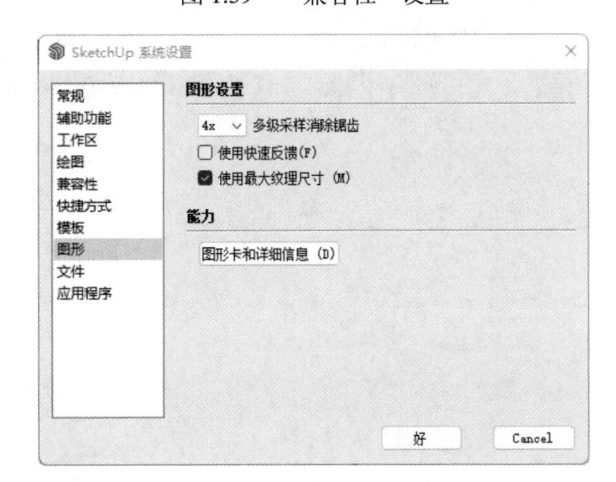

图 1.41 “图形”设置

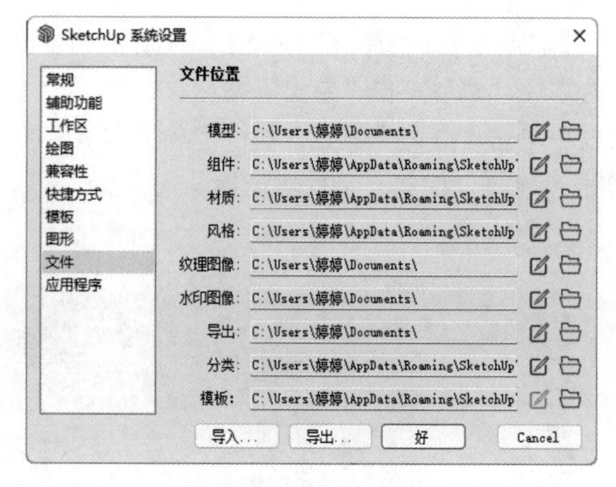

图 1.42 “文件”设置

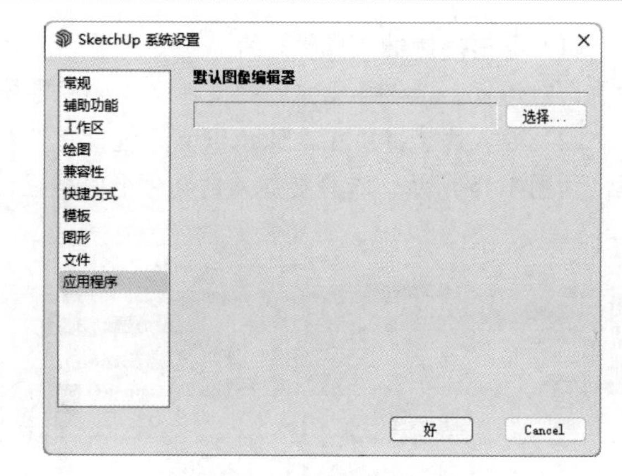

图 1.43 “应用程序”设置

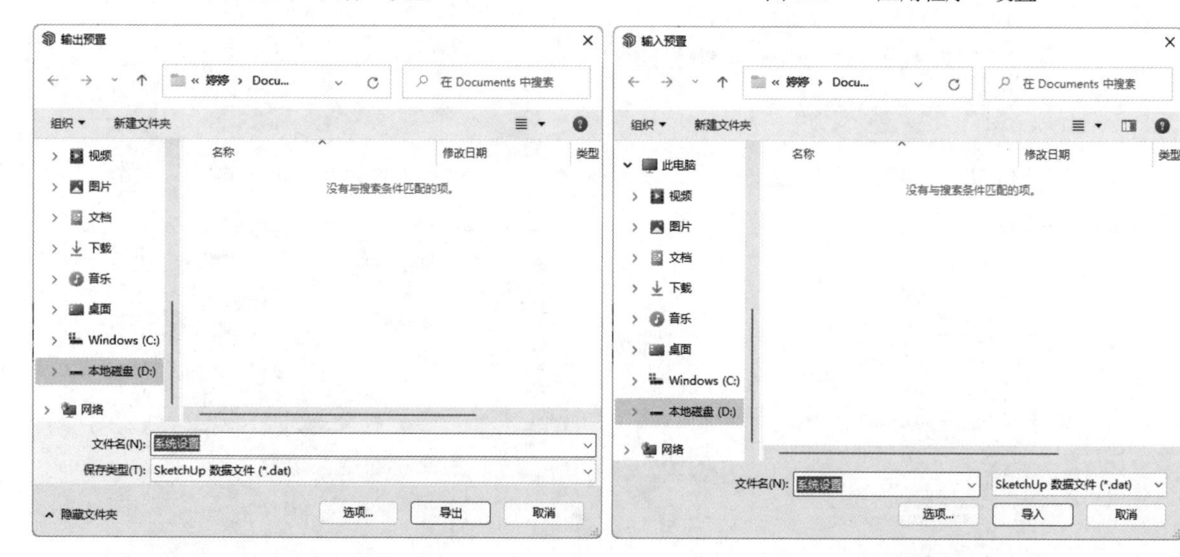

图 1.44 “输出预置”对话框

图 1.45 “输入预置”对话框

注意：

用户如果在初始绘图环境中没有设置快捷键，则只能单击工具栏或菜单栏中的相应命令进行绘图，这样绘图速度将大大降低。因此，建议读者在操作前先在初始绘图环境中设置快捷键。

第2章　显 示 工 具

内容简介

在绘图之前首先要掌握对象的选择、视图的变换等，这样才能更好地绘制模型。

内容要点

- 显示设置
- 视图变换

案例效果

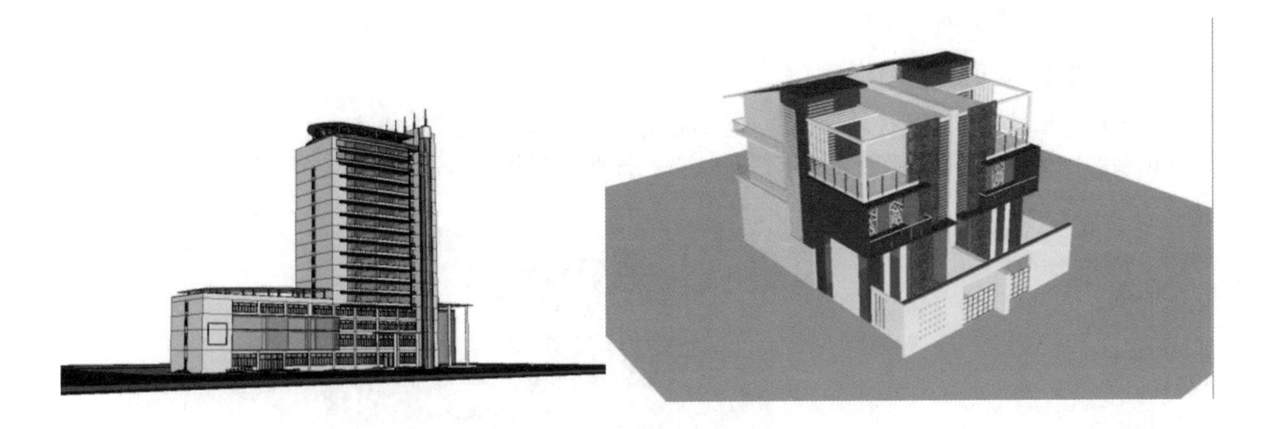

2.1　显 示 设 置

通过设置相关参数，软件可以显示出类似于手绘草图风格的效果。

2.1.1　选择

SketchUp 没有单独的“样式”对话框。选择“窗口”→“默认面板”→“样式”命令，弹出“样式”面板，如图 2.1 所示。其中包括 Style Builder 竞赛获奖者、手绘边线、混合风格、照片建模、直线、预设风格和颜色集。

单击“编辑”选项卡，在“编辑”选项卡中又有 5 个图标：（边线设置）、（平面设置）、（背景设置）、（水印设置）和（建模设置），如图 2.2 所示。

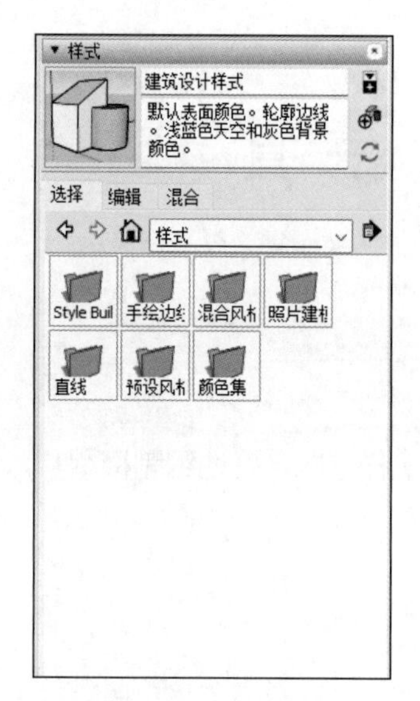

图 2.1 “样式”面板

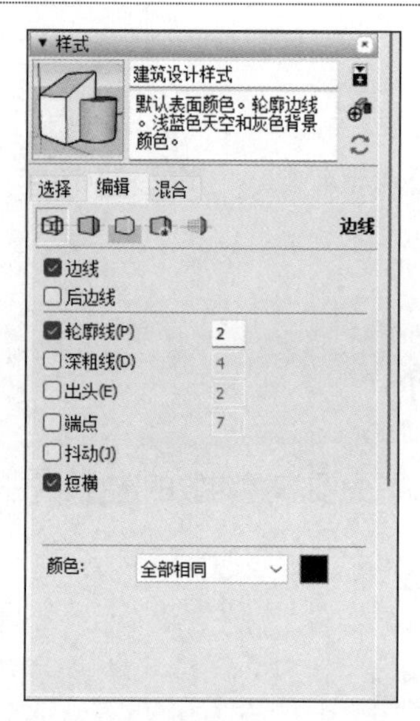

图 2.2 “编辑”选项卡

2.1.2 边线设置

“边线设置”选项组如图 2.3 所示。

1. “边线”选项

此选项可以控制模型是否显示边线，若不应用“边线”选项，则模型面与面交接的地方没有边线，这样模型的立体感不强，如图 2.4 所示。所以这个选项已被默认勾选，如图 2.5 所示。

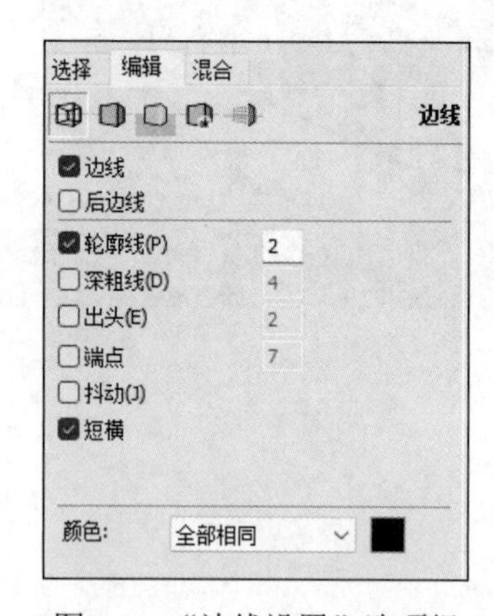

图 2.3 “边线设置”选项组

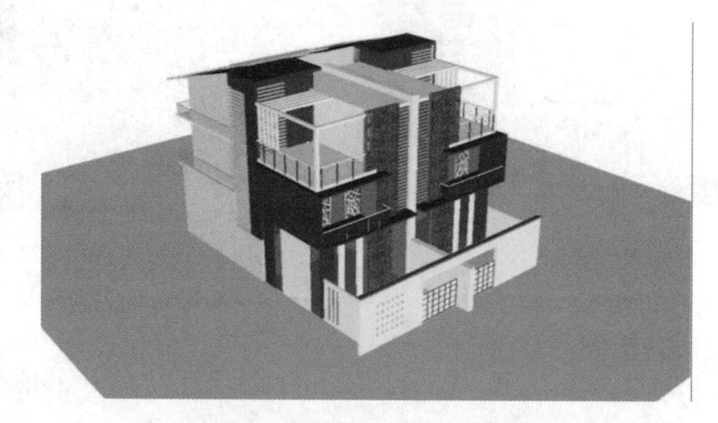

图 2.4 没有显示“边线”的模型

2. “后边线”选项

就像物体在照 X 光一样，里面的东西看得很清楚。此模式可以和其他模式配合使用。

3. “轮廓线”选项

轮廓线是指单个物体在视图上和其他物体区分的一条线，如图 2.6 所示。勾选“轮廓线”复选框，后面的数字用于控制轮廓线的粗细程度，数字越大，轮廓线越粗。

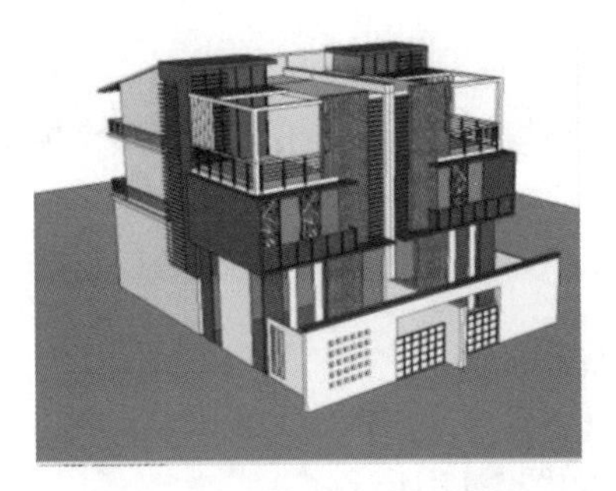

图 2.5 显示“边线”的模型

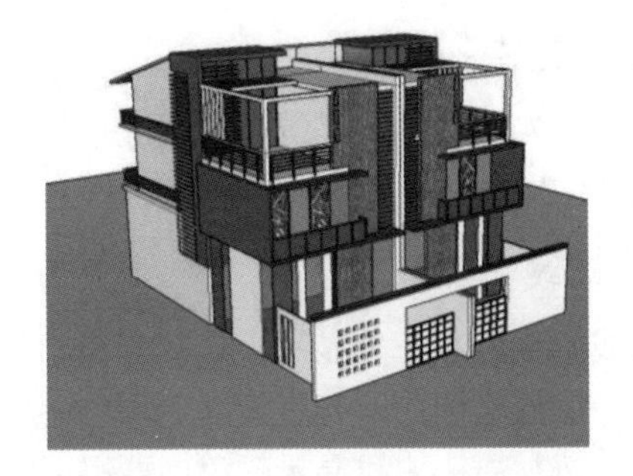

图 2.6 显示“轮廓线”的模型

4. “深粗线”选项

这个选项是针对边线而言的，勾选以后所有的边线都会以粗线显示，粗细程度由后面的数字控制，数字越大，边线越粗。图 2.7 所示是深粗线为 20 的模型。

5. “出头”选项

出头是边线在端头的时候延长出去的部分，这样看起来很有草图的感觉。后面的数字控制延长的长度，数字越大，延长越多。图 2.8 所示是出头为 10 的模型。

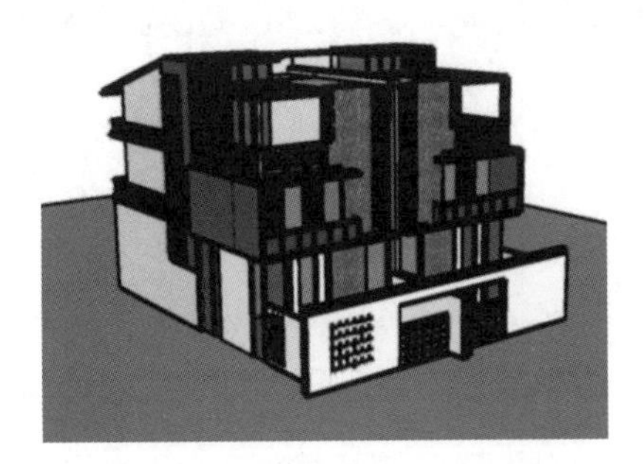

图 2.7 显示“深粗线”的模型

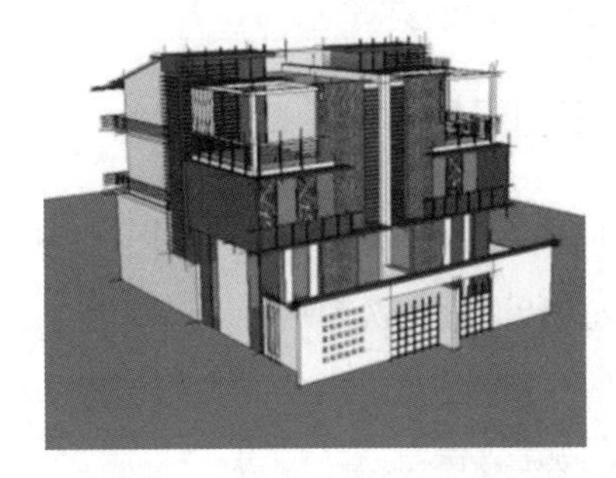

图 2.8 显示“出头”的模型

6. “端点”选项

端点是为了强调物体各条边线的端点部分，即让边线的端点部分加粗。图 2.9 所示是端点为 10 的模型。

7. “抖动”选项

抖动是让边线显示成两条线，使整个模型看起来很有草图的感觉。图 2.10 所示是模型在勾选“抖动”选项时的样子。

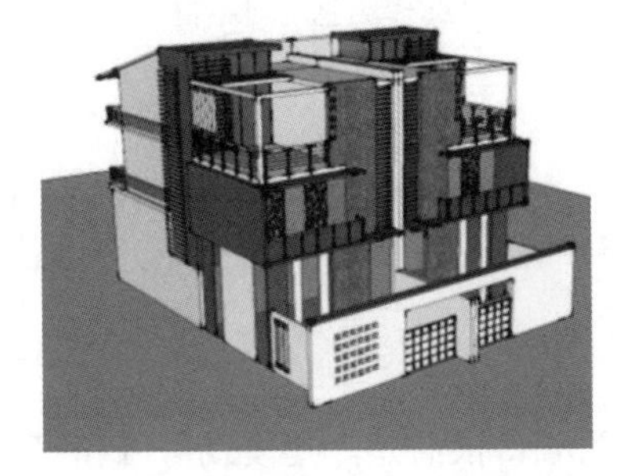

图 2.9 显示“端点”的模型

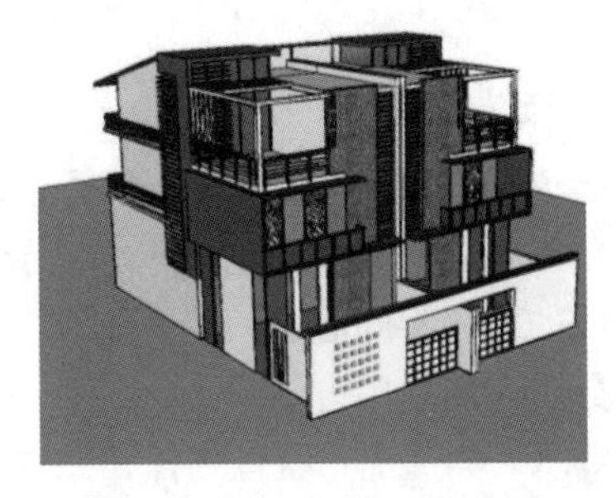

图 2.10 显示“抖动”的模型

8. “短横”选项

必须在勾选“抖动”选项的情况下勾选“短横”选项，软件才会显示效果，会使整个模型在显示为两条边线时距离更近，更加真实。

9. 边线“颜色”选项

边线的颜色有 3 种显示模式：全部相同、按材质和按轴线。

（1）全部相同：所有边线显示颜色为黑色（颜色可自行调节），如图 2.11 所示。

（2）按材质：边线显示颜色由群组或组件的材质决定，如图 2.12 所示。

（3）按轴线：边线显示颜色是所在坐标轴方向的坐标轴颜色，不在坐标轴方向上的边线依然显示软件默认的黑色，如图 2.13 所示。

图 2.11　边线显示黑色

图 2.12　边线显示材质颜色

图 2.13　边线显示坐标轴颜色

2.1.3　平面设置

“平面设置”选项组如图 2.14 所示。

1. 正/背面颜色选项

单击“正面颜色”右侧的“颜色样本”按钮，打开“选择颜色”对话框，如图 2.15 所示。然后进行调节，建议保留默认颜色。

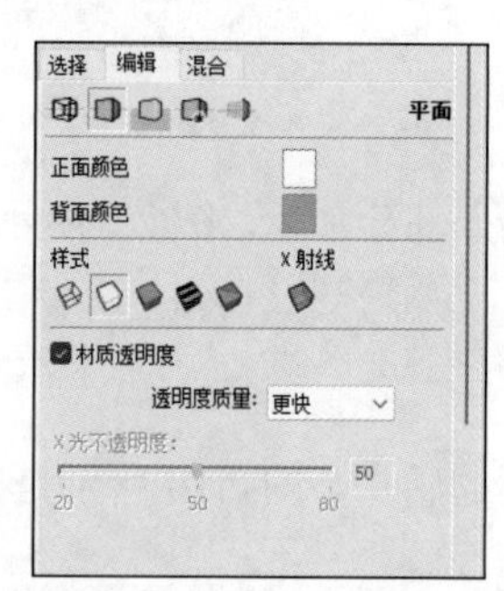

图 2.14　“平面设置”选项组

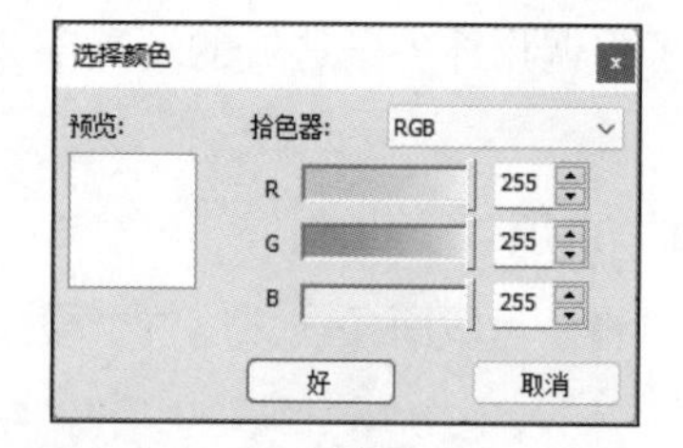

图 2.15　“选择颜色”对话框

2. “样式”选项

这里所说的“样式”就是模型的显示模式，在 SketchUp 中，系统给出了模型的 6 种显示模式。任何情况下单击图标就会切换到对应的显示模式。这 6 个图标和样式工具栏中 6 个图标的作用是一样的，仅仅是摆放的顺序不同而已。

下面分别介绍使用方法。

（1）（X 射线）：就像物体在照 X 光一样，里面的东西看得很清楚，此模式可以和其他模式配合使用。图 2.16 所示是 X 光模式和材质贴图模式一起使用的效果。

注意：

建模的时候经常需要捕捉模型侧面或者背面的点或者线，这时使用 X 光模式就可以不用旋转视图。

（2）（线框模式）：模型全部由结构线显示，好处是加快操作模型的速度，但不能使用编辑表面的工具，如图 2.17 所示。

图 2.16　X 光模式

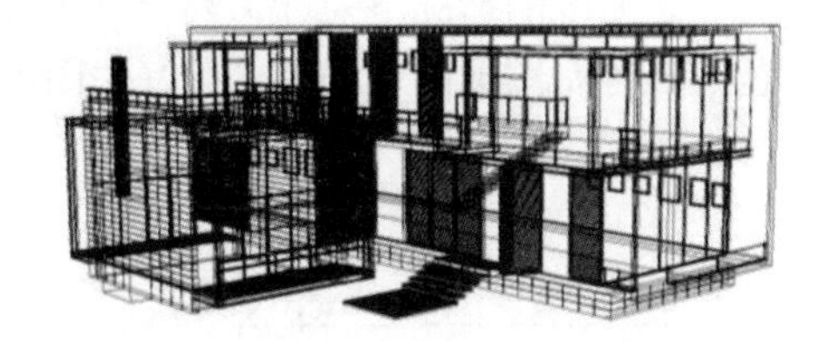

图 2.17　线框模式

（3）（消隐模式）：所有的面都将以背景色渲染并遮盖位于其后的边线。适用于墨线打印，打印后可添加手绘效果，如图 2.18 所示。

（4）（着色模式）：物体表面赋予的颜色材质将会显现出来，如图 2.19 所示。

图 2.18　消隐模式

图 2.19　着色模式

（5）（材质贴图模式）：物体表面赋予的贴图和材质都会显现出来，但这种模式下显示速度会慢一些，如图 2.20 所示。

（6）（单色模式）：物体的面将按照软件默认的正/背面颜色进行显示，如图 2.21 所示。

图 2.20　材质贴图模式

图 2.21　单色模式

注意：

着色模式只显示面的颜色而不会显示面上的贴图，如果在面上贴了一张图，就要选择材质贴图模式。

3. “材质透明度”选项

该复选框是透明材质（如玻璃）显示的开关，建议勾选。

4. “透明度质量”选项

透明度质量有两个选项：“更快”和“更好”。“更快”选项注重速度，但牺牲了质量；“更好”选项注重质量，但影响速度。

2.1.4 背景设置

“背景设置”选项组如图 2.22 所示。在“背景设置”页面中，复选框是天空和地面显示的开关，勾选“天空”和“地面”，然后可以按自己的喜好来调节天空和地面的颜色及透明度。图 2.23 所示是在默认颜色和透明度的情况下勾选“天空”“地面”复选框的场景效果。建议“背景”选项保留软件默认的白色，在绘制图形的过程中，最好关闭天空和地面的显示状态。

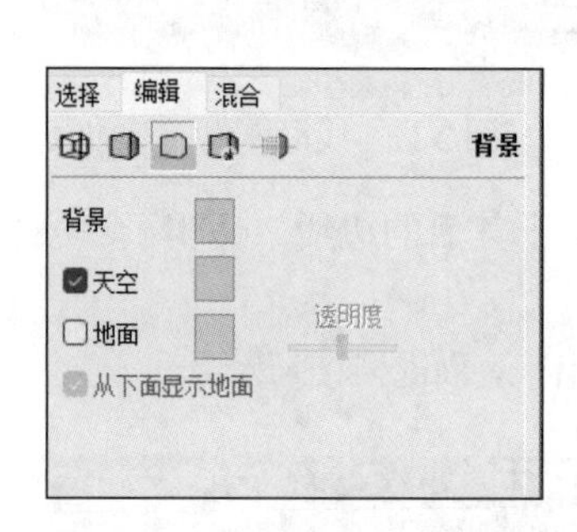

图 2.22 “背景设置”选项组

图 2.23 显示天空、地面效果

2.1.5 水印设置

“水印设置”选项组如图 2.24 所示。水印设置就是在模型后或者模型前放置 2D 图像。

单击“添加水印”按钮⊕，打开“选择水印”对话框，如图 2.25 所示。选择一张图片，然后单击“打开”按钮，打开“创建水印”对话框，如图 2.26 所示。该对话框中有“背景”和“覆盖”两个选项。

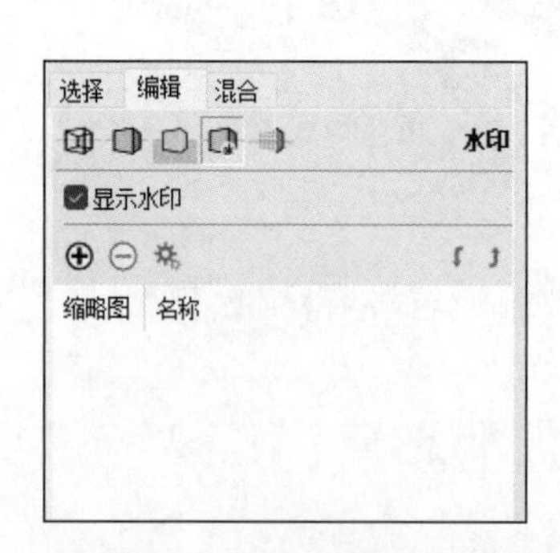

图 2.24 “水印设置”选项组

图 2.25 “选择水印”对话框

“背景”是指图像放在背景层，用来创造风景、天空，或者模型绘制在带纹理的表面（如画布上）的效果。

“覆盖”是指放在前景里的图像允许用户用标识来标明模型或者指明它们为“供参考”或者“机密”。用户可以控制透明度、位置、大小和水印的纹理排布。

选择所需的选项后单击“下一步”按钮，勾选“创建蒙版”复选框并调节透明度，如图 2.27 所示；然后再次单击“下一步”按钮，打开如图 2.28 所示的“创建水印”对话框。此时可以选择水印的显示方式，分别有“拉伸以适合屏幕大小”“平铺在屏幕上”“在屏幕中定位”“锁定图像高宽比”4 个选项，用户可根据需要自行选择。这里按照图示默认选择，然后单击“完成”按钮。图 2.29 所示为水印覆盖后的效果，图 2.30 所示为用水印作背景的效果。

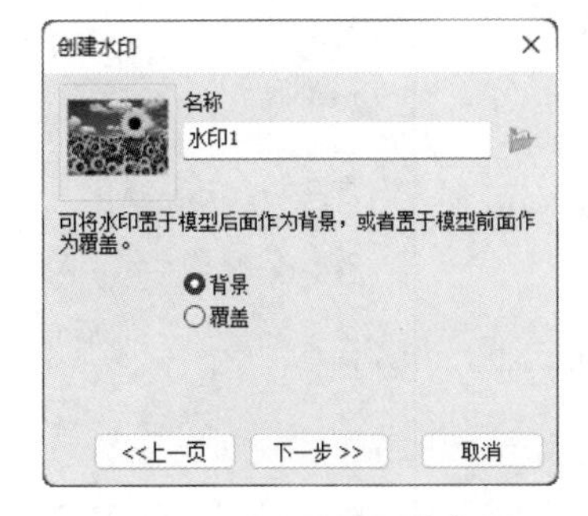

图 2.26　将水印设置为背景

图 2.27　创建蒙版

图 2.28　水印的显示方式

图 2.29　水印覆盖后的效果

图 2.30　用水印作背景的效果

注意：

选择“覆盖”选项创建水印后，水印在实体的表面或天空、地面上显示，如果绘图区没有实体，那么就看不见创建的水印；选择“背景”选项创建水印后，须在“背景设置”页面勾选“天空”复选框才能看见天空背景上的水印。

2.1.6　建模设置

“建模设置”选项组如图 2.31 所示。该选项组包括一些线、面所显示颜色的设定和一些线、面显示的开关等。这些设置完全可以根据用户的绘图习惯自行设置。如果没有特殊需要，建议用户最好不要改动对话框中默认的设置。

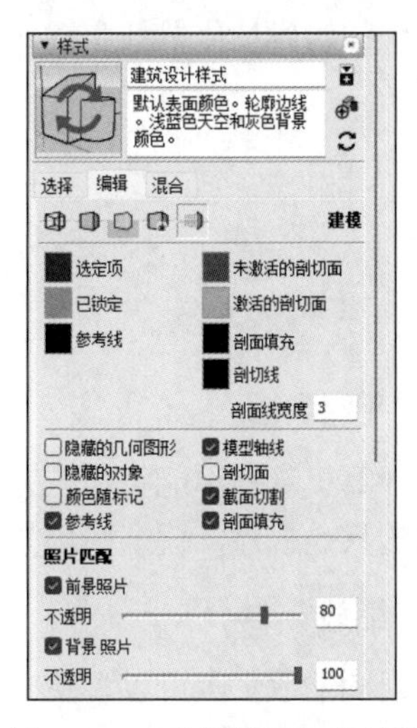

图 2.31　“建模设置”选项组

2.2 视图变换

SketchUp 的视图窗口是单一的，它不同于 3ds MAX、Maya 等软件，可以单视图窗口和多视图窗口进行切换。单一的操作界面非常简洁明了而且不浪费资源，但在绘制图形过程中经常会变换视图，以便从不同的角度绘制，所以视图变换工具起到了很大的作用。

2.2.1 视图显示形式

“相机”菜单显示，SketchUp 视图有 3 种形式，如图 2.32 所示。

（1）平行投影：常说的轴测图显示就是平行投影显示。在轴测图模式下，所有的平行线在绘图窗口中保持水平。

（2）透视显示：透视模式是对人眼观察物体的方式的模拟。在透视模式下，模型中的平行线会消失于灭点处，所显示的物体会带透视变形。

（3）两点透视图：当视线处于水平时，模型就会生成两点透视，两点透视在 SketchUp 中可以直接生成。用户可根据自己需要选择不同的显示模式，但建议在绘制图形的过程中最好使用软件默认的“透视显示”，这样会比较清晰和直观。

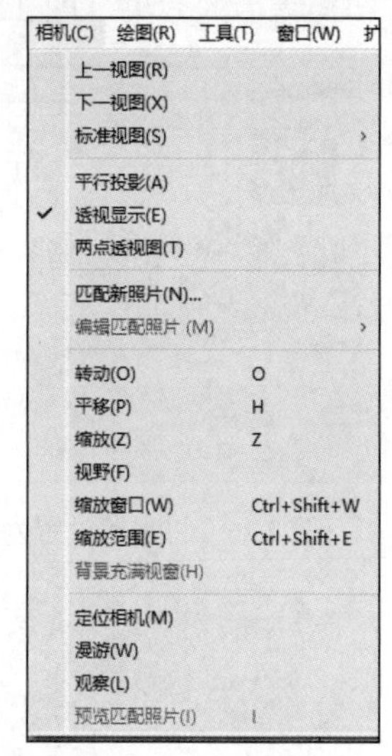

图 2.32 “相机”菜单

2.2.2 “相机”工具栏

系统操作界面显示的视图就是通过系统提供的相机镜头所看见的模型图像，所以对相机的操作也会影响视图的显示。“相机”工具栏如图 2.33 所示。

下面分别介绍各个工具的使用方法。

图 2.33 “相机”工具栏

1. “环绕观察”

相机围绕模型旋转，便于观察模型外观并进行命令的操作。系统默认的快捷键是鼠标中键，在进行视图旋转的时候按住鼠标中键（此时鼠标指针会变成旋转视图工具的图标），然后移动鼠标就可以旋转视图了。

注意：

使用视图旋转工具进行视图操作时，模型的竖直边线会保持垂直状态，此时如果按住 Ctrl 键则可以解除这一限制，但模型将被翻转。

2. “平移”

由于计算机屏幕不能将模型完全显示，所以使用视图平移工具可将想看见的部分移动到视线范围内（移动的只是视点，模型在场景中的坐标不会改变。快捷键是一直按住 Shift+鼠标中键）。

3. “缩放”

使用视图缩放工具可以调整视点与模型之间的距离，以放大和缩小当前的视图显示。使用此工具还可以调整透视变形的程度。

（1）拉近视点：选择此工具以后，在场景中按住鼠标左键不放，移动鼠标，这时候视点就会被拉近或者拉远。物体在视图上也会跟着放大或者缩小。

（2）视图居中：在视图缩放工具状态下双击视图，可居中显示双击位置，有时可代替平移操作。

（3）改变视点相机的视野：选择视图放大工具以后，直接输入“**deg”。例如，输入“60deg”，那么视点相机的视野大小就变成了60°。图2.34所示为30°视野和60°视野的对比。

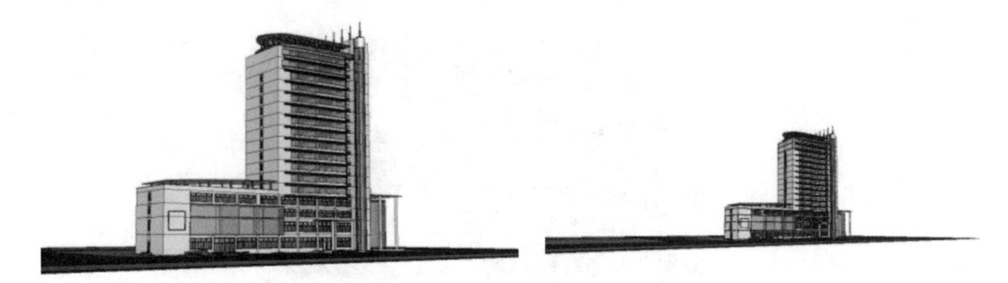

图2.34　30°视野和60°视野的对比

（4）改变视点相机镜头的焦距：选择视图放大工具以后，直接输入“**mm”。例如，输入“28mm”，那么视点相机的焦距就会变成28mm。图2.35所示为视点相机镜头焦距分别为25mm和65mm的对比。

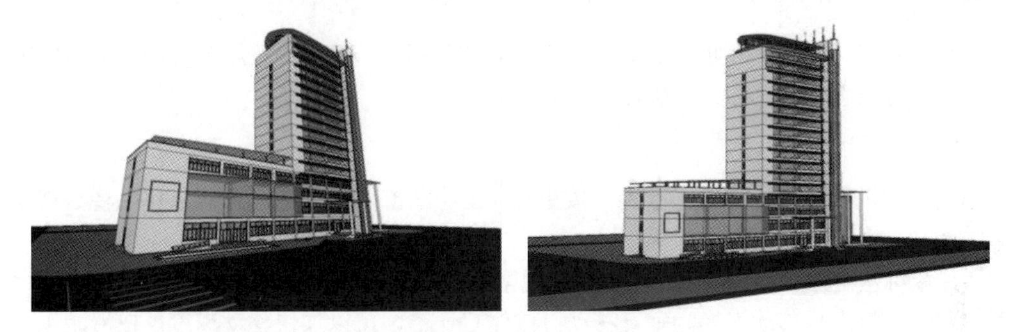

图2.35　视点相机镜头焦距为25mm和65mm的对比

4. “缩放窗口”

在建模的过程中，若想将局部放大进行建模，就可以使用局部放大工具。只要选择局部放大工具，在要放大的区域单击两次拉出一个矩形，矩形包括区域就会充满整个视图，如图2.36所示。

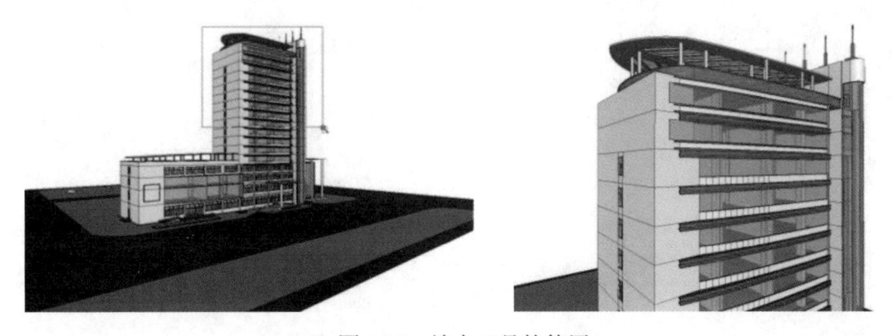

图2.36　放大工具的使用

5. “缩放范围”

使用“缩放范围”工具可以调整视点与模型的距离，以使整个模型显示在绘图视窗中。

6．“定位相机”

（1）相机位置的确定。此工具就是模拟人的视点高度。单击“相机”工具栏上的“定位相机”按钮，输入所要设置视点的高度，按回车键确定，如 1700mm，就输入 1700。然后在放置视点的位置单击，视图就会切换到平面以上 1700mm 的地方。完成相机位置定位后，系统自动激活“观察”工具，如图 2.37 所示。

图 2.37　相机位置

（2）视点的确定。单击“相机”工具栏上的“定位相机”按钮，然后在绘图区单击确定视点的位置，并按住鼠标左键拖动鼠标，以确定视点的方向。

7．行走

（1）单击“相机”工具栏上的“行走”按钮，在绘图窗口上单击任意一点作为视点移动的参考点，在单击的地方会出现黑色的十字标识。

（2）按住鼠标左键上、下、左、右拖动进行观察。在移动鼠标时按住 Shift 键，可将前后移动切换为上下垂直移动，将水平移动切换为垂直移动；按住 Ctrl 键，可以加快移动速度。在漫游工具状态下按住鼠标中键，可透明执行“观察”操作。

第 3 章　平面绘图命令

内容简介

SketchUp 提供了大量的平面绘图工具和命令，可以帮助用户完成二维图形的绘制。本章主要介绍选择对象与切换视图以及直线、平面图形、圆、圆弧和扇形的绘制。

内容要点

- 选择对象与切换视图
- 直线类命令
- 平面图形命令
- 圆类命令
- 删除命令
- 综合实例 ——绘制显示器

案例效果

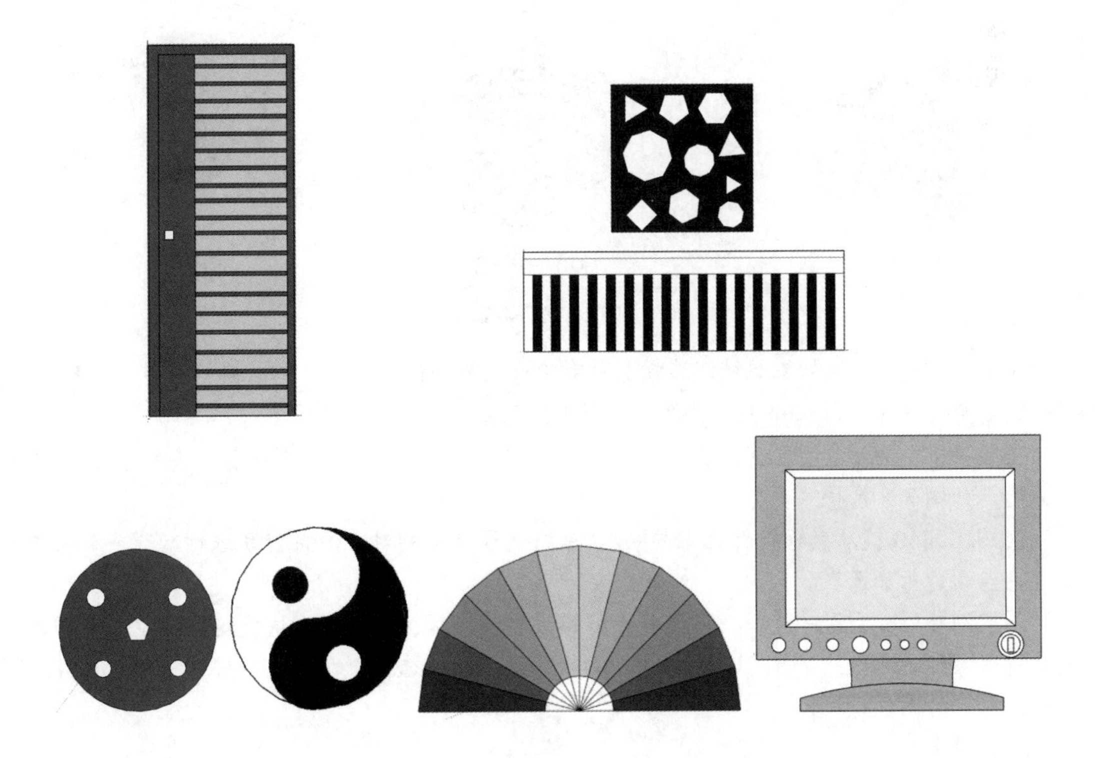

3.1 选择对象与切换视图

在 SketchUp 中按空格键，可以切换到选择工具。单击“视图”工具栏上的相关图标，可以对视图进行切换。

扫一扫，看视频

3.1.1 选择对象

习惯使用 AutoCAD 等软件的用户或许对“选择”工具感觉不适应，因为那些软件在执行命令或退出命令后，不会自动进入默认的“选择”状态。“选择”工具在 SketchUp 中却是一个很重要、常用的工具，它的快捷键是空格键，这样会节省绘图时间，提高工作效率。

【执行方式】

- 快捷命令：Space（空格键）。
- 菜单栏：工具→选择。
- 工具栏：使用入门→选择，大工具集→选择。

【操作步骤】

1. 一般选择

（1）执行命令或者按空格键，激活选择命令，鼠标指针将变成箭头，如图 3.1（a）所示。

（2）此时在任意一条边上单击，可以将直线选中。选中的直线将高亮显示，若单击另一条边，将选中另一条边，但是每次只能选中一个对象，如图 3.1（b）和图 3.1（c）所示。

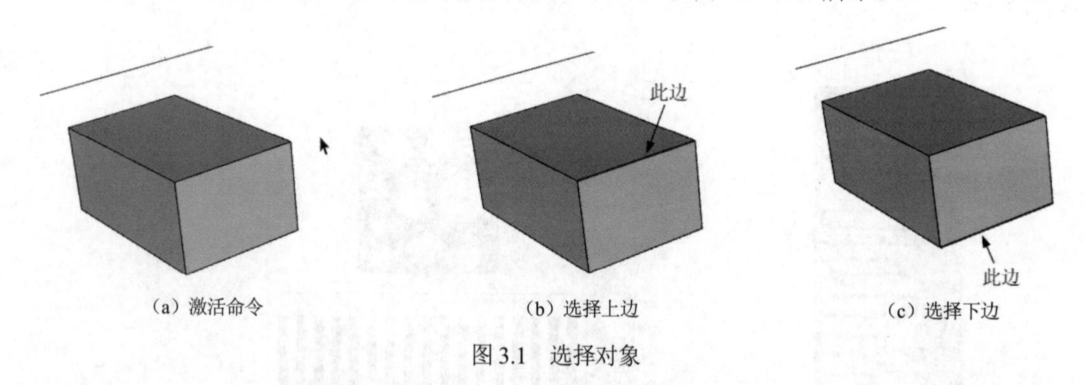

（a）激活命令　（b）选择上边　（c）选择下边

图 3.1 选择对象

（3）选择一个对象后，如果想继续选择其他对象，则要按住 Ctrl 键，此时鼠标指针变成 +，然后选择下一个对象。这样可以选择多个对象，如图 3.2 所示。

（4）需要将多余的对象去除时，则同时按住 Shift 键和 Ctrl 键，此时鼠标指针变成 _，单击即可将对象减选，如图 3.3 所示。

（5）仅按住 Shift 键，鼠标指针会变成 +/-，单击已经选中的对象，将自动进行减选。单击未选中的对象，将自动进行加选。

（6）要取消对所有图形的选择，可以将鼠标移动到绘图区，松开所有快捷键。在空白区域单击，将取消对所有图形的选择；选择菜单栏中的“编辑”→“取消选择”命令，或按快捷键 Ctrl+T，可以取消当前选择，如图 3.4 所示。

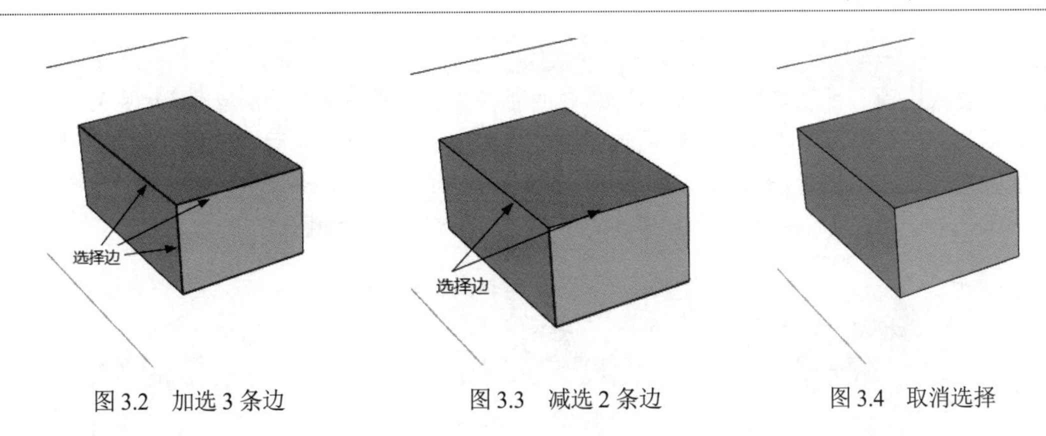

图3.2　加选3条边　　图3.3　减选2条边　　图3.4　取消选择

（7）选择菜单栏中的“编辑”→“全选”命令或按快捷键 Ctrl+A，可选中绘图区中所有可见实体。

2. 窗选与叉选

执行命令或者按空格键，激活选择命令，鼠标指针将变成箭头，如图3.5所示。

（1）窗选：单击并拖动鼠标，注意方向是从左向右，此时软件拉出一个实线矩形框，全部被框住的物体才能被选中，如图3.5所示。

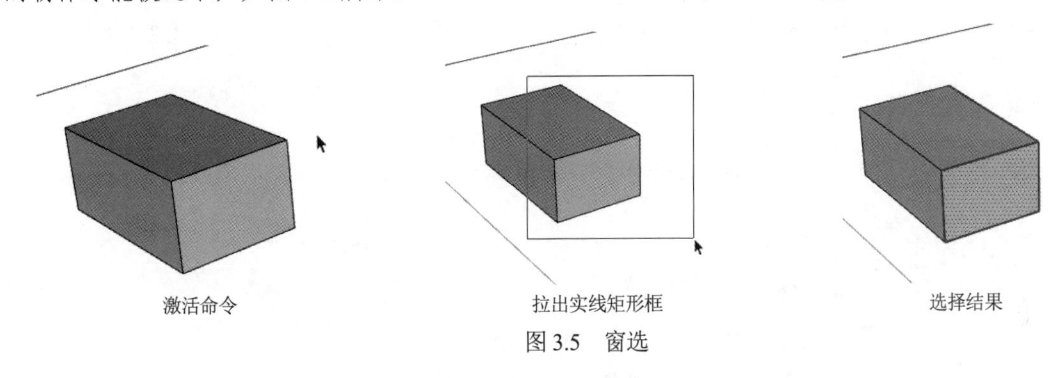

图3.5　窗选

执行命令或者按空格键，激活选择命令，鼠标指针将变成箭头，如图3.6所示。

（2）叉选：单击并拖动鼠标，注意方向是从右向左，此时软件拉出一个虚线矩形框，与选择框相交的对象都会被选中，如图3.6所示。

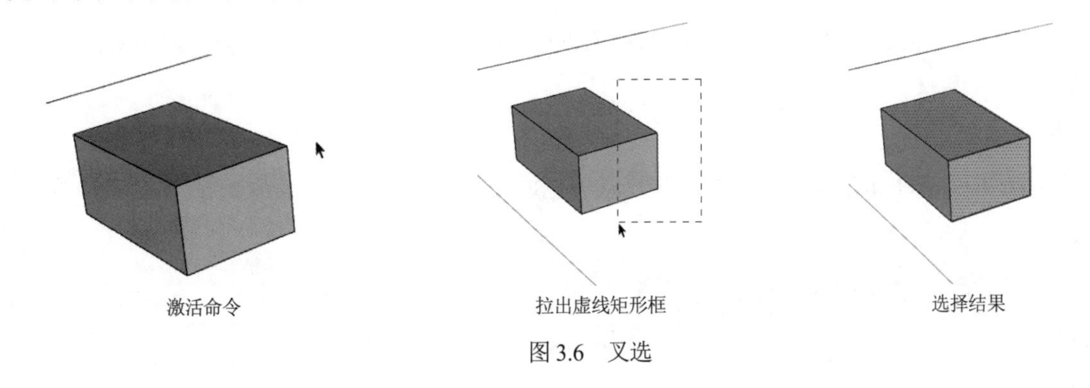

图3.6　叉选

3. 点选

在软件中，线是最小的可选择单位，面是由线构成的。可以通过点选控制单击的数量来选择相关面或线。

（1）单击某个面，可以单独选中此面，选中的面将会出现很多蓝色的小点[①]，如图 3.7 所示。

（2）双击一个面，可以将该面和组成该面的边线都选中，被选中的面出现很多蓝色的小点，线将以加粗的蓝色显示，如图 3.7 所示。

（3）三击一个面，可以将与这个面相连的所有线、面都选中，如图 3.7 所示。

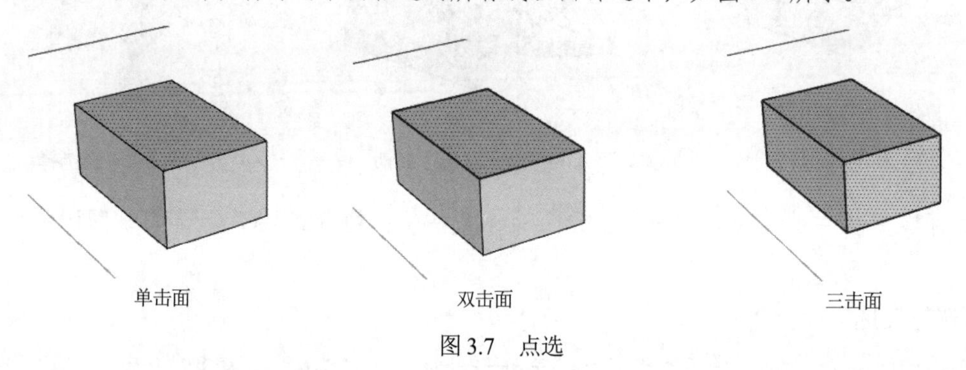

图 3.7　点选

☞教你一招

在“选择”状态下，右击选中对象，在弹出的快捷菜单中的“选择”二级菜单中可以进行当前物体的扩展选择，包括“连接的平面”“连接的所有项”“带同一标记的所有项”“取消选择边线”和“反选”，如图 3.8 所示。

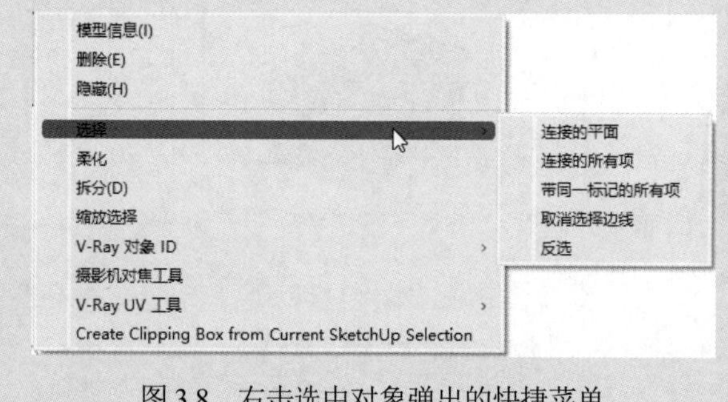

图 3.8　右击选中对象弹出的快捷菜单

3.1.2　切换视图

SketchUp 软件主要通过“视图”工具栏对视图进行切换，单击某个按钮将切换至相应的视图，如图 3.9 所示。

1. （轴测图）

激活轴测图后，SketchUp 会根据当前的视图状态生成接近于当前视角的等角视图，如图 3.10 所示。

注意：

不同的视角方向会产生不同的等角视图，只有在轴测图显示模式下显示的等角视图是正确的。用户如果要观察或导出准确的平面、立面、剖面，必须在轴测图显示模式下观察或导出。

[①] 编者注：因本书为单色印刷，此类颜色信息均未在书中体现，读者在操作时可以看出颜色，以书中提示进行参考和学习即可。

图 3.9　“视图”工具栏

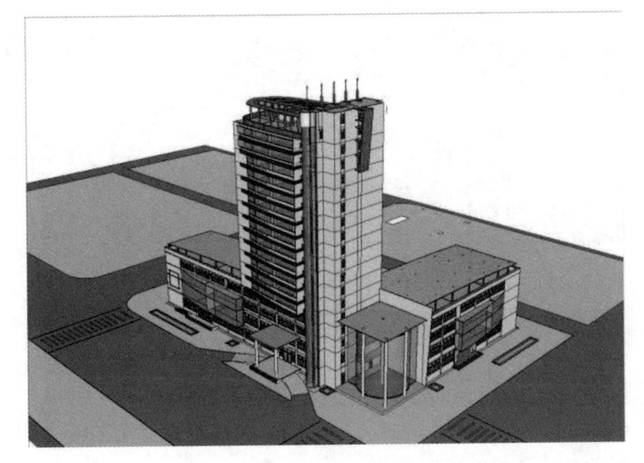

图 3.10　轴测图

2. （顶视图）

在任何情况下，单击这个图标都会切换到顶视图，如图 3.11 所示。在建立小区模型的时候经常要通过顶视图来查看小区模型的整体效果，这时只需单击图标就可以切换到顶视图了。

3. （前部）

单击这个图标就会切换到前视图，如图 3.12 所示。在建立正立面模型的时候常常会拉近视图进行建模，如果想要看正立面的效果，可以单击图标来切换到前视图进行查看。

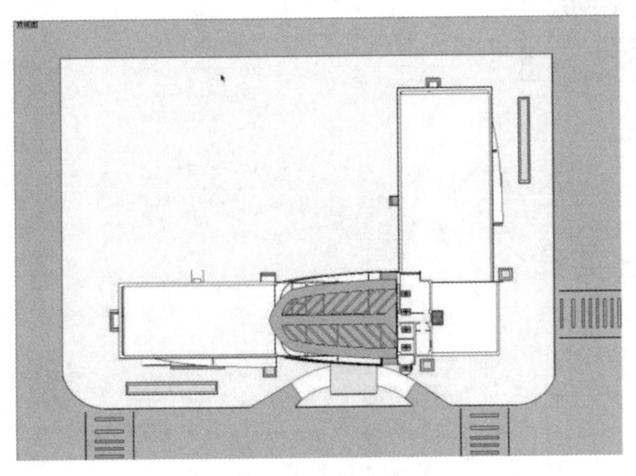

图 3.11　顶视图

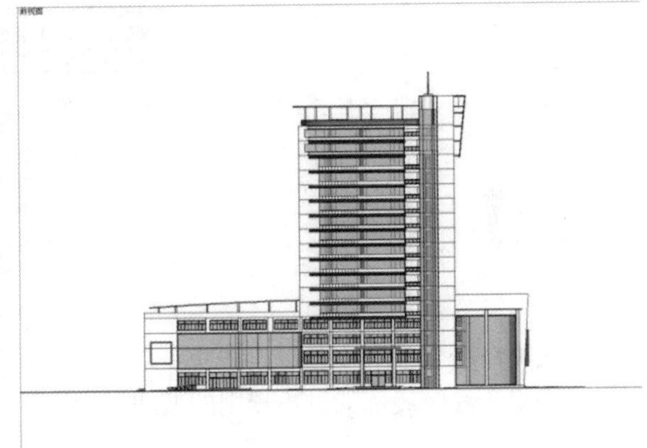

图 3.12　前视图

4. （右视图）

单击这个图标就会切换到右视图，如图 3.13 所示。同样，该视图在查看模型右边的情况时会非常有用。

5. （后视图）

单击这个图标就会切换到后视图，如图 3.14 所示。

6. （左视图）

单击这个图标就会切换到左视图，如图 3.15 所示。

图 3.13　右视图

图 3.14　后视图

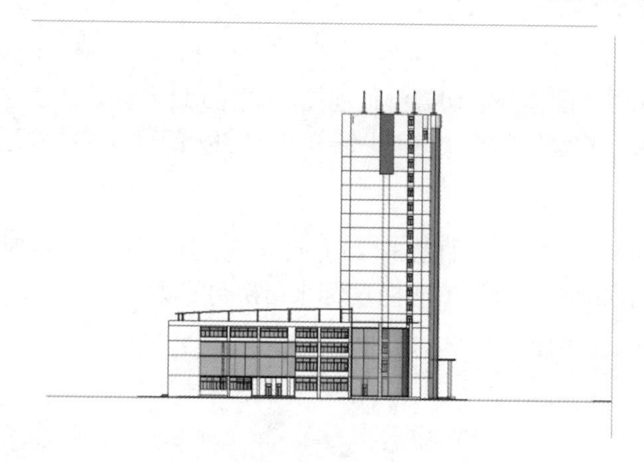

图 3.15　左视图

3.2　直线类命令

直线类命令包括直线和手绘线命令，“直线”命令可以绘制直线、分割图形和修补图形，“手绘线”命令用于绘制凌乱的、不规则的曲线平面。

扫一扫，看视频

3.2.1　直线

无论多么复杂的图形都是由点、直线、圆弧等按不同的粗细、间隔、颜色组合而成的。其中，直线是绘图中最简单、最基本的一种图形单元，连续的直线可以组成折线，首尾相接的直线可以构成面。利用“直线”命令可以将图形进行分割，如果要分割直线，那么相交的线段在交点处将被一分为二，此时可以对分割后的直线进行单独操作；如果要分割平面，就会以直线为分界线，将平面一分为二。分割之后的图形还可以进行修补，即修补为一个图形。

【执行方式】

- 快捷命令：L。
- 菜单栏：绘图→直线→直线。
- 工具栏：使用入门→直线，绘图→直线。

【操作步骤】

1. 绘制直线

（1）单击“绘图”工具栏上的“直线”按钮，然后在绘图区单击，确定直线的起始点。

（2）确定直线方向。如果线条呈现红色、绿色或蓝色，说明其方向与对应颜色的相应坐标轴平行。按住键盘上的→键，直线进行加粗显示，如图 3.16 所示。

☞教你一招

按键盘上的→键，直线将进行加粗显示，可以绘制与绘图区红轴相平行的直线。
按键盘上的←键，直线将进行加粗显示，可以绘制与绘图区绿轴相平行的直线。
按键盘上的↑键，直线将进行加粗显示，可以绘制与绘图区蓝轴相平行的直线。

（3）绘制直线。绘图区左下角的“长度”控制框中显示当前直线的长度。在此处输入直线的长度 2100，如图 3.17 所示，按回车键确认数值，再按空格键或 Esc 键结束命令。这时将绘制出一条与红轴平行长 2100mm 的直线，如图 3.16 所示。

2. 延伸直线

默认状况下，软件的捕捉和追踪功能都已经开启，因此单击“绘图”工具栏上的“直线”按钮，将鼠标指针移动到直线的端点，将自动捕捉端点，高亮显示时，单击确定起点。变成洋红色线段时，输入直线的长度 400，按回车键确认数值，再按空格键或 Esc 键结束命令，如图 3.18 所示。

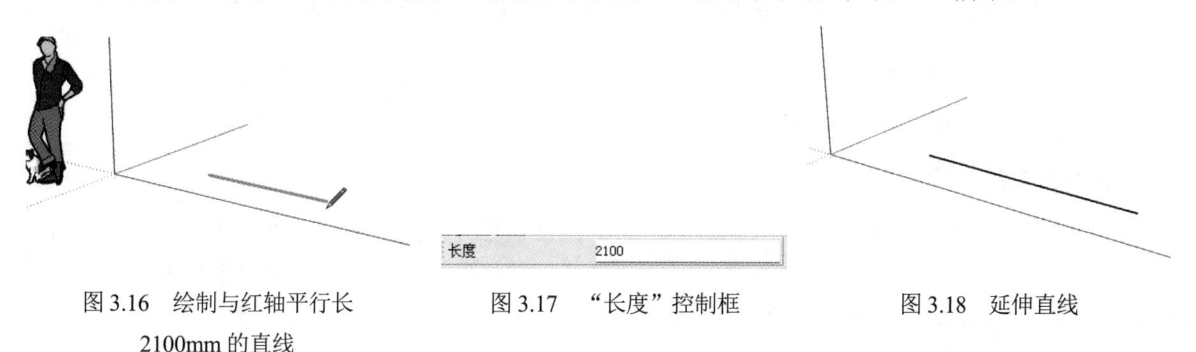

图 3.16　绘制与红轴平行长 2100mm 的直线　　图 3.17　“长度”控制框　　图 3.18　延伸直线

3. 绘制直线封面

单击“绘图”工具栏上的“直线”按钮，绘制首尾相连的直线，同一平面上的闭合线将形成面闭合线。这些线必须全部在同一平面，否则不能封面，直线封面过程如图 3.19 所示。

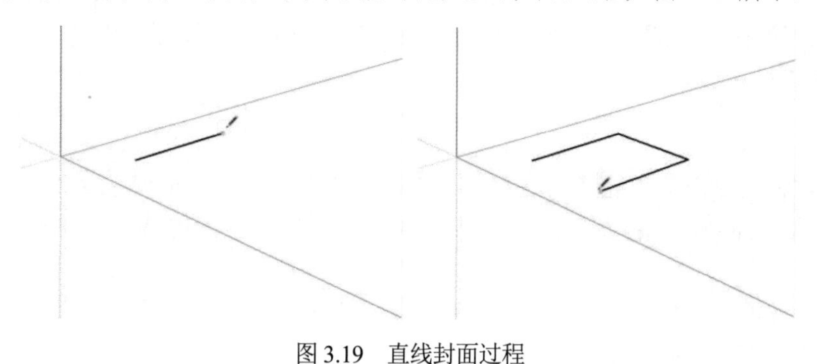

图 3.19　直线封面过程

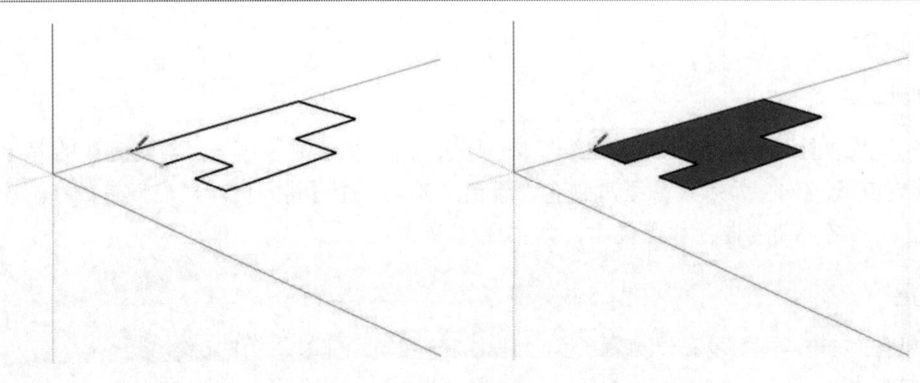

图 3.19（续）

注意：

在“长度”控制框中输入数值前后，不必单击“长度”控制框。“长度”控制框对数值输入始终处于敏感状态，只要使用的命令仍处于激活状态，就可以不限次数地在“长度”控制框中输入数值，直至达到满意的效果。

利用延伸功能绘制的直线和之前的直线是两条独立的直线。

4. 直线的终点坐标

指定直线的起点后，直线的终点坐标可以指定为绝对坐标或者相对坐标。

（1）绝对坐标：输入[X,Y,Z]格式，可以指定以当前绘图坐标为基准的绝对坐标，如图 3.20 所示。

（2）相对坐标：输入〈X,Y,Z〉格式，可以指定相对于直线起点位置的相对坐标，如图 3.21 所示。

长度: [2000, 3000, 4000]

图 3.20　输入绝对坐标

长度: <1000, 2000, 3000>

图 3.21　输入相对坐标

5. 分割直线

（1）单击“绘图”工具栏上的“直线”按钮，绘制任意长度的两条相交的直线，按空格键或 Esc 键结束命令。单击“使用入门”工具栏上的“选择”按钮，框选图形，如图 3.22 所示。只能选中交点上侧部分直线，此时相交的直线在交点处被分割为两部分，这两部分可以单独操作。

（2）按 Delete 键，可以将选中的直线删除，如图 3.23 所示。

6. 分割平面

单击“绘图”工具栏上的“直线”按钮，将鼠标指针移动到矩形边线上，鼠标指针显示为红色，单击确定起点。移动鼠标指针到另一条边线上，鼠标指针显示为红色，单击确定终点。单击“使用入门”工具栏上的“选择”按钮，单击图形，这时只能选中部分平面，因为矩形平面已经被分成了两部分，结果如图 3.24 所示。

注意：

在 SketchUp 中分割面的直线显示为细线，说明面已被此线分割；若显示为粗线（轮廓线），则说明面未被此线分割。在 SketchUp 中，一条直线只能分割一个面，不能同时进行多个面的分割。

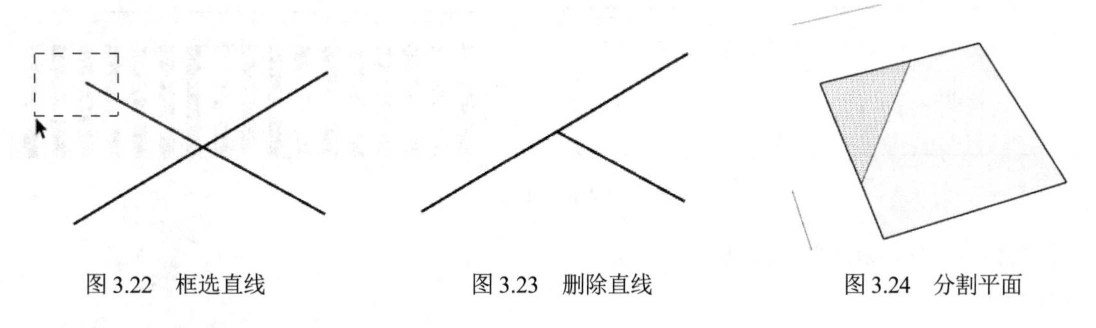

图 3.22 框选直线　　图 3.23 删除直线　　图 3.24 分割平面

7. 修补平面

（1）删除图形：按 Delete 键，将选中部分删除，结果如图 3.25 所示。

（2）修补图形：单击“绘图”工具栏上的“直线”按钮，将鼠标指针移动到被删除部分的矩形边线上，鼠标指针显示为红色，单击确定起点。移动鼠标指针到另一条边线上，鼠标指针显示为红色，单击确定终点，此时删除部分重新显示，修补后的图形如图 3.26 所示。

图 3.25 删除选中图形　　图 3.26 修补后的图形

注意：

选定已有直线后右击直线，在弹出的快捷菜单中选择“拆分”命令，输入 3 说明此直线被三等分。等分数目也可以直接通过鼠标在该直线上滑动时所显示的等分数值来确定。将鼠标指针向左移动，等分点将增多，向右移动等分点将减少，如图 3.27～图 3.29 所示。

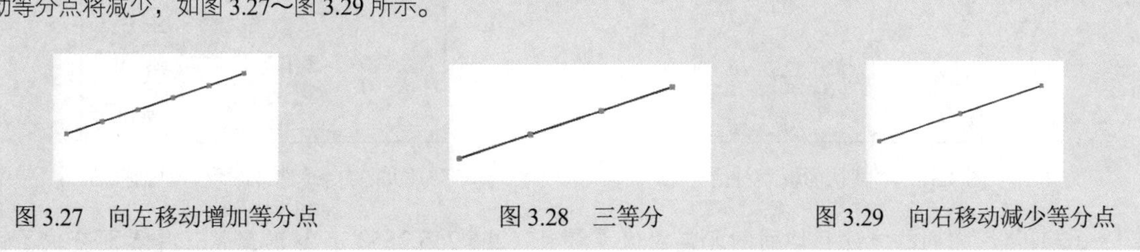

图 3.27 向左移动增加等分点　　图 3.28 三等分　　图 3.29 向右移动减少等分点

动手学——绘制电子琴键盘

扫一扫，看视频

本实例将通过绘制电子琴键盘来重点学习“直线”命令，具体绘制流程如图 3.30 所示。

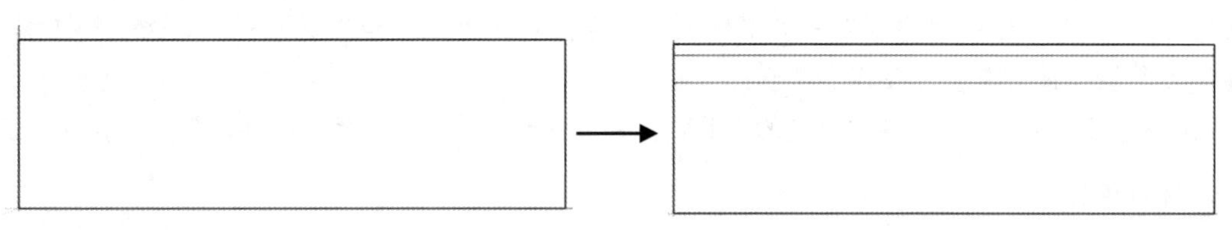

图 3.30 电子琴键盘绘制流程

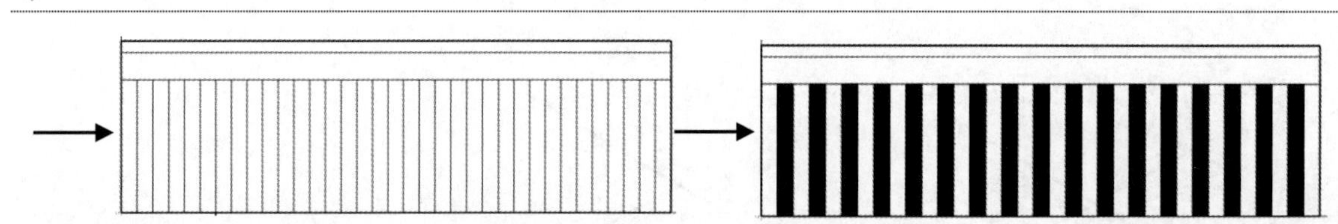

图 3.30（续）

源文件：源文件\第 3 章\电子琴键盘.skp

【操作步骤】

1．设置背景

（1）单击“默认面板”对话框中“样式”选项卡的“编辑”下的“背景设置”按钮，如图 3.31 所示。勾选“天空”和“地面”选项，继续单击右侧的颜色框，打开“选择颜色”对话框，如图 3.32 所示。将“拾色器”设置为 RGB，设置数值为（255,255,255），单击“好”按钮。

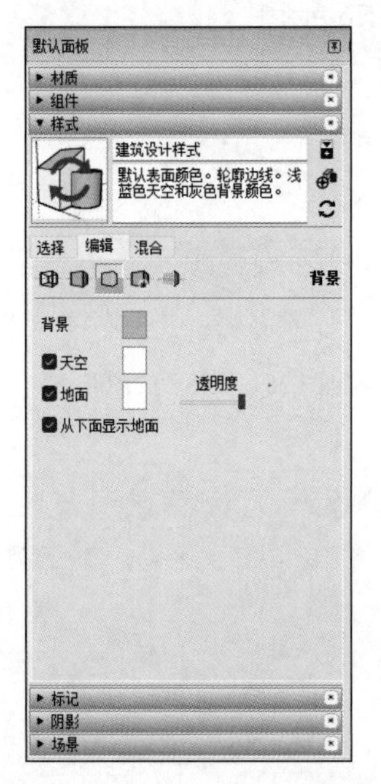

图 3.31　“默认面板”对话框

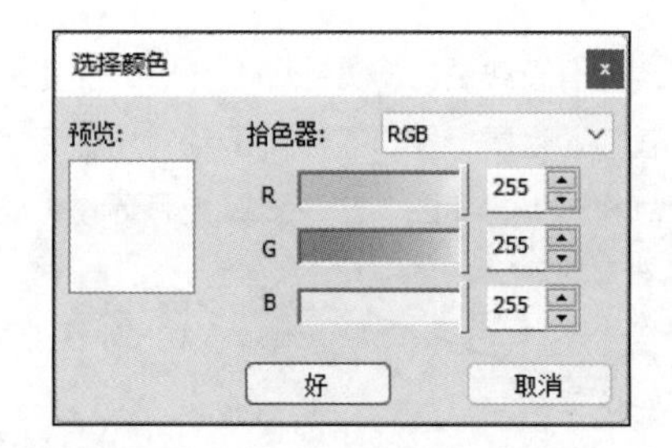

图 3.32　“选择颜色”对话框

（2）使用相同的方法将地面的颜色数值设置为（255,255,255），这时默认工作界面变成了白色，如图 3.33 所示。

2．调出“大工具集”和“视图”工具栏

（1）选择菜单栏中的“视图”→“工具栏”命令，打开“工具栏”对话框。勾选“大工具集”和“视图”工具栏，最后单击“关闭”按钮。

（2）调整工具栏的位置。选中浮动的工具栏，将其拖动到最左侧，然后松开鼠标，变为固定工具栏。

3．保存模板

选择菜单栏中的“文件”→“另存为模板”命令，打开“另存为模板”对话框。输入名称和文件名为 sketchup，最后单击“保存”按钮。

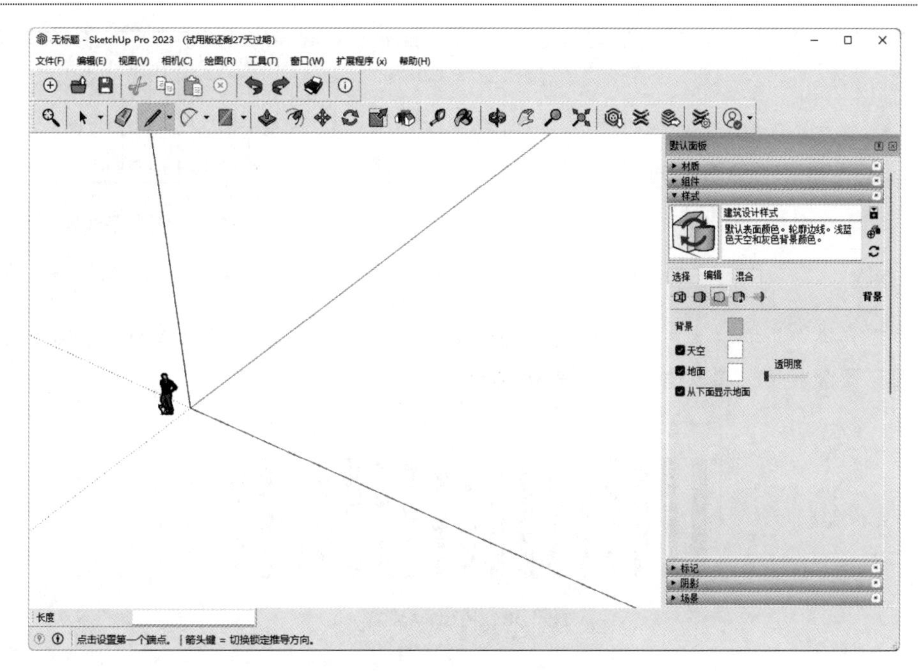

图 3.33　更改绘图背景

注意：

保存的模板可以调用，以节省绘图的时间。

4．绘制长方形

单击“视图”工具栏上的“前部”按钮，将视图转到前视图。单击“绘图”工具栏上的“直线”按钮，在绘图区域以原点为起点，在蓝轴上绘制直线，在“长度”控制框内输入数值 30；在红轴上绘制直线，在“长度”控制框内输入数值 100；在蓝轴上绘制直线，在“长度”控制框内输入数值 30；在红轴上绘制直线，在“长度”控制框内输入数值 100，完成一个闭合的长方形，如图 3.34 所示。

5．绘制线段

（1）单击“绘图”工具栏上的“直线”按钮，在上一步绘制矩形的左侧竖直边线上选取一点为起点，过表面在右侧竖直边线上选取另一点为端点，绘制线段，如图 3.35 所示。

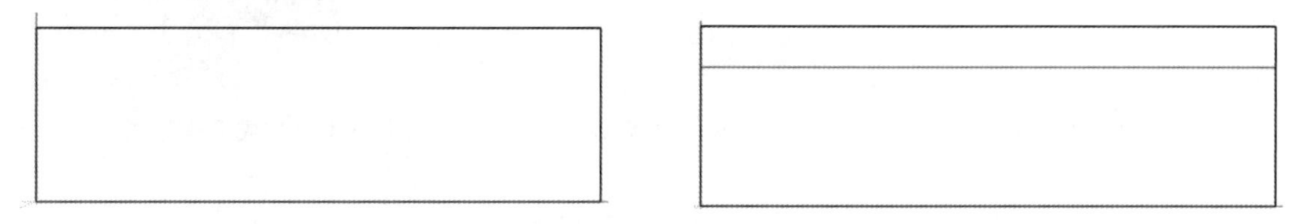

图 3.34　绘制长方形　　　图 3.35　绘制线段

（2）重复上述操作绘制线段，如图 3.36 所示。

（3）选取上一步绘制的线段，右击，在弹出的快捷菜单中选择“拆分”命令，在“线段”控制框中输入等分数目 35，此线段被等分 35 份。

（4）单击“绘图”工具栏上的“直线”按钮，分别以上一步等分线上的等分点为起点，绘制多条线段，如图 3.37 所示。

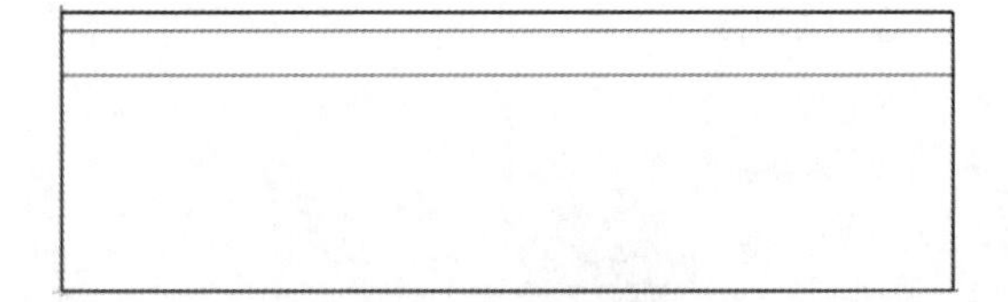

图 3.36　绘制线段

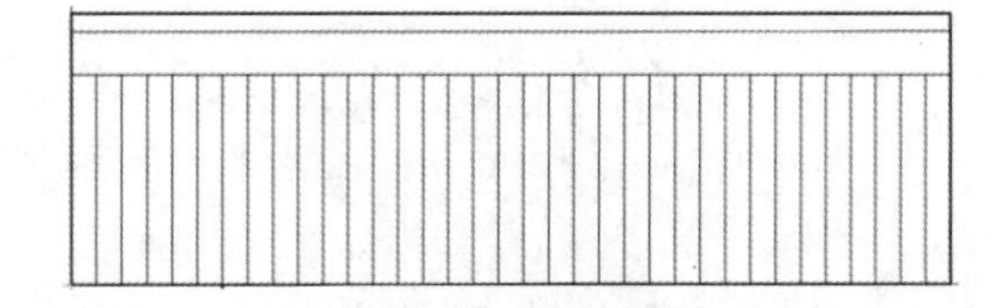

图 3.37　绘制多条线段

6. 填充颜色

单击“大工具集”工具栏上的“颜料桶”按钮（材质按钮在后面章节有详细介绍，这里暂不详细阐述）为图形添加材质。最终效果如图 3.38 所示。

图 3.38　电子琴键盘

3.2.2　手绘线

“手绘线”命令用于创建形状不规则的曲线。

【执行方式】

- 菜单栏：绘图→直线→手绘线。
- 工具栏：使用入门→直线→手绘线，绘图→手绘线。

【操作步骤】

单击“绘图”工具栏上的“手绘线”按钮，当鼠标指针变成形状时，按住鼠标左键不松开，确定起点，如图 3.39 所示。拖动鼠标指针，绘制自己想要的图形，如图 3.40 所示。最后将鼠标指针移至起点位置，生成不规则的面，如图 3.41 所示。

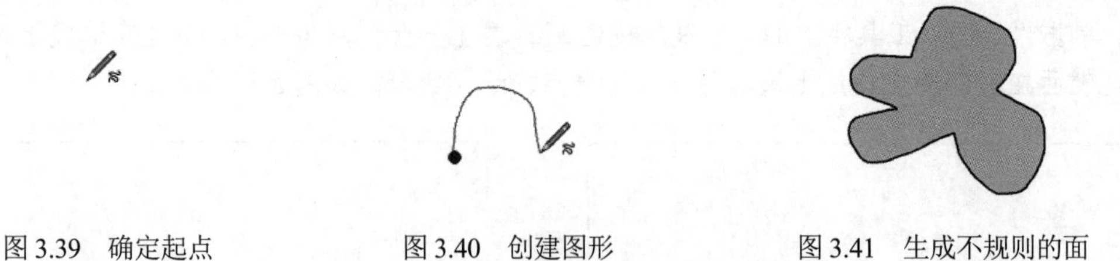

图 3.39　确定起点　　图 3.40　创建图形　　图 3.41　生成不规则的面

3.3　平面图形命令

简单的平面图形命令包括“矩形”命令和“多边形”命令。

扫一扫，看视频

3.3.1　矩形

矩形是最简单的封闭直线图形，通过两个对角点的定位可以生成规则的矩形，绘制完成将自动生成矩形。

【执行方式】

- 快捷命令：R。
- 菜单栏：绘图→形状→矩形。
- 工具栏：使用入门→形状→矩形/旋转长方形，绘图→矩形/旋转长方形。

【操作步骤】

1. 通过鼠标新建矩形

（1）单击“绘图”工具栏中的“矩形”按钮，当鼠标指针变成形状时，单击，确定矩形第 1 个点。移动鼠标指针到适当位置，单击确定第 2 个点，软件将自动生成矩形平面，如图 3.42 所示。

（2）选择平面，按 Delete 键将平面删除，可以得到矩形轮廓，如图 3.43 所示。

2. 通过输入数据绘制矩形

（1）单击“绘图”工具栏上的“矩形”按钮，当鼠标指针变成形状时，单击确定矩形第 1 个点。

（2）在“尺寸”控制框中输入长与宽数值，输入格式为“长,宽”。如果输入负值绘制出来的是反向的矩形，如绘制一个长 2000mm、宽 3000mm 的矩形则输入“2000，3000”。需要注意的是，此时的逗号必须是英文半角形式，输入数值需要按回车键确认，如图 3.44 所示。

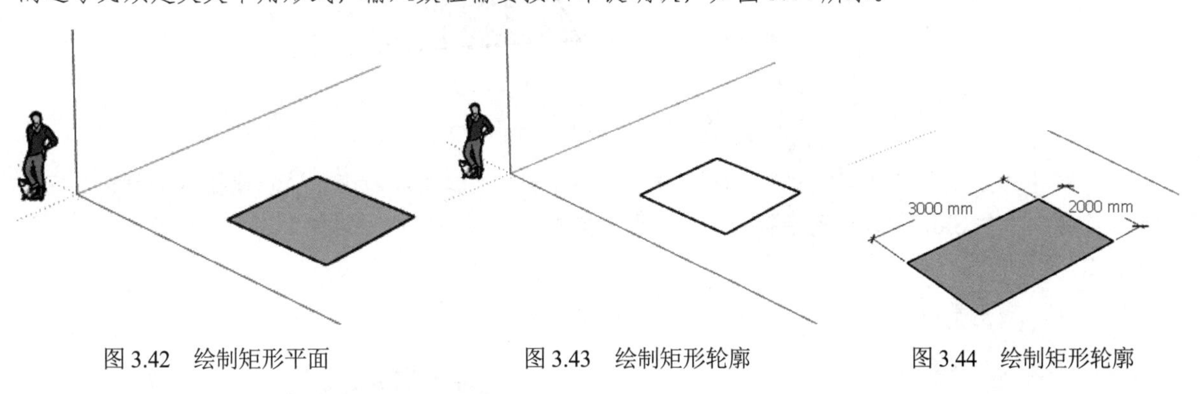

图 3.42　绘制矩形平面　　图 3.43　绘制矩形轮廓　　图 3.44　绘制矩形轮廓

☞教你一招

绘制图形时，仅输入数值，软件会默认使用模型信息对话框中设置的单位。当需要绘制其他单位的图形时，指定第 1 个角点，然后在“尺寸”控制框中输入长与宽的数值并加上单位。例如，绘制长度和宽度均为 10m 的长方形，应输入“10m,10m”，如图 3.45 所示。按回车键，软件自动生成图形。

尺寸　10m, 10m

图 3.45　输入尺寸

3. 绘制特殊矩形

绘制矩形时，会出现以虚线表示的对角线，慢慢移动鼠标指针，提示“正方形”时，则说明绘制的是正方形；提示“黄金分割”时，则说明绘制的是黄金分割比的长方形，如图 3.46 所示。

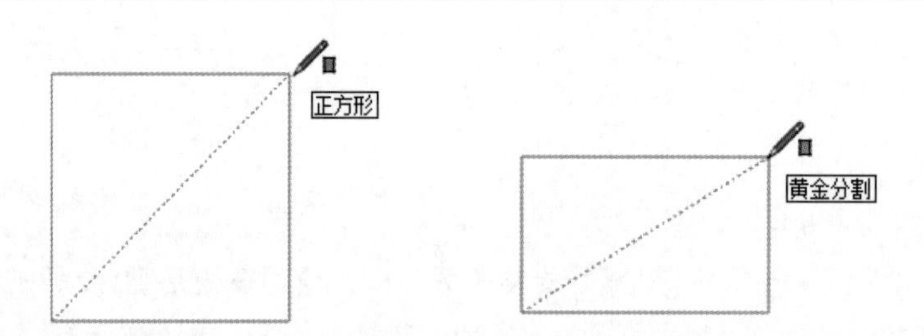

图 3.46　绘制特殊矩形

4．绘制空间矩形

（1）单击“绘图”工具栏上的“旋转长方形”按钮，当鼠标指针变成形状时，单击确定矩形第 1 个点。按住 Shift 键，移动指针到适当位置，单击确定第 2 个点和第 3 个点，软件将自动生成矩形平面 1，如图 3.47 所示。

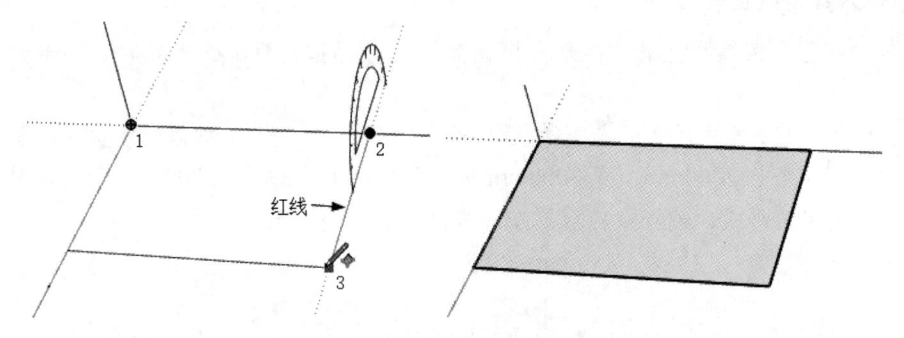

图 3.47　绘制矩形平面 1

（2）单击“绘图”工具栏上的“旋转长方形”按钮，当鼠标指针变成按钮时，单击确定矩形第 1 个点。按住 Shift 键，移动指针到适当位置，单击确定第 2 个点和第 3 个点，软件将自动生成矩形平面 2。

（3）绘制剩余平面即可形成长方体，如图 3.48 所示。

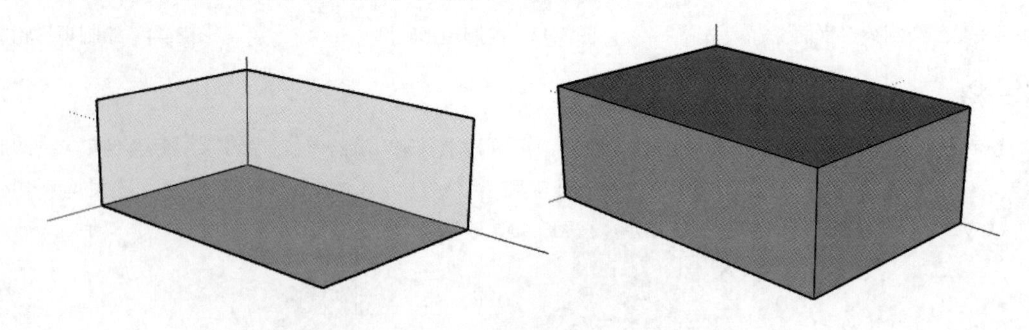

图 3.48　绘制剩余平面

扫一扫，看视频

动手学——绘制栅格门

本实例通过绘制一个栅格门来重点学习“矩形”命令，具体绘制流程如图 3.49 所示。

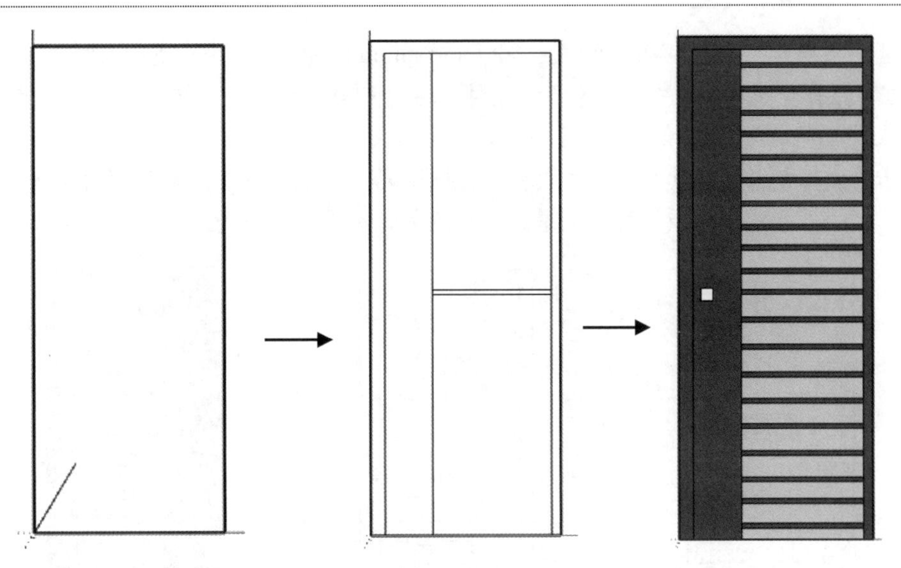

图 3.49　栅格门绘制流程

源文件： 源文件\第 3 章\栅格门.skp

【操作步骤】

（1）单击“视图”工具栏上的“前部”按钮，将视图转到前视图。单击“绘图”工具栏上的“矩形”按钮，以原点为第 1 个点，在“尺寸”控制框中输入数值，绘制一个长 2000mm、宽 800mm 的矩形，如图 3.50 所示。

（2）单击“绘图”工具栏上的“矩形”按钮，在上一步绘制的矩形底边任选一点作为起点，然后在“尺寸”控制框中输入数值，绘制一个长 1950mm、宽 700mm 的矩形，如图 3.51 所示。

（3）单击“绘图”工具栏上的“矩形”按钮，以上一步绘制的矩形左下角点为起点，在“尺寸”控制框中输入数值，绘制一个长 1950mm、宽 200mm 的矩形，如图 3.52 所示。

（4）单击“绘图”工具栏上的“矩形”按钮，在 1950mm×700mm 矩形内任选一点作为起点，在“尺寸”控制框中输入数值，绘制一个长 500mm、宽 20mm 的矩形，如图 3.53 所示。

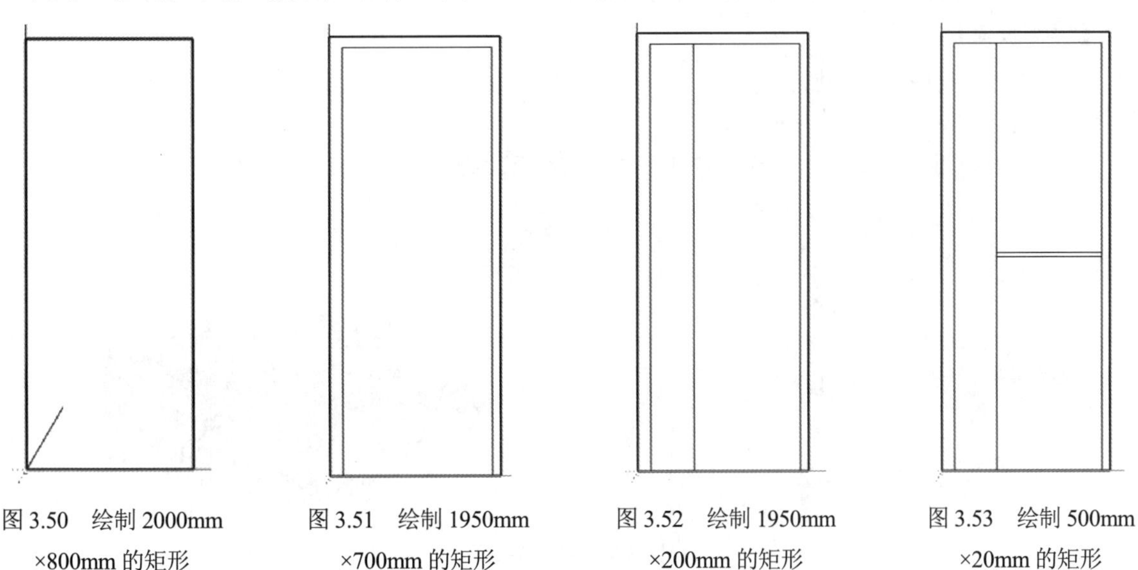

图 3.50　绘制 2000mm×800mm 的矩形　　图 3.51　绘制 1950mm×700mm 的矩形　　图 3.52　绘制 1950mm×200mm 的矩形　　图 3.53　绘制 500mm×20mm 的矩形

（5）重复上述操作，再绘制几个尺寸为500mm×20mm的矩形，如图3.54所示。

（6）单击“绘图”工具栏上的“矩形”按钮，在绘制好的矩形内任选一点作为起点，在“尺寸”控制框中输入长与宽均为50，绘制一个正方形，如图3.55所示。

（7）单击“大工具集”工具栏上的“颜料桶”按钮（材质按钮在后面章节有详细介绍，这里暂不详细阐述），为图形添加材质即可得到最终绘制效果，如图3.56所示。

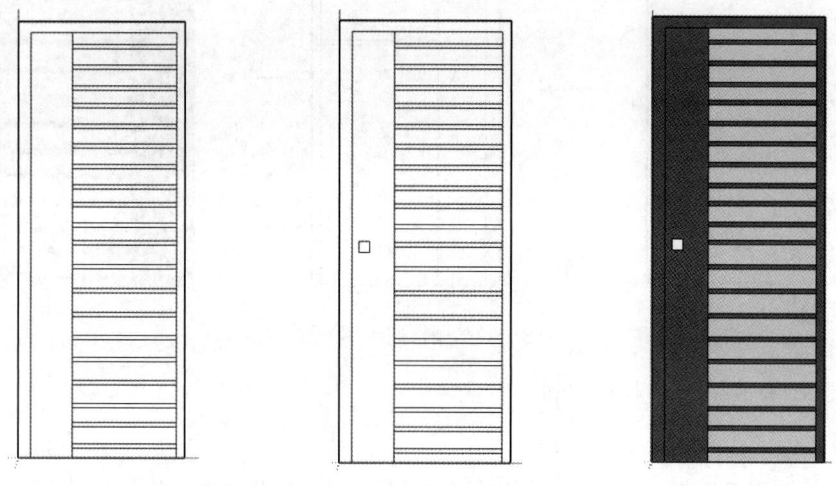

图3.54　绘制500mm×20mm的矩形　　图3.55　绘制正方形　　图3.56　添加材质

3.3.2　多边形

正多边形是相对复杂的一类平面图形，人类曾经为寻找手工绘制正多边形的准确方法而长期求索，现在利用SketchUp可以轻松地绘制出3～42条边的正多边形。

【执行方式】

- 菜单栏：绘图→形状→多边形。
- 工具栏：使用入门→形状→多边形，绘图→多边形。

【操作步骤】

（1）单击“绘图”工具栏上的“多边形”按钮，在“边数”控制框中输入多边形的边数，当鼠标指针变成形状时单击确定中心。

（2）在外切圆半径或内切圆半径控制框中输入半径，绘制多边形，如图3.57所示。

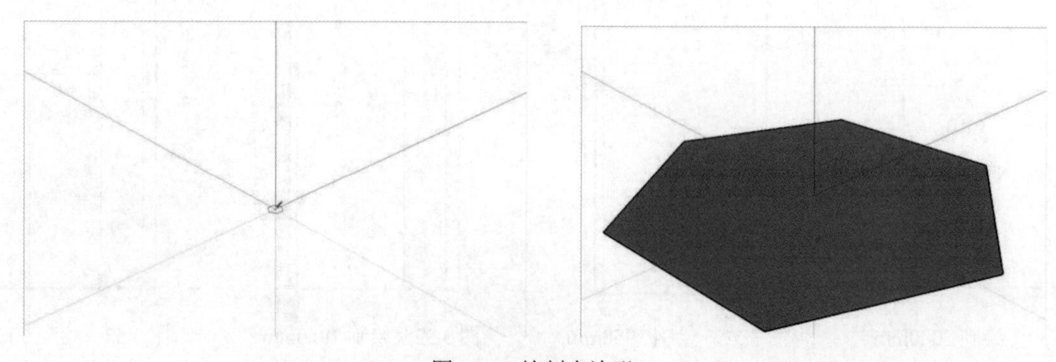

图3.57　绘制多边形

动手学——绘制绘图模板

本实例通过绘制一个绘图模板来重点学习“多边形”命令，具体绘制流程如图 3.58 所示。

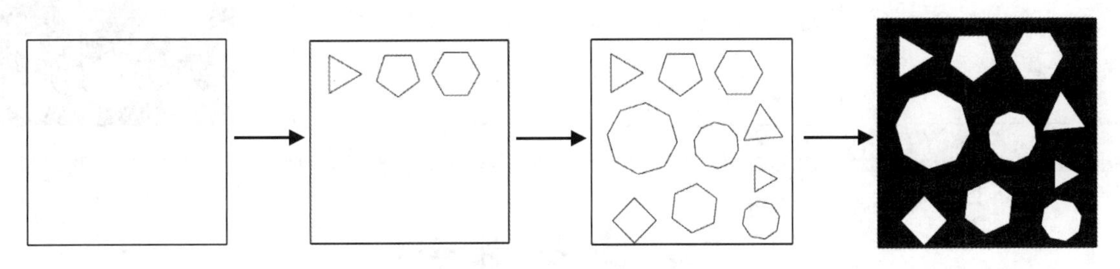

图 3.58　绘图模板绘制流程

源文件： 源文件\第 3 章\绘图模板.skp

【操作步骤】

（1）单击“绘图”工具栏上的“多边形”按钮，在“边数”控制框中输入多边形的边数 4，按回车键，单击确定中心，移动鼠标指针确定半径，完成四边形的绘制，如图 3.59 所示。

（2）单击“绘图”工具栏上的“多边形”按钮，在“边数”控制框中输入多边形的边数 3，按回车键，在绘制的四边形内单击确定中心，移动鼠标指针确定半径，完成三角形的绘制，如图 3.60 所示。

（3）单击“绘图”工具栏上的“多边形”按钮，在“边数”控制框中输入多边形的边数 5，按回车键，在绘制的四边形内单击确定中心，移动鼠标指针确定半径，完成五边形的绘制，如图 3.61 所示。

图 3.59　绘制四边形

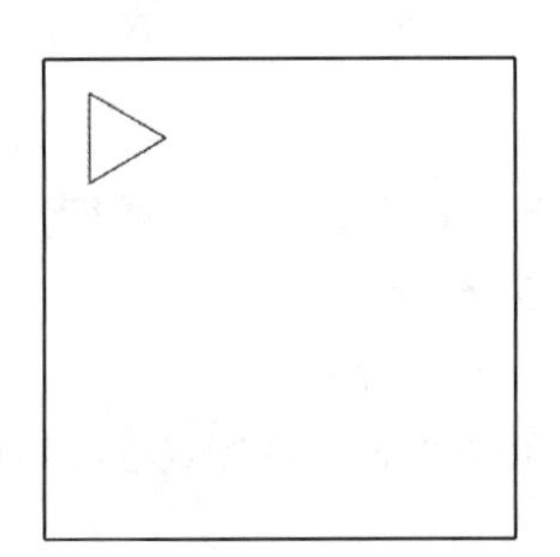

图 3.60　绘制三角形

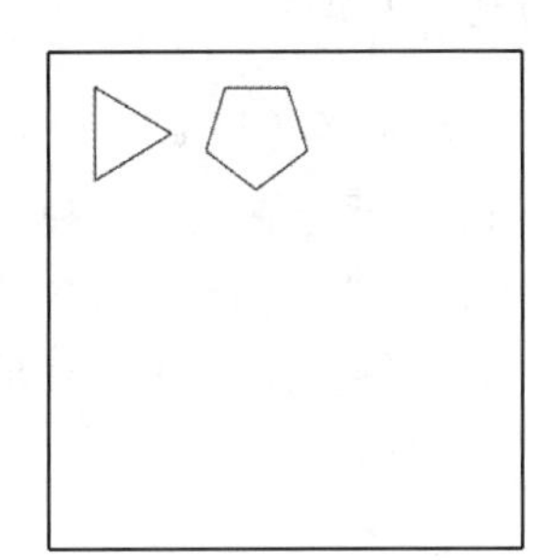

图 3.61　绘制五边形

（4）单击“绘图”工具栏上的“多边形”按钮，在“边数”控制框中输入多边形的边数 6，按回车键，在绘制的四边形内单击确定中心，移动鼠标指针确定半径，完成六边形的绘制，如图 3.62 所示。

（5）单击“绘图”工具栏上的“多边形”按钮，在“边数”控制框中输入多边形的边数 8，按回车键，在绘制的四边形内单击确定中心，移动鼠标指针确定半径，完成八边形的绘制，如图 3.63 所示。

（6）利用上述方法继续绘制剩余的多边形，结果如图 3.64 所示。

（7）单击“大工具集”工具栏上的“颜料桶”按钮（材质按钮在后面章节有详细介绍，这里暂不详细阐述），为图形添加材质。最终效果如图 3.65 所示。

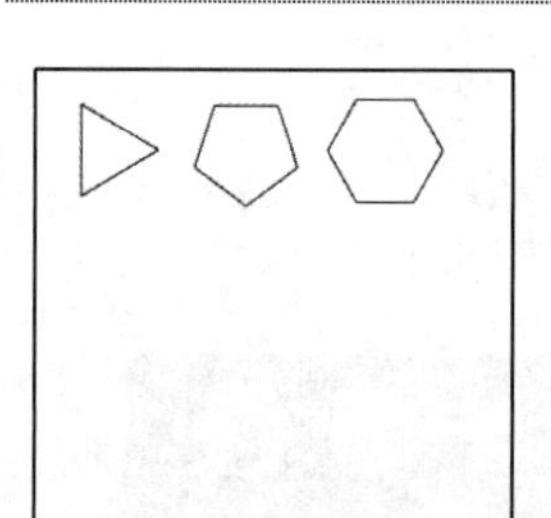

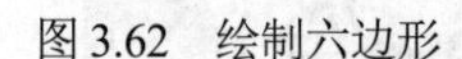

图 3.62　绘制六边形

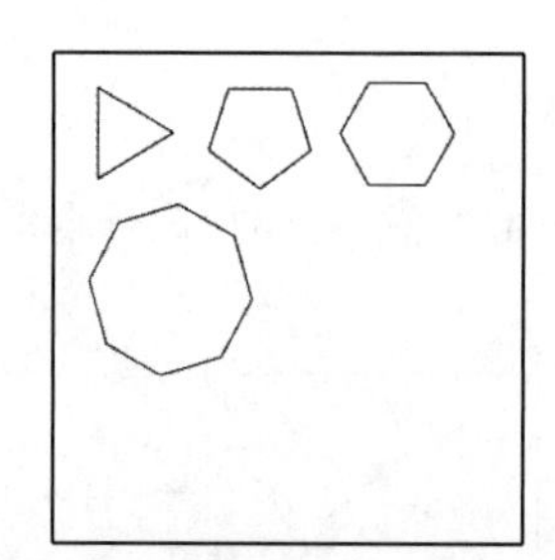

图 3.63　绘制八边形

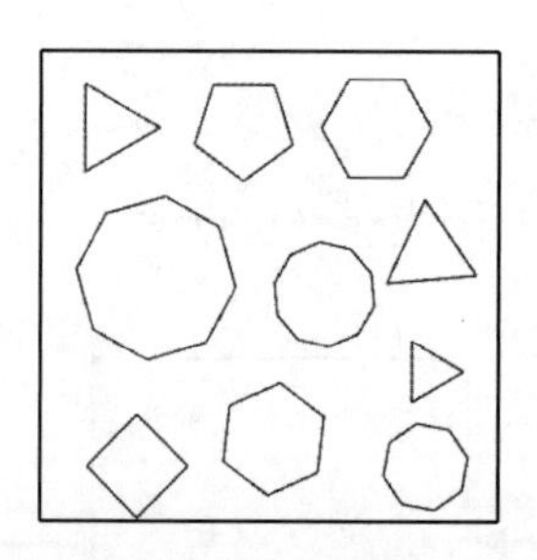

图 3.64　绘制剩余的多边形

图 3.65　绘图模板

3.4 圆类命令

圆形是最简单的封闭曲线图形，也是绘制工程图形时经常用到的图形单元。

扫一扫，看视频

3.4.1 圆

“圆”命令广泛应用于各种设计之中，可以和其他命令一起完成一个新的平面图形的绘制。

【执行方式】

- 快捷命令：C。
- 菜单栏：绘图→形状→圆。
- 工具栏：使用入门→形状→圆，绘图→圆。

【操作步骤】

1. 绘制圆形面

（1）使用上面任意一种方式来激活“圆”命令，当鼠标指针变成形状时，在“边数”控制框中输入多边形的边数，按回车键，如图 3.66 所示。

（2）在绘图区单击，确定圆心，如图 3.67 所示。

（3）移动鼠标指针，在“半径”控制框中输入半径或者在绘图区单击，绘制圆形面，如图 3.68 所示。

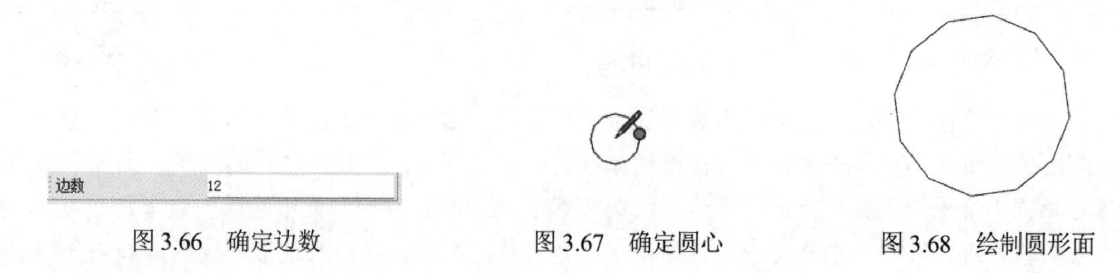

图 3.66　确定边数　　图 3.67　确定圆心　　图 3.68　绘制圆形面

2. 绘制圆形边线

（1）在已有圆形上利用“选择”工具单击圆形表面进行选择。

（2）按 Delete 键将圆面删除，得到圆形边线（同获得矩形轮廓的方法相似）。

注意：

在 SketchUp 中，圆和弧线一样都是由一定数量的线段组成的，所以可以在绘制圆前后输入“数字+s”来指定组成圆的段数，如 30s 就是指定此圆弧被分成 30 段。在 SketchUp 中，如果要设置段数，需要在确定圆心后，在“半径”控制框中输入“数字+s”，如图 3.69 所示。按回车键，这样圆的段数就会被重新定义。

半径　　20s

图 3.69　更改圆的段数

动手学——绘制小纽扣

扫一扫，看视频

本实例利用圆绘制小纽扣，具体绘制流程如图 3.70 所示。

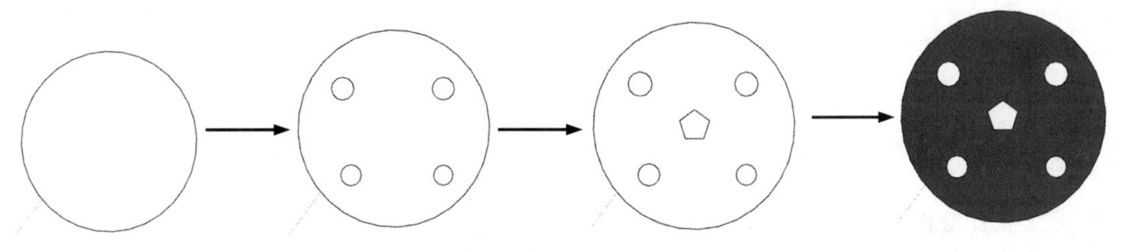

图 3.70　小纽扣绘制流程

源文件：源文件\第 3 章\小纽扣.skp

【操作步骤】

（1）绘制外部轮廓。单击“绘图”工具栏上的“圆”按钮，在“边数”控制框中输入数值 32。在前视图中指定圆心和半径，绘制适当大小的圆，如图 3.71 所示。

（2）绘制内部圆形。单击“绘图”工具栏上的“圆”按钮，绘制 4 个小圆，结果如图 3.72 所示。

（3）绘制中间部分。单击“绘图”工具栏上的“圆”按钮，指定圆心为大圆的中心。在“半径”控制框中输入数值 5s，更改圆的段数为 5，按回车键，绘制适当大小的五边形，结果如图 3.73 所示。

（4）添加材质。单击“大工具集”工具栏上的“颜料桶”按钮（材质按钮在后面章节有详细介绍，这里暂不详细阐述），为图形添加材质，结果如图 3.74 所示。

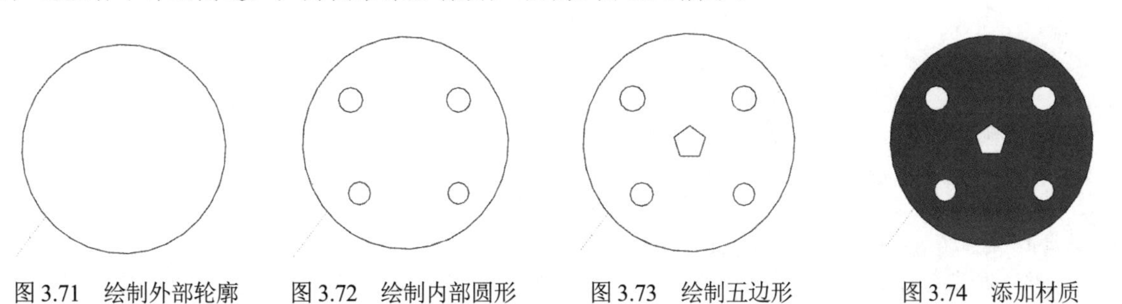

图 3.71　绘制外部轮廓　　图 3.72　绘制内部圆形　　图 3.73　绘制五边形　　图 3.74　添加材质

扫一扫，看视频

3.4.2　圆弧

圆弧是圆的一部分。在工程造型中，圆弧的使用比圆更普遍。通常强调的“流线型”造型或圆润的造型实际上就是圆弧造型。圆弧的绘制方法有多种，图 3.75 所示为各种不同的绘制方法。下面将以实例来讲述几种具有代表性的绘制方法。

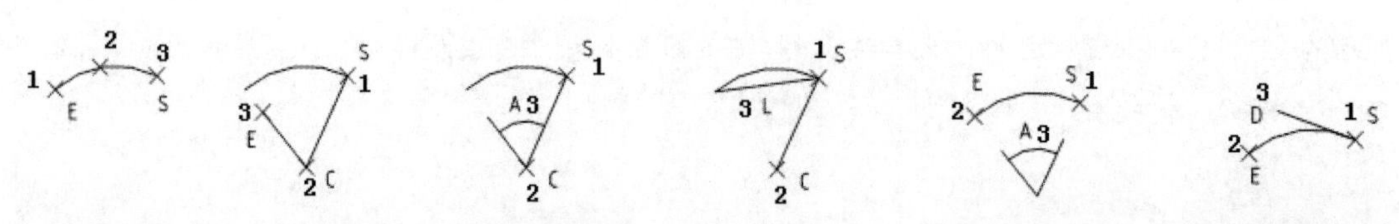

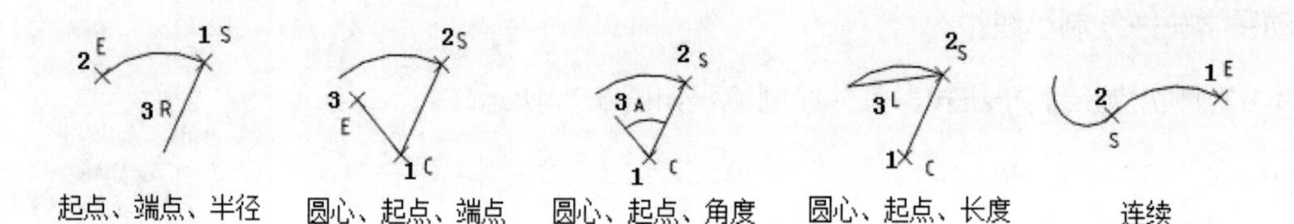

图 3.75　绘制圆弧的方法

【执行方式】

➘ 菜单栏：绘图→圆弧→圆弧。

➘ 工具栏：使用入门→圆弧→圆弧，绘图→圆弧。

【操作步骤】

1．绘制单段弧线

（1）执行圆弧命令，待鼠标指针变成形状时，单击确定圆弧起点。

（2）拖动鼠标指针，拉出适当距离后单击，确定端点。

（3）将鼠标指针向上或者向下移动，指定圆弧的方向。在“弧高”控制框中输入数值确定弧高即可完成弧形的绘制。也可在“弧高”控制框中输入半径数值加上字母 r，如 2500r，指定半径为 2500 来确定弧线，如图 3.76 所示。

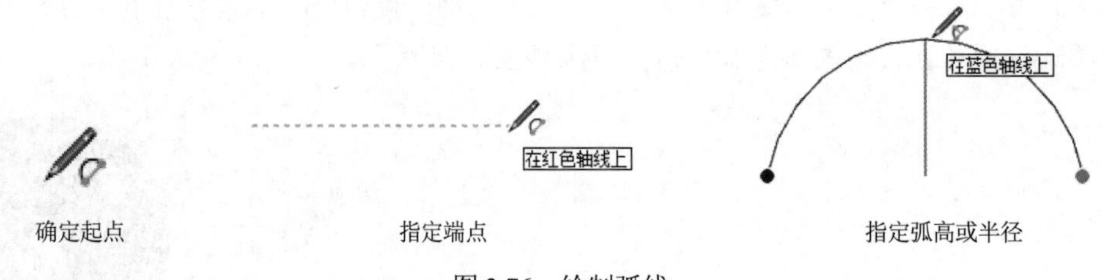

图 3.76　绘制弧线

注意：

弧线绘制完成后可以输入“数字+s”来指定弧线的段数，如 8s 就是指定此圆弧被分成 8 段。弧形的段数越多，弧形越光滑逼真，但图形占用的系统资源空间越大，所以画弧线时一定要根据需要及时调整段数。

2．绘制连续（相切）弧线

（1）绘制两段圆弧。

（2）继续使用圆弧工具，可绘制连续的圆弧线。圆弧的起点指定为左侧圆弧的端点，然后移动鼠标指针，当弧线显示为青色，提示显示“顶点切线”时，表示与原弧线相切。单击确定端点，绘制相切圆弧，如图 3.77 所示。

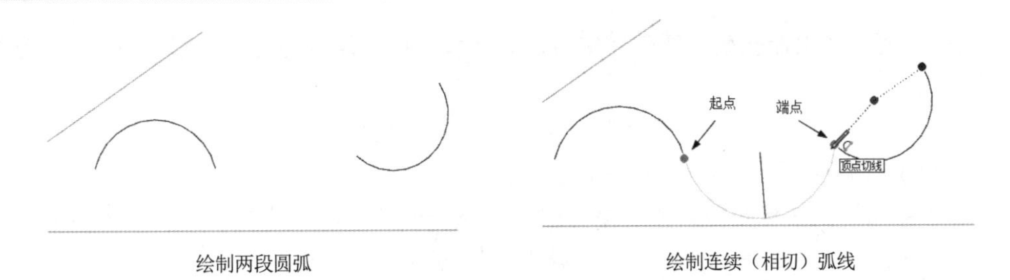

图 3.77　绘制连续（相切）弧线

3. 绘制半圆

在确定弧高时，捕捉到半圆的参考点时提示显示“半圆”，则可获得半圆，如图 3.78 所示。

4. 绘制立面圆弧

在确定弧高时，按住方向键↑，指定弧高，可获得立面圆弧，如图 3.79 所示。

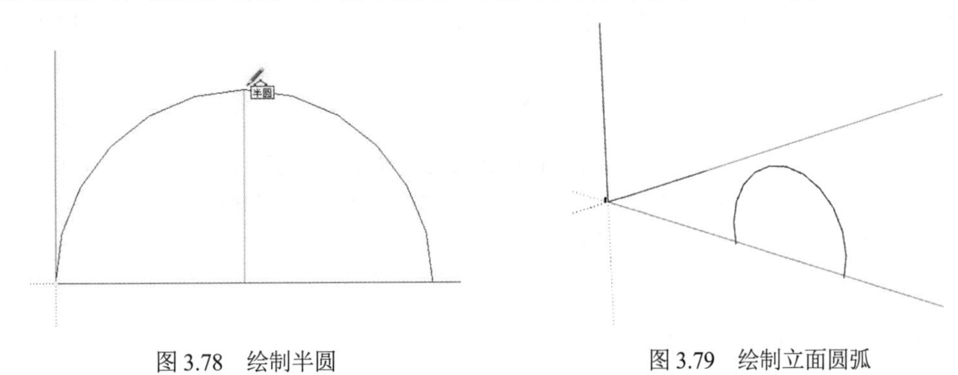

图 3.78　绘制半圆　　　图 3.79　绘制立面圆弧

5. 其余圆弧命令

其余圆弧命令和上述情况类似，用户可以根据具体情况选择任意一种绘图命令进行绘制，这里不再赘述。

扫一扫，看视频

动手学——绘制太极图

本实例利用圆和圆弧命令来绘制太极图，具体绘制流程如图 3.80 所示。

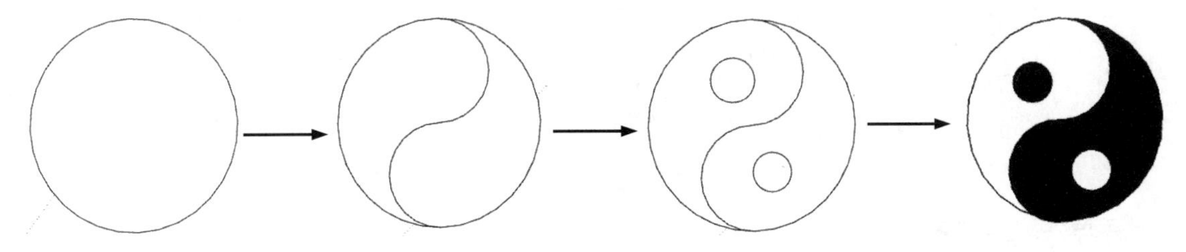

图 3.80　太极图绘制流程

源文件：源文件\第 4 章\太极图.skp

【操作步骤】

(1) 单击“绘图”工具栏上的“圆”按钮，段数设置为 32，在绘图区域任选一点确定圆心，指定半径，绘制适当大小的圆，如图 3.81 所示。

（2）单击“绘图”工具栏上的“圆弧”按钮，选择圆的上端点为起点，圆心为端点，绘制半圆，如图 3.82 所示。

（3）单击“绘图”工具栏上的“圆弧”按钮，选择大圆的圆心为起点，大圆的下端点为端点，绘制半圆，如图 3.83 所示。

（4）单击“绘图”工具栏上的“圆”按钮，任选一点为圆心，绘制圆，如图 3.84 所示。

（5）单击“大工具集”工具栏上的“颜料桶”按钮（材质按钮在后面章节有详细介绍，这里暂不详细阐述），为图形添加材质，如图 3.85 所示。

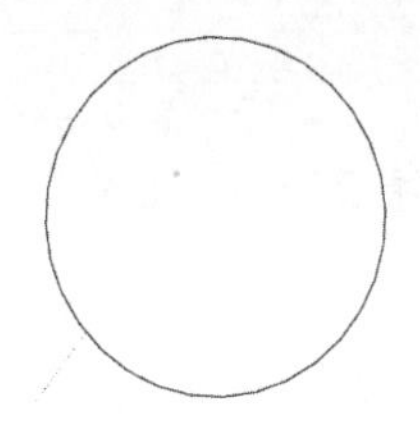

图 3.81　绘制圆

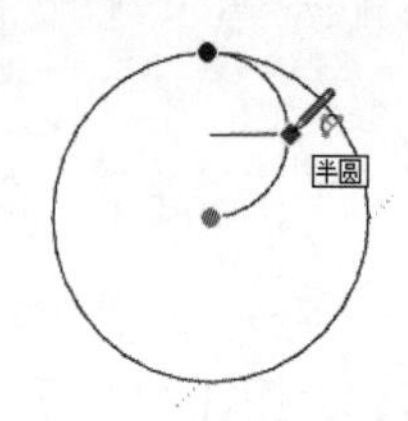

图 3.82　绘制上面半圆

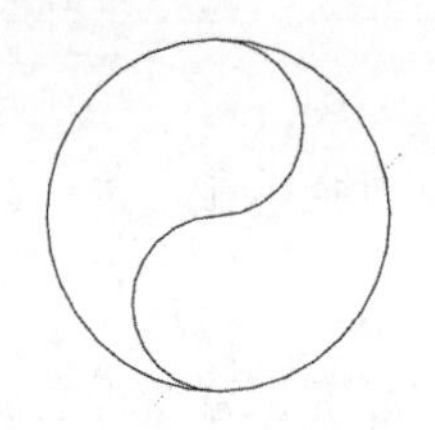

图 3.83　绘制下面半圆

图 3.84　绘制圆

图 3.85　添加材质

扫一扫，看视频

3.4.3　扇形

“扇形”命令生成的是一个楔形面，在绘制时需要指定角度，以逆时针为正值，顺时针为负值。也就是说，我们在“角度”控制框中输入的数值前加上负号，将会顺时针绘制扇形，若只输入数值，则会逆时针绘制扇形。

【执行方式】

- 菜单栏：绘图→圆弧→扇形。
- 工具栏：使用入门→圆弧→扇形，大工具集→扇形。

【操作步骤】

执行“扇形”命令后，当鼠标指针变成形状时，单击确定起点。移动鼠标指针确定半径，按回车键，最后确定角度。扇形绘制流程如图 3.86 所示。

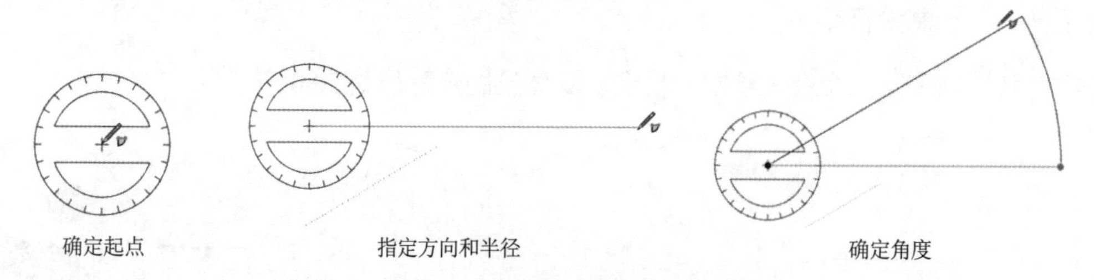

图 3.86　扇形绘制流程

扫一扫，看视频

动手学——绘制扇子

本实例利用扇形、直线和圆弧命令来绘制扇子，具体绘制流程如图 3.87 所示。

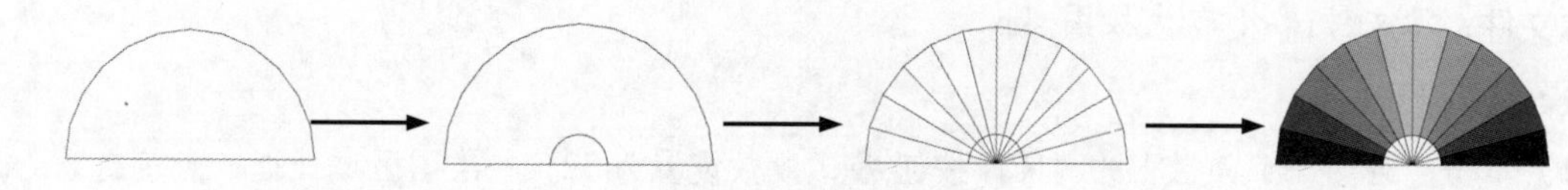

图 3.87　扇子绘制流程

源文件：源文件\第 3 章\扇子.skp

【操作步骤】

（1）单击“绘图”工具栏上的“扇形”按钮，将边数设置为 12。在绘图区域任选一点确定圆心，移动鼠标指针，在红色轴线上指定半径和角度，绘制扇形，如图 3.88 所示。

（2）单击“绘图”工具栏上的“圆弧”按钮，将边数设置为 12，选择扇形中心为圆心，绘制半圆，如图 3.89 所示。

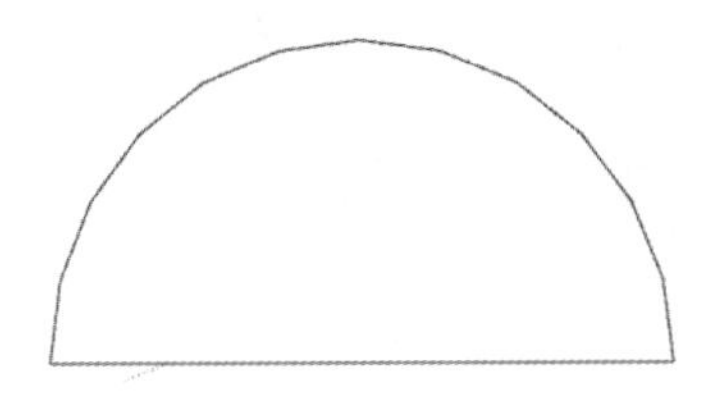

图 3.88　绘制扇形

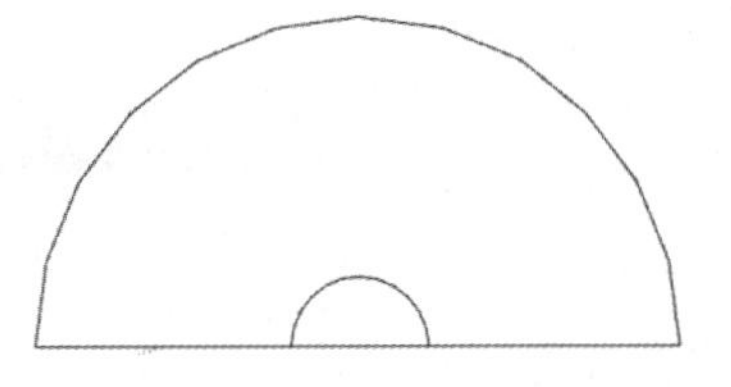

图 3.89　绘制半圆

（3）单击“绘图”工具栏上的“直线”按钮，捕捉圆心为起点，扇形上的端点为终点，绘制多条直线，如图 3.90 所示。

（4）单击“大工具集”工具栏上的“颜料桶”按钮（材质按钮在后面章节有详细介绍，这里暂不介绍），为图形添加材质，如图 3.91 所示。

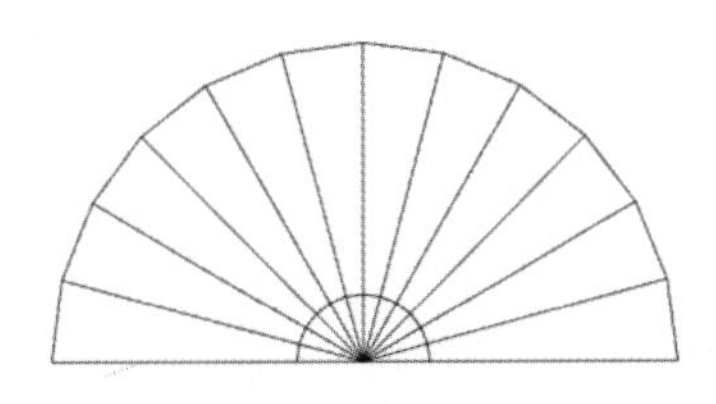

图 3.90　绘制直线

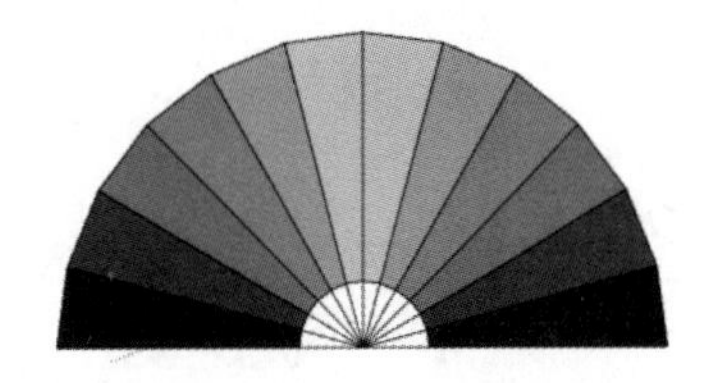

图 3.91　添加材质

3.5　删除命令

“删除”命令主要用来删除多余和绘制错误的图形。

【执行方式】

- 菜单：工具→橡皮擦。
- 工具栏：大工具集→删除，使用入门→删除。

【操作步骤】

1．删除

（1）执行“删除”命令，激活删除工具。

（2）单击边线即可删除此边线和与此边线相连的面，如图 3.92 所示。

注意：

在 SketchUp 中，面是由线组成的，面不能脱离线单独存在，所以在删除一条边线时，与此边线相关联的面也同时被删除。若要删除 SketchUp 中的面，可采用选择工具配合 Delete 键，或右击该面，从弹出的快捷菜单中选择“删除”命令，如图 3.93 所示。

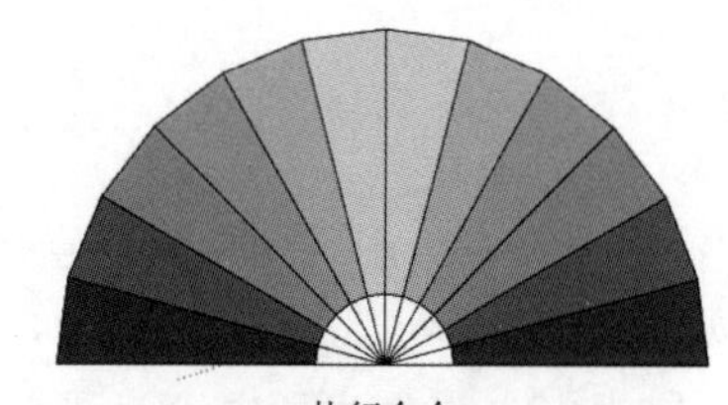

执行命令

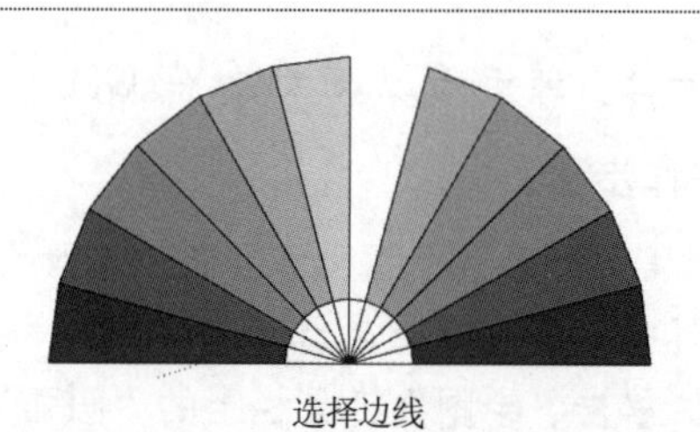

选择边线

图 3.92　删除边线

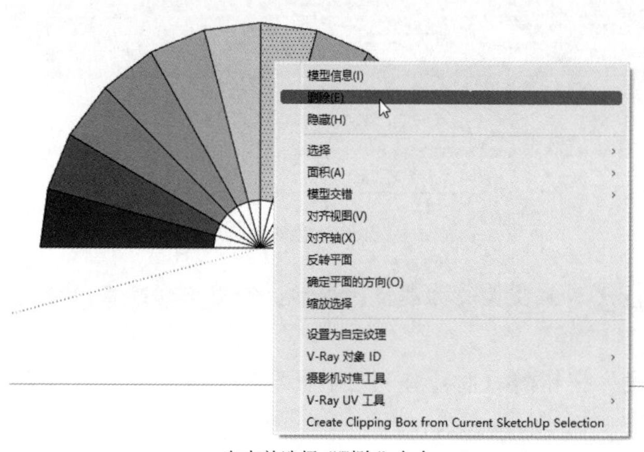

右击并选择“删除”命令

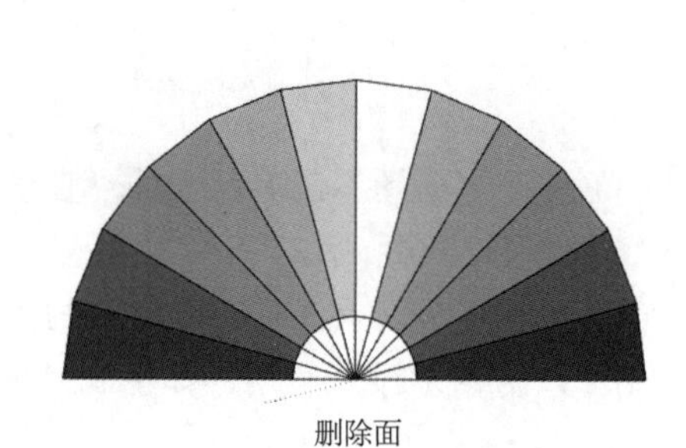

删除面

图 3.93　删除面

2. 隐藏边线

使用橡皮擦工具的同时按住 Shift 键会将选中的边线隐藏，而不是删除，如图 3.94 所示。执行“编辑”→“撤销隐藏”→“全部”命令，如图 3.95 所示，则是取消隐藏。

3. 柔化边线

使用橡皮擦工具的同时按住 Ctrl 键会将选中的边线柔化，若按住 Ctrl+Shift 组合键则会取消边线柔化效果，如图 3.96 所示。

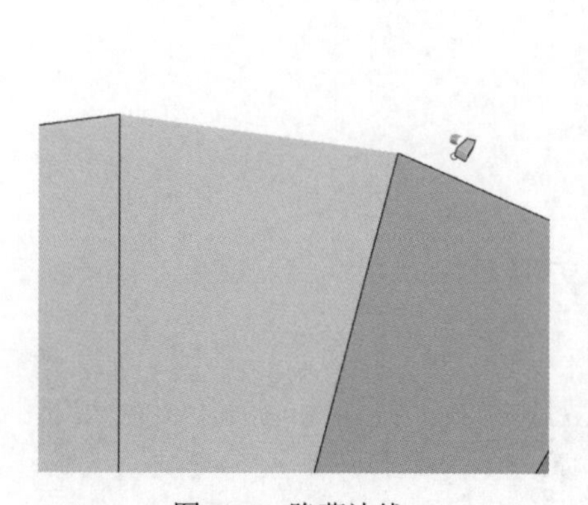

图 3.94　隐藏边线

图 3.95　取消隐藏

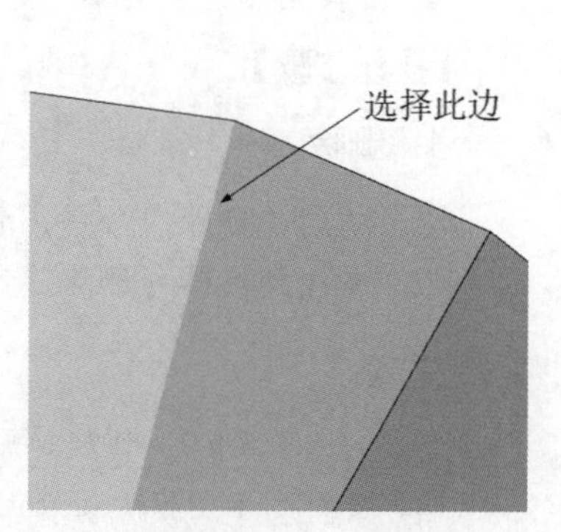

图 3.96　柔化边线

动手学——绘制星星

本实例通过绘制一个星星重点学习“删除”命令，具体绘制流程如图 3.97 所示。

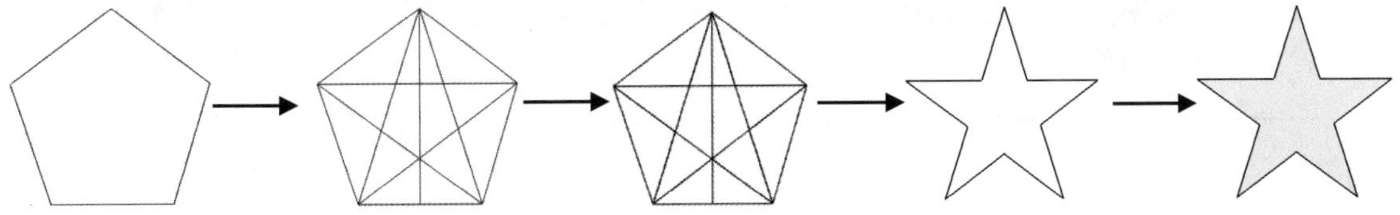

图 3.97　星星绘制流程

源文件：源文件\第 3 章\星星.skp

【操作步骤】

(1) 单击“绘图”工具栏上的“多边形”按钮，在“边数”控制框中输入多边形的边数 5。单击绘图区域确定中心，指定适当长度，绘制五边形，如图 3.98 所示。

(2) 单击“绘图”工具栏上的“直线”按钮，在上一步绘制的五边形内绘制对角线，如图 3.99 所示。

(3) 单击“使用入门”工具栏上的“删除”按钮，选择图 3.100 所示的线段，进行删除，如图 3.101 所示。

(4) 单击“大工具集”工具栏上的“颜料桶”按钮，为图形添加材质，如图 3.102 所示。

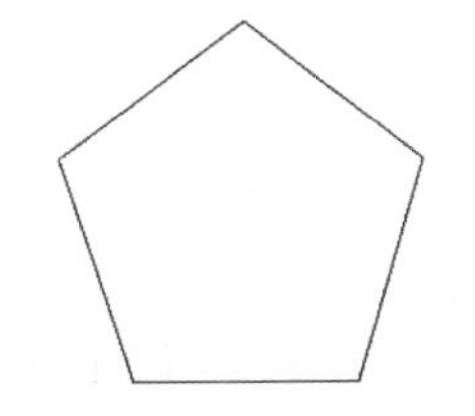

图 3.98　绘制五边形

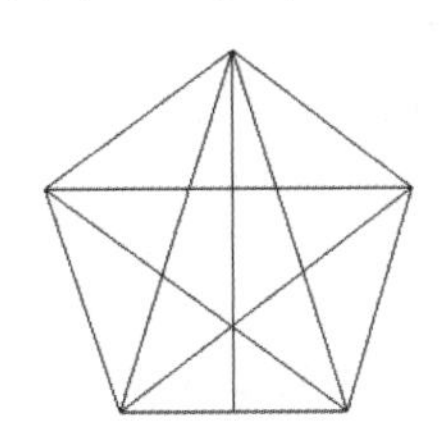

图 3.99　绘制对角线

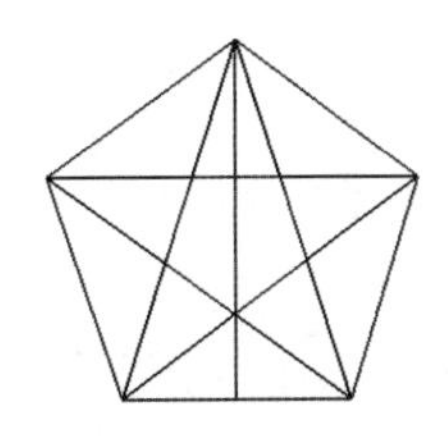

图 3.100　选择线段

图 3.101　绘制星星

图 3.102　添加材质

3.6　综合实例——绘制显示器

本实例通过绘制一个显示器重点复习之前学过的命令，具体绘制流程如图 3.103 所示。

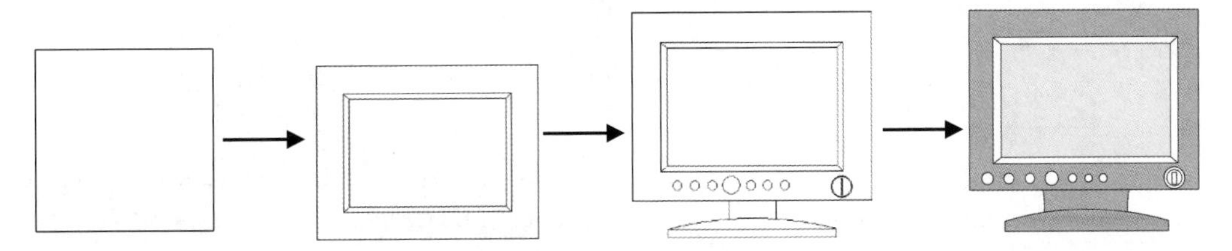

图 3.103　显示器绘制流程

源文件：源文件\第 3 章\显示器.skp

【操作步骤】

(1) 单击“绘图”工具栏上的“矩形”按钮，在“边数”控制框中输入多边形的边数 4。按回车键，绘制长方形作为显示器屏幕外轮廓，如图3.104所示。

（2）单击“绘图”工具栏上的“多边形”按钮，在“边数”控制框中输入多边形的边数4。按回车键，绘制四边形作为内侧显示屏区域的轮廓线，如图3.105所示。

（3）单击“绘图”工具栏上的“直线”按钮，绘制直线将内侧显示屏区域的轮廓线的交角连接起来，如图3.106所示。

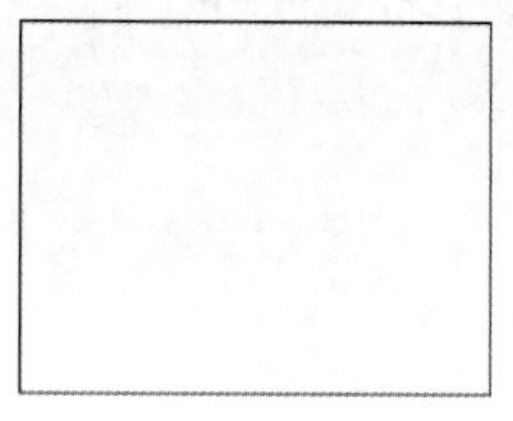
图3.104 绘制长方形

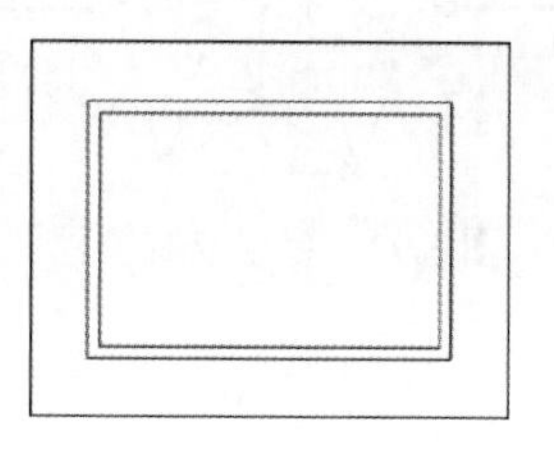
图3.105 绘制四边形

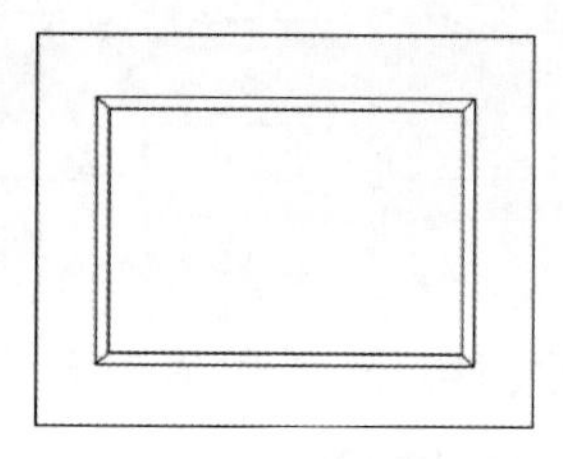
图3.106 绘制直线

（4）单击“绘图”工具栏上的“直线”按钮，绘制显示器的矩形底座，如图3.107所示。

（5）单击“绘图”工具栏上的“圆弧”按钮，绘制底座的弧线造型，如图3.108所示。

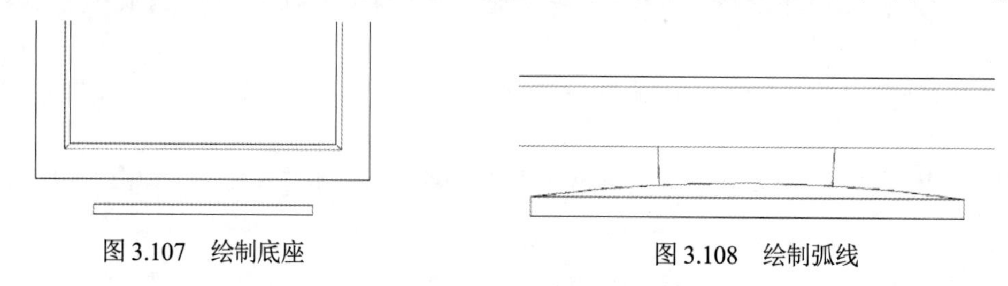
图3.107 绘制底座　　图3.108 绘制弧线

（6）单击“绘图”工具栏上的“圆”按钮，绘制多个大小不同的圆形调节按钮，结果如图3.109所示。

（7）单击“绘图”工具栏上的“圆”按钮和“直线”按钮，绘制电源开关按钮，结果如图3.110所示。

（8）单击“大工具集”工具栏上的“颜料桶”按钮，为图形添加材质，结果如图3.111所示。

（9）单击“使用入门”工具栏上的“删除”按钮，删除矩形台座上端的直线，结果如图3.112所示。

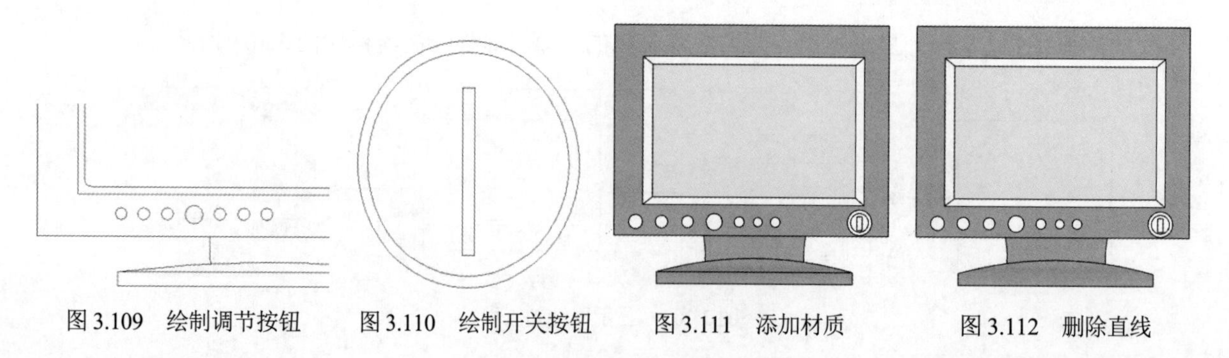
图3.109 绘制调节按钮　　图3.110 绘制开关按钮　　图3.111 添加材质　　图3.112 删除直线

第 4 章　常用编辑命令

内容简介

图形绘制完毕后，经常要进行校核，以找出疏漏或根据情况修改图形，力求准确与完美，这就是图形的编辑与修改。本章介绍编辑工具的相关知识，进一步完善复杂图形对象的绘制工作，合理安排和组织图形，保证作图准确，提高设计和绘图的效率。

内容要点

- “移动”命令
- “旋转”命令
- “轴”命令
- “推/拉”命令
- “缩放”命令
- “偏移”命令
- “路径跟随”命令

案例效果

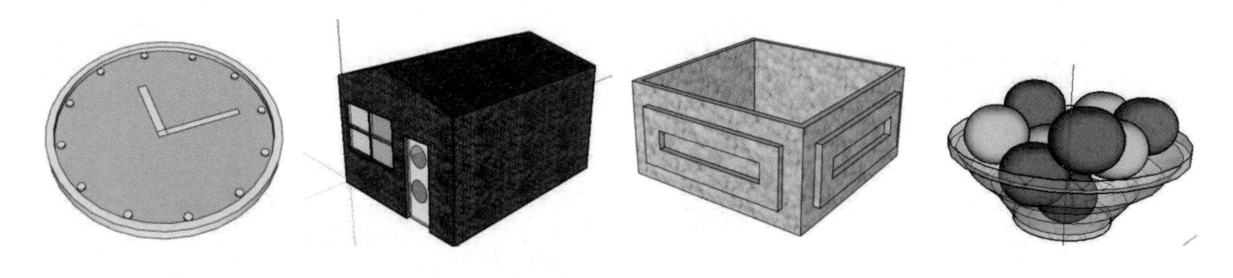

4.1　改变位置类命令

一些编辑命令可以改变对象的大小和数量，方便编辑和完善图形。

4.1.1　移动

扫一扫，看视频

“移动”命令不仅可以将选中的对象进行移动，而且具有复制功能。

【执行方式】

➘ 快捷命令：M。

➘ 菜单栏：工具→移动。

➘ 工具栏：使用入门/大工具集→移动，编辑→移动。

【操作步骤】

1．移动功能

（1）按空格键，调用“选择”命令，选中要移动的对象，如图4.1（a）所示。

（2）执行“移动”命令，确定一点作为起点。

（3）移动鼠标（在移动鼠标的过程中对象也会随之移动），确定移动方向，如图4.1（b）所示。

（4）在“数值”控制框中输入准确移动距离后按回车键，或者单击以鼠标起点和终点的距离为移动距离，移动后的对象如图4.1（c）所示。

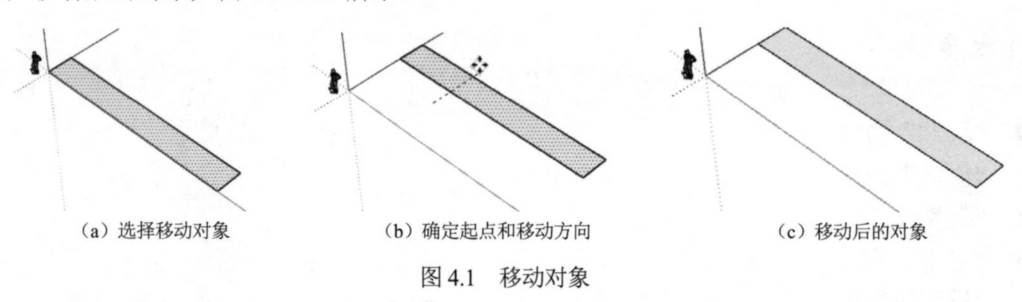

（a）选择移动对象　（b）确定起点和移动方向　（c）移动后的对象

图4.1　移动对象

2．复制功能

（1）按空格键，调用“选择”命令，选择要复制的对象，如图4.2（a）所示。

（2）执行“移动”命令。

（3）按Ctrl键，鼠标指针旁将出现一个小加号，此时“移动”命令变换成“复制”命令，如图4.2（b）所示。

（4）指定复制的基点和第2个点，确定复制间距，将对象复制后放置到需要的位置，如图4.2（c）所示。按Esc键退出命令。

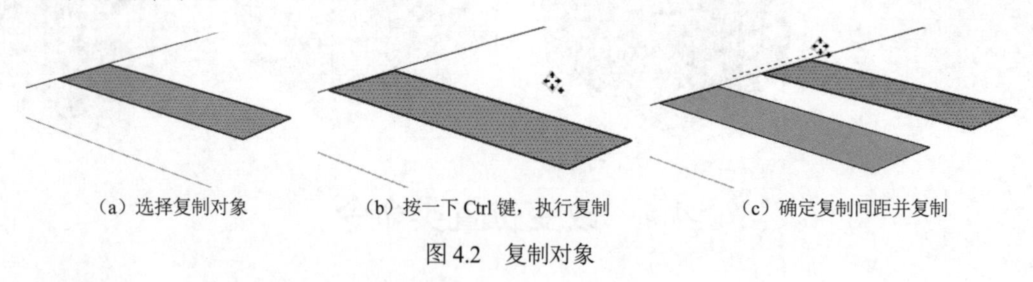

（a）选择复制对象　（b）按一下Ctrl键，执行复制　（c）确定复制间距并复制

图4.2　复制对象

3．阵列功能

（1）选择需要复制的对象并进行复制，这样就指定了复制的间距和方向。

（2）在“距离”控制框中输入“数字+*”或“*+数字”，如“*3”“3*”，然后按回车键。

（3）相当于在复制的间距和方向上阵列了3份，如图4.3所示。

（4）如果移动并复制后，在“距离”控制框中输入“数字+/”或“/+数字”，如“3/”，则在复制距离内等分为3份后阵列，如图4.4所示。

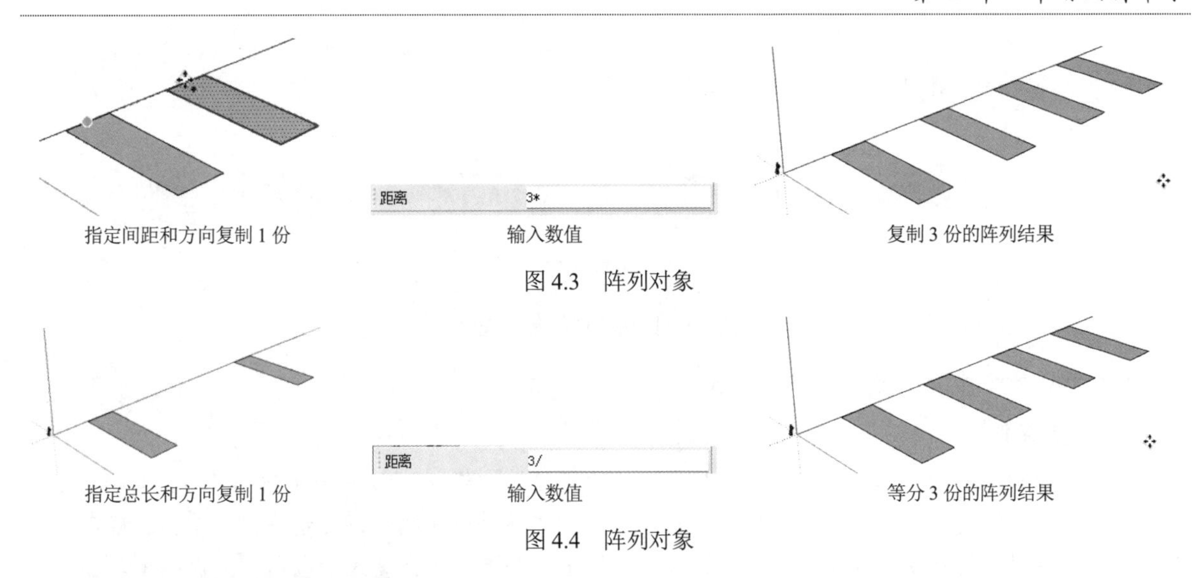

图 4.3　阵列对象

图 4.4　阵列对象

4．拉伸折叠功能

执行“移动”命令，选择图形上的单个边进行移动时，图形的其余部分也会相应拉伸。用这种方法建立或修改模型会起到“奇兵”的效果，如图 4.5 所示。

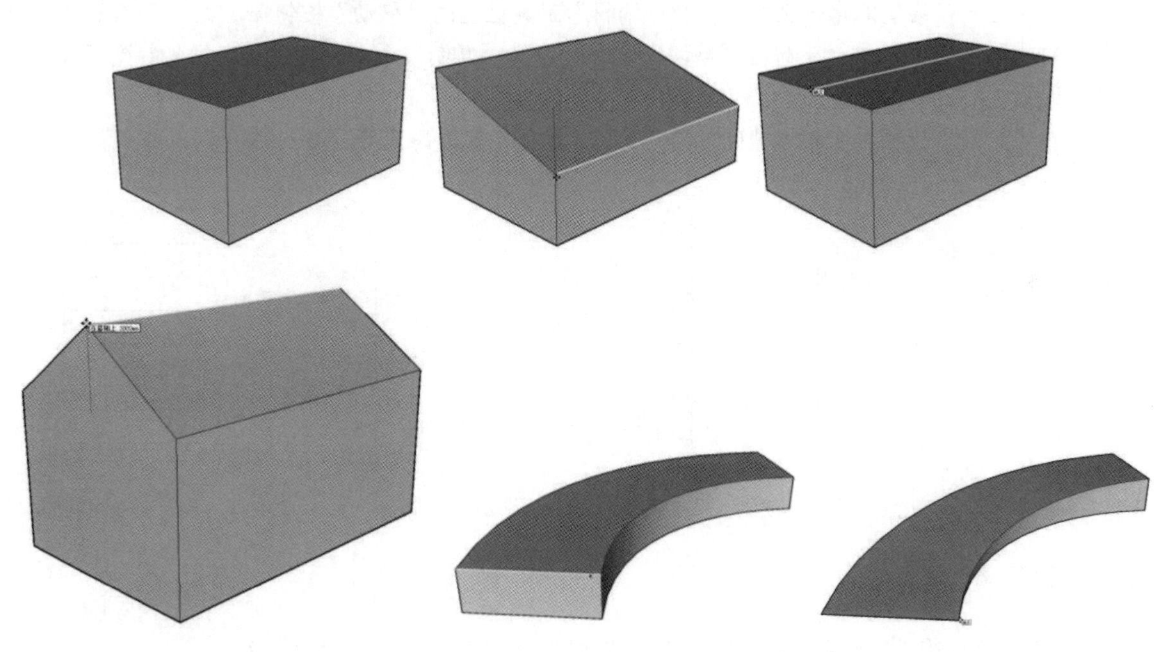

图 4.5　拉伸折叠

注意：

在 SketchUp 中可以准确地用箭头键锁定移动方向，向左是绿色，向上和向下是蓝色，向右是红色。通过上、下、左、右键锁定对象。

动手学——绘制园桥阶梯

本实例利用“直线”和“移动”命令绘制园桥阶梯，具体绘制流程如图 4.6 所示。

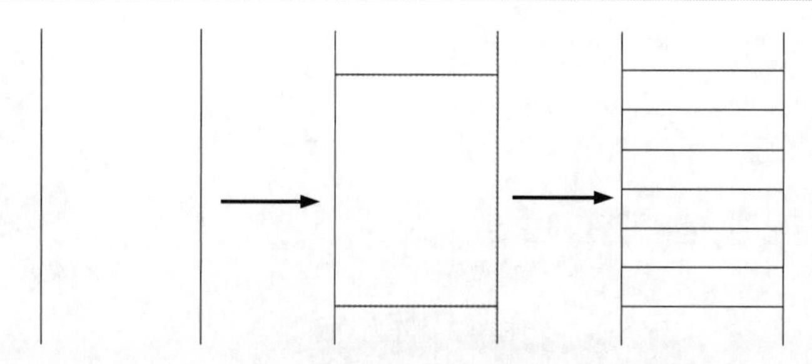

图 4.6　园桥阶梯绘制流程

源文件：源文件\第 4 章\园桥阶梯.skp

【操作步骤】

（1）切换到前视图。单击“绘图”工具栏上的“直线”按钮，绘制一条适当长度的竖直线。

（2）单击“绘图”工具栏上的“直线”按钮，向右移动鼠标指针，在适当位置单击，确定直线的起点，再将鼠标指针指向刚绘制的直线的终点，拉出一条追踪标记虚线，显示捕捉点标记。在适当位置单击，确定直线的终点，如图 4.7 所示。

（3）单击“绘图”工具栏上的“直线”按钮，在两条竖直线之间绘制水平直线，结果如图 4.8 所示。

（4）选中上一步绘制的水平直线，单击“编辑”工具栏上的“移动”按钮，按一下 Ctrl 键，鼠标指针旁将出现一个小加号，此时“移动”命令变换成“复制”命令。将水平直线复制到下面，结果如图 4.9 所示。

（5）在“距离”控制框中输入“6/”或“/6”，则在复制距离内等分 6 份后阵列，结果如图 4.10 所示。

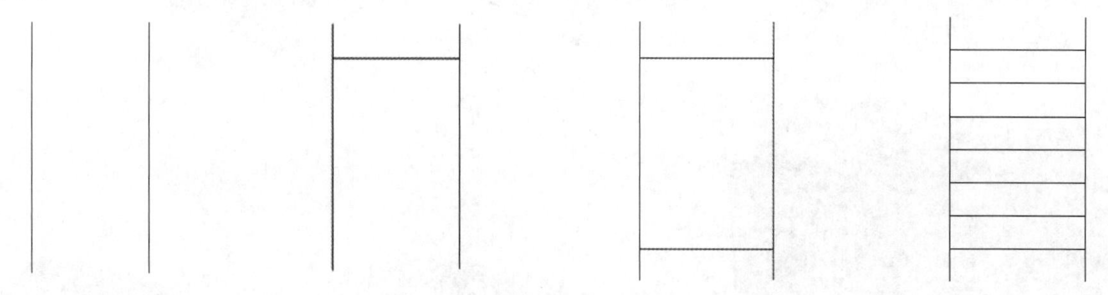

图 4.7　绘制竖直线　　图 4.8　绘制水平直线　　图 4.9　复制直线　　图 4.10　等分 6 份的阵列结果

扫一扫，看视频

4.1.2　旋转

“旋转”命令可用于旋转对象，同时可以完成复制。

【执行方式】

- 菜单栏：工具→旋转。
- 工具栏：使用入门/大工具集→旋转，编辑→旋转。

【操作步骤】

1. 旋转线

（1）使用“选择”命令，单击选中要旋转的对象。

（2）单击“编辑”工具栏上的“旋转”按钮，鼠标指针变成圆盘形状，单击确定旋转中心。

（3）移动鼠标指针，确定对象的旋转轴。

（4）输入角度或直接单击确定旋转目标点，旋转线，如图 4.11 所示。

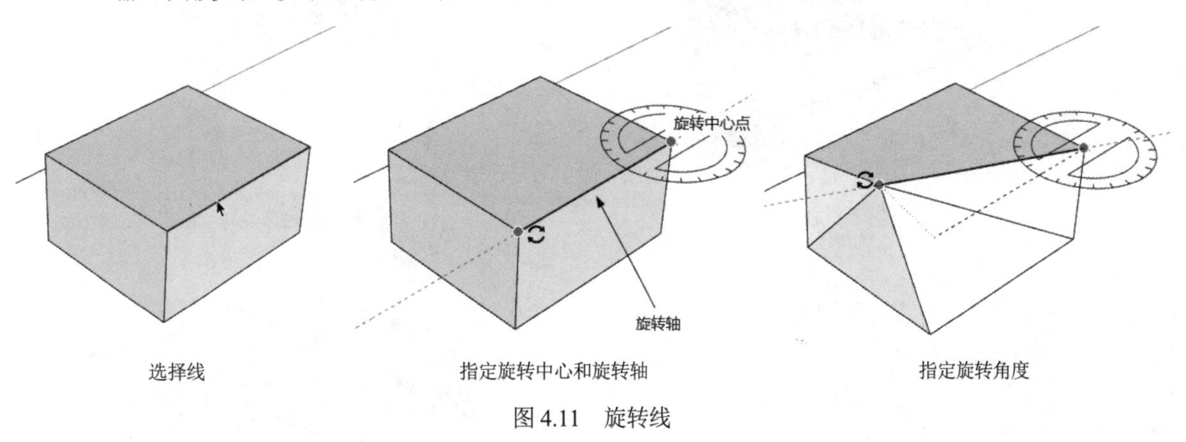

图 4.11　旋转线

2．旋转面

（1）使用“选择”命令，双击顶面，将要旋转的对象的面和线选中。

（2）单击“编辑”工具栏上的“旋转”按钮，鼠标指针变成圆盘形状，单击确定旋转中心。

（3）移动鼠标指针，确定旋转的起始线。

（4）输入角度或直接单击确定旋转目标点，旋转面，如图 4.12 所示。

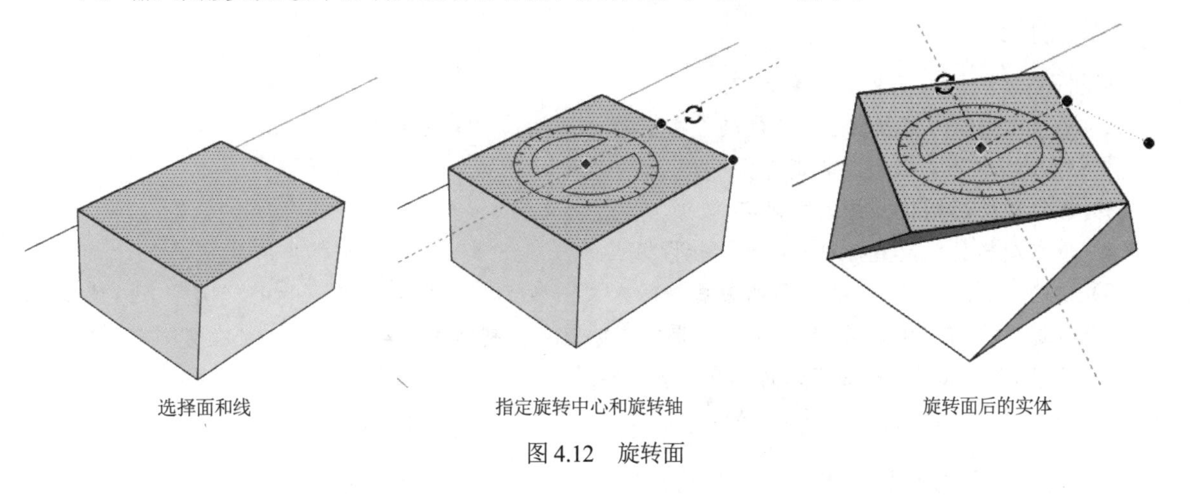

图 4.12　旋转面

3．旋转实体

（1）使用“选择”命令在实体上连续单击 3 次，将要旋转的对象选中。

（2）单击“编辑”工具栏上的“旋转”按钮，鼠标指针变成圆盘形状，单击确定旋转中心（可在对象上也可不在对象上）。

（3）移动鼠标指针，从轮盘中间拉出一条虚线。将鼠标指针移动到合适位置后单击，完成旋转起始线的绘制。

（4）在“角度”控制框中输入旋转角度完成旋转，也可移动鼠标指针（移动时对象也会随之转动），角度合适后单击，完成旋转，如图 4.13 所示。

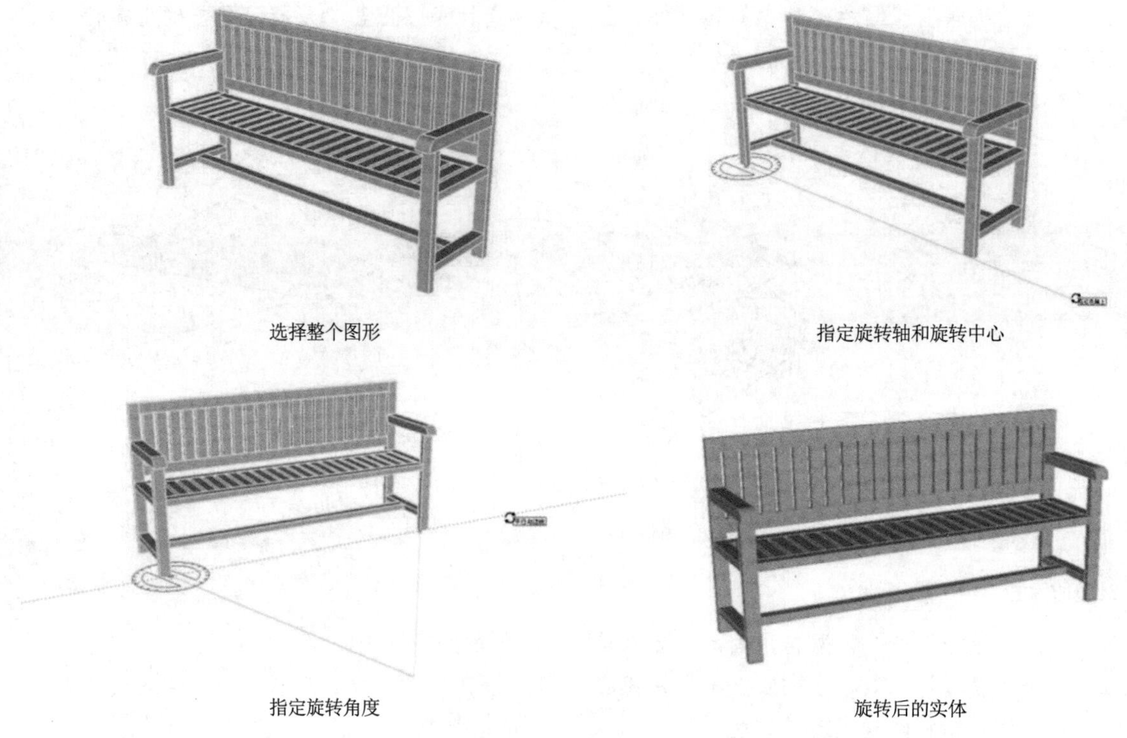

图 4.13 旋转实体

4. 环形阵列

（1）将要环形复制/阵列的对象选中。

（2）单击“编辑”工具栏上的“旋转”按钮，激活移动工具后按一下 Ctrl 键，鼠标指针旁将出现一个小加号，单击确定旋转基点。

（3）确定旋转起始边，并进行旋转。

（4）输入旋转角度或直接单击确定旋转目标点。

（5）复制完成后，可在“角度”控制框中输入“*+数字”或“数字+*”，如“*14”“14*”，然后按回车键进行阵列，如图 4.14 所示。如果在“数值”控制框中输入“14/”，则在复制距离内等分 14 份后阵列，环形阵列与矩形阵列的原理完全一样。

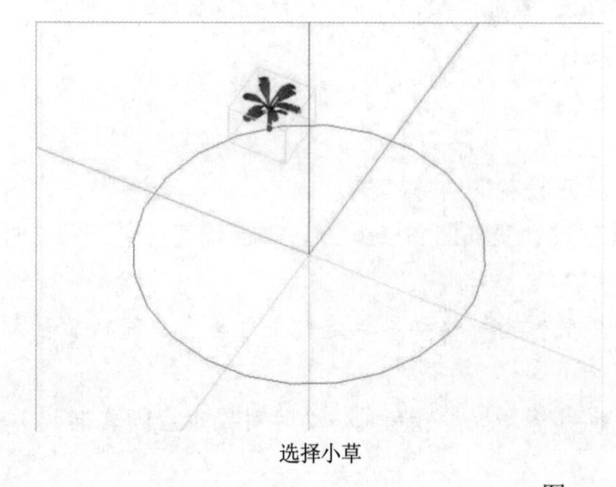

指定旋转中心和旋转起始点

图 4.14 环形阵列

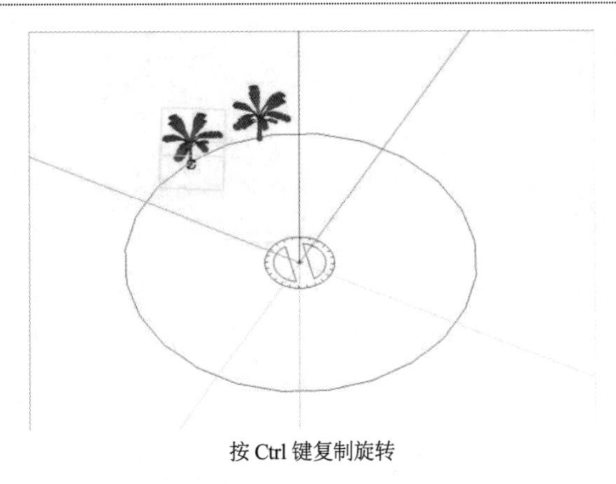

按 Ctrl 键复制旋转

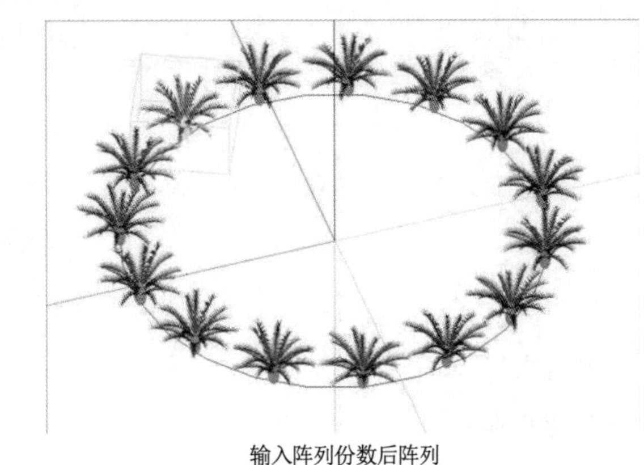

输入阵列份数后阵列

图 4.14（续）

5．立面旋转

立面旋转用得非常多，进行旋转时需要绘制参考平面。

（1）将要立面旋转的对象选中。

（2）单击“编辑”工具栏上的“旋转”按钮，将鼠标指针移动到矩形立方体上，当平面上显示提示时，单击确定旋转中心。

（3）确定旋转起始边和角度，单击确定旋转目标点，并进行旋转。

（4）使用相同的方法还可以继续绕其他平面进行立面旋转，如图 4.15 所示。

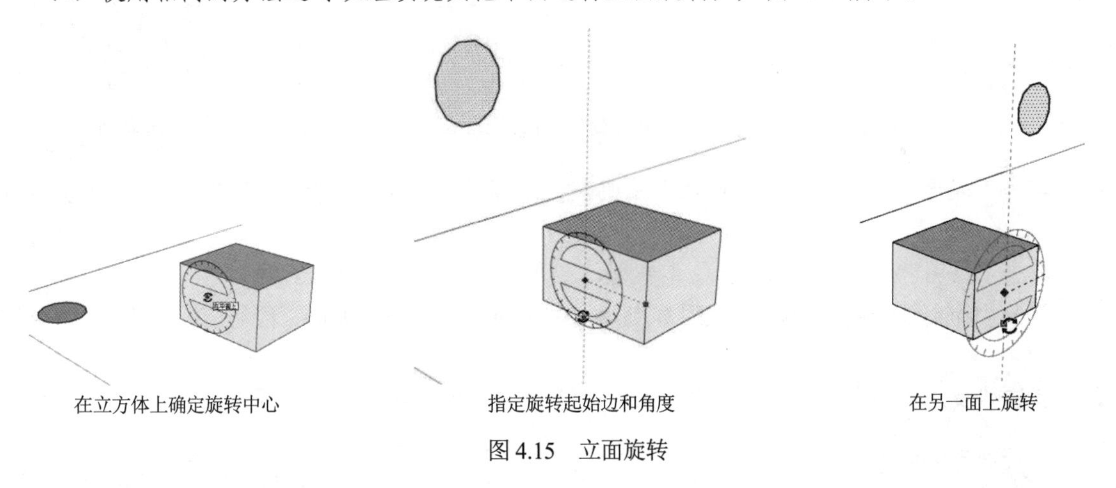

在立方体上确定旋转中心　　指定旋转起始边和角度　　在另一面上旋转

图 4.15　立面旋转

动手学——绘制小闹钟

扫一扫，看视频

本实例利用矩形、直线、圆、推/拉和旋转等命令绘制小闹钟，具体绘制流程如图 4.16 所示。

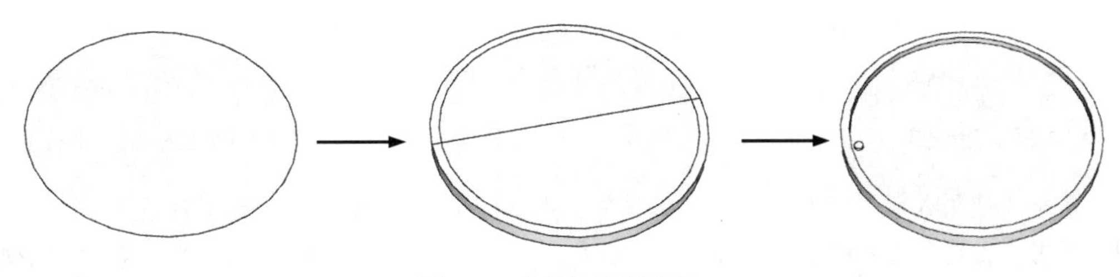

图 4.16　小闹钟绘制流程

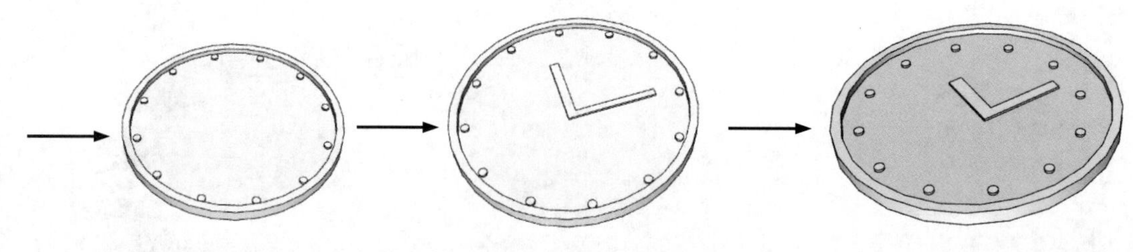

图 4.16（续）

源文件：源文件\第 5 章\小闹钟.skp

【操作步骤】

（1）单击“绘图”工具栏上的“圆”按钮，绘制半径为 3000mm 的圆，如图 4.17 所示。

（2）单击“编辑”工具栏上的“推/拉”按钮（“推/拉”命令在后面章节有详细介绍，这里暂不详细阐述），沿高度方向推/拉 300mm，绘制出圆柱体，如图 4.18 所示。

（3）单击“绘图”工具栏上的“直线”按钮，指定两点绘制辅助线。单击“绘图”工具栏上的“圆”按钮，绘制半径为 2800mm 的圆，如图 4.19 所示。

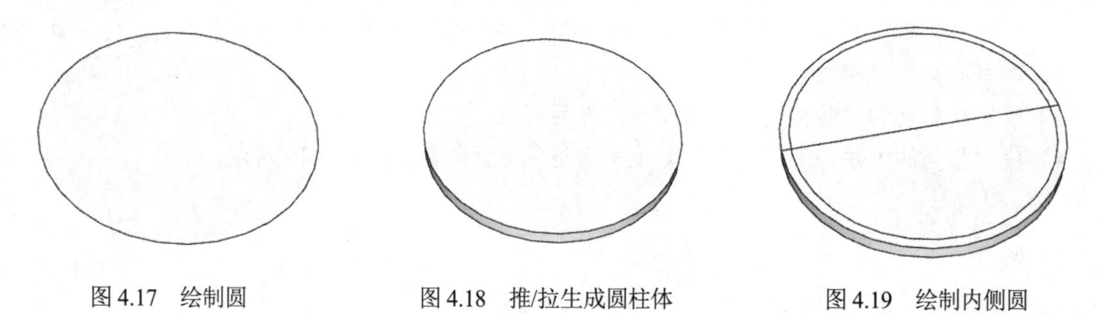

图 4.17　绘制圆　　图 4.18　推/拉生成圆柱体　　图 4.19　绘制内侧圆

（4）单击“编辑”工具栏上的“推/拉”按钮，沿高度方向推 150mm，绘制圆形槽，如图 4.20 所示。

（5）单击“绘图”工具栏上的“圆”按钮，绘制半径为 100mm 的圆。

（6）单击“编辑”工具栏上的“推/拉”按钮，沿高度方向推/拉 50mm，绘制出圆柱体，如图 4.21 所示。

（7）单击“使用入门”工具栏上的“删除”按钮，将辅助线删除，如图 4.22 所示。

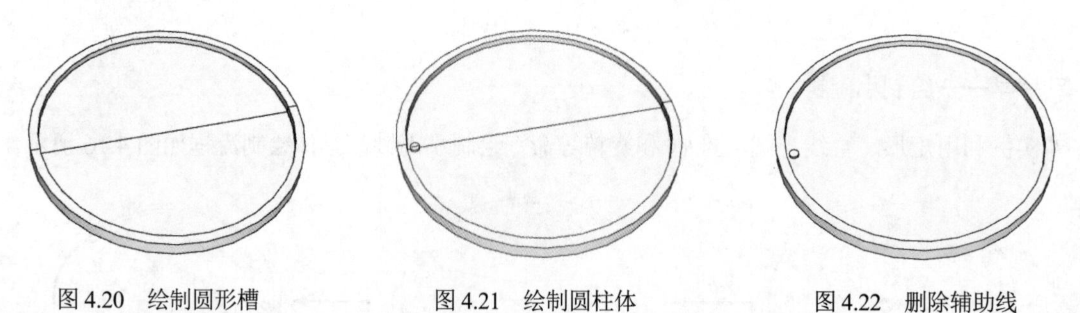

图 4.20　绘制圆形槽　　图 4.21　绘制圆柱体　　图 4.22　删除辅助线

（8）单击“使用入门”工具栏上的“选择”按钮，选择小圆柱体。

（9）单击“编辑”工具栏上的“旋转”按钮，按住 Ctrl 键复制旋转。在“角度”控制框中输入 30，按回车键。继续在“角度”控制框中输入“12*”，进行环形阵列，结果如图 4.23 所示。

（10）单击“绘图”工具栏上的“矩形”按钮▣，绘制两个矩形，作为时针和分针，如图 4.24 所示。

（11）单击“编辑”工具栏上的“推/拉”按钮，沿高度方向推/拉 50mm。单击“使用入门”工具栏上的“删除”按钮，将辅助线删除，如图 4.25 所示。

（12）单击“大工具集”工具栏上的“颜料桶”按钮，为图形添加材质，如图 4.26 所示。

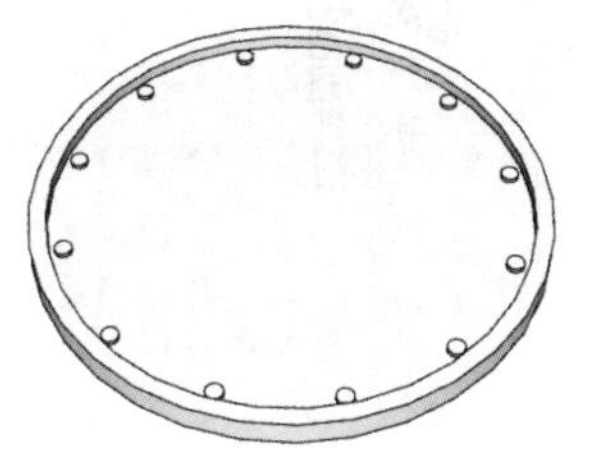

图 4.23　环形阵列圆柱体

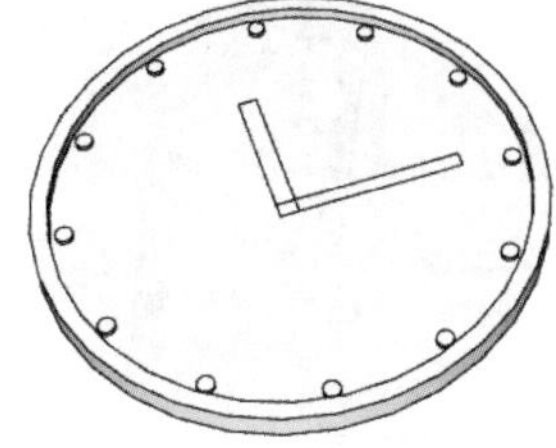

图 4.24　绘制矩形

图 4.25　删除辅助线

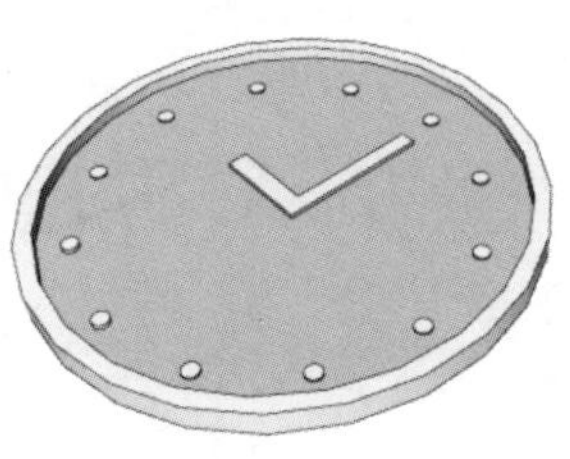

图 4.26　添加材质

4.1.3　轴

扫一扫，看视频

“轴”命令用于指定新的坐标系。

【执行方式】

- 菜单栏：工具→坐标系。
- 工具栏：大工具集→轴，建筑施工→轴。

【操作步骤】

（1）单击“大工具集”工具栏上的“轴”按钮，鼠标指针变成形状，单击确定新的坐标系原点。

（2）移动鼠标指针，单击确定红轴。

（3）移动鼠标指针，单击确定绿轴，生成新的坐标系，如图 4.27 所示。

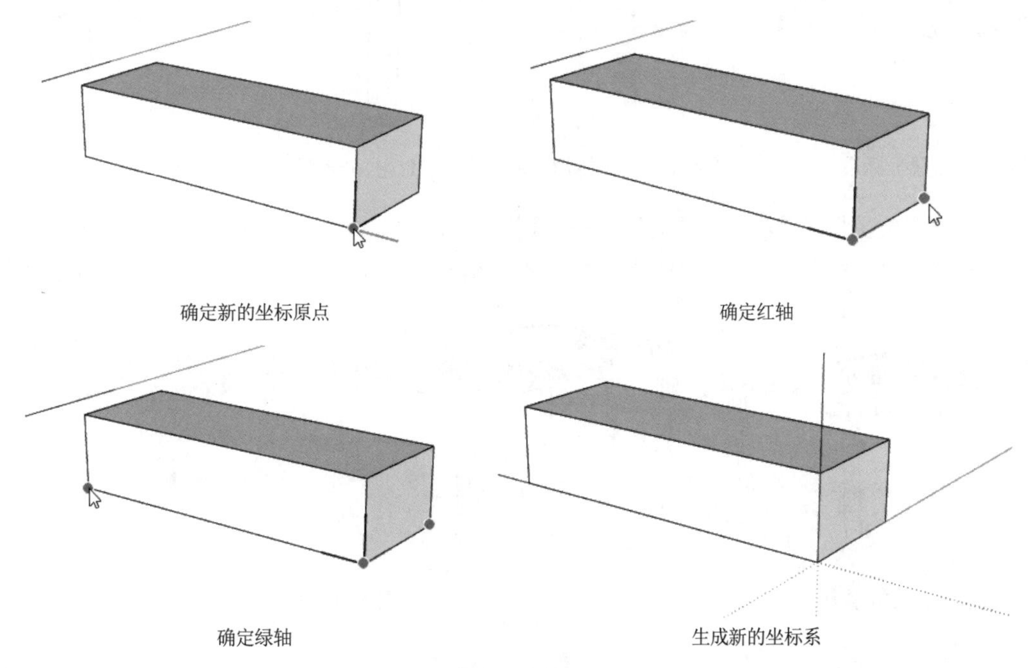

图 4.27　轴

动手学——绘制茶几

本实例利用“轴”命令来绘制茶几，具体绘制流程如图 4.28 所示。

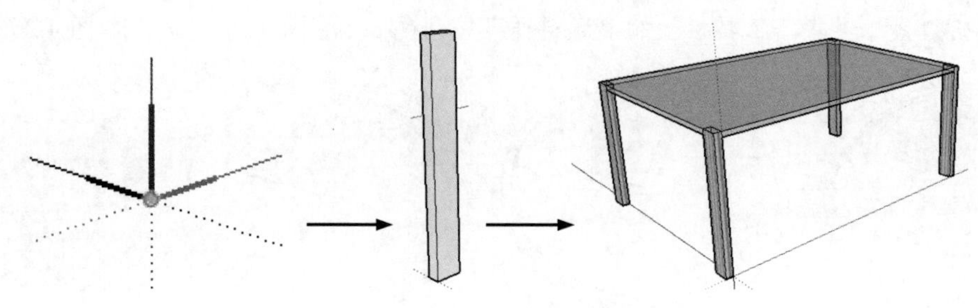

图 4.28　茶几绘制流程

源文件：源文件\第 4 章\茶几 skp

【操作步骤】

（1）单击“大工具集”工具栏上的“轴”按钮，在绿色坐标轴上放置坐标系，如图 4.29 所示。

（2）单击“绘图”工具栏上的“矩形”按钮，绘制一个矩形，如图 4.30 所示。

（3）单击“编辑”工具栏上的“推/拉”按钮，选择上一步绘制的矩形进行拉伸，如图 4.31 所示。

（4）重复上述步骤，创建其他 3 个茶几腿。

（5）单击“大工具集”工具栏上的“轴”按钮，重新放置坐标系，如图 4.32 所示。

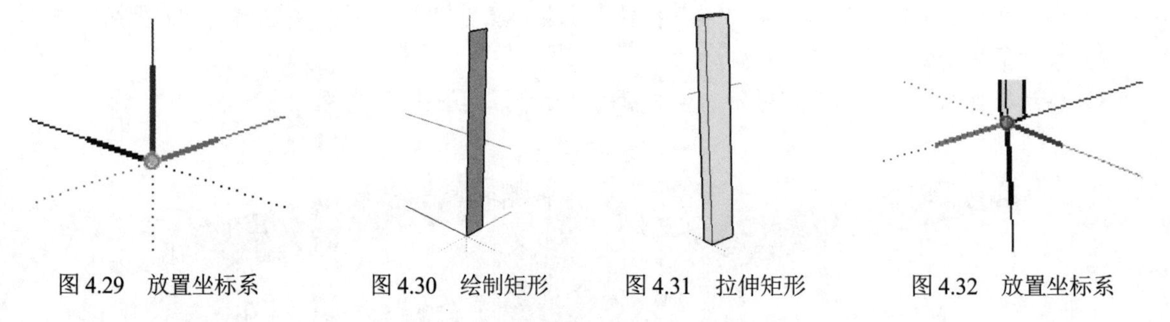

图 4.29　放置坐标系　　图 4.30　绘制矩形　　图 4.31　拉伸矩形　　图 4.32　放置坐标系

（6）单击“绘图”工具栏上的“矩形”按钮，在 4 个矩形上方再绘制一个矩形，如图 4.33 所示。

（7）单击“编辑”工具栏上的“推/拉”按钮，选取上一步绘制的矩形向下拉伸，如图 4.34 所示。

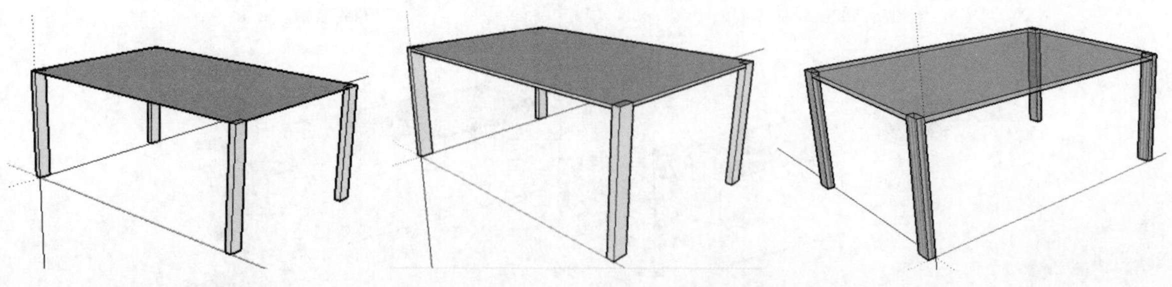

图 4.33　绘制矩形　　图 4.34　拉伸矩形

4.2　改变形状类命令

一些编辑命令不仅可以改变对象的大小、相对位置和数量，而且可以方便地修改图形。

4.2.1　推/拉

扫一扫，看视频

“推/拉”命令可以将图形由二维平面转换成三维实体，是常用的工具之一。

【执行方式】

- 菜单栏：工具→推/拉。
- 工具栏：使用入门/大工具集→推/拉，编辑→推/拉。

【操作步骤】

1．将面拉伸成体

（1）将视图转换成轴测图，然后绘制一个矩形。

（2）执行“推/拉”命令，在平面上按住鼠标左键，拖动到需要的高度，再单击确定位置。

（3）观察“距离”控制框中的数值为 27555mm。

（4）软件支持将数值取整进行小范围的调整，这时只需在“距离”控制框中输入 27600mm，按回车键，就可以调整拉伸实体的高度，如图 4.35 所示。

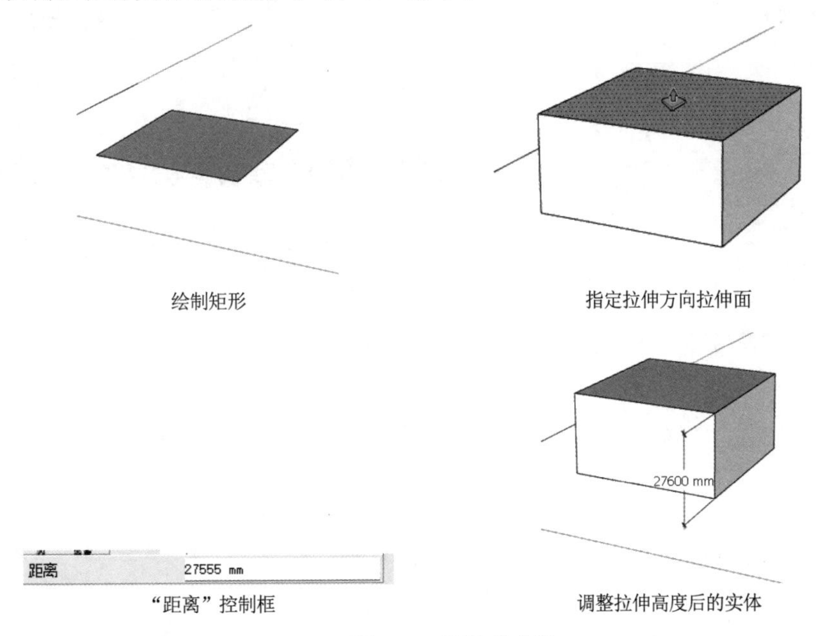

绘制矩形　指定拉伸方向拉伸面　“距离”控制框　调整拉伸高度后的实体

图 4.35　面拉伸成体

注意：

如果有多个平面需要拉伸相同的距离，那么可以在拉伸完第 1 个平面后，双击余下的平面，系统将自动将这些平面的拉伸距离默认为上一次的操作数值；或者执行命令后，将鼠标指针移动到之前实体的顶面后单击，也可以创建出等高的实体图形，如图 4.36 所示。

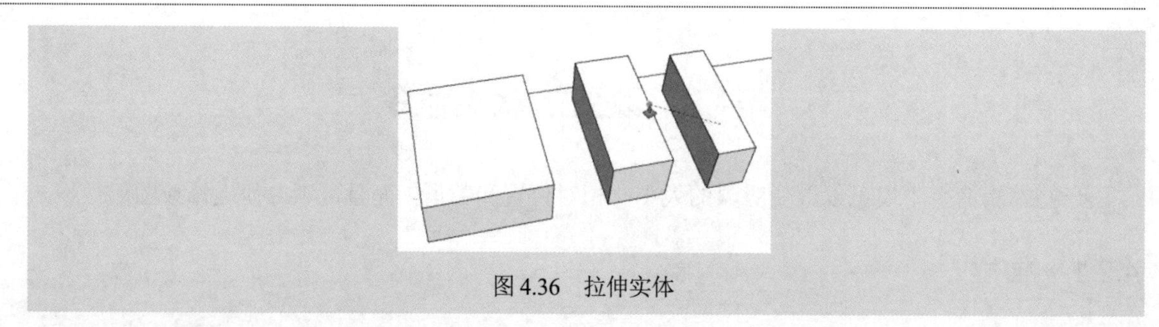

图 4.36　拉伸实体

2. 开洞

（1）单击“绘图”工具栏上的“矩形”按钮■，软件显示提示，在平面上单击确定两个对象的角点，即可在已有立方体上绘制一个矩形。

（2）单击“编辑”工具栏上的“推/拉”按钮，选取上一步绘制的矩形向立方体里推进。按住鼠标滚轮，调整方向，转到立方体背面。当显示提示时，在平面上单击，绘制出贯穿洞，如图 4.37 所示。

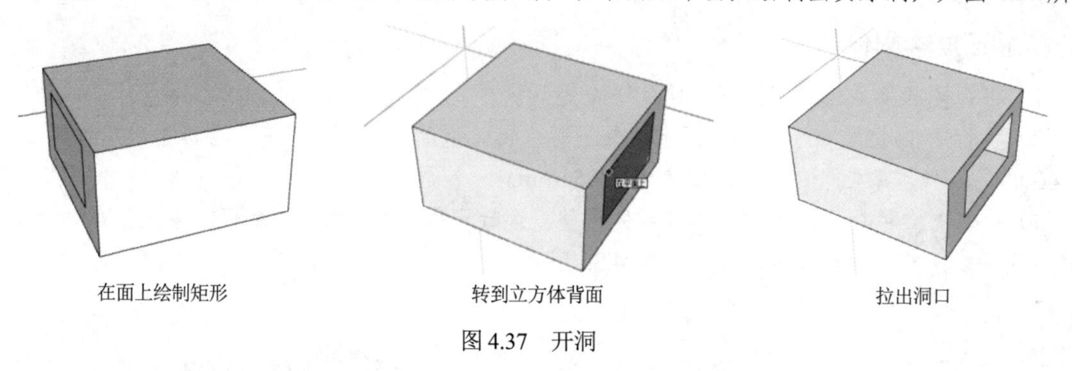

在面上绘制矩形　　转到立方体背面　　拉出洞口

图 4.37　开洞

注意：

挖槽与开洞：若推进距离小于立方体的宽，将形成一个槽；若推进距离刚好等于立方体的宽，则形成一个贯穿立方体的洞。

3. 复制移动表面

按住 Ctrl 键，使用推/拉工具，鼠标指针旁将出现一个小加号。推/拉时生成新的表面，还可以连续执行，如图 4.38 所示。

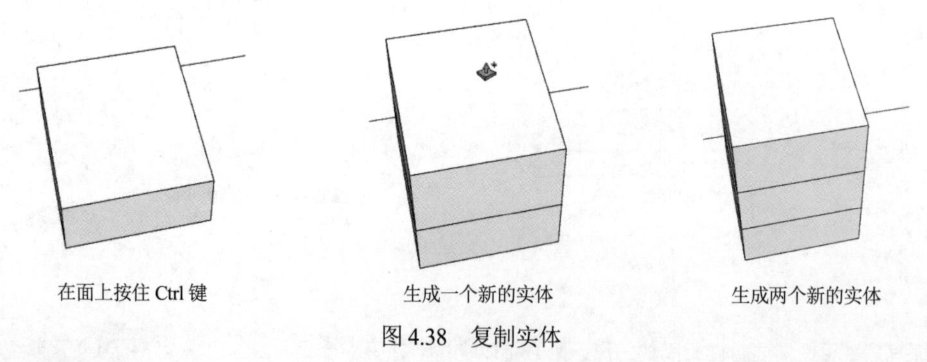

在面上按住 Ctrl 键　　生成一个新的实体　　生成两个新的实体

图 4.38　复制实体

4. 垂直移动表面

选择斜面，使用推/拉工具并按住 Alt 键，可以强制沿刚刚选择的面的法线方向拉伸，如图 4.39 所示。

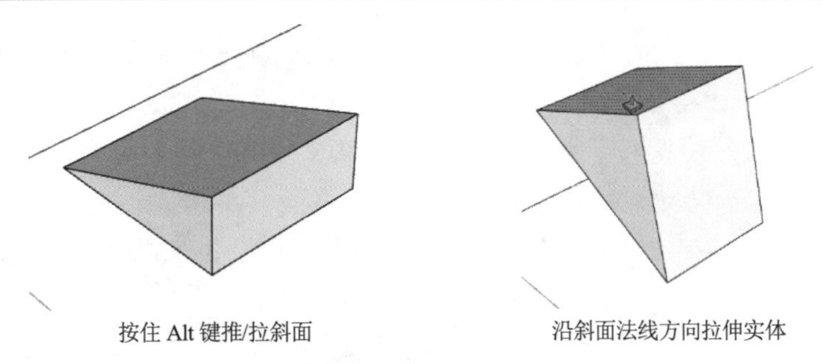

图 4.39　垂直移动

扫一扫，看视频

动手学——绘制小房子

本实例将通过绘制一个小房子来重点学习“推/拉”命令，具体绘制流程如图 4.40 所示。

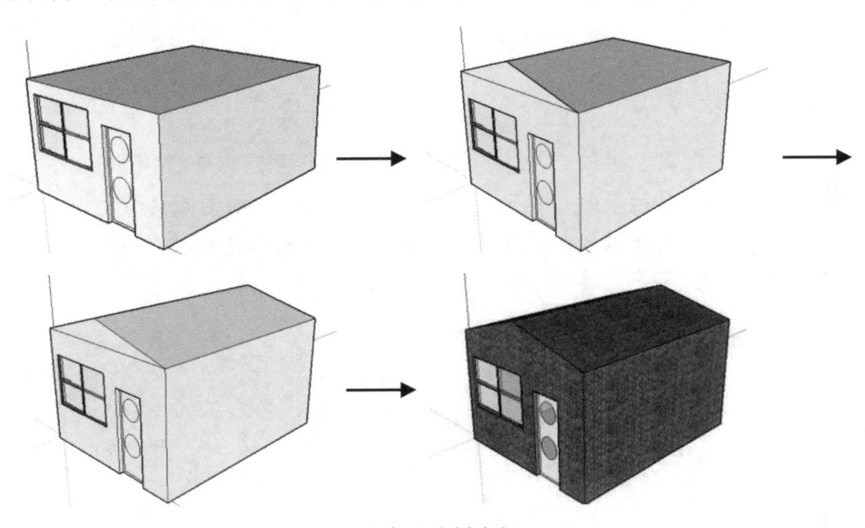

图 4.40　小房子绘制流程

源文件： 源文件\第 4 章\小房子.skp

【操作步骤】

（1）单击“绘图”工具栏上的“矩形”按钮，在绘图区域内任选一点为起点。在“数值”控制框中输入长与宽的数值 5000 和 4000，绘制一个长 5000mm、宽 4000mm 的矩形，如图 4.41 所示。

（2）单击“编辑”工具栏上的“推/拉”按钮，选取上一步绘制的矩形面向上拉伸 2500mm，如图 4.42 所示。

（3）单击“绘图”工具栏上的“矩形”按钮，在上一步拉伸的矩形面上绘制一个矩形，如图 4.43 所示。

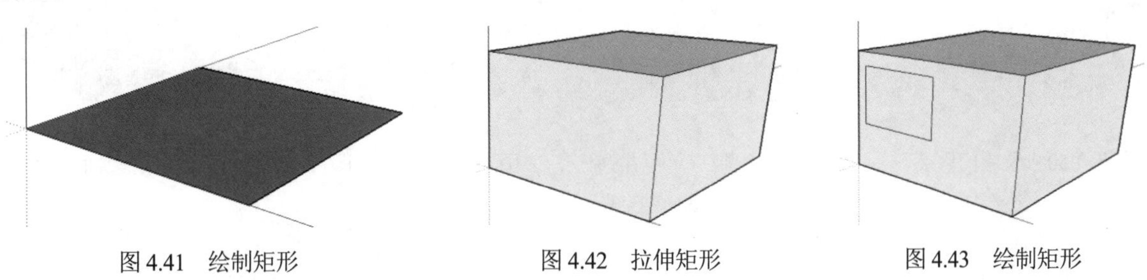

图 4.41　绘制矩形　　图 4.42　拉伸矩形　　图 4.43　绘制矩形

（4）单击“绘图”工具栏上的“直线”按钮，在上一步绘制的矩形内绘制直线，如图 4.44 所示。

（5）单击“绘图”工具栏上的“矩形”按钮，在上一步绘制的直线内绘制矩形，如图 4.45 所示。

（6）单击“编辑”工具栏上的“推/拉”按钮，选取窗户所在墙面向内拉伸 100mm，如图 4.46 所示。

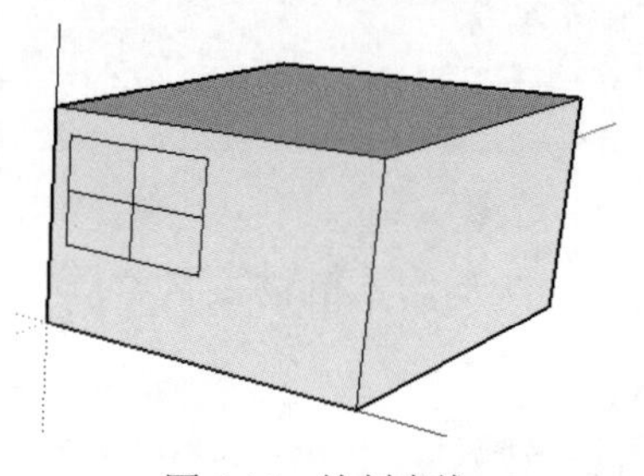

图 4.44　绘制直线

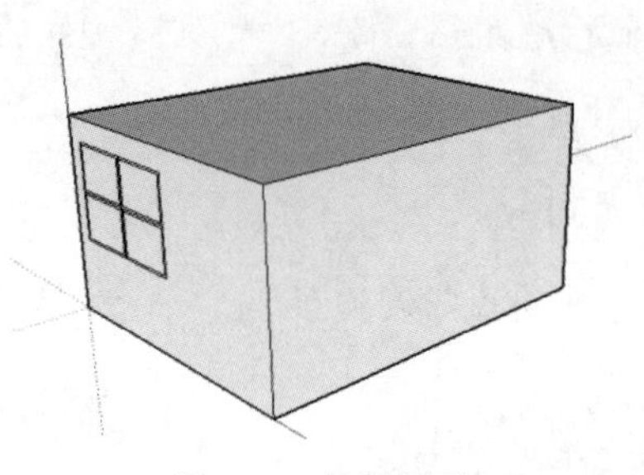

图 4.45　绘制矩形

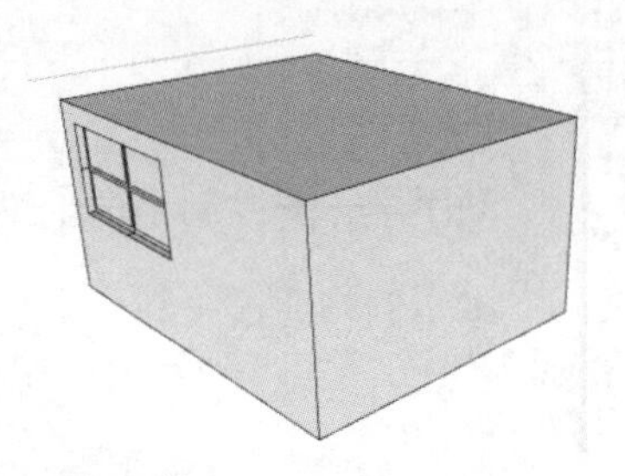

图 4.46　绘制拉伸面

（7）单击“编辑”工具栏上的“推/拉”按钮，选取窗框向外拉伸 50mm，如图 4.47 所示。

（8）单击“绘图”工具栏上的“矩形”按钮，绘制门，如图 4.48 所示。

（9）单击“编辑”工具栏上的“推/拉”按钮，将矩形向内侧推/拉 100mm，如图 4.49 所示。

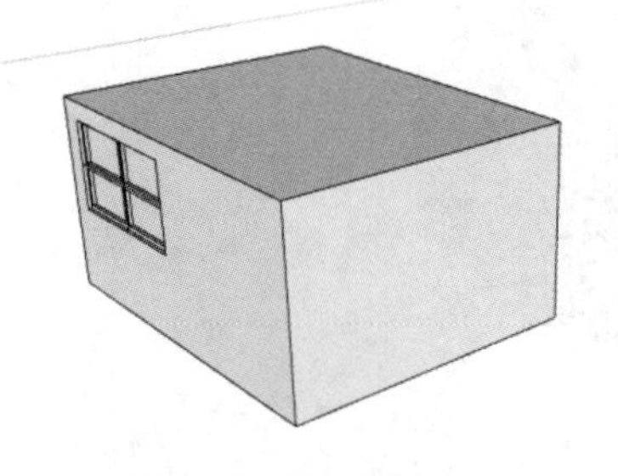

图 4.47　绘制拉伸面

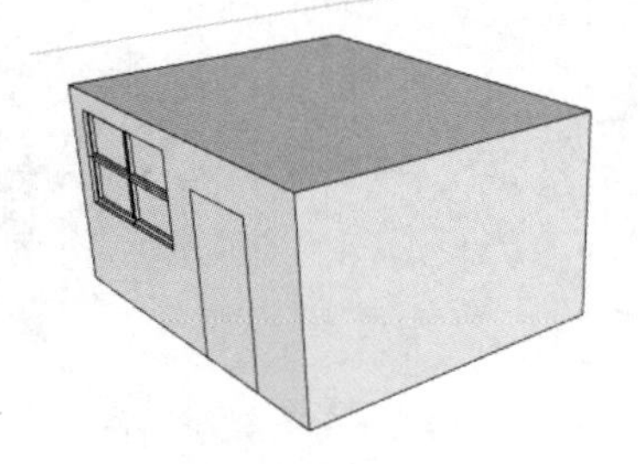

图 4.48　绘制门

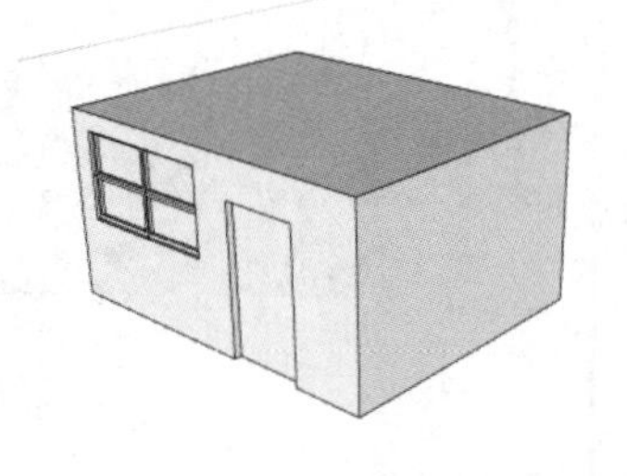

图 4.49　推/拉门

（10）单击“绘图”工具栏上的“圆”按钮和“矩形”按钮，绘制门内部造型，如图 4.50 所示。

（11）单击“绘图”工具栏上的“直线”按钮，绘制一个三角形。

（12）单击“使用入门”工具栏上的“删除”按钮，将三角形上的竖直直线删除，如图 4.51 所示。

（13）单击“编辑”工具栏上的“推/拉”按钮，选取三角形并拉伸，如图 4.52 所示。

（14）单击“大工具集”工具栏上的“颜料桶”按钮，为图形添加材质，如图 4.53 所示。

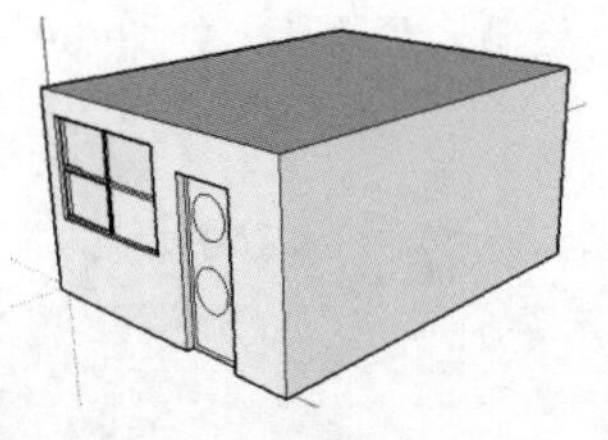

图 4.50　绘制门内部造型

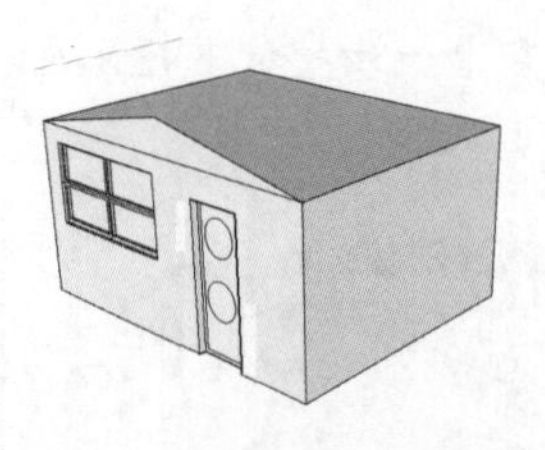

图 4.51　绘制三角形并删除三角形上的竖直直线

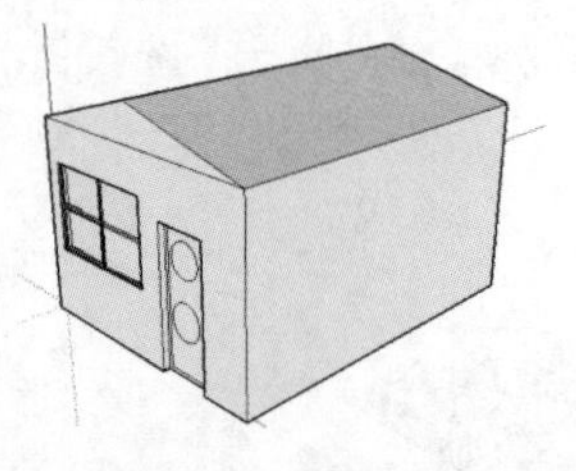

图 4.52　绘制房子

图 4.53　添加材质

4.2.2 缩放

“缩放”命令可以将对象等比例缩放，也可以将对象非等比例缩放。可以将对象以基点为参照进行缩放，还可以调整对象的大小，使其在一个方向上按照要求增大或缩小一定的比例。

【执行方式】

- 菜单：工具→缩放。
- 工具栏：使用入门/大工具集→比例，编辑→比例。

【操作步骤】

1. 等比例缩放

（1）选择缩放对象。

（2）激活缩放工具，出现控制点。如果是二维对象会出现 8 个绿色控制点；如果是三维对象则会出现 26 个绿色控制点。每两个控制点为一对。将鼠标指针移到控制点上，控制点将变红，与其相对应的控制点也会变红。

（3）单击控制点进入缩放状态，若选择缩放的控制点为角点，那么将进行等比例缩放，拖动鼠标或在“数值”控制框中输入缩放比例都可以完成缩放，如输入 2 就是放大两倍，如图 4.54 所示。

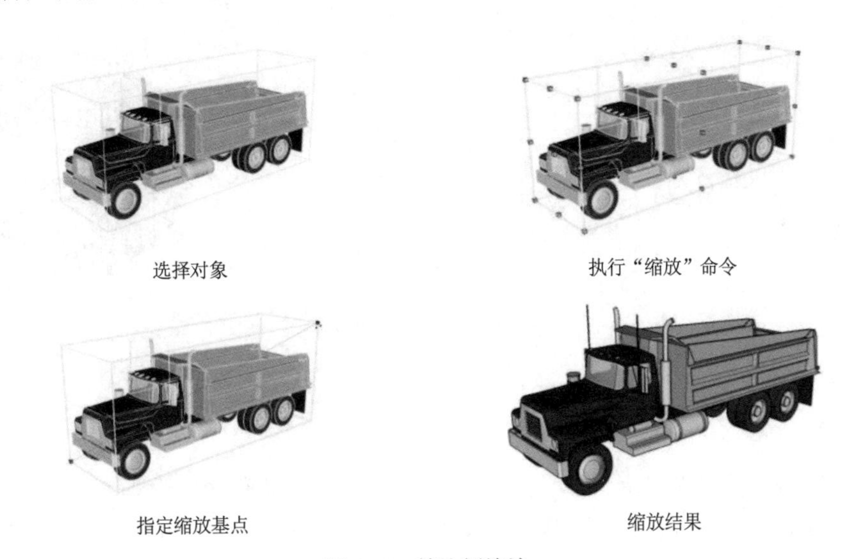

图 4.54 等比例缩放

注意：

缩放的同时按住 Ctrl 键将以对象的中心为基点进行缩放。不是等比例缩放时，若按住 Shift 键，就会变成等比例缩放。

2. 缩放二维表面或图像

二维表面或图像也可以进行缩放，缩放时出现 8 个绿色控制点，同时也可以配合 Ctrl 键和 Shift 键进行缩放。同样可以对三维对象中单独的二维平面进行缩放，缩放后三维对象其余部分也会相应变化。图 4.55 所示为以制作六方台为例进行的缩放。

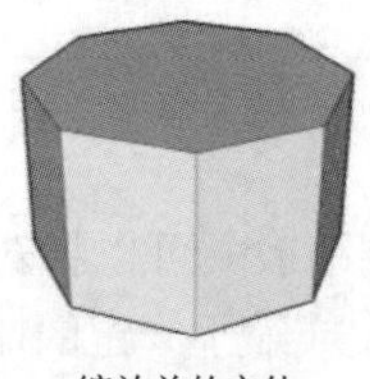
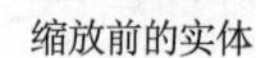
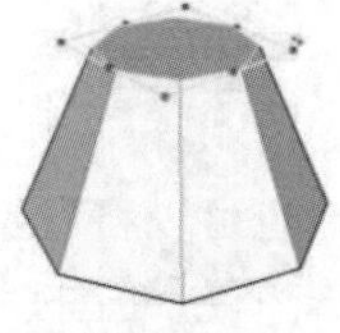
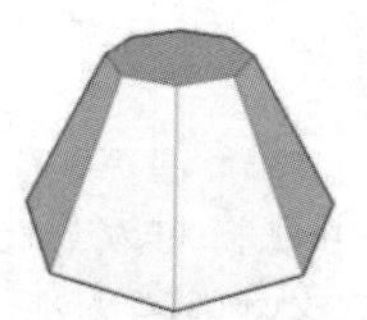

图 4.55　制作六方台

注意：

在缩放六棱柱上表面的六边形时，一定要按住 Ctrl 键，要以六边形的中心为基点进行缩放。还可以采取前面提到的移动工具进行不均匀推/拉，从而制作六方台。

动手学——绘制法兰盘

本实例通过绘制一个法兰盘来重点学习相关编辑命令，具体绘制流程如图 4.56 所示。

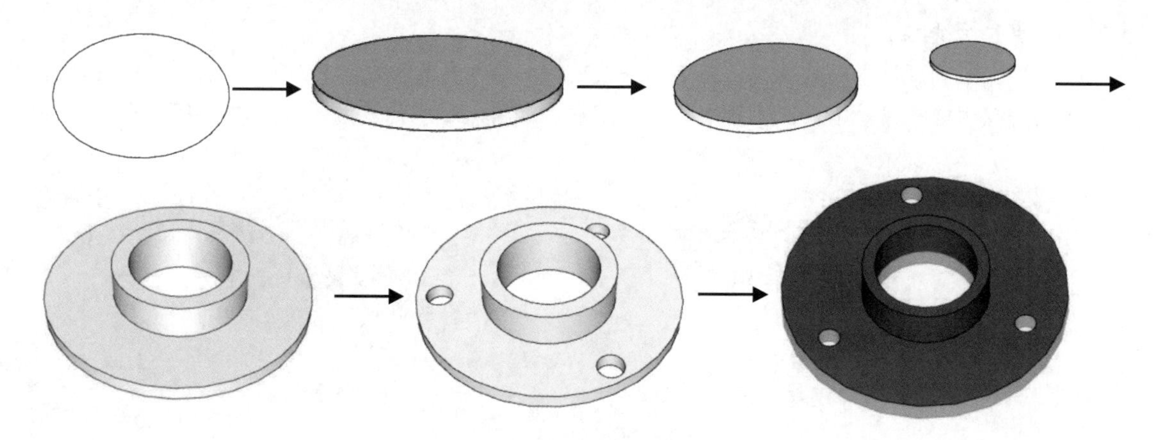

图 4.56　法兰盘绘制流程

源文件：源文件\第 4 章\法兰盘.skp

【操作步骤】

（1）单击“绘图”工具栏上的“圆”按钮，绘制半径为 2000mm 的圆，如图 4.57 所示。

（2）单击“编辑”工具栏上的“推/拉”按钮，在高度方向推/拉 200mm，生成圆柱体，如图 4.58 所示。

图 4.57　绘制圆　　　　图 4.58　生成圆柱体

（3）选择上面绘制的圆柱体，单击“编辑”工具栏上的“移动”按钮，指定圆心为基点。按住 Ctrl 键，在另外一个位置复制得到一个圆柱体，如图 4.59 所示。

（4）选择上面绘制的圆柱体，单击“编辑”工具栏上的“比例”按钮。按住 Ctrl 键，以中心点为基点进行等比例缩放。选择右上方角点之后，在“数值”控制框中输入缩放比例为 0.5，按回车键，完成缩放，如图 4.60 所示。

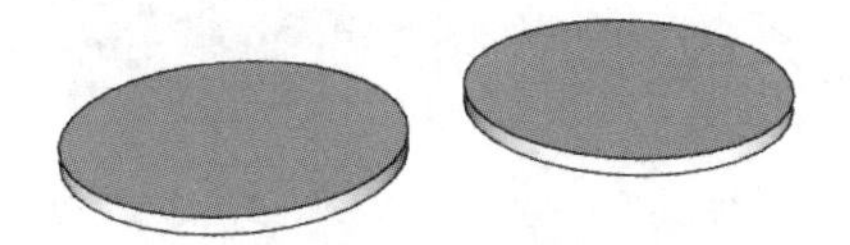

图 4.59　复制图形

图 4.60　缩放圆柱体

（5）单击“绘图”工具栏上的“直线”按钮，在两个圆柱体的顶部分别绘制直线，如图 4.61 所示。

（6）单击“编辑”工具栏上的“移动”按钮，捕捉小圆柱底面圆的圆心为基点，移动到大圆柱体的顶部，如图 4.62 所示。

（7）单击“绘图”工具栏上的“圆”按钮，绘制半径为 750mm 的圆。

（8）单击“使用入门”工具栏上的“删除”按钮，将所有的辅助线删除，如图 4.63 所示。

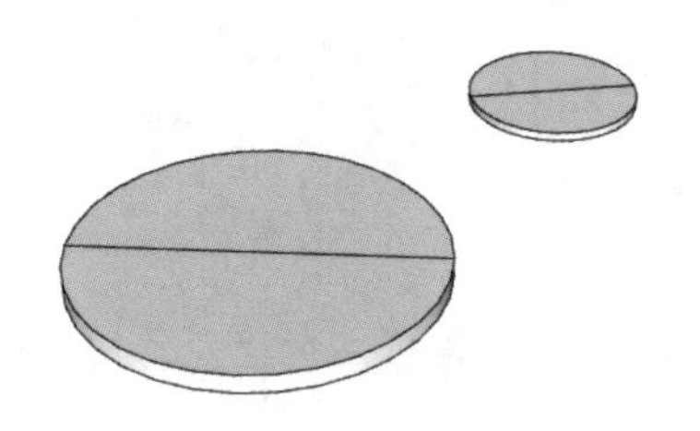

图 4.61　绘制直线

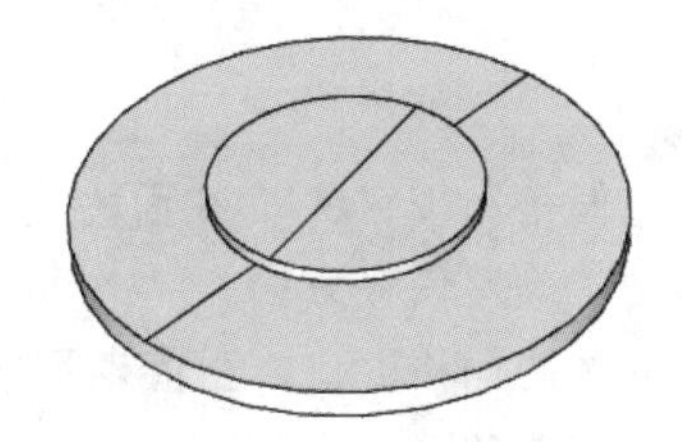

图 4.62　移动图形

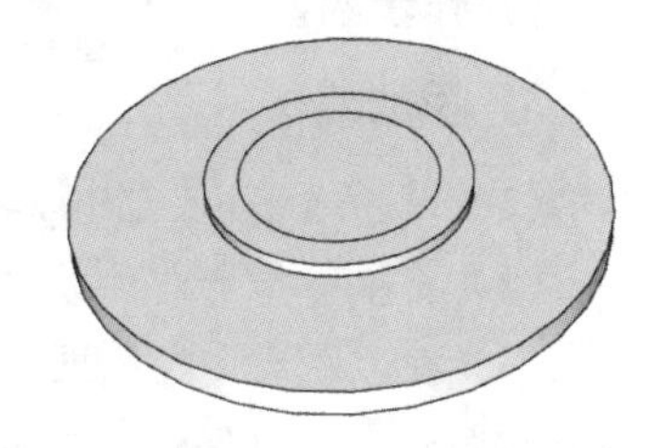

图 4.63　删除辅助线

（9）单击“编辑”工具栏上的“推/拉”按钮，在高度方向推/拉。继续单击“使用入门”工具栏上的“删除”按钮，删除内侧的辅助线并进行推/拉，生成圆形洞口，如图 4.64 所示。

（10）单击“编辑”工具栏上的“推/拉”按钮，选择内侧的圆柱体，推/拉高度为 400mm，调整圆柱体的高度，如图 4.65 所示。

（11）单击“绘图”工具栏上的“圆”按钮，绘制半径为 200mm 的圆，如图 4.66 所示。

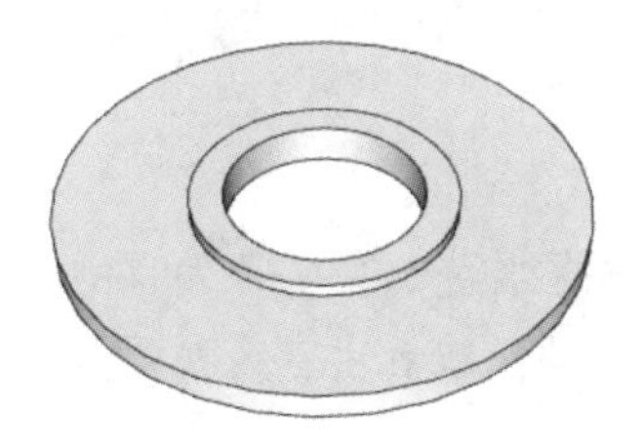

图 4.64　生成圆形洞口

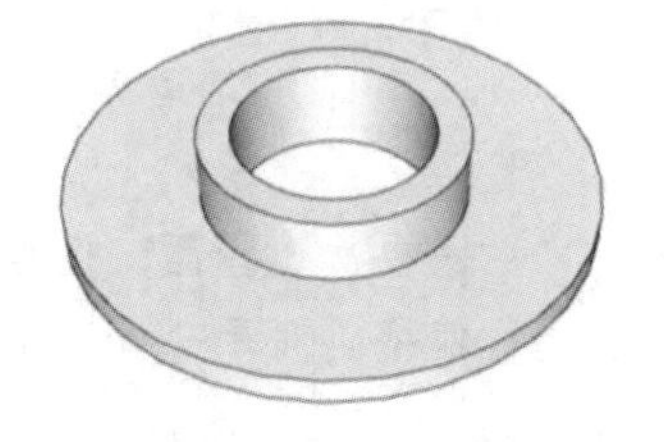

图 4.65　调整高度

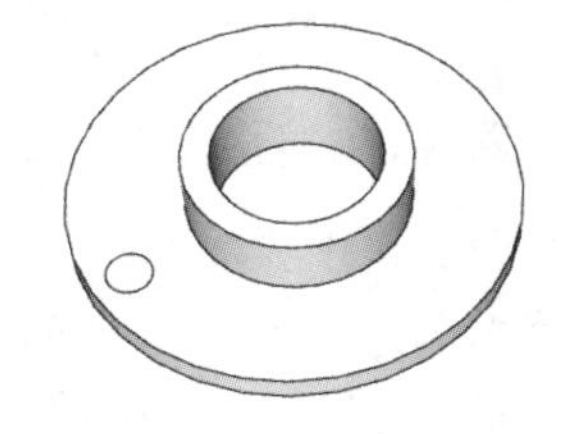

图 4.66　绘制小圆

（12）选择上一步绘制的圆，单击“编辑”工具栏上的“旋转”按钮，按住 Ctrl 键，进行复制旋转。指定旋转中心为大圆柱圆心，“角度”控制框数值为 120，按回车键确认数值。继续设置“角度”控制框数值为“2*”，进行圆形阵列，结果如图 4.67 所示。

（13）单击“编辑”工具栏上的“推/拉”按钮，在高度方向推/拉 200mm，生成左侧圆形洞口。双击剩余的圆形，软件将自动生成相同高度的洞口，结果如图 4.68 所示。

（14）单击“大工具集”工具栏上的“颜料桶”按钮，为图形添加材质，如图 4.69 所示。

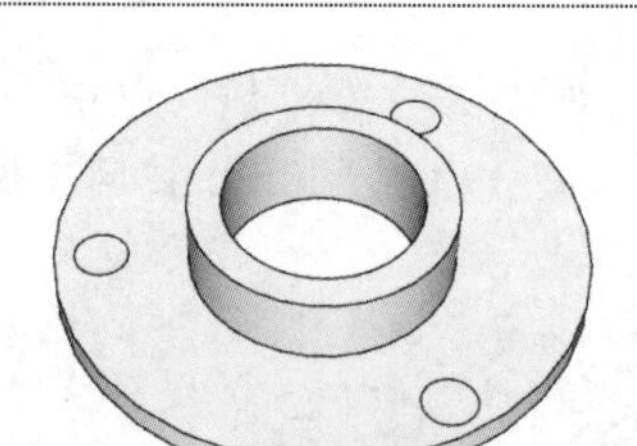

图 4.67　环形阵列

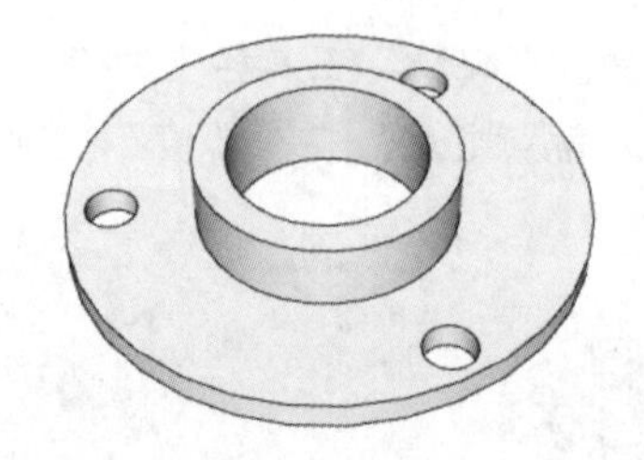

图 4.68　生成洞口

图 4.69　添加材质

扫一扫，看视频

4.2.3　偏移

偏移对象是指保持所选对象的形状，在不同的位置以不同的尺寸新建一个对象。

【执行方式】

- 菜单：工具→偏移。
- 工具栏：使用入门/大工具集→偏移，编辑→偏移。

【操作步骤】

1．面的偏移

（1）单击“编辑”工具栏上的“偏移”按钮，在面的边线上单击，确定偏移面。

（2）将鼠标指针向外或向内移动，确定偏移方向。

（3）在“距离”控制框中输入具体的偏移数值，正值表示按鼠标指定方向偏移，负值表示按相反的方向偏移，按回车键完成偏移，如图 4.70 所示。

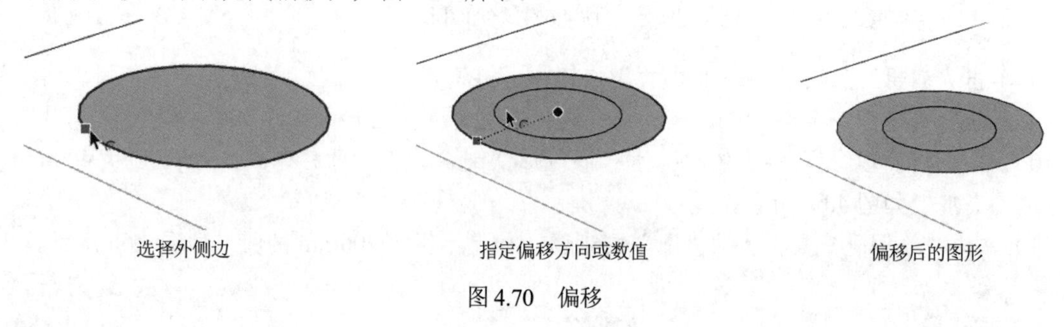

图 4.70　偏移

2．线的偏移

面的偏移可以在执行“偏移”命令之后，再次选择面，但是线的偏移须首先选中需要偏移的直线或圆弧，然后执行“偏移”命令，才能进行偏移。对于 2 条以上的直线、圆弧或者由直线和圆弧形成的图形，也可以进行偏移，如图 4.71 所示。

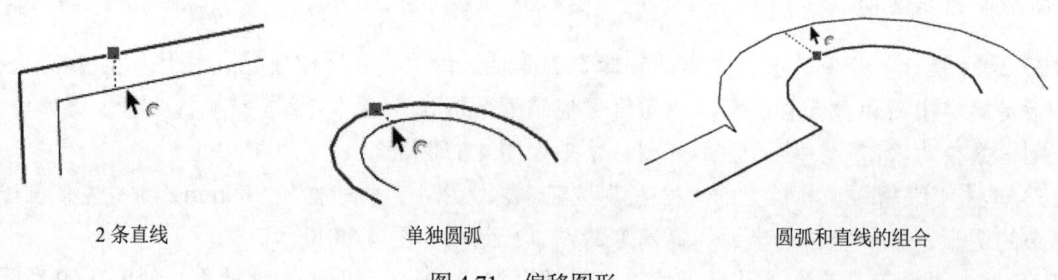

图 4.71　偏移图形

线的偏移必须是 2 条或 2 条以上直线，彼此相交且共面才能进行偏移。以下 3 种情况不能进行偏移，如图 4.72 所示。

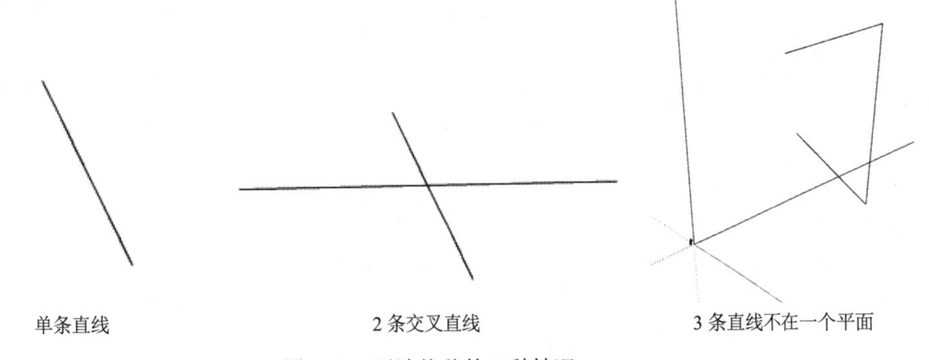

图 4.72　无法偏移的 3 种情况

动手学——绘制花盆

本实例通过绘制一个花盆来重点学习“偏移”命令，具体绘制流程如图 4.73 所示。

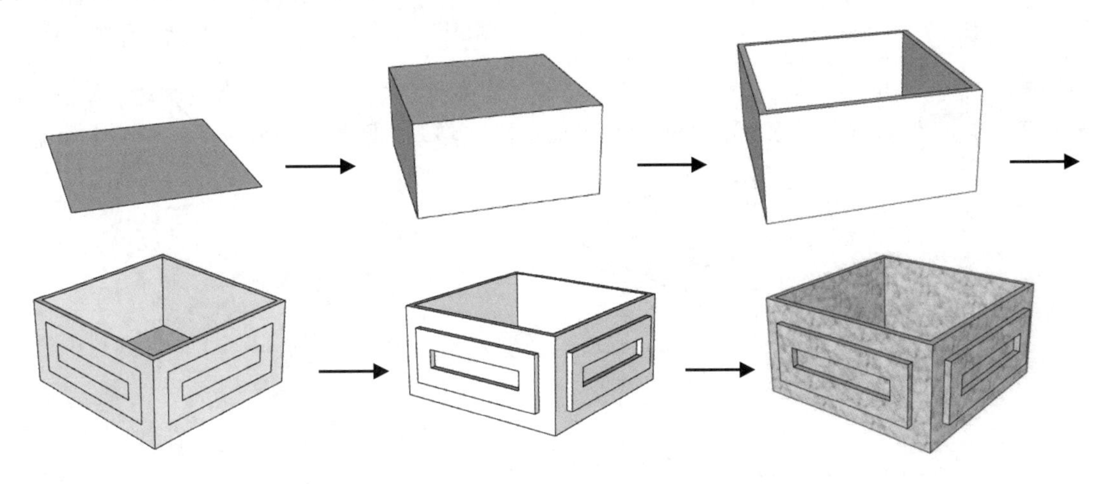

图 4.73　花盆绘制流程

源文件：源文件\第 4 章\花盆.skp

【操作步骤】

（1）单击“绘图”工具栏上的“矩形”按钮，绘制长度和宽度为 3000mm 的正方形，如图 4.74 所示。

（2）单击“编辑”工具栏上的“推/拉”按钮，在高度方向推/拉 1500mm，生成长方体，如图 4.75 所示。

（3）单击“编辑”工具栏上的“偏移”按钮，选择顶端面，向内侧偏移，“距离”控制框数值为 100mm，如图 4.76 所示。

（4）单击“编辑”工具栏上的“推/拉”按钮，在高度方向推/拉 1400mm，生成槽，如图 4.77 所示。

（5）单击“编辑”工具栏上的“偏移”按钮，选择前侧面，向内侧偏移，“距离”控制框数值为 300mm，绘制矩形，如图 4.78 所示。

（6）使用相同的方法绘制剩余 3 个面的矩形，结果如图 4.79 所示。

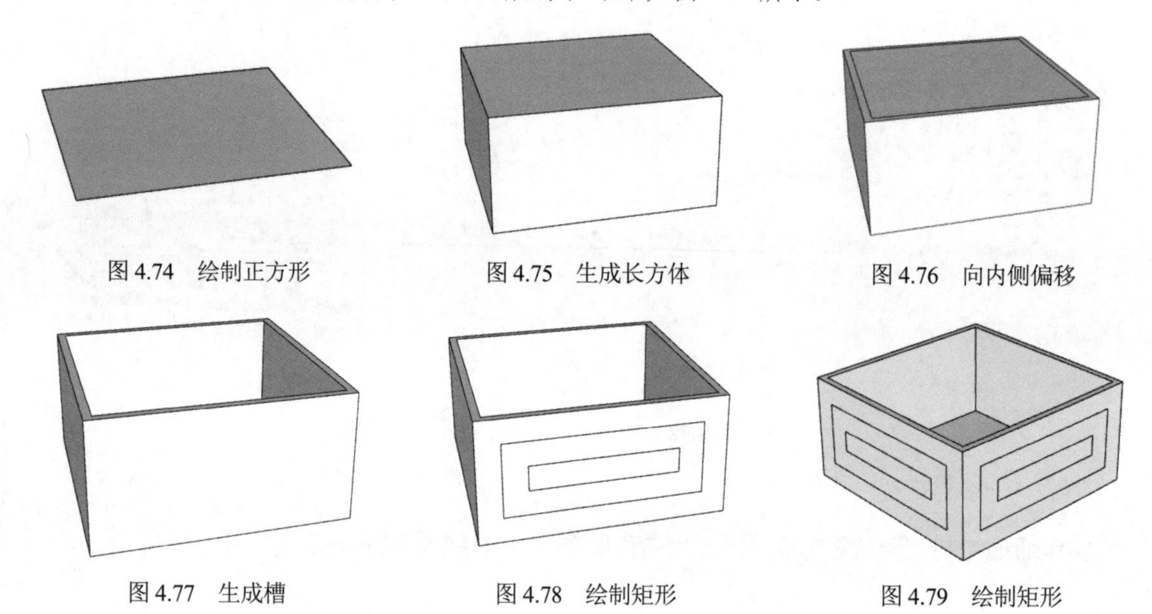

图 4.74　绘制正方形　　图 4.75　生成长方体　　图 4.76　向内侧偏移

图 4.77　生成槽　　图 4.78　绘制矩形　　图 4.79　绘制矩形

（7）单击“编辑”工具栏上的“推/拉”按钮，在高度方向推/拉 100mm，生成槽，如图 4.80 所示。

（8）单击“大工具集”工具栏上的“颜料桶”按钮，为图形添加材质，如图 4.81 所示。

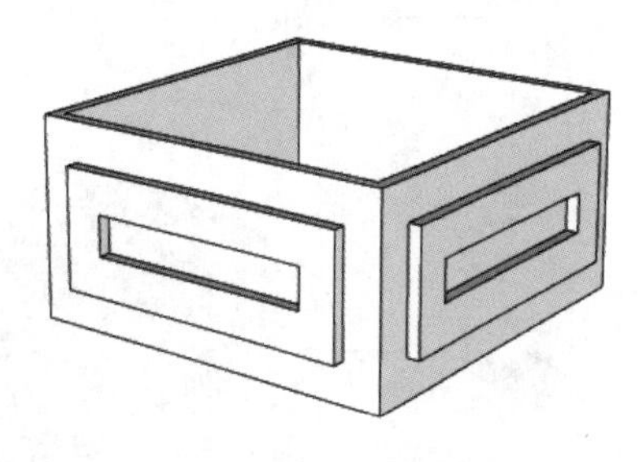

图 4.80　绘制四面槽

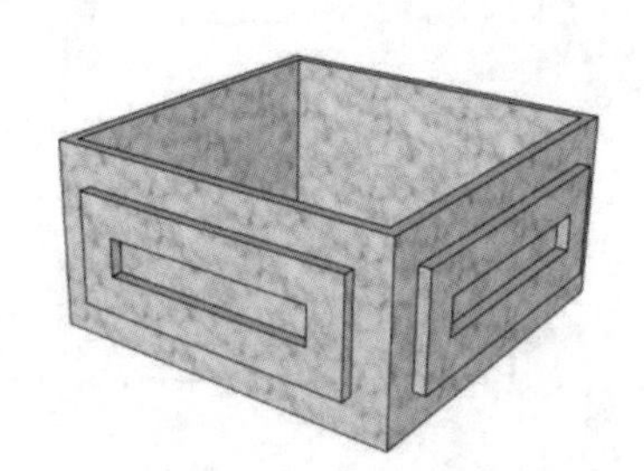

图 4.81　添加材质

扫一扫，看视频

4.2.4　路径跟随

使用“路径跟随”命令可以创建出很多不同类型的几何体以及用普通绘图方法难以绘制的物体，如图 4.82 所示。

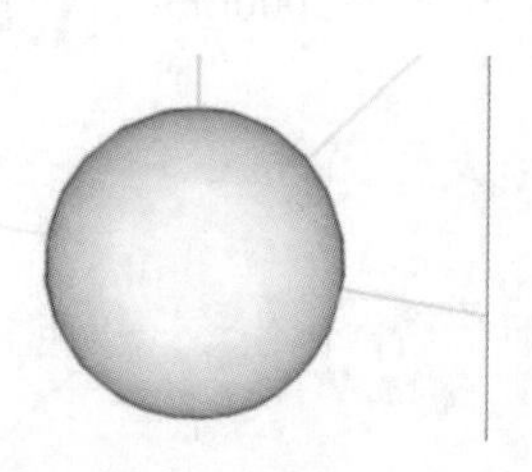

图 4.82　几何体

【执行方式】

➘ 菜单：工具→路径跟随。

➘ 工具栏：大工具集→路径跟随，编辑→路径跟随。

【操作步骤】

1. 面与线的组合

（1）绘制放样的截面，注意要使该截面与边线（放样路径）相垂直。

（2）单击“使用入门”工具栏上的“选择”按钮，选择一组连续的边线作为路径。

（3）单击“编辑”工具栏上的“路径跟随”按钮，选择需要放样的截面，沿着选择的边线（路径）自动完成放样，如图 4.83 所示。

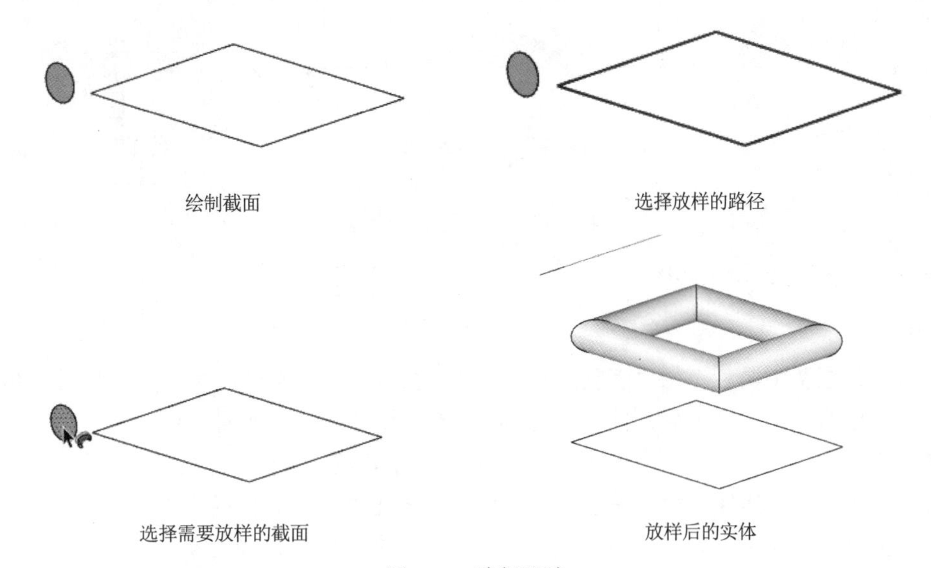

图 4.83 路径跟随

2. 面与面的组合

（1）绘制放样的截面，注意要使该截面与边线（放样路径）相垂直。

（2）首先选择要放样的截面，然后单击“编辑”工具栏上的“路径跟随”按钮，选择需要放样的图形，沿着已有边线（路径）移动鼠标指针进行手工放样。

（3）到达所需终点后单击结束操作，如图 4.84 所示。

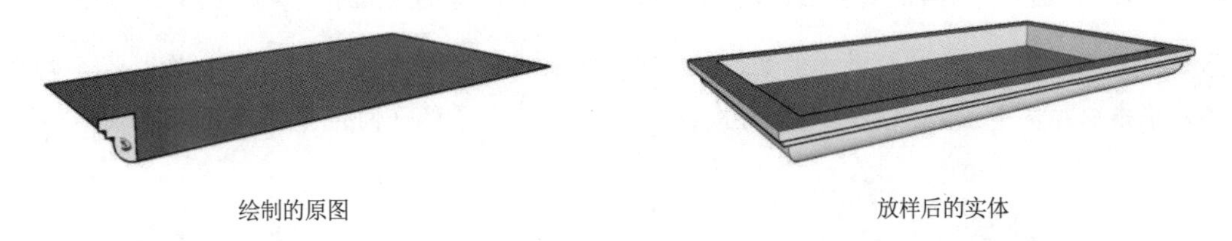

图 4.84 路径跟随

动手学——绘制水果篮

本实例通过绘制一个水果篮来重点学习“路径跟随”命令，具体绘制流程如图 4.85 所示。

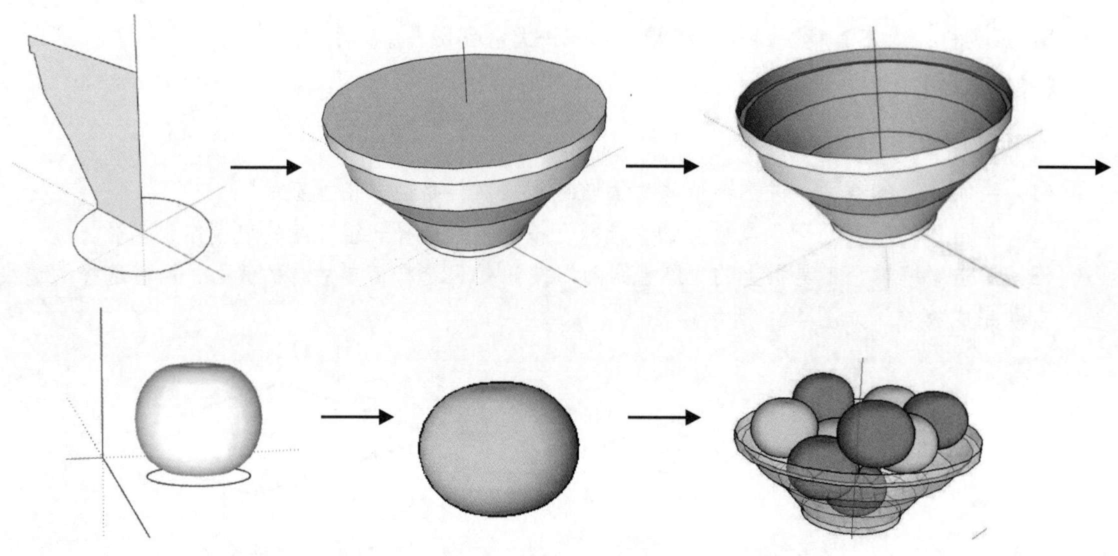

图 4.85　水果篮绘制流程

源文件：源文件\第 4 章\水果篮.skp

【操作步骤】

（1）单击“绘图”工具栏上的“直线”按钮 ，在坐标原点绘制放样截面，如图 4.86 所示。

（2）单击“绘图”工具栏上的“圆”按钮 ，绘制放样路径，如图 4.87 所示。

（3）单击“使用入门”工具栏上的“删除”按钮 ，删除多余的线和面，如图 4.88 所示。

（4）首先选择放样的路径，然后单击“编辑”工具栏上的“路径跟随”按钮 ，选择步骤（1）绘制的截面作为放样截面，沿着选择的边线（路径）自动完成放样，如图 4.89 所示。

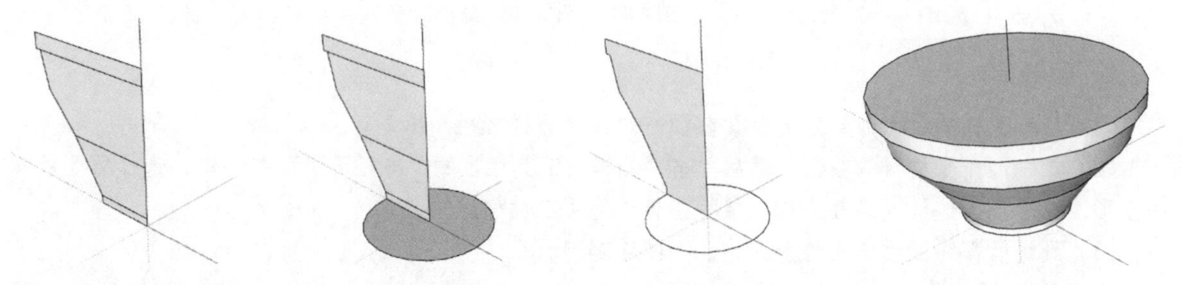

图 4.86　绘制放样截面　　图 4.87　绘制放样路径　　图 4.88　删除多余的线和面　　图 4.89　路径跟随

（5）单击“使用入门”工具栏上的“选择”按钮 ，选取图形多余的面进行删除，如图 4.90 所示。

（6）单击“绘图”工具栏上的“圆”按钮 ，绘制一个圆形平面，如图 4.91 所示。

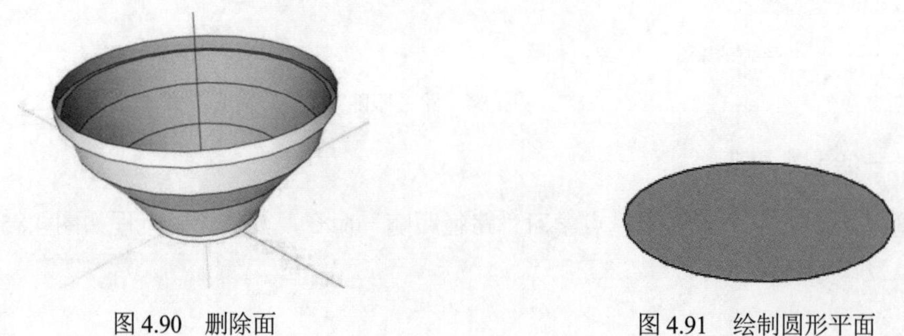

图 4.90　删除面　　图 4.91　绘制圆形平面

（7）单击“绘图”工具栏上的“矩形”按钮，绘制一个矩形平面，然后单击“编辑”工具栏上的“推/拉”按钮，生成一个辅助立方体。

（8）首先选择小圆平面，然后单击“编辑”工具栏上的“旋转”按钮，以绿点为旋转中心，旋转角度为 90°，按住 Ctrl 键进行空间上的复制旋转，如图 4.92 所示。

（9）单击“使用入门”工具栏上的“删除”按钮，将底端圆形平面删除，仅仅保留外侧边线。

（10）选择底端圆形作为放样路径，然后单击“编辑”工具栏上的“路径跟随”按钮，将侧面圆形平面进行路径跟随，结果如图 4.93 所示。

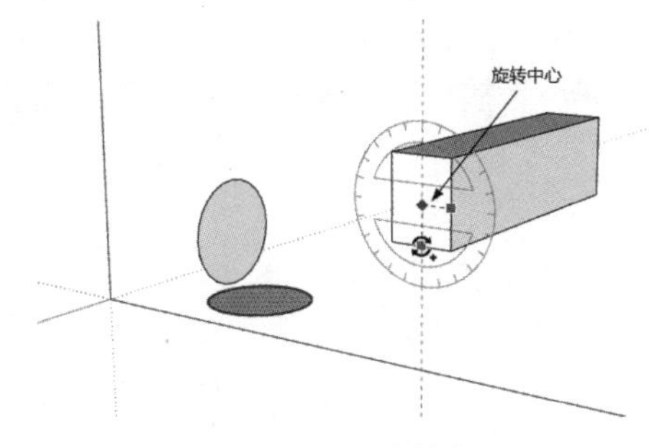

图 4.92　指定旋转中心

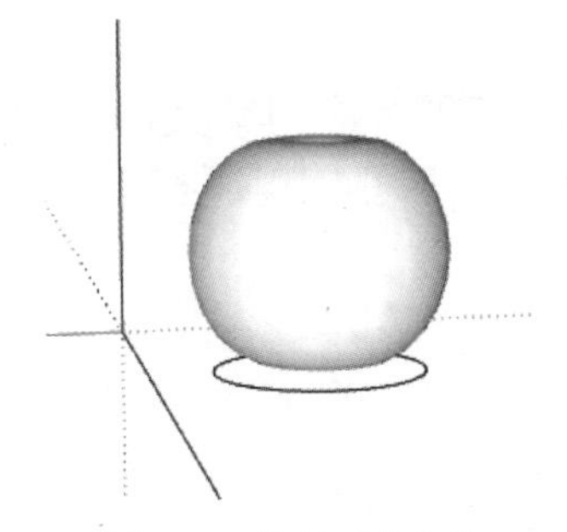

图 4.93　旋转后的实体

（11）单击“使用入门”工具栏上的“删除”按钮，将辅助长方体和底端圆形边线删除。

（12）单击“大工具集”工具栏上的“颜料桶”按钮，为图形添加材质，如图 4.94 所示。

（13）单击“编辑”工具栏上的“移动”按钮并按住 Ctrl 键，复制多个苹果放入水果盘中，再添加相应的材质，结果如图 4.95 所示。

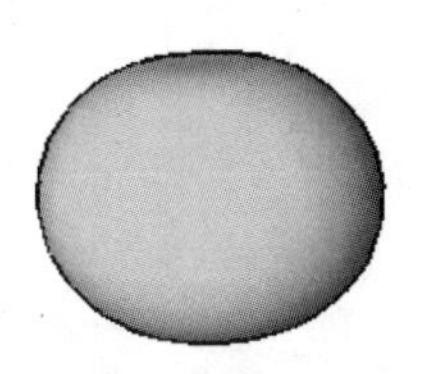

图 4.94　添加材质

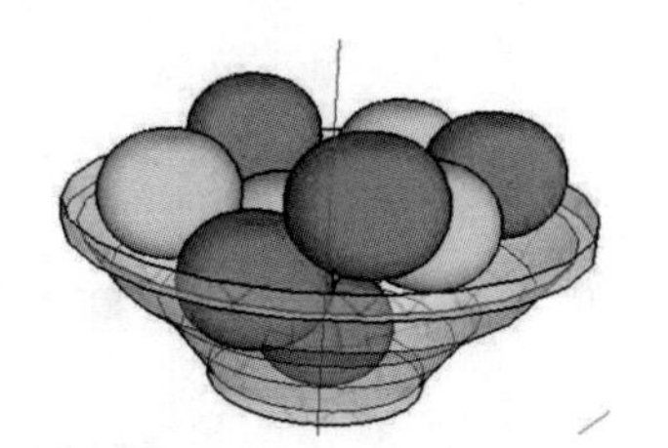

图 4.95　复制多个苹果

第 5 章　测量与标注

内容简介

本章介绍辅助绘图工具的相关知识，让读者了解并熟练掌握卷尺、量角器、尺寸、文本工具的妙用，并且能将各工具应用到图形绘制过程中。

内容要点

- 卷尺工具
- 量角器工具
- “尺寸”命令
- “文本”命令
- “3D 文本”命令

案例效果

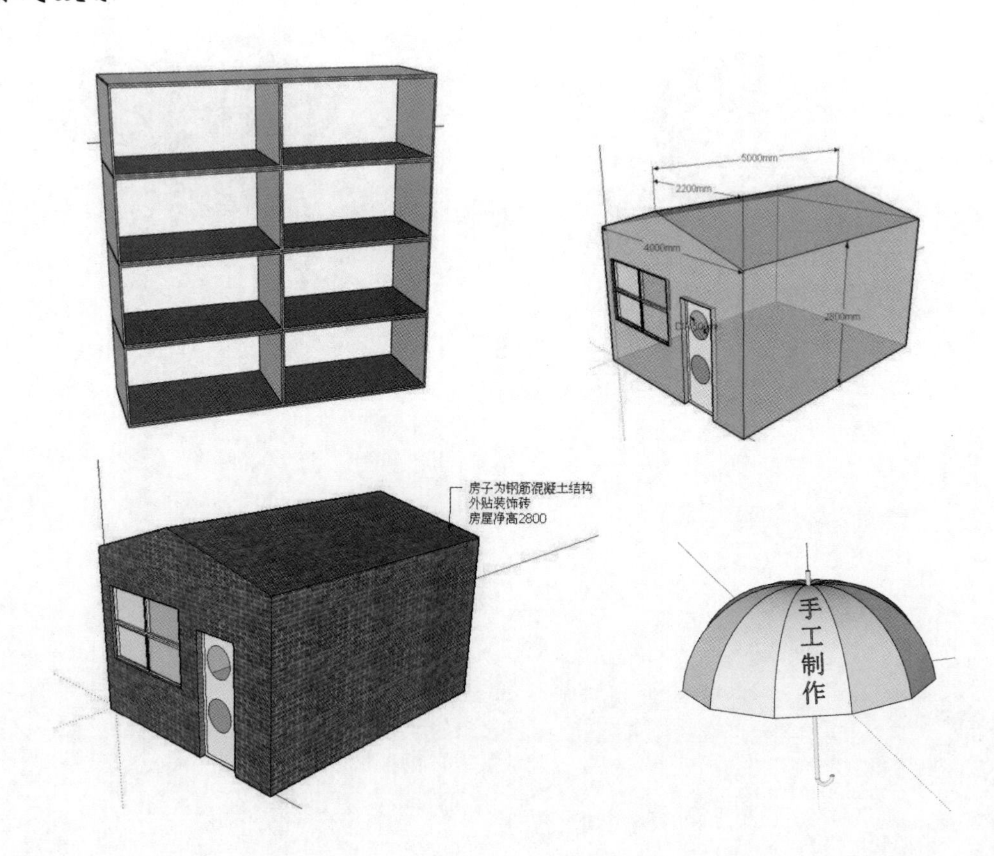

5.1 测量工具

本节主要讲卷尺和量角器两个工具。

扫一扫，看视频

5.1.1 卷尺

卷尺工具不仅可以用于距离的精确测量，而且可以用于制作精准的辅助线。

【执行方式】

- 快捷命令：T。
- 菜单栏：工具→卷尺。
- 工具栏：使用入门/大工具集→卷尺工具，建筑施工→卷尺工具。

【操作步骤】

1. 测量距离

（1）单击“建筑施工”工具栏上的“卷尺工具”按钮，单击拾取测量的起始点。

（2）移动鼠标指针到要测量的第 2 个点上，在“长度”控制框中出现起点到第 2 个点之间的距离，如图 5.1 所示。

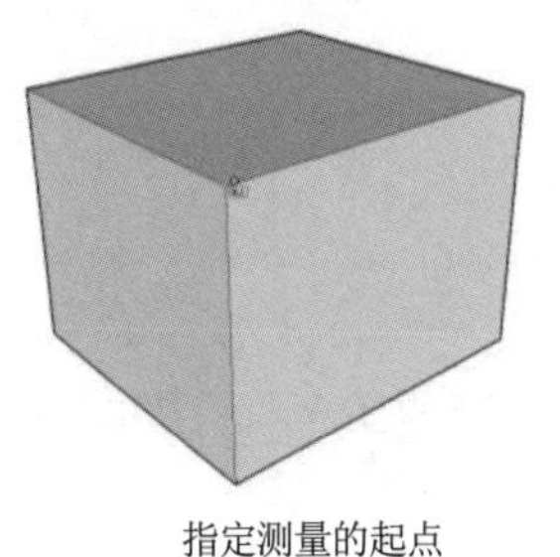

指定测量的起点

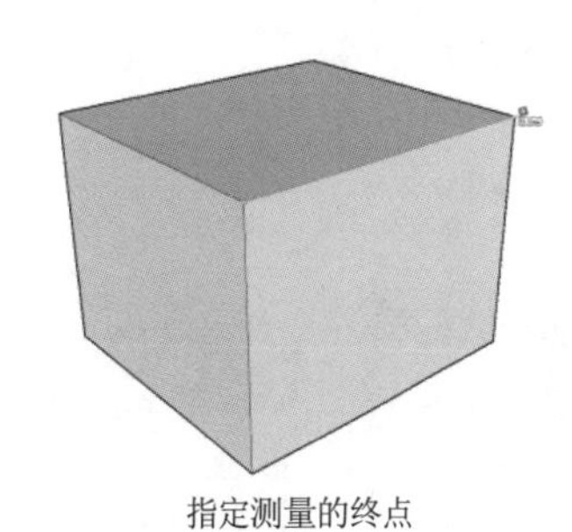

指定测量的终点

图 5.1　测量长度

2. 创建辅助线和辅助点

（1）单击“建筑施工”工具栏上的“卷尺工具”按钮，单击确定并创建与辅助线相平行的边线。

（2）移动鼠标指针至辅助线放置位置上单击确定，创建完成或者移动鼠标指针后输入精确数值，按回车键完成，如图 5.2 所示。

辅助点的创建方法与辅助线类似。

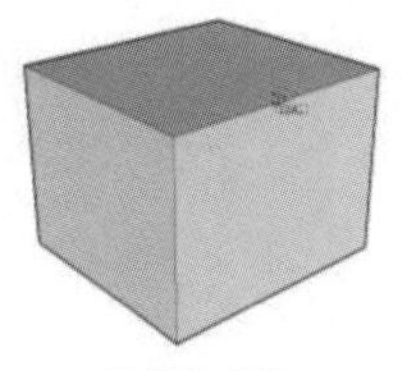

选择参考边

指定辅助线方向和距离

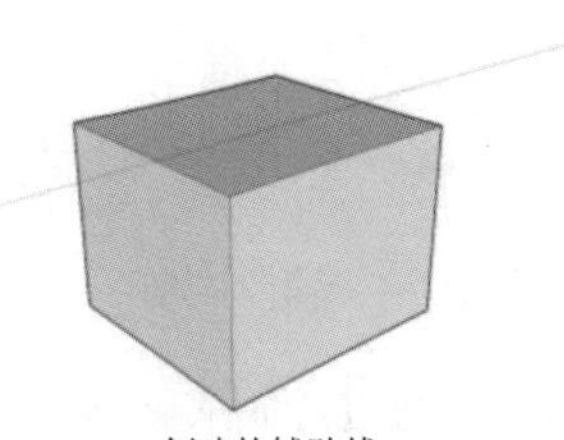

创建的辅助线

图 5.2　创建辅助线

注意：

在 SketchUp 中激活卷尺工具后，鼠标指针有两种形状：一是，此种形状表示既可测量线段又可创建辅助线和辅助点；二是，此种形状是锁定状态，表示只能进行长度测量。两种形状可按 Ctrl 键进行切换。

3．缩放模型

（1）单击“建筑施工”工具栏上的“卷尺工具”按钮，依次单击特定线段的两端，在“长度”控制框中显示该线段的长度。

（2）在“长度”控制框中输入一个新的数值，按回车键后打开是否调节模型大小的提示对话框。单击“是”按钮，整个模型会根据线段的长度缩放比例进行全局尺寸缩放，如图 5.3 所示。此命令与 AutoCAD 中的“缩放”命令类似。

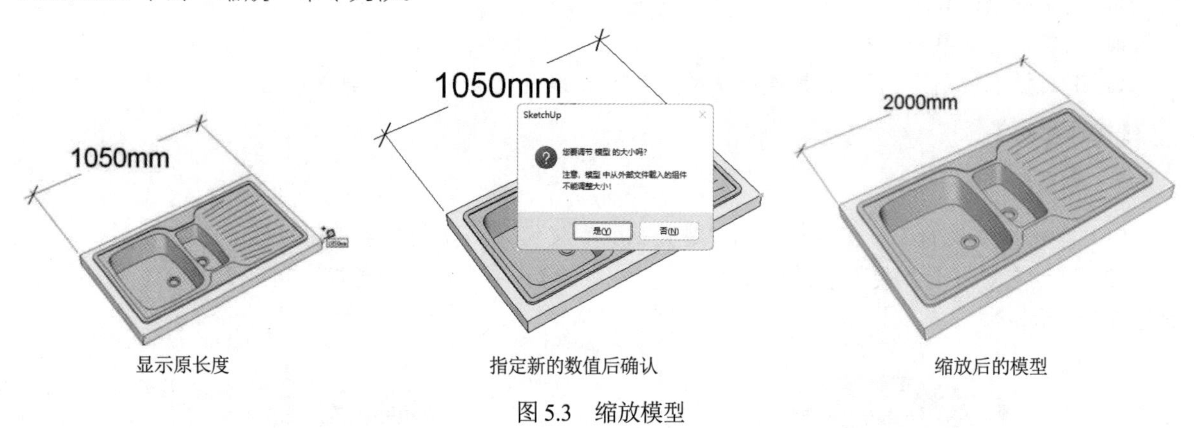

显示原长度　　指定新的数值后确认　　缩放后的模型

图 5.3　缩放模型

注意：

如果只想调整单个对象的大小，可以将对象创建成组，在组内进行编辑。

选中参考线，按 Delete 键可以删除参考线，或者选择“编辑”→“删除参考线”命令，如图 5.4 所示，将所有参考线删除。

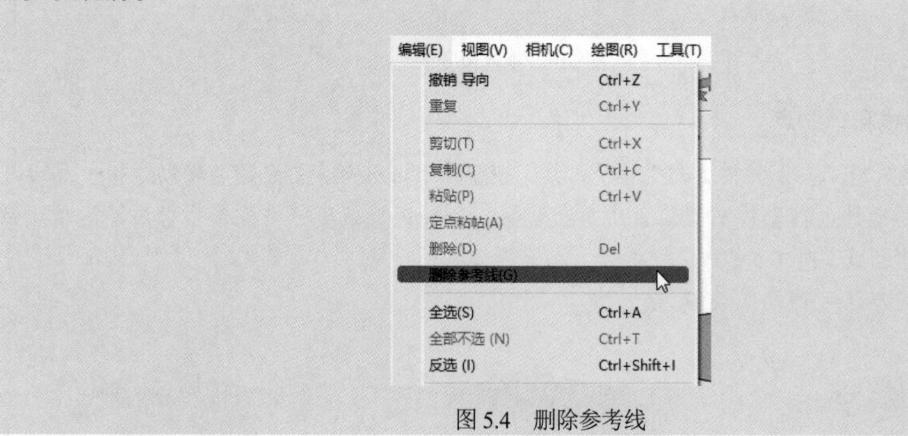

图 5.4　删除参考线

扫一扫，看视频

动手学——绘制书架

本实例通过绘制书架来重点学习卷尺工具，具体绘制流程如图 5.5 所示。

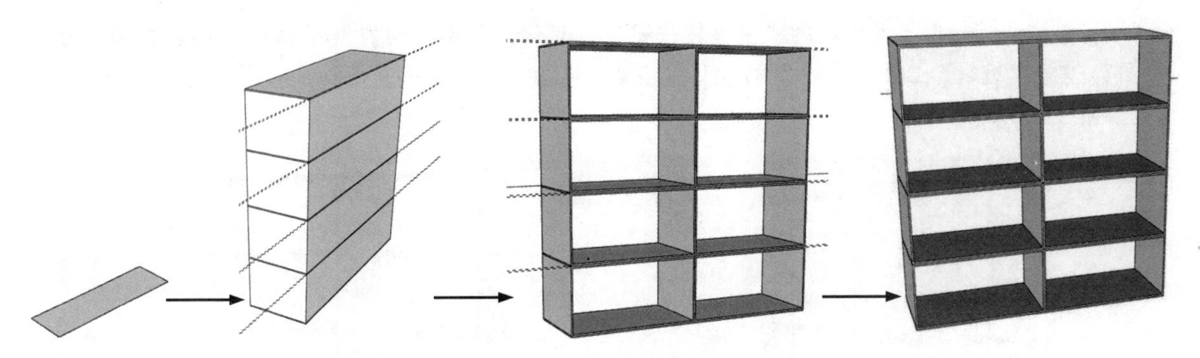
图 5.5　书架绘制流程

源文件：源文件\第 5 章\书架.skp

【操作步骤】

（1）单击“绘图”工具栏上的“矩形”按钮，绘制长度为 1000mm、宽度为 300mm 的矩形，如图 5.6 所示。

（2）单击“编辑”工具栏上的“推/拉”按钮，高度为 5mm，作为书架的底板，如图 5.7 所示。

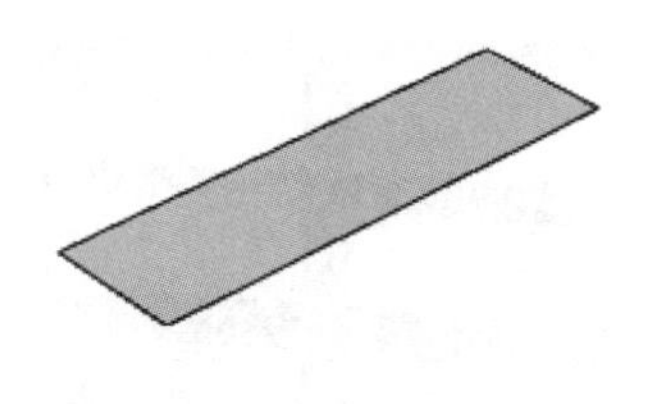
图 5.6　绘制矩形

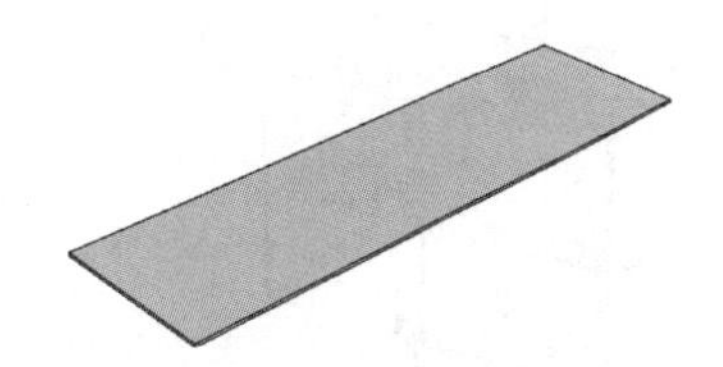
图 5.7　进行推/拉

（3）单击“建筑施工”工具栏上的“卷尺工具”按钮，以右上方的直线为基准线，按方向键↑，绘制距离为 245、250、495、500、745、750、995、1000（单位：mm）的辅助线。

（4）单击“编辑”工具栏上的“推/拉”按钮，按 Ctrl 键，以辅助线为参考线，进行推/拉，如图 5.8 所示。

（5）单击“绘图”工具栏上的“直线”按钮，绘制一条直线，结果如图 5.9 所示。

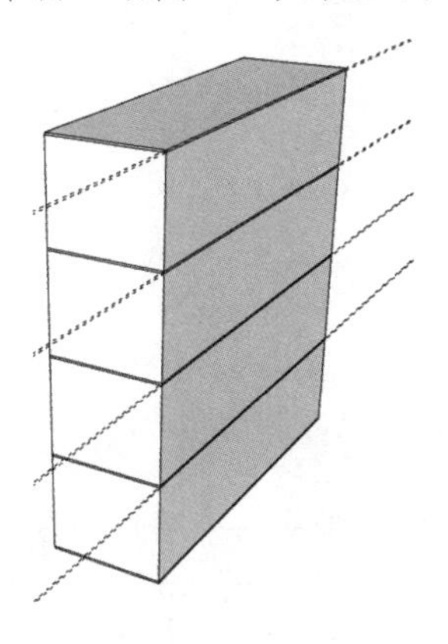
图 5.8　推/拉实体

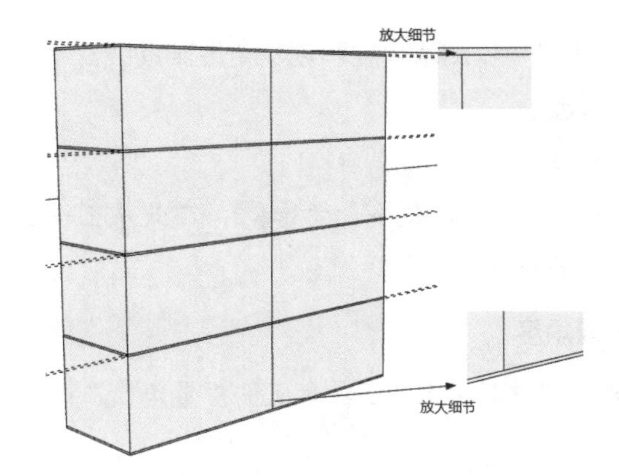

图 5.9　绘制直线

（6）单击“编辑”工具栏上的“偏移”按钮，选择矩形面，向内偏移5mm，如图5.10所示。

（7）单击“编辑”工具栏上的“推/拉”按钮，将上一步绘制的矩形面向书柜内侧偏移295mm，结果如图5.11所示。

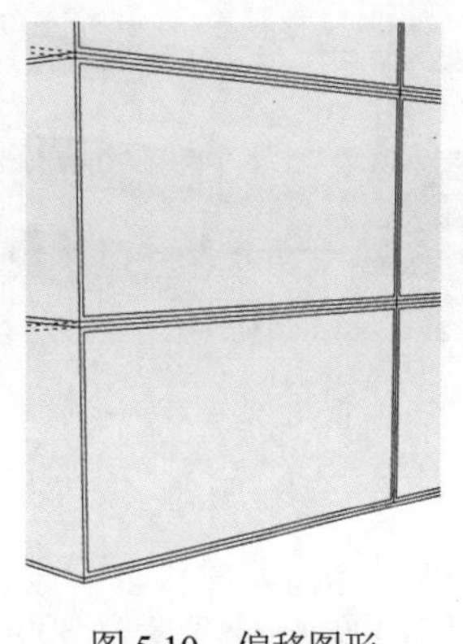

图5.10　偏移图形

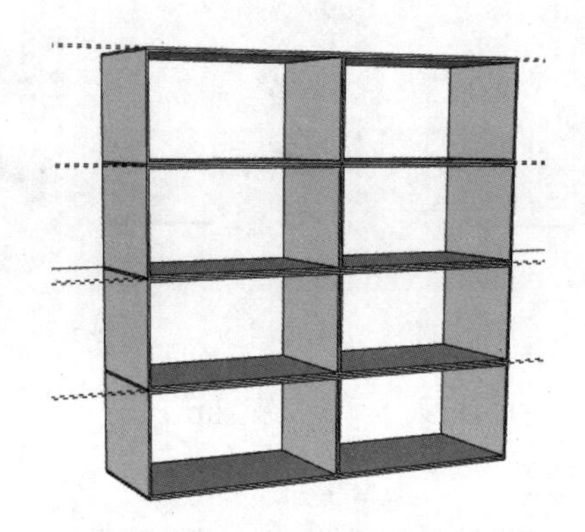

图5.11　推/拉矩形面

（8）单击菜单栏上“编辑”→“删除参考线”命令，将所有参考线删除，结果如图5.12所示。

（9）单击“大工具集”工具栏上的“颜料桶”按钮，为图形添加材质，如图5.13所示。

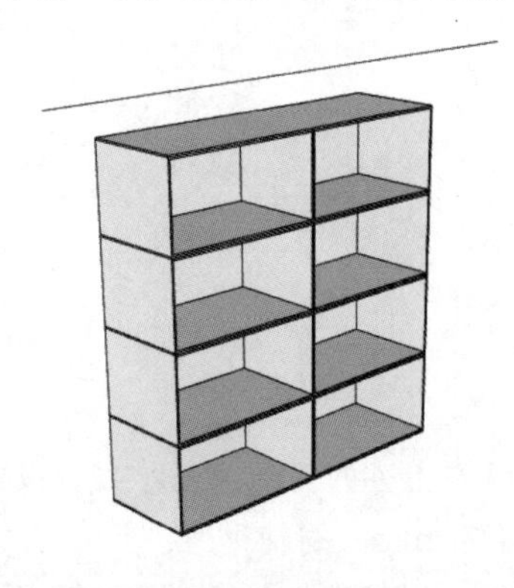

图5.12　删除参考线

图5.13　添加材质

5.1.2　量角器

量角器工具可以测量角度和创建角度辅助线。

【执行方式】

- 菜单栏：工具→量角器。
- 工具栏：大工具集→量角器，建筑施工→量角器。

【操作步骤】

1．测量角度

（1）单击“建筑施工”工具栏上的“量角器”按钮，鼠标指针会带有一个圆形的量角器，鼠标指针就是中心。

（2）移动鼠标指针，将量角器的中心与测量角的顶点重合，单击确定。

（3）将量角器的基线与测量角的边对齐，单击确定。

（4）移动鼠标指针，将量角器的辅助线与测量角的另一边对齐，单击完成测量，测得的角度值将显示在“数值”控制框中，如图 5.14 所示。

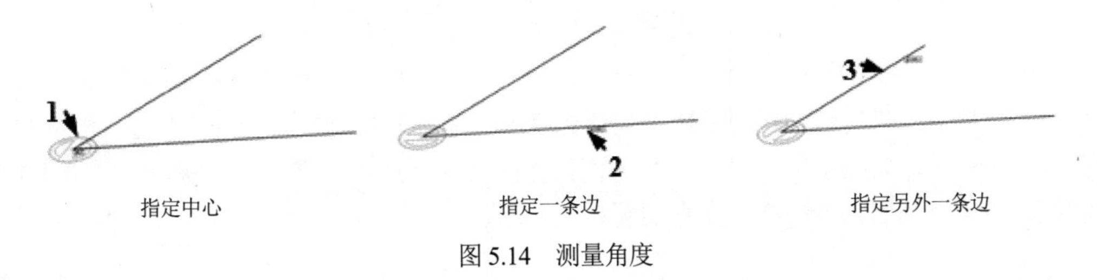

图 5.14 测量角度

注意：

在 SketchUp 中激活量角器工具后，软件默认在测量角度的同时创建角度辅助线，如果在激活量角器工具后按住 Ctrl 键，就可以避免在测量角度的同时创建辅助线；如果按住 Shift 键，则可以锁定当前量角器所在平面。

2. 创建角度辅助线

在 SketchUp 中创建角度辅助线的操作和测量角度的操作基本一样，激活量角器工具后，若按住 Ctrl 键，既可测量角度又可创建辅助线。辅助线的角度可通过“角度”控制框输入，创建一条与红轴成 30°的辅助线，如图 5.15 所示。

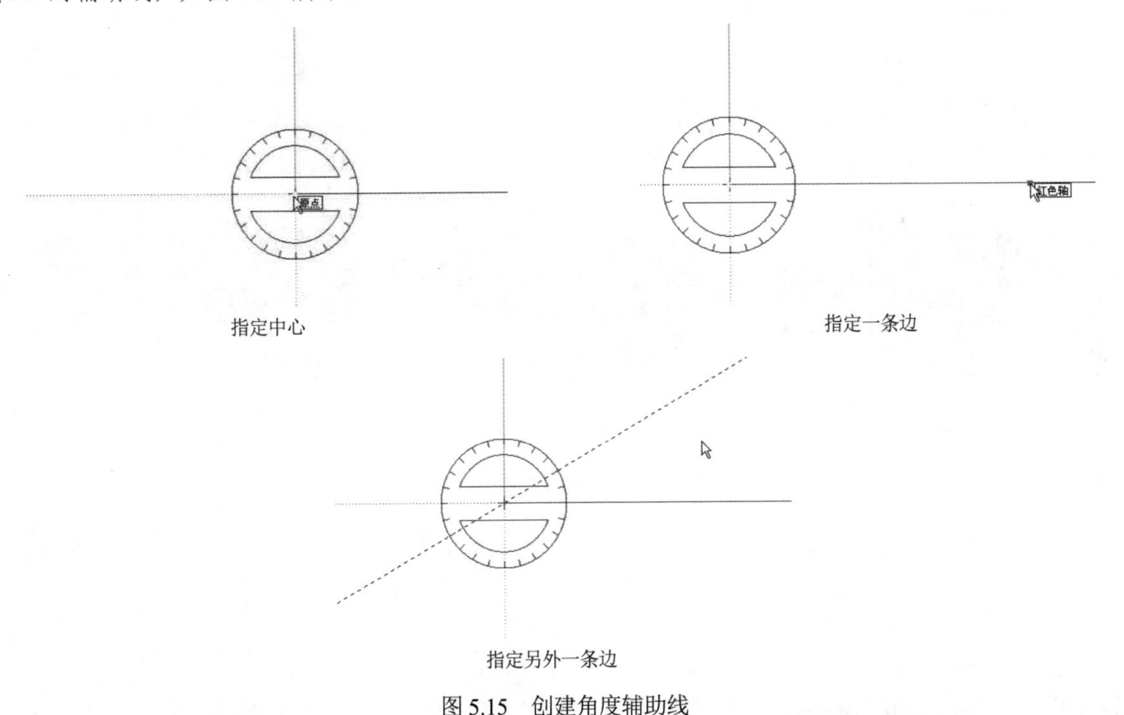

图 5.15 创建角度辅助线

注意：

在 SketchUp 中，角度的精确度与最小捕捉角度可在“窗口”→“场景信息”对话框的单位选项栏中进行设置。

3. 创建精确角度

在创建辅助线时，旋转角度会在“角度”控制框中显示。可以在旋转角度或者完成旋转操作后输入旋转角度。可以直接输入角度，如输入 56 表示 56°，也可以输入斜率，如“5:4”。

5.2 文字和尺寸标注类命令

图形绘制完毕后，需要标注图形的相关尺寸和文字说明。正确地进行尺寸标注是设计绘图工作中非常重要的一个环节，SketchUp 软件提供了方便快捷的尺寸标注和文字标注方法，可以通过工具栏中的工具实现，也可以利用菜单栏中的命令实现。

扫一扫，看视频

5.2.1 尺寸

SketchUp 具有十分强大的标注功能，完全可以满足施工图标注要求的精度，这也是该软件相对于其他三维软件所具有的明显优势。

【执行方式】

- 菜单栏：工具→尺寸。
- 工具栏：大工具集→尺寸，建筑施工→尺寸。

【操作步骤】

1. 线段标注

方法一：单击“建筑施工”工具栏上的“尺寸”按钮，单击选择需要标注尺寸的线段的一个端点，再单击另一个端点，然后向外拖动鼠标指针，把标注移动到合适位置再次单击，完成尺寸标注，如图 5.16 所示。

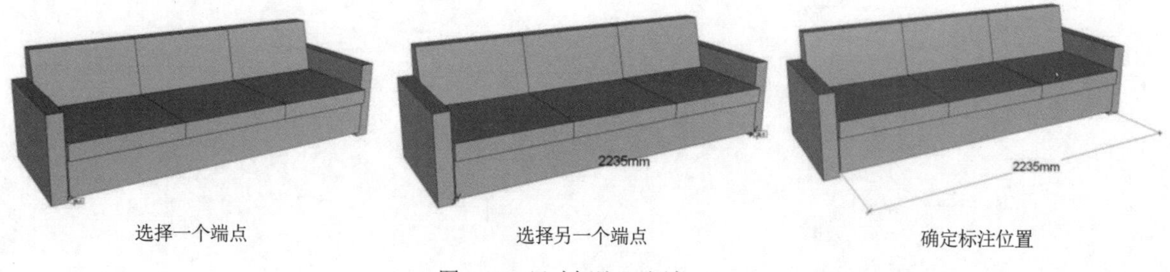

图 5.16 尺寸标注（方法一）

方法二：单击“建筑施工”工具栏上的“尺寸”按钮，直接单击要标注尺寸的线段，然后向外拖动鼠标指针，把尺寸标注移动到合适的位置再次单击，完成尺寸标注，如图 5.17 所示。

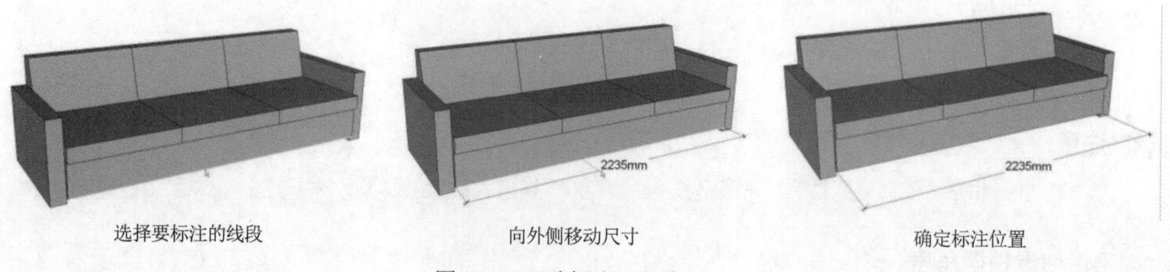

图 5.17 尺寸标注（方法二）

2. 半径/直径标注

（1）单击“建筑施工”工具栏上的“尺寸”按钮，单击要标注的圆弧。

（2）移动鼠标指针，把尺寸标注移动到合适的位置，再次单击，完成直径标注。

（3）将标注的文字尺寸选中，然后右击，在弹出的快捷菜单中选择“类型”→“半径”命令，就可以将直径尺寸转换为半径尺寸，如图 5.18 所示。

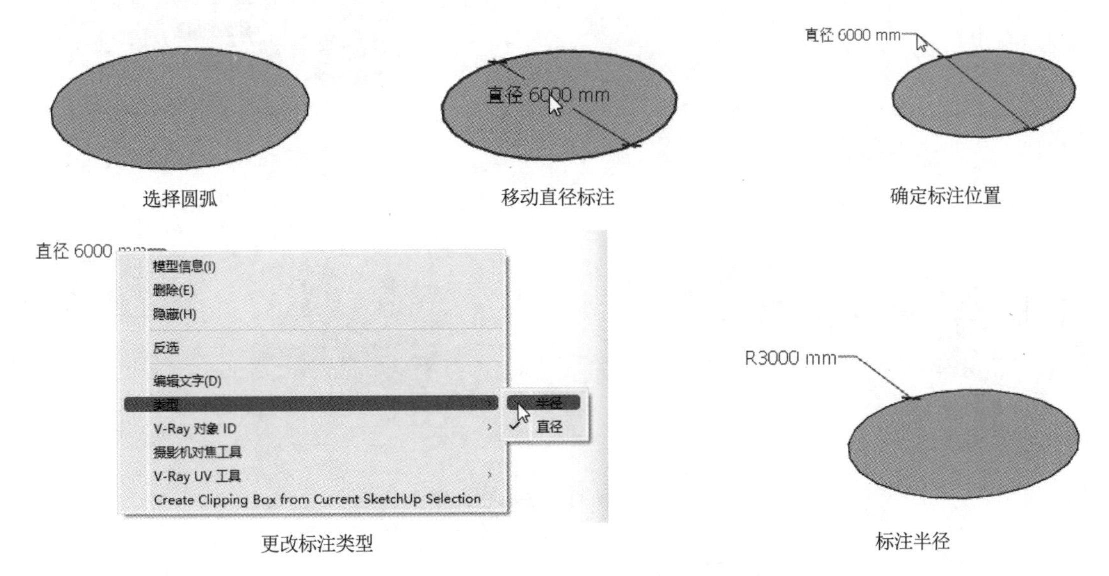

图 5.18　半径/直径标注

3. 更改标注类型

（1）在进行尺寸标注前，要先创建尺寸标注的样式。如果不创建尺寸标注的样式而直接进行标注，系统会使用默认的样式。如果用户认为标注样式的某些设置不合适，也可以修改标注样式。执行“窗口”→“模型信息”命令，打开“模型信息”对话框。选择“尺寸”选项卡，然后对尺寸标注的类型、字体、颜色、大小等进行设置，如图 5.19 所示。

（2）在“文本”栏中显示当前字体和文字大小，单击“字体”按钮，打开“字体”对话框。可以设置新的字体、字体样式和文字大小，如将字体设置为 Times New Roman、常规、五号，设置完毕，单击“好”按钮。可以看到文本中显示的字体的相关信息已经更新。

（3）在“文本”栏中还显示了当前标注的字体颜色■。同样，可以自行设置。单击颜色模块，打开“选择颜色”对话框，如图 5.20 所示。通过调整矩形条的位置更改颜色，设置完毕，单击“好”按钮，文本中显示的字体颜色已经更改。

（4）单击“选择全部尺寸”按钮，这时软件将以蓝色高亮显示所有的尺寸，继续单击“更新选定的尺寸”按钮。这样模型中所有文字的相关属性就被更改了，如图 5.21 所示。

（5）如果要更改其中一部分字体的相关属性，可以使用“选择”命令选择尺寸，然后单击“更新选定的尺寸”按钮。这样模型中仅更改选中文字的相关属性，如图 5.22 所示。

（6）打开“引线”栏中的“端点”下拉列表框，可以设置端点效果，如图 5.23 所示。

（7）选中“尺寸”栏中的“对齐屏幕”单选按钮，可以使标注的文字始终平行于屏幕；选中“对齐尺寸线”单选按钮，在右侧的下拉列表框中可以切换上方、居中和外部 3 种形式，如图 5.24 所示。不同的方式其效果也不同，分别如图 5.25 所示。

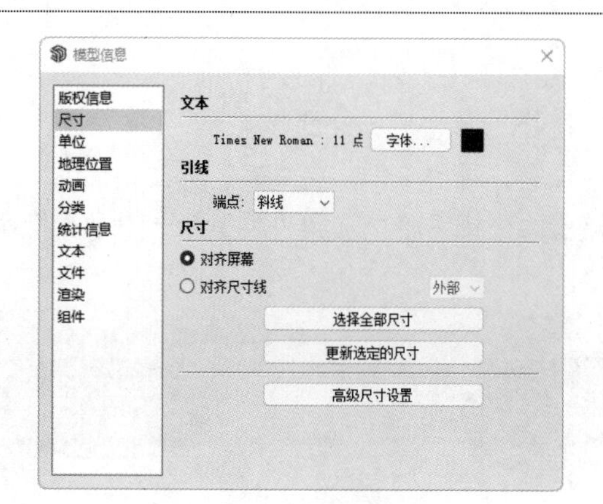

图 5.19　更改字体

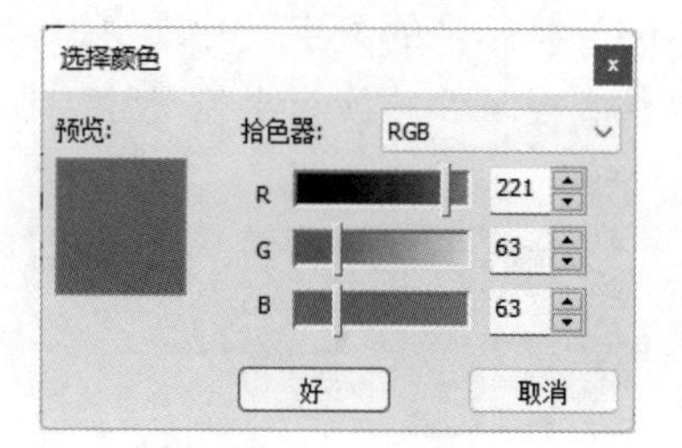

图 5.20　更改颜色

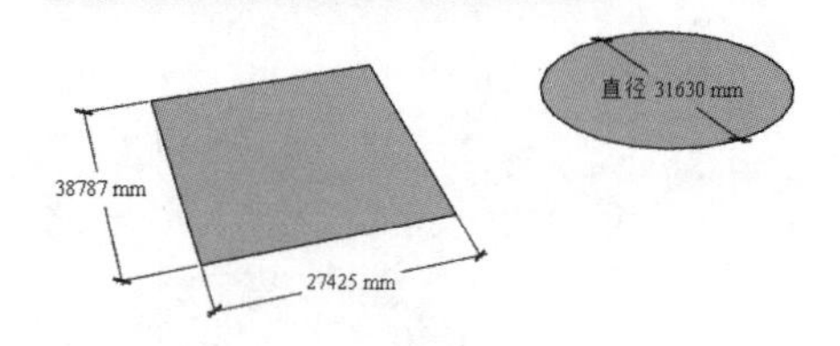

选择所有尺寸

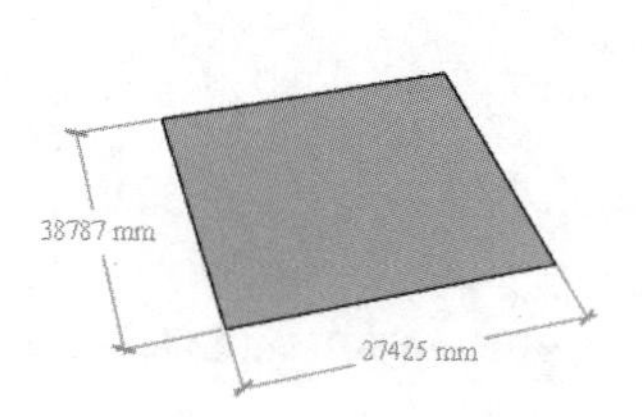

更改后

图 5.21　更改所有文字的相关属性

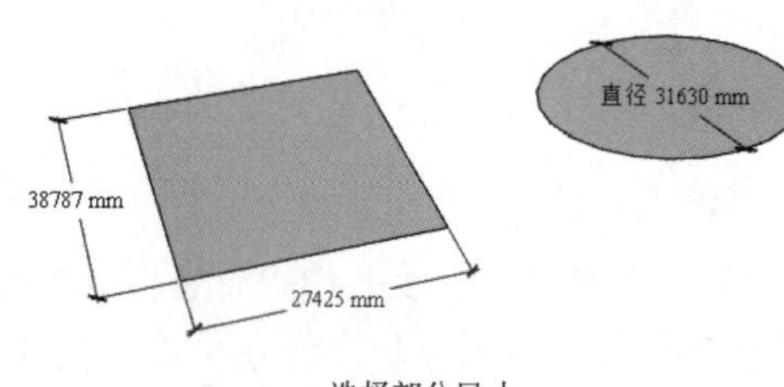

选择部分尺寸

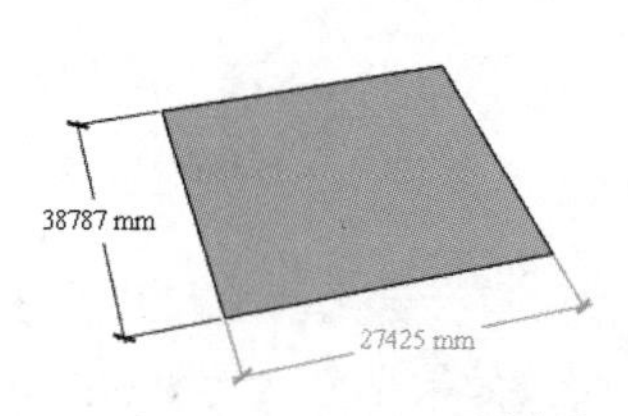

更改后

图 5.22　更改选中文字的相关属性

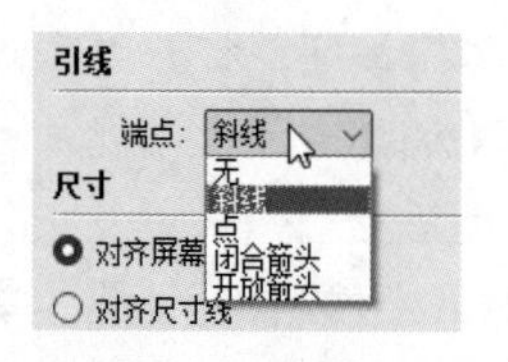

图 5.23　设置引线端点

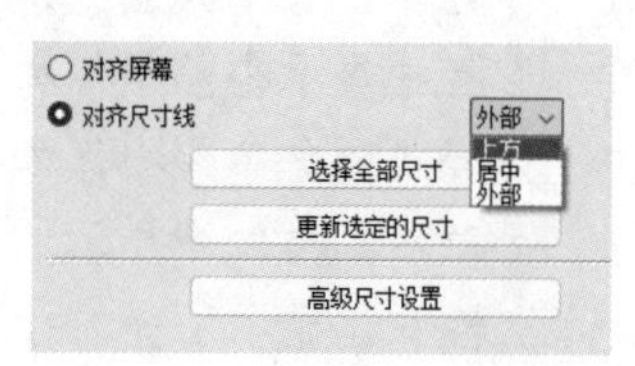

图 5.24　设置尺寸线位置

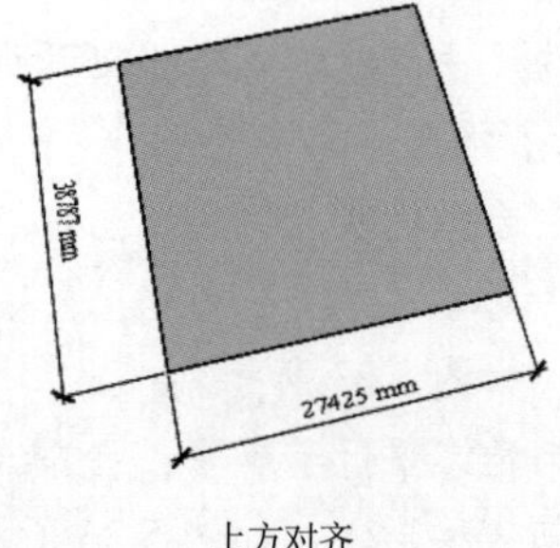

上方对齐

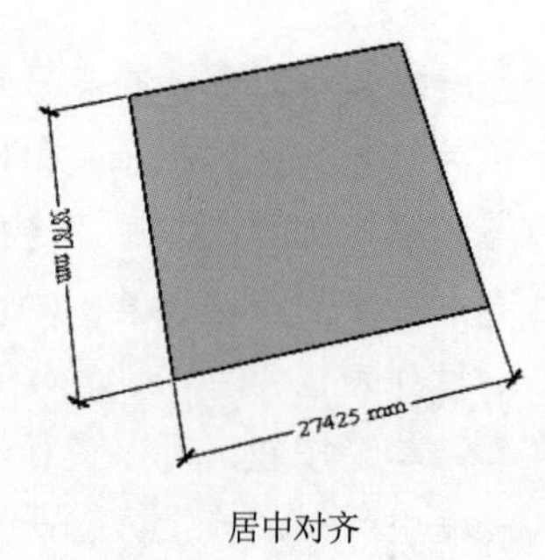

居中对齐

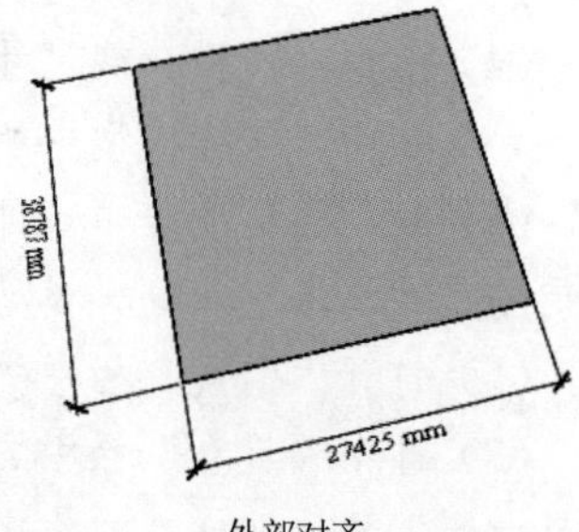

外部对齐

图 5.25　更改尺寸线位置

扫一扫，看视频

动手学——标注小房子尺寸

本实例将通过标注小房子尺寸来重点学习尺寸标注命令，具体标注流程如图 5.26 所示。

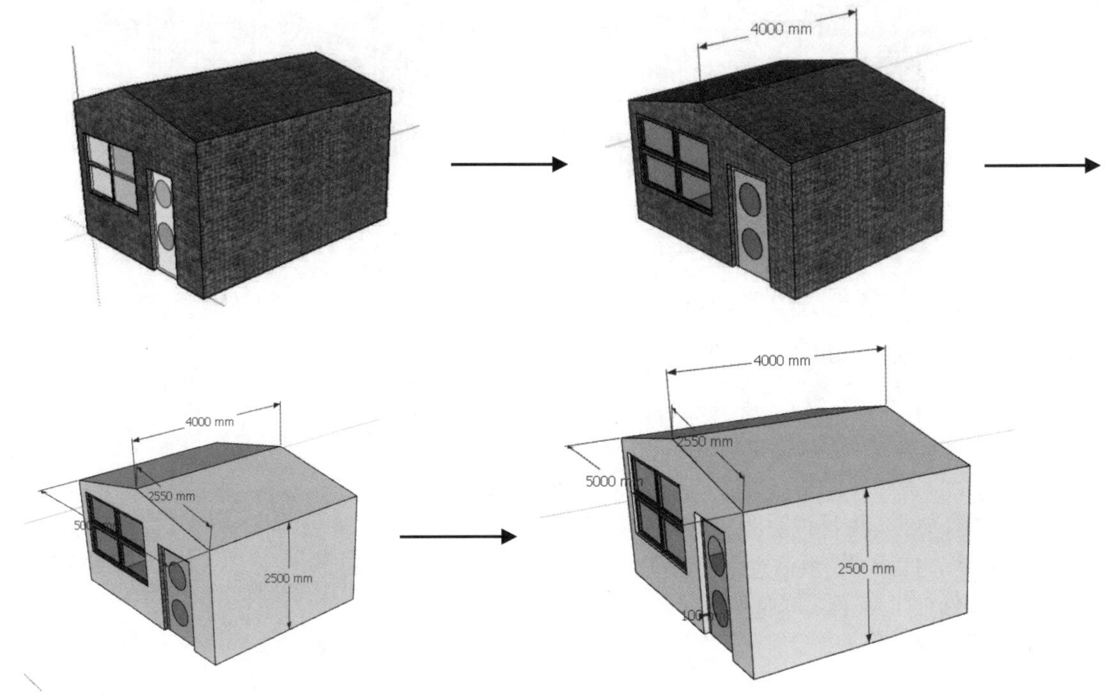

图 5.26　小房子尺寸标注流程

源文件：源文件\第 5 章\标注小房子.skp

【操作步骤】

（1）选择“文件”→“打开”命令，打开源文件中的小房子图形，如图 5.27 所示。

（2）单击“建筑施工”工具栏上的“尺寸”按钮，单击要标注的两个端点，然后向外拖动鼠标指针，把标注移动到合适的位置，如图 5.28 所示。

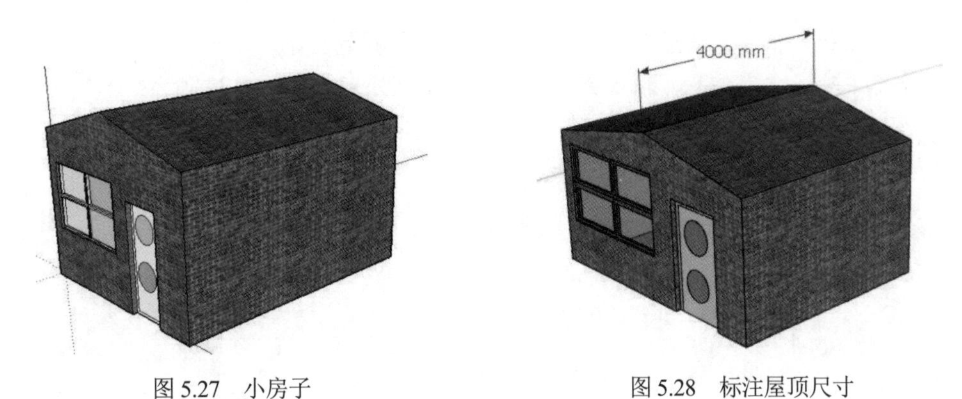

图 5.27　小房子　　　　图 5.28　标注屋顶尺寸

（3）重复上述操作完成剩余尺寸的标注，如图 5.29 所示。

（4）单击“建筑施工”工具栏上的“尺寸”按钮，选择门上的圆玻璃图形，然后向外拖动鼠标指针，把标注移动到合适的位置，如图 5.30 所示。

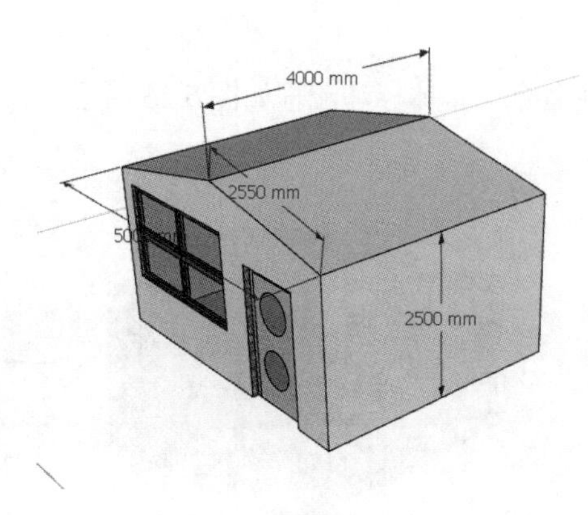

图 5.29　标注剩余尺寸

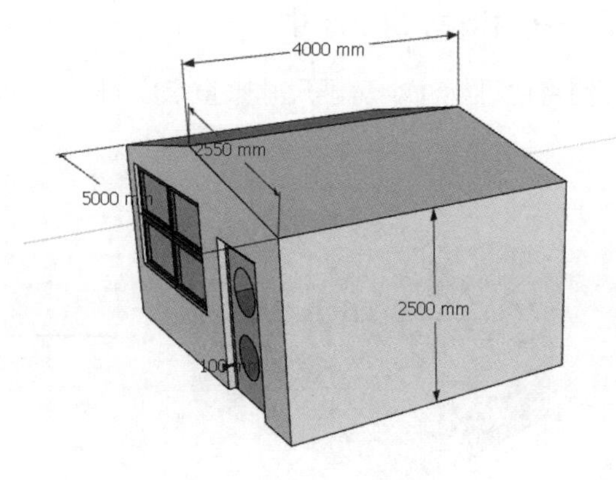

图 5.30　标注圆玻璃图形尺寸

5.2.2　文本

文本注释是图形中很重要的一部分内容，在进行各种设计时，不仅要绘出图形，而且要在图形中标注一些文字，如技术要求、注释说明等。执行“窗口”→“模型信息”命令，打开“模型信息”对话框。选择“文本”选项卡，如图 5.31 所示，可对图形对象进行解释。

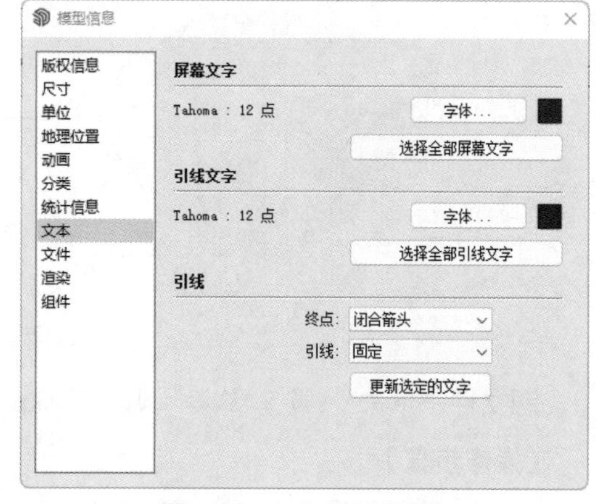

图 5.31　“文本”选项卡

【执行方式】

➘ 菜单：工具→文本。

➘ 工具栏：大工具集→文本，建筑施工→文本。

【操作步骤】

1. 标注引注文字

（1）单击“建筑施工”工具栏上的“文本”按钮，单击需要进行文本标注的实体对象，确定引线的基点。

（2）移动鼠标指针，把标注移动到合适位置，再次单击确定位置。

（3）在文本框中输入文字信息，输入完成后单击文本框外部，如图 5.32 所示。

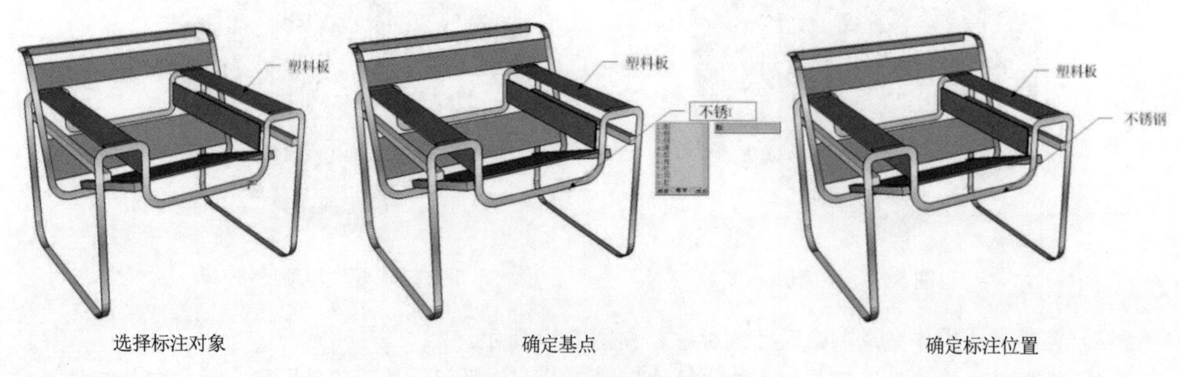

图 5.32　标注引注文字

注意：

激活文本标注工具后，若双击要进行文本标注的实体对象，文字将直接被附着在实体表面。

2. 标注屏幕文字

（1）单击“建筑施工”工具栏上的“文本”按钮，单击屏幕空白处。

（2）在出现的文本框中输入文字信息。

（3）输入完成后单击文本框外部。屏幕文字在屏幕中的位置是固定的，不会因旋转视图而改变位置。

注意：

编辑或修改文字信息时，可双击文本标注或右击文本标注，然后从弹出的快捷菜单中选择“文字编辑”命令。

动手学——标注房屋构造说明

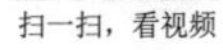
扫一扫，看视频

本实例将通过为一个小房子添加文字说明来重点学习文本标注命令，具体标注流程如图 5.33 所示。

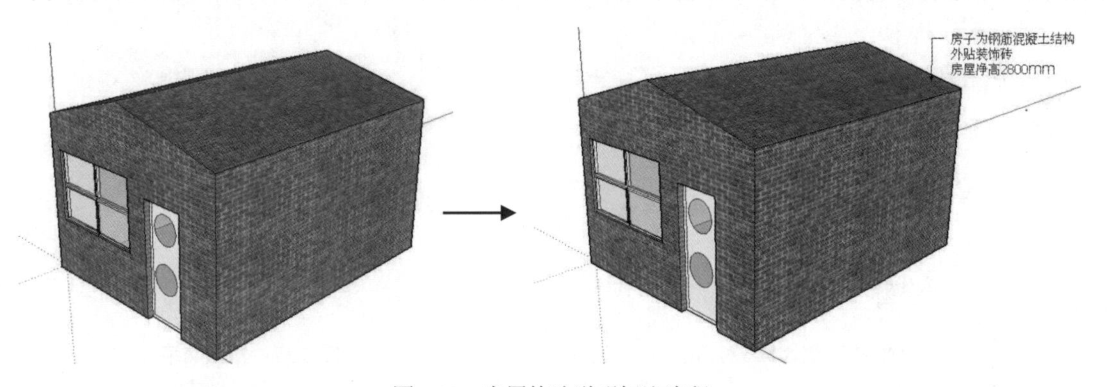

图 5.33　房屋构造说明标注流程

源文件：源文件\第 5 章\房屋构造说明.skp

【操作步骤】

（1）选择“文件”→“打开”命令，打开源文件中的小房子，如图 5.34 所示。

（2）单击“建筑施工”工具栏上的“文本”按钮，选择墙面为标注对象，确定引线的基点。

（3）移动鼠标指针，把标注移动到合适位置，再次单击确定位置。在文本框中输入文字信息，输入完成后单击文本框外部，如图 5.35 所示。

图 5.34　小房子

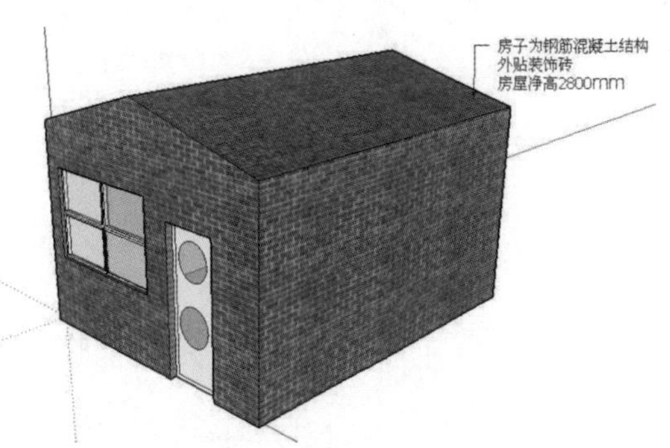

图 5.35　为图形添加文字

5.2.3　3D 文本

“3D 文本”命令用于快速创建三维文字或平面文字效果。

【执行方式】

- 菜单：工具→3D 文本。
- 工具栏：大工具集→3D 文本，建筑施工→3D 文本。

【操作步骤】

1. 三维文字

单击“建筑施工”工具栏上的“3D 文本”按钮，打开“放置三维文本”对话框，如图 5.36 所示。在文字框内输入文字，如“SketchUp 实战基础训练”，如图 5.37 所示。调整字形、字高等，软件默认勾选“填充”和“已延伸”复选框，“已延伸”右侧的文本框中显示三维文字的厚度。若勾选“已延伸”复选框，软件将创建三维文字，效果如图 5.38 所示。

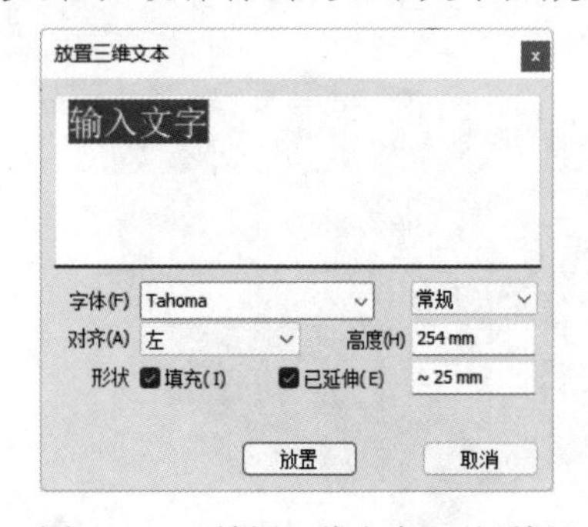

图 5.36　“放置三维文本”对话框

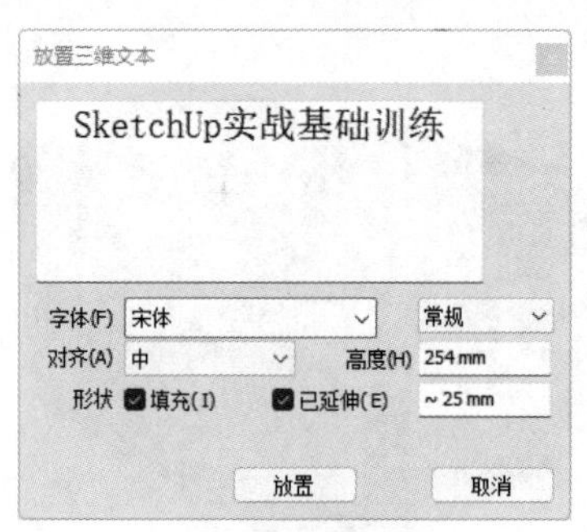

图 5.37　输入文字

SketchUp实战基础训练

图 5.38　三维文字

2. 平面文字

单击“建筑施工”工具栏上的“3D 文本”按钮，打开“放置三维文本”对话框。在文字框内输入文字，如“SketchUp 实战基础训练”，如图 5.39 所示。取消勾选“已延伸”复选框，软件将创建平面文字，效果如图 5.40 所示。

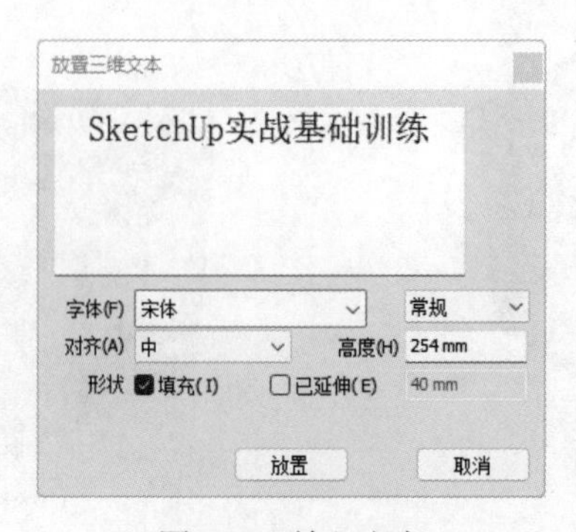

图 5.39　输入文字

SketchUp实战基础训练

图 5.40　平面文字

5.3　综合实例——绘制雨伞

本实例通过绘制一把雨伞来重点复习之前学过的命令，具体绘制流程如图 5.41 所示。

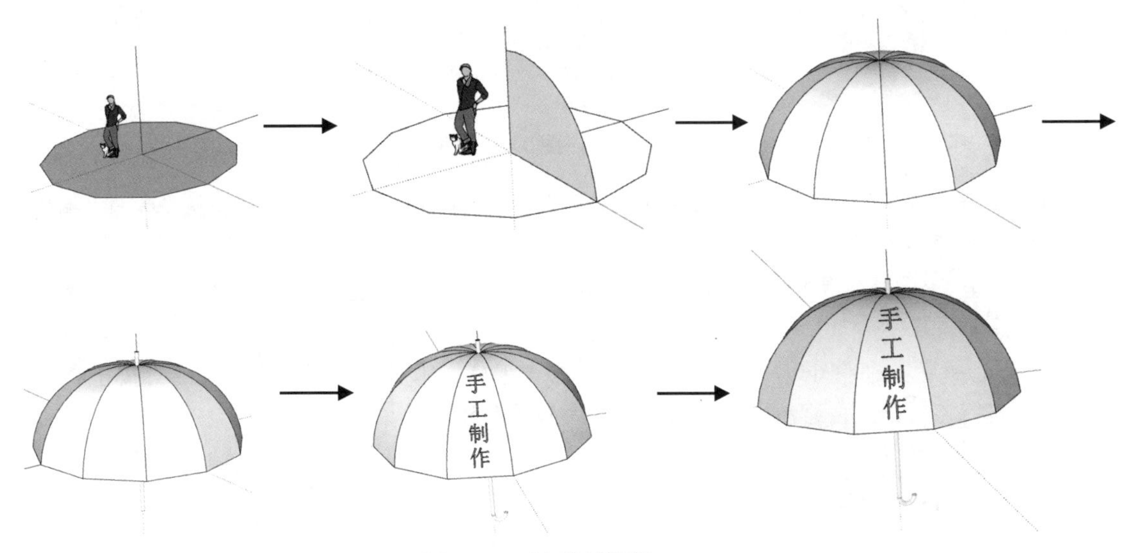

图 5.41　雨伞绘制流程

源文件：源文件\第 5 章\雨伞.skp

【操作步骤】

（1）单击“绘图”工具栏上的“多边形”按钮，以坐标原点为圆心，绘制边数为 12 的放样路径，如图 5.42 所示。

（2）将视图切换到前视图。单击“绘图”工具栏上的“直线”按钮和“圆弧”按钮，绘制放样截面并转换到轴测图，如图 5.43 所示。

（3）单击“使用入门”工具栏上的“选择”按钮，删除多余的面，如图 5.44 所示。

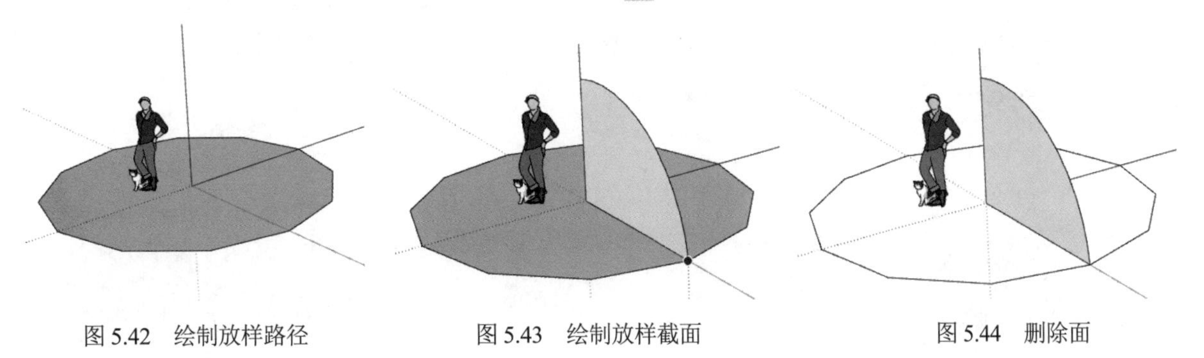

图 5.42　绘制放样路径　　图 5.43　绘制放样截面　　图 5.44　删除面

（4）先选择放样路径，然后单击“编辑”工具栏上的“路径跟随”按钮，选择步骤（2）绘制的截面为放样截面，沿着选择的放样路径自动完成放样，如图 5.45 所示。

（5）单击“使用入门”工具栏上的“选择”按钮，选择图形多余的面并删除，如图 5.46 所示。

（6）执行“编辑”→“隐藏”命令，将绘制的伞面进行隐藏。

（7）单击“绘图”工具栏上的“圆”按钮，在坐标原点绘制一个圆形平面，如图 5.47 所示。

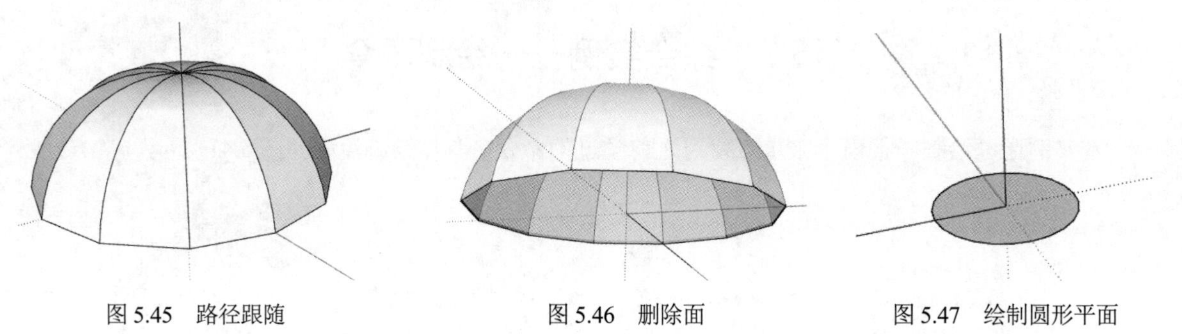

图 5.45　路径跟随　　图 5.46　删除面　　图 5.47　绘制圆形平面

（8）执行“编辑”→“撤销隐藏”→“全部”命令，将绘制的伞面进行显示。单击“编辑”工具栏上的“推/拉”按钮，生成一个伞把，将半圆弧进行隐藏，如图 5.48 所示。

（9）单击“绘图”工具栏上的“圆弧”按钮，在伞把最底端绘制边数为 32 的半圆，结果如图 5.49 所示。

（10）选择底端的半圆为放样路径，然后单击“编辑”工具栏上的“路径跟随”按钮，对圆形伞把底面进行路径跟随，绘制半圆形把手，结果如图 5.50 所示。

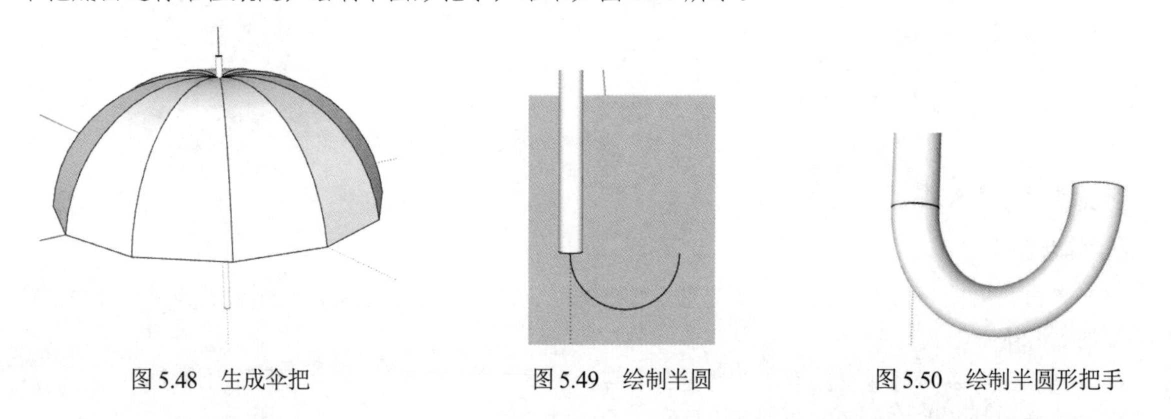

图 5.48　生成伞把　　图 5.49　绘制半圆　　图 5.50　绘制半圆形把手

（11）单击“建筑施工”工具栏上的“3D 文本”按钮，打开“放置三维文本”对话框。在文字框内输入文字“手工制作”，按回车键。调整为竖向文字，取消勾选“已延伸”复选框，如图 5.51 所示，软件将在伞面上创建平面文字。最后单击“放置”按钮，效果如图 5.52 所示。

图 5.51　输入文字

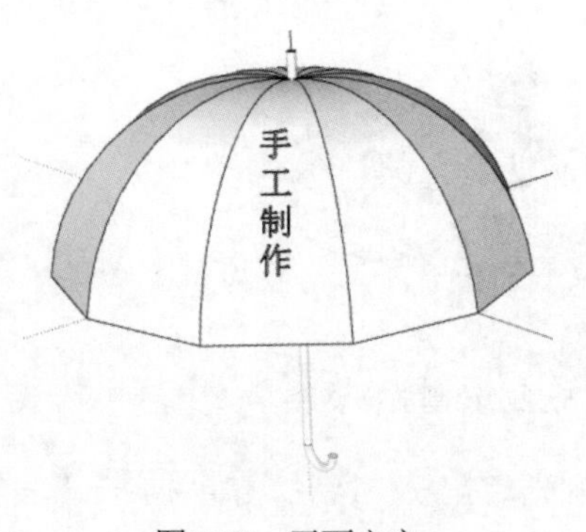

图 5.52　平面文字

（12）单击“编辑”工具栏上的“比例”按钮，选择上一步绘制的文字，如图 5.53 所示。此时按 Ctrl 键，软件将以文字中心为缩放基点。选择右下角点，进行等比例缩放，调整文字的大小，结果如图 5.54 所示。

（13）单击“大工具集”工具栏上的“颜料桶”按钮，为图形添加材质，如图 5.55 所示。

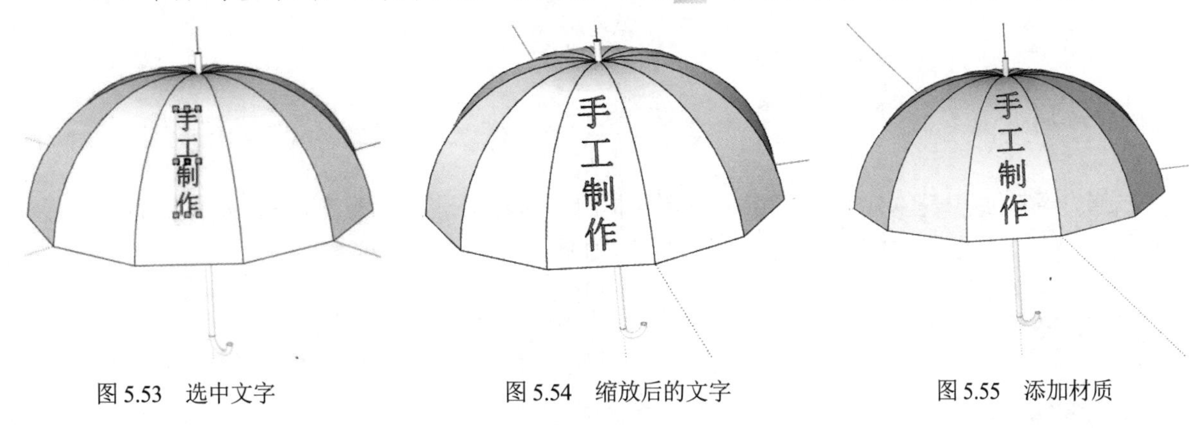

图 5.53　选中文字　　图 5.54　缩放后的文字　　图 5.55　添加材质

第6章　三维建模

内容简介

本章介绍辅助建模工具的相关知识。使用实体工具可以将图形进行布尔运算，从而创建出较复杂的模型。通过照片匹配，可以利用图片上的材质绘制模型。

内容要点

- 实体工具
- 照片匹配

案例效果

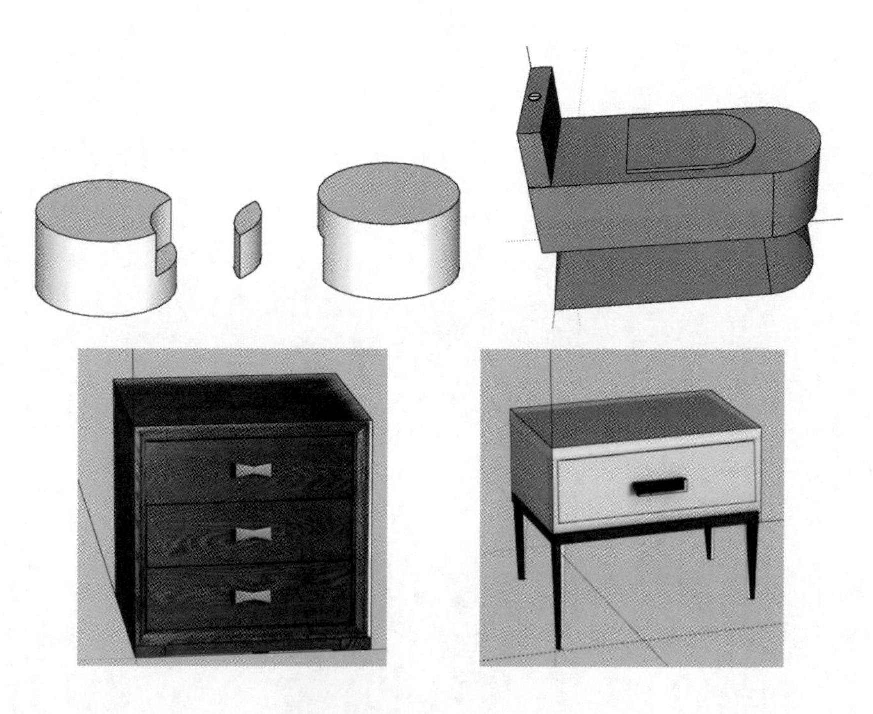

扫一扫，看视频

6.1　实体工具

默认情况下，软件不显示“实体工具”工具栏，需要用户自行调出。具体方法：执行“视图”→“工具栏”命令，打开“工具栏”对话框，如图6.1所示。勾选“实体工具”复选框，单击“关闭”按钮，调出“实体工具”工具栏，如图6.2所示。

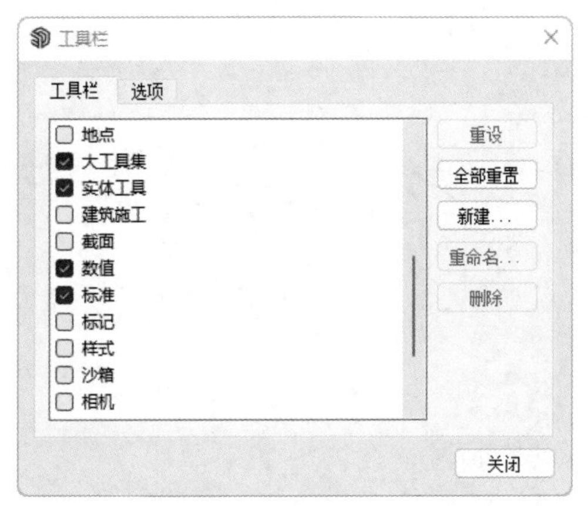

图 6.1　“工具栏”对话框

图 6.2　“实体工具”工具栏

注意：

使用实体工具时，绘制的几何体需要创建成群组或者组件。区别于其他常用的图形软件，SketchUp 中的几何体并非“实体”，只有创建为群组之后的几何体才被认为是“实体”。

使用实体工具时，创建为群组或组件的实体上不能有多余的线、面。

1. 实体外壳

使用“实体外壳”命令可以将多个单独的实体模型合并成一个实体，并移除内部几何图形。

【执行方式】

实体工具→实体外壳。

【操作步骤】

（1）单击“使用入门”工具栏上的“选择”按钮，框选圆柱体。

（2）右击，在弹出的快捷菜单中选择“创建群组”或“创建组件”命令。

（3）再次选择几何体时，几何体外侧有蓝色框，表示已创建成实体，如图 6.3 所示。

（4）单击“使用入门”工具栏上的“选择”按钮，框选左侧的两个实体。

（5）单击“实体工具”工具栏上的“实体外壳”按钮，将两个实体合二为一。

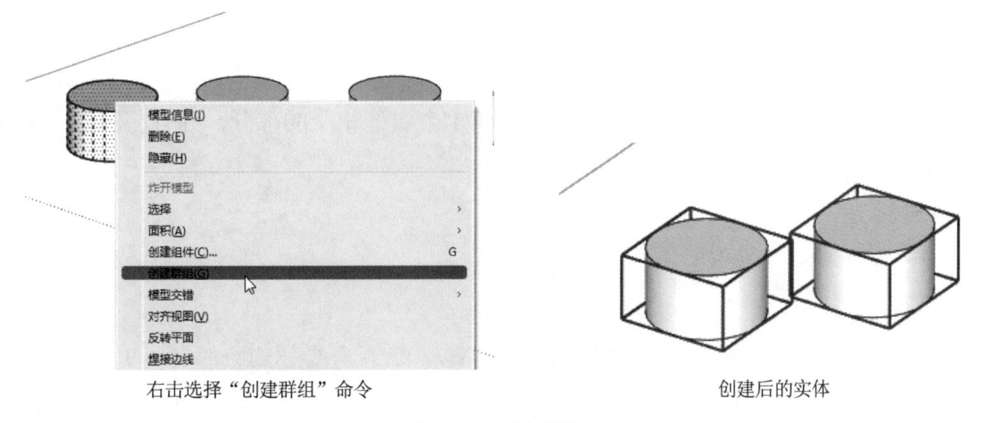

图 6.3　创建群组

（6）相交的两个实体合二为一后将减去重合部分，也就是进行并集运算，如图 6.4 所示。

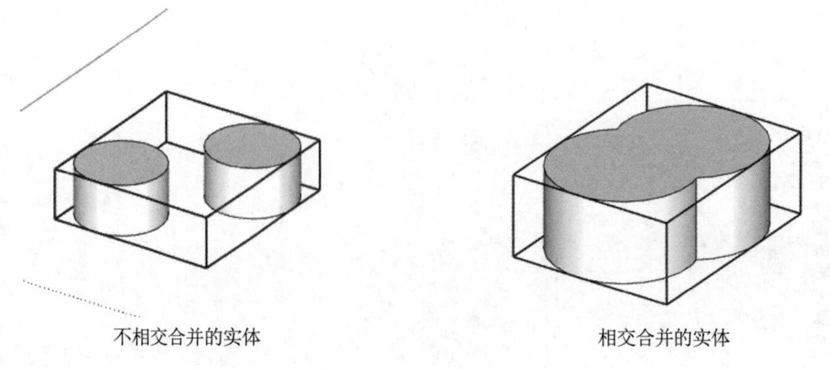

图 6.4　创建实体外壳

2．交集

使用“交集”命令可以快速将多个实体进行合并，但是仅保留相交的部分，剩余部分会被删除。

【执行方式】

实体工具→交集。

【操作步骤】

（1）单击“实体工具”工具栏上的“交集”按钮，这时鼠标指针右上角出现一个小圆圈 1，单击选择实体 1。

（2）将鼠标指针移动到另一个实体上，单击选择实体 2。

（3）软件自动计算，仅保留交集实体，删除剩余模型，实体外侧显示蓝色的外框。在空白处单击，取消实体的选择，如图 6.5 所示。

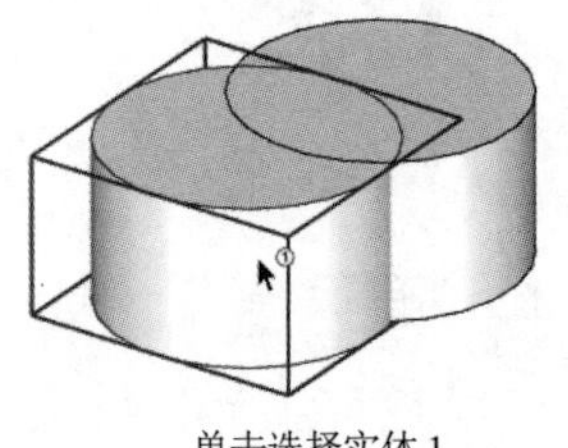

单击选择实体 1

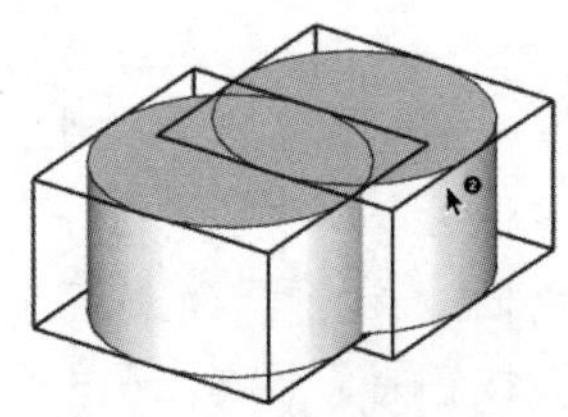

单击选择实体 2

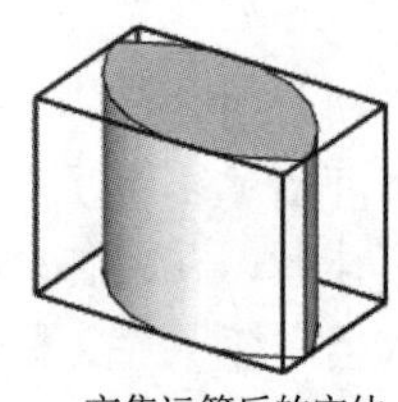

交集运算后的实体

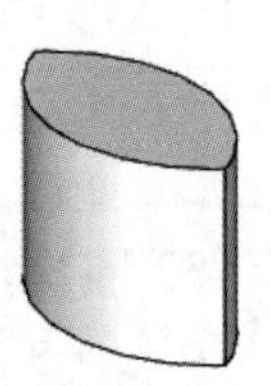

取消选择

图 6.5　交集运算

3．差集

使用“差集”命令可以从第 2 个实体中删除与第 1 个实体相交的部分，并且将第 1 个实体的剩余部分也一并删除。

【执行方式】

实体工具→差集。

【操作步骤】

（1）单击“实体工具”工具栏上的“差集”按钮，选择需要被删除的实体 1。

（2）选择需要保留的实体 2。

（3）运算完成之后保留了后选择的实体 2，将先选择的实体 1 及相关部分进行了删除，如图 6.6 所示。

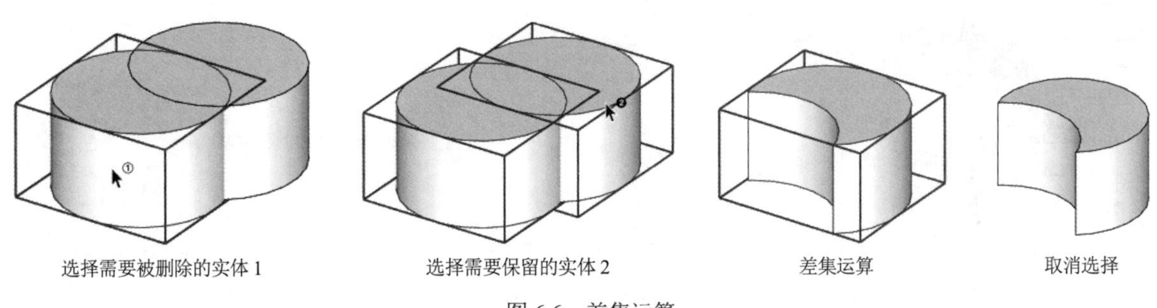

图 6.6 差集运算

4. 修剪

使用“修剪”命令可以保留第 1 个实体，只是在第 2 个实体上将两个实体相交的部分进行删除。

【执行方式】

实体工具→修剪。

【操作步骤】

（1）单击“实体工具”工具栏上的“修剪”按钮，选择需要保留的实体 1。

（2）选择需要被修剪的实体 2。

（3）运算完成之后保留先选择的实体，同时对实体 1 与实体 2 相交的部分进行了删除，如图 6.7 所示。

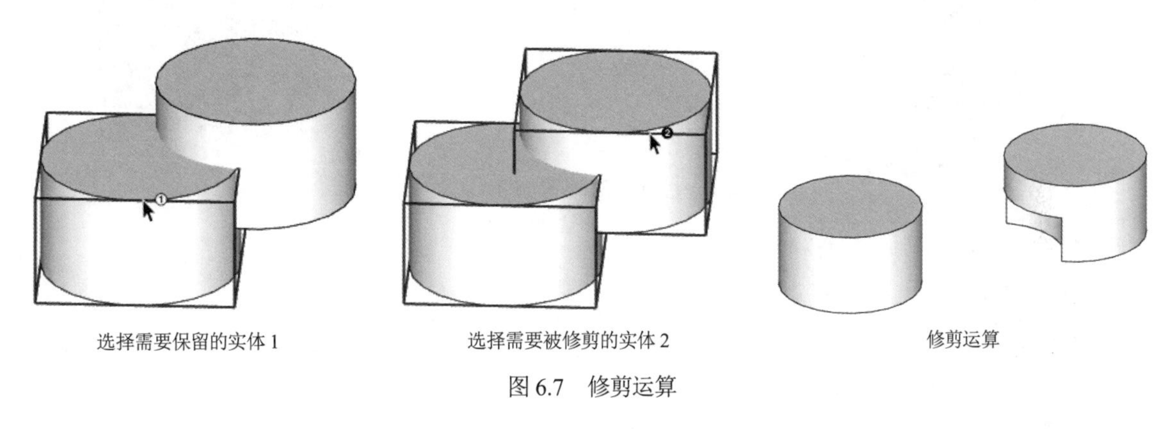

图 6.7 修剪运算

5. 分割

使用“分割”命令可以保留并分开两个相交的实体，并且将相交的部分单独分割为一个实体。

【执行方式】

实体工具→分割。

【操作步骤】

（1）单击“实体工具”工具栏上的“分割”按钮，选择实体 1。

（2）选择实体 2。

（3）运算完成之后保留了两个实体，并且将相交的部分单独分割为一个实体，如图 6.8 所示。

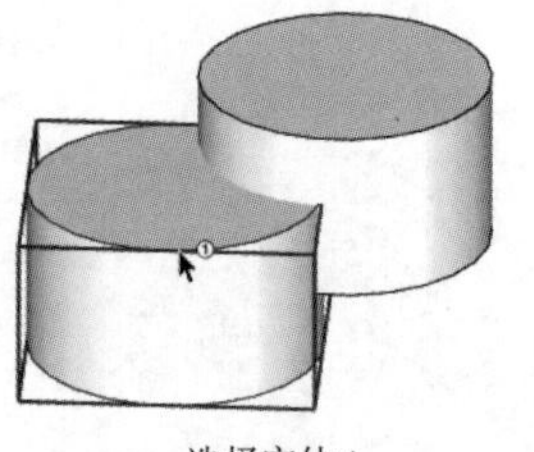
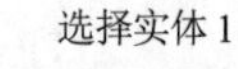
选择实体 1

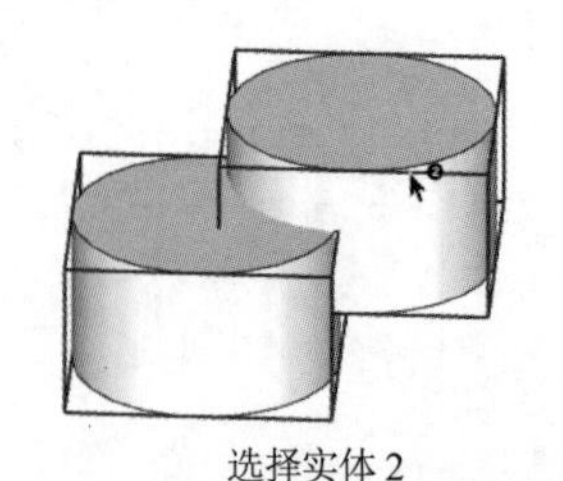
选择实体 2

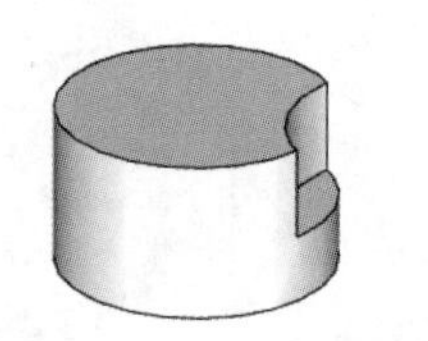
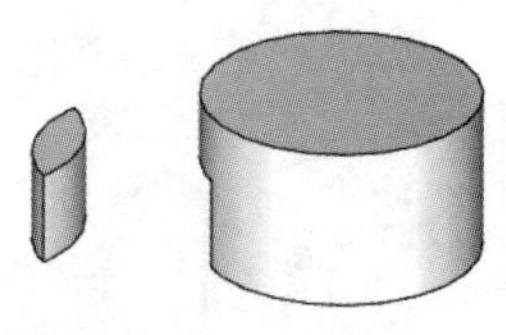
分割出 3 个实体

图 6.8　分割运算

扫一扫，看视频

动手学——绘制马桶

本实例利用实体工具绘制马桶，具体绘制流程如图 6.9 所示。

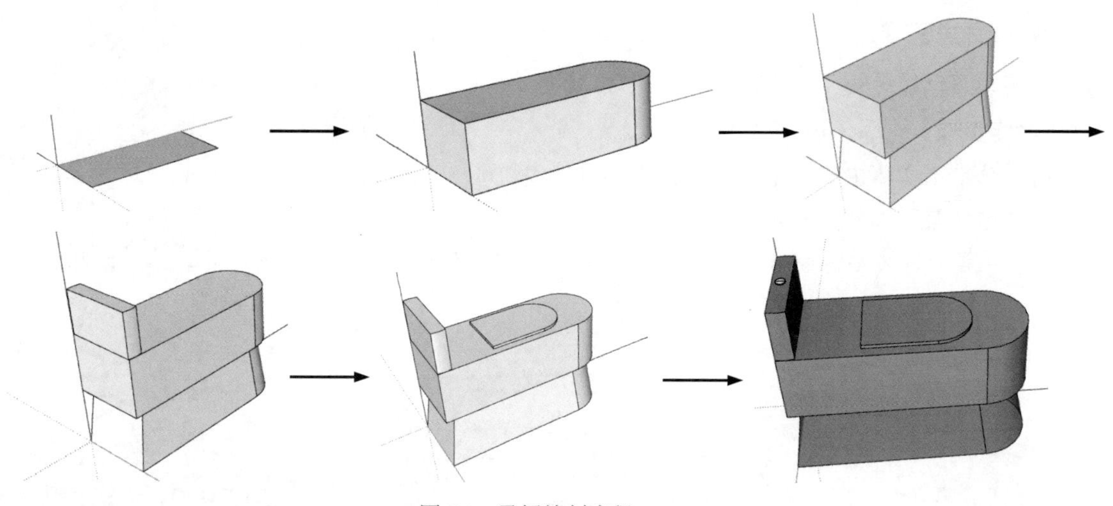

图 6.9　马桶绘制流程

源文件：源文件\第 6 章\马桶.skp

【操作步骤】

（1）绘制底座。单击“绘图”工具栏上的“矩形”按钮，绘制角点在坐标原点，另一个坐标为（260,560）的矩形，如图 6.10 所示。

（2）单击“绘图”工具栏上的“圆弧”按钮，绘制半圆，如图 6.11 所示。

（3）单击“使用入门”工具栏上的“删除”按钮，删除多余直线，如图 6.12 所示。

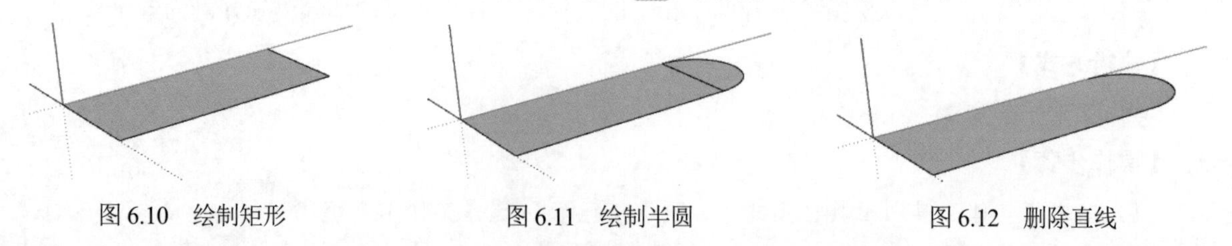

图 6.10　绘制矩形　　图 6.11　绘制半圆　　图 6.12　删除直线

（4）单击“编辑”工具栏上的“推/拉”按钮进行推/拉，高度设置为 200mm，绘制几何体，结果如图 6.13 所示。

（5）单击“编辑”工具栏上的“比例”按钮，将顶端面进行中心等比例缩放，缩放比例为 0.9，结果如图 6.14 所示。

（6）绘制马桶主体。单击“编辑”工具栏上的“移动”按钮并按住 Ctrl 键，选择最底部边，向蓝轴复制 200mm，如图 6.15 所示。

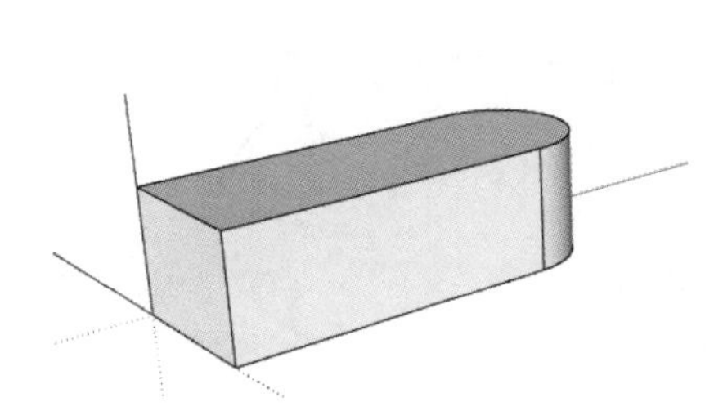
图 6.13　推/拉几何体

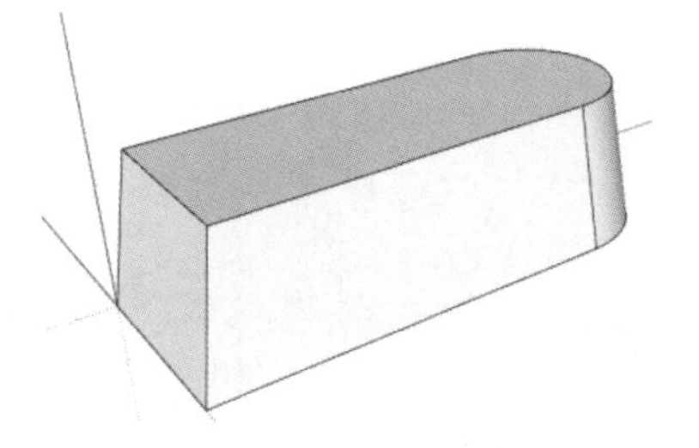
图 6.14　缩放顶端面

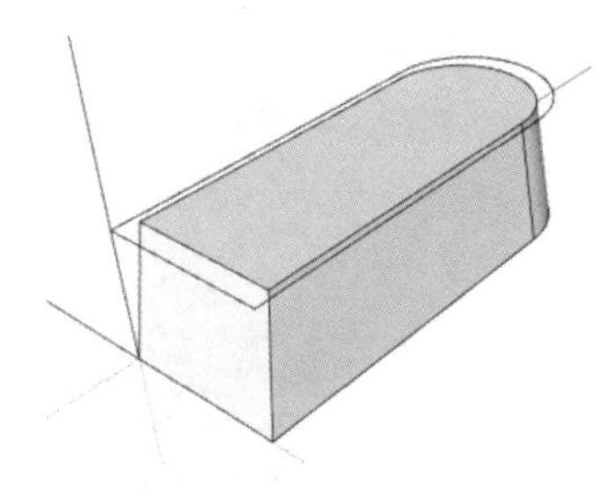
图 6.15　绘制马桶主体

（7）单击“绘图”工具栏上的“直线”按钮，绘制辅助线，形成面，如图 6.16 所示。

（8）单击“使用入门”工具栏上的“删除”按钮，删除辅助线。

（9）单击“编辑”工具栏上的“推/拉”按钮，推/拉高度为 200mm，向上推/拉，然后单击“使用入门”工具栏上的“删除”按钮，删除多余直线和圆弧，结果如图 6.17 所示。

（10）绘制水箱。单击“绘图”工具栏上的“矩形”按钮，绘制长度为 260mm、宽度为 50mm 的矩形。

（11）单击“编辑”工具栏上的“推/拉”按钮，推/拉高度为 150mm，向上推/拉，结果如图 6.18 所示。

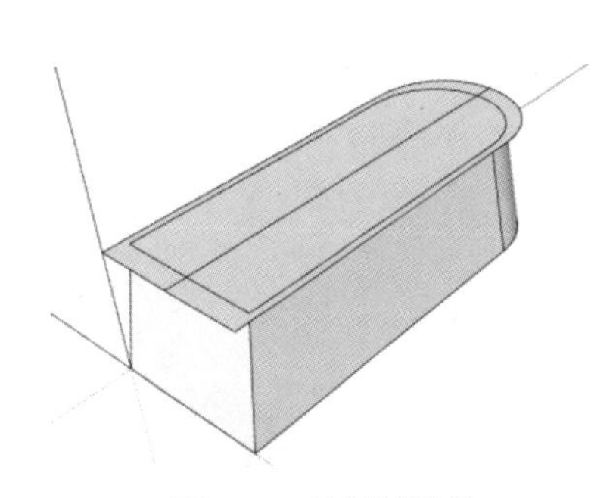
图 6.16　绘制辅助线

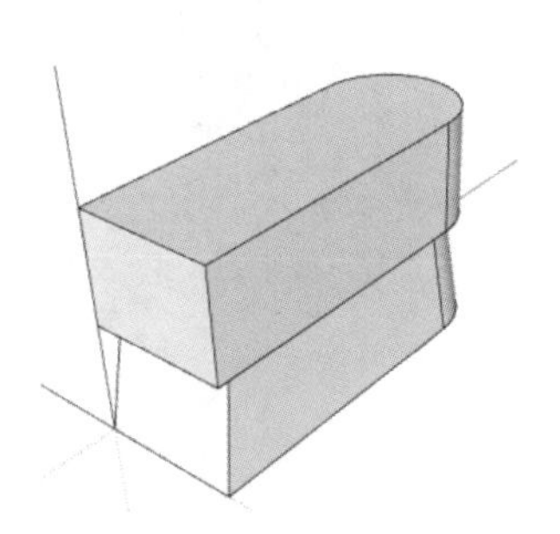
图 6.17　删除多余直线和圆弧

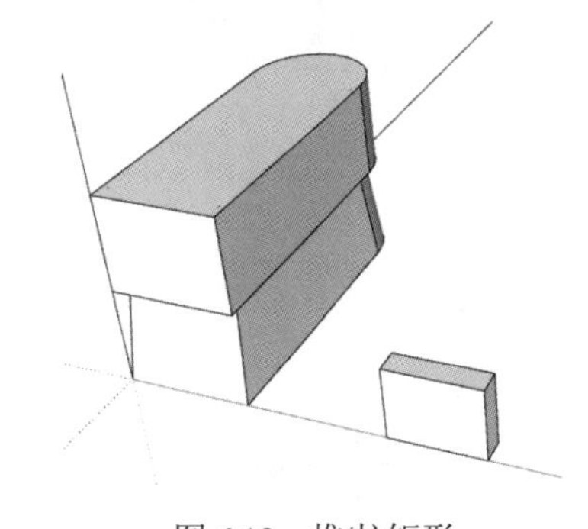
图 6.18　推/拉矩形

（12）单击“使用入门”工具栏上的“选择”按钮，连续单击 3 次长方体，将长方体选中。右击，在弹出的快捷菜单中选择“创建群组”命令，创建成群组，如图 6.19 所示。

（13）单击“绘图”工具栏上的“圆”按钮，在空白处绘制半径为 130mm 的圆，如图 6.20 所示。

（14）单击“编辑”工具栏上的“推/拉”按钮，推/拉高度为 150mm，向上推/拉，结果如图 6.21 所示。

（15）单击“使用入门”工具栏上的“选择”按钮，框选圆柱体。右击，在弹出的快捷菜单中选择“创建群组”命令，创建成群组，如图 6.22 所示。

（16）单击“编辑”工具栏上的“移动”按钮，将圆柱体移动到长方体上，如图 6.23 所示。

（17）单击“实体工具”工具栏上的“交集”按钮，选择长方体为实体 1，继续选择圆柱体为实体 2，进行交集运算，结果如图 6.24 所示。

（18）单击“编辑”工具栏上的“移动”按钮，将水箱移动到马桶上，如图 6.25 所示。

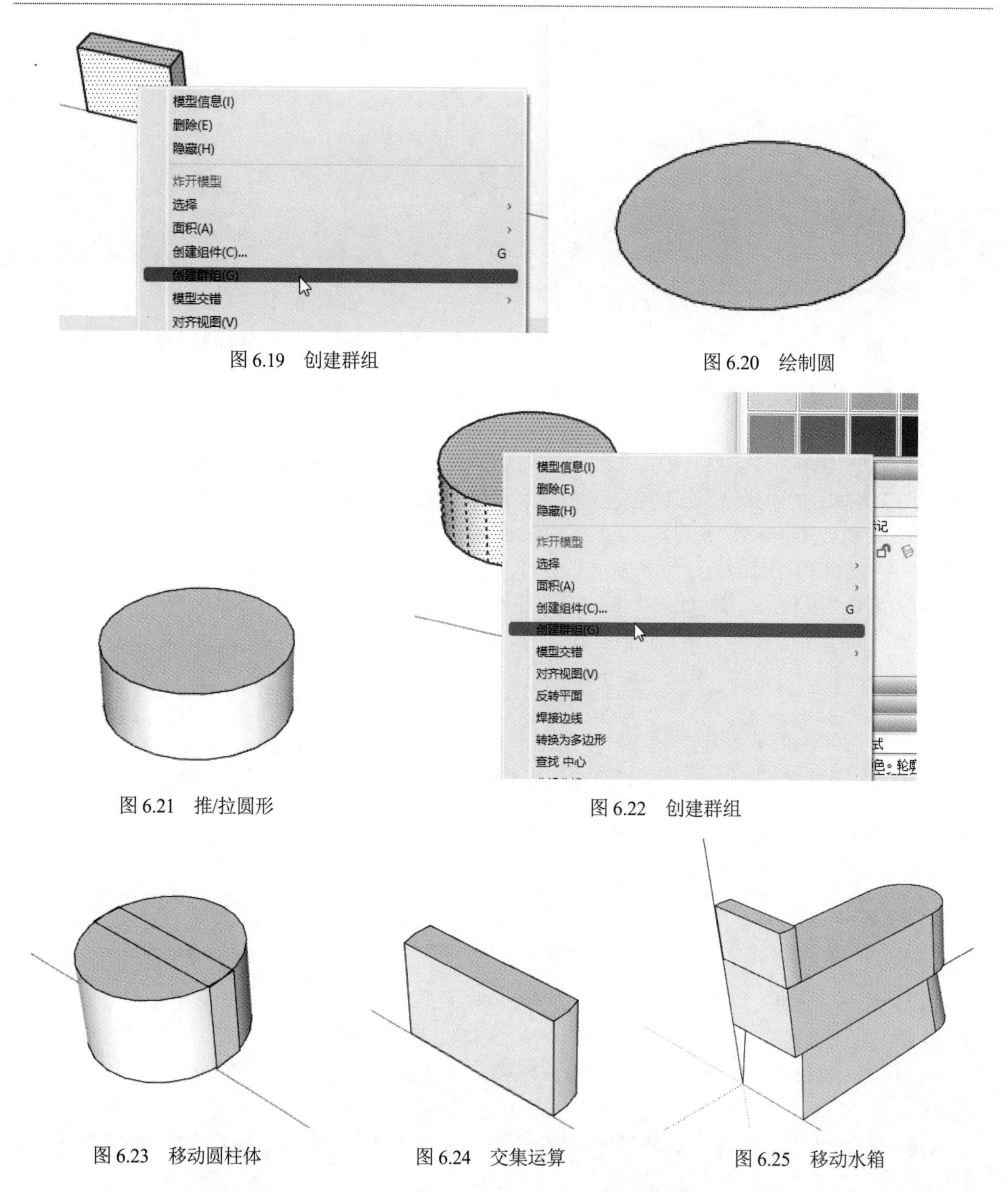

图 6.19　创建群组

图 6.20　绘制圆

图 6.21　推/拉圆形

图 6.22　创建群组

图 6.23　移动圆柱体

图 6.24　交集运算

图 6.25　移动水箱

（19）绘制马桶盖。单击“绘图”工具栏上的“直线”按钮和“圆弧”按钮，绘制轮廓，如图 6.26 所示。

（20）单击“编辑”工具栏上的“推/拉”按钮，推/拉高度为 10mm，向上推/拉，结果如图 6.27 所示。

（21）绘制开关。单击“绘图”工具栏上的“圆”按钮、“直线”按钮以及“编辑”工具栏上的“偏移”按钮和“推/拉”按钮等，绘制开关，如图 6.28 所示。

（22）单击“大工具集”工具栏上的“颜料桶”按钮，为图形添加材质，如图 6.29 所示。

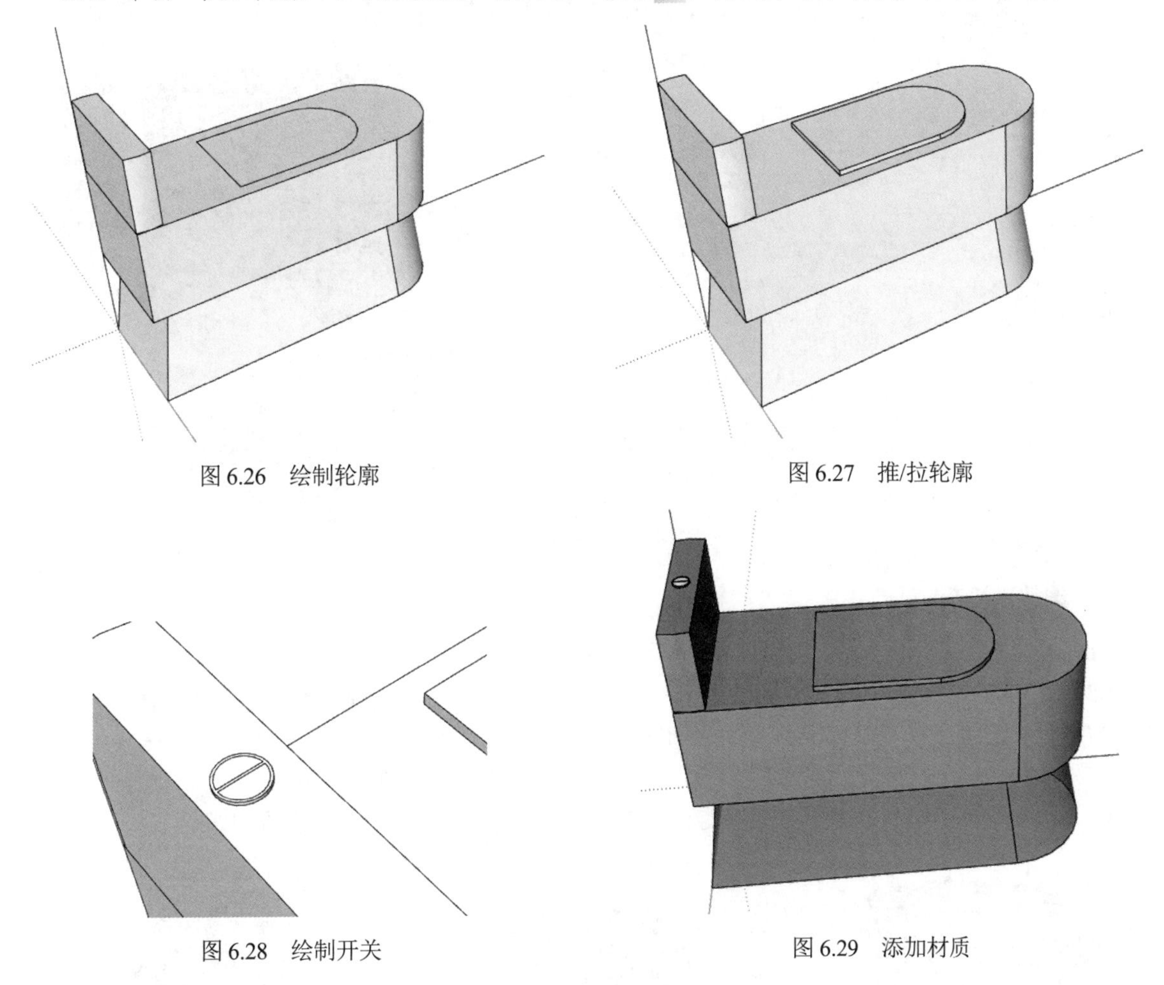

图 6.26 绘制轮廓

图 6.27 推/拉轮廓

图 6.28 绘制开关

图 6.29 添加材质

6.2 照片匹配

扫一扫，看视频

照片匹配主要用来以照片为参考并利用透视关系建模。在进行效果图照片合成时，经常用到照片匹配。

【执行方式】

菜单栏：相机→匹配新照片。

【操作步骤】

1. 插入图片

（1）执行“相机”→“匹配新照片”命令，打开“选择背景图像文件”对话框，如图 6.30 所示。选中一张图片，将图片插入图形。

（2）软件会出现一个场景，场景名称同照片名称一致，并出现 4 个坐标操作杆和 1 个坐标网格。

“选择背景图像文件”对话框

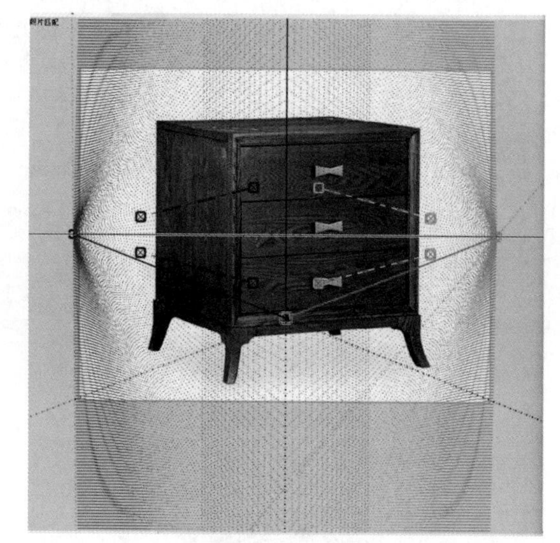
显示操作杆和坐标网格

图 6.30　插入图片

2．调整坐标系

（1）在坐标原点单击，将其移动到物体上。

（2）对齐红轴。拖动一个红色的坐标操作杆，对齐模型平行于 X 轴的一条边，然后拖动另外一个红色的操作杆，对齐模型平行于 X 轴的另外一条边。将坐标系的 X 轴和模型的 X 轴对齐。

（3）对齐蓝轴。步骤同红轴的对齐方法，注意将对齐后模型的 Y 轴同坐标系的 Y 轴进行对位校核。

（4）微调坐标系位置，目的是使坐标系的 Y 轴和模型的 Y 轴重合，如图 6.31 所示。

确定坐标原点

调整红轴位置

调整蓝轴位置

图 6.31　调整坐标系

3．更改模型大小

（1）在图名处右击，弹出快捷菜单，选择“编辑照片匹配”命令。将鼠标指针移动到蓝轴附近，鼠标指针变为箭头，向上可以扩大参考人和狗的比例，从而缩小模型。

（2）在空白处单击退出编辑模式，结果如图 6.32 所示。

4．匹配材质

（1）绘制模型后，选择“从照片投影纹理”选项，打开 SketchUp 提示对话框。单击“否”按钮，不覆盖现有材质。

（2）在图名处右击，选择“删除”命令，删除原有照片，结果如图 6.33 所示。

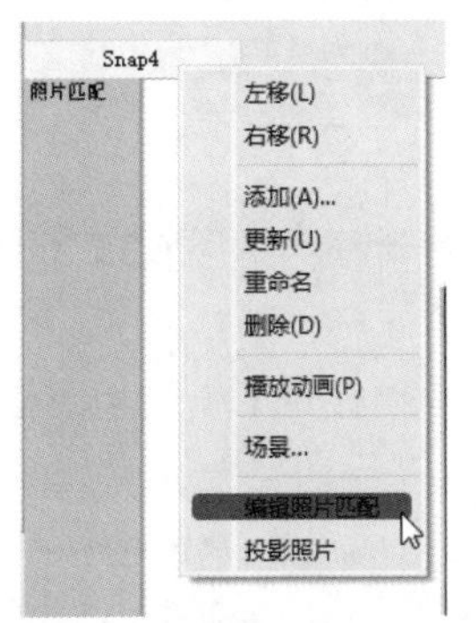

选择“编辑照片匹配”命令

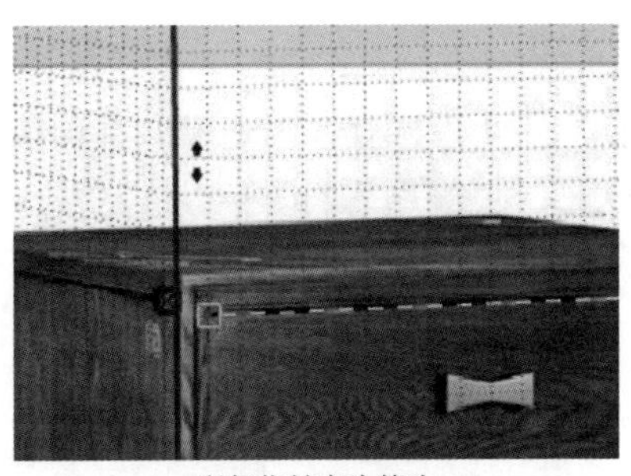

鼠标指针变为箭头

调整后

图 6.32　更改模型大小

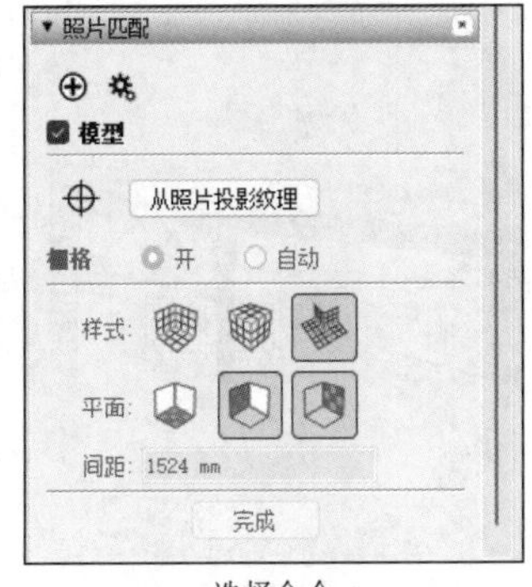

选择命令

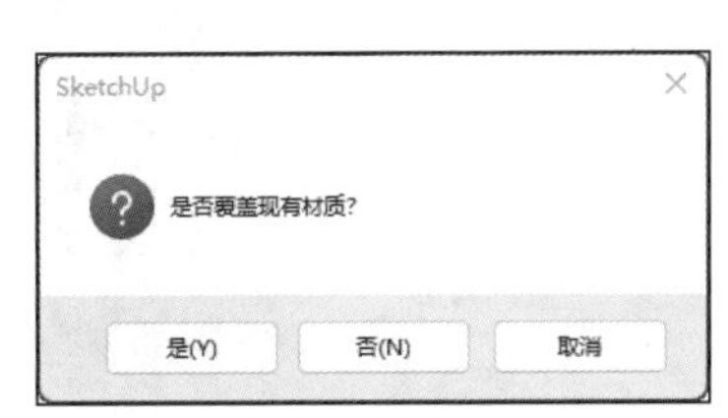

单击“否”按钮

匹配的结果

图 6.33　匹配材质

动手学——照片匹配床头柜

本实例将通过绘制照片匹配床头柜来重点学习照片匹配命令，具体绘制流程如图 6.34 所示。

图 6.34　照片匹配床头柜绘制流程

源文件：源文件\第 6 章\照片匹配床头柜.skp

【操作步骤】

1. 插入照片

（1）执行“相机”→“匹配新照片”命令，打开“选择背景图像文件”对话框，如图 6.35 所示。单击床头柜图片，再单击“打开”按钮，将图片插入图形。

（2）软件会出现一个场景，场景名称同图片名称一致，并出现 4 个坐标操作杆和 1 个坐标网格，如图 6.36 所示。

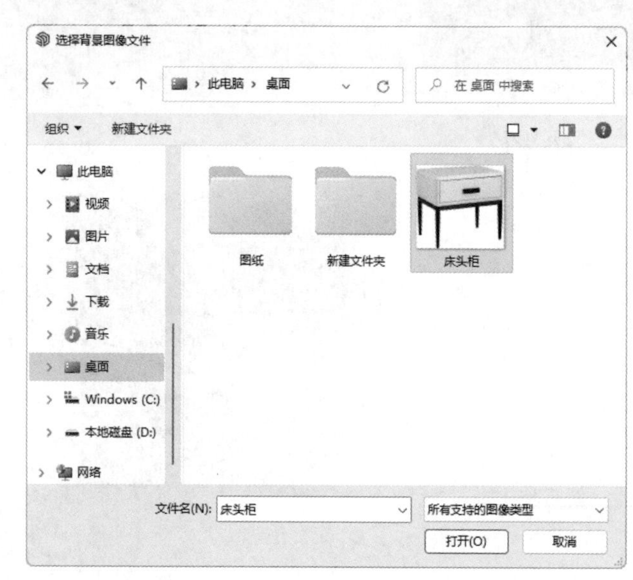

图 6.35　“选择背景图像文件”对话框

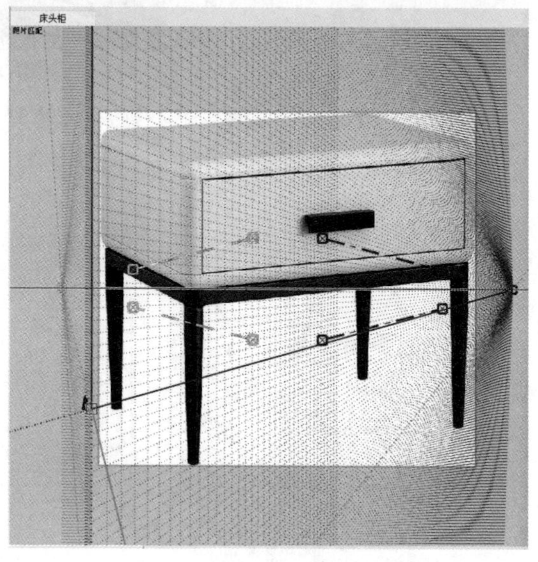

图 6.36　显示操作杆和坐标网格

2. 调整坐标系

（1）在坐标原点单击，将其移动到物体上，如图 6.37 所示。

（2）对齐红轴。拖动一个红色的坐标操作杆，对齐模型平行于 X 轴的一条边，然后拖动另外一个红色的操作杆，对齐模型平行于 X 轴的另外一条边。将坐标系的 X 轴和模型的 X 轴对齐。

（3）对齐蓝轴。步骤同红轴的对齐方法，注意将对齐后模型的 Y 轴同坐标系的 Y 轴进行对位校核，调整后的坐标系如图 6.38 所示。

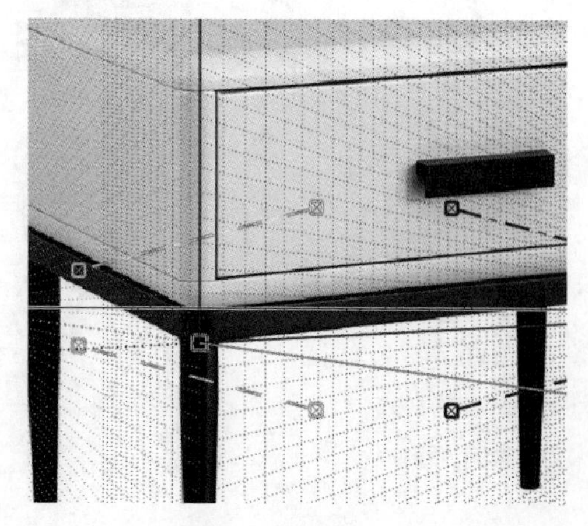

图 6.37　移动坐标原点

图 6.38　调整坐标系位置

3. 更改模型大小

（1）在空白处单击，退出编辑模式。此时操作杆和坐标网格消失，如图6.39所示。

（2）在图名处右击，弹出快捷菜单，选择“编辑照片匹配”命令，如图6.40所示。操作杆和坐标网格恢复，将鼠标指针移动到蓝轴附近，鼠标指针变为箭头，如图6.41所示。按住鼠标左键向上移动鼠标指针，缩小模型。

（3）床头柜长度实际的尺寸大概是450～500mm，因此床头柜大概到左侧人物的膝盖靠下一些的位置，如图6.42所示。在图形空白处单击，退出编辑模式。

图6.39 退出编辑模式

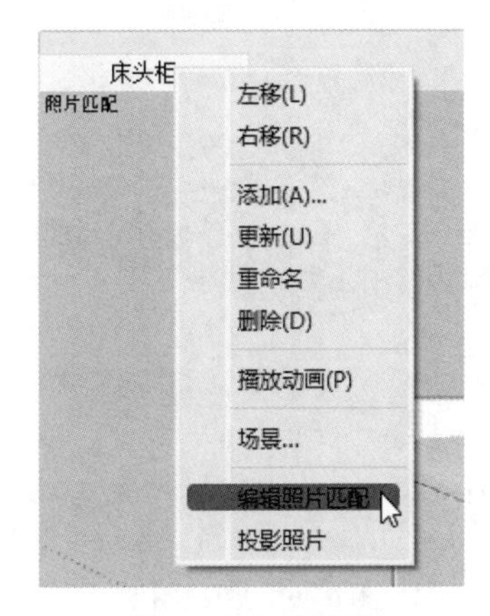

图6.40 选择命令

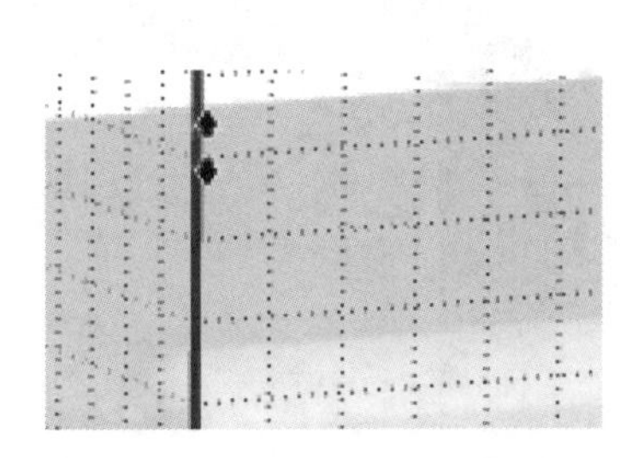

图6.41 鼠标指针变为箭头

图6.42 变小后的模型

4. 绘制模型

（1）单击“绘图”工具栏上的“直线”按钮，绘制矩形，如图6.43所示。

（2）单击“建筑施工”工具栏上的“卷尺工具”按钮，绘制辅助参考线，如图6.44所示。

（3）单击“绘图”工具栏上的“直线”按钮，沿着辅助参考线绘制直线。按住鼠标滚轮，稍微移动一定距离，可以看到绘制的直线，如图6.45所示。单击绘图区的图名“床头柜”，返回上一步操作界面。

（4）单击“编辑”工具栏上的“推/拉”按钮，沿着深度方向推/拉，如图6.46所示。

（5）单击“绘图”工具栏上的“直线”按钮，沿着辅助参考线绘制直线，修补前侧面，如图6.47所示。

图 6.43　绘制矩形

图 6.44　绘制辅助参考线

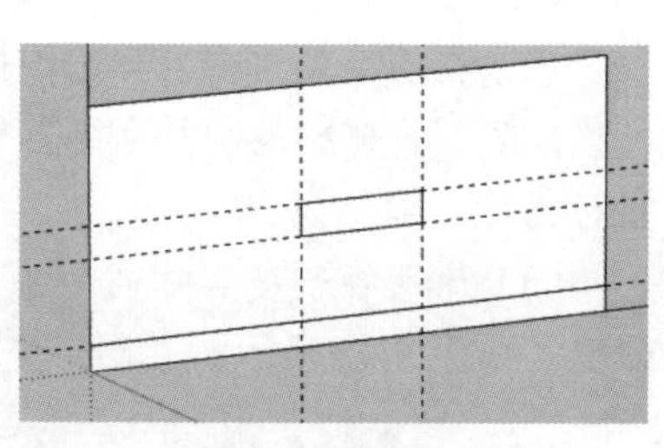
图 6.45　绘制直线

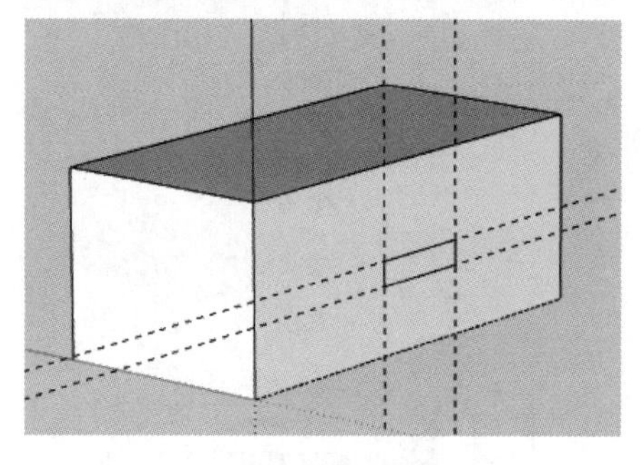
图 6.46　推/拉图形

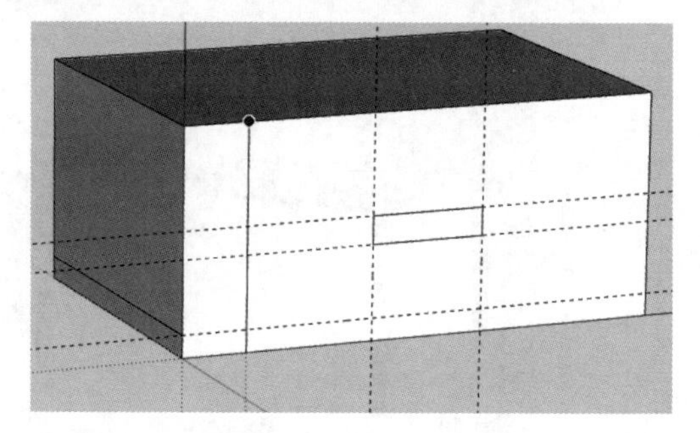
图 6.47　修补前侧面

（6）单击“使用入门”工具栏上的“删除”按钮，将上一步绘制的直线删除，如图 6.48 所示。

（7）单击“编辑”工具栏上的“推/拉”按钮，沿着深度方向推/拉，距离为 10mm，绘制把手，如图 6.49 所示。

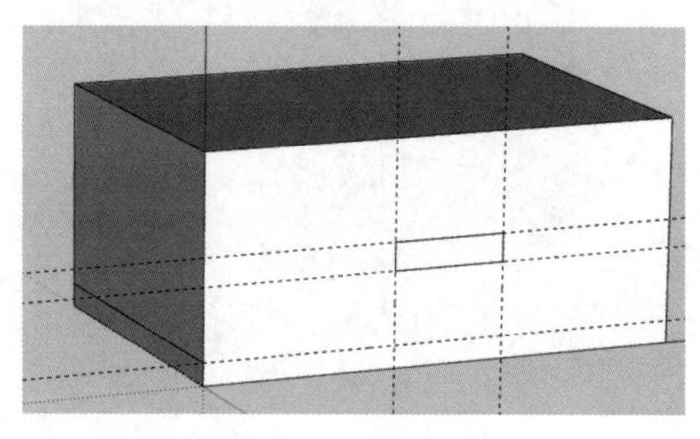
图 6.48　删除直线

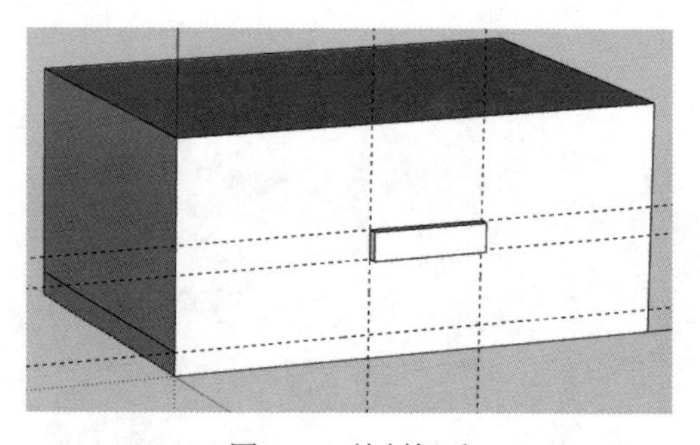
图 6.49　绘制把手

（8）执行“编辑”→“删除参考线”命令，将所有参考线删除。

（9）执行“相机”→“编辑匹配照片”→Snap1 命令，将图片重新显示出来；单击“建筑施工”工具栏上的“卷尺工具”按钮，绘制辅助参考线，如图 6.50 所示。

（10）单击“绘图”工具栏上的“直线”按钮和“圆”按钮，绘制半径为 15mm 的圆和直线，如图 6.51 所示。

（11）单击“编辑”工具栏上的“推/拉”按钮，推/拉圆，高度为上一步绘制的辅助线位置，如图 6.52 所示。

（12）选择底部平面，单击“编辑”工具栏上的“比例”按钮并按住 Ctrl 键，将最下面的圆进行缩放，比例为 0.5，如图 6.53 所示。使用相同的方法绘制其余柜腿，结果如图 6.54 所示。

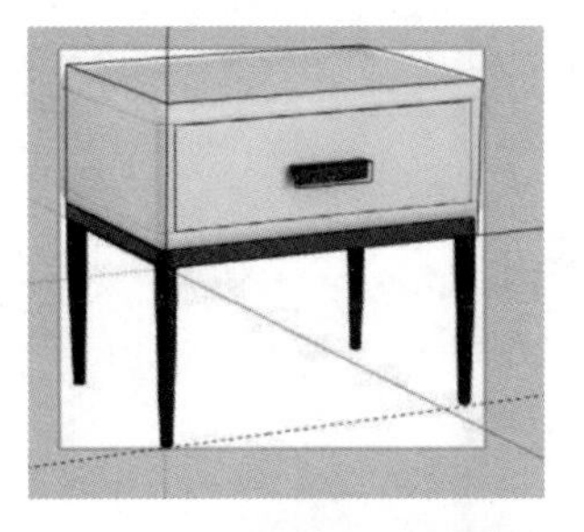

图 6.50　绘制辅助参考线

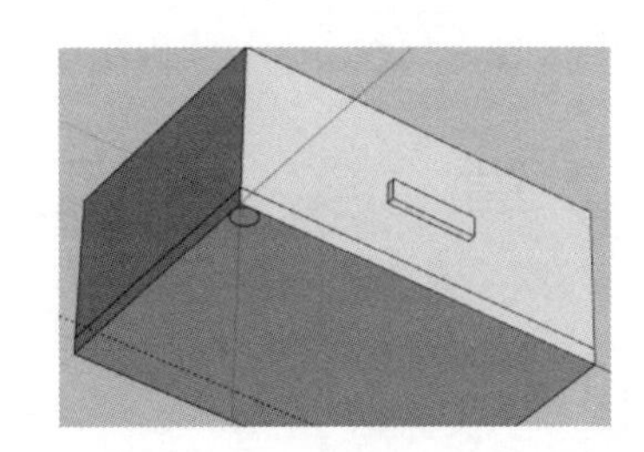

图 6.51　绘制圆和直线

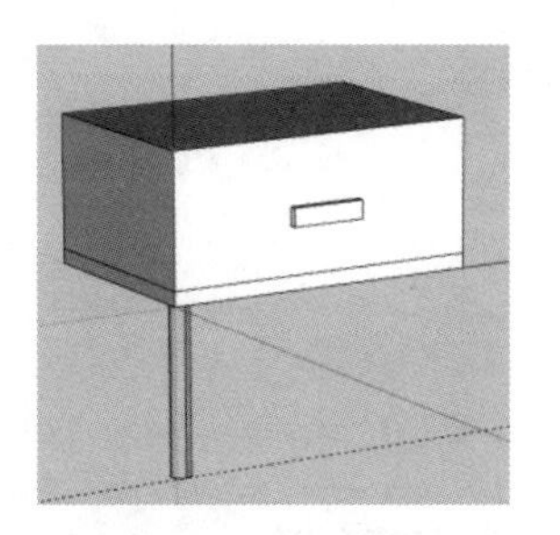

图 6.52　推/拉圆

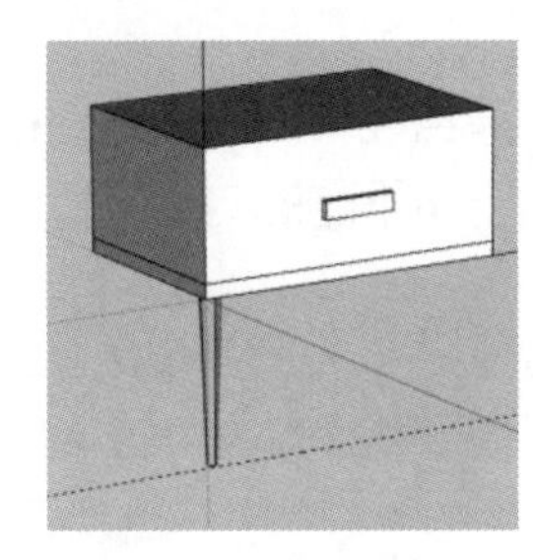

图 6.53　缩放圆平面

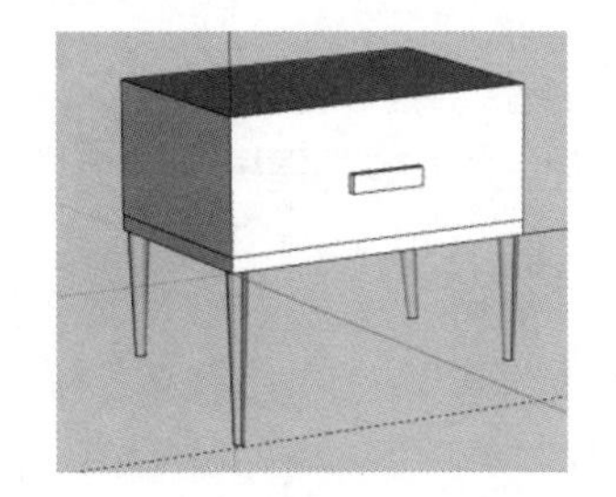

图 6.54　绘制其余柜腿

5. 匹配材质

（1）绘制模型后，选择“从照片投影纹理”选项，打开 SketchUp 提示对话框。单击“否”按钮，不覆盖现有材质，如图 6.55 所示。继续在第 2 个对话框中单击“否”按钮，如图 6.56 所示。

（2）在图名上右击，在弹出的快捷菜单中选择“删除”命令，删除原图，结果如图 6.57 所示。

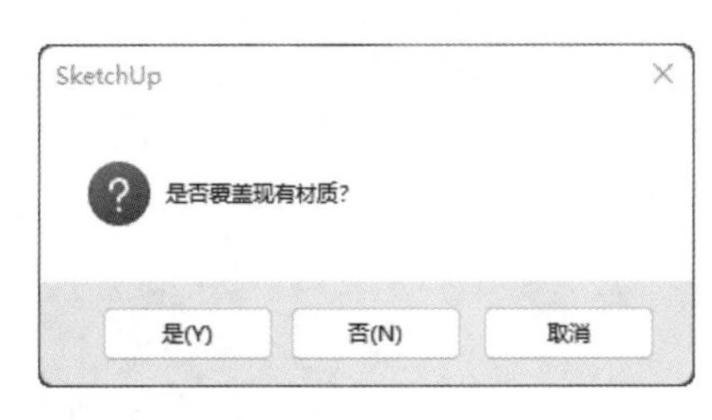

图 6.55　单击“否”按钮

图 6.56　单击“否”按钮

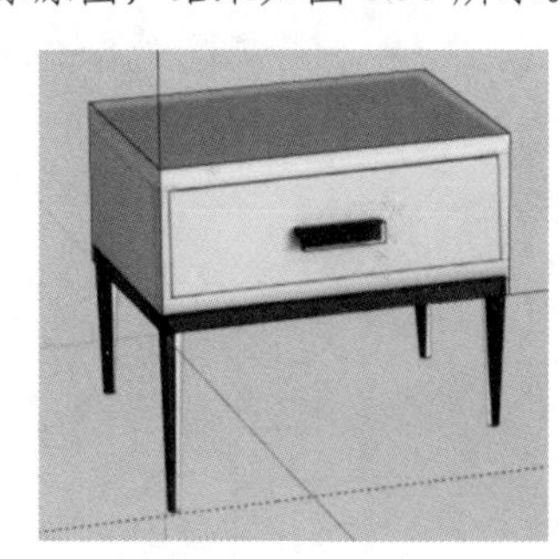

图 6.57　删除原图效果

第7章　实 用 工 具

内容简介

本章详细介绍实用工具的相关知识，用“创建群组”和“创建组件”命令来组织模型，可以节省计算机资源，也会大大提高建模的快捷性与准确度。标记工具用于将不同的对象进行归类放置，便于对象的管理和设置。

内容要点

- 创建工具
- 标记工具

案例效果

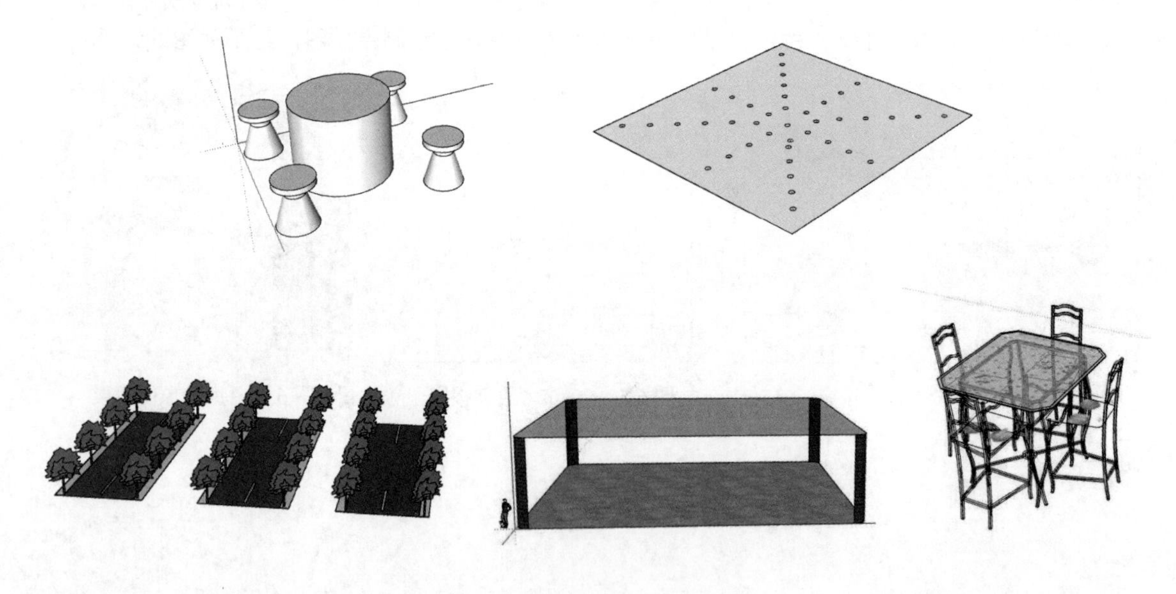

7.1　创 建 工 具

本节介绍“创建群组”和“创建组件”两个命令。

扫一扫，看视频

7.1.1　创建群组

使用“创建群组”命令可以将相关的模型进行组合，这样既可以减少场景中模型的数量，又便于选择与调整相关模型。创建成群组的模型，可以方便地进行移动、旋转等操作。将模型包裹起来，从而不受外界（其他部分）的干扰，不会黏接在相关模型上。

【执行方式】

- 菜单栏：编辑→创建群组。
- 快捷菜单：创建群组。

【操作步骤】

1. 创建与分解群组

（1）选择桌腿，单击“编辑”工具栏上的“移动”按钮，移动桌腿。可以发现，桌腿和桌面会黏接，导致桌面变形。按 Esc 键退出操作，如图 7.1 所示。

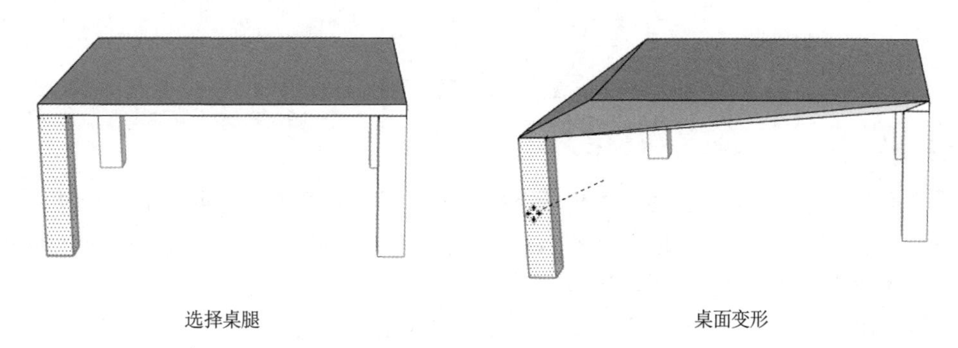

选择桌腿　　桌面变形

图 7.1　未创建群组

（2）选择桌腿，在桌腿上右击，在弹出的快捷菜单中选择“创建群组”命令，将桌腿创建为群组。

（3）按空格键，在桌腿上任意处单击，这时桌腿被全部选中。单击“编辑”工具栏上的“移动”按钮，桌面就不会随着桌腿的移动而变形了，如图 7.2 所示。

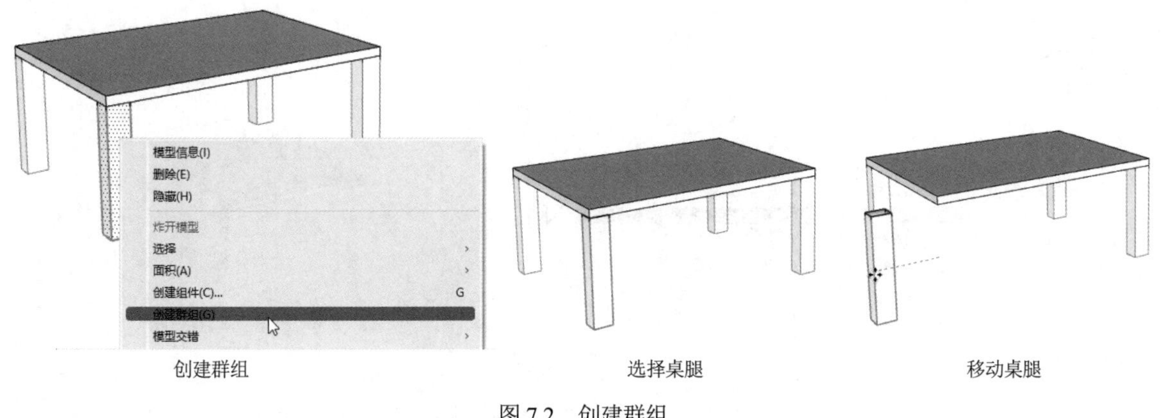

创建群组　　选择桌腿　　移动桌腿

图 7.2　创建群组

（4）选择桌腿，在桌腿上右击，在弹出的快捷菜单中选择“炸开模型”命令，将桌腿解组，恢复到之前的状态，如图 7.3 所示。

注意：

创建群组和分解群组需要在选中模型后进行操作。

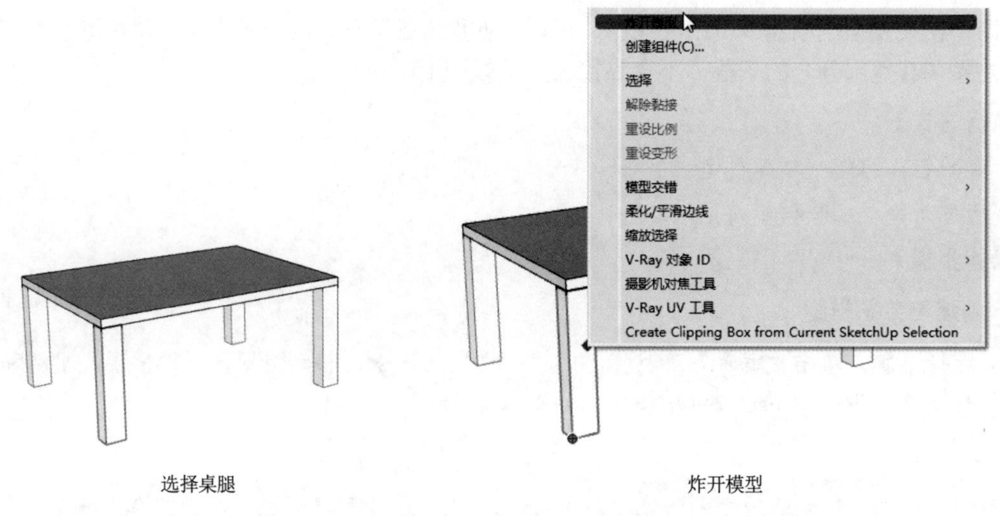

选择桌腿　　炸开模型

图 7.3　分解群组

2. 嵌套群组

如果场景模型中有多个构件，为了方便各个构件的使用，可以使用嵌套功能。首先将各个构件单独创作成小组，然后将整体的模型进行嵌套，组合成一个整体的群组，不仅可以进一步简化模型数量，而且可以方便地调整各个构件的位置与造型。

（1）参照上面的方法，将 4 个桌腿和 1 个桌面分别创建为群组。

（2）选中所有的桌腿和桌面，右击，在弹出的快捷菜单中选择“创建群组”命令，将整个模型创建为群组。这样就完成了嵌套群组的创建，模型外侧将显示蓝色的外框，如图 7.4 所示，模型变成一个整体。这时使用“移动”命令，整个模型会跟着移动。

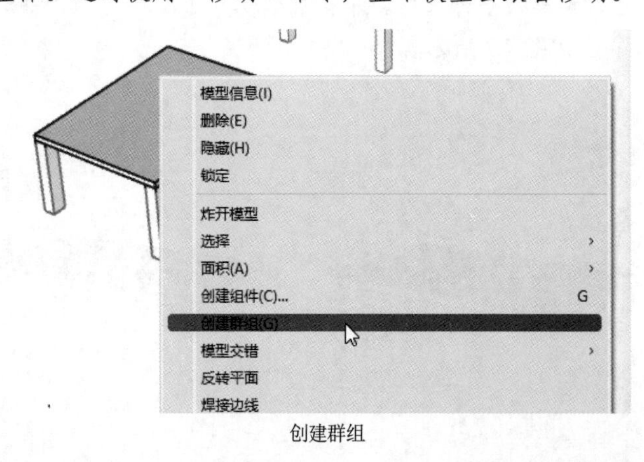

创建群组　　整个模型显示蓝色外框

图 7.4　嵌套群组

（3）双击模型上的桌面，可以进入编辑框。这时移动桌面，则只会移动桌面，而桌腿的位置不会改变，如图 7.5 所示。

注意：

双击进入嵌套群组内部，可以修改群组中的模型，将嵌套群组进行炸开操作。这时只是将外侧嵌套群组炸开，不会影响里面的小组。

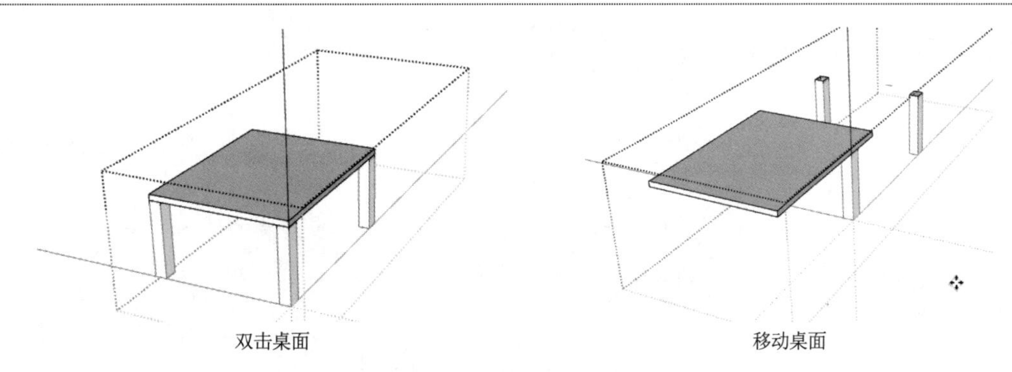

图 7.5　嵌套群组编辑

3. 锁定与解锁群组

（1）选择模型，右击，在弹出的快捷菜单中选择“锁定”命令。锁定的模型外框变成红色，此时不可对其进行选择或者其他操作。

（2）右击，在弹出的快捷菜单中选择“解锁”命令。解锁的模型外框变成蓝色，此时可以进行选择或者其他操作，如图 7.6 所示。

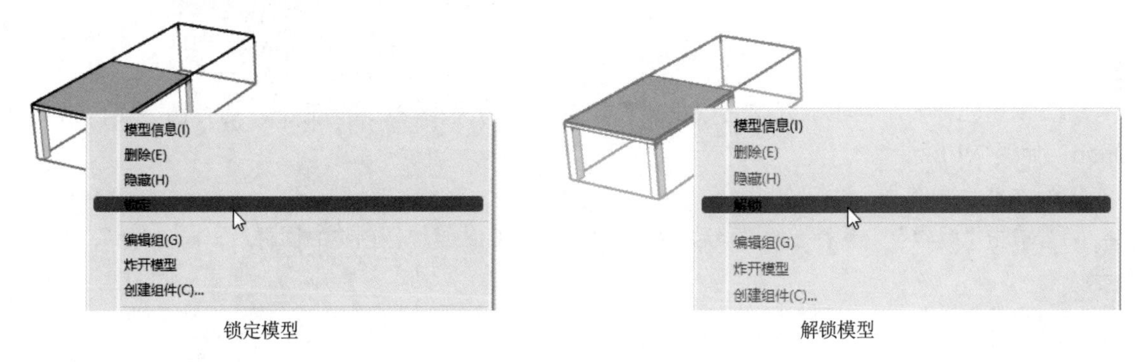

图 7.6　锁定与解锁群组

动手学——绘制石桌

本实例通过绘制石桌图形来重点学习“创建群组”命令，具体绘制流程如图 7.7 所示。

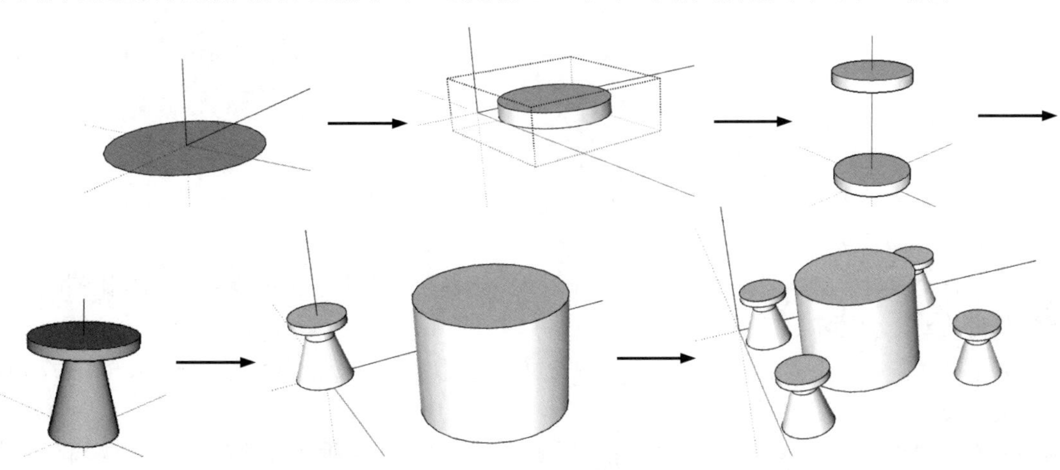

图 7.7　石桌绘制流程

源文件：源文件\第 7 章\石桌.skp

【操作步骤】

（1）单击“绘图”工具栏上的“圆”按钮，在绘图区域圆心位置绘制一个半径为 180mm 的圆，如图 7.8 所示。

（2）单击“使用入门”工具栏上的“选择”按钮，框选上一步绘制的圆。右击，在弹出的快捷菜单中选择“创建群组”命令，将圆创建成群组，如图 7.9 所示。

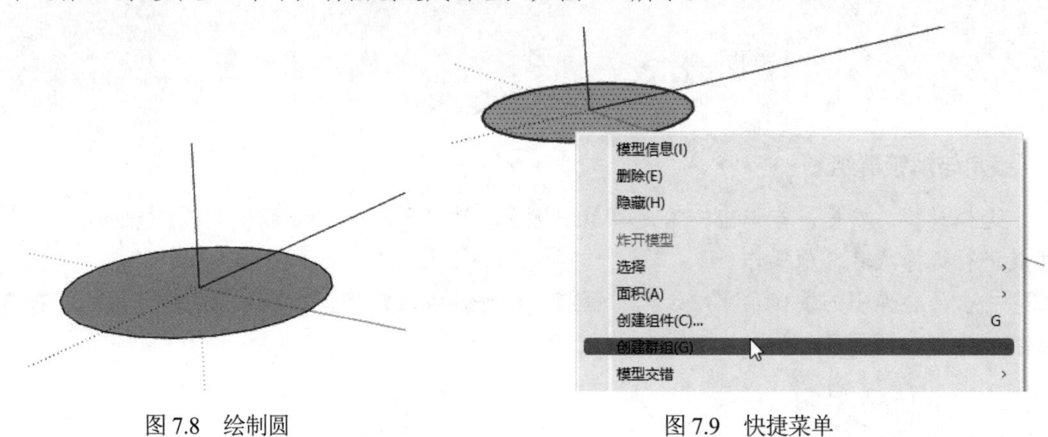

图 7.8　绘制圆　　　　图 7.9　快捷菜单

（3）双击上一步群组的圆，单击“编辑”工具栏上的“推/拉”按钮，选择圆形面，向上拉伸 50mm，如图 7.10 所示。

（4）在空白处单击，关闭群组。

（5）单击“编辑”工具栏上的“移动”按钮，按住 Ctrl 键选择创建的圆群组，向上复制，如图 7.11 所示。

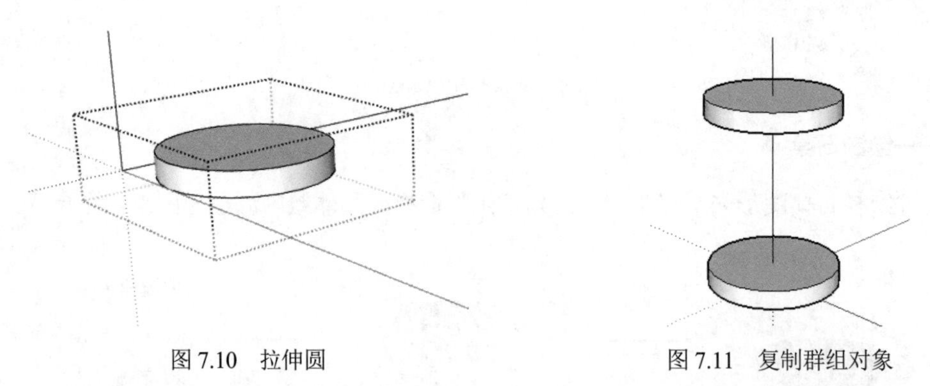

图 7.10　拉伸圆　　　　图 7.11　复制群组对象

（6）双击下面的圆柱体，进入群组编辑模式。单击“编辑”工具栏上的“推/拉”按钮，将圆表面向上拉伸，如图 7.12 所示。

（7）单击“编辑”工具栏上的“比例”按钮，选择拉伸圆柱的上表面并进行等比例缩放，完成公园座椅的绘制，如图 7.13 所示。

（8）单击“编辑”工具栏上的“推/拉”按钮，选取上一步缩放的面继续拉伸，如图 7.14 所示。在空白处单击，退出群组编辑模式。

（9）单击“绘图”工具栏上的“圆”按钮，绘制半径为 450mm 的圆。单击“编辑”工具栏上的“推/拉”按钮，推/拉 900mm，形成圆柱桌面，如图 7.15 所示。

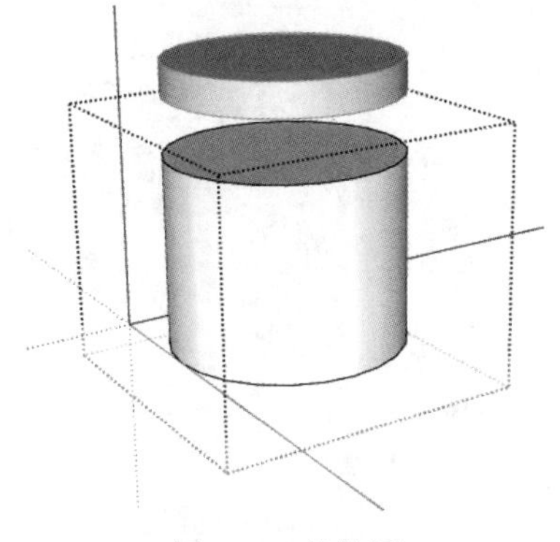

图 7.12 拉伸圆

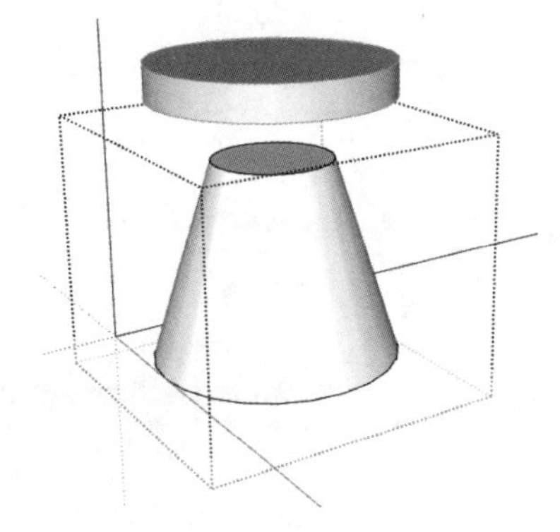

图 7.13 缩放圆

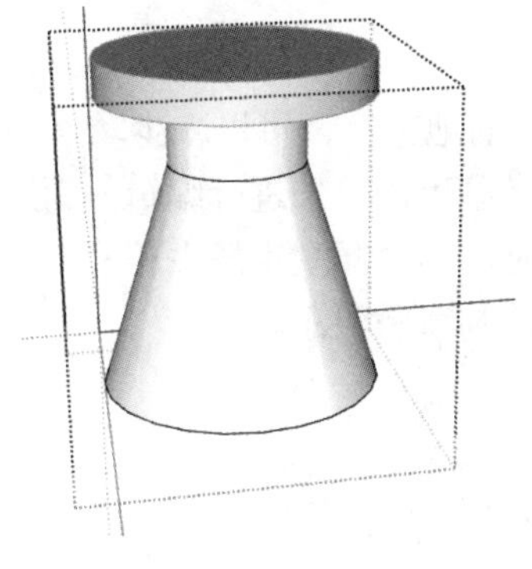

图 7.14 拉伸面

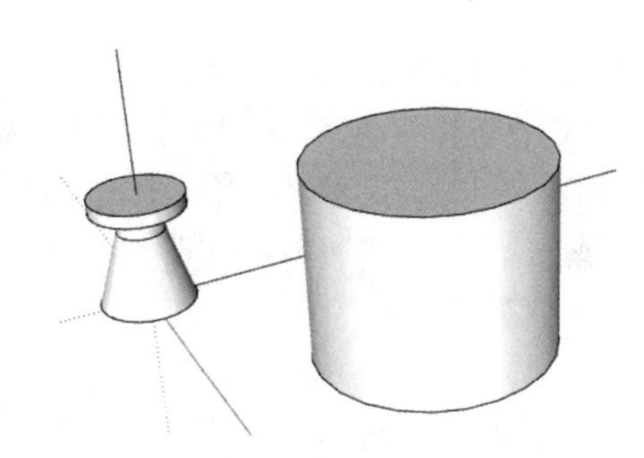

图 7.15 绘制圆柱桌面

（10）单击“使用入门”工具栏上的“选择”按钮，框选上一步绘制的桌面。右击，在弹出的快捷菜单中选择“创建群组”命令，将桌面创建为群组。

（11）单击“编辑”工具栏上的“旋转”按钮并按 Ctrl 键，将桌凳复制旋转 90°，绘制 4 个桌凳，如图 7.16 所示。

（12）单击“使用入门”工具栏上的“选择”按钮，框选所有模型。右击，在弹出的快捷菜单中选择“创建群组”命令，创建为嵌套群组，如图 7.17 所示。

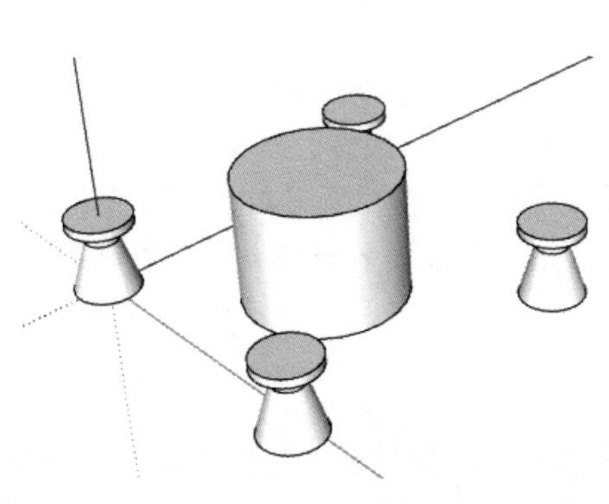

图 7.16 绘制桌凳

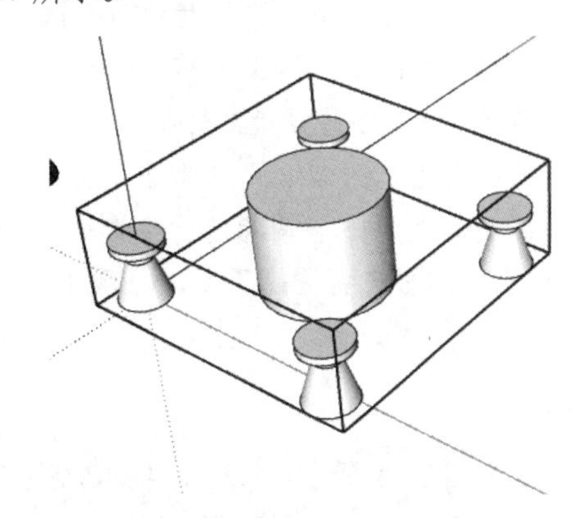

图 7.17 创建嵌套群组

（13）选择模型，右击，在弹出的快捷菜单中选择“炸开模型”命令，将模型解组，如图 7.18 所示。

（14）单击“编辑”工具栏上的“移动”按钮，调整桌凳的位置，如图 7.19 所示。

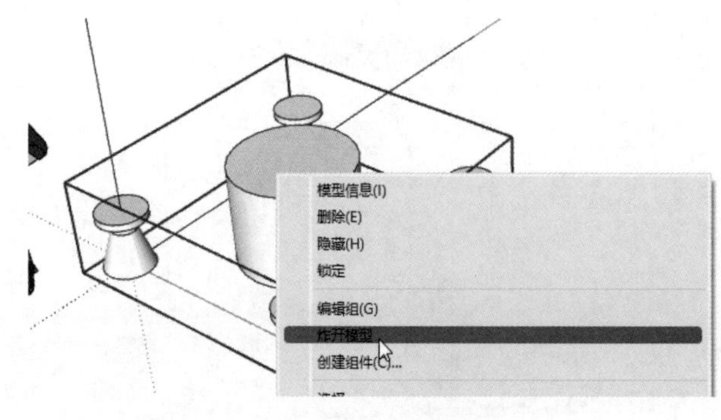

图 7.18　炸开模型

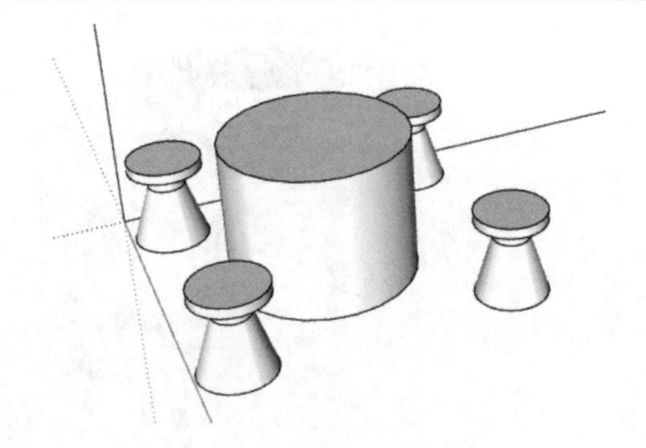

图 7.19　调整桌凳位置

扫一扫，看视频

7.1.2　创建组件

“创建组件”命令和“创建群组”命令在操作上有类似的地方，都可以减少场景中模型的数量，便于对模型进行选择和调整。用“创建群组”命令创建的模型可以单独进行编辑，而用“创建组件”命令创建的模型具有联动效果，当其中一个模型发生变化时，其余模型也发生相同的变化，同时“创建组件”命令还可以设置阴影、切割开口，常用于在墙上绘制窗和门洞。

【执行方式】

- 菜单栏：编辑→创建组件。
- 快捷菜单：创建组件。

【操作步骤】

1．创建组件

（1）选择模型，右击，在弹出的快捷菜单中选择“创建组件”命令，打开“创建组件”对话框，在对话框中可以进行相关属性设置。

1）定义：可根据需要给组件命名，或者使用默认名称。

2）说明：可在说明栏中输入组件相关信息。

3）黏接至：设置在插入组件时所对齐的平面。

4）设置组件轴：用来定义旋转视图时的原点。

5）切割开口：勾选此复选框后制作成的组件，可以在表面相交的位置自动挖洞开口，如门和窗等。

6）总是朝向相机：勾选此复选框，旋转视图时组件会一起进行旋转，呈现出三维效果。

7）阴影朝向太阳：取消勾选此复选框，物体阴影的形态将随观察视角的改变而变化；勾选此复选框，物体阴影的形态将固定不变，呈现出面对相机正面的太阳投影。当勾选“总是朝向相机”复选框时，此复选框可用。

注意：

一定要在某一表面上画门或窗，再创建组件。这样在插入门或窗时才能顺利开门和开窗。如果在绘图区的空白处画门或窗再创建组件，插入后就不能自动挖洞开口。

（2）勾选“总是朝向相机”和“阴影朝向太阳”复选框，打开阴影按钮，会出现阴影。当旋转视图时，组件会跟着视图一起旋转，如图 7.20 所示。

（3）除了勾选“总是朝向相机”和“阴影朝向太阳”复选框外，单击“设置组件轴”按钮，将组件轴原点设置在树干下侧的中点，当再次旋转视图时，组件不仅会跟着视图一起旋转，而且阴影原点始终在组件轴原点，这样的阴影更加真实。

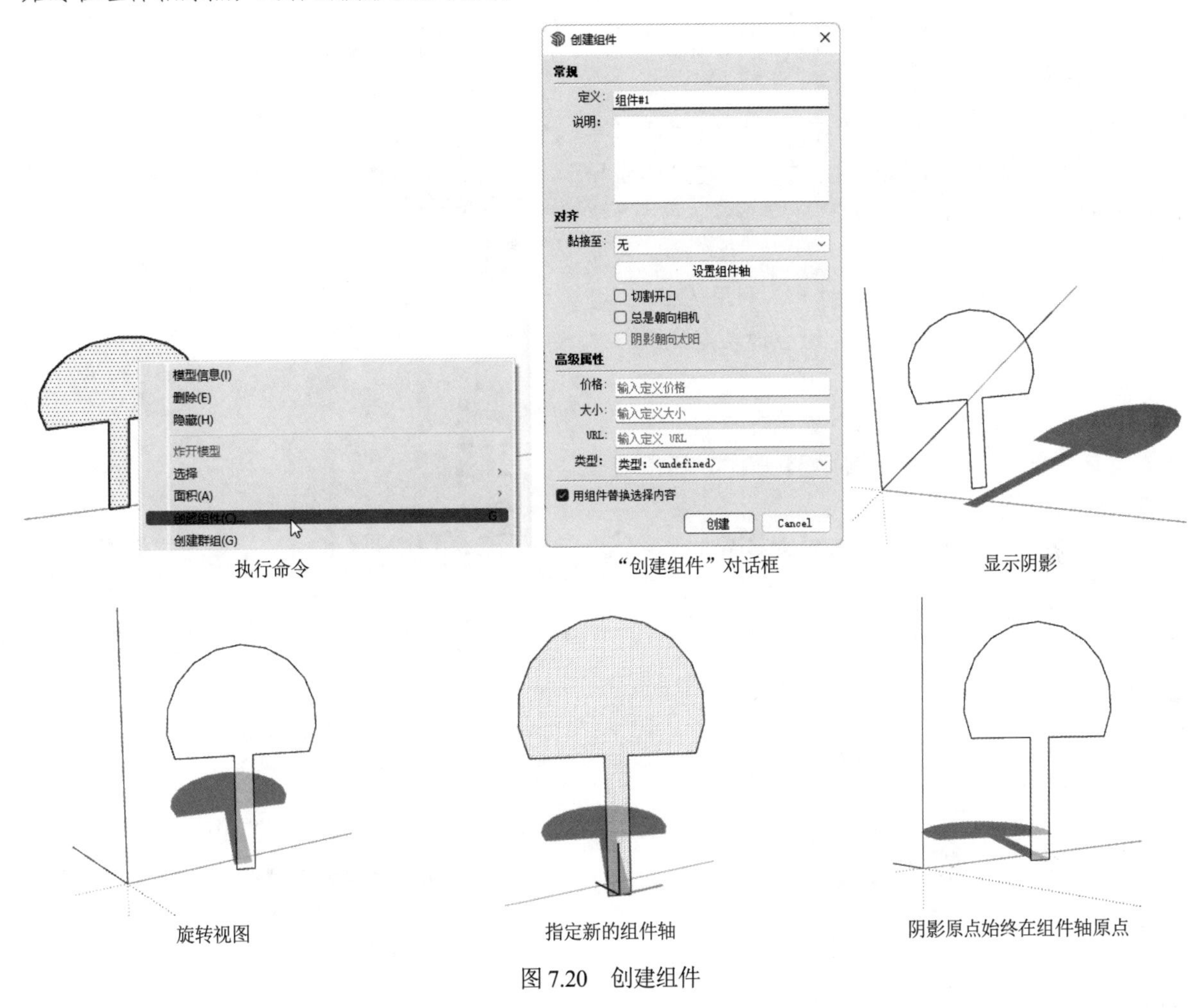

图 7.20　创建组件

2．切割开口

在 SketchUp 中利用“创建组件”命令可以辅助绘制窗户、门和灯具等洞口，如图 7.21 所示。

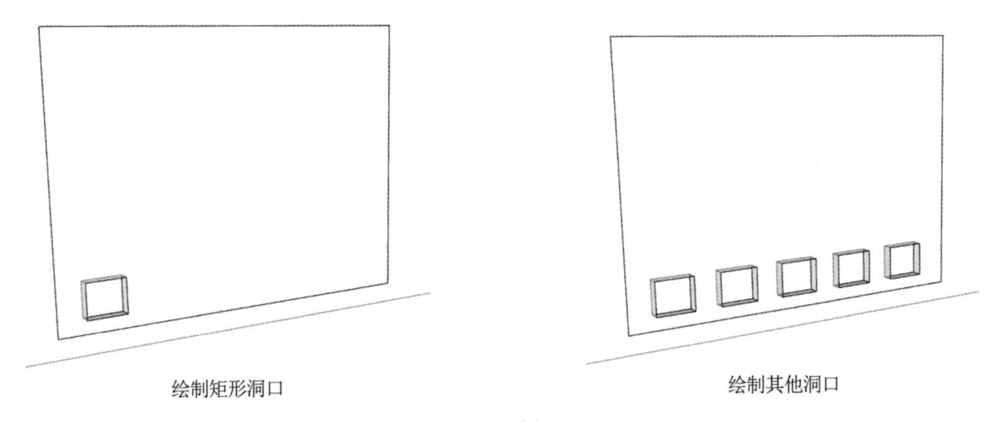

图 7.21　切割开口

（1）选择小长方体，右击，在弹出的快捷菜单中选择“创建组件”命令，打开“创建组件”对话框。勾选“切割开口”复选框，这时软件将自动创建出洞口。

（2）选择创建的组件，移动到相应的位置，就可以绘制多个洞口。

3. 导入组件

方法一：执行“文件”→“导入”命令，打开“导入”对话框，如图 7.22 所示。在文件类型中选择“SketchUp 文件（*.skp）”，找到保存路径，单击“导入”按钮，将文件导入软件。

方法二：将路径下的组件打开，利用 Ctrl+C 组合键复制组件，然后按 Ctrl+V 组合键粘贴到新的文件，就能将组件导入。

方法三：（1）在 SketchUp 中单击右侧组件面板中的“详细信息”按钮，如图 7.23 所示。选择“打开和创建材质库”选项。

（2）打开“选择集合文件夹或创建新文件夹”对话框。选择“植物”文件夹，可以将组件保存到根目录下，方便以后调用组件。

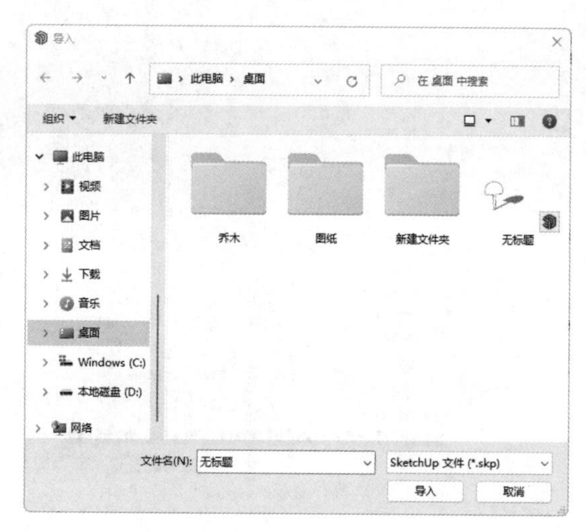

图 7.22 “导入”对话框

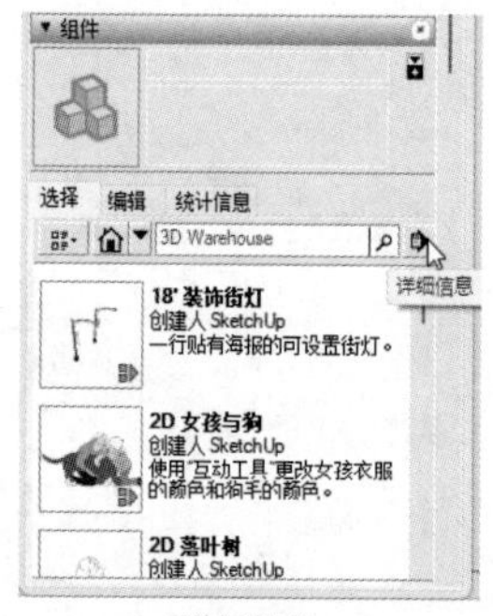

详细信息

打开和创建材质库

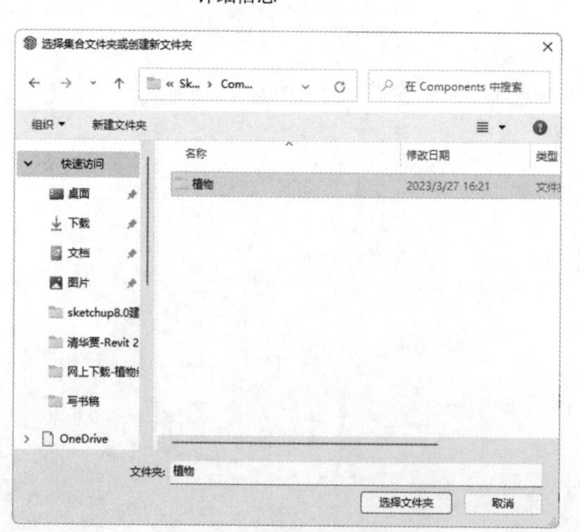

找到“植物”文件夹

插入“植物”组件

图 7.23 导入组件

4. 编辑组件

（1）右击组件任意地方，在弹出的快捷菜单中选择“编辑组件”命令或者双击组件进入组件编辑状态，此时其余物体全部隐藏或半透明显示。进入组件编辑状态后，不能对组件外的物体和其他组件进行操作或编辑。

（2）编辑组件完成后，选择“编辑”→“关闭群组/组件”命令，或者单击组件外的区域退出。为了更加方便地编辑组件，可以选择“编辑”→“隐藏”命令。在编辑组件时，可隐藏或显示组件以外的物体。选择“编辑”→“撤销隐藏”命令，编辑完成后重新显示模型。

（3）组件的关联性就是所谓的“牵一发而动全身”。在复制组件后，若需要修改细化，可以编辑其中一个组件，就能同步编辑所有具有相同定义的组件，如图 7.24 所示。

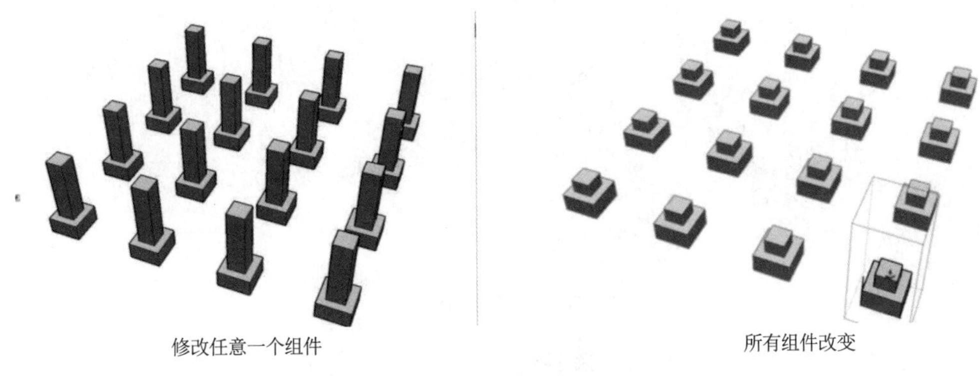

修改任意一个组件　　所有组件改变

图 7.24　组件的关联性

（4）独立编辑组件。组件是具有关联性的，所以当编辑组件需要“牵一发却不动全身”时，可以使用组件独立的命令进行操作。

1）选中需要独立编辑的一个或几个组件，右击组件任意地方，在弹出的快捷菜单中选择“设定为唯一”命令。

2）对进行单独处理命令后的一个或几个组件进行编辑，然后退出，如图 7.25 所示。

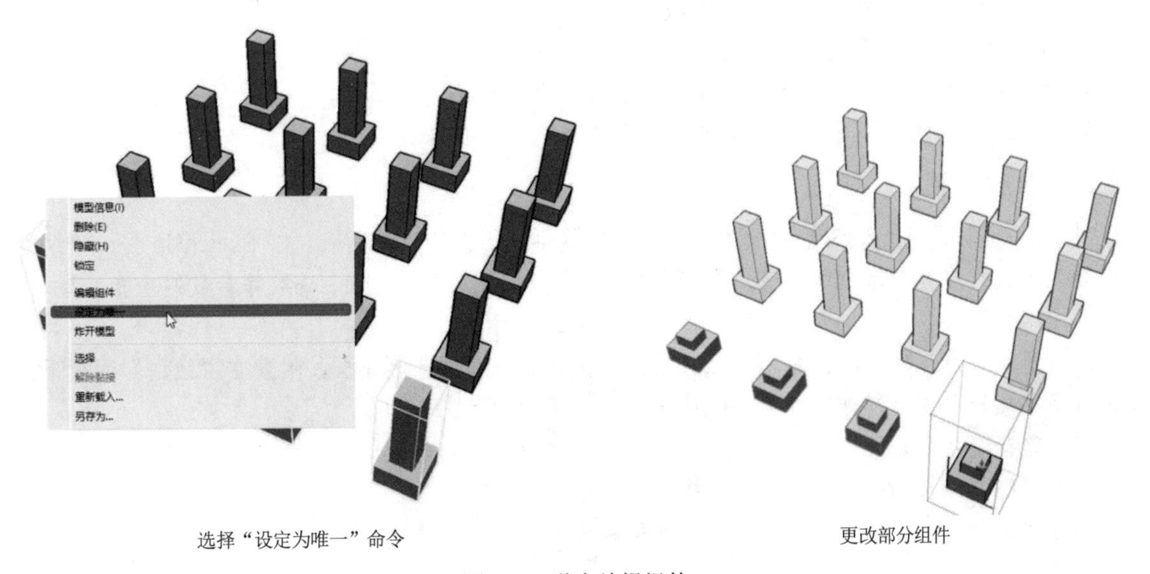

选择“设定为唯一”命令　　更改部分组件

图 7.25　独立编辑组件

（5）炸开组件。

1）选择要炸开的组件。

2）右击组件任意地方，在弹出的快捷菜单中选择“炸开模型”命令。炸开后，组件将不再与其他组件有关联性，若原来组件是“组中组”，那么嵌套在组件内的组件将变为多个独立的组件。

（6）缩放组件。当对组件整体进行缩放操作时，具有相同定义的组件不会关联性地进行缩放，而是保持自身的比例；当在组件内部进行缩放操作时，具有相同定义的组件会关联性地修改，如图7.26所示。根据需要对组件进行缩放变形时，如果缩放变形后达不到满意效果，需要重新缩放变形。可以通过右击组件任意地方，在弹出的快捷菜单中选择“重设比例”或“重设变形”命令进行修复还原。

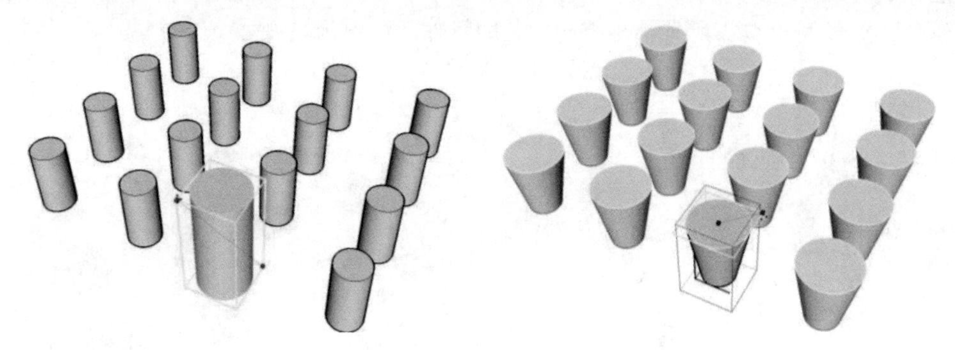

图7.26　组件的缩放

（7）组件的材质赋予。组件的材质赋予和群组是一样的，在对组件进行材质赋予时，组内所有的默认材质会被覆盖，但不会影响事先在组件内指定的材质，大大提高了赋予材质的效率。对组件的材质操作只对组件单体起作用。

（8）组件的实体信息。实体信息用来查看和修改物体参数。选中组件，右侧“图元信息”面板中将显示相关信息，如图7.27所示。

1）实例：输入实例名称。

2）（隐藏）：选中后组件将被隐藏。

3）（锁定）：选中后组件将被锁定。

4）（接受阴影）：设置组件是否接受其他物体的阴影。

5）（投设阴影）：设置组件是否显示阴影。

图7.27　“图元信息”面板

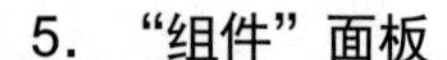

5. “组件”面板

“组件”面板是插入预设组件的常用途径，它提供了组件的目录列表。在SketchUp中，“组件”面板融入了组件属性对话框的内容，具备编辑组件和统计组件的点、面、个数等参数的功能。选择“窗口”→“组件”命令，弹出“组件”面板，如图7.28所示。

（1）显示辅助选择窗格：单击此工具后，弹出新的组件浏览选择框，附着在“组件”面板下方。在进行组件编辑和统计操作时，便于组件与组件之间的切换。

（2）路径下拉列表框：显示当前组件浏览选择框中组件的路径。

（3）“编辑”选项：单击此选项切换到编辑组件的选项栏。

（4）“统计信息”选项：单击此选项切换到统计组件参数的选项栏。

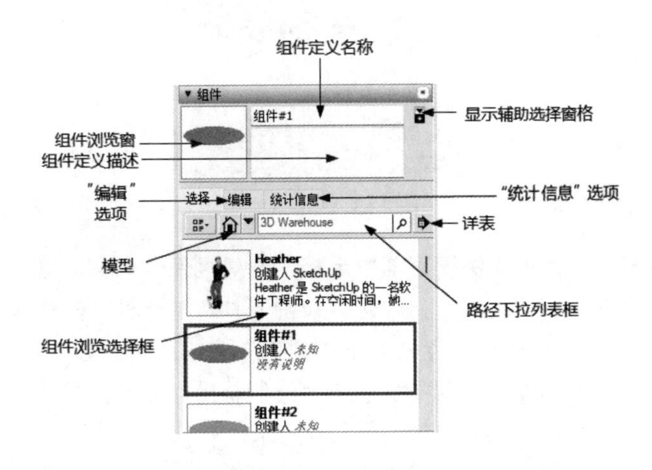

图 7.28　“组件”面板

扫一扫，看视频

动手学——绘制室内吊顶筒灯

本实例将通过绘制室内吊顶筒灯来重点学习“创建组件”命令，具体绘制流程如图 7.29 所示。

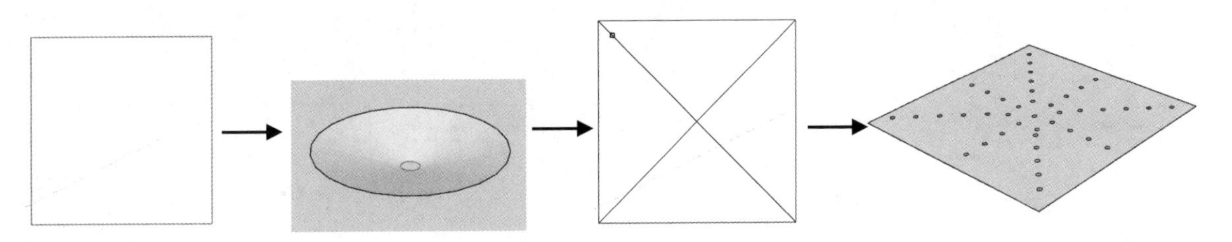

图 7.29　吊顶筒灯绘制流程

源文件：源文件\第 7 章\吊顶筒灯.skp

【操作步骤】

（1）将视图切换到顶视图。单击“绘图”工具栏上的“矩形”按钮，绘制长度和宽度均为 10m 的方形吊顶，如图 7.30 所示。

（2）单击“绘图”工具栏上的“圆”按钮，绘制半径为 100mm 的吊顶筒灯，如图 7.31 所示。

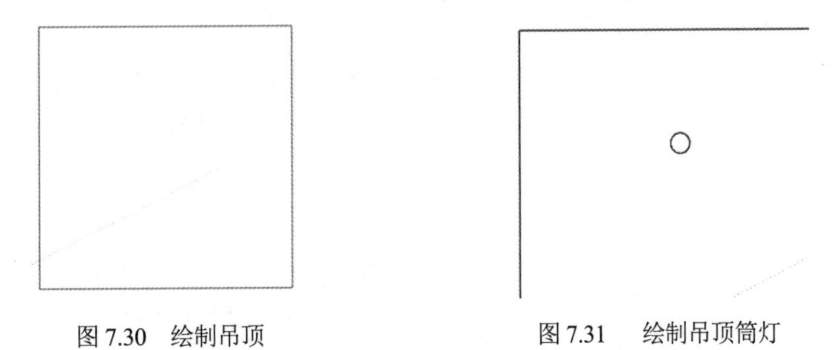

图 7.30　绘制吊顶　　　　图 7.31　绘制吊顶筒灯

（3）单击“编辑”工具栏上的“推/拉”按钮，推/拉 20mm，绘制圆柱体，如图 7.32 所示。

（4）单击“编辑”工具栏上的“比例”按钮，将底部缩放 0.1，形成筒灯造型，如图 7.33 所示。

（5）单击“使用入门”工具栏上的“删除”按钮，将顶部的圆形删除，如图 7.34 所示。

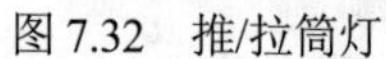

图 7.32　推/拉筒灯

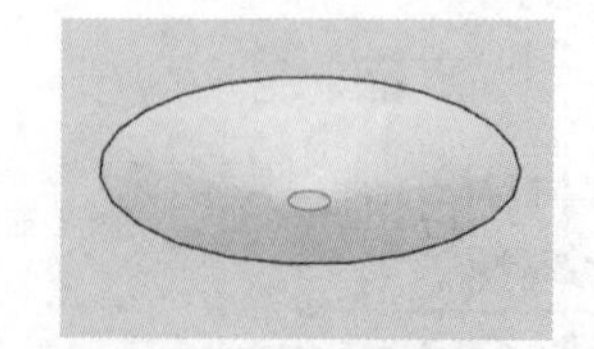

图 7.33　缩放筒灯

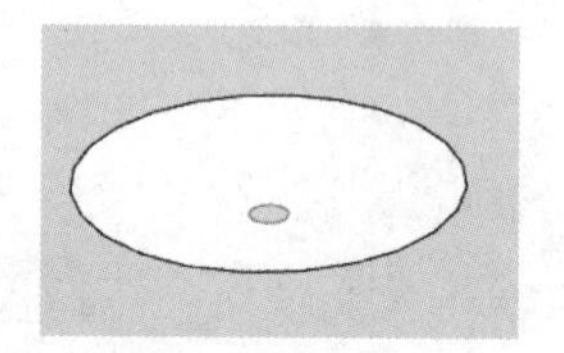

图 7.34　删除圆形

（6）选择筒灯，右击，在弹出的快捷菜单中选择“创建组件”命令，打开“创建组件”对话框，如图 7.35 所示。设置“定义”为“筒灯”，勾选“切割开口”复选框，软件将自动创建出洞口。单击“设置组件轴”按钮，设置筒灯中心为原点。单击“创建”按钮，关闭对话框。

（7）单击“绘图”工具栏上的“直线”按钮，绘制辅助对角线，然后单击“编辑”工具栏上的“移动”按钮，将筒灯移动到对角线上，如图 7.36 所示。

（8）单击“编辑”工具栏上的“移动”按钮并按住 Ctrl 键进行复制，距离为 1000mm 和“12*”，绘制 13 个筒灯，如图 7.37 所示。

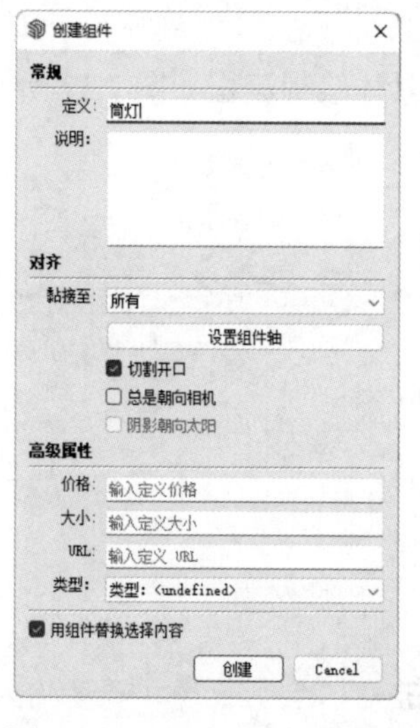

图 7.35　“创建组件”对话框

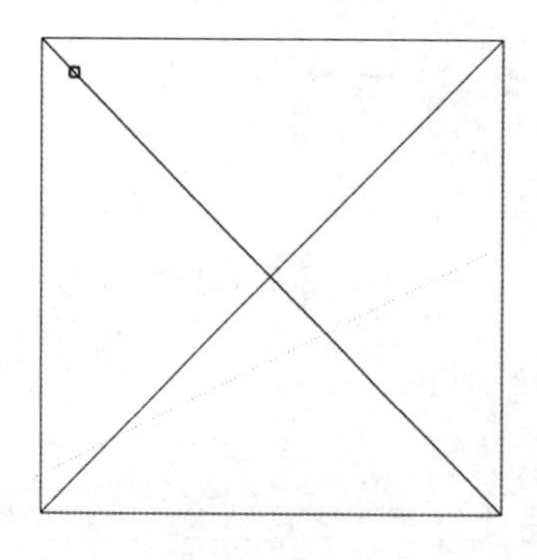

图 7.36　移动筒灯

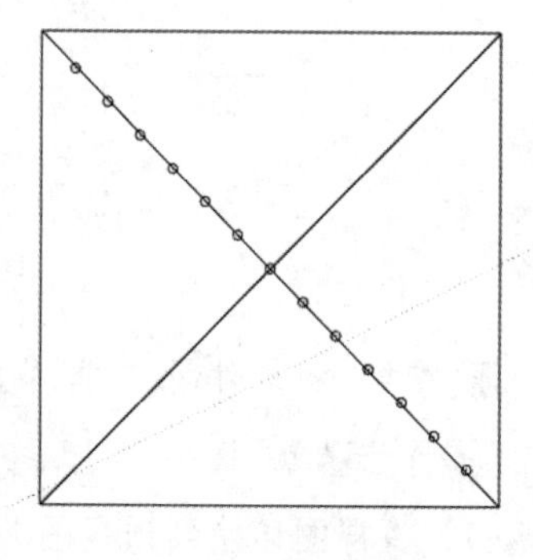

图 7.37　移动复制筒灯

（9）单击“编辑”工具栏上的“旋转”按钮并按住 Ctrl 键进行复制旋转，然后单击“使用入门”工具栏上的“删除”按钮，将多余的筒灯和辅助线删除，结果如图 7.38 所示。

（10）选择所有模型，右击，在弹出的快捷菜单中选择“创建组件”命令，打开“创建组件”对话框。设置“定义”为“吊顶筒灯”，创建嵌套组件，结果如图 7.39 所示。

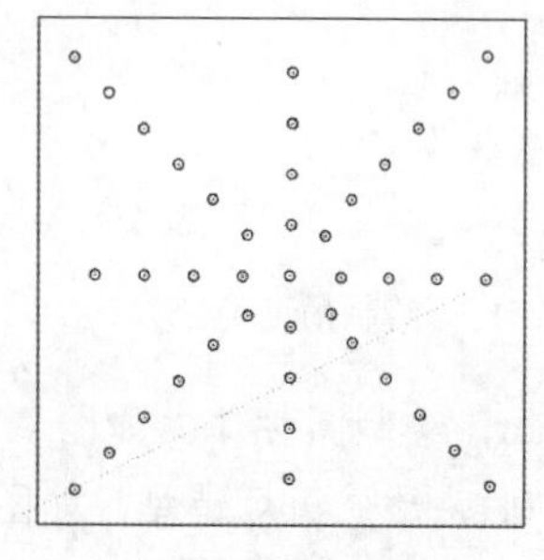

图 7.38　旋转复制筒灯

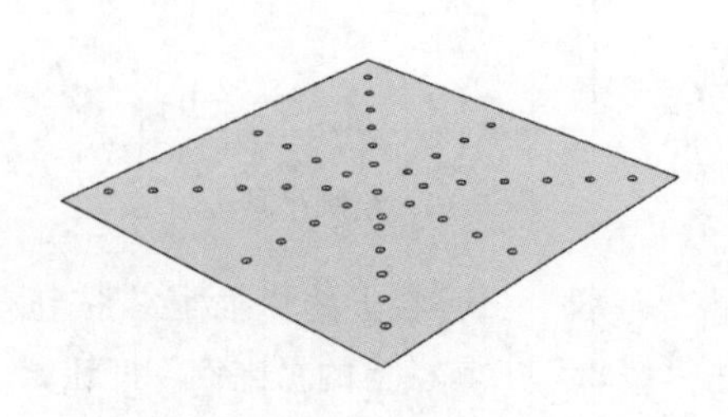

图 7.39　创建嵌套组件

动手学——绘制道路绿植

本实例将通过绘制道路绿植来重点学习“创建组件”命令，具体绘制流程如图 7.40 所示。

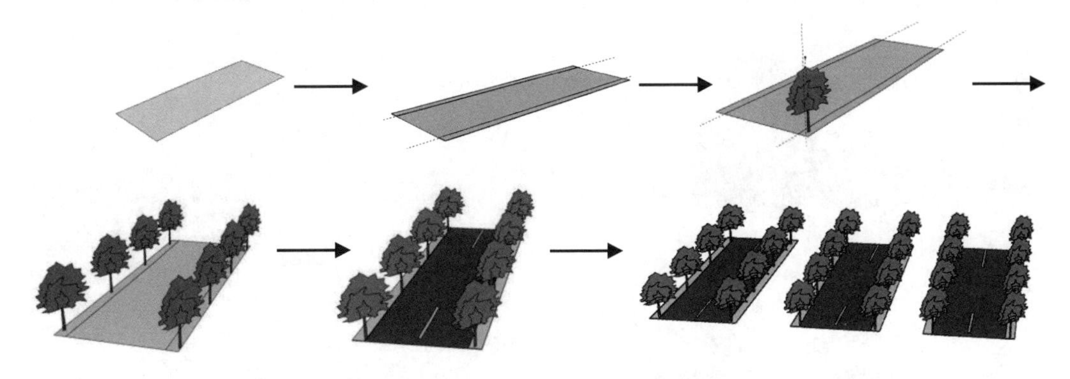

图 7.40　道路绿植绘制流程

源文件： 源文件\第 7 章\道路绿植.skp

【操作步骤】

（1）单击“绘图”工具栏上的“矩形”按钮，绘制一段长度为 3.75m、宽度为 10m 的矩形道路，如图 7.41 所示。

（2）单击“建筑施工”工具栏上的“卷尺工具”按钮，绘制两条辅助线，辅助线到边线的距离为 375mm。继续单击“绘图”工具栏上的“直线”按钮，绘制直线，如图 7.42 所示。

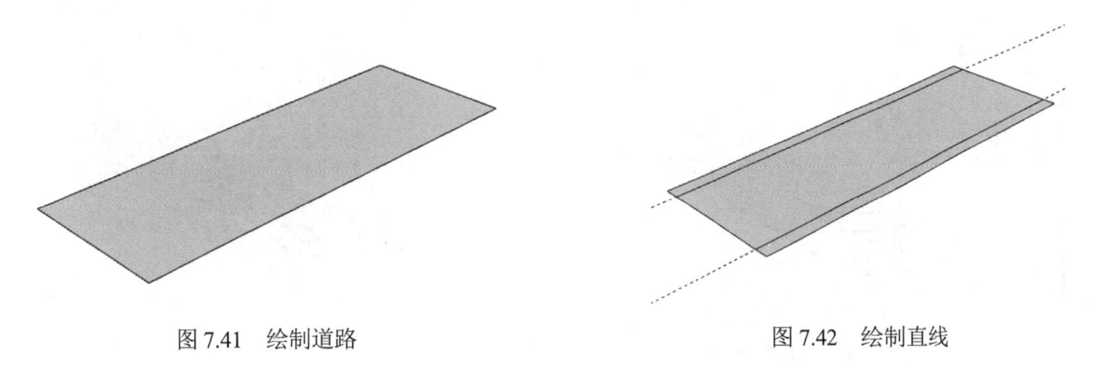

图 7.41　绘制道路　　　　图 7.42　绘制直线

（3）单击“编辑”工具栏上的“推/拉”按钮，将两侧的路肩推/拉 20mm，结果如图 7.43 所示。

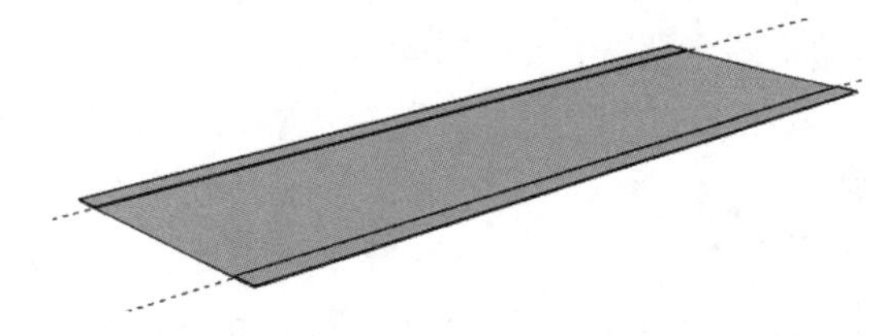

图 7.43　推/拉路肩

（4）执行“文件”→“打开”命令，找到源文件中的植物图形，将其打开，如图 7.44 所示。

（5）复制到道路绿植模型，选择植物，右击，在弹出的快捷菜单中选择“创建组件”命令，打开“创建组件”对话框。“定义”设置为“植物”，勾选“总是朝向相机”和“阴影朝向太阳”复选框，创建组件，如图 7.45 所示。

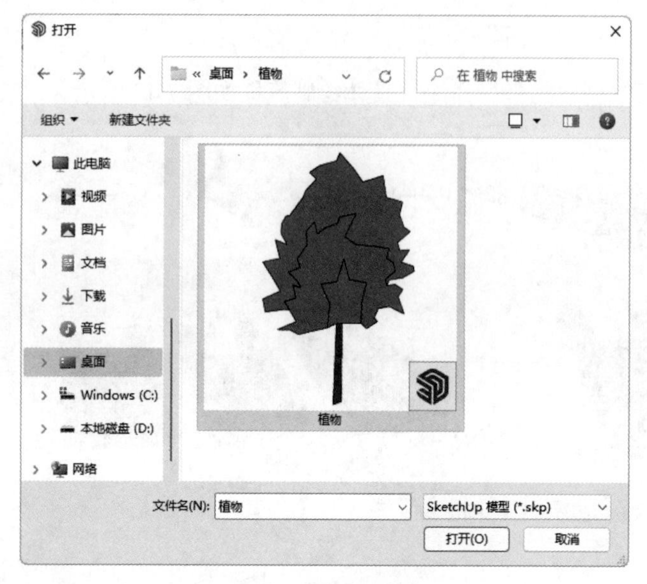

图 7.44　打开植物图形

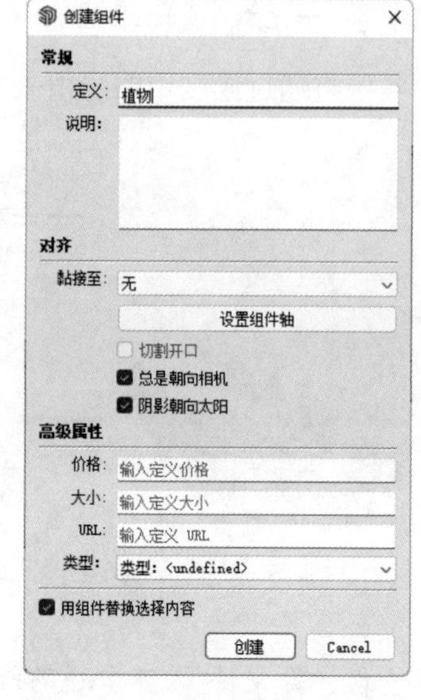

图 7.45　“创建组件”对话框

（6）单击“编辑”工具栏上的“移动”按钮，将植物移动到道路上。

（7）单击“编辑”工具栏上的“比例”按钮，将植物缩小；单击“建筑施工”工具栏上的“卷尺工具”按钮，测量高度大约为 2m，如图 7.46 所示。

（8）单击“编辑”工具栏上的“移动”按钮并按住 Ctrl 键，进行复制旋转，绘制 4 棵树，如图 7.47 所示。

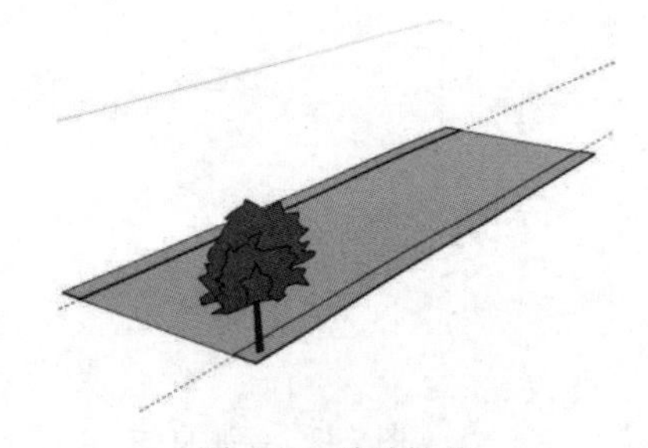

图 7.46　缩放植物

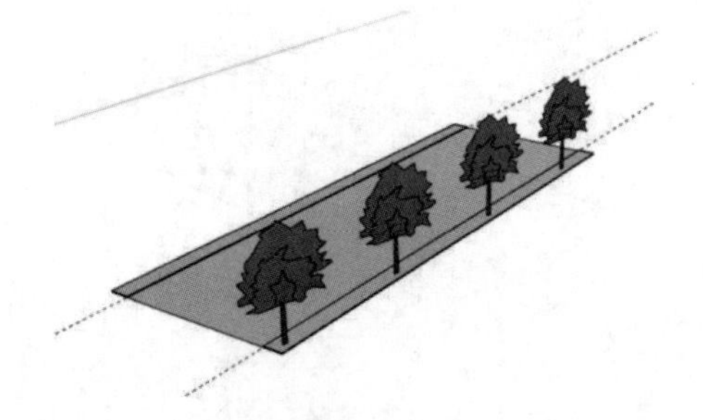

图 7.47　复制植物

（9）执行“视图”→“阴影”命令，在弹出的快捷菜单中选择“阴影”命令，打开阴影，如图 7.48 所示。可以发现插入的植物旁边会显示阴影，如图 7.49 所示。

（10）单击“大工具集”工具栏上的“环绕观察”按钮，旋转模型时，植物组件的阴影会跟着视图一起旋转，如图 7.50 所示。

（11）执行“视图”→“阴影”命令，在弹出的快捷菜单中选择“阴影”命令，关闭阴影。

（12）单击“编辑”工具栏上的“移动”按钮并按住 Ctrl 键，进行复制旋转，绘制 4 棵树，如图 7.51 所示。

（13）选择模型，右击，在弹出的快捷菜单中选择“创建组件”命令，打开“创建组件”对话框。“定义”设置为“道路”，创建嵌套组件，如图 7.52 所示。

（14）单击“编辑”工具栏上的“移动”按钮并按住 Ctrl 键，进行复制旋转，绘制 3 段道路，如图 7.53 所示。

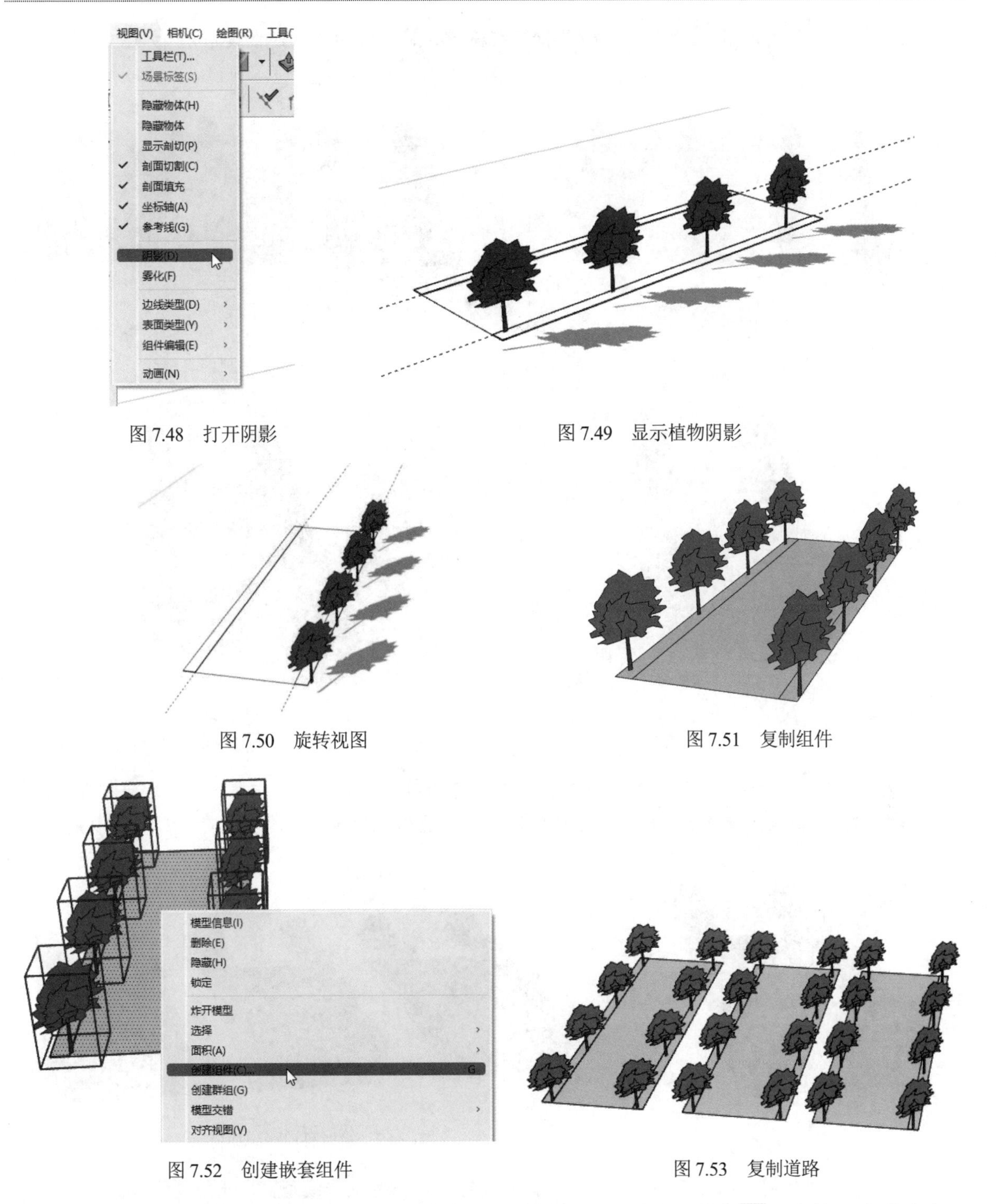

图 7.48　打开阴影

图 7.49　显示植物阴影

图 7.50　旋转视图

图 7.51　复制组件

图 7.52　创建嵌套组件

图 7.53　复制道路

（15）双击模型，进入组件内部。单击“绘图”工具栏上的“直线”按钮，在第 1 段道路中心绘制轮廓线，可以发现所有的组件均被绘制出轮廓线，如图 7.54 所示。

（16）单击“建筑施工”工具栏上的“卷尺工具”按钮，在道路中线两侧分别绘制间距为 50mm 的虚线，如图 7.55 所示。

（17）单击“绘图”工具栏上的“直线”按钮，绘制道路黄线的轮廓线，如图 7.56 所示。

（18）单击“使用入门”工具栏上的“删除”按钮，将虚线和多余的直线删除，如图7.57所示。

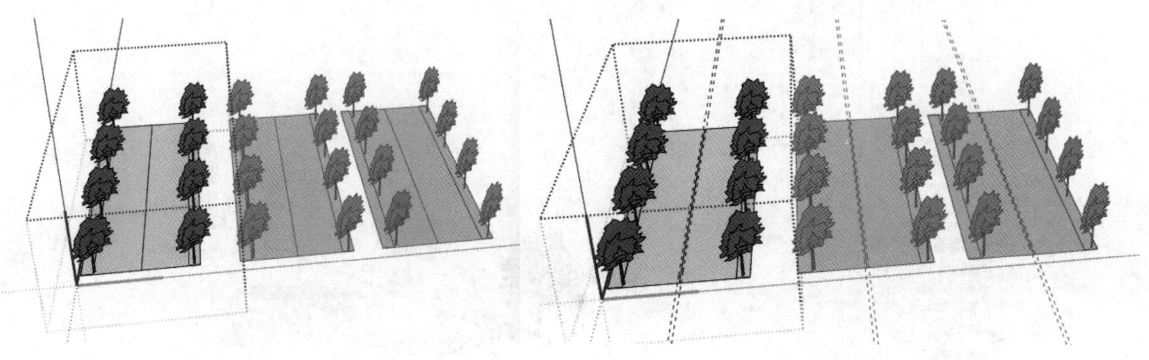

图7.54　绘制轮廓线

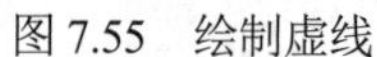

图7.55　绘制虚线

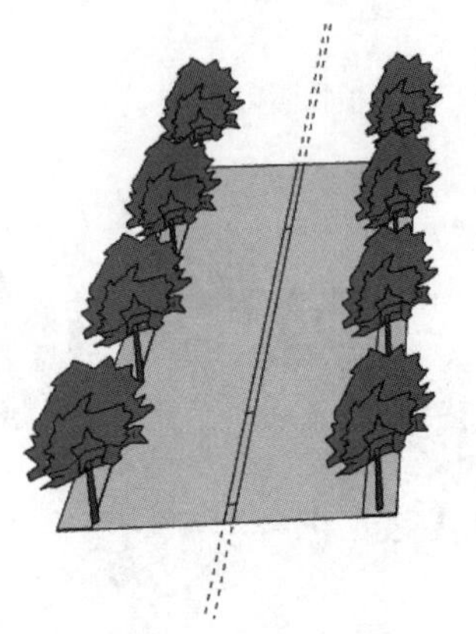

图7.56　绘制轮廓线

图7.57　删除多余图形

（19）单击“大工具集”工具栏上的“颜料桶”按钮，为图形添加材质，为图形添加颜色，如图7.58所示。这时其余道路也同样添加了道路黄线，并且材质和第1段道路相同，如图7.59所示。

图7.58　添加材质

图7.59　给所有道路添加材质

（20）单击“使用入门”工具栏上的“选择”按钮，然后双击模型，退出编辑模式。

（21）选择模型，右击，在弹出的快捷菜单中选择“设定为唯一”命令，如图7.60所示。再次双击进入组件内部，删除道路两侧的植物，如图7.61所示。

（22）双击模型，退出组件编辑模式。可以看到，只有第1段道路的植物被删除，修改后的模型如图7.62所示。

（23）连续多次按快捷键Ctrl+Z，撤销操作，恢复模型，如图7.63所示。

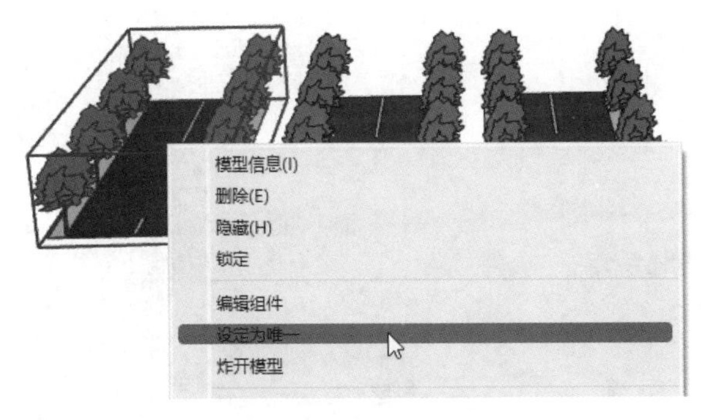

图7.60　选择命令

图7.61　删除植物

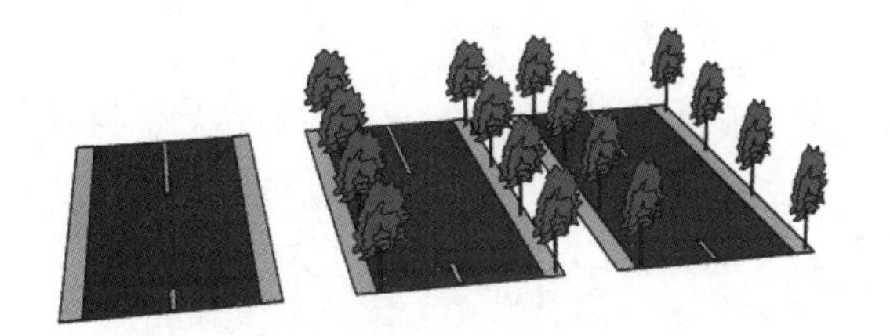

图7.62　修改后的模型

图7.63　恢复的模型

7.2 标 记 工 具

正是因为SketchUp有了组件功能，所以标记功能往往被忽略。一般利用组件就可以完成模型的创建，不过有了标记的辅助，在管理物体方面会显得更方便，建模思路显得更清晰。SketchUp和AutoCAD的标记管理器相似，可查看和控制标记，并显示出标记的名称、颜色以及对标记可见性的选择。

标记的概念类似于投影片，可将不同属性的对象分别放置在不同的投影片（标记）上。例如，将图形的主要线段、中心线、尺寸标注等分别绘制在不同的标记上，每个标记可设定不同的线型、线条颜色，然后把不同的标记堆叠在一起成为一张完整的视图。这样可以使标记层次分明，方便图形对象的编辑与管理。一个完整的图形就是由它包含的所有标记的对象叠加在一起构成的，如图7.64所示。

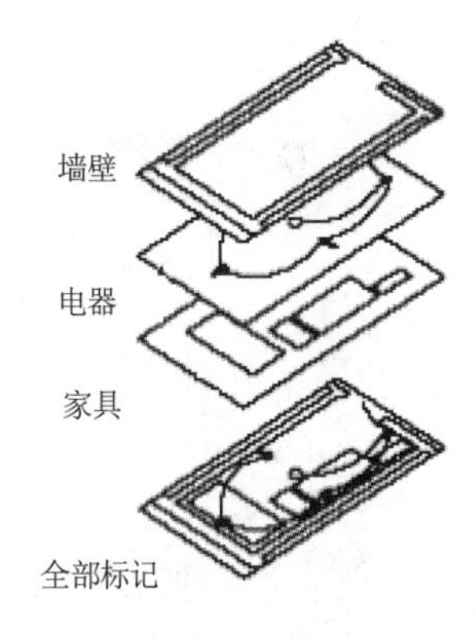

图7.64　标记效果

7.2.1 “标记”工具栏

扫一扫，看视频

标记工具属于场景管理工具，可以对场景中的模型进行有效的分类，类似于AutoCAD中的标记，执行“视图”→“工具栏”命令，打开如图7.65所示的“工具栏”对话框。找到“标记”工具栏，勾选前面的复选框，可以将“标记”工具栏调出，如图7.66所示。

【执行方式】

工具栏：标记。

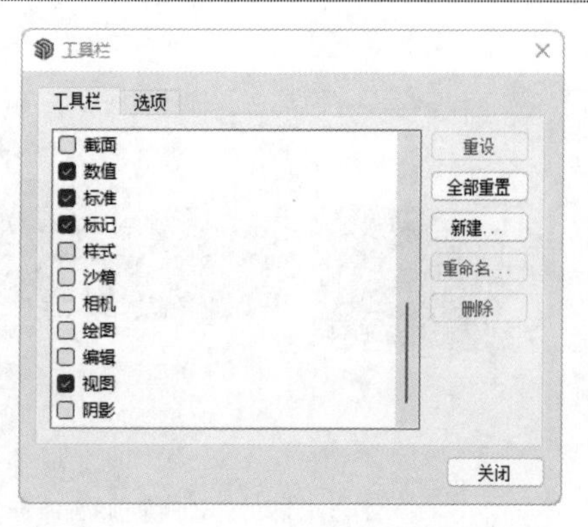

图 7.65　“工具栏”对话框

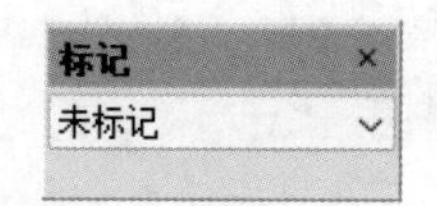

图 7.66　“标记”工具栏

【操作步骤】

（1）在“标记”工具栏中，单击下拉按钮，可以显示当前模型中的所有标记。前面加对钩的标记为当前标记，如图 7.67 所示。

（2）选中桌子模型，“标记”工具栏中显示桌子模型所在的标记，如图 7.68 所示。

图 7.67　显示标记

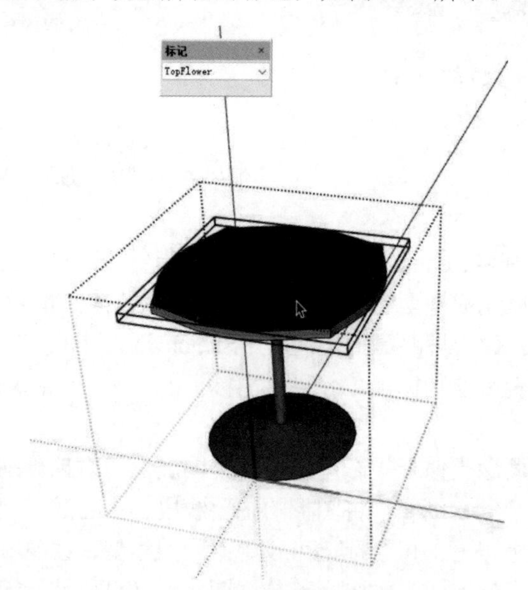

图 7.68　显示模型所在的标记

7.2.2　“标记”面板

“标记”面板即以前的标记特性管理，如图 7.69 所示。

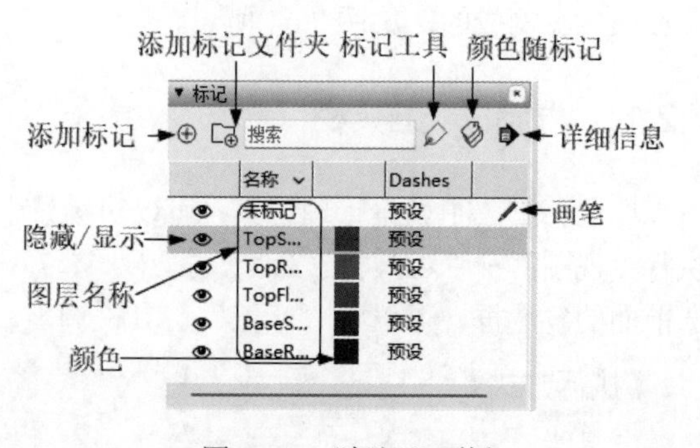

图 7.69　“标记”面板

【执行方式】

面板：标记。

【操作步骤】

（1）添加标记：单击此工具，新建一个标记，可以使用默认的名称，也可以改名。

（2）删除标记：选择一个或多个标记并右击，在弹出的快捷菜单中选择“删除标记”命令，如图 7.70 所示，可将标记删除。若删除的标记中还含有图元，将会打开“删除包含图元的标记”对话框，如图 7.71 所示。用户可以根据需要选择。

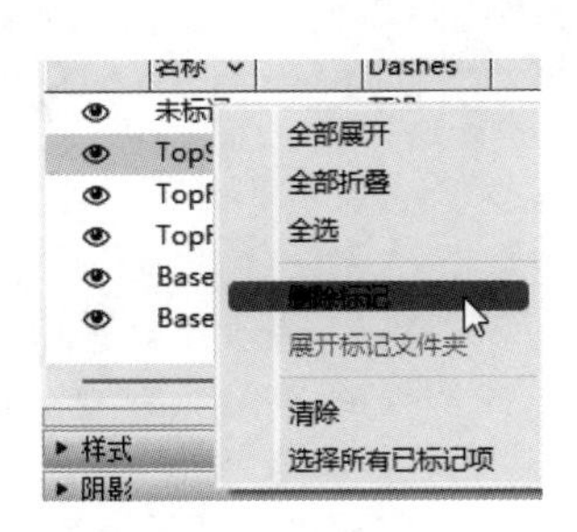

图 7.70　删除标记

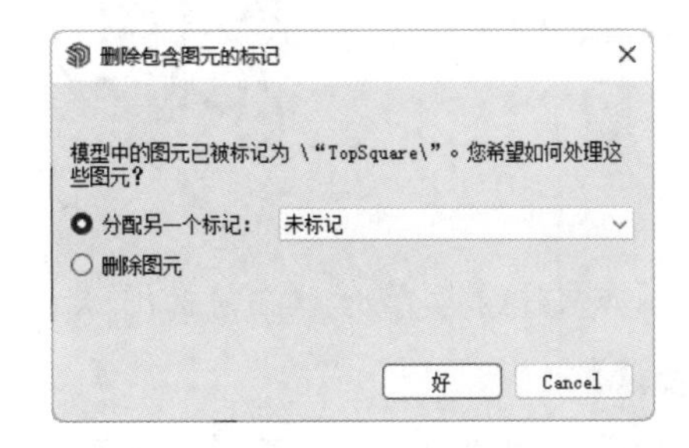

图 7.71　“删除包含图元的标记”对话框

1）分配另一个标记：只删除标记而不删除标记上面的内容，并且将所有内容都移动到选定的标记。

2）删除图元：将所删除标记上的内容一并删除。

（3）隐藏/显示：控制此标记的可见与否，如果要关闭某个标记，对其隐藏，只需单击该标记左侧的眼睛图标即可，再次单击，则可以使隐藏的标记重新显示。如果要同时隐藏或显示多个标记，可以按住 Ctrl 键进行多选，然后再进行隐藏或显示。

（4）颜色：显示各标记的颜色，单击颜色样本，在打开的“颜色调节”对话框中选择标记颜色。

（5）画笔：默认的当前标记右侧会显示画笔，并且当前标记不可进行隐藏。在标记右侧位置单击，即可将其置为当前标记。

（6）颜色随标记：可以使同一标记的所有对象均以“标记”面板中设置的颜色显示，否则按照建模时的颜色显示。

（7）详细信息：单击该工具，打开快捷命令，如图 7.72 所示。

1）全选：选择所有标记。

2）清除：删除所有未使用的标记。

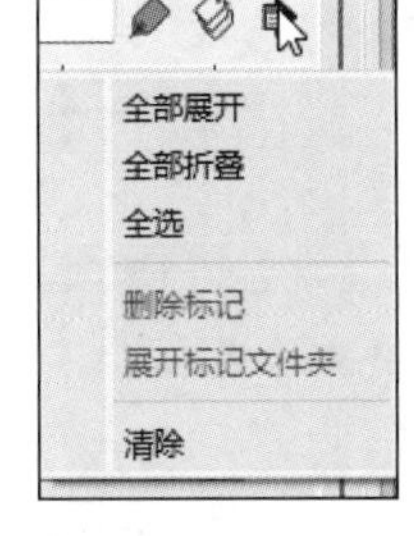

图 7.72　快捷命令

动手学——修改桌椅标记

扫一扫，看视频

本实例将通过修改桌椅标记来重点学习“标记”命令，具体修改流程如图 7.73 所示。

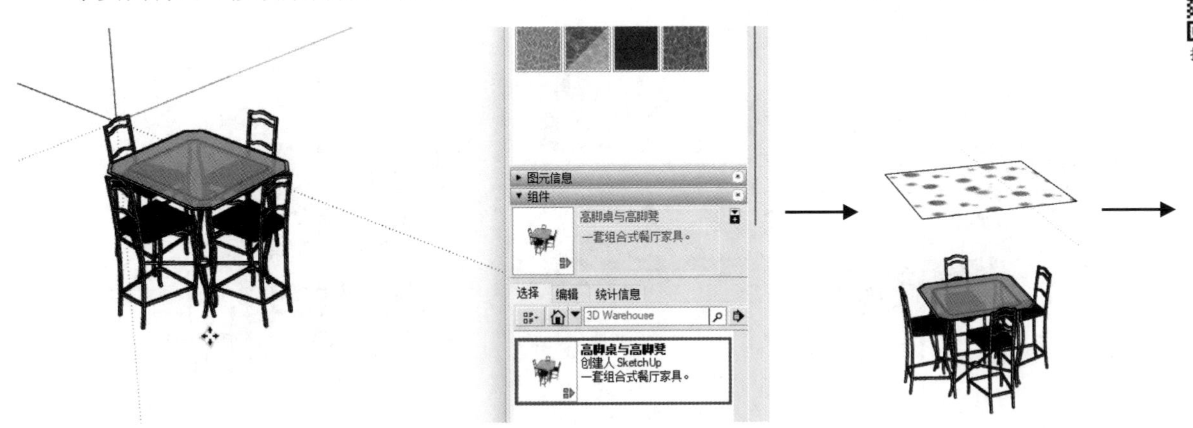

图 7.73　桌椅标记修改流程

图 7.73（续）

源文件：源文件\第 7 章\修改桌椅标记.skp

【操作步骤】

（1）在“组件”面板中单击“选择”按钮，选择其中的高脚桌与高脚凳，放置在图形中，如图 7.74 所示。

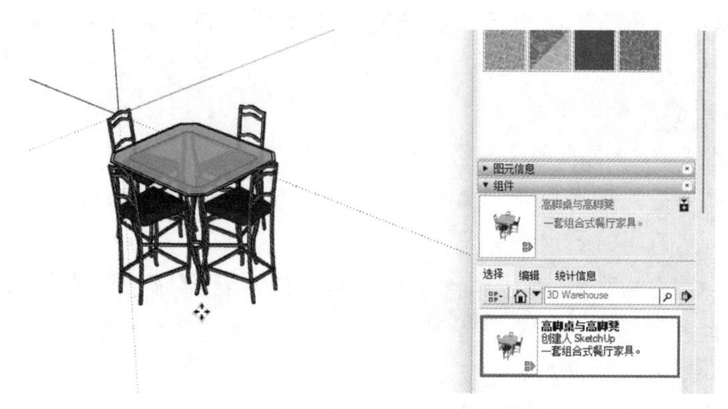

图 7.74　放置桌凳

（2）选取桌凳，右击，在弹出的快捷菜单中选择“炸开模型”命令，如图 7.75 所示，桌椅图形变成单个物体。

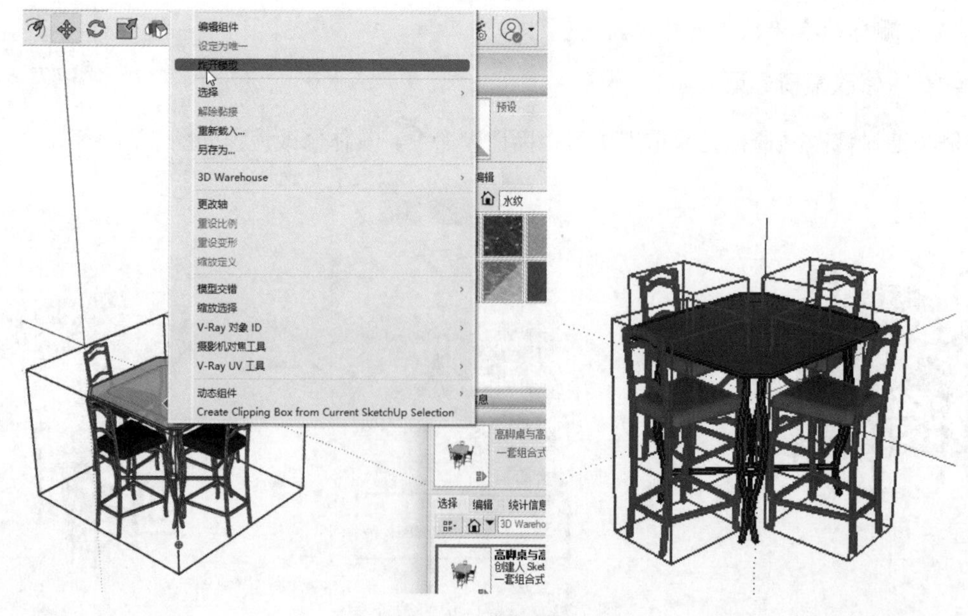

图 7.75　炸开模型

（3）在“标记”面板中单击“添加标记”按钮⊕，新建标记，默认“名称”为“标记”，如图 7.76 所示。双击图层，修改“名称”为“桌面”，如图 7.77 所示。

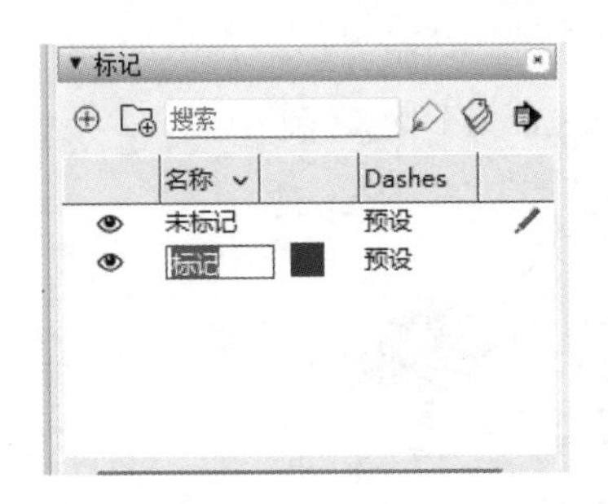

图 7.76　新建标记

图 7.77　修改标记名称

（4）单击“使用入门”工具栏上的“选择”按钮，选择桌面。右击，在弹出的快捷菜单中选择“模型信息”命令，如图 7.78 所示。找到“图元信息”面板，将“标记”更改为桌面，如图 7.79 所示。

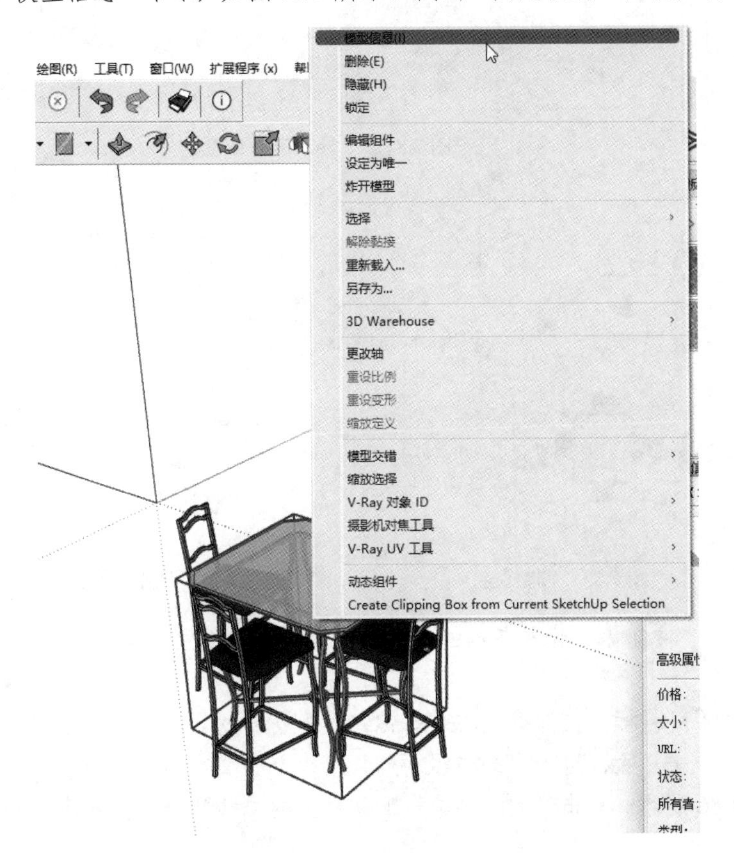

图 7.78　模型信息命令

图 7.79　将“标记”更改为桌面

（5）执行“文件”→“导入”命令，如图 7.80 所示。打开“导入”对话框，找到花瓣图形，将“将图像用作”设置为“图像”，进行导入，如图 7.81 所示。

（6）将花瓣图形导入坐标原点，调整图形的大小，结果如图 7.82 所示。

（7）将相机切换到平行投影，将视图转换到顶视图。单击“编辑”工具栏上的“移动”按钮，调整花瓣的位置，如图 7.83 所示。将花瓣图形炸开，继续调整大小，如图 7.84 所示。

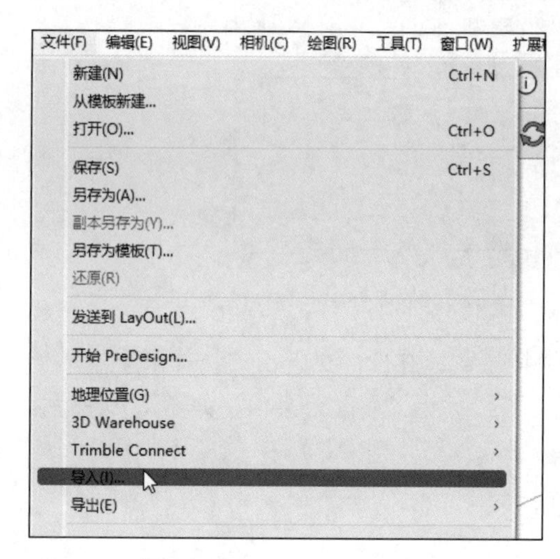

图 7.80 执行“导入”命令

图 7.81 “导入”对话框

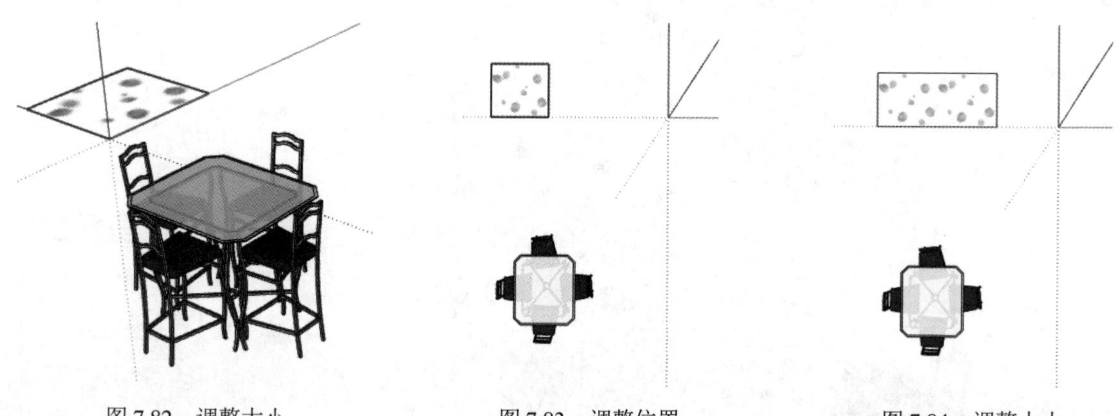

图 7.82 调整大小　　图 7.83 调整位置　　图 7.84 调整大小

（8）单击“编辑”工具栏上的“移动”按钮，调整花瓣的位置和大小，让花瓣位于桌面的上方，如图 7.85 所示。

（9）单击“大工具集”工具栏上的“颜料桶”按钮并按 Alt 键，吸取花瓣材质，然后单击“使用入门”工具栏上的“选择”按钮，单击 2 次，进入大的群组内部，继续单击 2 次进入小的群组内部，再次单击 2 次，选择桌面，如图 7.86 所示。单击“大工具集”工具栏上的“颜料桶”按钮，为桌面添加材质，如图 7.87 所示。

（10）右击，在弹出的快捷菜单中选择“纹理”→“位置”命令，如图 7.88 所示。调整花瓣的显示个数和大小，结果如图 7.89 所示。

（11）使用相同的方法在桌面的其他位置添加花瓣图形，新建凳子标记，将所有的凳子转换到凳子标记。执行“编辑”→“隐藏”命令，将凳子进行隐藏，结果如图 7.90 所示。

（12）回到“图层”面板，单击眼睛图标，将桌面隐藏。继续新建凳子标记，然后执行“撤销隐藏”→“全部”命令，将 4 个凳子显示，如图 7.91 所示。

图 7.85　继续调整图形

图 7.86　进入群组内部

图 7.87　添加材质

图 7.88　选择“位置”命令

图 7.89　调整花瓣的显示个数和大小

图 7.90　隐藏凳子

图 7.91　显示凳子

（13）选取凳子图形，将其切换到“凳子”标记。单击“大工具集”工具栏上的“颜料桶”按钮并按 Alt 键，吸取花瓣材质，然后单击“使用入门”工具栏上的“选择”按钮，单击 2 次，进入群组内部，然后单击“大工具集”工具栏上的“颜料桶”按钮，为凳子添加材质，如图 7.92 所示。

（14）回到“图层”面板，单击眼睛图标 👁，将桌面显示，如图 7.93 所示。

（15）回到“图层”面板，单击“颜色随标记”按钮，模型的颜色就更新为标记颜色，如图 7.94 所示。

图 7.92　添加材质

图 7.93　显示桌面

图 7.94　颜色随标记

（16）单击“颜色”按钮，勾选“使用纹理图像”复选框，将花瓣图形作为贴图进行导入。绘制的桌面和凳子如图 7.95 所示。

（17）同理，将贴图图形导入，绘制的桌面和凳子如图 7.96 所示。只是这里导入的图形不能进行个数和大小的调整，软件自动进行布置。

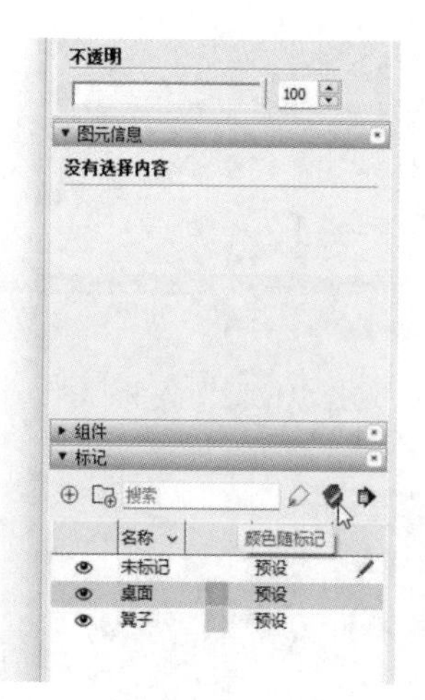

图 7.95　花瓣贴图

图 7.96　贴图

第 8 章　创建三维建筑效果

内容简介

三维建筑模型能够逼真地反映建筑的结构和形状，但现实建筑是有材质、颜色、纹理等外观特征的，如果对建筑进行剖切，还可以看到建筑内部截面的显示效果。为了模拟三维建筑的这些外观和内部结构特征，本章将介绍相关的创建三维建筑显示效果的工具。

内容要点

- 颜料桶工具
- 外观效果工具
- 截面工具
- 动画工具

案例效果

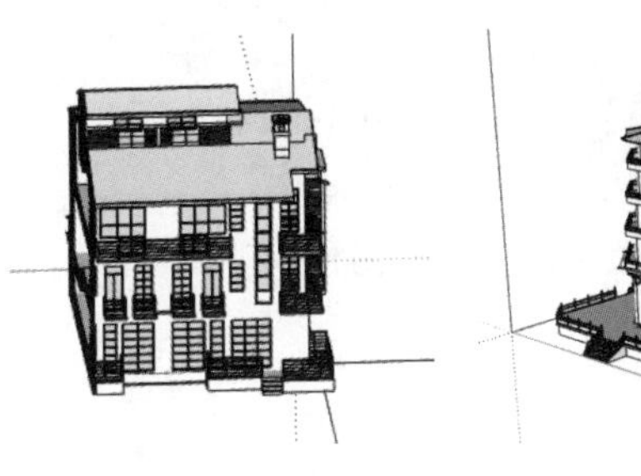
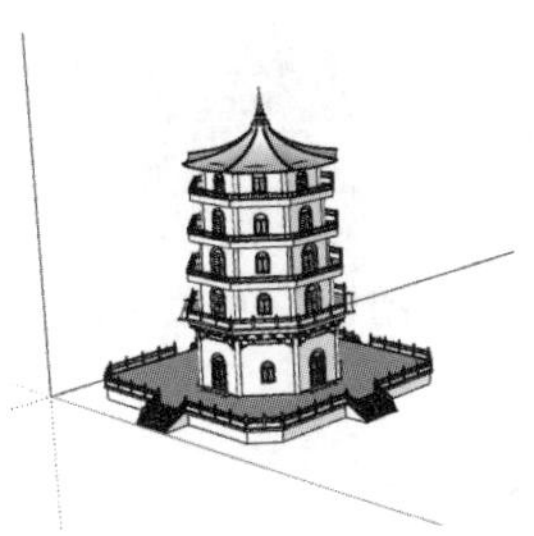

8.1　颜料桶工具

扫一扫，看视频

本节介绍如何给模型添加材质。当模型绘制完成后，还需要为其添加材质，使模型效果更为真实。

【执行方式】

工具栏：大工具集→颜料桶，使用入门→颜料桶。

【操作步骤】

1. 相关属性

（1）材质名称：可以采用软件默认的名称，也可以自行设置。单击一个材质模块后，需要将材质添加给模型，才能进行更改。

（2）材质浏览选择框：显示材质缩略图，“材质”面板如图 8.1 所示。

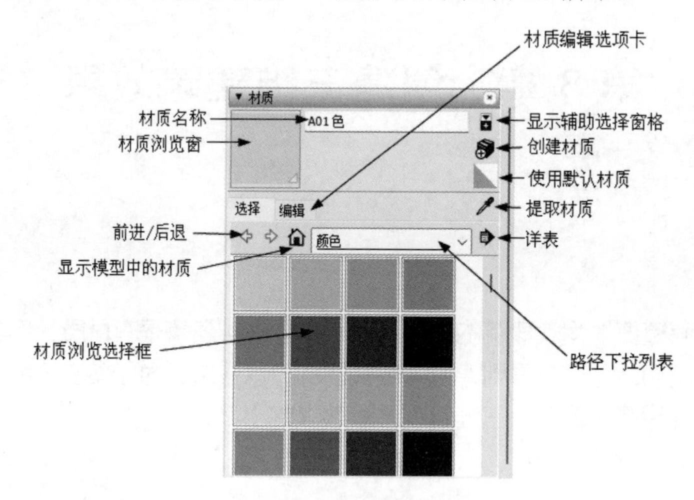

图 8.1 “材质”面板

（3）显示模型中的材质：单击此按钮，将显示模型中的材质，如图 8.2 所示。模型中已经添加的材质，其右下角有白色的小三角形，如图 8.3 所示。在模型中没有或原来有现已被更改的材质，其右下角没有白色的小三角形，如图 8.4 所示。选中材质，右击，弹出如图 8.5 所示的快捷菜单。

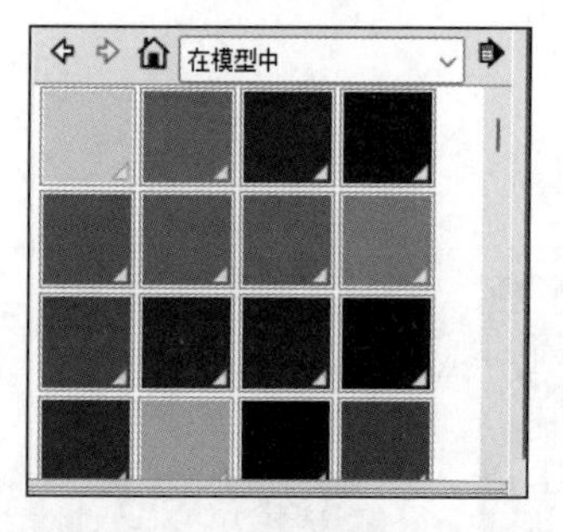

图 8.2 模型中的材质

图 8.3 原有材质

图 8.4 更改材质

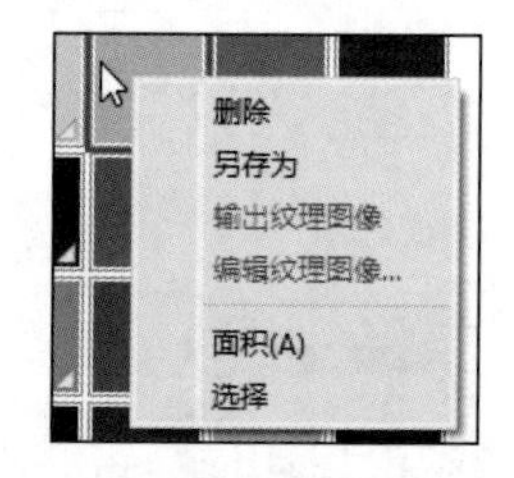

图 8.5 快捷菜单

1）删除：删除组件材质，软件将采用默认材质。
2）另存为：把指定组件单独保存为 SKP 格式的文件。
3）面积：显示具有相同材质的面积值。
4）选择：在模型中选取与指定组件定义相同的组件。
（4）前进/后退：左/右箭头在浏览组件选择框时用于前进/后退。
（5）路径下拉列表：可以选择具体的材质，如图 8.6 所示。
（6）创建材质：用来新建材质。
（7）提取材质：可以提取软件中的材质，添加到新的模型上。

2. 添加材质

（1）在材质浏览选择框中单击选择一种需要的材质。若在材质浏览选择框中找不到所需材质，可以单击“创建材质”按钮，打开“创建材质”对话框。重新调整颜色的属性、定义材质名称，然后单击“好”按钮，材质即添加到“在模型中”选项中，成为新的材质，如图 8.7 所示。

（2）单击所需材质后，将自动切换为“油漆桶”工具。在模型表面单击即可完成材质的添加。

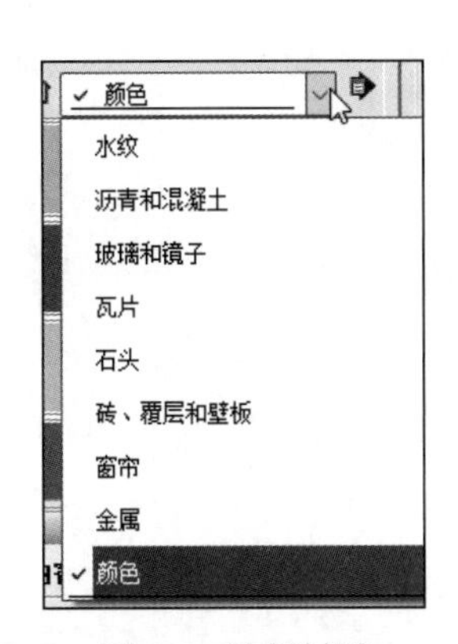

图 8.6 选择材质

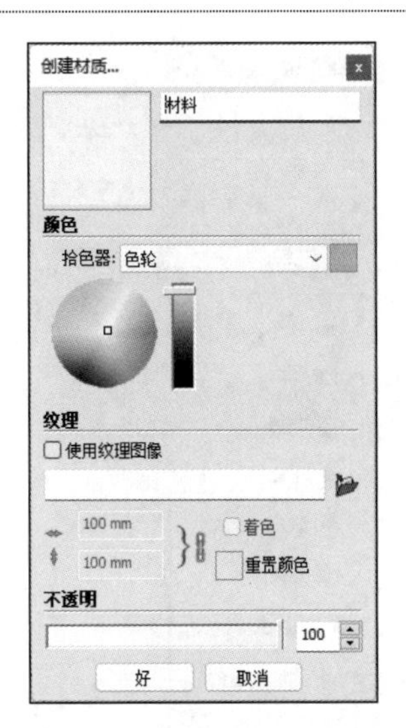

图 8.7 “创建材质”对话框

3. “材质”面板（编辑）

“材质”面板（编辑）如图 8.8 所示。

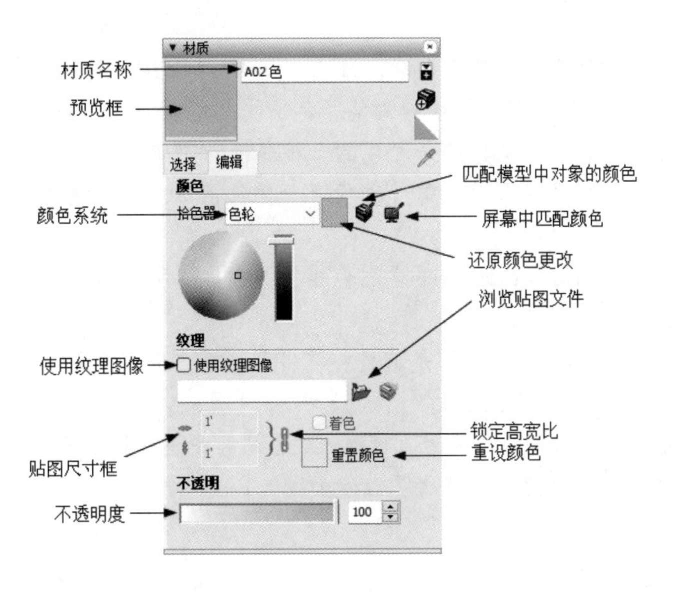

图 8.8 “材质”面板（编辑）

（1）材质名称：显示当前编辑的材质名称。

（2）匹配模型中对象的颜色：在模型中提取材质，同时成为“油漆桶”工具的当前材质。

（3）屏幕中匹配颜色：激活此工具，单击模型中的其他材质，所有当前材质将转变成所选材质。

（4）还原颜色更改：恢复上次编辑前的颜色。

（5）使用纹理图像：设置材质贴图，勾选该复选框，在打开的“选择图像”对话框中选定贴图文件，如图 8.9 所示。软件支持导入 Photoshop 和图片等格式的贴图。

（6）贴图尺寸框：指定当前贴图的尺寸。左边的水平和垂直箭头用来恢复初始的贴图尺寸。

（7）锁定高宽比：锁定当前贴图的高宽比例。

图 8.9　“选择图像”对话框

（8）颜色系统：材质编辑选项卡中有色轮、HLS、HSB 和 RGB 4 种颜色体系。

1）色轮：用鼠标可以直接在圆形区域内调整颜色，明度可以通过色轮右侧的滑块进行调节。

2）HLS（色相/亮度/饱和度）：色相是颜色的一种属性，实质上是色彩的基本颜色，即经常讲的红、橙、黄、绿、青、蓝、紫 7 种颜色，每一种代表一种色相。色相的调整也就是改变它的颜色，如图 8.10 所示。

3）HSB（色相/饱和度/明度）：HSB 是通过色相、饱和度、明度推敲颜色，该体系适用于非饱和颜色的推敲，如图 8.11 所示。

4）RGB（红/黄/蓝）：RGB 颜色体系是通过在红、黄、绿中推敲颜色，是计算机使用的传统颜色系统，如图 8.12 所示。

（9）不透明度：可以通过滑动滑块或者直接输入数值进行设置。100 表示完全不透明，0 表示完全透明。对表面使用透明材质可以使其具有透明性，如图 8.13 所示。

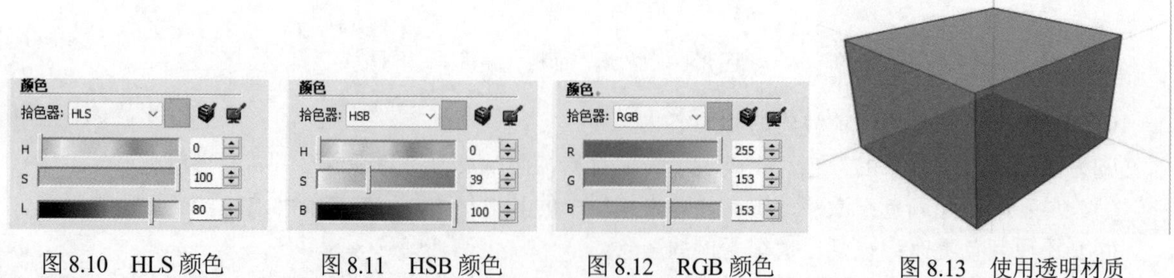

图 8.10　HLS 颜色　　图 8.11　HSB 颜色　　图 8.12　RGB 颜色　　图 8.13　使用透明材质

扫一扫，看视频

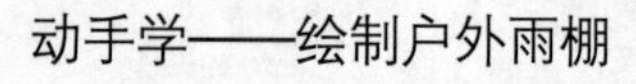
动手学——绘制户外雨棚

本实例将通过绘制户外雨棚来重点学习颜料桶工具，具体绘制流程如图 8.14 所示。

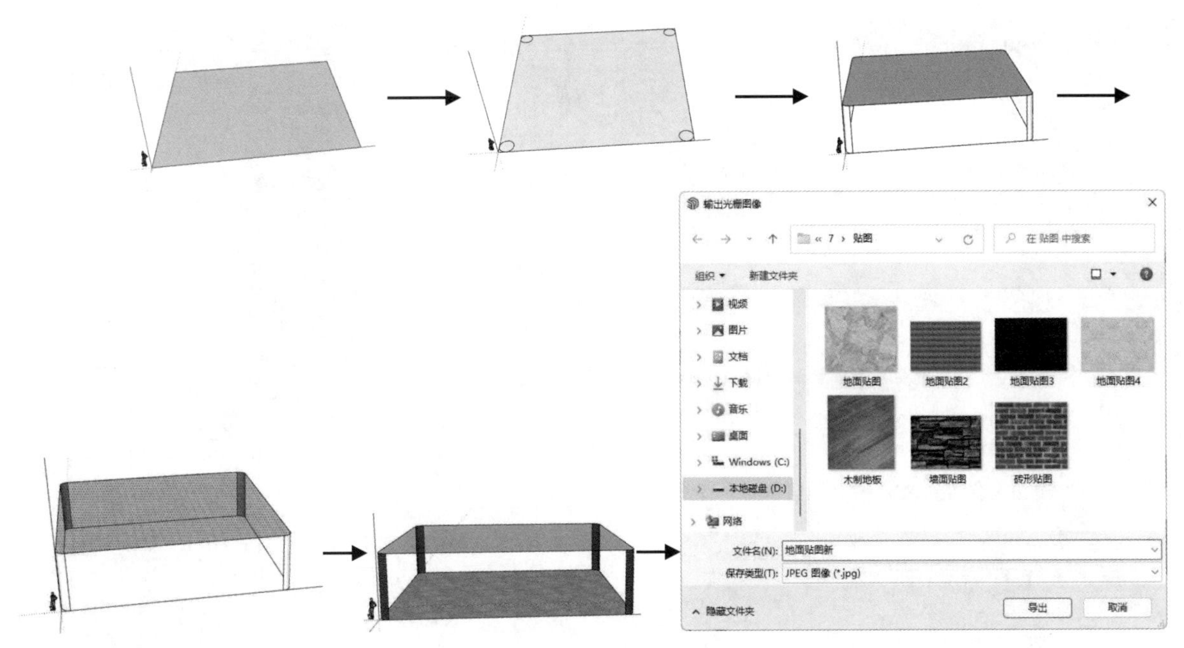

图 8.14　户外雨棚绘制流程

源文件：源文件\第 8 章\户外雨棚.skp

【操作步骤】

（1）单击“绘图”工具栏上的“矩形”按钮，绘制长度和宽度均为 20m 的正方形，如图 8.15 所示。

（2）单击“使用入门”工具栏上的“选择”按钮，选择平面。右击，在弹出的快捷菜单中选择“创建群组”命令，将其创建为群组，创建成群组的模型外侧将显示蓝色的外框。

（3）单击“绘图”工具栏上的“圆”按钮，绘制半径为 750mm 的圆形，如图 8.16 所示。

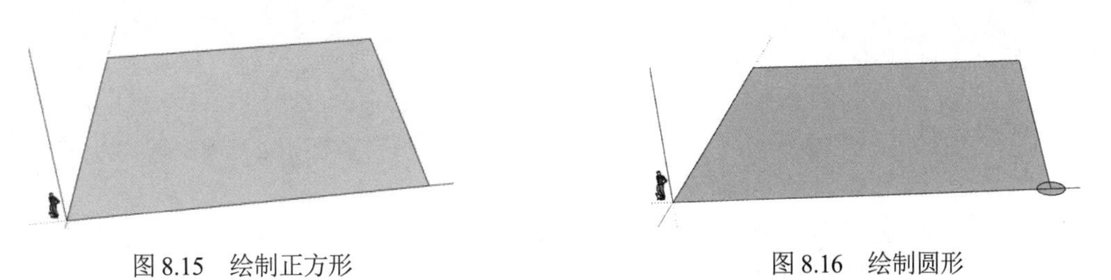

图 8.15　绘制正方形　　　　图 8.16　绘制圆形

（4）单击“使用入门”工具栏上的“选择”按钮，选择圆形。右击，在弹出的快捷菜单中选择“创建群组”命令，如图 8.17 所示，将其创建为群组，创建成群组的模型外侧将显示蓝色的外框，如图 8.18 所示。

（5）单击“编辑”工具栏上的“移动”按钮，移动模型，如图 8.19 所示。

（6）单击“绘图”工具栏上的“直线”按钮，绘制过正方形中心的辅助线，如图 8.20 所示。

（7）单击“编辑”工具栏上的“旋转”按钮并按住 Ctrl 键，绕正方形中心进行复制旋转，角度为 90°，复制的个数为 3 个，共绘制 4 个圆模型，结果如图 8.21 所示。

（8）单击“使用入门”工具栏上的“删除”按钮，将辅助线删除，结果如图 8.22 所示。

（9）按空格键或单击“使用入门”工具栏上的“选择”按钮，执行“选择”命令。选中所有模型，右击，在弹出的快捷菜单中选择“炸开模型”命令，将群组解散，如图 8.23 所示。

（10）单击“编辑”工具栏上的“推/拉”按钮，将模型推/拉 5m，如图 8.24 所示。

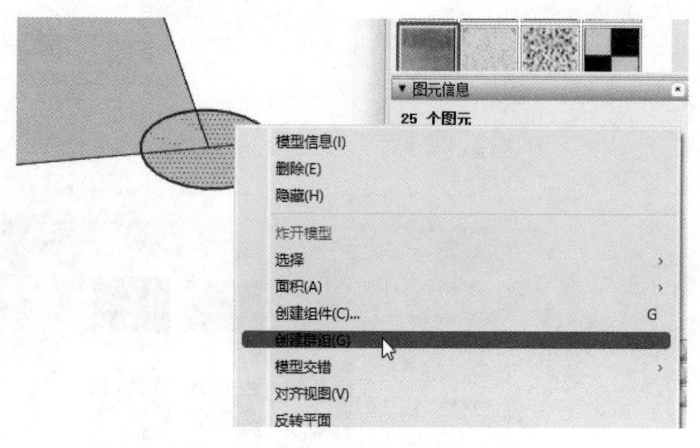

图 8.17　选择“创建群组”命令

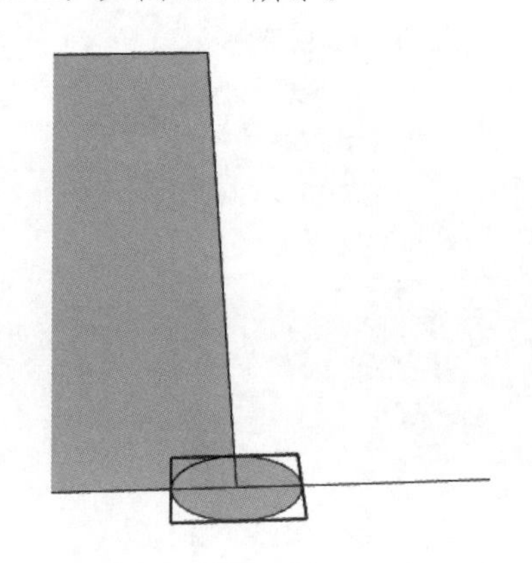

图 8.18　创建群组后的模型

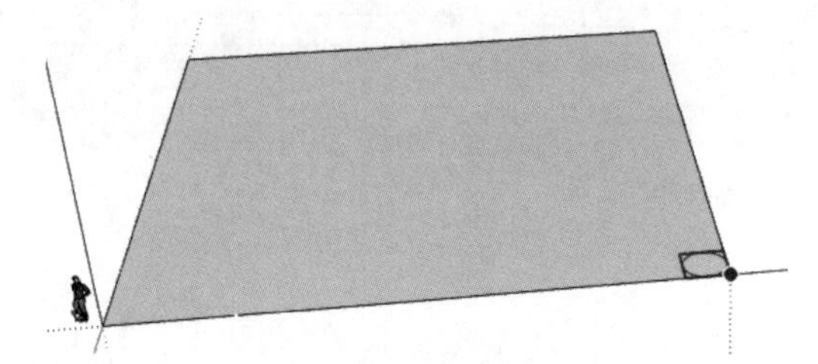

图 8.19　移动圆模型

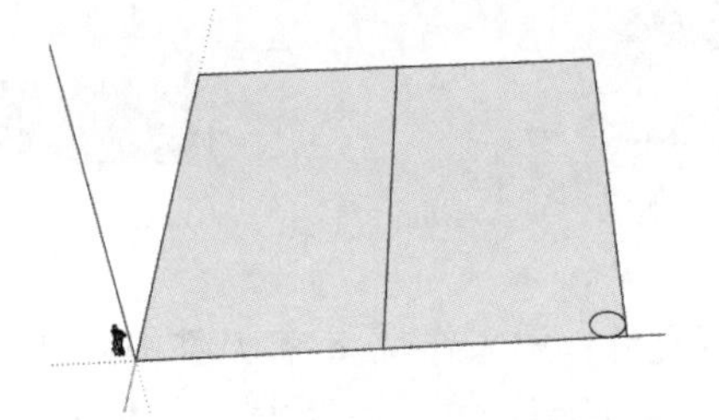

图 8.20　绘制辅助线

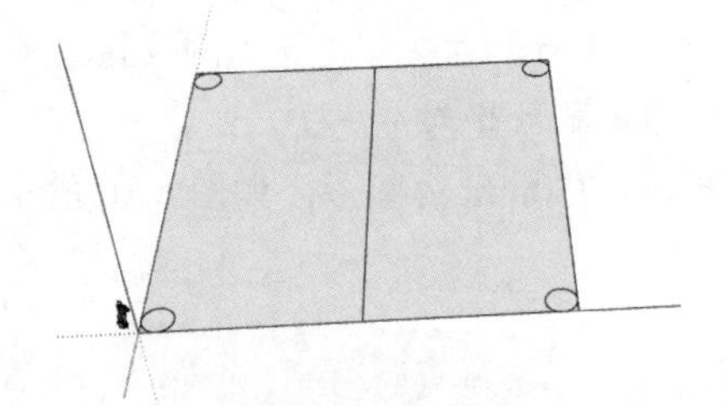

图 8.21　复制圆模型

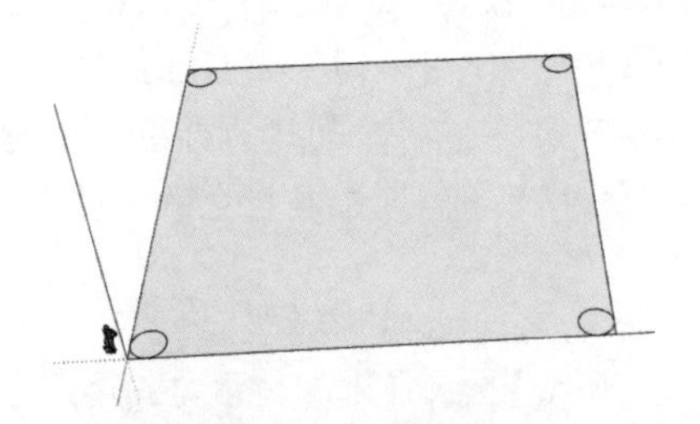

图 8.22　删除辅助线

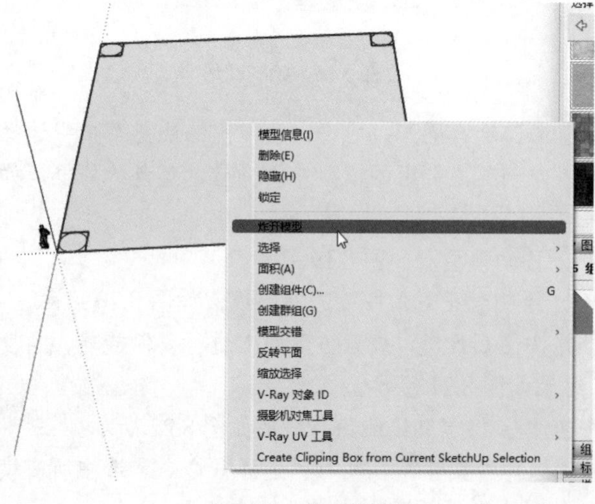

图 8.23　炸开模型

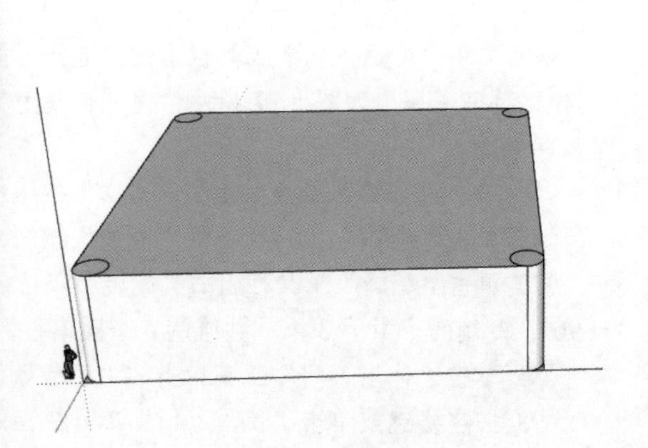

图 8.24　推/拉模型

（11）单击“使用入门”工具栏上的“删除”按钮，结合“使用入门”工具栏上的“选择”按钮和 Delete 键，将模型中多余的线和平面删除，结果如图 8.25 所示。

（12）打开右侧“样式”面板的“编辑”选项卡，选择背景，如图 8.26 所示。单击“背面颜色”图标，打开“选择颜色”对话框。颜色设置为 RGB(73,150,115)，单击“好”按钮，如图 8.27 所示，返回绘图界面。这时模型的颜色被更改，如图 8.28 所示。

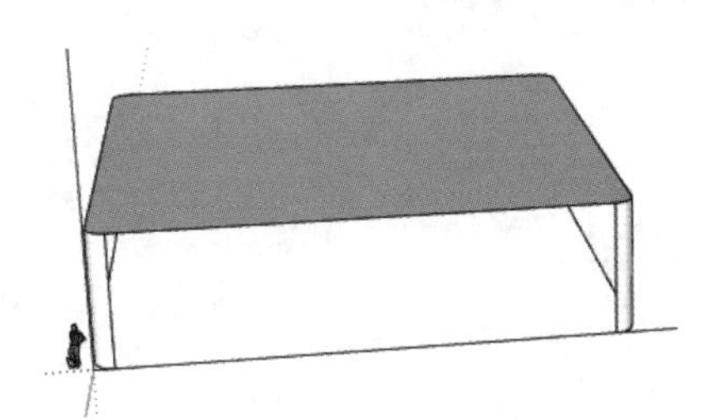

图 8.25　删除多余部分

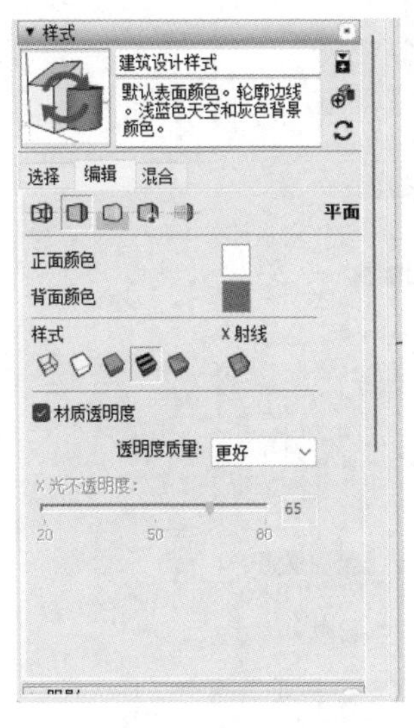

图 8.26　“样式”面板

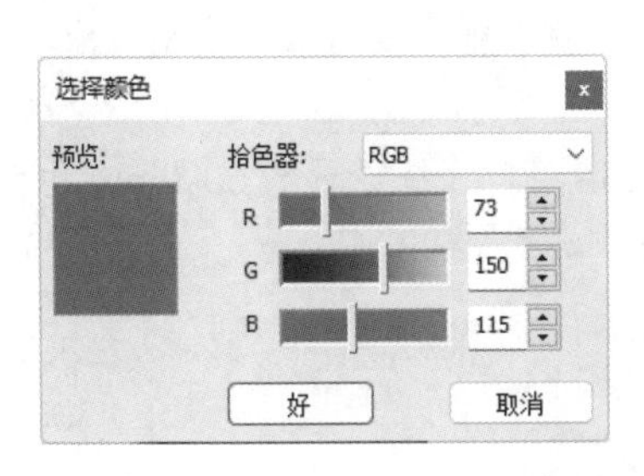

图 8.27　“选择颜色”对话框

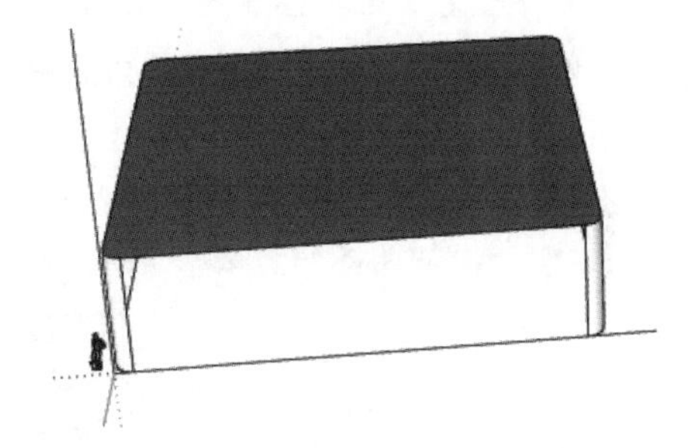

图 8.28　调整模型颜色

（13）单击“大工具集”工具栏上的“颜料桶”按钮，在右侧“材质”面板中选择屋顶材质，找到屋顶木瓦，填充屋顶，如图 8.29 所示。切换到“编辑”选项卡，颜色设置为 RGB(108,149,157)，贴图尺寸框设置为 6000mm，不透明度设置为 52，如图 8.30 所示。

图 8.29　填充屋顶

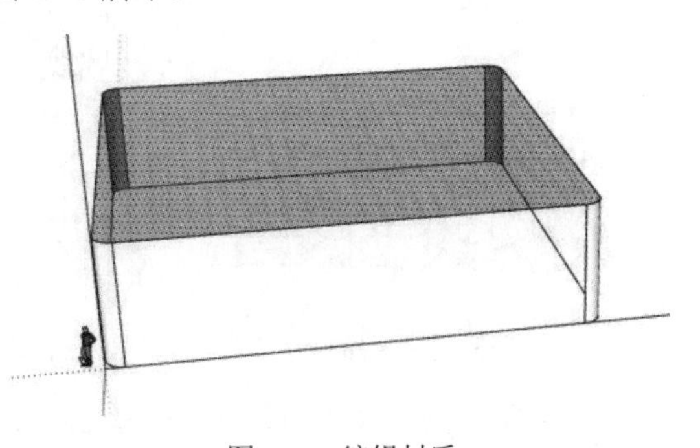

图 8.30　编辑材质

（14）在右侧“材质”面板中单击“创建材质”按钮，打开“创建材质”对话框，如图 8.31 所示。单击右侧的“浏览贴图文件”按钮，打开“选择图像”对话框。找到源文件中保存的地面贴图文件并打开，如图 8.32 所示。

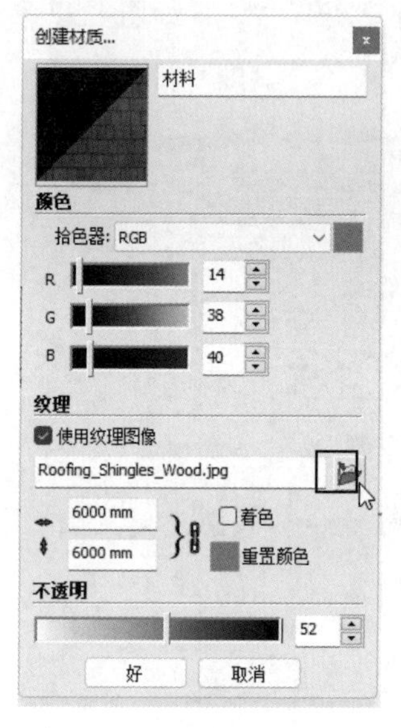

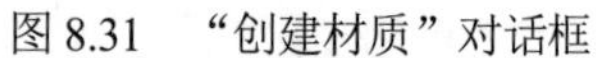

图 8.31　“创建材质”对话框

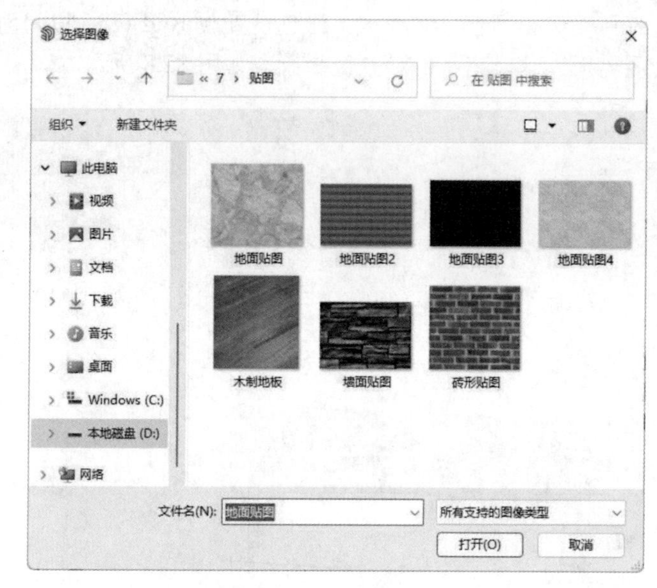

图 8.32　“选择图像”对话框

（15）单击“绘图”工具栏上的“直线”按钮，绘制地面，然后单击“使用入门”工具栏上的“删除”按钮，删除直线。最后单击“大工具集”工具栏上的“颜料桶”按钮，填充地面，如图 8.33 所示。

（16）切换到“编辑”选项卡，颜色设置为 RGB(225,183,161)，贴图尺寸框设置为 6000mm 和 5265mm，不透明度设置为 79，如图 8.34 所示。编辑后的地面如图 8.35 所示。

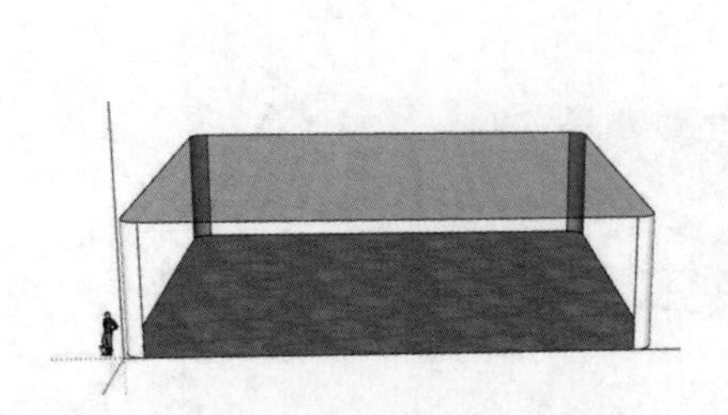

图 8.33　填充地面

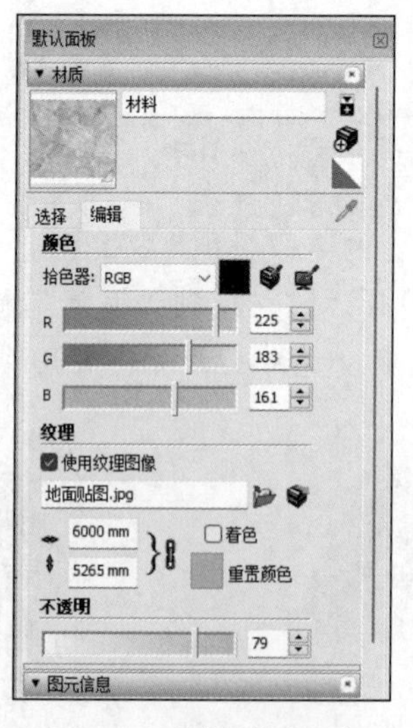

图 8.34　编辑材质参数

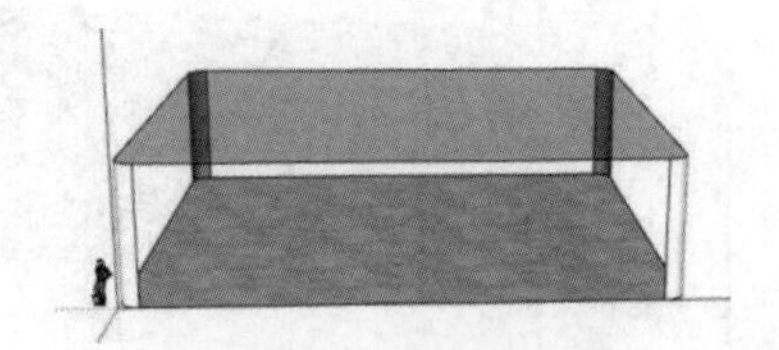

图 8.35　编辑后的地面

（17）切换到“选择”选项卡，在模型中找到“GAF Estates 屋顶瓦”贴图，如图 8.36 所示。填充 4 根柱子，如图 8.37 所示。

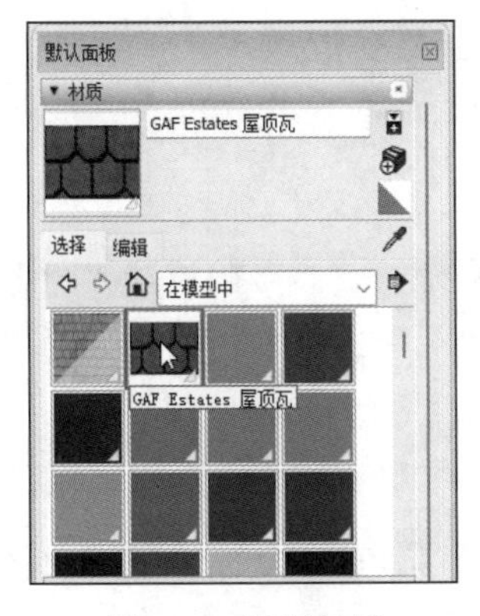

图 8.36　选择材质

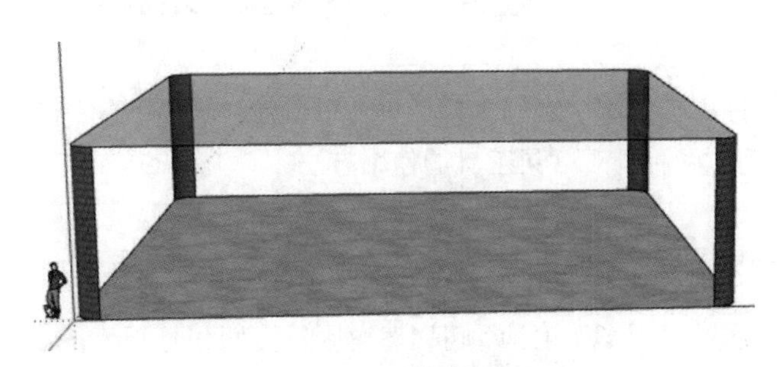

图 8.37　填充 4 根柱子

（18）切换到“选择”选项卡，在模型中找到地面贴图。右击，在弹出的快捷菜单中选择“选择”命令，如图 8.38 所示。这样模型中填充了地面贴图的部分被选中。继续选择“面积”命令，如图 8.39 所示。打开“面积”对话框，软件自动计算出地面面积为 798.99m^2，如图 8.40 所示。

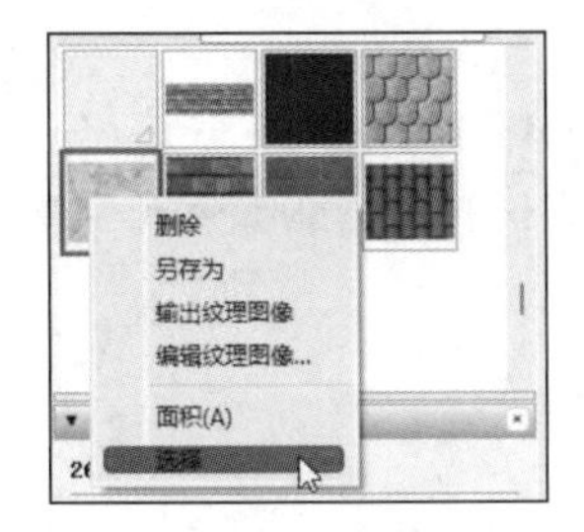

图 8.38　选择“选择”命令

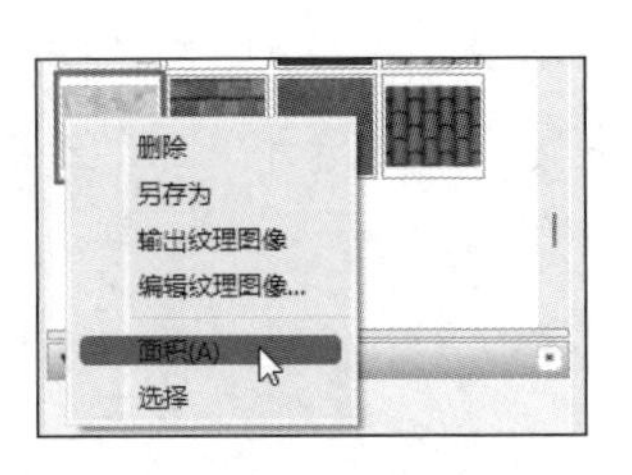

图 8.39　选择“面积”命令

图 8.40　“面积”对话框

（19）找到刚才的地板材质，右击，在弹出的快捷菜单中选择“输出纹理图像”命令，如图 8.41 所示。打开“输出光栅图像”对话框，如图 8.42 所示。输入新的“文件名”为“地面贴图新”，“保存类型”设置为.jpg 格式，单击“导出”按钮，将图片保存到源文件中。这样以后就可以直接调用这张贴图，用于本模型或其他模型，充实贴图库，从而节省绘图的时间。

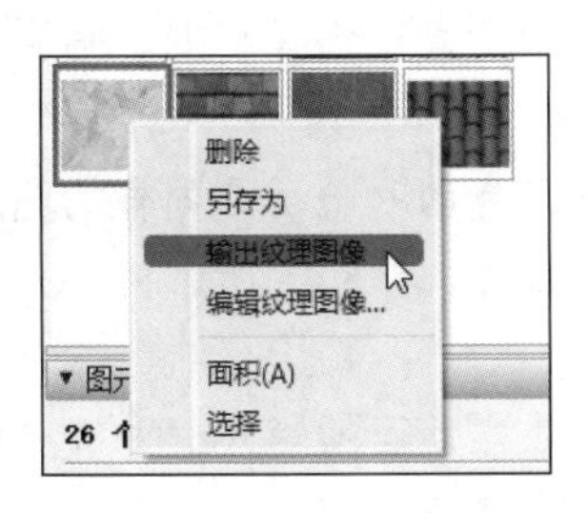

图 8.41　选择“输出纹理图像”命令

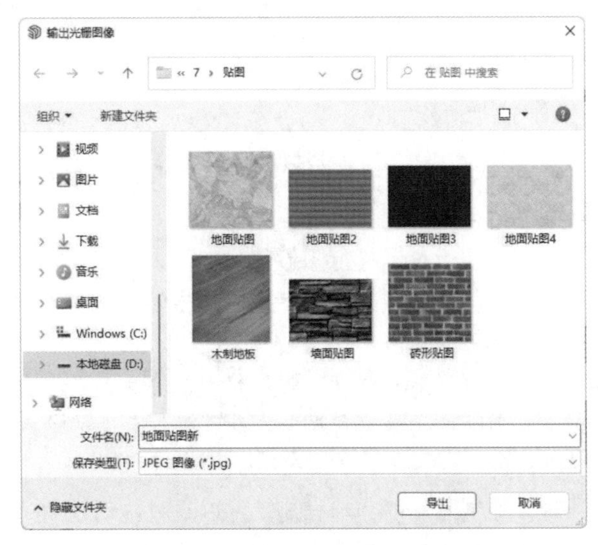

图 8.42　“输出光栅图像”对话框

8.2 外观效果工具

通过设置阴影和纹理等效果，可以使三维模型的外观效果看起来更逼真。本节将讲述“阴影”和“纹理”两种外观效果工具的使用方法。

扫一扫，看视频

8.2.1 阴影

通过“阴影”工具栏可以对时区、日期和时间等参数进行十分细致的调整，从而模拟出准确的光影效果。

【执行方式】

- 菜单栏：视图→阴影。
- 工具栏：阴影→阴影。

【操作步骤】

单击“阴影”工具栏上的“阴影”按钮，激活“阴影”面板，如图 8.43 所示。

（1）阴影：“显示/隐藏阴影”图标是阴影的总开关，单击该图标可为场景中的物体添加阴影，如图 8.44 所示。

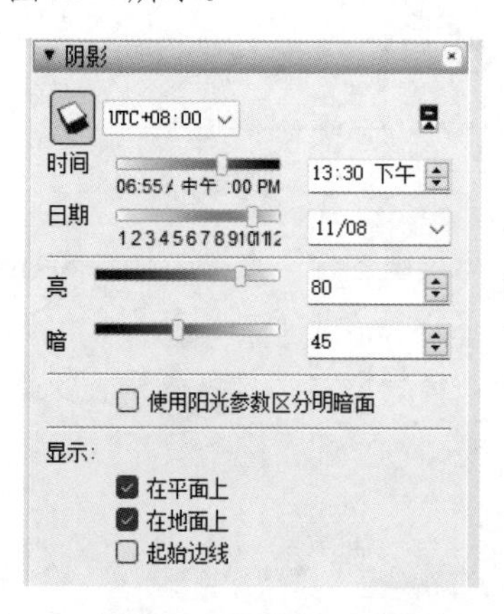

图 8.43 “阴影”面板

图 8.44 显示阴影的模型

（2）时间：用于设置投射阴影的时间，可以拖动滑块进行调整，也可以在输入框中直接输入时间，阴影就会根据时间的变化而变化。

（3）日期：用于设置投射阴影的日期，以观察不同时间太阳的入射角。可以拖动滑块调整，也可以在后面的输入框中直接输入日期或者单击输入框旁边的▾，在弹出的日历表中选择日期。阴影就会随着日期的变化而变化。

（4）亮：控制漫射光强度，强度越大，亮面越亮。强度为 0 的时候，亮面和暗面是同样的亮度。强度可以由其后面的滑块进行调节，也可以在后面的输入框中直接输入数值。图 8.45 所示为灯光强度为 30 和 90 时的对比效果。

（5）暗：控制阴影的明暗程度，可以通过拖动滑块进行调节，也可以在后面的输入框中直接输入具体数值。数值越小，阴影越暗。图 8.46 所示为暗值为 10 和 90 时的对比效果。

（a）灯光强度为 30

（b）灯光强度为 90

图 8.45　灯光强度为 30 和 90 的对比效果

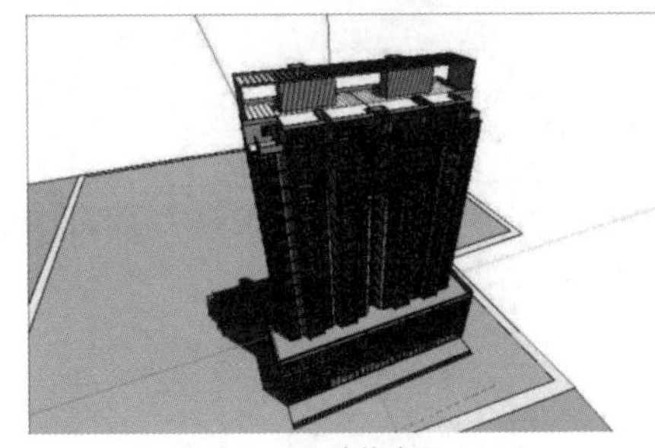

（a）暗值为 10

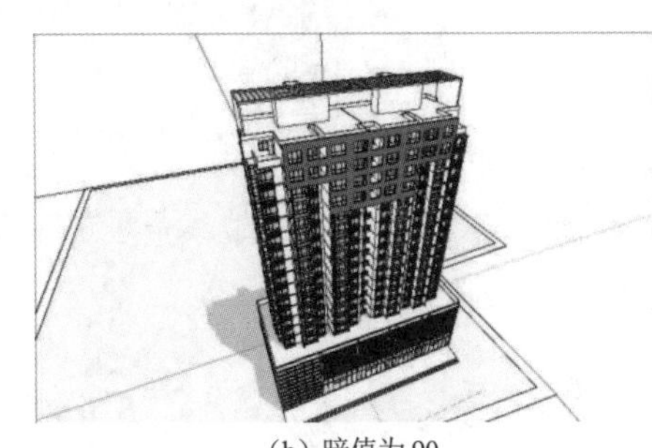

（b）暗值为 90

图 8.46　暗值为 10 和 90 的对比效果

（6）“使用阳光参数区分明暗面”：勾选此复选框，使模型表面有阴影的效果。图 8.47 所示为是否勾选此复选框的对比效果。

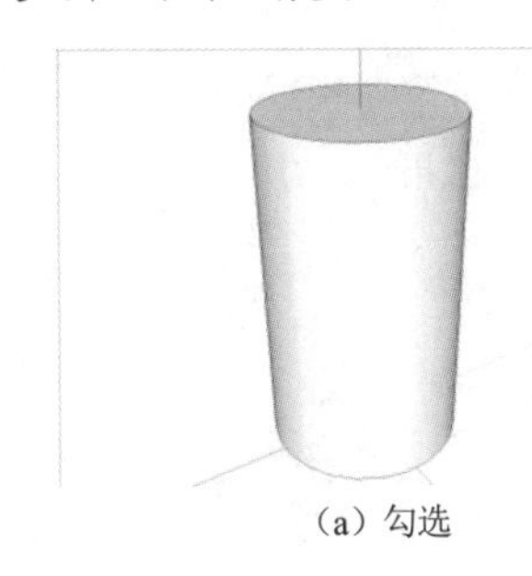

（a）勾选

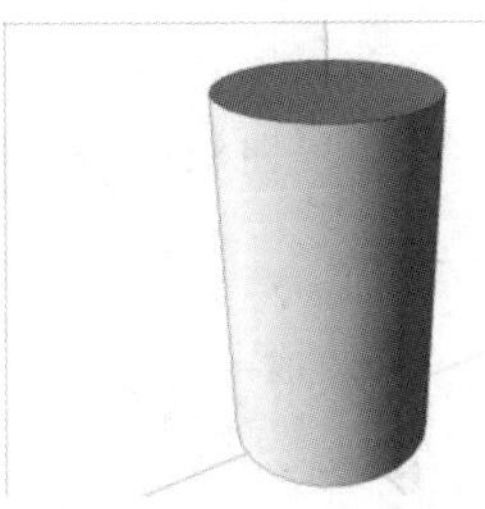

（b）未勾选

图 8.47　是否勾选“使用阳光参数区分明暗面”复选框的对比效果

（7）在平面上：控制物体表面是否接受阴影。图 8.48 所示为是否勾选此复选框的对比效果。

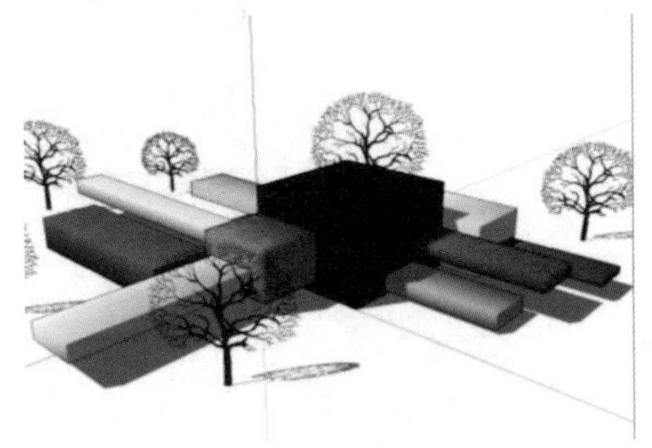

（a）勾选

（b）未勾选

图 8.48　是否勾选“在平面上”复选框的对比效果

（8）在地面上：控制地面是否接受投影。图8.49所示为是否勾选此复选框的对比效果。

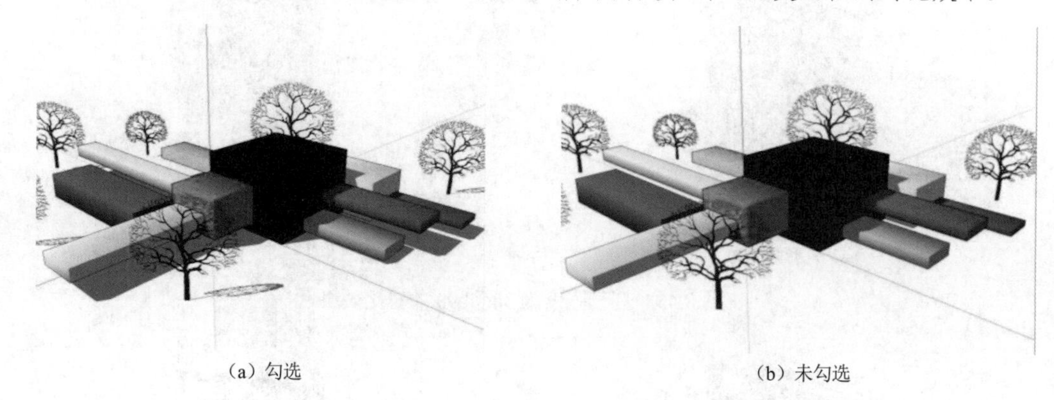

（a）勾选　　（b）未勾选

图8.49　是否勾选“在地面上”复选框的对比效果

（9）起始边线：控制单独的边线是否产生投影。图8.50所示为是否勾选此复选框的对比效果，即未成面的线的投影情况。

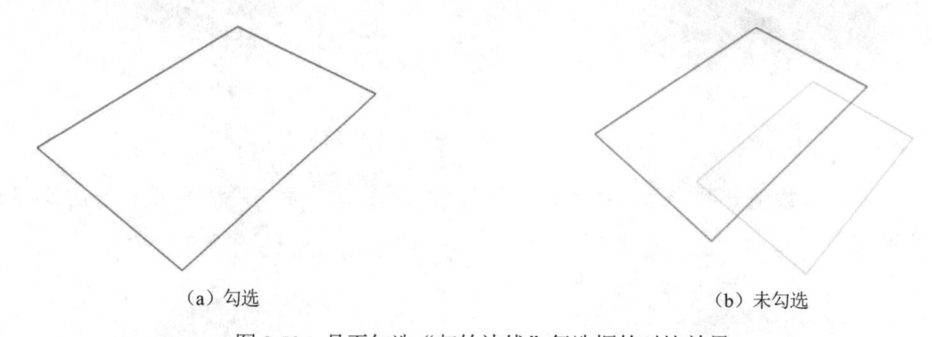

（a）勾选　　（b）未勾选

图8.50　是否勾选“起始边线”复选框的对比效果

扫一扫，看视频

动手学——绘制光影

本实例将通过绘制光影来重点学习“阴影”功能的应用，具体绘制流程如图8.51所示。

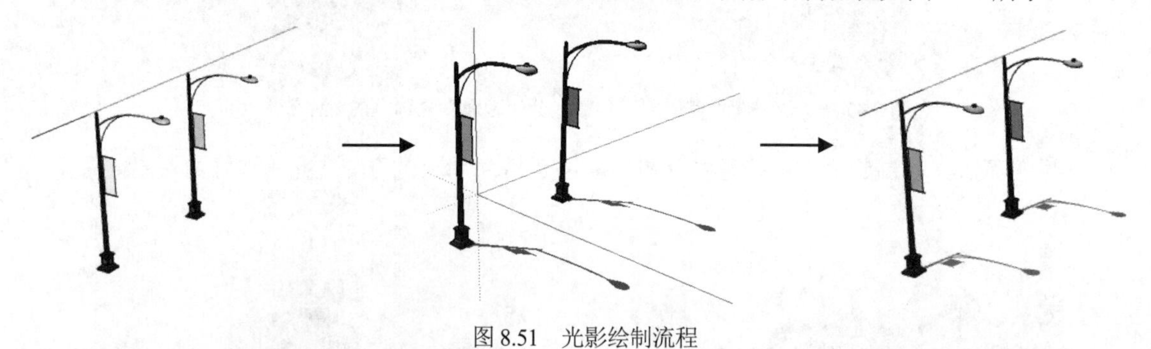

图8.51　光影绘制流程

源文件：源文件\第8章\光影.skp

【操作步骤】

（1）展开“组件”面板，单击“组件取样”按钮，如图8.52所示。

（2）展开“组件取样”列表，选择其中的“18’装饰街灯”，将其拖动到图形空白区域，如图8.53所示。

图 8.52　“组件”面板

图 8.53　放置装饰灯

（3）展开“阴影”面板，单击“显示/隐藏阴影”按钮，如图 8.54 所示，图形变化如图 8.55 所示。

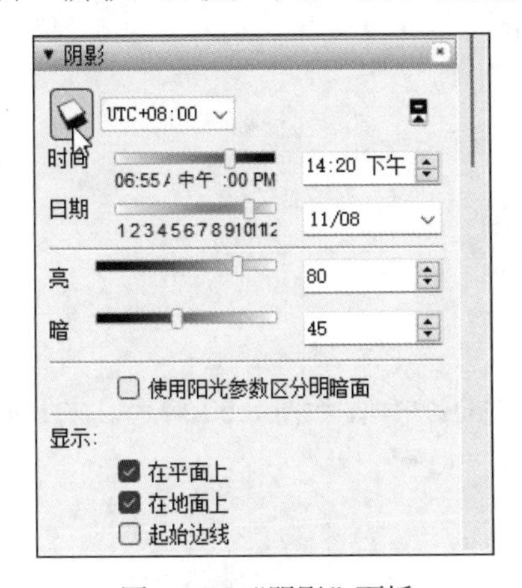

图 8.54　“阴影”面板

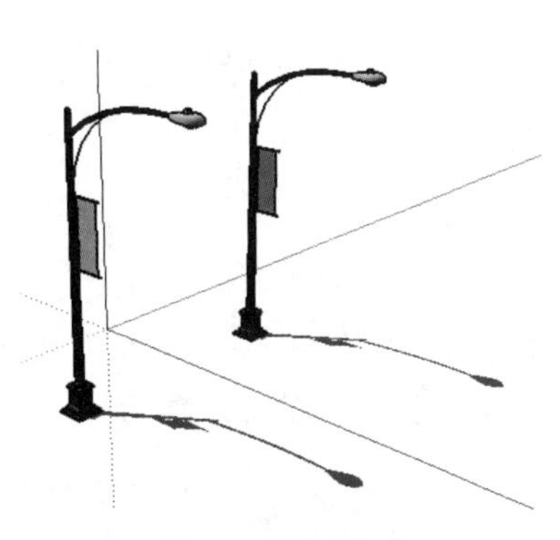

图 8.55　图形变化

（4）设置路灯时间为 15:00，如图 8.56 所示，路灯阴影效果如图 8.57 所示。

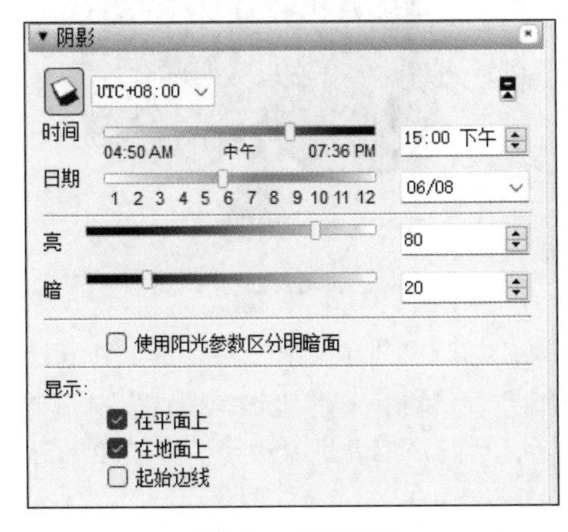

图 8.56　阴影设置

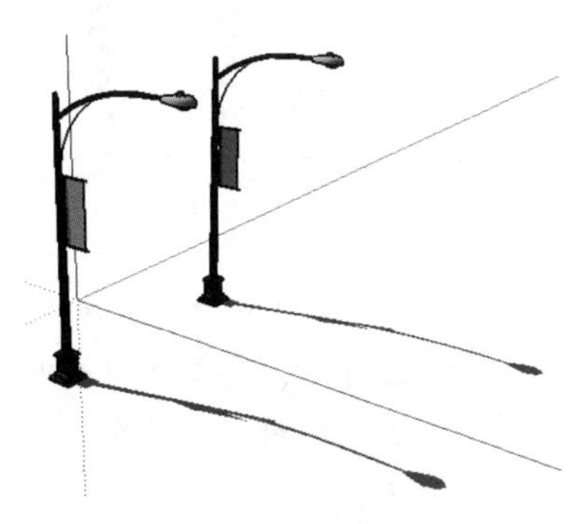

图 8.57　路灯阴影效果

（5）设置路灯时间为 12:00，如图 8.58 所示，路灯阴影效果如图 8.59 所示。

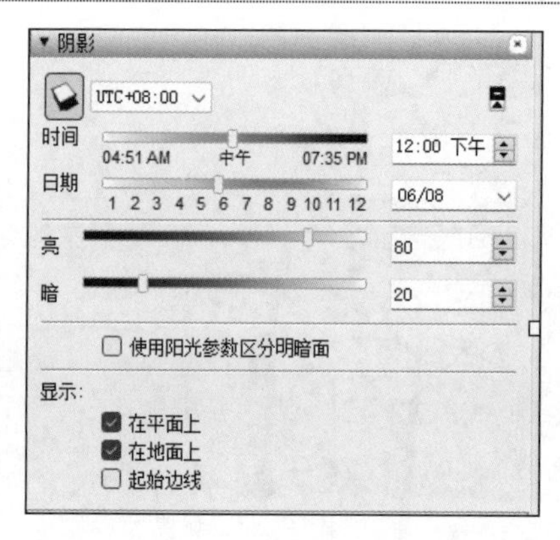

图 8.58　阴影设置

图 8.59　路灯阴影效果

扫一扫，看视频

8.2.2　纹理

在“材质”面板中不仅可以编辑颜色材质，还可以先设置一个颜色材质，再勾选“使用纹理图像”复选框，在打开的对话框中获得贴图纹理，设置材质贴图。

【执行方式】

面板：材质→创建材质→使用纹理图像。

【操作步骤】

1．常规纹理贴图

（1）制作常规纹理贴图。

1）在 SketchUp 中制作一个长、宽、高均为 100mm 的正方体，如图 8.60 所示。在 Photoshop 或其他软件中制作一个贴图，如图 8.61 所示。

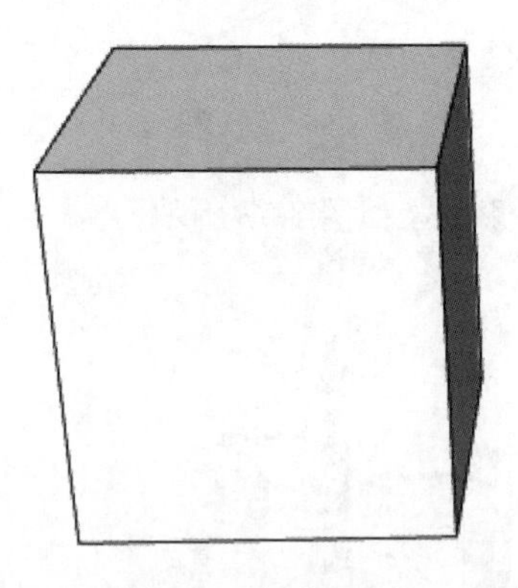

图 8.60　创建正方体

图 8.61　制作贴图

2）打开“材质”面板，单击“创建材质”按钮，打开“创建材质”对话框。任意选择一种颜色，如白色 RGB(255,255,255)。再勾选“使用纹理图像”复选框，打开“选择图像”对话框。选择制作好的贴图，单击“打开”按钮。贴图材质创建完成后，用材质工具进行添加。图 8.62 所示是尺寸为 20mm×20mm 的贴图效果。

3）当正方体与贴图的长宽比例相同时，若把贴图尺寸也改变成 100mm×100mm，贴图将达到理想效果，如图 8.63 所示。

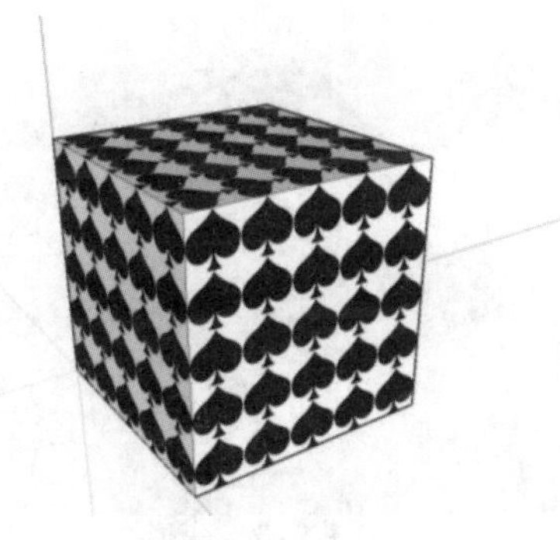

图 8.62 赋予材质

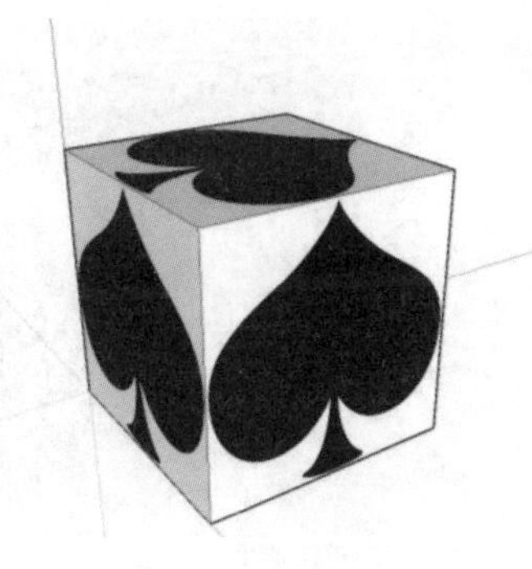

图 8.63 修改贴图尺寸

（2）纹理贴图的移动。

利用“移动”工具移动被赋予贴图的正方体时，其贴图并不随之移动，如图 8.64 所示。在 SketchUp 中，贴图的图片已经自动使用了 SketchUp 坐标系，因此在贴图之前应先将正方体制作成组件。前面讲过，每个组件都有其单独的坐标系，而组件内物体和贴图的坐标系都被定义成组件的坐标系，所以制作成组件后无论如何移动正方体，贴图都会跟随移动，如图 8.65 所示。

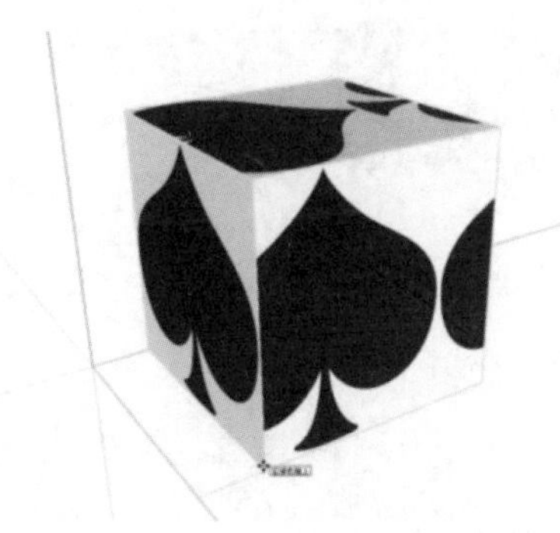

图 8.64 移动正方体

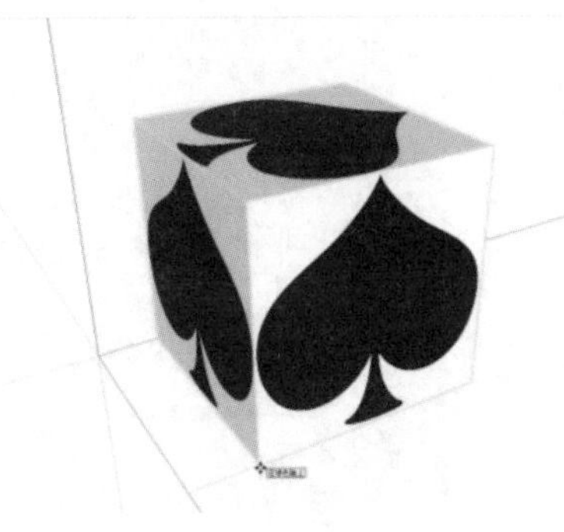

图 8.65 制作组件

2. 纹理贴图坐标

纹理贴图坐标有锁定图钉和自由图钉两种模式，此外贴图还可以包裹转角。设置贴图坐标只能在一个平直的面上进行，对于曲面将无法设置。

（1）锁定图钉模式：在锁定图钉模式下，4 个图钉都有明确的分工，具有对贴图进行移动、旋转、缩放等功能。单击图钉则是对图钉进行位置改变操作，拖动图钉则是对贴图进行变形操作。在设置贴图坐标的过程中按 Esc 键，则取消当前贴图坐标的改动。

- （移动图钉）：拖动图钉可以对贴图进行移动。
- （缩放/旋转图钉）：拖动图钉可以对贴图进行缩放/修剪。
- （扭曲图钉）：拖动图钉可以对贴图进行扭曲变形。
- （变形图钉）：拖动图钉可以对贴图进行缩放/旋转。

1）右击贴图的面，在弹出的快捷菜单中选择“纹理”命令，在展开的二级菜单中选择“位置”命令，贴图上出现虚线的网格和锁定贴图位置的 4 个图钉，如图 8.66 所示。

2）根据场景需要，拖动不同图钉对贴图进行变形操作。操作完成后，单击空白区域或按回车键结束命令，如图 8.67 所示。

（2）自由图钉模式：可以使用导入的照片作为底图，在底图上依照前面方法进行建模。

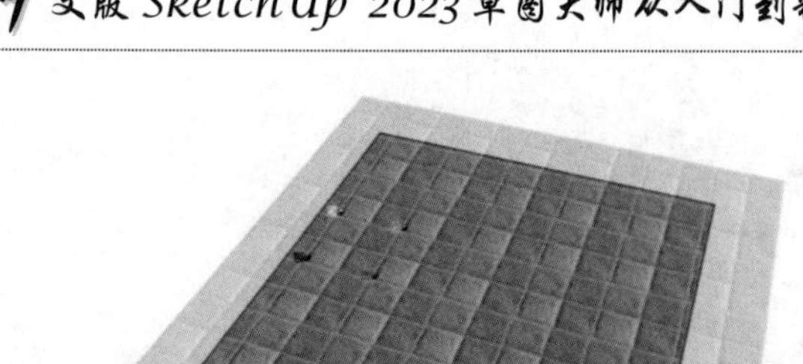

图 8.66　锁定贴图位置的 4 个图钉

图 8.67　变形操作

1）选择“文件”→“导入”命令，打开“导入”对话框。选择门图片，然后选中“纹理”复选框，单击“导入”按钮，如图 8.68 所示。

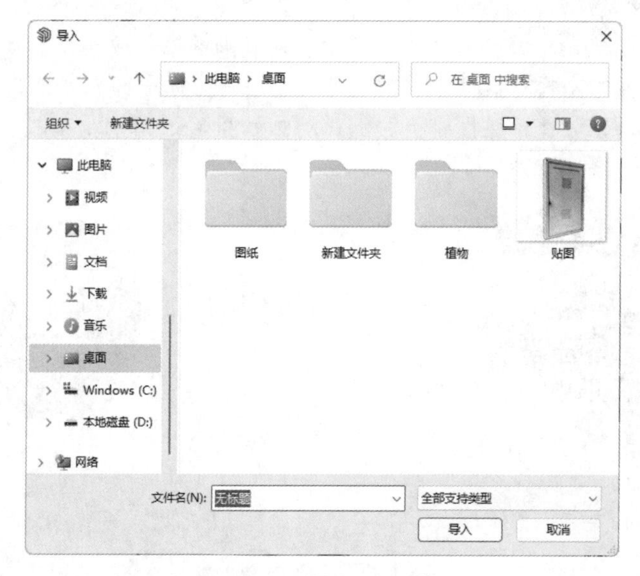

图 8.68　“导入”对话框

2）鼠标指针变成要导入的图像，将图像放置到一个长方体上，如图 8.69 所示。作为贴图导入的二维图像必须依附在物体上，放置后的图形如图 8.70 所示。

图 8.69　放置图像

图 8.70　依附物体

3）右击贴图的面，在弹出的快捷菜单中选择“纹理”命令，在展开的二级菜单中选择“位置”命令，贴图上出现虚线的网格和图钉。右击图钉，在弹出的快捷菜单中取消选择“固定图钉”命令，锁定图钉模式转变成自由图钉模式，如图 8.71 所示。

4）依次通过拖动图钉将其分别移动到所在面的 4 个角上，贴图和所在面重合，然后按照贴图进行建模，如图 8.72 所示。

图 8.71 修改图钉模式

图 8.72 移动图钉

（3）包裹贴图：指贴图在转折处的对缝是无错位的，贴图像包装纸一样包裹在物体表面。这种贴图实现起来并不困难，需要先给一个平面赋予贴图，用贴图坐标调整好大小位置后，用吸管工具吸取这个平面的材质，然后赋给其他相邻的平面。图 8.73 和图 8.74 所示为平面贴图和包裹贴图。

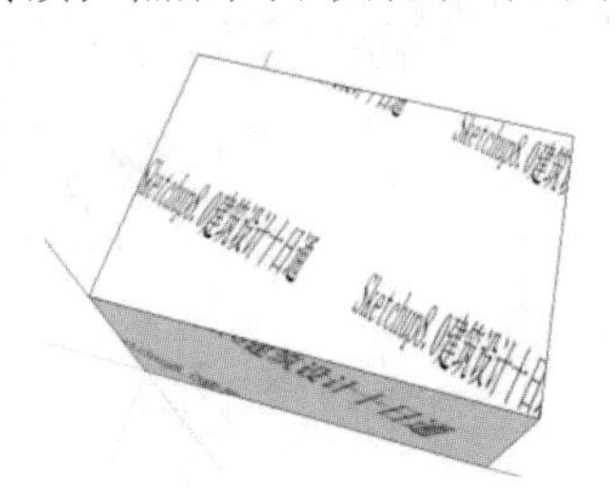

图 8.73 平面贴图

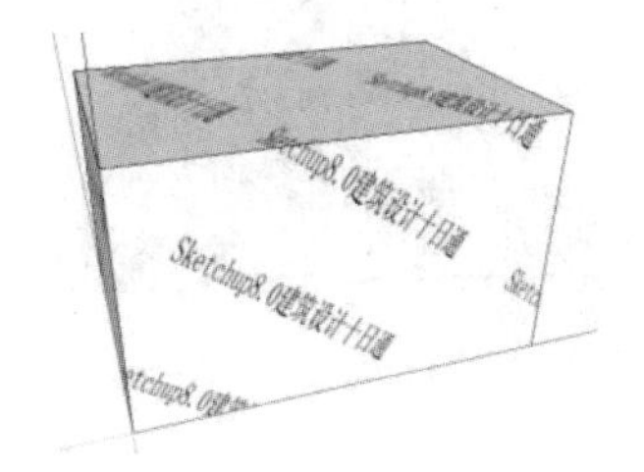

图 8.74 包裹贴图

注意：

关键是要用吸管工具吸取这个平面的材质，而不是在材质管理器中选择这个平面的材质。因为这个平面的材质被调整大小和坐标后，具有自己独立的属性。这些属性是贴图无错缝的关键，需要给其他平面赋予与这个平面具有相同属性的贴图，而不是没有调整过的原始贴图。

包裹贴图也有其弱点，可以看出，以正对相机的面为基本面，吸取材质赋给其他面，虽然相邻面与基本面贴图实现了无缝连接，但是其他面之间由于贴图大小位置的原因，还是出现了错缝。

（4）投影贴图：SketchUp 的贴图可以启用投影方向，这个功能对曲面来说是有必要的，曲面若不勾选此项是不可能成功的。下面以一个三角锥（模拟最简化的曲面）为例，认识投影贴图的作用，如图 8.75 所示。

在一个有平面贴图的平面上右击，在弹出的二级菜单中先不选择“投影”命令，而用“吸管”工具吸取平面上的材质，然后赋予其中一个三角锥，如图 8.76 所示。再在平面贴图的平面上右击，在弹出的二级菜单中选择“投影”命令，用吸管工具赋予另外一个三角锥，如图 8.77 所示。

实际上，投影贴图就是在贴图的来源平面上截取被赋材质物体的投影形状的贴图，将贴图包在三角锥上形成无缝的贴图结果，如图 8.78 所示。

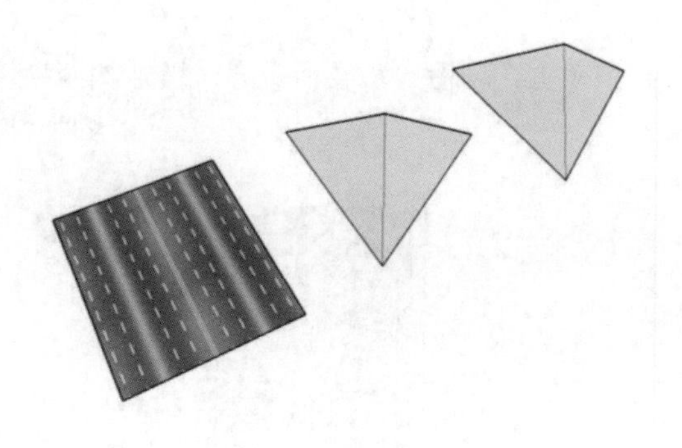

图 8.75　投影贴图

图 8.76　吸取材质

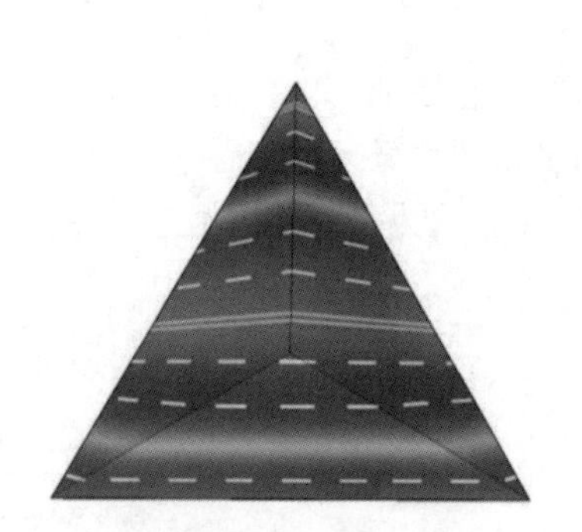

图 8.77　投影材质

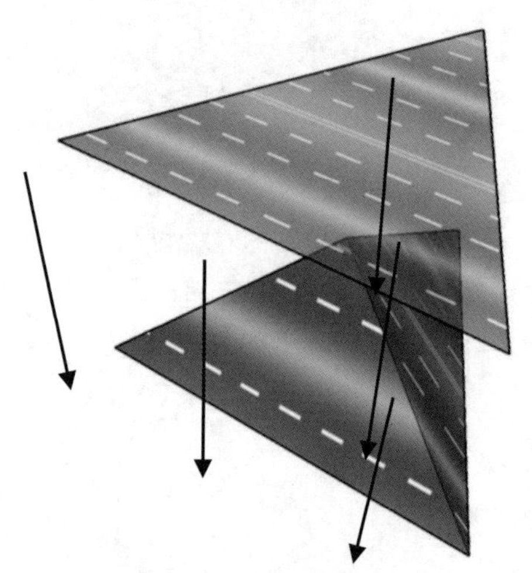

图 8.78　投影贴图

扫一扫，看视频

动手学——绘制碗

本实例将通过绘制碗来重点学习“纹理”功能的应用，具体绘制流程如图 8.79 所示。

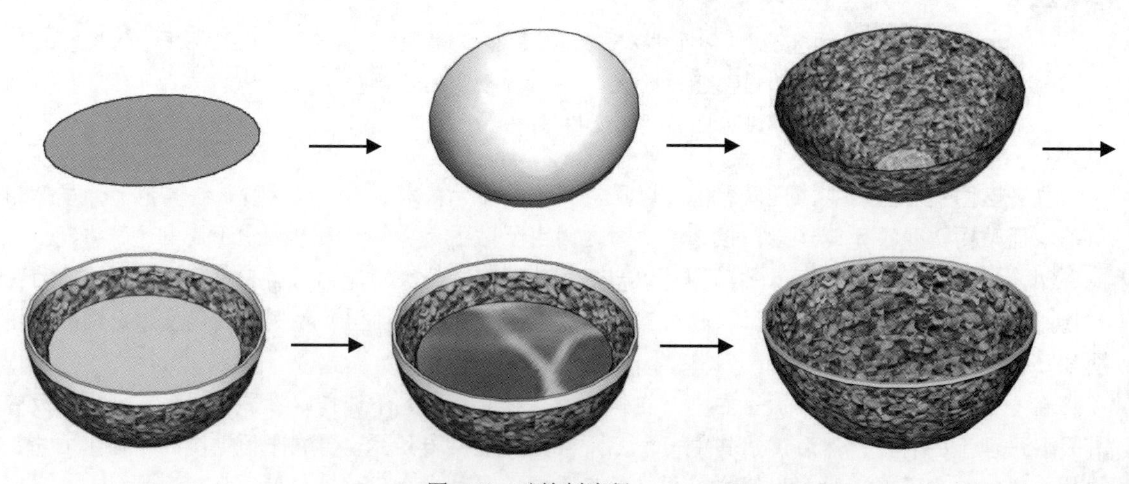

图 8.79　碗绘制流程

源文件：源文件\第 8 章\碗.skp

【操作步骤】

（1）单击“绘图”工具栏上的“圆”按钮，绘制半径为 75mm 的圆，如图 8.80 所示。

（2）单击“编辑”工具栏上的“移动”按钮并按住 Ctrl 键，进行复制，如图 8.81 所示。

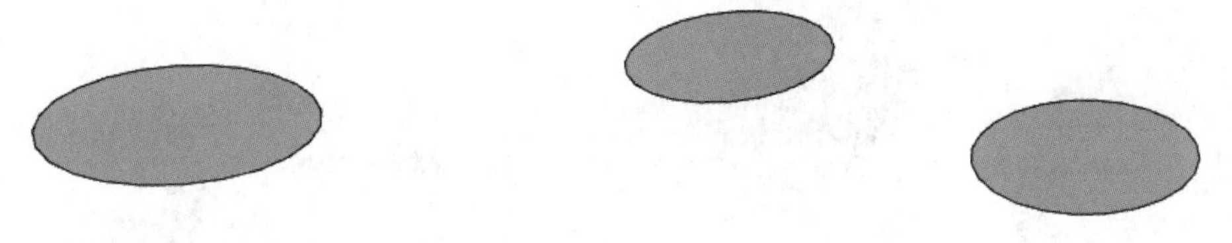

图 8.80　绘制圆　　　　图 8.81　复制圆

（3）单击“绘图”工具栏上的“矩形”按钮和“编辑”工具栏上的“推/拉”按钮，绘制长方体，如图 8.82 所示。

（4）单击“编辑”工具栏上的“旋转”按钮，将圆绕长方体侧面旋转 90°，如图 8.83 所示。

（5）单击“绘图”工具栏上的“直线”按钮，过圆心绘制直线，如图 8.84 所示。

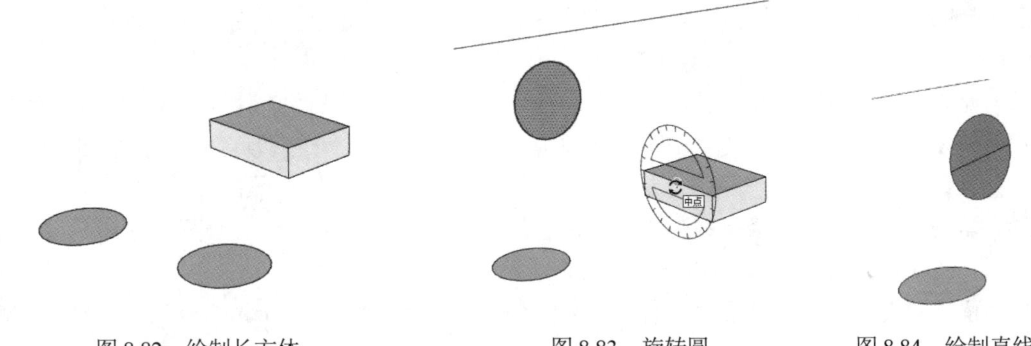

图 8.82　绘制长方体　　　　图 8.83　旋转圆　　　　图 8.84　绘制直线

（6）单击“使用入门”工具栏上的“删除”按钮，删除长方体和圆的上半部分，如图 8.85 所示。

（7）单击“编辑”工具栏上的“移动”按钮，将半圆移动到下面的圆上，如图 8.86 所示。

（8）选择圆，单击“编辑”工具栏上的“路径跟随”按钮，继续选择半圆进行建模，如图 8.87 所示。

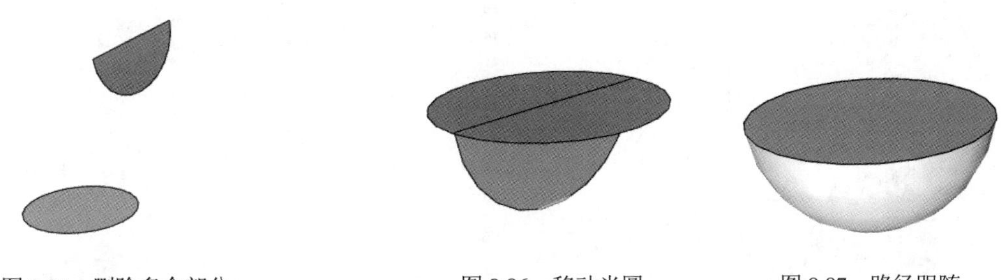

图 8.85　删除多余部分　　　　图 8.86　移动半圆　　　　图 8.87　路径跟随

（9）单击“使用入门”工具栏上的“删除”按钮，将最上面的面删除，结果如图 8.88 所示。

（10）选择碗的侧面，右击，在弹出的快捷菜单中选择“反转平面”命令，如图 8.89 所示，将正面朝上，结果如图 8.90 所示。

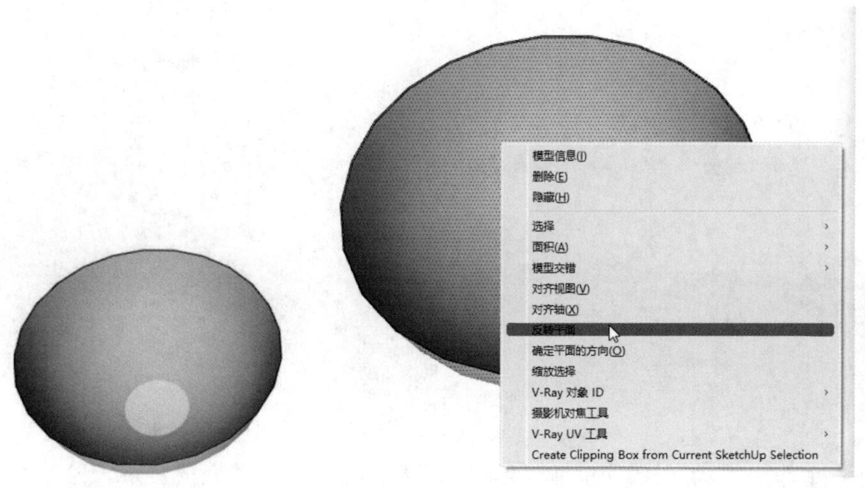

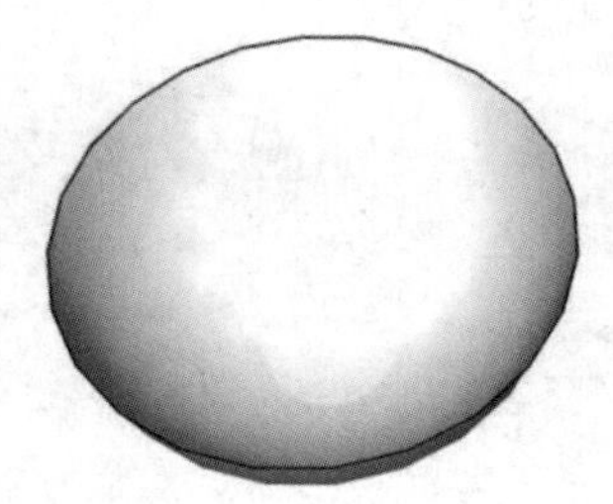

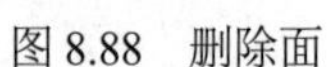

图 8.88　删除面　　　图 8.89　反转平面　　　图 8.90　正面朝上

（11）打开“材质”面板，单击“创建材质”按钮，打开“创建材质”对话框，如图 8.91 所示。任意选择一种颜色，如白色 RGB(255,255,255)。再勾选“使用纹理图像”复选框，打开“选择图像”对话框。选择制作好的玫瑰花瓣，单击“打开”按钮，如图 8.92 所示。创建贴图材质完成后，进行相关参数设置。单击“好”按钮，如图 8.93 所示，返回绘图区。

（12）单击“大工具集”工具栏上的“颜料桶”按钮，为图形添加材质，如图 8.94 所示。

（13）单击“材质”面板中的“编辑”选项卡，修改颜色参数和透明度等，如图 8.95 所示。更改图形的材质，如图 8.96 所示。

（14）单击“绘图”工具栏上的“直线”按钮，绘制辅助线和平面，如图 8.97 所示，然后单击“使用入门”工具栏上的“删除”按钮，删除辅助线。

（15）单击“编辑”工具栏上的“偏移”按钮，指定偏移距离为 2mm 和 15mm，将最外侧的圆向内侧偏移，如图 8.98 所示。

（16）单击“使用入门”工具栏上的“删除”按钮，删除中间的圆环，如图 8.99 所示。

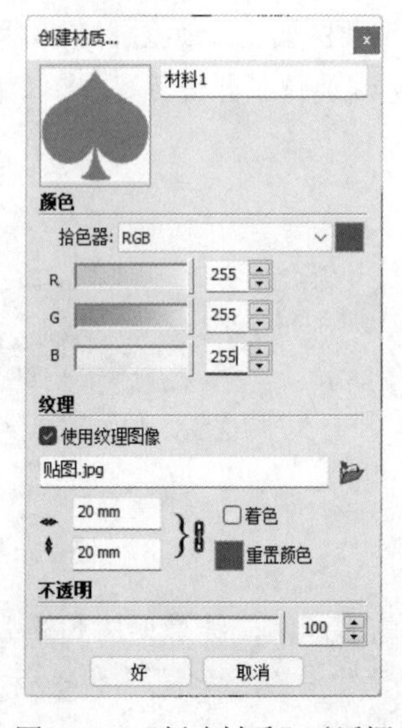

图 8.91　“创建材质”对话框

图 8.92　选择贴图

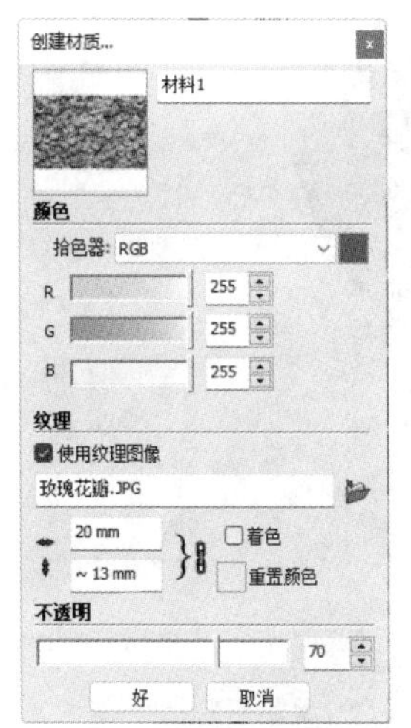

图 8.93　设置参数

图 8.94　添加材质

图 8.95　修改参数

图 8.96　更改材质

图 8.97　绘制辅助线和平面

图 8.98　偏移外侧圆

图 8.99　删除中间的圆环

（17）单击“编辑”工具栏上的“推/拉”按钮，推/拉外侧圆环，如图 8.100 所示。

（18）单击“编辑”工具栏上的“移动”按钮，将内侧圆向下移动，移动到碗里，如图 8.101 所示。

（19）单击“大工具集”工具栏上的“颜料桶”按钮，选择浅蓝水色的水纹图案，进行贴图以填充材质，如图 8.102 所示。

图 8.100　推/拉外侧圆环

图 8.101　移动内侧圆

图 8.102　填充材质

（20）将不透明度设置为 30，然后选择边线，右击，在弹出的快捷菜单中选择“隐藏”命令，将边线隐藏，结果如图 8.103 所示。

（21）单击“大工具集”工具栏上的“颜料桶”按钮，选择浅蓝水色的水纹图案，进行贴图。

（22）单击“编辑”工具栏上的“推/拉”按钮，调整碗边的高度。

（23）单击“大工具集”工具栏上的“颜料桶”按钮，指定颜色为 0006 粉色，填充碗边，然后右击，在弹出的快捷菜单中选择“隐藏”命令，将边线隐藏，结果如图 8.104 所示。

图 8.103　隐藏边线

图 8.104　设置碗边

8.3　截面工具

本节主要介绍“截面”工具栏。调出方法：执行“视图”→“工具栏”命令，打开“工具栏”对话框，勾选“截面”选项，如图 8.105 所示。

图 8.105　“截面”工具栏

扫一扫，看视频

8.3.1　剖切面

剖切面作为建筑设计的重要图示之一，可以清楚地表达出空间的层次和结构。剖切面是动态的，用户可以根据需要将剖切面移动到所需的位置进行观察，还可以通过剖切面对模型内部进行编辑修改。

【执行方式】

- 菜单栏：工具→剖切面。
- 工具栏：大工具集/截面→剖切面。

【操作步骤】

1．创建剖切面

（1）将相机切换到平行投影。单击“截面”工具栏上的“剖切面”按钮，一个剖切面的标识将附着在鼠标指针上。

（2）移动鼠标，将剖切面移动到要剖切的面上，剖切面的颜色会发生变化。例如，图中与红色轴垂直的剖切面显示为红色，这时单击，使其与建筑接触便会产生相应的剖切面。

（3）软件自动打开“命名剖切面”对话框，输入名称和符号，单击“好”按钮。

（4）选择这个剖切面，移动剖切面到想对模型进行剖切的位置，单击放置该剖切面。模型自动在这个位置剖切，与剖切方向相反的模型会被隐藏，如图 8.106 所示。

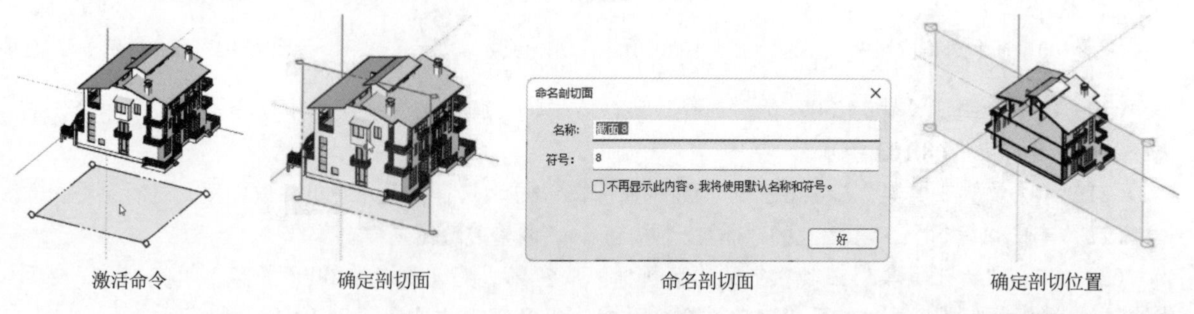

图 8.106　剖切面

2. 翻转剖切面

（1）使用“移动”工具并按住 Ctrl 键，将剖切面向右侧进行复制。可以看到，复制的剖切面和原有的剖切面只有一个显示为蓝色，这是因为一次只能激活一个剖切面。

（2）双击剖切面，或者选择复制的剖切面，将复制的剖切面激活。

（3）右击，在弹出的快捷菜单中选择“翻转”命令，调整剖切的方向，然后继续在快捷菜单中选择显示剖切命令，将剖切面右侧的模型隐藏，如图 8.107 所示。

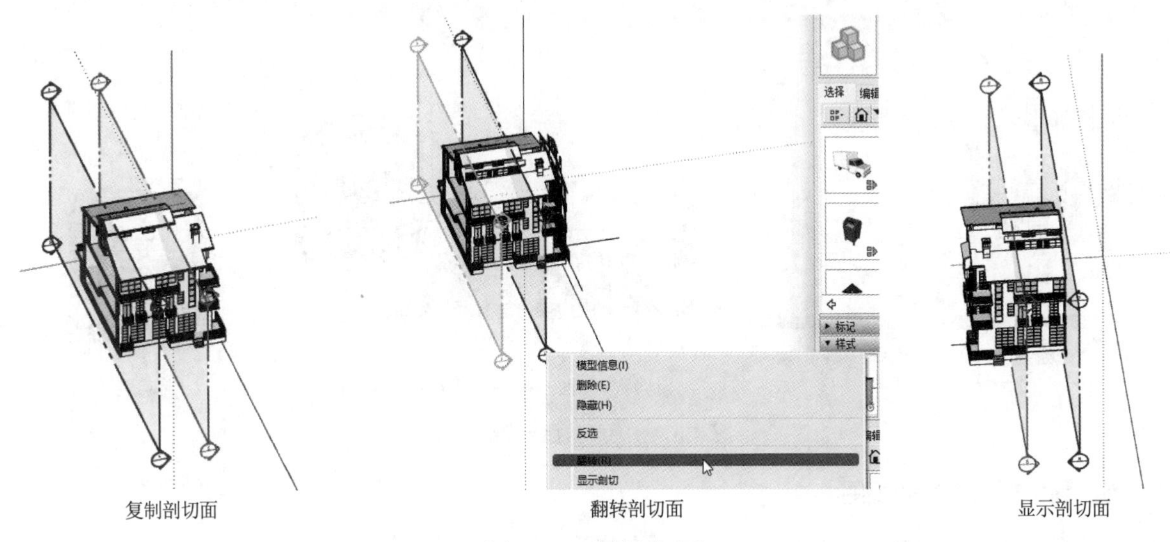

图 8.107　翻转剖切面

3. 删除剖切面

（1）选择剖切面，右击，在弹出的快捷菜单中选择“删除”命令。

（2）将当前选中的剖切面删除，剖切面右侧隐藏的模型也会显示，如图 8.108 所示。

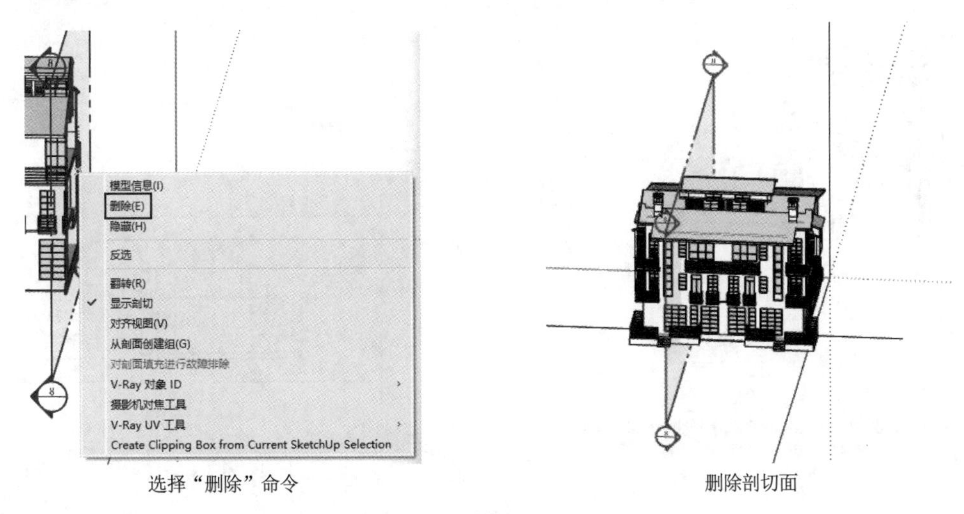

图 8.108　删除剖切面

4. 隐藏与显示剖切面

（1）选择剖切面，右击，在弹出的快捷菜单中选择“隐藏”命令。

（2）将当前选中的剖切面隐藏，全部模型也会显示。

（3）执行“编辑”→“撤销隐藏”→“全部”命令，可以将隐藏的剖切面显示，然后选择“显示剖切”命令，可以将剖切面左侧的模型进行隐藏。

（4）继续右击，在弹出的快捷菜单中选择“隐藏”命令。这样被隐藏的部分模型和剖切面都会被隐藏，如图 8.109 所示。

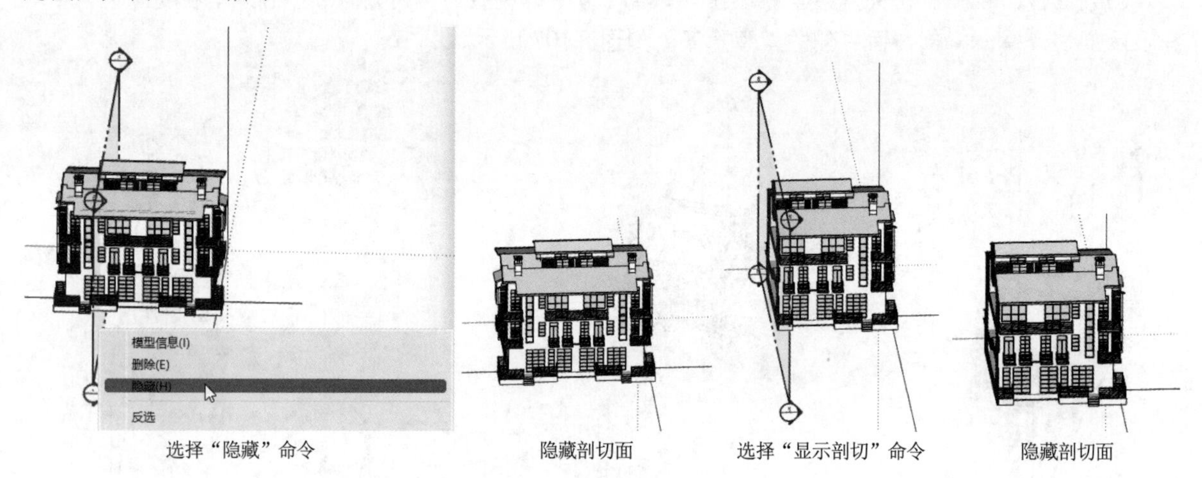

选择“隐藏”命令　　隐藏剖切面　　选择“显示剖切”命令　　隐藏剖切面

图 8.109　隐藏与显示剖切面

5. 利用剖切面对齐视图

（1）选择剖切面，右击，在弹出的快捷菜单中选择“对齐视图”命令。

（2）自动转到当前剖切面对应的视图，方便用户查看和编辑模型，如图 8.110 所示。

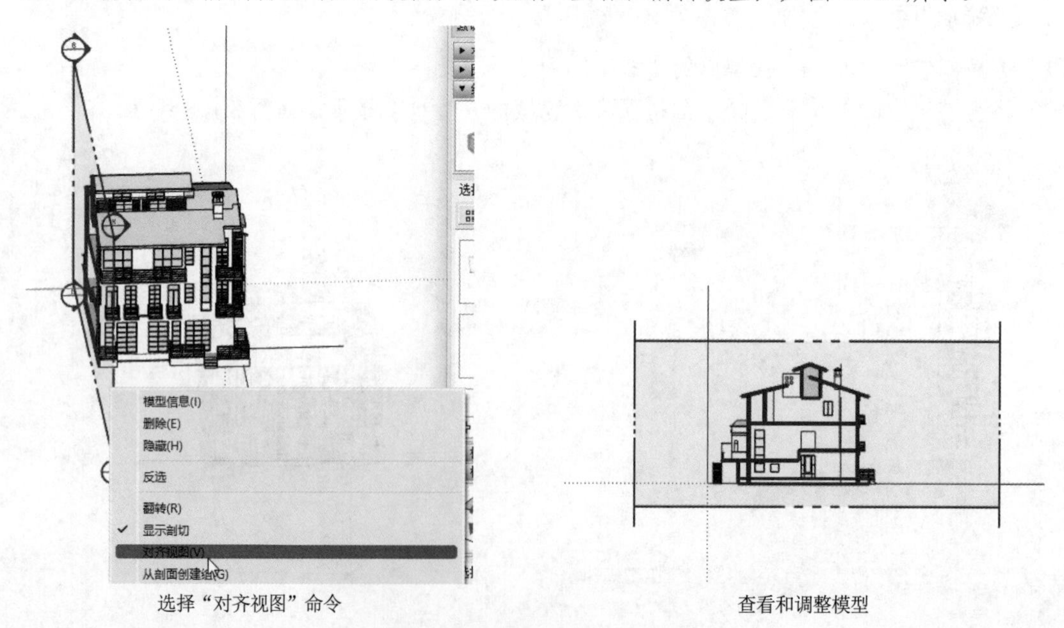

选择“对齐视图”命令　　查看和调整模型

图 8.110　利用剖切面对齐视图

6. 利用剖切面生成平面图形

（1）选择剖切面，右击，在弹出的快捷菜单中选择“从剖面创建组”命令。

（2）自动在剖切面位置生成平面图或立面图。利用“移动”工具调整平面图或立面图的位置，得到所需图形，如图 8.111 所示。

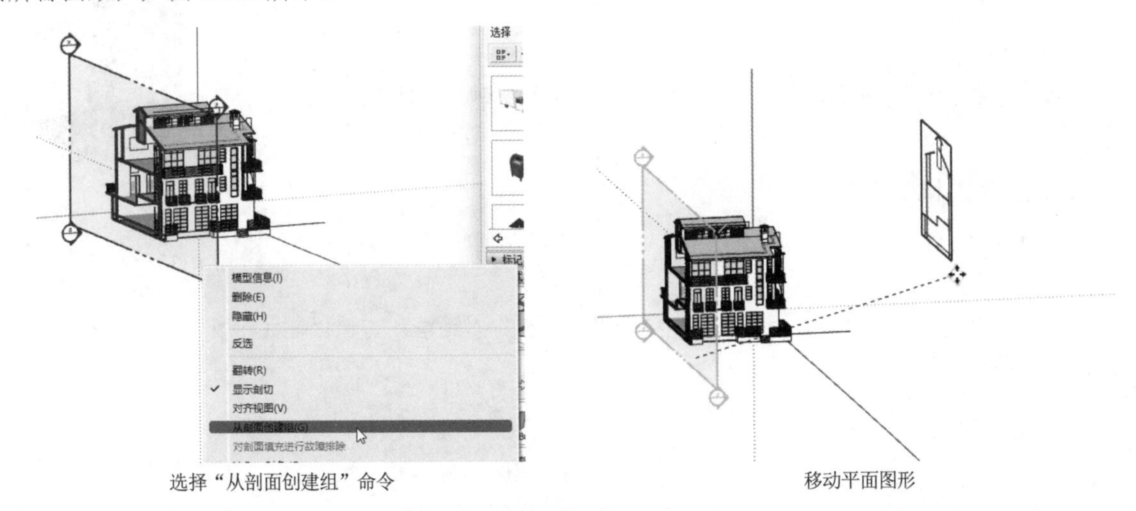

图 8.111　利用剖切面生成平面图形

8.3.2　显示剖切面

扫一扫，看视频

使用“显示剖切面”命令可以控制所有剖切面的显示与隐藏，只需单击这个按钮即可。

【执行方式】

工具栏：截面→显示剖切面。

动手学——剖切古塔

扫一扫，看视频

本实例利用剖切面命令剖切古塔，具体剖切流程如图 8.112 所示。

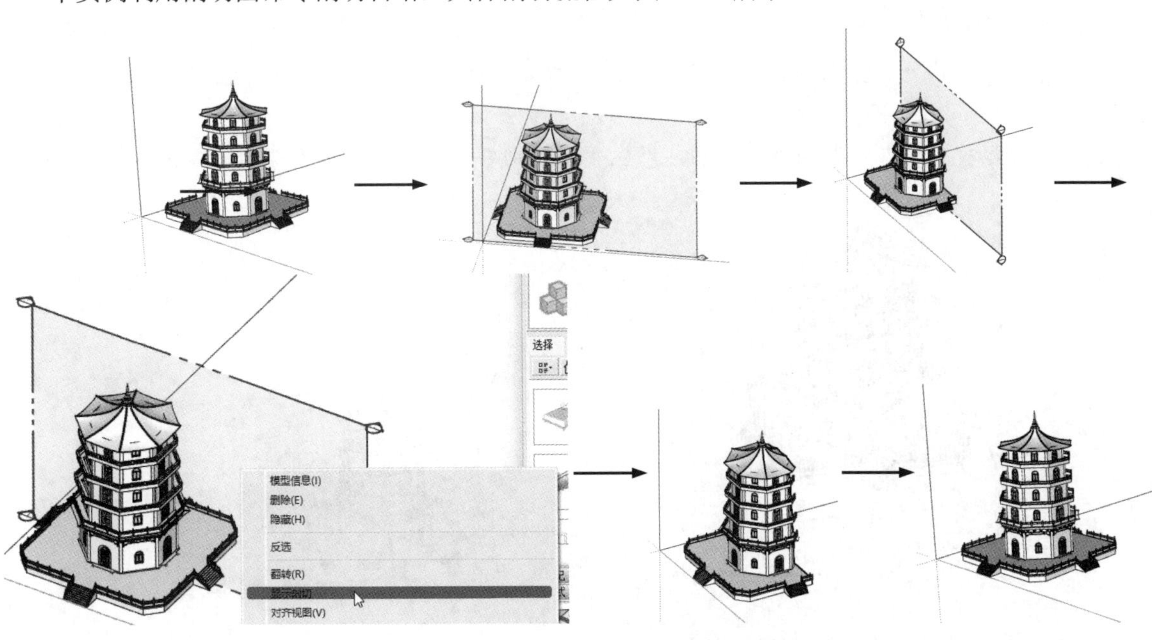

图 8.112　古塔剖切流程

源文件：源文件\第 8 章\古塔.skp

【操作步骤】

1. 导入图形

执行“文件”→“打开”命令，打开源文件中的古塔模型，如图 8.113 所示。

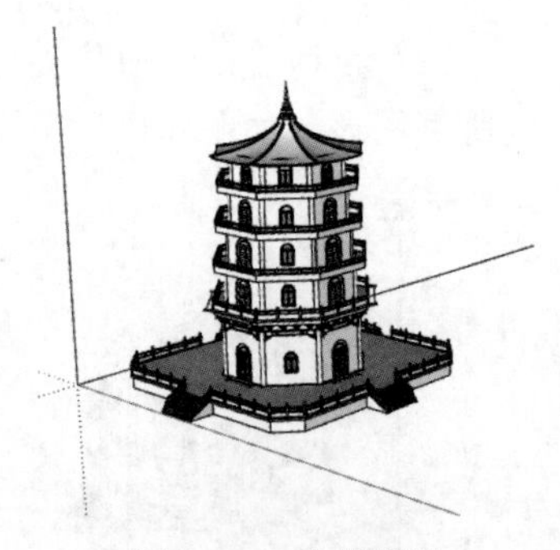

图 8.113　古塔模型

2. 设置视图和工具栏

（1）执行“相机”→“平行投影”命令，将视图转换到平行投影，如图 8.114 所示。

（2）执行“视图”→“工具栏”命令，打开“工具栏”对话框，勾选“截面”复选框，如图 8.115 所示，调出“截面”工具栏。

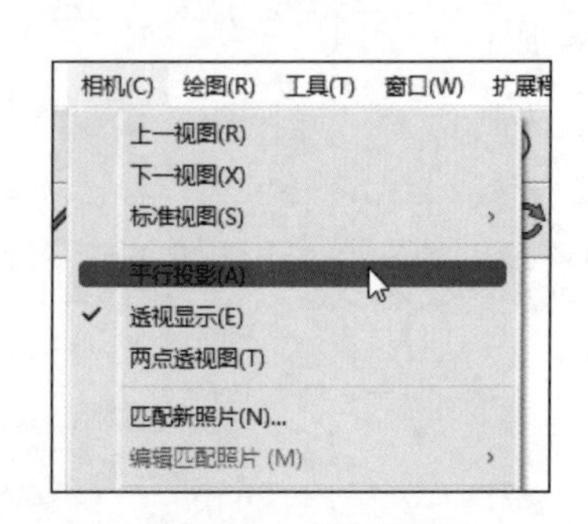

图 8.114　平行投影

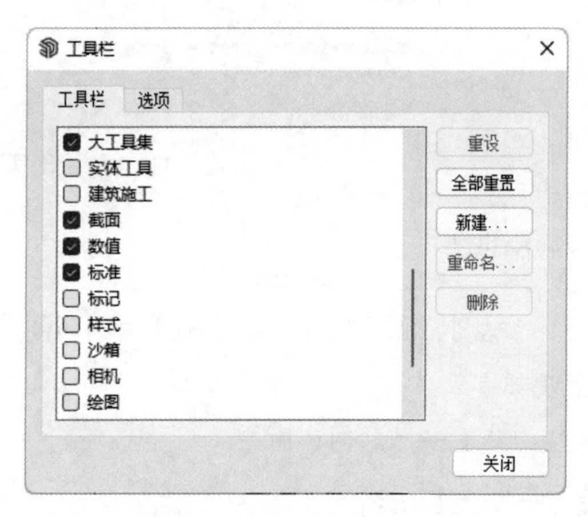

图 8.115　“工具栏”对话框

3. 创建剖切面

（1）单击“截面”工具栏上的“剖切面”按钮，一个剖切面的标识将附着在鼠标指针上，如图 8.116 所示。

（2）移动鼠标指针，使其与建筑接触，产生相应的剖切面。单击确定剖切面，如图 8.117 所示。

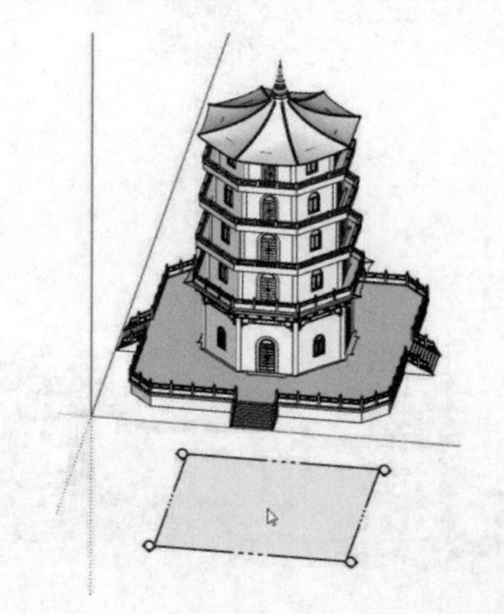

图 8.116　剖切面标识附着在鼠标指针上

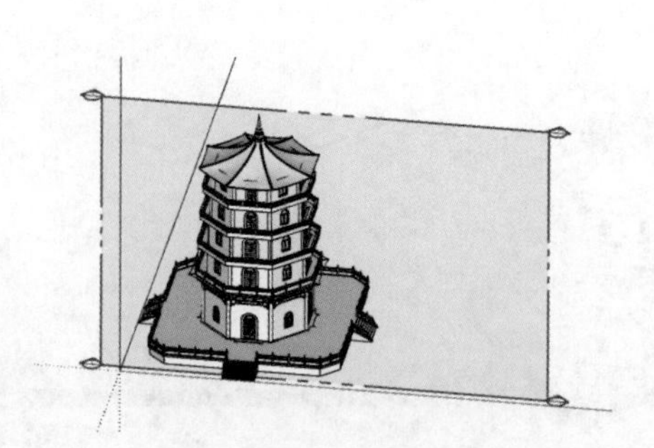

图 8.117　确定剖切面

（3）打开“命名剖切面”对话框，输入“名称”为“剖切面1”，“符号”为1，单击“好”按钮，如图8.118所示。

（4）单击“使用入门”工具栏上的“选择”按钮，选择剖切面，再单击“编辑”工具栏上的“移动”按钮，移动剖切面到需要剖切的位置。单击放置该剖切面，模型在这个位置进行了剖切，这时与剖切方向相反的模型没有被隐藏，如图8.119所示。

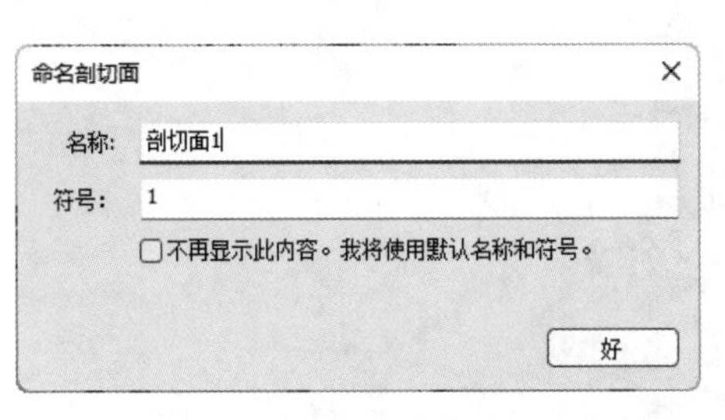

图8.118　“命名剖切面”对话框

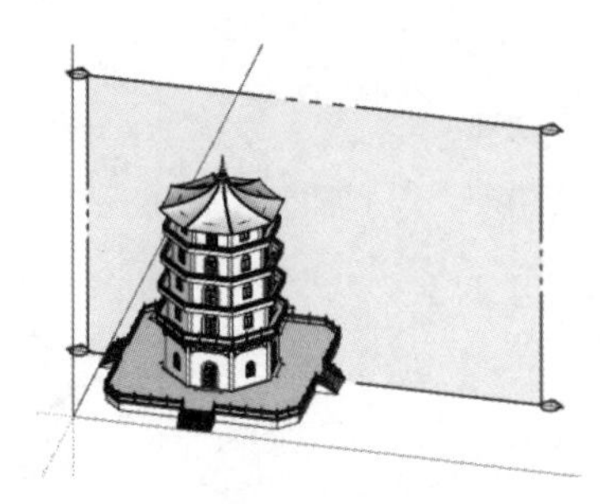

图8.119　确定剖切位置

（5）双击剖切面，或单击“使用入门”工具栏上的“选择”按钮，选择剖切面。右击，在弹出的快捷菜单中选择“显示剖切”命令，如图8.120所示。这时与剖切方向相反的模型会被隐藏，如图8.121所示。

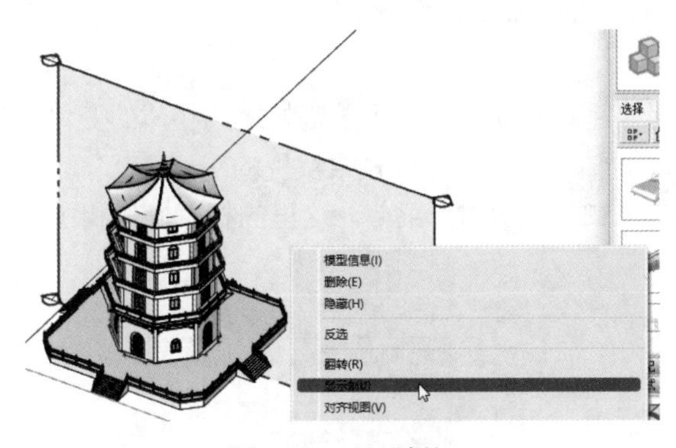

图8.120　显示剖切

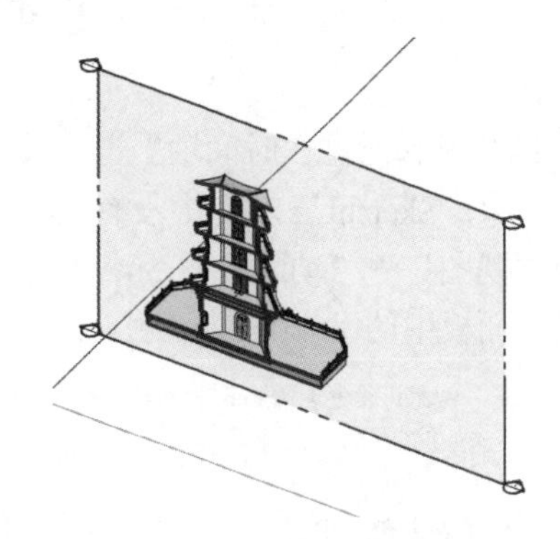

图8.121　隐藏部分模型

（6）右击，在弹出的快捷菜单中选择“翻转”命令，调整剖切的方向，如图8.122所示。

（7）选择剖切面，右击，在弹出的快捷菜单中选择“隐藏”命令，将剖切面隐藏，只保留部分模型，如图8.123所示。

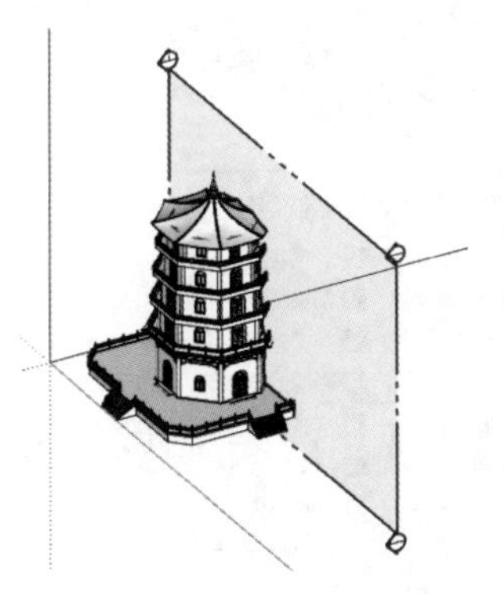

图8.122　翻转剖切面

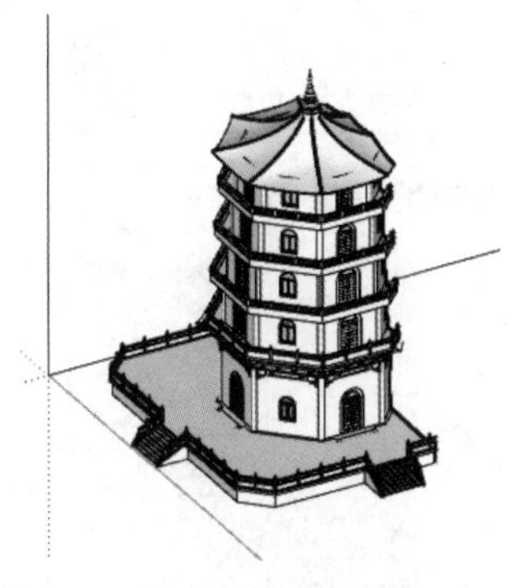

图8.123　隐藏剖切面

4．删除剖切面

（1）执行“编辑”→“撤销隐藏”→“全部”命令，将隐藏的剖切面进行显示。

（2）选择剖切面，右击，在弹出的快捷菜单中选择“删除”命令，将当前选中的剖切面删除，剖切面右侧隐藏的模型也会显示，如图 8.124 所示。

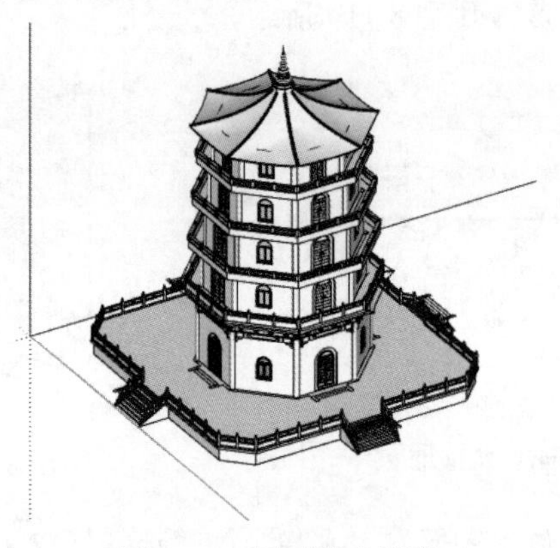

图 8.124　显示整个模型

扫一扫，看视频

8.4　动 画 工 具

3ds MAX 软件通过在时间轴上记录关键帧，系统自动记录两个关键帧之间物体的变化，然后自动形成动画效果。SketchUp 软件中没有这样的时间轴，而是通过场景来实现的。

选择“视图”→“动画”命令，弹出如图 8.125 所示的子菜单，这里的相关操作和图 8.126 所示的“场景”面板中的操作是对应的。

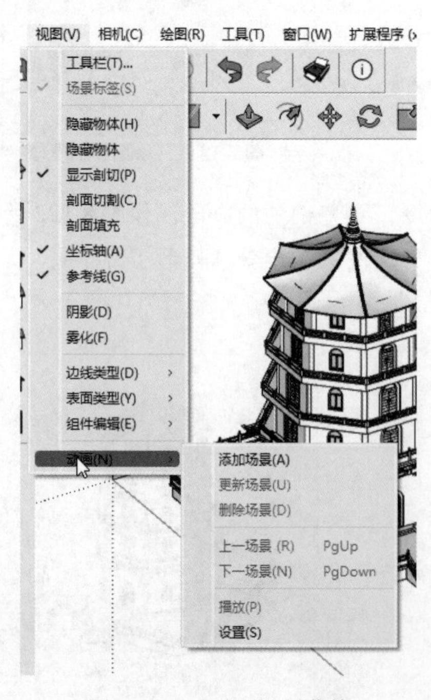

图 8.125　“动画”子菜单

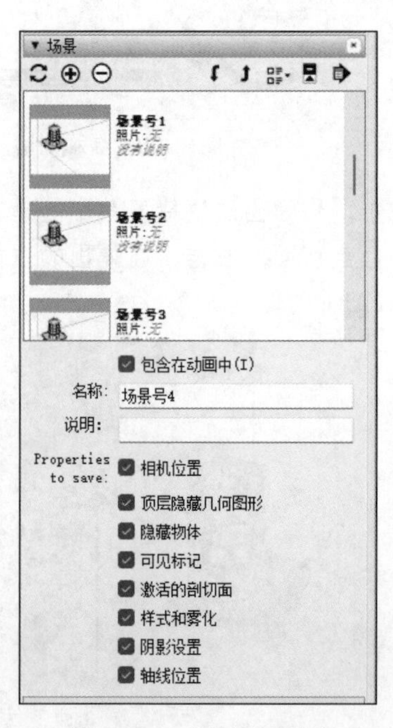

图 8.126　“场景”面板

【执行方式】

➘ 菜单栏：视图→动画，选择相应的子菜单。

➘ 面板：默认面板→“场景”面板，选择相应的命令。

【操作步骤】

1. 相关属性

（1）添加场景。

1）选择“视图”→“动画”→“添加场景”命令或者单击“场景”面板中的“添加场景”按钮⊕，打开“警告-场景和风格”对话框，如图 8.127 所示。默认选中“另存为新的样式”单选按钮，可以使当前场景成为一个场景，形成一个场景以后，当前场景就会被保存到系统中。在工具栏下面出现一个场景的标签，如图 8.128 所示。

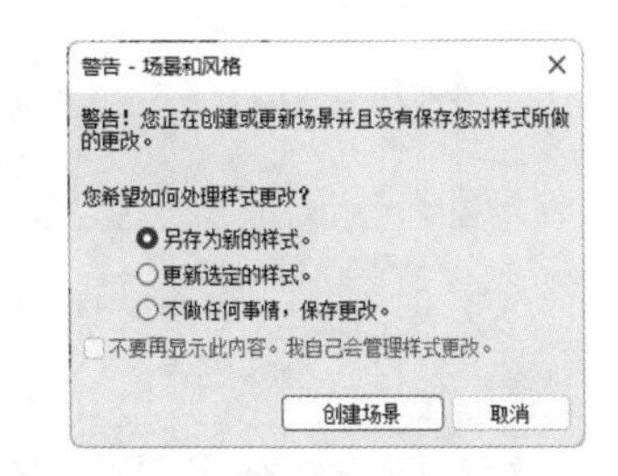

图 8.127　“警告-场景和风格”对话框

2）选中“更新选定的样式”单选按钮，可使当前场景更新为新的场景。

3）选择“视图”→“动画”→“添加场景”命令或者单击“场景”面板中的“添加场景”按钮⊕，可以新建多个场景。工具栏下面有对应的标签，如图 8.129 所示。

场景号1

图 8.128　场景标签

场景号1　场景号2　场景号3　场景号4

图 8.129　更多的场景标签

（2）更新场景：选择“视图”→“动画”→“更新场景”命令或者单击“场景”面板中的“更新场景”按钮，主要用于对场景进行修改。如果对某个场景不满意，并且对其中的模型或其他性质进行了修改，则要将修改的内容重新定义到当前场景中。

（3）删除场景：选择“视图”→“动画”→“删除场景”命令或者单击“场景”面板中的“删除场景”按钮⊖，将当前场景删除。

（4）上一场景：选择“视图”→“动画”→“上一场景”命令，将当前场景设置为上一个场景。

（5）下一场景：选择“视图”→“动画”→“下一场景”命令，将当前场景设置为下一个场景。

（6）播放：播放场景动画，打开如图 8.130 所示的“动画”对话框。

动画
▷ 播放　□ 停止(S)

图 8.130　“动画”对话框

（7）设置：利用此命令或选择“窗口”→“模型信息”→“动画”命令，打开“模型信息”对话框。设置场景转换的时间和场景暂停的时间，如图 8.131 所示。

1）开启场景过渡：勾选此选项，系统在播放动画时，根据设置的场景过渡时间在两个场景间形成动画，否则场景之间就会直接过渡。

2）场景转换：勾选“开启场景过渡”复选框后，时间调整才会激活，才能设置场景之间过渡的时间。

3）场景暂停：调整到达每个场景后系统停留的时间。也就是说，当动画播放到某个场景后停顿多长时间。

在场景号上单击，弹出如图 8.132 所示的快捷菜单，可以进行添加场景、更新场景或者重命名场景等操作。

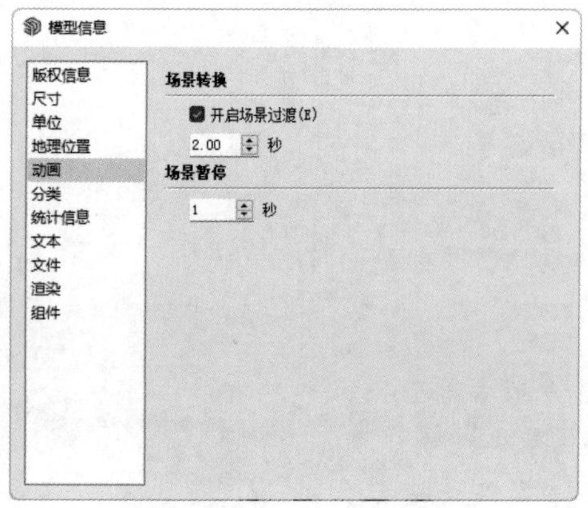

图 8.131　场景设置

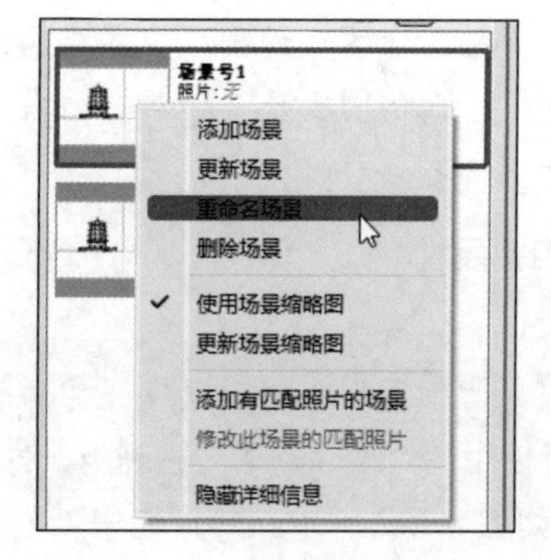

图 8.132　场景的快捷菜单

注意：

如果动画时长较短，可以调整场景切换的时间以增加动画的时长。直到觉得满意为止，再进行动画输出操作。

2. 导出动画

（1）选择“文件”→“导出”→“动画”命令，打开“输出动画”对话框，如图 8.133 所示。

（2）输入要导出动画的路径和名称，单击“选项”按钮，打开“输出选项”对话框，如图 8.134 所示。

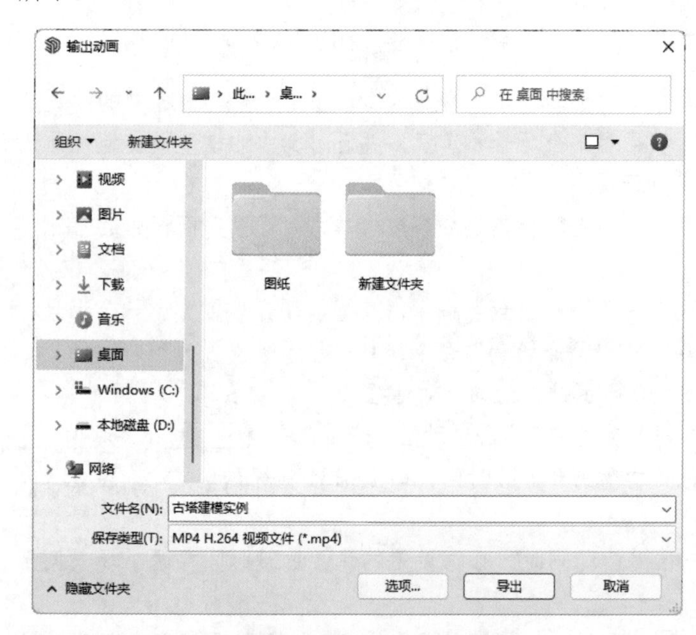

图 8.133　“输出动画”对话框

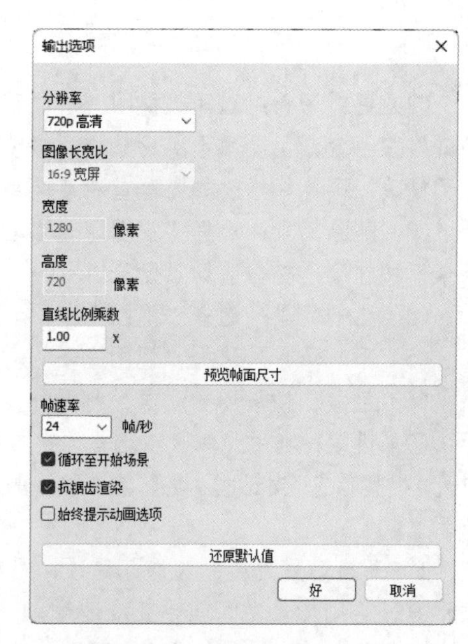

图 8.134　“输出选项”对话框

1）分辨率：用来调整动画的清晰度，像素越高动画越清晰。在下面还有一个图像长宽比，如果锁定比例，那么只要输入高度或宽度，系统就会自动算出另外一个数值。

2）帧速率：帧速率其实就是每秒播放“图片”的张数，主要用于控制动画的流畅程度，帧速率越大动画越流畅，也就是每秒播放的“图片”越多。

3）循环至开始场景：勾选此复选框后，动画将从第一个场景开始创建，否则从当前场景开始。

4）抗锯齿渲染：勾选此复选框后，在动画创建的时候会将模型边缘的锯齿消除，虽然效果不是很好，如果不勾选效果会更差。

（3）单击“好”按钮，完成动画设置，最后单击“导出”按钮，将动画导出。打开“正在导出动画”对话框，如图 8.135 所示。计算出导出的时间和大小等数值后才能导出。

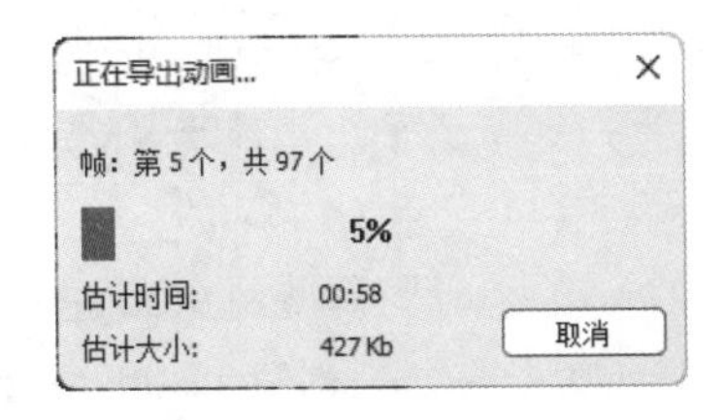

图 8.135　“正在导出动画”对话框

动手学——制作住宅阴影动画

扫一扫，看视频

本实例将通过制作住宅阴影动画来重点学习场景命令，具体制作流程如图 8.136 所示。

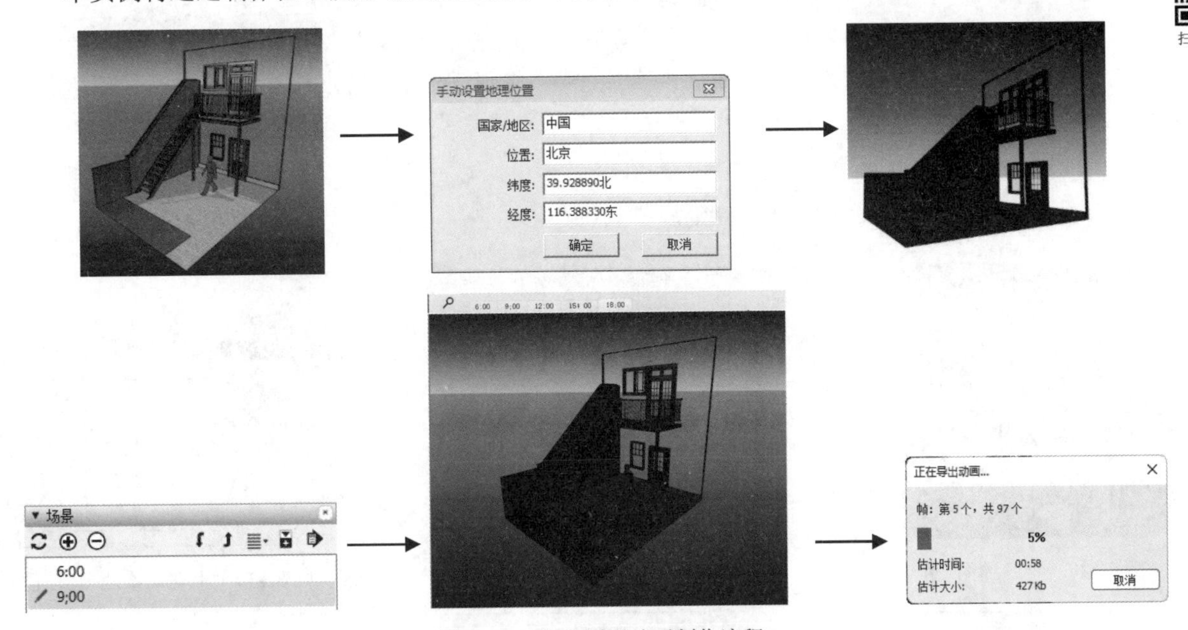

图 8.136　住宅阴影动画制作流程

源文件：源文件\第 8 章\住宅.skp

【操作步骤】

（1）执行“文件”→“打开”命令，找到源文件中的图形并打开，如图 8.137 所示。

（2）不同地区、不同季节物体的阴影是不一样的，所以首先设定地区。选择“窗口”→“模型信息”命令，在打开的对话框中选择“地理位置”选项，如图 8.138 所示。

（3）单击“手动设置位置”按钮，打开如图 8.139 所示的“手动设置地理位置”对话框。“国家/地区”设置为“中国”，“位置”设置为“北京”，同时设置经度和纬度，设置完毕后单击“确定”按钮。

（4）完成地理位置的设置后，选择“默认面板”→“阴影”命令，打开“阴影”面板，如图 8.140 所示。

（5）在面板中设置阴影，“日期”可以设置为 1 月到 12 月，可移动滑块来调节。

（6）创建场景，可以制作同一天中太阳产生的阴影变化。也可以制作同一年中同一时刻物体阴影的变化。将月份调节到 9（9 月），然后将时间滑块移动到最左边，如图 8.141 所示。

（7）调整场景视角，如图 8.142 所示。

（8）选择“默认面板”→“场景”命令，打开“场景”面板，单击“添加场景”按钮⊕，打开“警

告-场景和风格”对话框，如图 8.143 所示。默认选中“另存为新的样式”单选按钮，可以使当前场景成为一个新场景。当前场景就会被保存到系统中，并在工具栏下面出现一个场景标签，命名为 6:00，如图 8.144 所示。

（9）将时间调整到 9:00 左右，如图 8.145 所示，并创建新的场景，命名为 9:00，如图 8.146 所示。

（10）再分别创建 12:00、15:00 和 18:00 几个场景，如图 8.147 所示。

（11）选择“窗口”→“模型信息”命令，在打开的对话框中选择“动画”选项，调整动画播放时间，如图 8.148 所示。

（12）选择“视图”→“动画”→“播放”命令，播放完成的动画。

（13）选择“文件”→“导出”→“动画”命令，打开“输出动画”对话框，如图 8.149 所示。

（14）输入要导出动画的路径和名称，单击“选项”按钮，打开“输出选项”对话框，如图 8.150 所示。

图 8.137　打开的图形

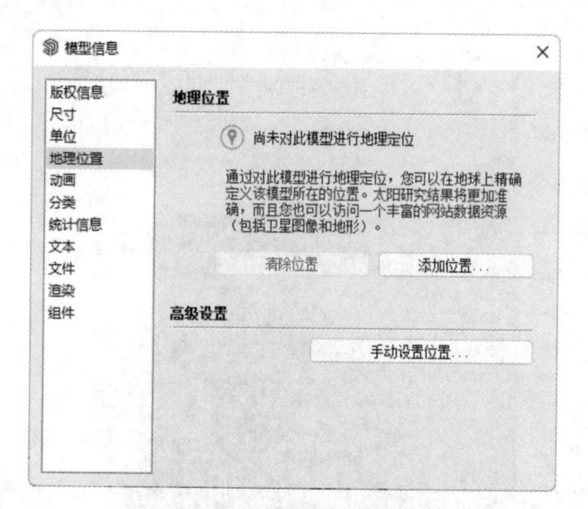

图 8.138　“地理位置”选项卡

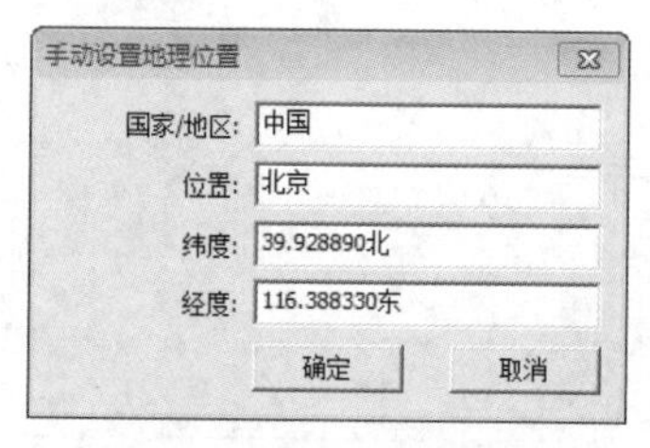

图 8.139　手动设置地理位置

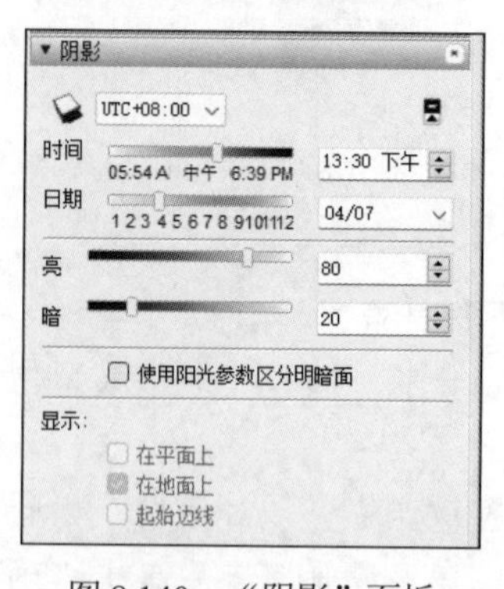

图 8.140　“阴影”面板

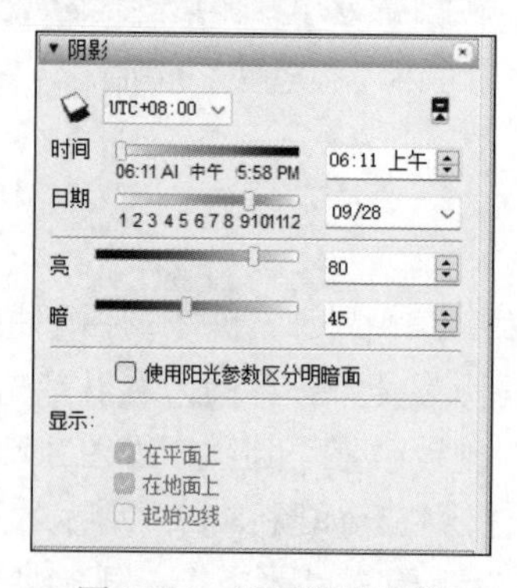

图 8.141　设置阴影参数

图 8.142　调整场景视角

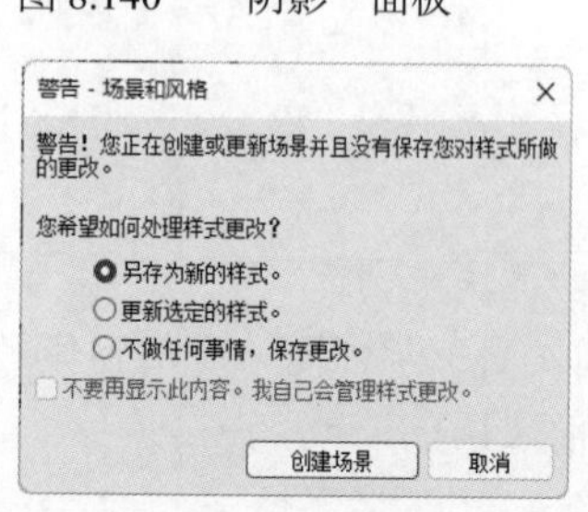

图 8.143　“警告-场景和风格”对话框

6:00

图 8.144　将场景命名为 6:00

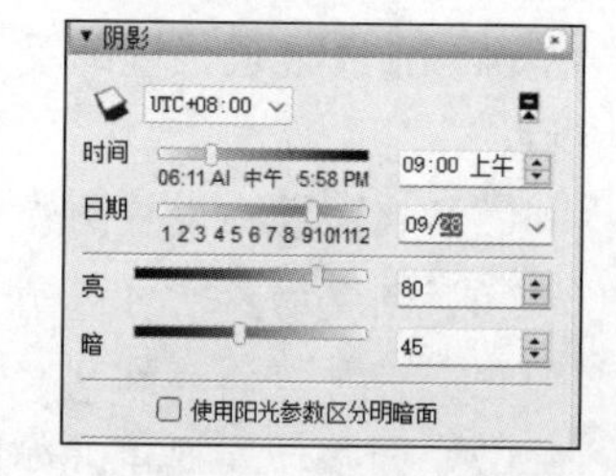

图 8.145　调整时间

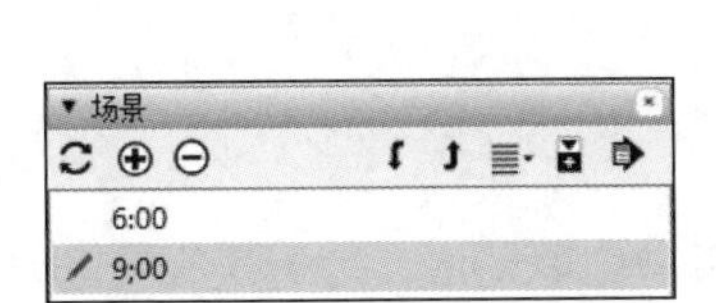

图 8.146　将场景命名为 9:00

图 8.147　场景创建完成

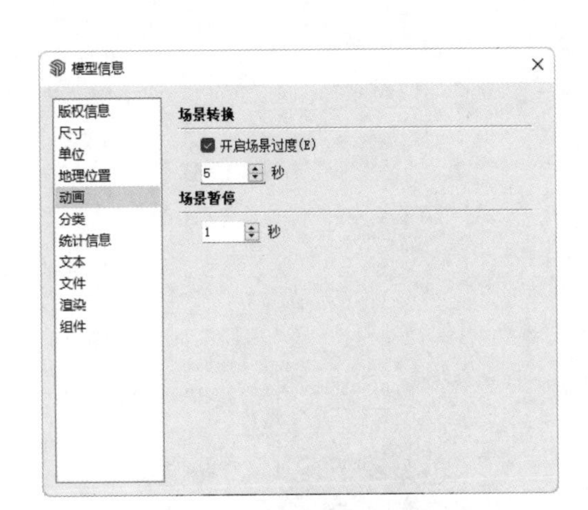

图 8.148　调整动画播放时间

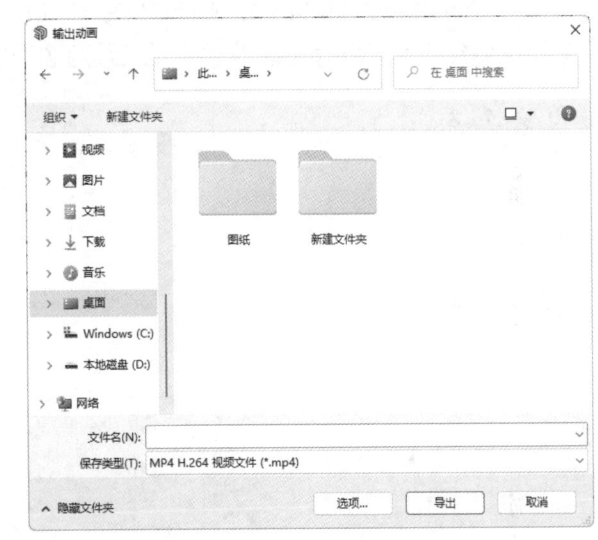

图 8.149　“输出动画”对话框

（15）单击“好”按钮，完成动画的设置。最后单击“导出”按钮，将动画导出，如图 8.151 所示。

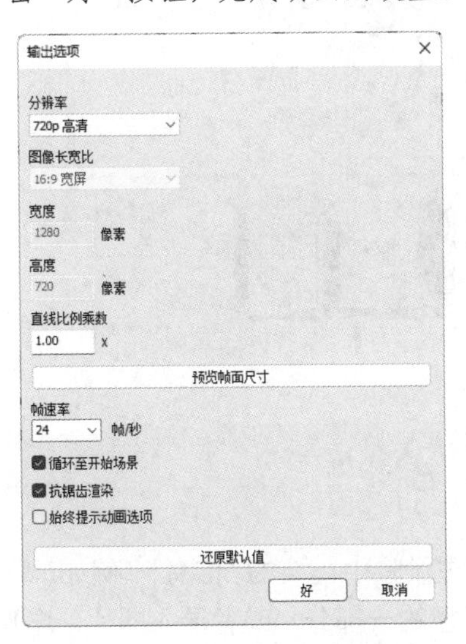

图 8.150　“输出选项”对话框

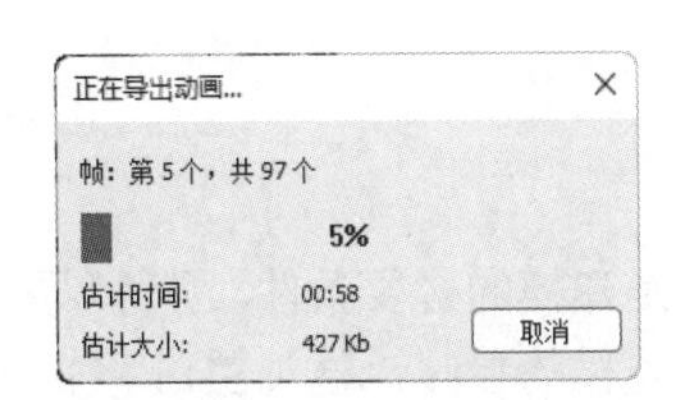

图 8.151　动画导出进度

第9章　数 据 交 互

内容简介

SketchUp 软件的兼容性非常好。一方面，从导入文件的类型可以知道，无论是矢量图、位图、像素图、动画，还是二维图、三维图，均能导入、编辑处理；另一方面，用 SketchUp 制作的模型、图像又可以转入 Photoshop、3ds MAX、AutoCAD、COLLADA 等软件中进行渲染再创作处理。

本章重点介绍 SketchUp 软件文件数据交互方面的功能，具体通过导入、导出命令来实现。

内容要点

- 导入
- 导出

案例效果

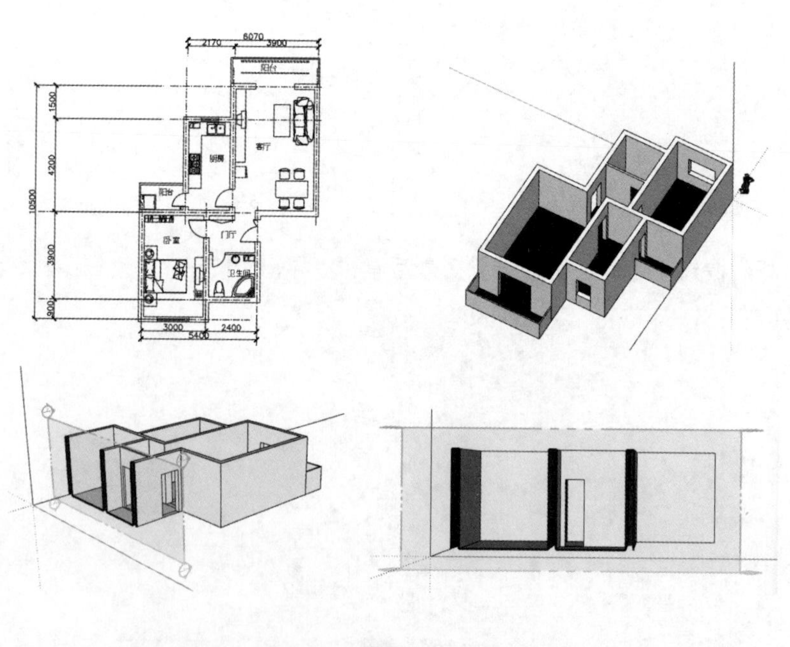

扫一扫，看视频

9.1　导　入

导入是建模的必要条件，因为“导入”可以为建模引进场景中需要的“信息”。例如，导入 AutoCAD 图形作为建模的参照，导入 3DS 格式的模型作为创建模型的一部分，或者导入图片，炸开后作为材质使用等。

【执行方式】

菜单栏：文件→导入。

【操作步骤】

选择菜单中的“文件”→“导入”命令，打开“导入”对话框，如图 9.1 所示。

单击“导入类型”右侧的三角按钮，打开导入文件类型下拉列表，如图 9.2 所示。

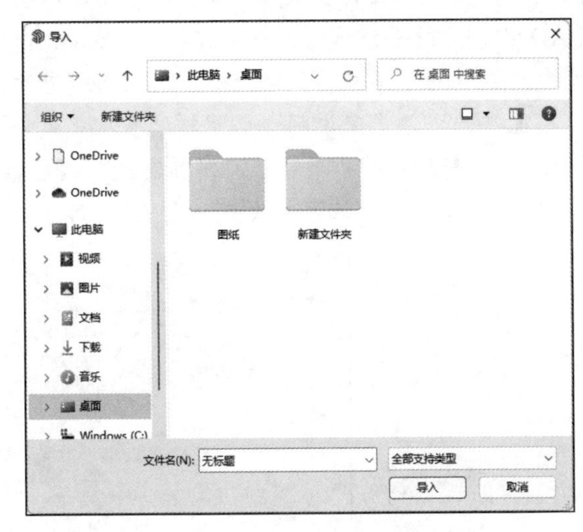

图 9.1　“导入”对话框

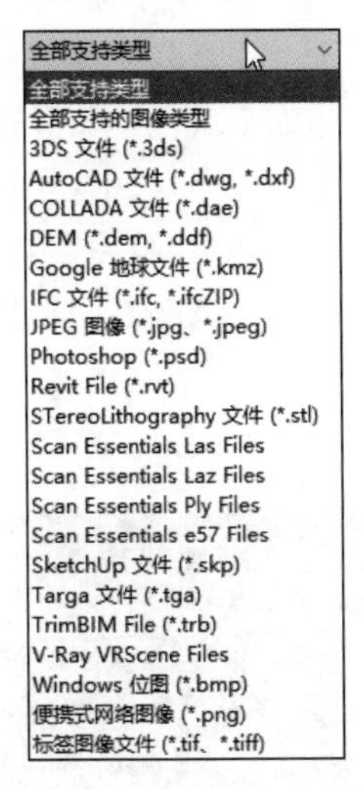

图 9.2　导入文件类型下拉列表

1. 导入 AutoCAD 文件

目前在众多设计行业都是使用 AutoCAD 进行图纸绘制，所以在使用 SketchUp 建模的时候经常会以 AutoCAD 图纸作为参照，因此 AutoCAD 是经常导入的文件类型。在“导入”对话框中选择“AutoCAD 文件（*.dwg，*.dxf）”，当前目录下所有的 AutoCAD 文件都会显示出来，如图 9.3 所示。

选择要导入的 AutoCAD 文件，然后单击“选项”按钮，打开“导入 AutoCAD DWG/DXF 选项”对话框，取消勾选“导入材质”复选框，“单位”设置为“毫米”，如图 9.4 所示。

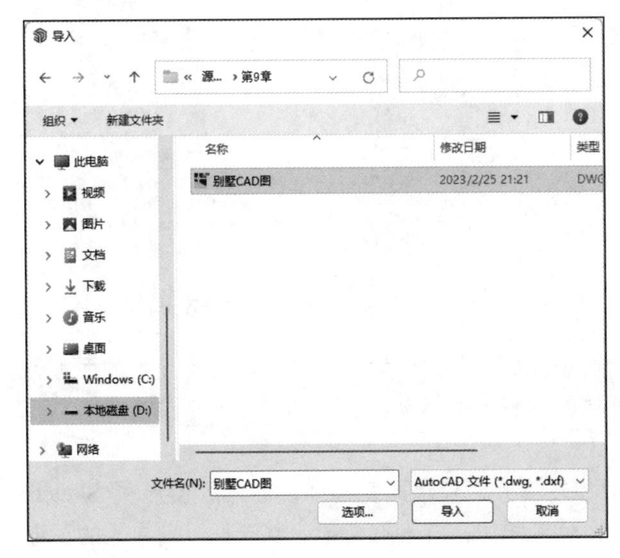

图 9.3　导入 AutoCAD 文件

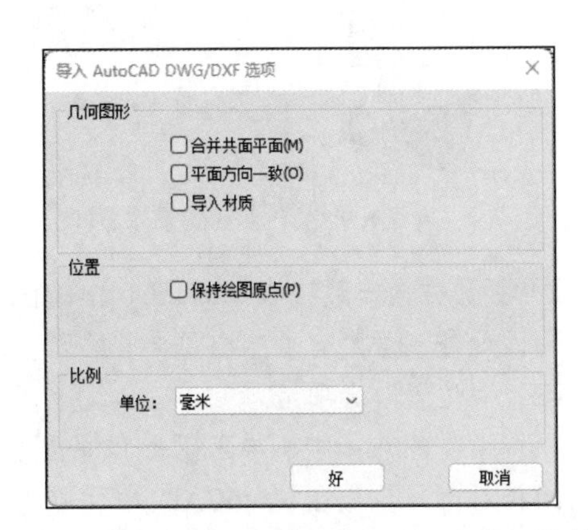

图 9.4　“导入 AutoCAD DWG/DXF 选项”对话框

注意：

> 选项类对话框是控制“导入”和“导出”的唯一对话框，所以接下来的“导入”和“导出”都是围绕选项类对话框展开的。也就是说，不管是什么类型的文件，我们介绍的都是它们的“选项”对话框。

（1）“几何图形”选项组。

1）合并共面平面：使用这个选项创建的面在将文件导入 SketchUp 以后会以面的形式显示出来，并且一个“面域”会组成一个群组。另外，AutoCAD 中创建的三维模型同样会在导入 SketchUp 中以模型实体的形式显示。面是由很多三角面组合而成的，在 SketchUp 中，如果一个导入的面被自动划分成一个个小三角面，这种面就不能够被整体拉伸。下面举一个例子来说明这个问题。

①在 AutoCAD 中创建如图 9.5 所示的几何图形，假定是建筑的两根柱子，将其定义为“面域”。

②将这个 AutoCAD 图形导入 SketchUp 场景中（图 9.6），导入选项的设置如图 9.7 所示。

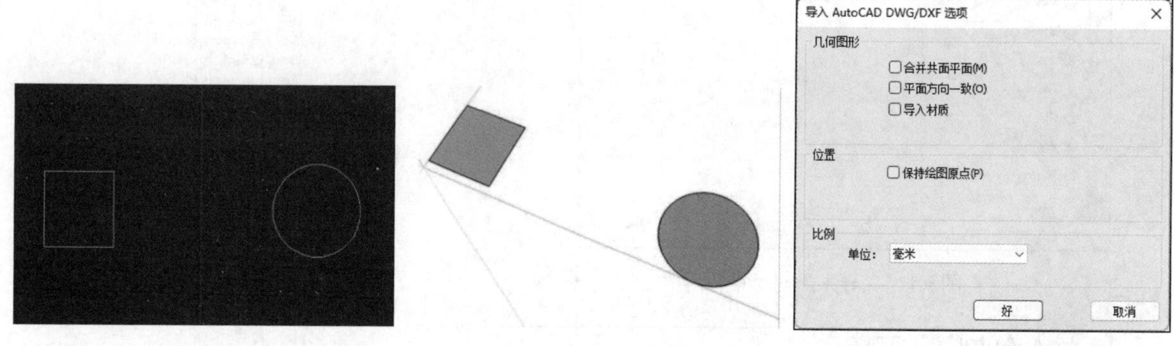

图 9.5　AutoCAD 中创建的面域　　图 9.6　导入后的场景　　图 9.7　设置导入选项

③单击“编辑”工具栏上的“推/拉”按钮，将两个面都向上拉伸 3000mm，如图 9.8 所示。

每个“面”都是由两个以上的三角面组合而成的，没有勾选“合并共面平面”复选框，因此使用拉伸工具一次只能够拉伸一个三角面；勾选“合并共面平面”后的拉伸效果如图 9.9 所示。

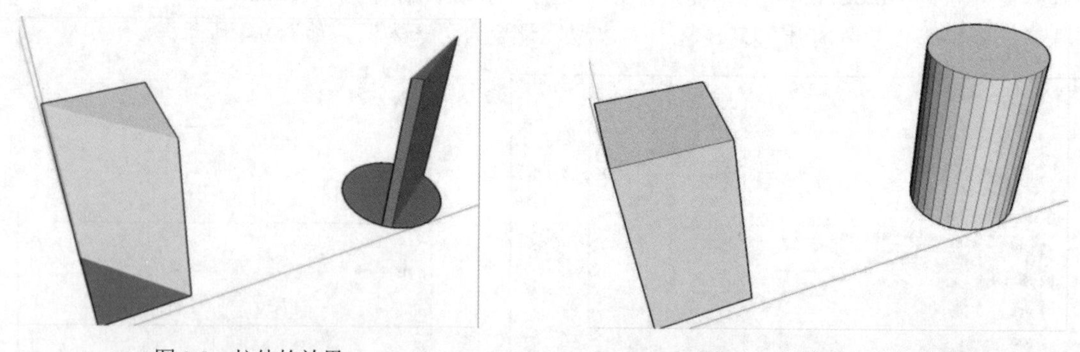

图 9.8　拉伸的效果　　图 9.9　调整后拉伸的效果

2）平面方向一致：在 SketchUp 中，面有正面和反面之分，勾选此选项后，所有导入的面都会以相同的面朝外，否则有可能出现导入的面会以不同的面朝外的情况。

（2）“位置”选项组。

保持绘图原点：控制导入图形和原点坐标的相对位置，勾选此复选框，导入的图形和 SketchUp 原点的相对位置会与在 AutoCAD 中和原点的相对位置相同；若没有勾选此复选框，则导入的图形会紧贴 X、Y 轴的正半轴。

（3）“比例”选项组。

“单位”下拉列表：设置导入的单位，根据 AutoCAD 图的单位和当前场景中系统所采用的单位综合进行选择，如 AutoCAD 图是以“毫米”为单位绘制的，并且当前系统采用的也是“毫米”单位，那么此时应该选择“毫米”为导入单位，如图 9.10 所示。

2．导入 3DS 文件

如果模型是由 3ds MAX 创建的，不能够直接导入到当前 SketchUp 场景中，此时可以先将文件由*.max 格式导出为*.3ds 格式，然后在 SketchUp 导入对话框的“导入类型”中选择“3DS 文件（*.3ds）”，接着单击“选项”按钮，打开“3DS 导入选项”对话框，如图 9.11 所示。

（1）“几何图形”选项组。合并共面平面：此选项和导入 AutoCAD 格式文件时的“导入 AutoCAD DWG/DXF 选项”对话框是一样的。

（2）“比例”选项组。此选项和导入 CAD 格式文件时的“导入 AutoCAD DWG/DXF 选项”对话框也是一样的。

3．导入图片

在导入图片时，在“导入”对话框的下面有 3 个选项，用来设置图像的作用，如图 9.12 所示。

图 9.10　导入单位

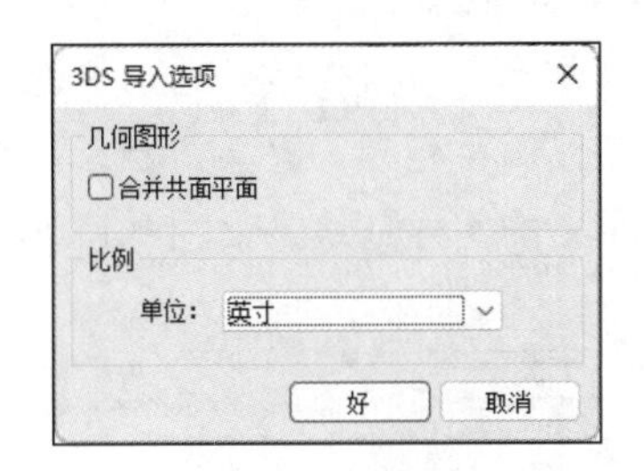

图 9.11　“3DS 导入选项”对话框

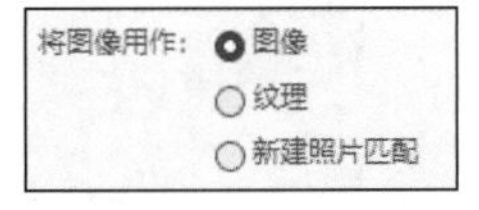

图 9.12　导入图片选项

- 图像：选中此单选按钮后，导入的图片会在场景中单独存在。
- 纹理：选中此单选按钮后，导入的图片会直接作为材质，且必须依附在面的表面才能完成导入，否则导入失效。
- 新建照片匹配：选中此单选按钮后，导入的图片会在场景中作为照片匹配的图片。

动手学——利用 AutoCAD 图形绘制住宅

本实例将利用 AutoCAD 图形绘制住宅来重点学习“导入”命令，具体绘制流程如图 9.13 所示。

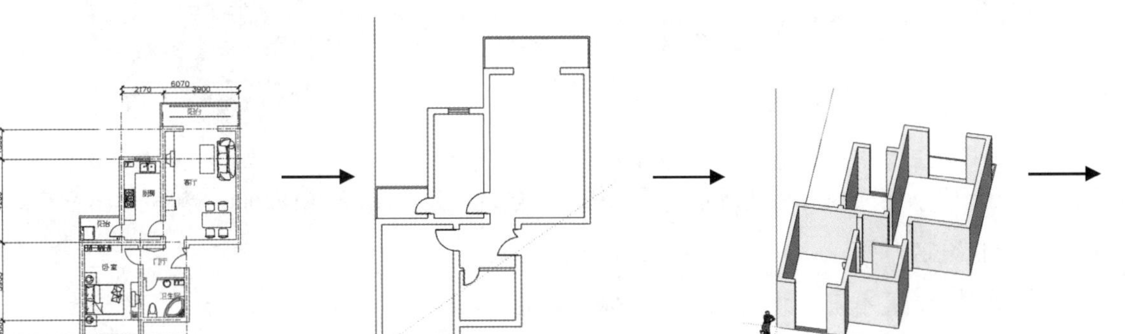

图 9.13　利用 AutoCAD 图形绘制住宅流程

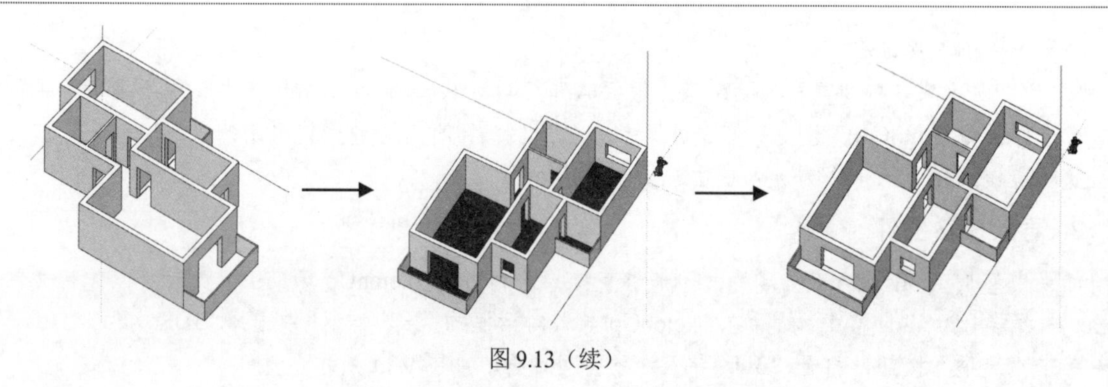

图 9.13（续）

源文件：源文件\第 9 章\利用 AutoCAD 图形绘制住宅.skp

【操作步骤】

1．图形处理

（1）打开 AutoCAD 软件，选择菜单栏中的“文件”→“打开”命令，将源文件中的“住宅平面图”打开，如图 9.14 所示。

（2）一张完整的 AutoCAD 平面图包含轴线、墙体、门窗、家具和标注等图层。在 SketchUp 中进行建模时，家具的线条很多，导入到软件中会占用资源，增加建模的时间，轴线、文字和尺寸在建模时用不到，也要进行删除，因此我们可以选中轴线、家具、尺寸、文字图形及相应图层进行删除，保留墙体、门窗和阳台图层以及这些图层上的图形，结果如图 9.15 所示。

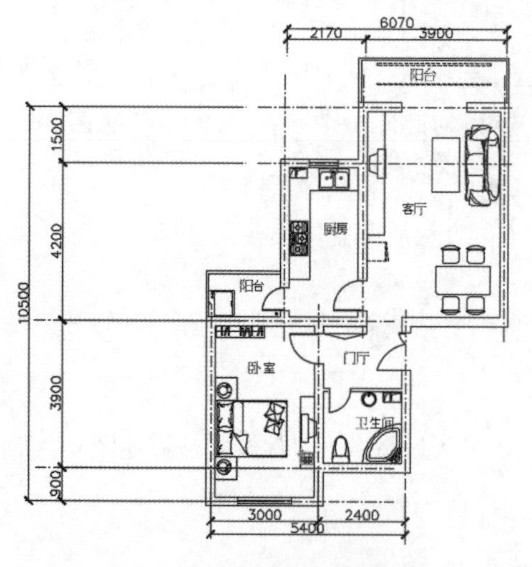

图 9.14　住宅平面图

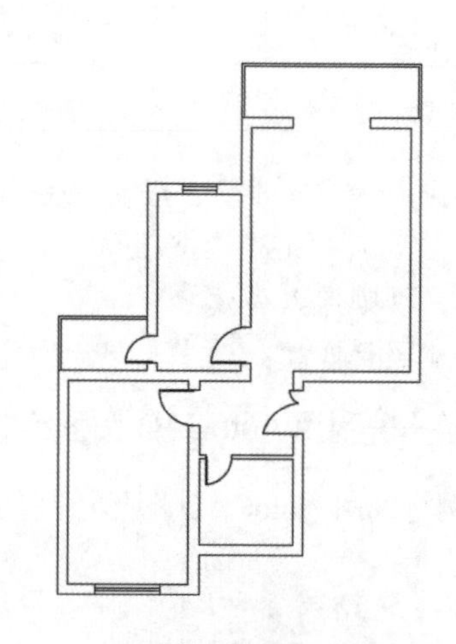

图 9.15　整理后的图形

（3）选择菜单栏中的“文件”→“另存为”命令，打开“图形另存为”对话框，输入文件名称“整理住宅平面图”，尽量保存为低版本文件。这里保存的类型为 AutoCAD 2000，如图 9.16 所示。

2．单位设定

在建筑模型时是有尺度的，所以应统一建模单位，否则无法控制模型的尺度。选择“窗口”→“模型信息”命令，在弹出的对话框中选择“单位”选项。建筑建模通常使用毫米为单位，因此“模型信息”对话框中“度量单位”下的“长度”应设置为“毫米”，如图 9.17 所示。

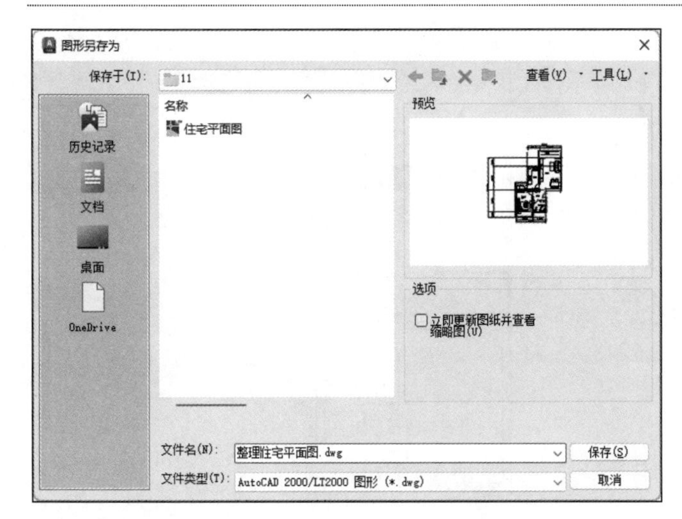

图 9.16 “图形另存为”对话框

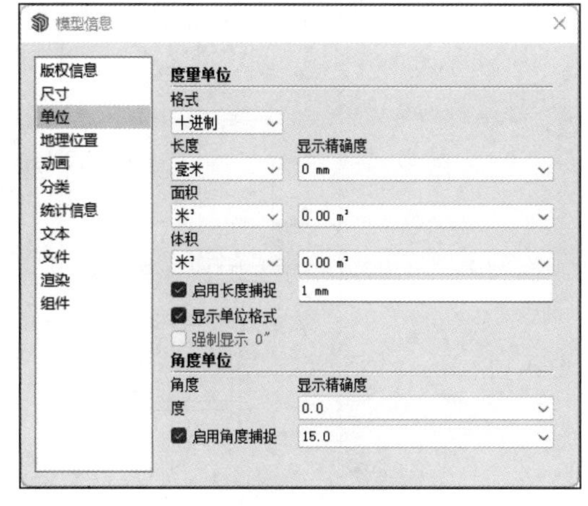

图 9.17 单位设定

3. 导入 AutoCAD 图形

（1）选择菜单栏中的“文件”→“导入”命令，打开“导入”对话框。将导入类型选择为“AutoCAD 文件（*.dwg，*.dxf）”，然后选择上一步保存的“整理住宅平面图”图形，如图 9.18 所示。

（2）单击“选项”按钮，打开“导入 AutoCAD DWG/DXF 选项”对话框，如图 9.19 所示。“单位”设置为“毫米”，取消勾选“导入材质”复选框，然后单击“好”按钮返回“导入”对话框。

图 9.18 “导入”对话框

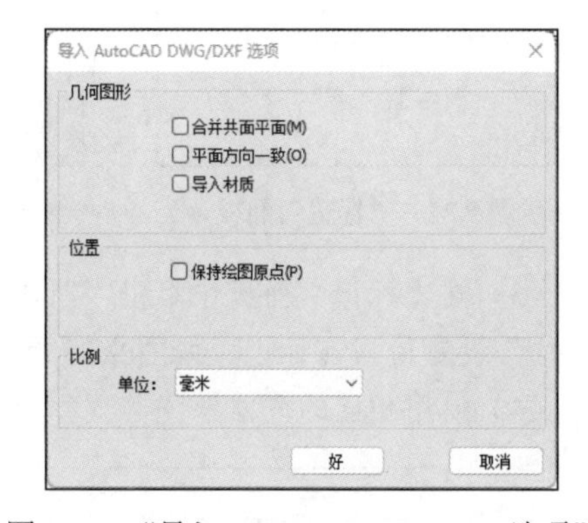

图 9.19 “导入 AutoCAD DWG/DXF 选项”对话框

（3）单击“导入”按钮，将 AutoCAD 图形加载到场景中。我们发现有一段墙体没有显示出来，因为这段墙体是由 AutoCAD 的“多线”命令绘制的，软件无法识别，如图 9.20 所示。解决的办法有两种：第 1 种是采用本软件的“直线”命令将墙体补全，第 2 种是重新打开 AutoCAD 图形，将墙体分解之后，再次导入到 SketchUp 场景中，如图 9.21 所示。

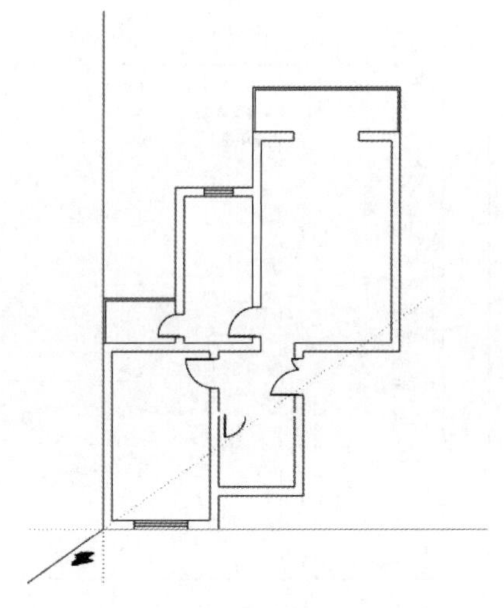

图 9.20　导入的模型缺少墙体

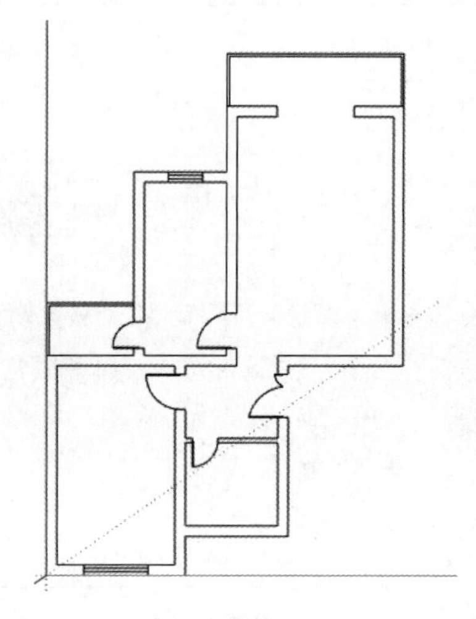

图 9.21　添加墙体

4．管理标记

（1）选择“默认面板”→“标记”命令，打开“标记”面板，如图 9.22 所示。

（2）单击“未标记”下面的第 1 个标记，然后按住 Shift 键再单击最下面的标记，将除了“未标记”以外的所有图层选中。右击，在弹出的快捷菜单中选择“删除标记”命令，如图 9.23 所示。打开“删除包含图元的标记”对话框，将所有图元分配给未标记，如图 9.24 所示。

图 9.22　“标记”面板

图 9.23　删除标记

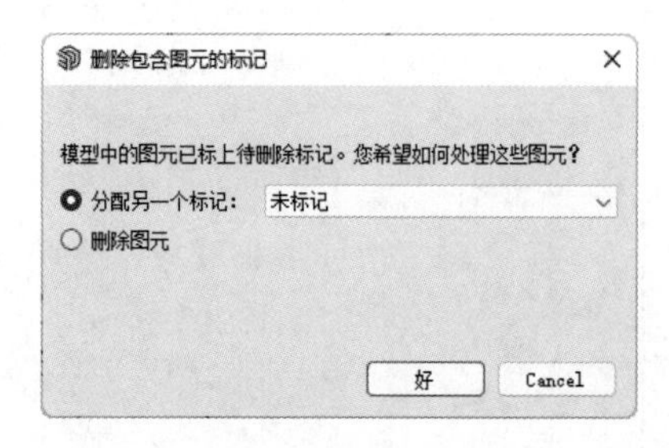

图 9.24　“删除包含图元的标记”对话框

（3）在“标记”面板中单击“新建标记”按钮⊕，新建“墙体”标记。将颜色设置为黑色，并将“墙体”设置为当前标记，如图 9.25 所示。

（4）使用相同的方法新建其他标记，如图 9.26 所示。

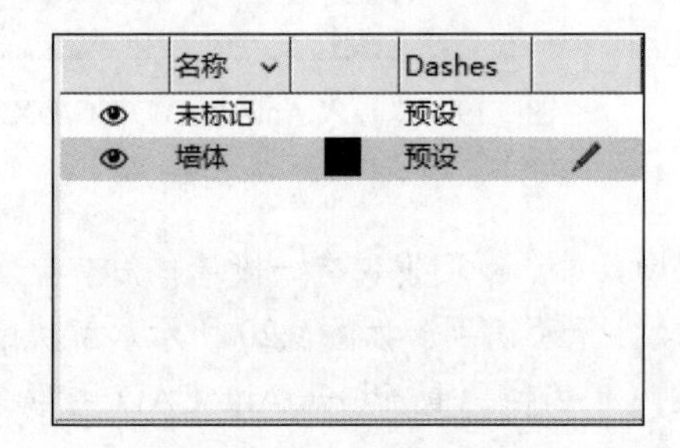

图 9.25　新建“墙体”标记

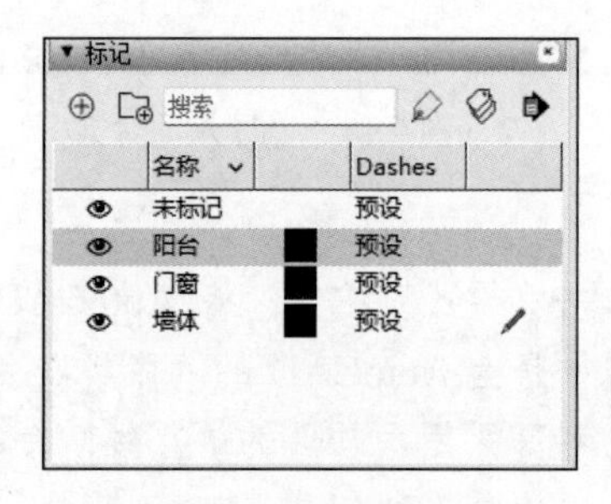

图 9.26　新建其他标记

5. 创建墙体

（1）将相机切换到平行投影。单击“绘图”工具栏上的“矩形”按钮▢，捕捉 AutoCAD 图形的墙体轮廓进行绘制，最后封闭成面，如图 9.27 所示。

（2）单击“使用入门”工具栏上的“删除”按钮，删除多余直线，形成贯通的墙体，如图 9.28 所示。

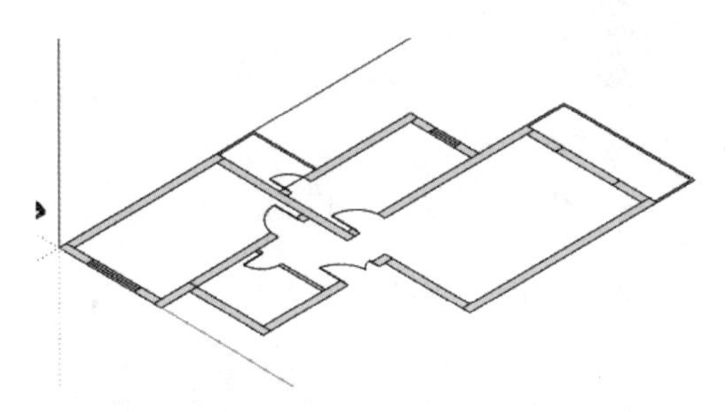

图 9.27　绘制墙体轮廓

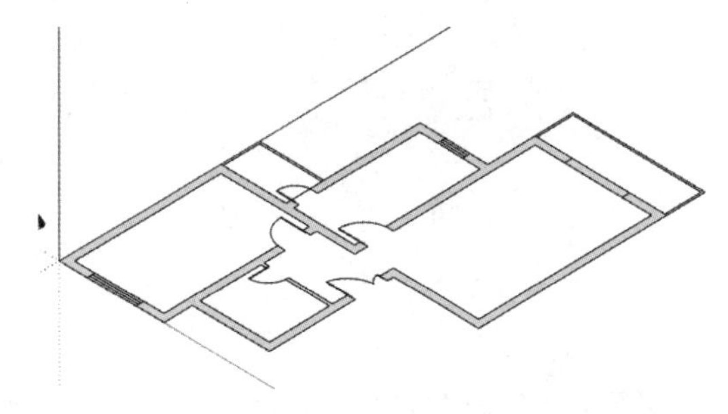

图 9.28　删除直线

（3）将层高设置为 3m，单击“编辑”工具栏上的“推/拉”按钮，选择一层平面的墙体轮廓并拉伸 3000mm，如图 9.29 所示。

6. 创建阳台

（1）单击“绘图”工具栏上的“矩形”按钮▢，捕捉 AutoCAD 图形的阳台轮廓进行绘制，最后封闭成面。单击“使用入门”工具栏上的“删除”按钮，删除多余直线，形成贯通的阳台。

（2）将层高设置为 1.2m，单击“编辑”工具栏上的“推/拉”按钮，选择一层平面的阳台轮廓并拉伸 1200mm，如图 9.30 所示。

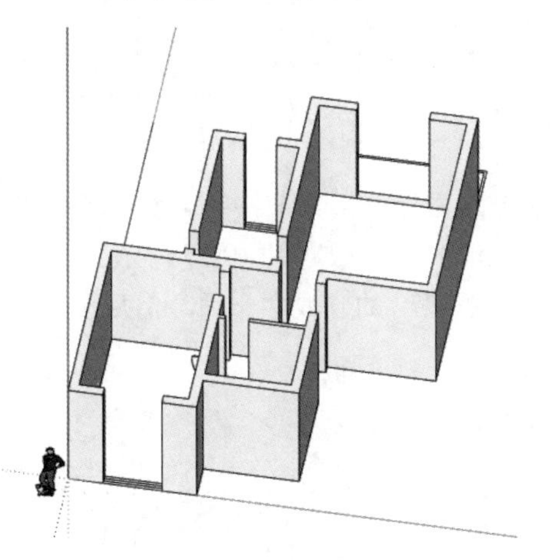

图 9.29　拉伸墙体

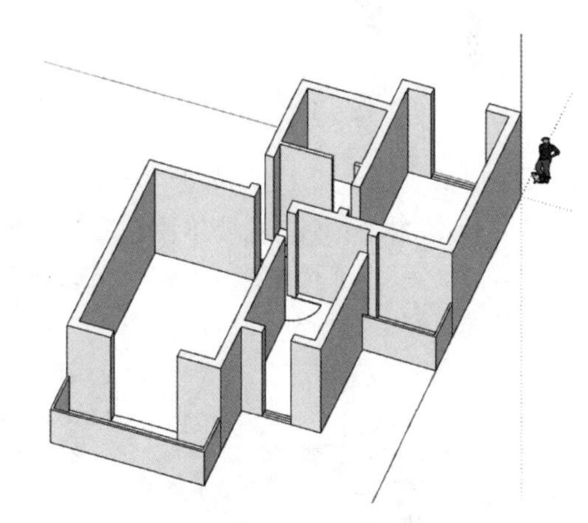

图 9.30　拉伸阳台

7. 掏窗洞和门洞

（1）单击“绘图”工具栏上的“直线”按钮，结合“使用入门”工具栏上的“删除”按钮，绘制平面，如图 9.31 所示。

（2）将窗台高设置为 0.8m，窗高设置为 1.2m。单击“编辑”工具栏上的“推/拉”按钮并按住 Ctrl 键，选择一层平面的窗户轮廓并拉伸 800mm、1200mm 和 1000mm，如图 9.32 所示。

图 9.31　绘制平面　　　　图 9.32　拉伸平面

（3）单击“使用入门”工具栏上的“删除”按钮，删除中间的平面和多余的直线，形成窗洞，如图 9.33 所示。

（4）单击“编辑”工具栏上的“推/拉”按钮并按住 Ctrl 键，选择墙体侧面进行推/拉，如图 9.34 所示。

图 9.33　绘制窗洞

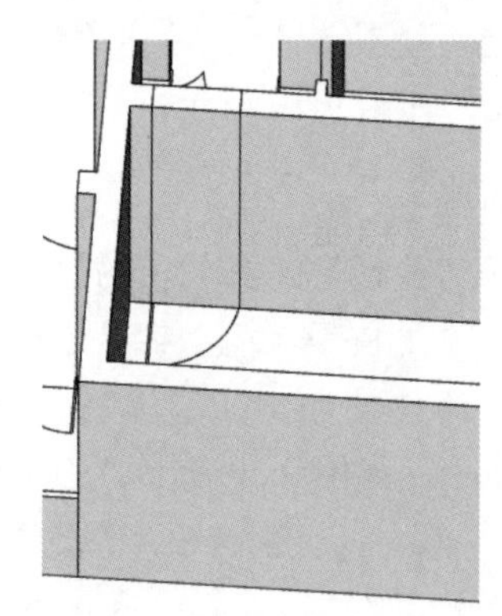

图 9.34　推/拉墙体

（5）将门高设置为 2.1m，单击“建筑施工”工具栏上的“卷尺工具”按钮，结合“绘图”工具栏上的“直线”按钮，在墙体两侧绘制距离地面 2100mm 的直线，如图 9.35 所示。

（6）单击“使用入门”工具栏上的“选择”按钮，选择多余的直线和平面，然后按 Delete 键进行删除，形成门洞，如图 9.36 所示。

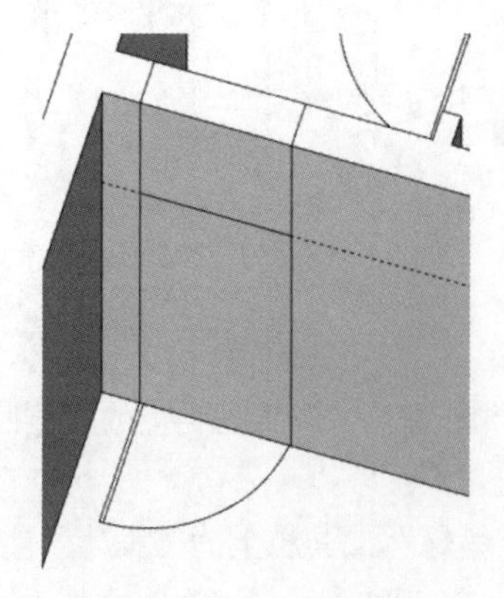

图 9.35　绘制直线

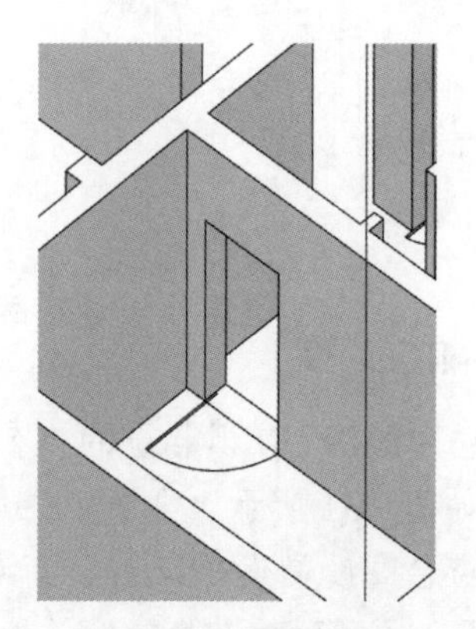

图 9.36　绘制门洞

（7）使用相同的方法绘制所有的门洞和窗洞，如图9.37所示。

8. 绘制地面

（1）单击“绘图”工具栏上的“直线”按钮，绘制平面。

（2）单击“使用入门”工具栏上的“选择”按钮并结合Delete键，将门上的平面删除，绘制出如图9.38所示的阳台地面。

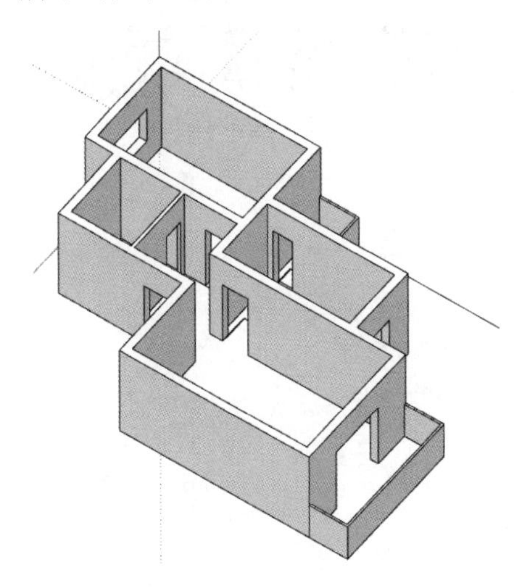

图9.37 绘制剩余图形

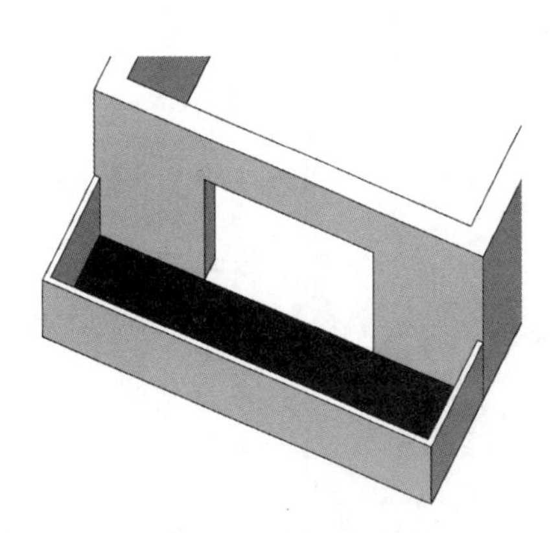

图9.38 绘制阳台地面

（3）使用相同的方法绘制所有的地面，如图9.39所示。

（4）选择地面，右击，在弹出的快捷菜单中选择“反转平面”命令，调整地面的正反面，将平面图隐藏，如图9.40所示。

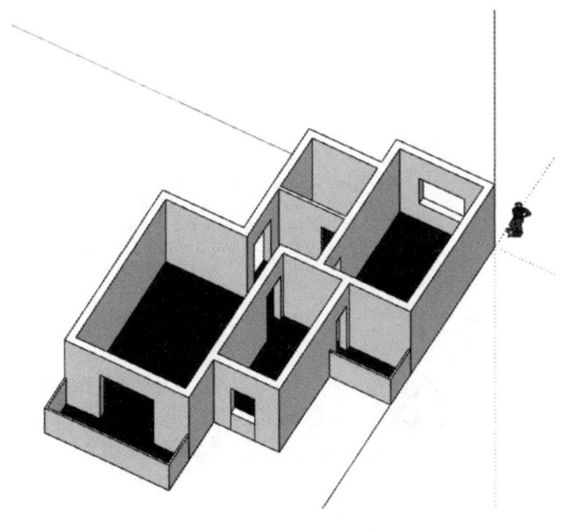

图9.39 绘制剩余地面

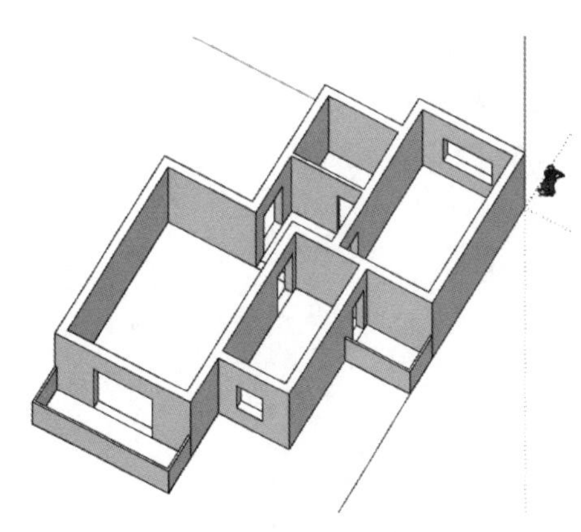

图9.40 反转地面

9.2 导　　出

扫一扫，看视频

导出是建模的最终目标，创建出来的模型都需要转换成其他格式以便和其他人分享，导出的内容包括图片、模型、动画等。

【执行方式】

菜单栏：文件→导出。

1. 导出三维模型

（1）选择菜单栏中的“文件”→“导出”→“三维模型”命令，打开“输出模型”对话框，如图 9.41 所示。

（2）打开“保存类型”下拉列表，选择“3DS 文件”（*.3ds）类型，如图 9.42 所示。

（3）单击“选项”按钮，打开“3DS 导出选项”对话框，如图 9.43 所示，用于设置导出的比例和材质等。

图 9.41　“输出模型”对话框

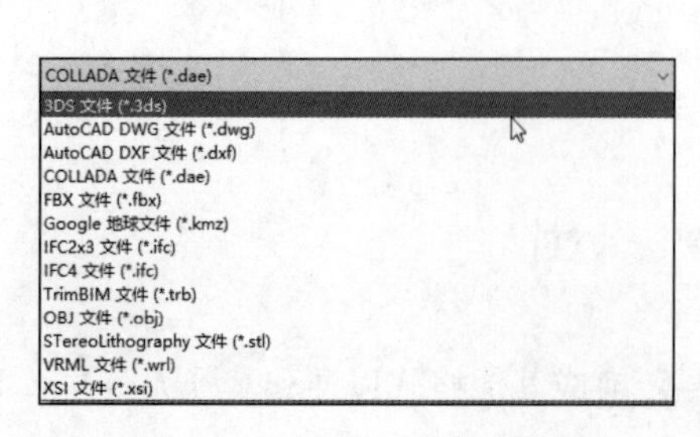

图 9.42　导出的三维模型类型

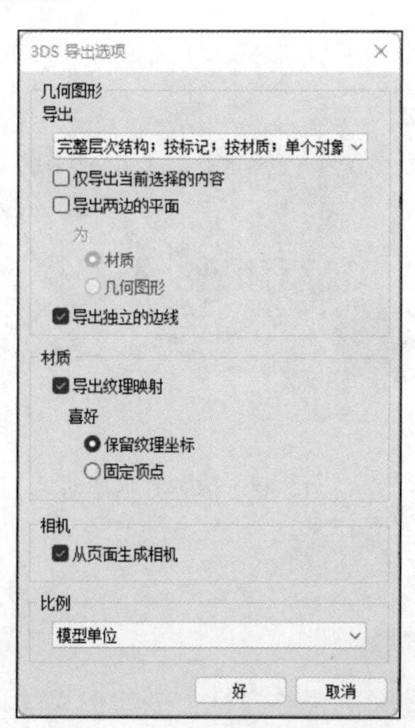

图 9.43　“3DS 导出选项”对话框

2. 导出二维图形

选择菜单栏中的“文件”→“导出”→“二维图形”命令，打开“输出二维图形”对话框，如图 9.44 所示。打开“保存类型”下拉列表，可以查看导出的二维图形类型，如图 9.45 所示。

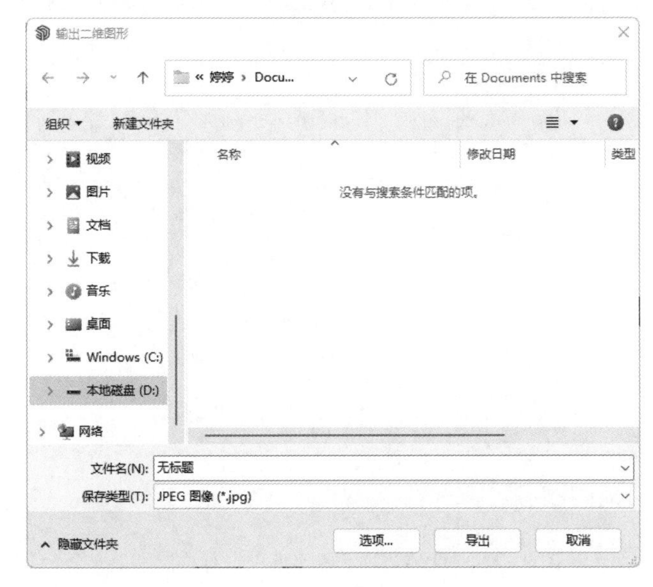

图 9.44　“输出二维图形”对话框

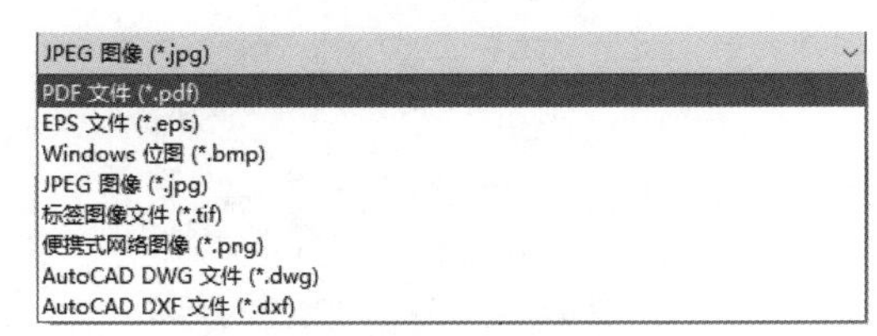

图 9.45　导出的二维图形类型

导出二维图形文件格式为 JPEG 图像、标签图像文件、便携式网络图像、Windows 位图、EPS 文件的“输出选项”对话框都是一样的，如图 9.46 所示。

（1）“图像大小”选项组。

1）使用视图尺寸：勾选此复选框，导出的图片以当前视图的像素作为导出图片的像素。

2）宽度、高度：不勾选“使用视图尺寸”复选框，这两个输入框才能被激活。可以自行输入需要的视图尺寸，尺寸越大，导出所需要的时间也越长。

（2）“渲染”选项组。

消除锯齿：勾选此复选框，会让导出图片中的内容尽量少出现锯齿现象。

3. 导出“AutoCAD DWG 文件”

在 SketchUp 中，可以使图像以 dwg 格式导出，极大地方便了很多建筑工作者。下面具体介绍使用方法。

首先在“保存类型”下拉列表中选择“AutoCAD DWG 文件（*.dwg）”类型，然后单击“选项”按钮，打开“DWG/DXF 输出选项”对话框，如图 9.47 所示。

（1）“AutoCAD 版本”选项组。

设置导出文件的版本属性，可以根据需要选择不同的 AutoCAD 版本，如图 9.48 所示。

（2）“图纸比例与大小”选项组。

勾选“全尺寸（1∶1）”复选框，其他采用默认设置。

（3）“轮廓线”选项组。

控制导出图形的外轮廓线的属性，采用默认设置。

（4）“剖切线”选项组。

控制导出图形的剖切线的属性，采用默认设置。

4．导出剖面

选择菜单栏中的“文件”→“导出”→“剖面”命令，打开“输出二维剖面”对话框，如图 9.49 所示。

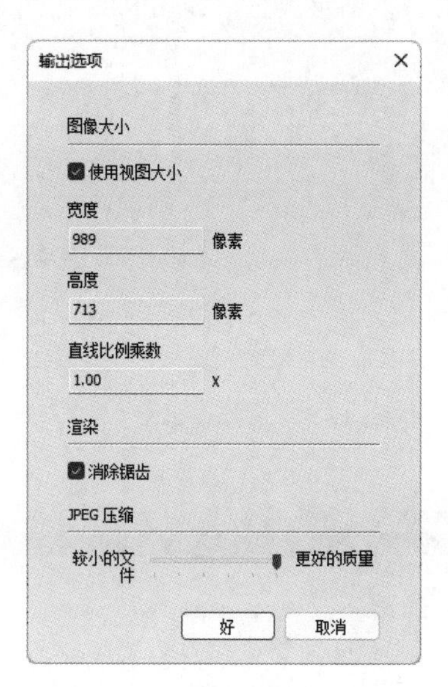

图 9.46　“输出选项”对话框

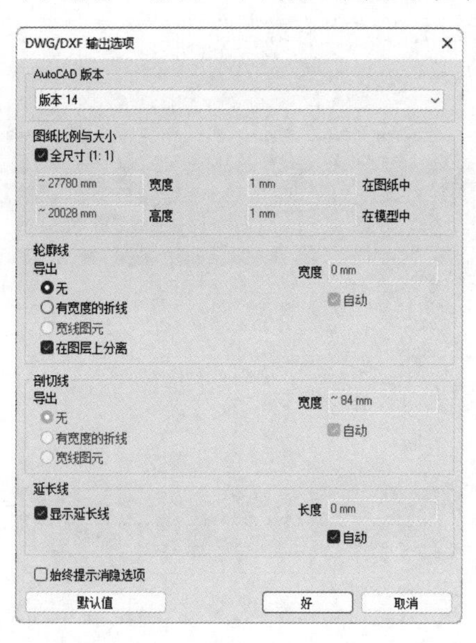

图 9.47　“DWG/DXF 输出选项”对话框

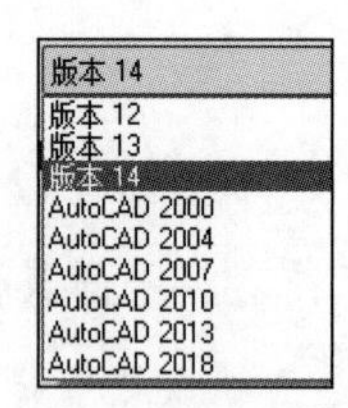

图 9.48　导出 AutoCAD 版本选项

图 9.49　“输出二维剖面”对话框

注意：

当场景中没有剖切面时，“剖面”命令处于未激活状态，也就是场景中存在剖切面是使用“导出”命令的前提条件。同样，在场景中创建页面是使用导出“动画”命令的前提条件。

扫一扫，看视频

动手学——导出住宅建筑图

本实例将通过导出住宅建筑图，包括住宅平面图和立面图，来重点学习“导出”命令，具体导出流程如图 9.50 所示。

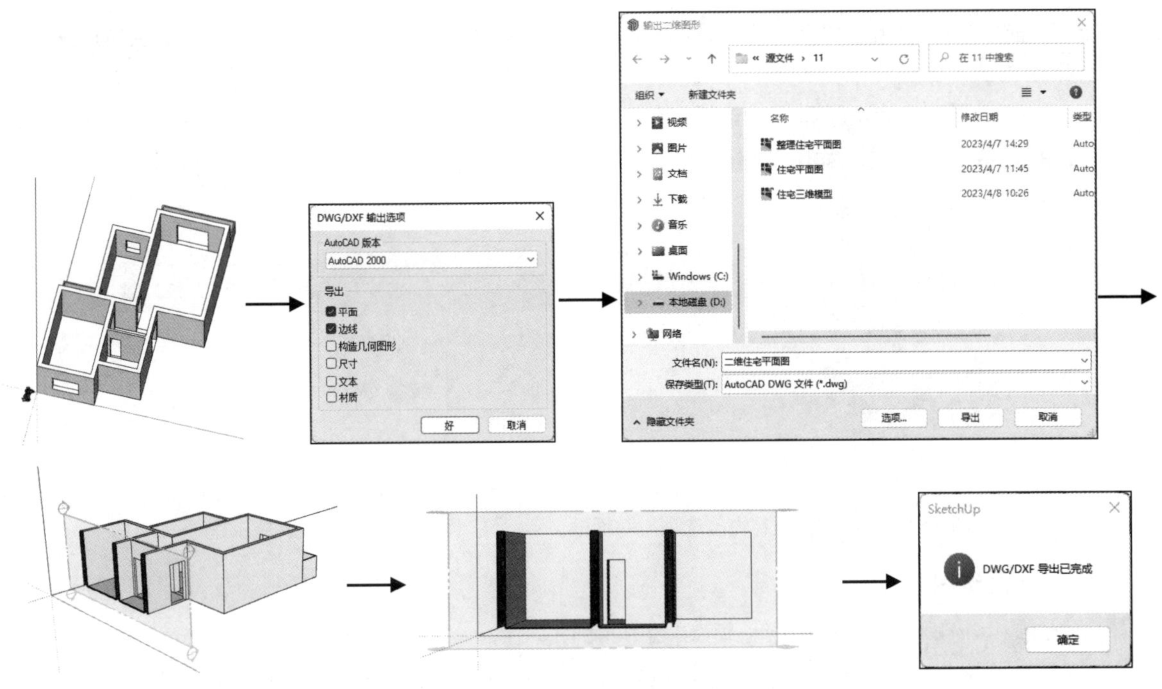

图 9.50　住宅建筑图导出流程

源文件：源文件\第 9 章\导出住宅建筑图.skp

【操作步骤】

1．导出三维模型

（1）选择菜单栏中的“文件”→“打开”命令，找到源文件中的住宅图并打开，如图 9.51 所示。

（2）选择菜单栏中的“文件”→“导出”→“三维模型”命令，打开“输出模型”对话框，如图 9.52 所示。输入文件的名称“住宅三维模型”，打开“保存类型”下拉列表，选择“AutoCAD DWG 文件（*.dwg）”类型。

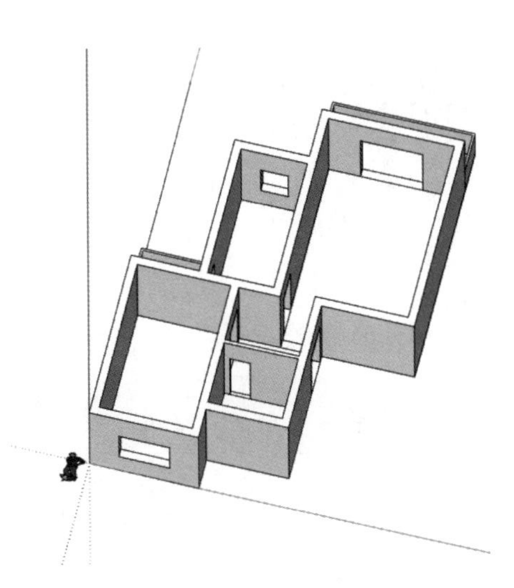

图 9.51　打开的住宅图

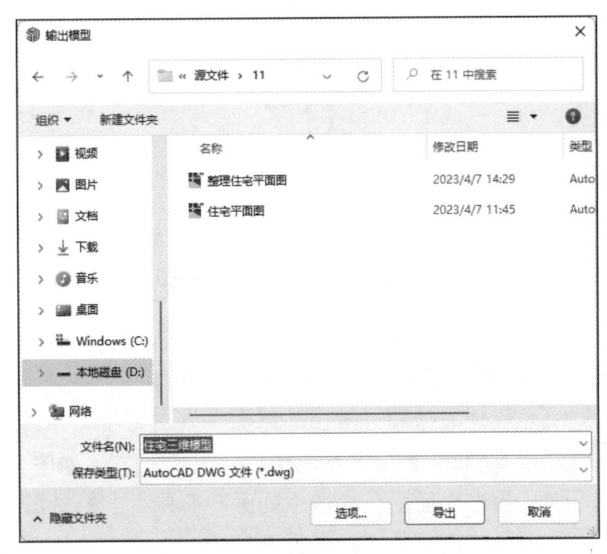

图 9.52　“输出模型”对话框

（3）单击“选项”按钮，打开“DWG/DXF 输出选项”对话框。设置保存的版本为“AutoCAD 2000”，导出选项仅勾选“平面”和“边线”，最后单击“好”按钮，如图 9.53 所示。

（4）软件返回到“输出模型”对话框，单击“导出”按钮，导出模型。导出完毕后，打开 SketchUp 提示框，提示导出已完成，如图 9.54 所示。

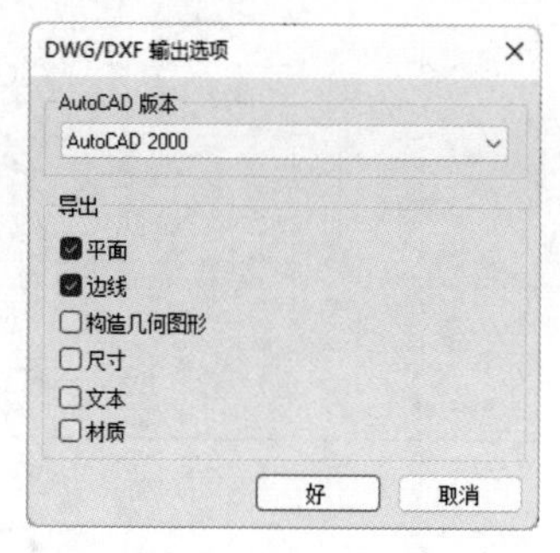

图 9.53　“DWG/DXF 输出选项”对话框

图 9.54　SketchUp 提示框

2．导出二维图形

（1）导出平面图。将相机切换到平行投影，视图转换到俯视图。选择菜单栏中的“文件”→“导出”→“二维图形”命令，打开“输出二维图形”对话框。打开“保存类型”下拉列表，选择“AutoCAD DWG 文件（*.dwg）”类型，输入文件的名称为“二维住宅平面图”，如图 9.55 所示。

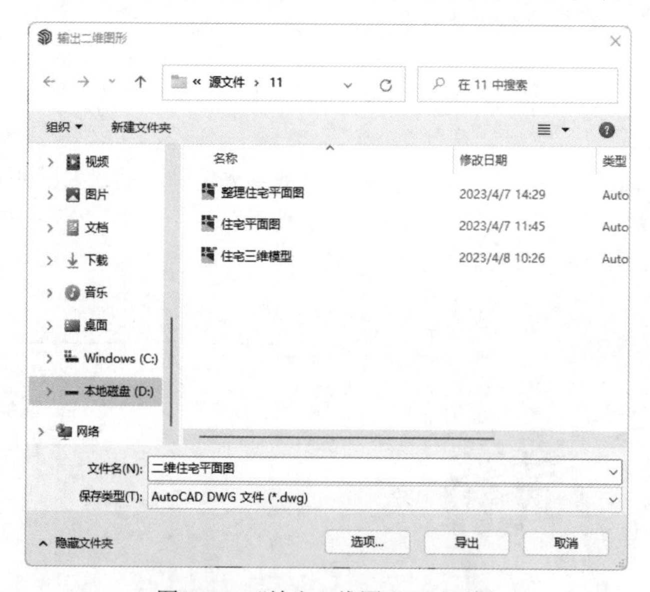

图 9.55　“输出二维图形”对话框

（2）单击“选项”按钮，打开“DWG/DXF 输出选项”对话框，如图 9.56 所示。设置保存的版本为“AutoCAD 2000”，单击“好”按钮。

（3）软件返回到“输出二维图形”对话框，单击“导出”按钮，导出平面图。导出完毕后，软件自动打开 SketchUp 提示框，提示导出已完成，如图 9.57 所示。

（4）导出立面图。单击“截面”工具栏上的“剖切面”按钮，绘制剖切面，如图 9.58 所示。然后将视图转换到前视图，如图 9.59 所示。

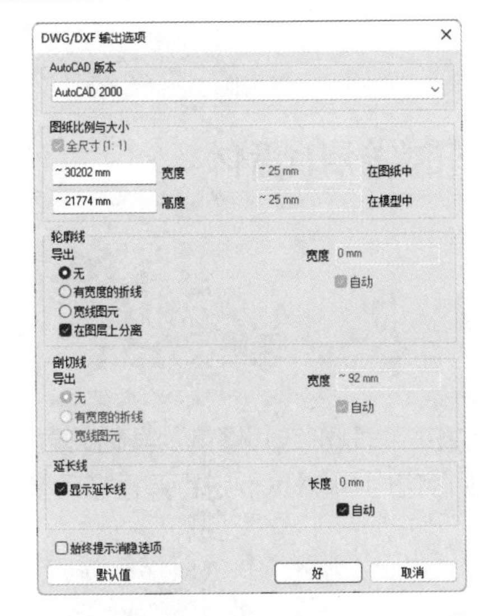

图 9.56 “DWG/DXF 输出选项”对话框

图 9.57 SketchUp 提示框

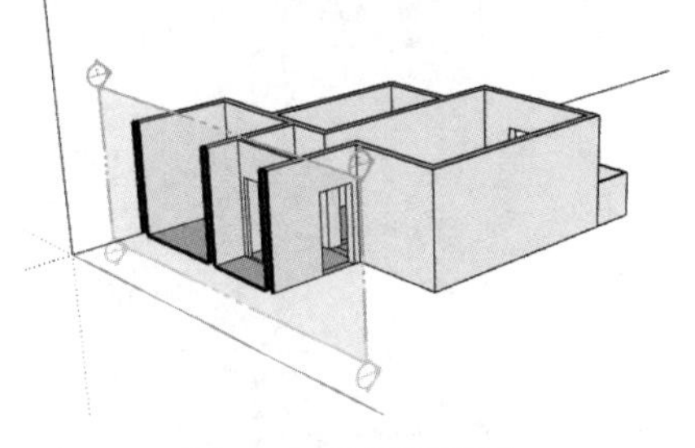

图 9.58 绘制剖切面

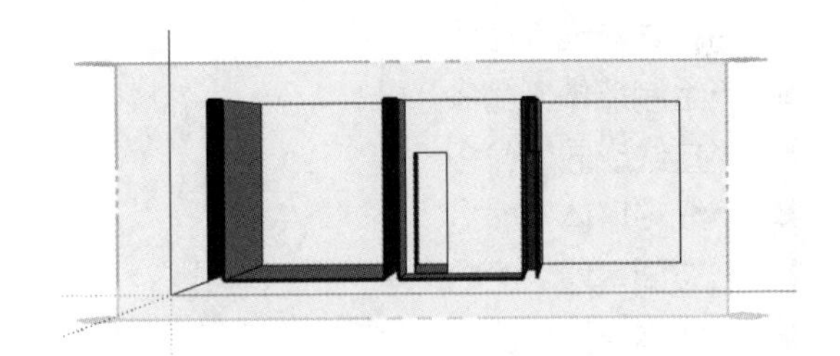

图 9.59 转换到前视图

（5）选择菜单栏中的“文件”→“导出”→“二维图形”命令，打开“输出二维图形”对话框，如图 9.60 所示，输入文件名为“住宅立面图”，保存类型为“AutoCAD DWG 文件（*.dwg）”。

（6）单击“导出”按钮，导出立面图。导出完毕后，打开 SketchUp 提示框，提示导出已完成，如图 9.61 所示。

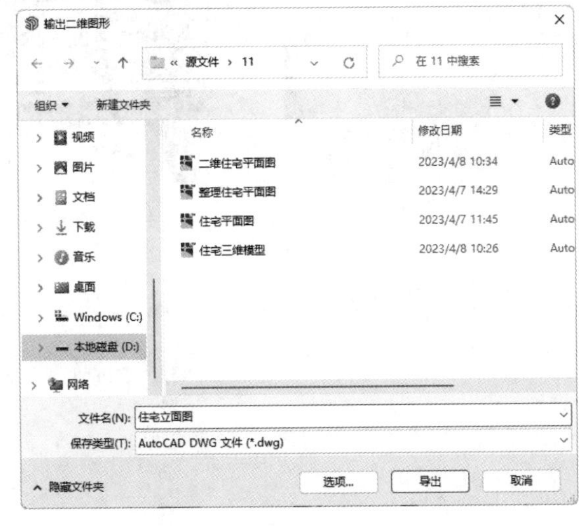

图 9.60 “输出二维图形”对话框

图 9.61 SketchUp 提示框

第 10 章　绘制轴线和墙体

内容简介

本章将结合一些简单实例，详细介绍 SUAPP 插件中的绘制轴线和墙体及其相关命令，帮助读者掌握在 SketchUp 中创建墙体的基本操作方法，为后面实际应用 SketchUp 进行建模做必要的知识准备。

内容要点

- “线转轴线”命令
- “轴线转线”命令
- “绘制墙体”命令
- “拉线成面”命令
- “线转墙体”命令
- “玻璃幕墙”命令
- “墙体开窗”命令
- “墙体开洞”命令

案例效果

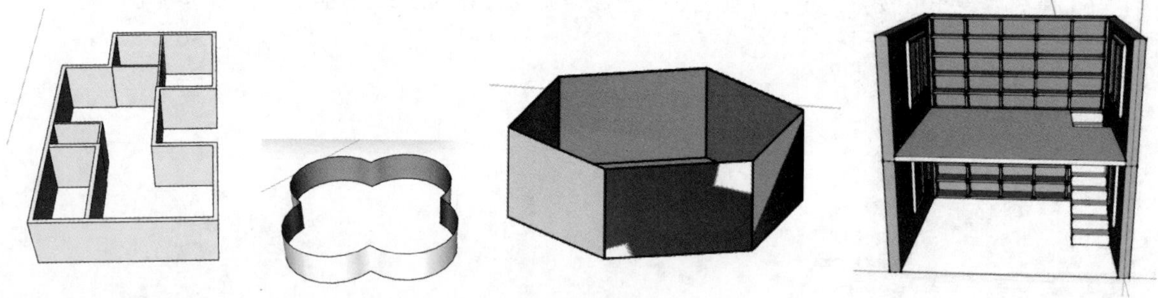

扫一扫，看视频

10.1　绘 制 轴 线

线转轴线和轴线转线互为逆向命令。

10.1.1　线转轴线

“线转轴线”命令可以将选中的线转换为轴线。

【执行方式】

菜单栏：“扩展程序”→“轴网墙体”→“线转轴线”。

【操作步骤】

（1）利用“选择”命令选择直线，如图 10.1 所示。

（2）选择菜单栏中的“扩展程序”→“轴网墙体”→“线转轴线”命令，将直线转换为轴线，如图 10. 2 所示。

图 10.1　选择直线　　图 10.2　转换为轴线

10.1.2　轴线转线

“轴线转线”命令可以将选中的轴线转换为线。

【执行方式】

菜单栏：“扩展程序”→“轴网墙体”→“轴线转线”。

【操作步骤】

（1）利用“选择”命令选择轴线，如图 10.3 所示。

（2）选择菜单栏中的“扩展程序”→“轴网墙体”→“轴线转线”命令，将轴线转换为线，如图 10.4 所示。

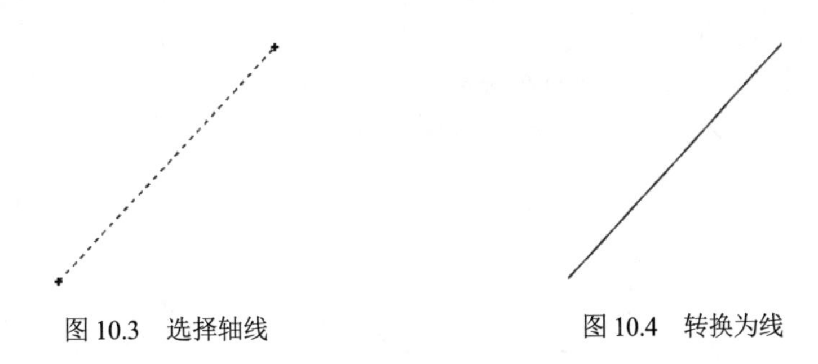

图 10.3　选择轴线　　图 10.4　转换为线

10.2　创建墙体

扫一扫，看视频

墙体是建筑物的重要组成部分，它的作用是承重或围护、分隔空间。

10.2.1　绘制墙体

使用“绘制墙体”命令可以设置相关的参数，指定墙体的厚度、高度和长度，进而绘制墙体。与使用直线、偏移和推/拉命令绘制墙体相比，更加节省了绘图的时间，提高了工作效率。

【执行方式】

- 菜单栏：“扩展程序”→“轴网墙体”→“绘制墙体”。
- 工具栏：“SUAPP 基本工具栏”→“绘制墙体”。

【操作步骤】

1. 绘制封闭墙体

（1）选择菜单栏中的“扩展程序”→“轴网墙体”→“绘制墙体”命令，指定墙体的起点之后，按 Tab 键，打开“参数设置”对话框。可以设置墙体定位、是否封口、绘制轴线以及宽度、高度等，如图 10.5 所示。

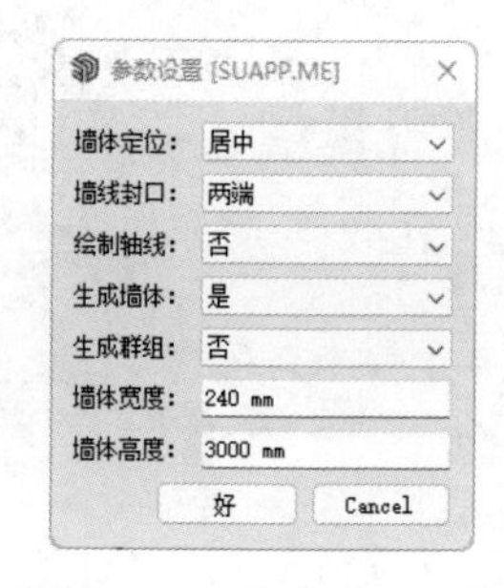

图 10.5 “参数设置”对话框

（2）指定墙体的起点之后，将鼠标指针沿坐标轴移动，确定第 2 个点，继续绘制与坐标轴平行或共线的墙体。

（3）指定墙体的终点时，将鼠标指针移动到墙体的起点位置，单击确定终点，然后按回车键，软件自动绘制封闭墙体，如图 10.6 所示。

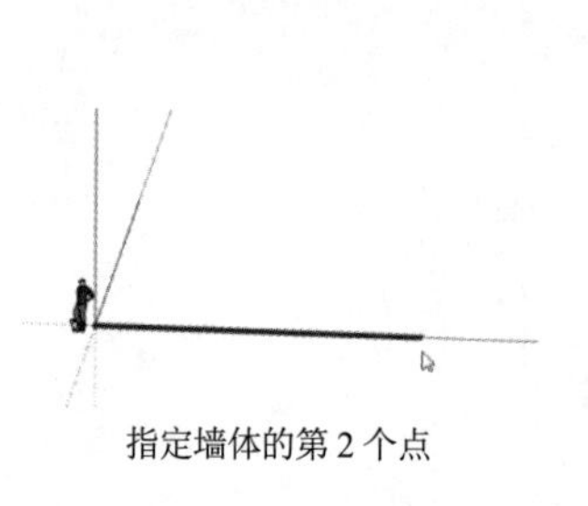

指定墙体的第 2 个点

指定墙体的终点

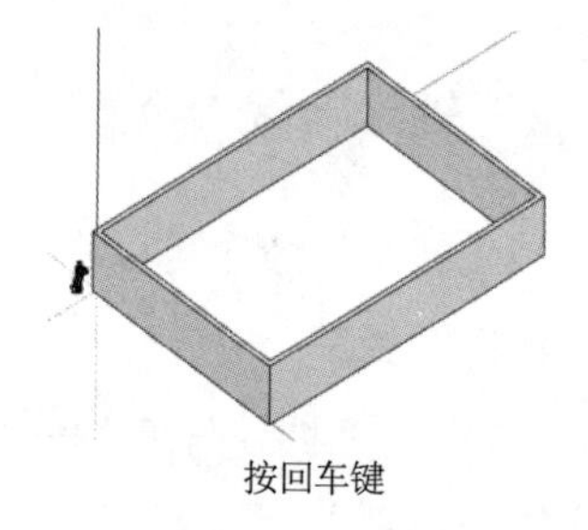

按回车键

图 10.6 绘制封闭墙体

2. 绘制未封闭墙体

（1）指定墙体的起点之后，将鼠标指针沿坐标轴移动，确定第 2 个点，继续绘制与坐标轴平行或共线的墙体，并确定墙体的第 3 个点。

（2）指定墙体的终点时，首先使用鼠标指针指定墙体的绘制方向，然后按回车键或者右击确认第 3 段墙体，这样就可以绘制未封闭的一段墙体，如图 10.7 所示。

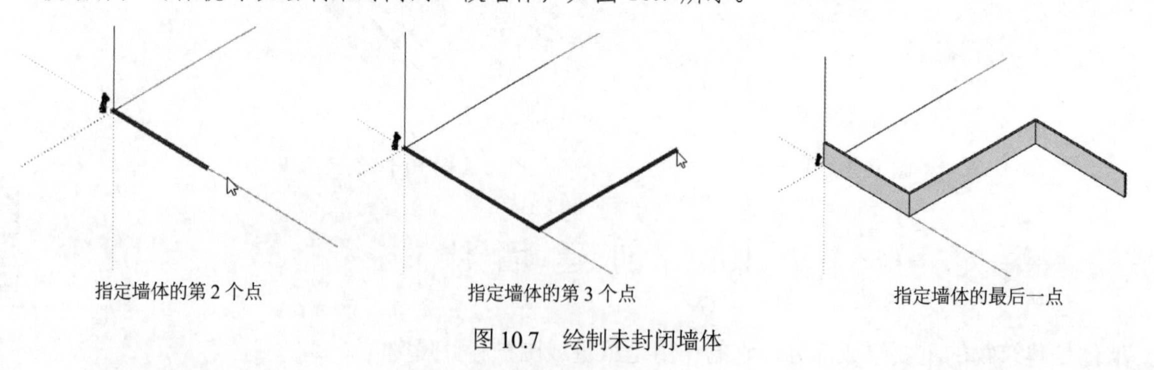

指定墙体的第 2 个点　　指定墙体的第 3 个点　　指定墙体的最后一点

图 10.7 绘制未封闭墙体

3. 绘制轴线

（1）指定墙体的起点之后，按 Tab 键，打开“参数设置”对话框。“绘制轴线”设置为“是”，“生成墙体”设置为“否”。

（2）绘制一段模型，软件仅仅生成轴线，不会生成墙体，如图 10.8 所示。

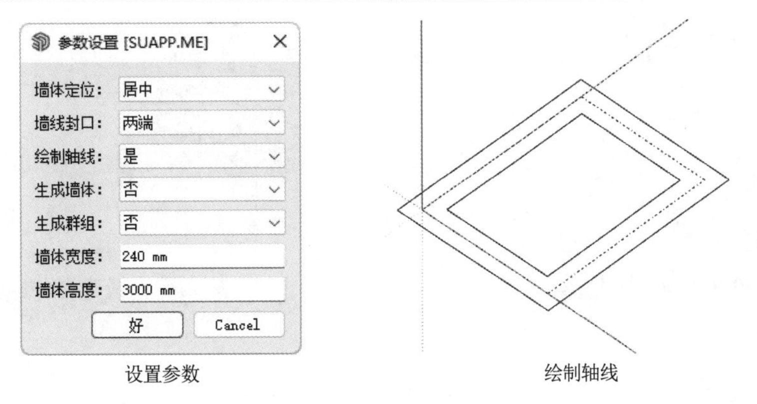

设置参数　　　　绘制轴线

图 10.8　绘制轴线

扫一扫，看视频

动手学——绘制墙体

本实例将通过绘制墙体来重点学习“绘制墙体”命令，具体绘制流程如图 10.9 所示。

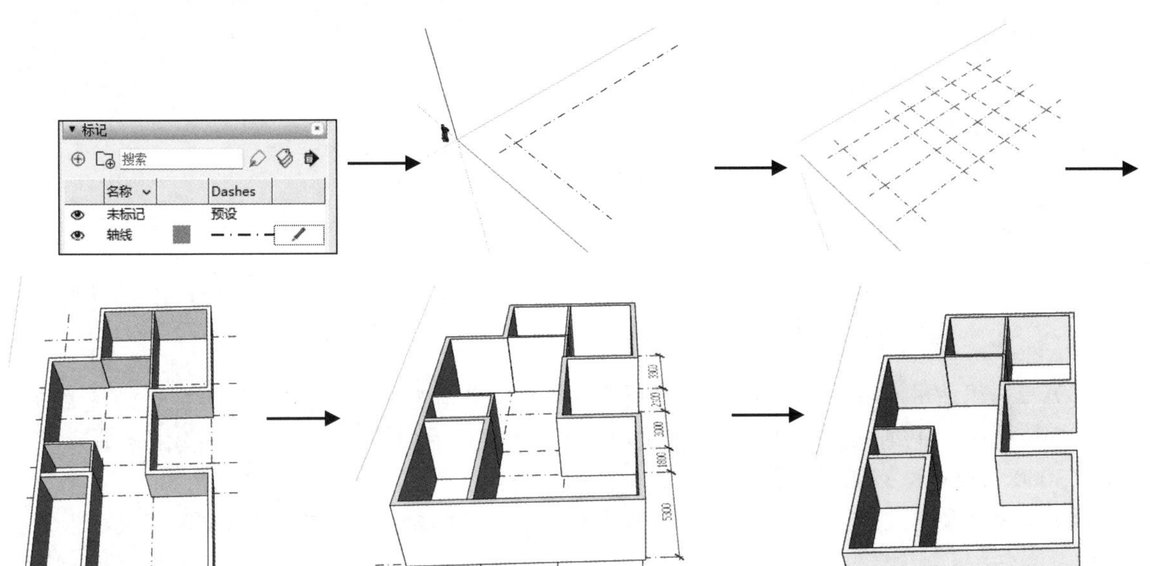

图 10.9　墙体绘制流程

源文件：源文件\第 10 章\绘制墙体.skp

【操作步骤】

1．新建标记

（1）选择“默认面板”→“标记”命令，打开“标记”面板。

（2）在“标记”面板中单击“新建标记”按钮⊕，新建“轴线”标记。将颜色设置为红色 RGB(255,0,0)，线型设置为点划线，并将其设置为当前标记，如图 10.10 所示。

（3）新建墙体和标注标记，颜色为黑色，线型采用预设，如图 10.11 所示。

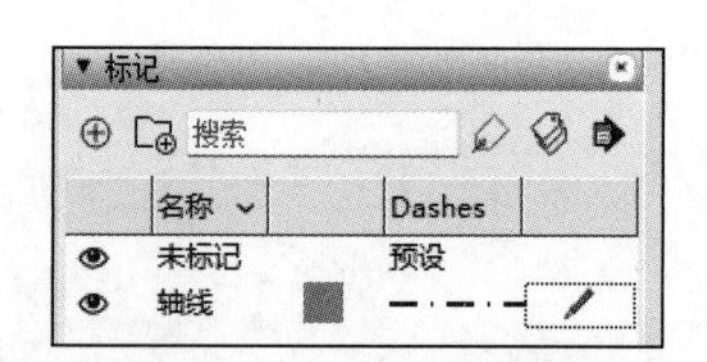

图 10.10　新建轴线标记

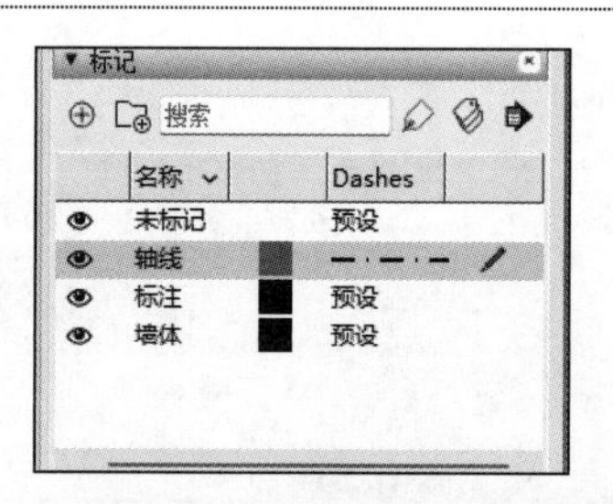

图 10.11　新建其他标记

2. 创建轴线

（1）将相机切换到平行投影。单击“绘图”工具栏上的“直线”按钮，绘制长度为 12000mm 且平行于红轴的轴线 1，如图 10.12 所示。

（2）单击“绘图”工具栏上的“直线”按钮，绘制长度为 18000mm 且平行于绿轴的轴线 2，如图 10.13 所示。

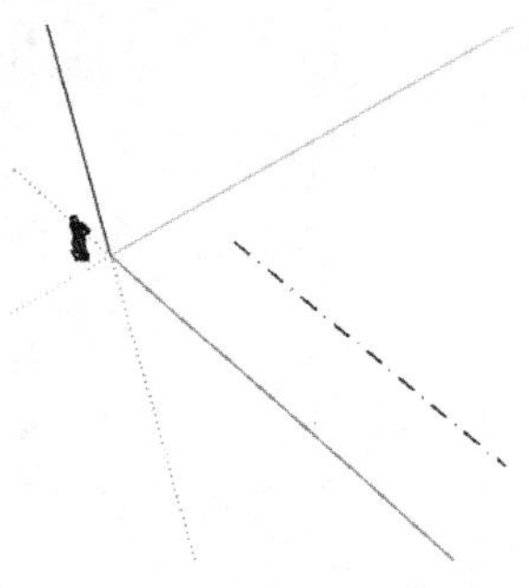

图 10.12　绘制轴线 1

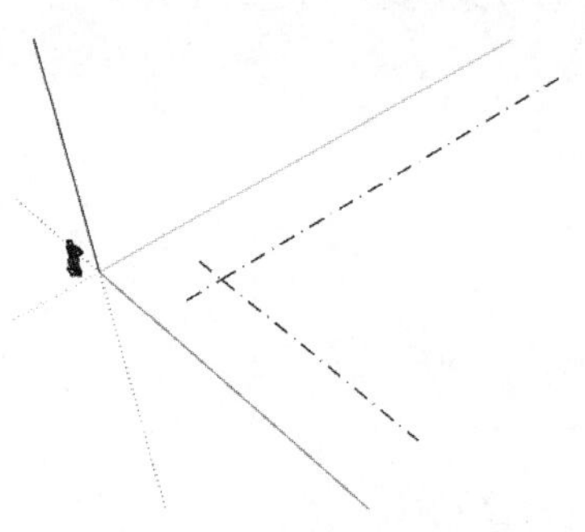

图 10.13　绘制轴线 2

（3）单击“使用入门”工具栏上的“选择”按钮，选择轴线 1，单击“编辑”工具栏上的“移动”按钮并按 Ctrl 键，进行复制。每次复制均以上一次复制后的轴线为基准线，复制的间距为 5300、1800、3000、2100 和 3300（单位：mm），如图 10.14 所示。

（4）单击“使用入门”工具栏上的“选择”按钮，选择轴线 2，单击“编辑”工具栏上的“移动”按钮并按 Ctrl 键，进行复制。每次复制均以上一次复制后的轴线为基准线，复制的间距为 2750、3000 和 3300（单位：mm），如图 10.15 所示。

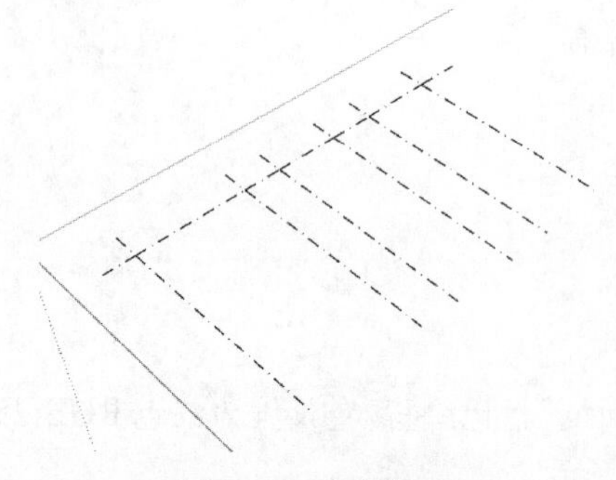

图 10.14　复制轴线 1

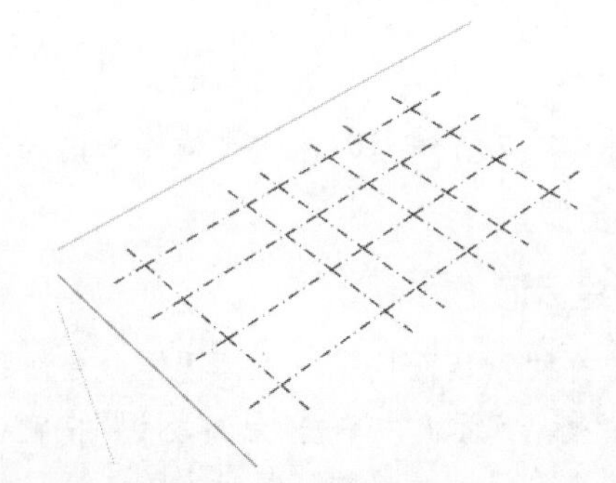

图 10.15　复制轴线 2

3. 创建墙体

（1）将当前标记设置为墙体。选择菜单栏中的“扩展程序”→“轴网墙体”→“绘制墙体”命令，指定墙体的起点之后，按 Tab 键，打开“参数设置”对话框，如图 10.16 所示。“绘制轴线”设置为“否”，“生成墙体”设置为“是”，“墙体宽度”设置为 240mm，“墙体高度”设置为 3000mm。

（2）绘制宽度为 240mm 的外墙和内墙，结果如图 10.17 所示。

（3）将墙体宽度设置为 120mm，将鼠标指针移动到墙体上，提示在边线上时，单击确定墙体位置，绘制高度为 3000mm 的内墙，如图 10.18 所示。

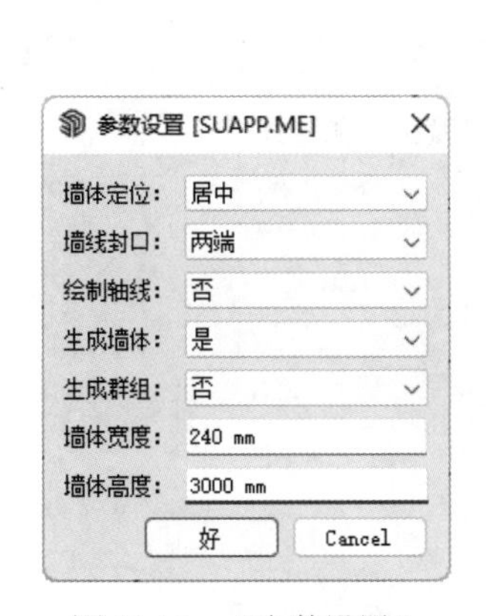

图 10.16　“参数设置”对话框

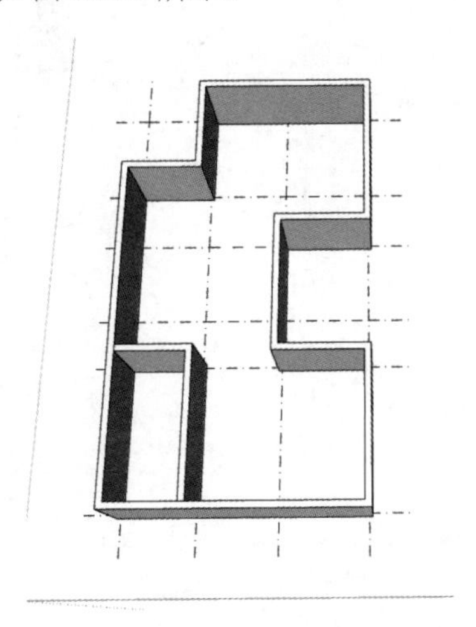

图 10.17　绘制宽度为 240mm 的墙体

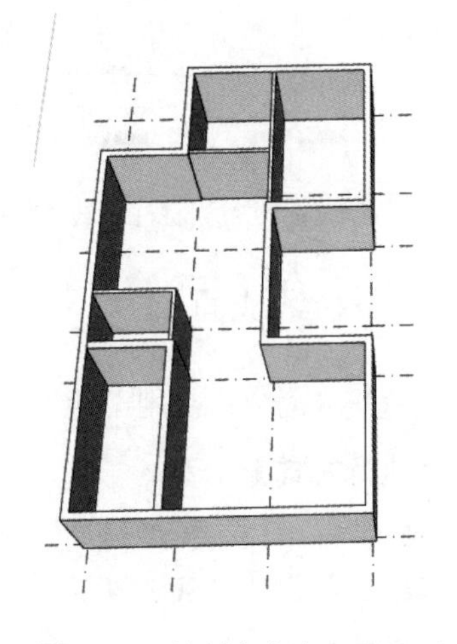

图 10.18　绘制宽度为 120mm 和高度为 3000mm 的墙体

4. 标注尺寸

（1）将当前标记设置为标注。选择菜单栏中的“窗口”→“模型信息”命令，打开“模型信息”对话框。在“单位”选项中取消勾选“显示单位格式”复选框，这样标注的尺寸将不显示标注单位，如图 10.19 所示。在“尺寸”选项中将“尺寸”设置为“对齐尺寸线”，位置在“上方”。这样标注的尺寸位于尺寸线上方并且与尺寸线平行，如图 10.20 所示。

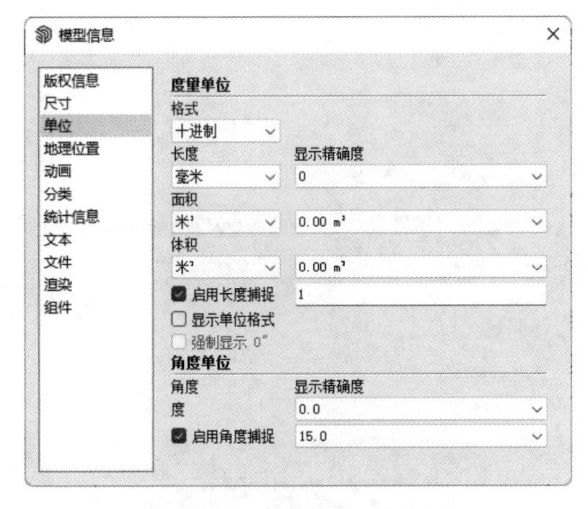

图 10.19　取消显示单位格式

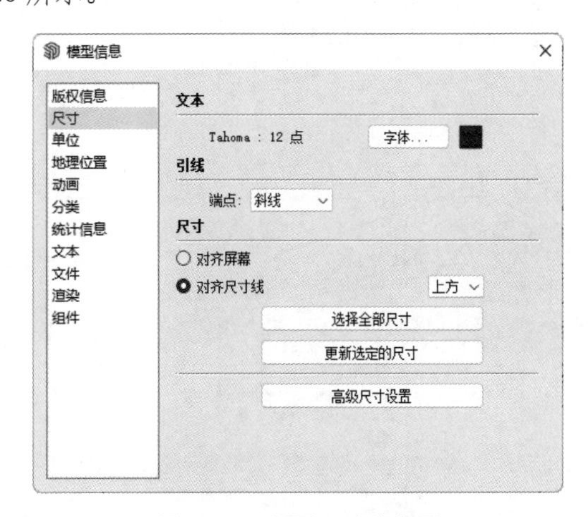

图 10.20　设置尺寸线位置

（2）单击“建筑施工”工具栏上的“尺寸”按钮，标注轴线直线的尺寸，结果如图 10.21 所示。

（3）将当前标记设置为未标记，然后隐藏轴线和标注标记。这样标注的尺寸和轴线全部被隐藏，如图 10.22 所示。

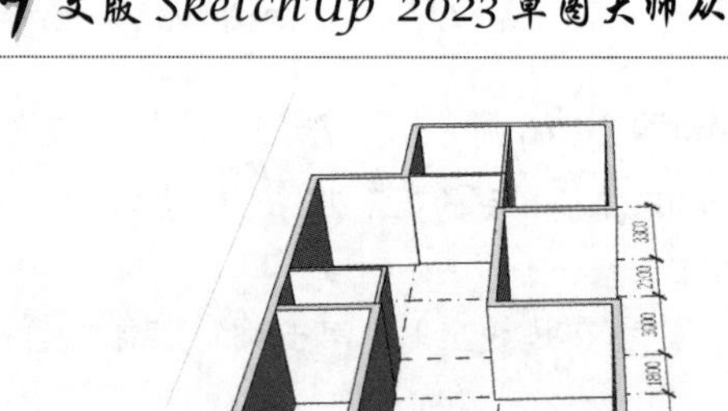

图 10.21　标注轴线直线的尺寸

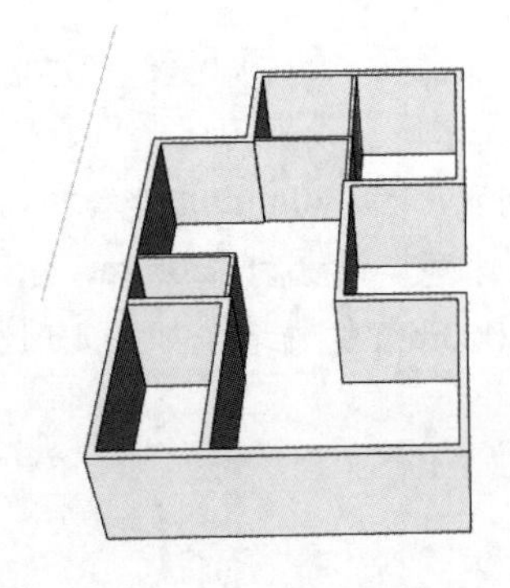

图 10.22　隐藏标注和轴线

扫一扫，看视频

10.2.2　拉线成面

“拉线成面”命令用于绘制不规则的墙体。

【执行方式】

- 菜单栏：“扩展程序”→“线面工具”→“拉线成面”。
- 工具栏：“SUAPP 基本工具栏”→“拉线成面”。

【操作步骤】

（1）利用“选择”命令选中需要成面的图形。

（2）选择菜单栏中的“扩展程序”→“线面工具”→“拉线成面”命令，移动鼠标指针，当提示在蓝色轴线上时，调整曲面的高度。单击，软件自动生成曲面。

（3）双击完成曲面的绘制。这时软件会打开提示框，提醒是否需要翻转视图的方向，单击“是”按钮。这样视图的正反平面将进行翻转。

（4）软件继续打开另一个提示框，提醒拉伸结果是否需要生成群组，单击“是”按钮。这样生成的模型将自动创建为群组。单击模型上的任意一点，整个模型会被选中，并且在模型外侧有一个长方体的蓝色框，如图 10.23 所示。

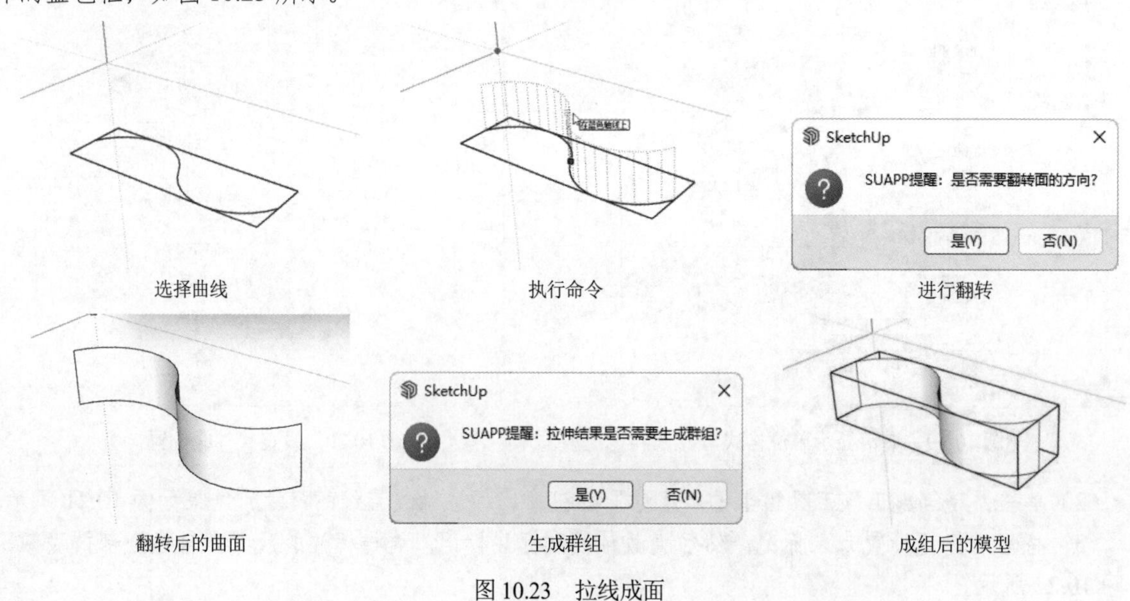

图 10.23　拉线成面

扫一扫，看视频

动手学——绘制弧形墙体

本实例将通过绘制弧形墙体来重点学习“拉线成面”命令，具体绘制流程如图 10.24 所示。

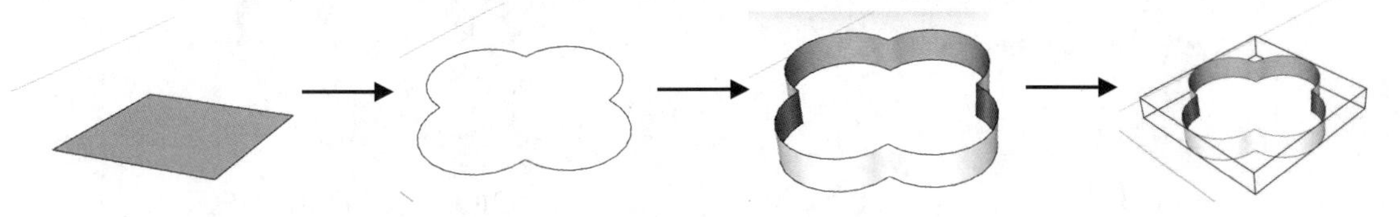

图 10.24　弧形墙体绘制流程

源文件：源文件\第 10 章\绘制弧形墙体.skp

【操作步骤】

（1）单击“绘图”工具栏上的“矩形”按钮，绘制长度和宽度均为 10m 的正方形平面，如图 10.25 所示。

（2）单击“绘图”工具栏上的“圆弧”按钮，绘制 4 个半圆弧，结果如图 10.26 所示。

（3）单击“使用入门”工具栏上的“选择”按钮并结合 Delete 键，将矩形平面和多余的直线删除，仅仅保留外侧的边线，如图 10.27 所示。

（4）单击“使用入门”工具栏上的“选择”按钮，将花形圆弧全部选中，如图 10.28 所示。

（5）单击“SUAPP 基本工具栏”→“拉线成面”按钮，移动鼠标指针，当提示在蓝色轴线上时，指定数值为 3000mm。按回车键，软件自动生成曲面。双击完成曲面绘制。

（6）软件会打开提示框，提醒是否需要翻转视图的方向，如图 10.29 所示。单击“是”按钮，这样视图的正反平面将进行翻转，白色为正面，蓝色为反面，如图 10.30 所示。

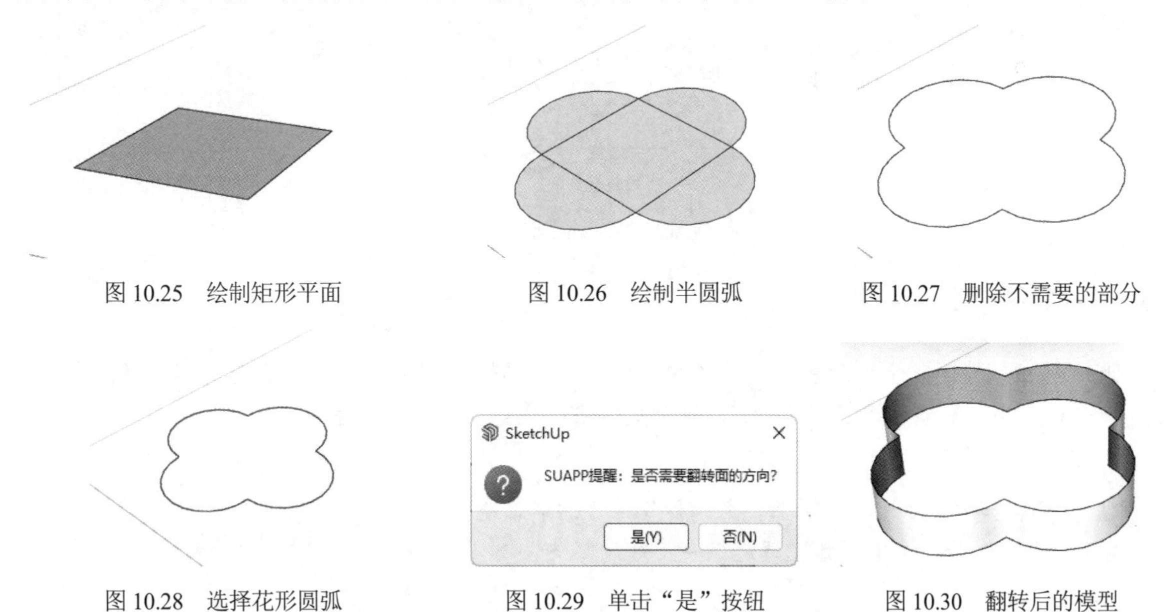

图 10.25　绘制矩形平面　　图 10.26　绘制半圆弧　　图 10.27　删除不需要的部分

图 10.28　选择花形圆弧　　图 10.29　单击“是”按钮　　图 10.30　翻转后的模型

（7）软件继续打开另一个提示框，如图 10.31 所示。提醒拉伸结果是否需要生成群组。单击“是”按钮，这样生成的模型将自动创建为群组。单击模型上的任意一点，整个模型会被选中，并且在模型外侧有一个长方体的蓝色框，如图 10.32 所示。

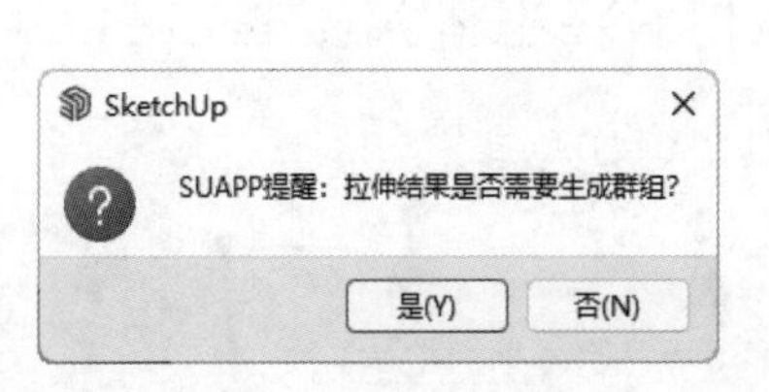

图 10.31　单击“是”按钮

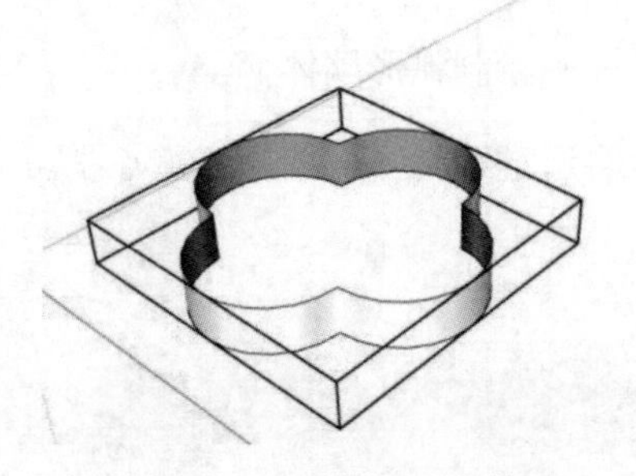

图 10.32　创建群组后的模型

10.2.3　线转墙体

“线转墙体”命令用于绘制墙体。

【执行方式】

菜单栏：“扩展程序”→“轴网墙体”→“线转墙体”。

【操作步骤】

（1）利用“选择”命令选择线。

（2）选择菜单栏中的“扩展程序”→“轴网墙体”→“线转墙体”命令，打开“参数设置”对话框。设置墙体定位、墙体宽度和墙体高度。单击“好”按钮，自动生成墙体，如图 10.33 所示。

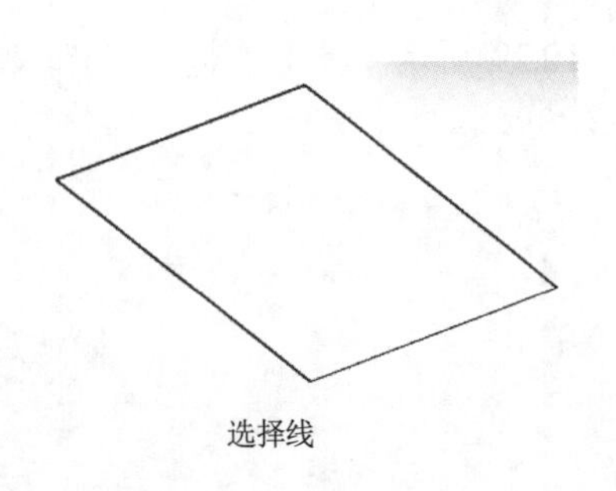

选择线

设置参数

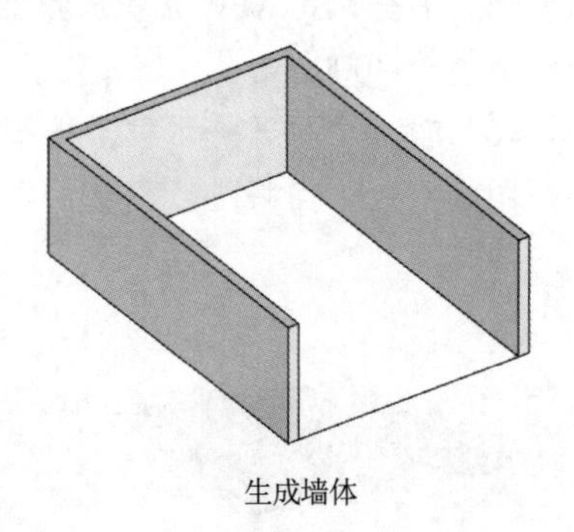

生成墙体

图 10.33　线转墙体

10.2.4　玻璃幕墙

玻璃幕墙是使用安全玻璃建造的现代建筑物的墙体结构，使用玻璃幕墙的建筑物大多是高层建筑。一般情况下，玻璃幕墙的建筑物看起来会更美观，更具有现代化气息。

【执行方式】

- 菜单栏：“扩展程序”→“门窗构件”→“玻璃幕墙”。
- 工具栏：“SUAPP 基本工具栏”→“玻璃幕墙”田。

【操作步骤】

1．相关参数

（1）选择菜单栏中的“扩展程序”→“门窗构件”→“玻璃幕墙”命令，打开如图 10.34 所示的提示框，提示没有选中四边形。

（2）在 SketchUp 界面中绘制一个矩形。单击“使用入门”工具栏上的“选择”按钮，选择绘制的矩形，单击“SUAPP 基本工具栏”→“玻璃幕墙”按钮，打开“参数设置”对话框，如图 10.35 所示。下面介绍其中各个参数的含义。

1）行数：设置玻璃幕墙框架中的水平分割数。

2）列数：设置玻璃幕墙框架中的竖直分割数。

3）外框宽（竖向）：控制所创建框架中空外部的竖直宽度。

4）外框宽（横向）：控制所创建框架中空外部的水平宽度。

5）内框宽（竖向）：控制所创建框架中空内部的竖直宽度。

6）内框宽（横向）：控制所创建框架中空内部的水平宽度。

7）外框厚度：玻璃幕墙的总体厚度。

8）玻璃位置：指定玻璃的放置位置。

（3）设置完参数后单击“好”按钮，绘制的玻璃幕墙如图 10.36 所示。

如果创建出来的模型不符合要求，可以使用推/拉工具进行调整，调整后的图形如图 10.37 所示。

图 10.34　没有选中四边形

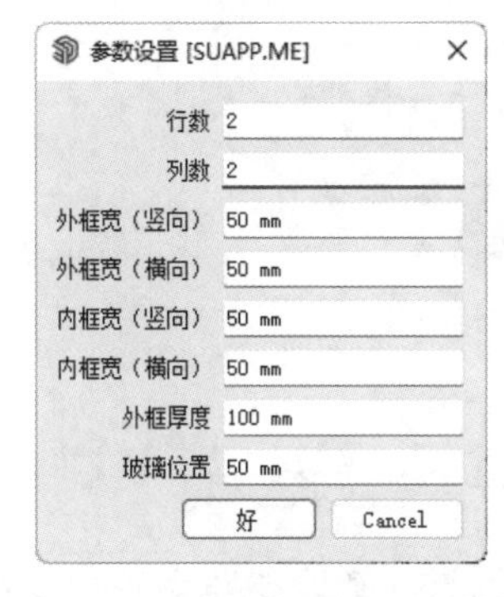

图 10.35　“参数设置”对话框

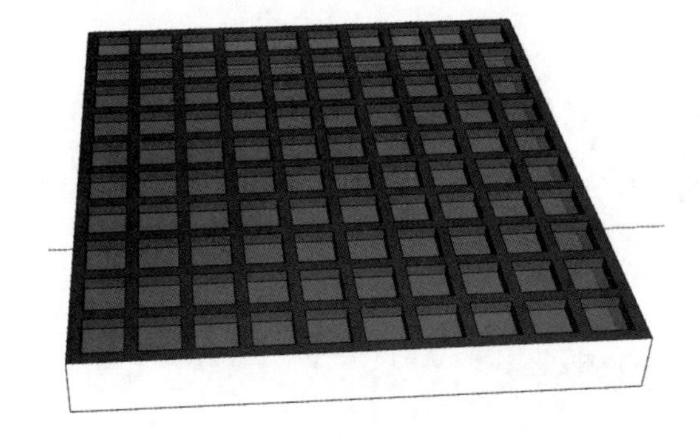

图 10.36　没有修改的实体框架

图 10.37　修改好的实体框架

2．墙体开窗

（1）利用“选择”命令选中需要生成玻璃幕墙的平面。

（2）选择菜单栏中的“扩展程序”→“门窗构件”→“玻璃幕墙”命令，打开“参数设置”对话框。设置玻璃幕墙的相关参数。单击“好”按钮，自动生成玻璃幕墙。

（3）利用“选择”命令并按 Ctrl 键，依次点选需要生成玻璃幕墙的平面。

（4）单击“SUAPP 基本工具栏”→“玻璃幕墙”按钮，打开提示框。单击“是”按钮，将选中的所有面进行相同的设置，自动生成这些面的玻璃幕墙，如图 10.38 所示。

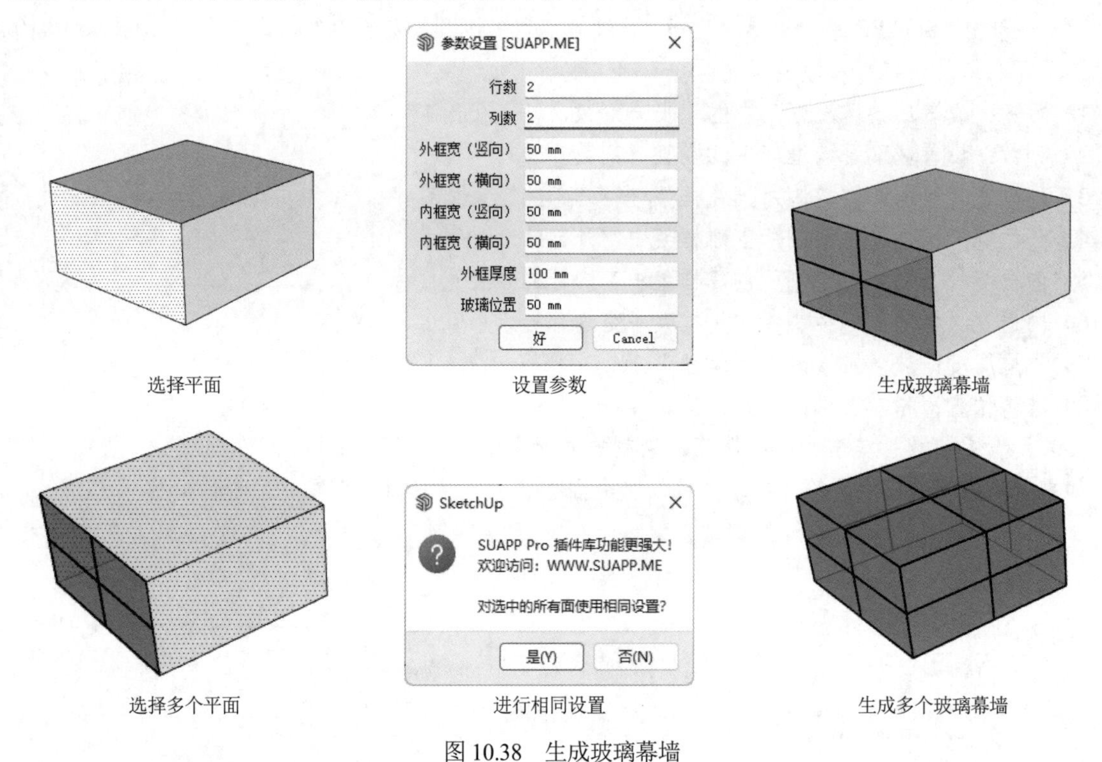

图 10.38 生成玻璃幕墙

动手学——绘制玻璃幕墙

本实例将通过绘制玻璃幕墙来重点学习“玻璃幕墙”命令，具体绘制流程如图 10.39 所示。

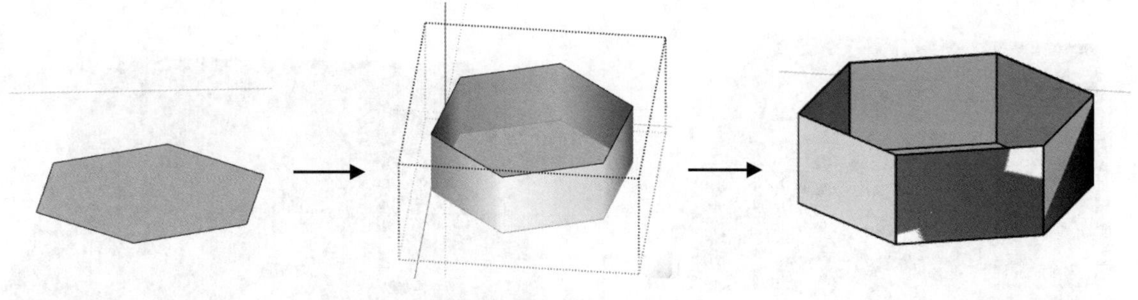

图 10.39 玻璃幕墙绘制流程

源文件：源文件\第 10 章\绘制玻璃幕墙.skp

【操作步骤】

（1）单击“绘图”工具栏上的“多边形”按钮，绘制半径为 8000mm 的六边形，如图 10.40 所示。

（2）单击“SUAPP 基本工具栏”→“拉线成面”按钮，拉伸高度为 5000mm。双击完成绘制，结果如图 10.41 所示。

（3）打开提示框，提醒是否需要翻转面的方向，单击“是”按钮，如图 10.42 所示，继续打开另一个提示框，提醒拉伸结果是否需要生成群组，单击“是”按钮。这样生成的模型将自动创建为群组，如图 10.43 所示。

（4）双击模型，进入群组内部。这时模型外侧会有一个长方体的虚线框，如图 10.44 所示。单击“使用入门”工具栏上的“选择”按钮，在侧面单击，所有侧面都会被选中。

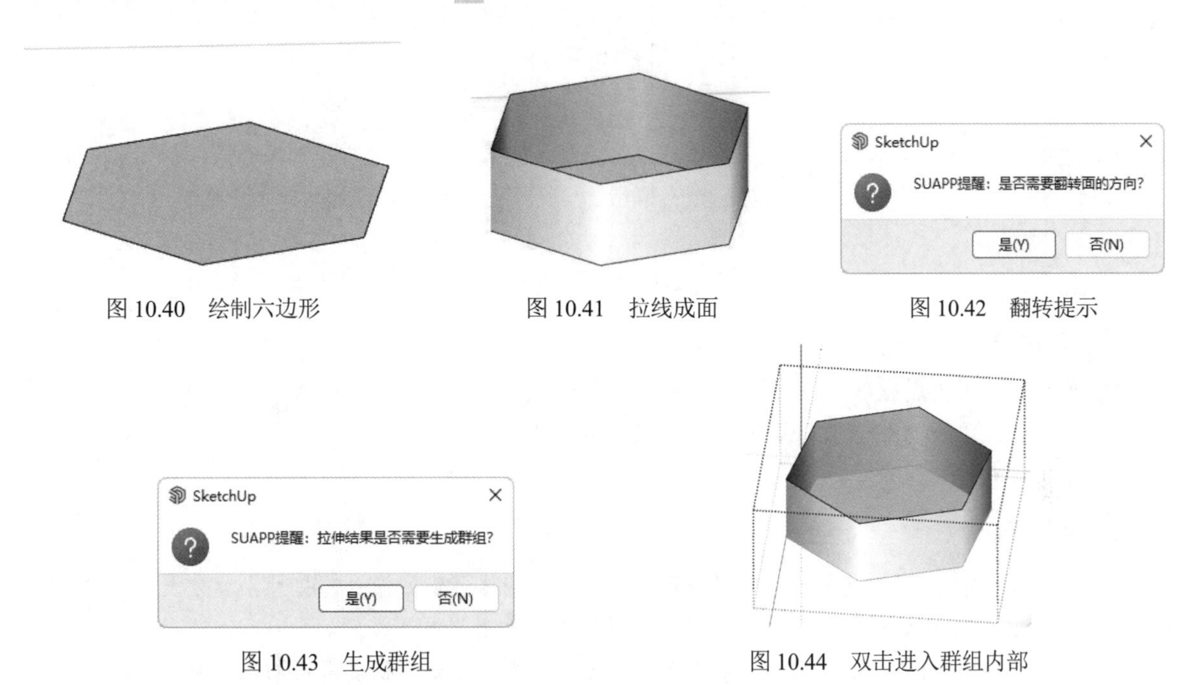

图 10.40　绘制六边形　　图 10.41　拉线成面　　图 10.42　翻转提示

图 10.43　生成群组　　图 10.44　双击进入群组内部

（5）单击“SUAPP 基本工具栏”→“玻璃幕墙”按钮，打开提示对话框，如图 10.45 所示。单击“是”按钮，继续打开“参数设置”对话框，将行数和列数均设置为 1，其他参数如图 10.46 所示。将选中的所有面进行相同的设置，单击“好”按钮，自动生成这些面的玻璃幕墙，如图 10.47 所示。

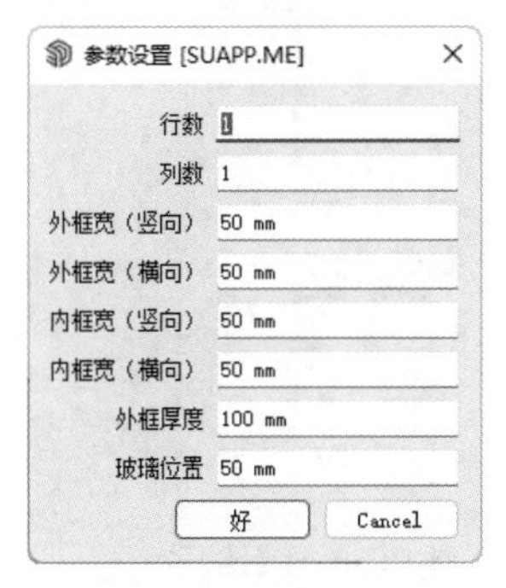

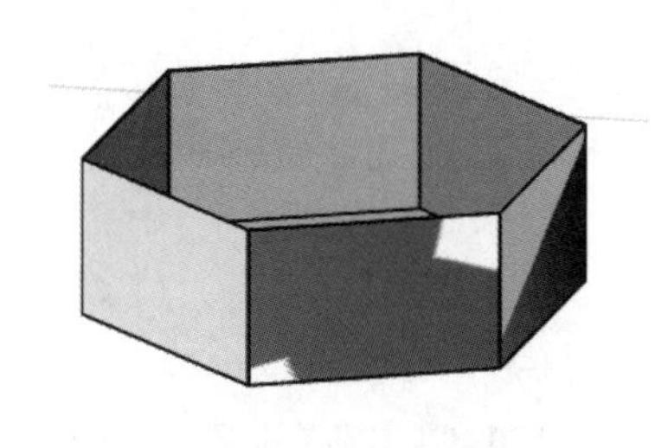

图 10.45　单击“是”按钮　　图 10.46　设置相关参数　　图 10.47　生成玻璃幕墙

扫一扫，看视频

10.2.5　墙体开窗

如果是承重墙，那么这面墙是不能改动的，不能在上面开窗，否则可能会影响整栋楼的稳定性。除非进行加固，并且加固方案经过建筑方和设计方认可才能施工。如果不是承重墙，就可以设计好窗户，在确保不影响整栋楼安全的情况下进行开窗。

拉窗分左/右推拉和上/下推拉两种。拉窗有不占据室内空间的优点，外观美丽、价格经济、密封性较好。采用高档滑轨，轻轻一推，开启灵活。配上大块的玻璃，既可以增加室内的采光，又可以改善建筑物的整体形貌。窗扇的受力状态好，不易损坏，但通气面积受一定限制。窗样式只有两种：一种是推拉窗，另一种是双悬窗，如图 10.48 所示。

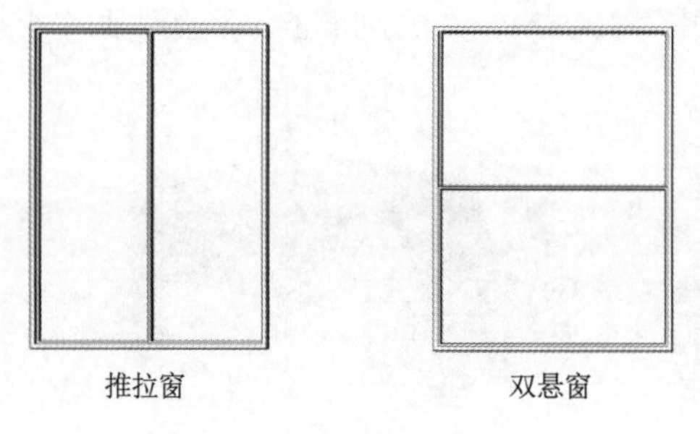

图 10.48　两种形式的拉窗

【执行方式】

- 菜单栏："扩展程序"→"门窗构件"→"墙体开窗"。
- 工具栏："SUAPP 基本工具栏"→"墙体开窗"。

【操作步骤】

1. 墙体开窗

（1）选择菜单中的"扩展程序"→"门窗构件"→"墙体开窗"命令，打开"参数设置"对话框，如图 10.49 所示。设置窗的宽度和高度，设置完成之后，单击"好"按钮。

（2）将鼠标指针移动到墙面上，当软件提示在平面上时，单击，软件将自动生成窗户，如图 10.50 所示。

2. 设置材质

单击"大工具集"工具栏上的"颜料桶"按钮，在打开的"材质"面板中选择材质，赋予窗户，如图 10.51 所示。

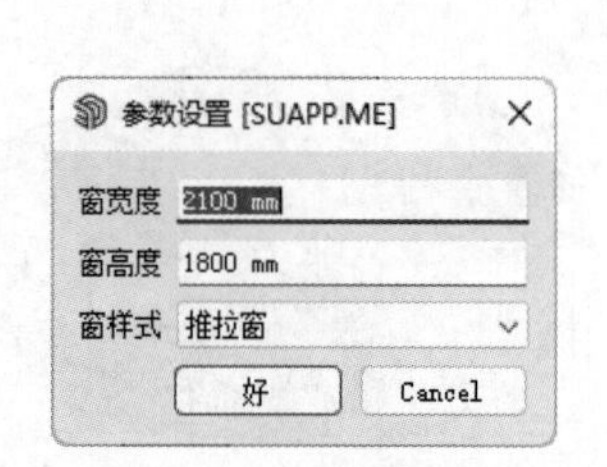

图 10.49　"参数设置"对话框

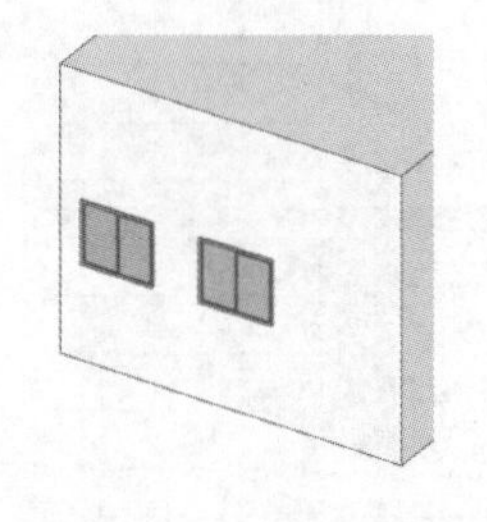

图 10.50　墙体开窗

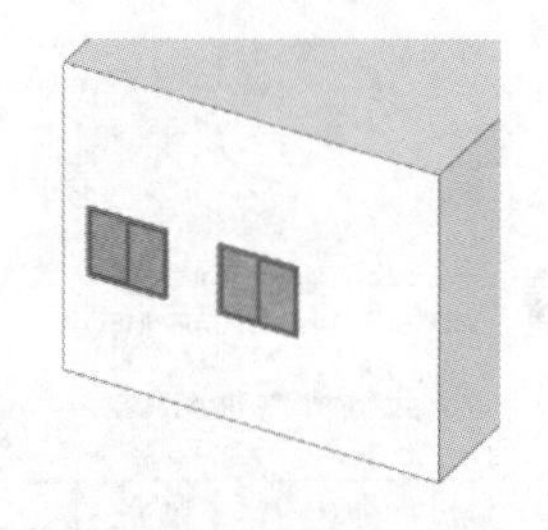

图 10.51　赋予材质

扫一扫，看视频

动手学——绘制简易房子

本实例将通过绘制简易房子来重点学习本章学过的相关命令，具体绘制流程如图 10.52 所示。

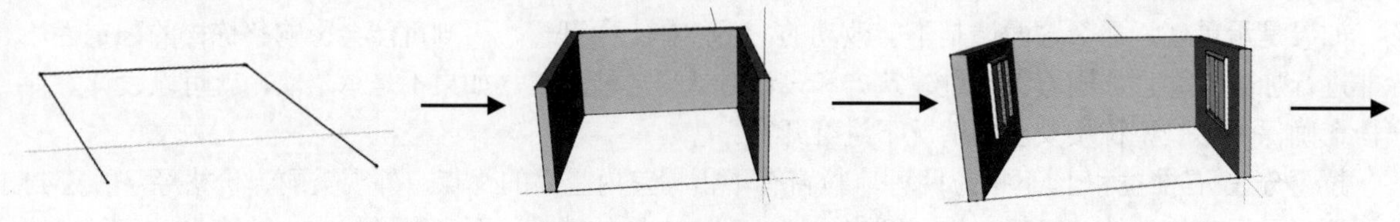

图 10.52　简易房子绘制流程

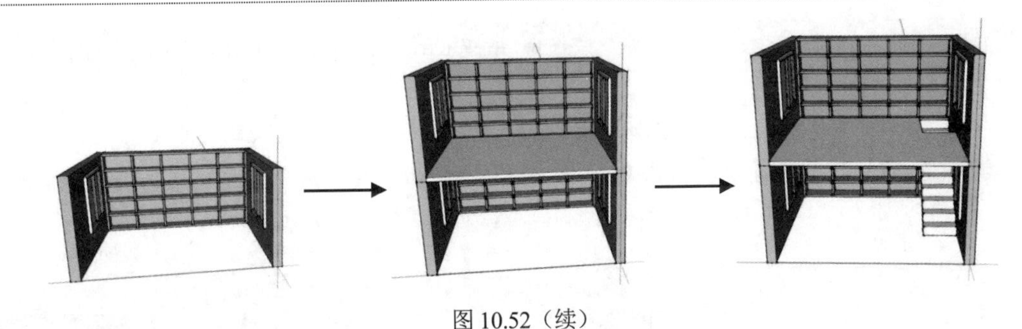

图 10.52（续）

源文件：源文件\第 10 章\绘制简易房子.skp

【操作步骤】

（1）单击“绘图”工具栏上的“直线”按钮，在绘图界面任意区域绘制一个 3000mm×5000mm 的矩形，并删除底边边线，如图 10.53 所示。

（2）单击“使用入门”工具栏上的“选择”按钮，选择上一步绘制的线；选择菜单栏中的“扩展程序”→“轴网墙体”→“线转墙体”命令，打开“参数设置”对话框。在对话框中进行参数设置，如图 10.54 所示。单击“好”按钮，完成墙体的创建，如图 10.55 所示。

图 10.53 绘制矩形　　图 10.54 设置参数　　图 10.55 线转墙体

（3）单击“SUAPP 基本工具栏”→“墙体开窗”按钮，打开“参数设置”对话框，进行参数设置，如图 10.56 所示。单击“好”按钮，选取墙面放置拉窗，如图 10.57 所示。

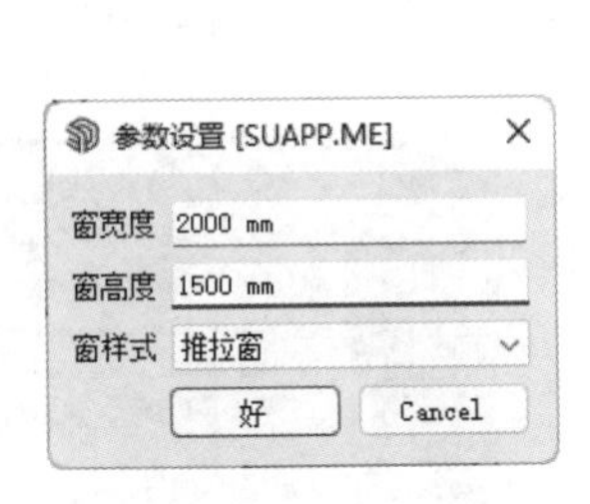

图 10.56 设置参数

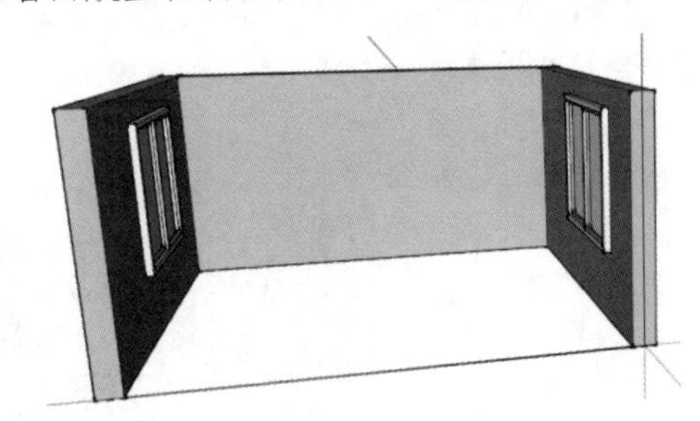

图 10.57 创建窗

（4）单击“使用入门”工具栏上的“选择”按钮，选择如图 10.58 所示的墙面。

（5）单击“SUAPP 基本工具栏”→“玻璃幕墙”按钮，打开“参数设置”对话框。进行参数设置，如图 10.59 所示。单击“好”按钮，如图 10.60 所示。

（6）单击“编辑”工具栏上的“推/拉”按钮，选择幕墙外框并向外拉伸 200mm，如图 10.61 所示。

（7）单击“编辑”工具栏上的“移动”按钮并按 Ctrl 键，选取图 10.61 中的全部图形并向上复制，如图 10.62 所示。

（8）单击“绘图”工具栏上的“矩形”按钮，在两层房间间隔处绘制一个矩形。单击“编辑”工具栏中的“推/拉”按钮，拉伸 200mm，如图 10.63 所示。

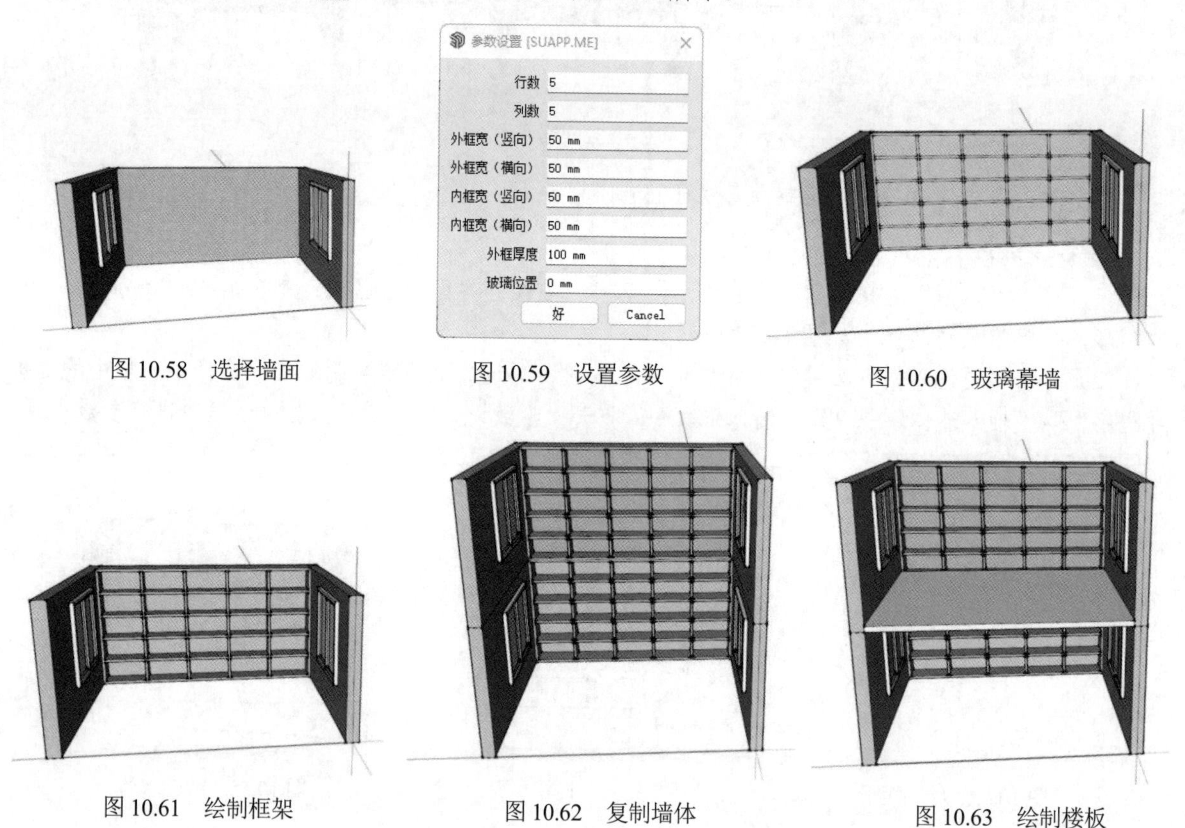

图 10.58　选择墙面　　图 10.59　设置参数　　图 10.60　玻璃幕墙

图 10.61　绘制框架　　图 10.62　复制墙体　　图 10.63　绘制楼板

（9）选择菜单栏中的“扩展程序”→“建筑设施”→“直跑楼梯”命令，打开“参数设置”对话框，进行参数设置，如图 10.64 所示。单击“好”按钮，绘制楼梯，如图 10.65 所示。

（10）在楼梯顶端绘制一个矩形，并删除多余的面，绘制二楼的楼梯入口，如图 10.66 所示。

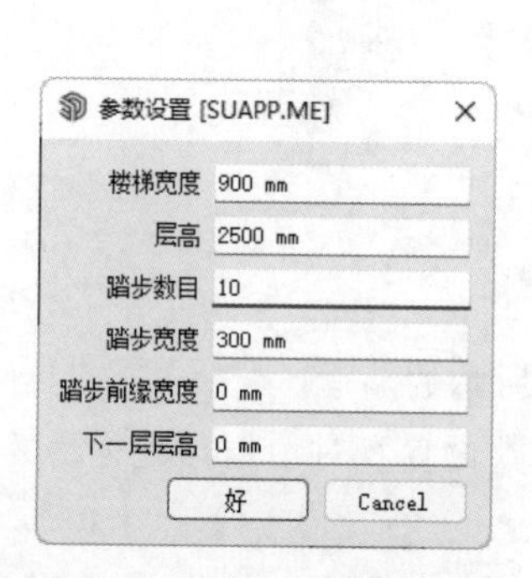

图 10.64　直跑楼梯参数设置

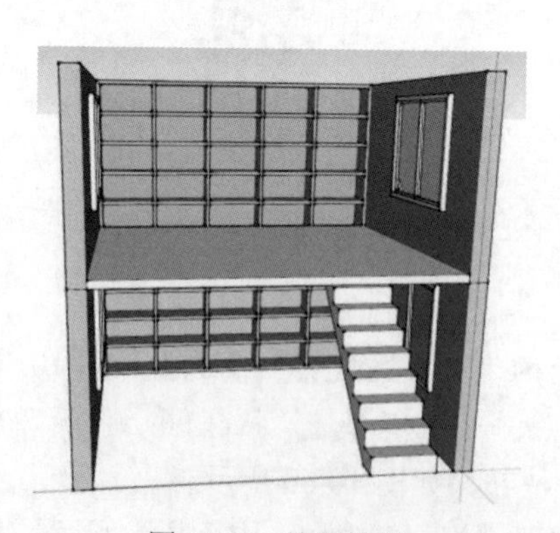

图 10.65　绘制楼梯

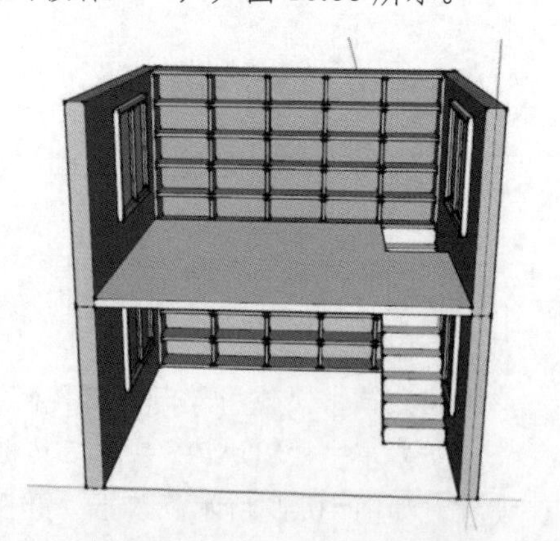

图 10.66　绘制二楼的楼梯入口

10.2.6　墙体开洞

在墙体上开洞是建模时需要完成的工作，但是在墙体上开洞有点麻烦，而且有可能会出现不能开的情况，利用插件只要在墙体上画出矩形就可以立即掏出孔洞。

【执行方式】

菜单栏：“扩展程序”→“门窗构件”→“墙体开洞”。

【操作步骤】

（1）创建墙。

（2）选择菜单栏中的“扩展程序”→“门窗构件”→“墙体开洞”命令，在墙体上任意画一个矩形。

（3）软件会在墙体上根据上一步绘制的矩形区域掏出孔洞，如图 10.67 所示。

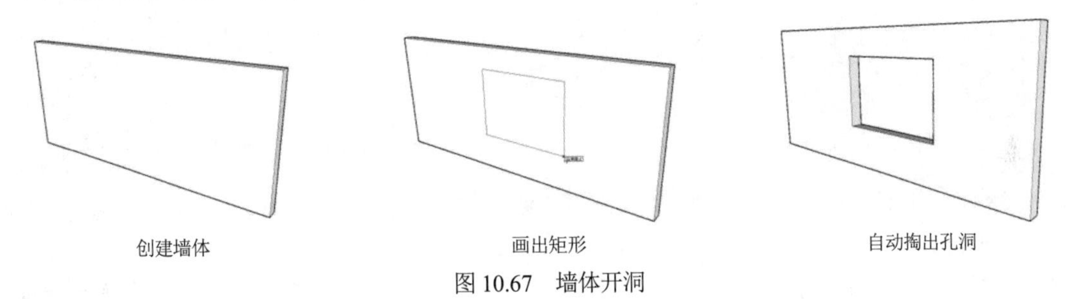

图 10.67　墙体开洞

动手学——绘制房间门窗洞

本实例将通过绘制房间门窗洞来重点学习“墙体开洞”命令，具体绘制流程如图 10.68 所示。

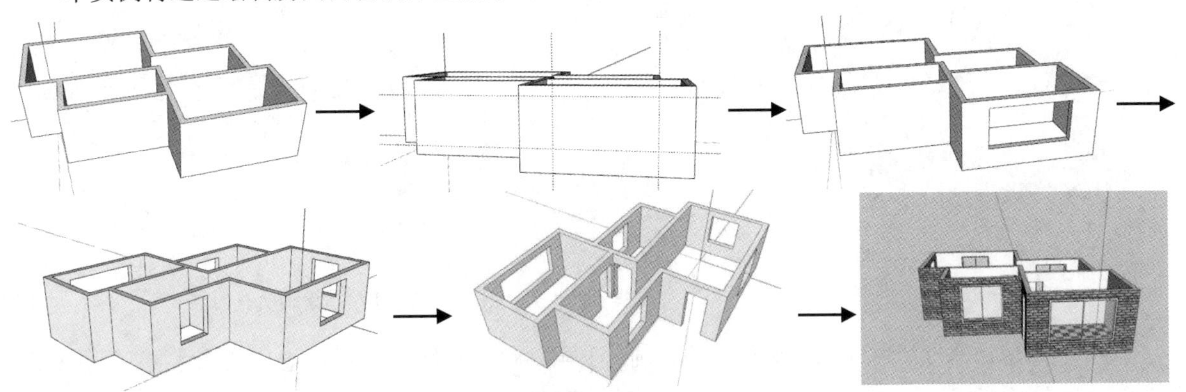

图 10.68　房间门窗洞绘制流程

源文件：源文件\第 10 章\绘制房间门窗洞.skp

【操作步骤】

（1）打开源文件中的墙体图形，如图 10.69 所示。

（2）单击“建筑施工”工具栏上的“卷尺工具”按钮，拖动绘制辅助线，窗洞上端距离为 300mm，窗洞下端距离为 700mm，窗洞左右间距相等，如图 10.70 所示。

（3）选择菜单栏中的“扩展程序”→“门窗构件”→“墙体开洞”命令，在墙体上结合辅助线绘制一个适当大小的矩形，进行开洞，如图 10.71 所示。

（4）利用相同的方法绘制出墙体上所有的窗洞，如图 10.72 所示。

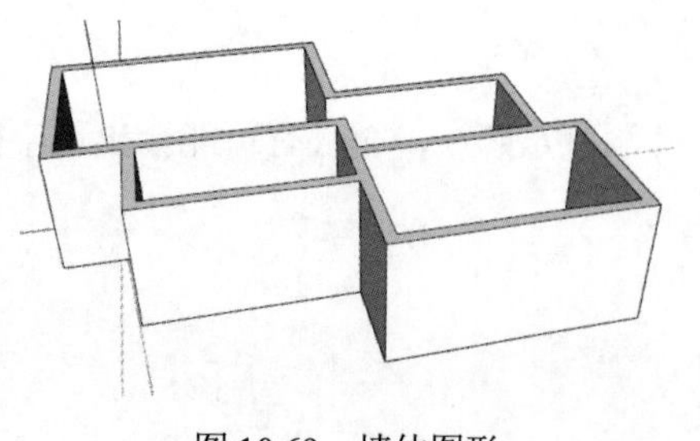

图 10.69　墙体图形

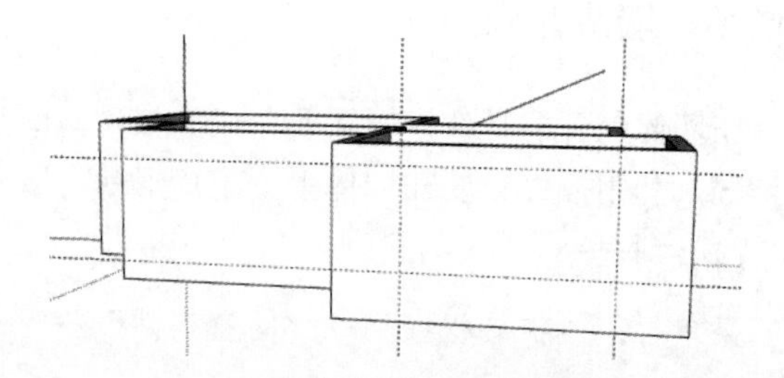

图 10.70　绘制辅助线

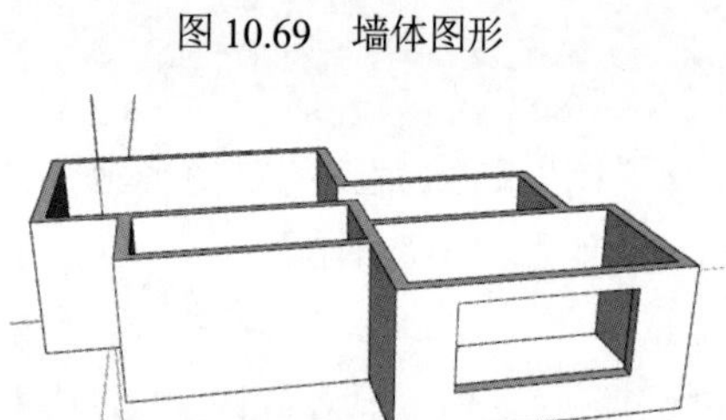

图 10.71　墙体开洞

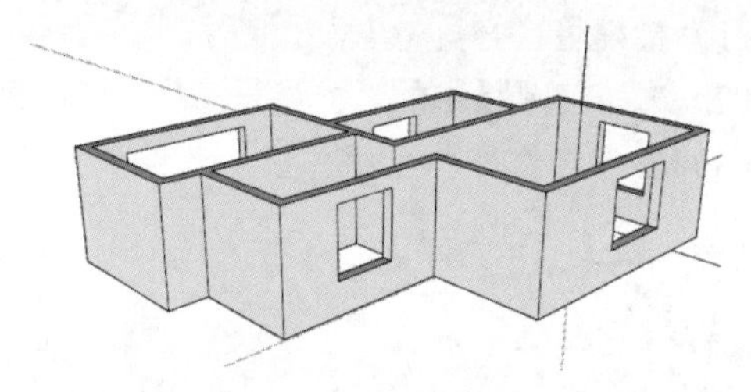

图 10.72　绘制所有窗洞

（5）单击“建筑施工”工具栏上的“卷尺工具”按钮，拖动绘制辅助线，门上端距离为 500mm，门洞宽为 800mm。

（6）选择菜单栏中的“扩展程序”→“门窗构件”→“墙体开洞”命令，在墙体上结合辅助线绘制一个适当大小的矩形，这时的墙体如图 10.73 所示。

（7）利用上述方法绘制出墙体上的所有门洞，如图 10.74 所示。

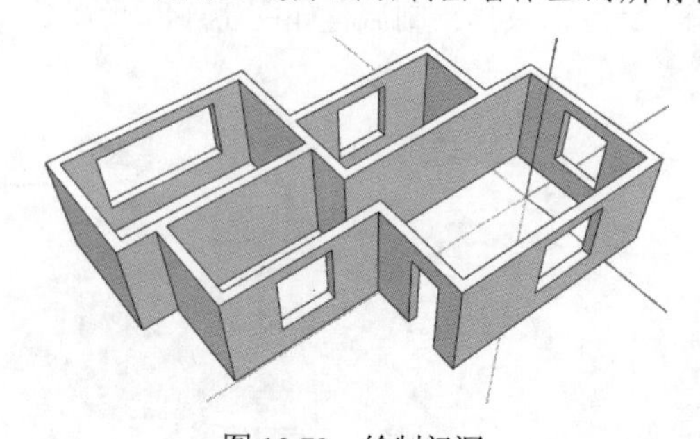

图 10.73　绘制门洞

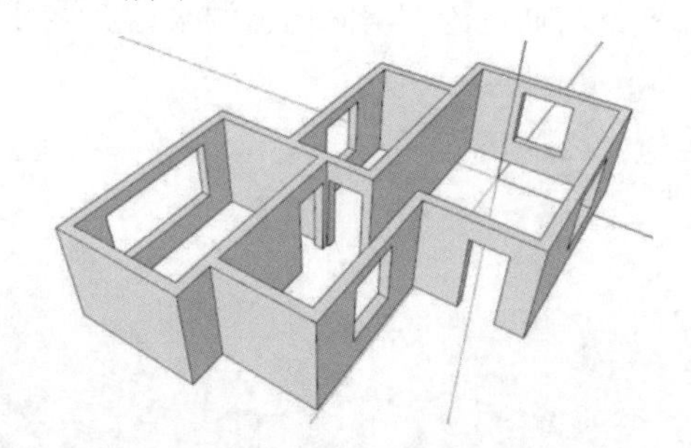

图 10.74　绘制所有门洞

（8）利用前面章节所学知识为墙体上的窗洞、门洞添加窗户及门，同时给墙体赋予材质，如图 10.75 所示。

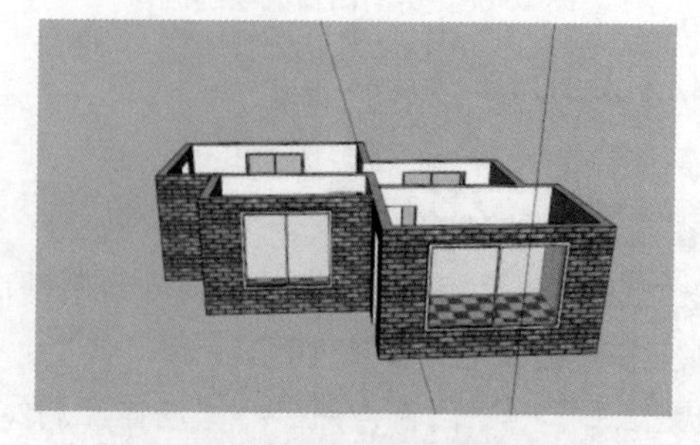

图 10.75　添加窗户及门并赋予材质

第 11 章　辅助建模插件

内容简介

本章详细介绍 SUAPP 插件中的辅助建模插件及其相关命令，帮助读者掌握立方体、圆柱体、圆环体、栏杆和楼梯等的绘制方法。

内容要点

- 创建几何形体的相关命令
- “梯步拉伸”命令
- “双跑楼梯”命令
- “转角楼梯”命令
- “参数旋梯”命令
- “线转栏杆”命令

案例效果

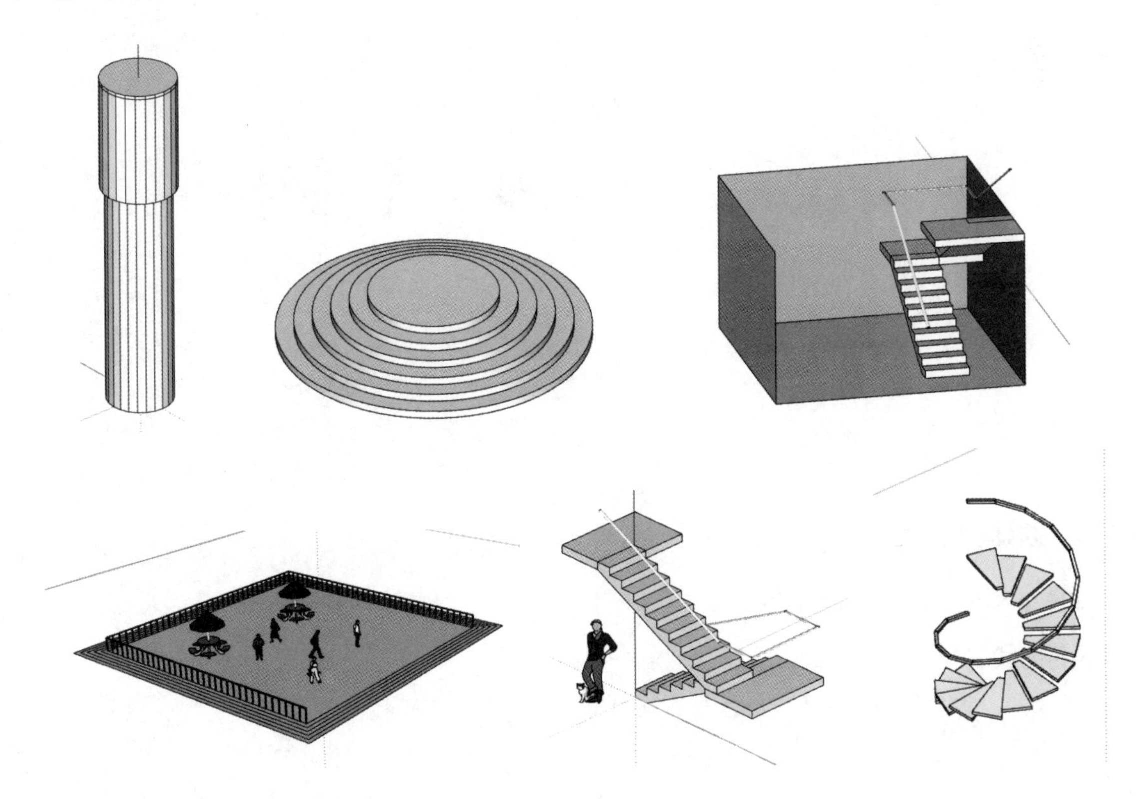

11.1 创建几何形体

用基础命令创建特殊的几何形体是比较困难的，因为没有哪个命令可以直接创建。在最开始接触 SketchUp 的时候，笔者就曾为创建一个球体而发愁。当然，不使用插件创建球体也是可以做到的，只是刚刚接触 SketchUp 的朋友可能想不到解决的办法。有了插件我们可以利用插件来创建一些特殊的几何形体。

11.1.1 创建立方体

“立方体”命令用于绘制长方体柱子。

【执行方式】

菜单栏：“扩展程序”→“三维体量”→“绘几何体”→“立方体”。

【操作步骤】

（1）选择菜单栏中的“扩展程序”→“三维体量”→“绘几何体”→“立方体”命令，打开如图 11.1 所示的“创建 Box”对话框。

（2）输入参数后，单击“好”按钮，创建立方体，如图 11.2 所示。

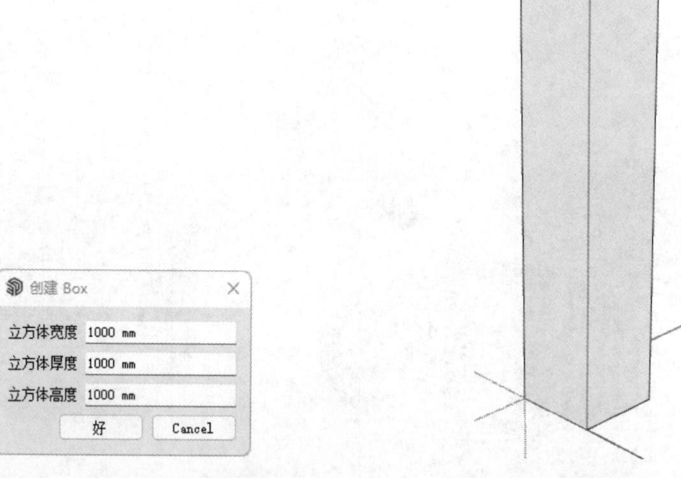

图 11.1 “创建 Box”对话框　　图 11.2 创建的立方体

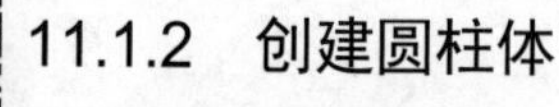

扫一扫，看视频

11.1.2 创建圆柱体

“圆柱体”命令用于绘制圆柱体。

【执行方式】

菜单栏：“扩展程序”→“三维体量”→“绘几何体”→“圆柱体”。

【操作步骤】

（1）选择菜单栏中的“扩展程序”→“三维体量”→“绘几何体”→“圆柱体”命令，打开如图 11.3 所示的“创建 Cylinder”对话框。

（2）输入参数后，单击“好”按钮，创建圆柱体，如图 11.4 所示。

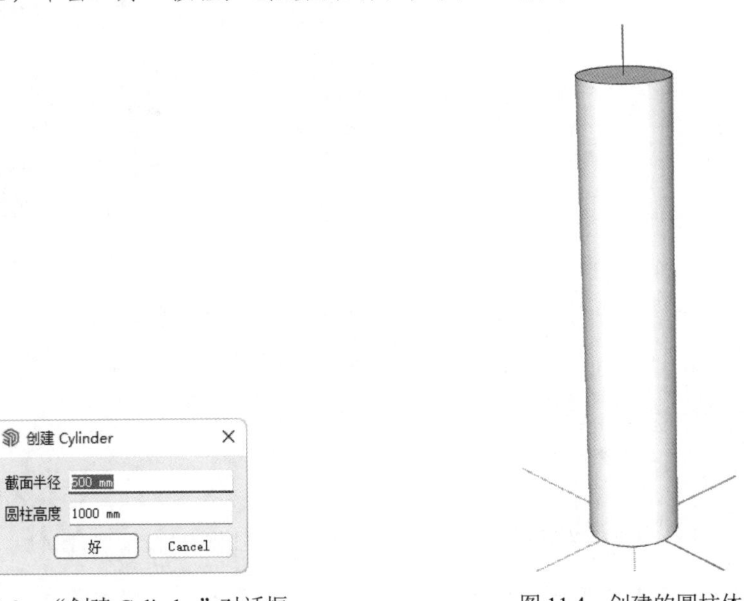

图 11.3　“创建 Cylinder”对话框　　图 11.4　创建的圆柱体

动手学——绘制造型柱

扫一扫，看视频

本实例将通过绘制造型柱来重点学习“圆柱体”命令，具体绘制流程如图 11.5 所示。

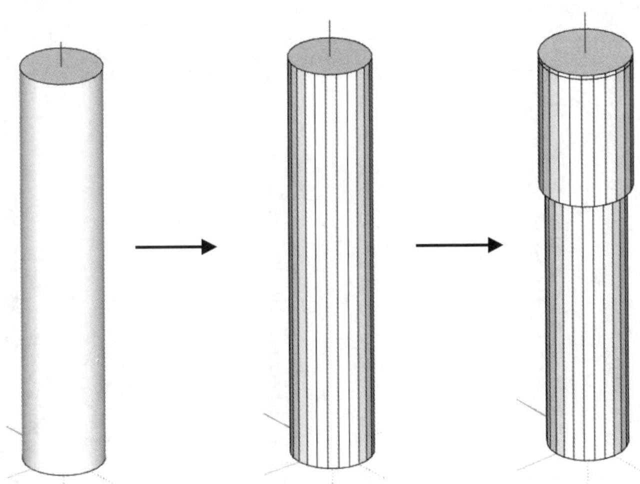

图 11.5　造型柱绘制流程

源文件：源文件\第 11 章\绘制造型柱.skp

【操作步骤】

（1）选择菜单栏中的“扩展程序”→“三维体量”→“绘几何体”→“圆柱体”命令，打开如图 11.6 所示的“创建 Cylinder”对话框。

（2）输入参数后，单击“好”按钮，创建的圆柱体如图 11.7 所示。

（3）这时创建的圆柱体是一个群组，双击模型进入群组内部。单击“绘图”工具栏上的“直线”按钮，绘制一条直线，如图 11.8 所示。

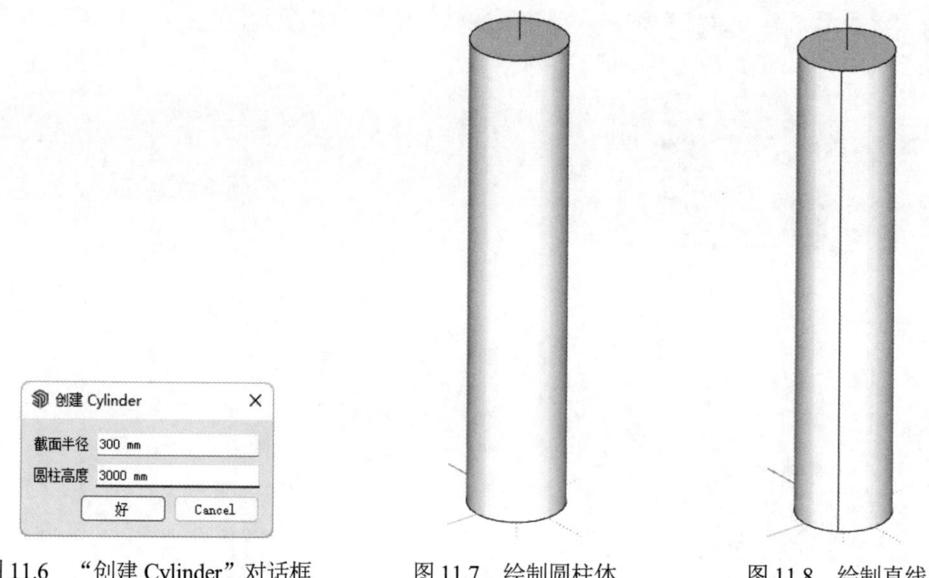

图 11.6　“创建 Cylinder”对话框　　图 11.7　绘制圆柱体　　图 11.8　绘制直线

（4）单击“使用入门”工具栏上的“选择”按钮，选择上一步绘制的直线，然后单击“编辑”工具栏上的“旋转”按钮并按 Ctrl 键，进行复制旋转，旋转的角度为 15°，进行 360°复制旋转，结果如图 11.9 所示。

（5）单击“编辑”工具栏上的“移动”按钮并按 Ctrl 键，将顶端的圆进行移动复制，结果如图 11.10 所示。

（6）将上侧的造型柱创建为群组，单击“编辑”工具栏上的“比例”按钮，将上侧的图形进行缩放，如图 11.11 所示。

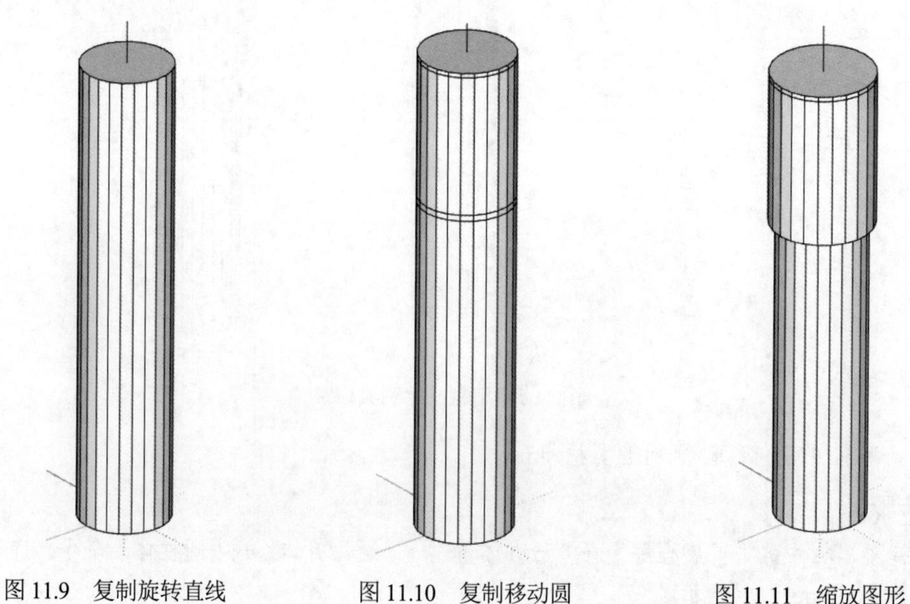

图 11.9　复制旋转直线　　图 11.10　复制移动圆　　图 11.11　缩放图形

扫一扫，看视频

11.1.3　创建圆锥体

“圆锥体”命令用于绘制圆锥体。

【执行方式】

菜单栏：“扩展程序”→“三维体量”→“绘几何体”→“圆锥体”。

【操作步骤】

（1）选择菜单栏中的“扩展程序”→“三维体量”→“绘几何体”→“圆锥体”命令，打开如图 11.12 所示的“创建 Cone”对话框。

（2）设定圆锥体的半径和高度后，单击“好”按钮，创建圆锥体，如图 11.13 所示。

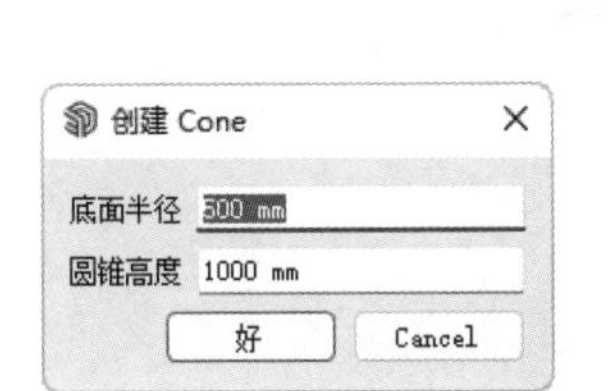

图 11.12　“创建 Cone”对话框

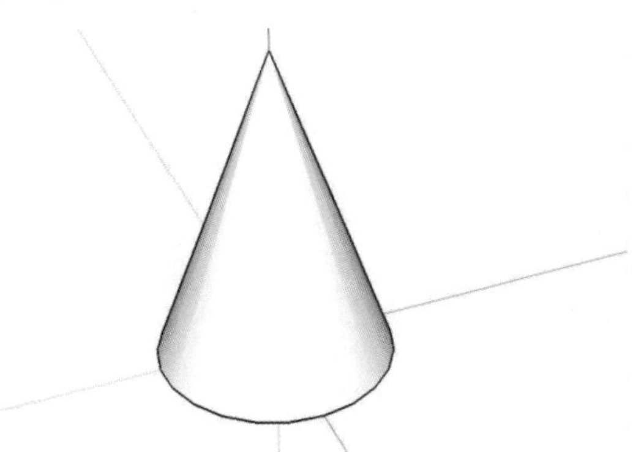

图 11.13　创建的圆锥体

11.1.4　创建圆环体

“圆环体”命令用于绘制圆环体。

【执行方式】

菜单栏：“扩展程序”→“三维体量”→“绘几何体”→“圆环体”。

【操作步骤】

（1）选择菜单栏中的“扩展程序”→“三维体量”→“绘几何体”→“圆环体”命令，打开如图 11.14 所示的“创建 Torus”对话框。

（2）输入圆环的内半径和外半径，单击“好”按钮，创建圆环体，如图 11.15 所示。

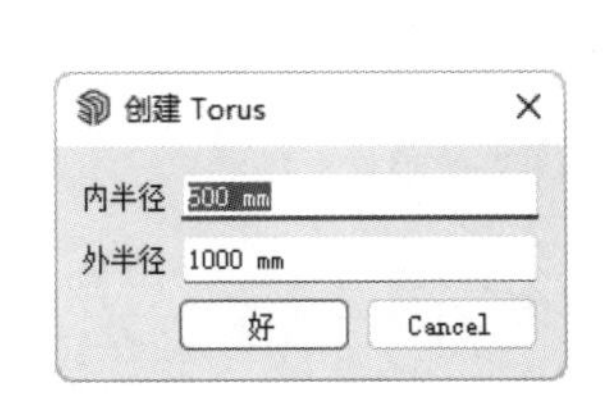

图 11.14　“创建 Torus”对话框

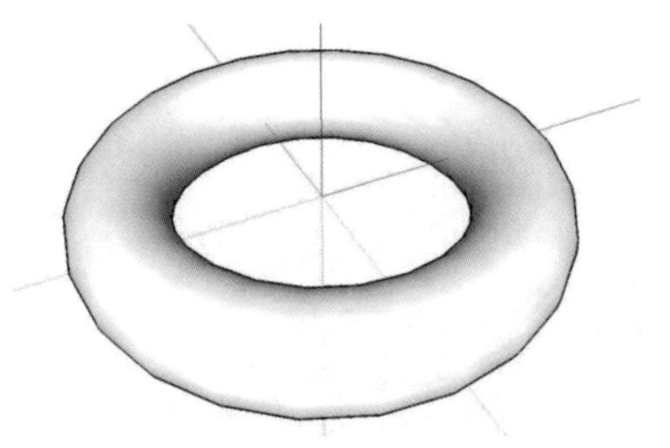

图 11.15　创建的圆环体

11.1.5　创建圆管体

“圆管体”命令用于绘制圆管体。

【执行方式】

菜单栏：“扩展程序”→“三维体量”→“绘几何体”→“圆管体”。

【操作步骤】

（1）选择菜单栏中的“扩展程序”→“三维体量”→“绘几何体”→“圆管体”命令，打开如图 11.16 所示的“创建 Tube”对话框。

（2）输入圆管体的参数，单击“好”按钮，创建圆管体，如图 11.17 所示。

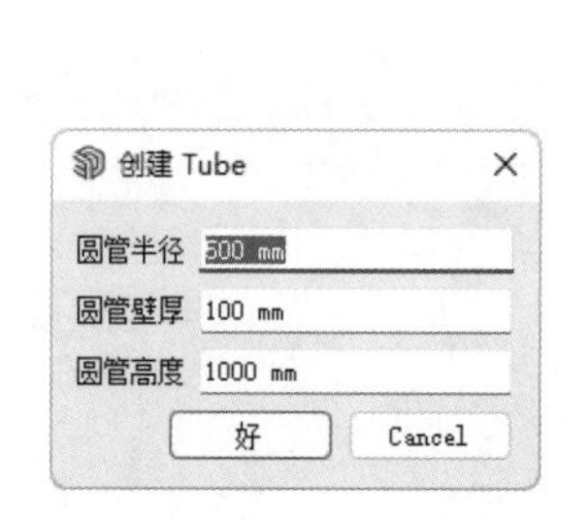

图 11.16　“创建 Tube”对话框

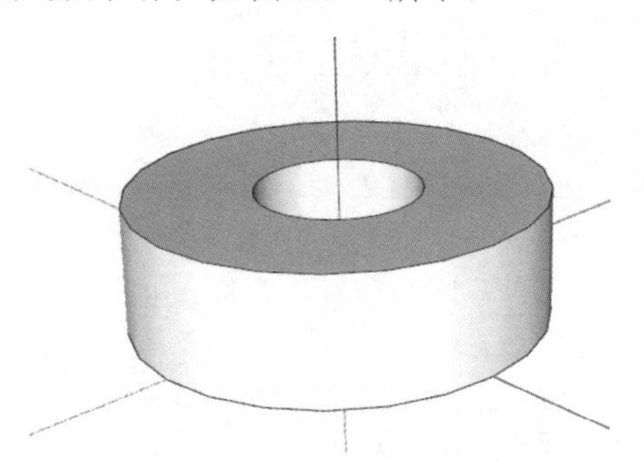

图 11.17　创建的圆管体

11.1.6　创建四棱锥体

“四棱锥体”命令用于绘制四棱锥体。

【执行方式】

菜单栏：“扩展程序”→“三维体量”→“绘几何体”→“四棱锥体”。

【操作步骤】

（1）选择菜单栏中的“扩展程序”→“三维体量”→“绘几何体”→“四棱锥体”命令，弹出如图 11.18 所示的“创建 Pyramid”对话框。

（2）输入四棱锥体的参数，单击“好”按钮，创建四棱锥体，如图 11.19 所示。

图 11.18　“创建 Pyramid”对话框

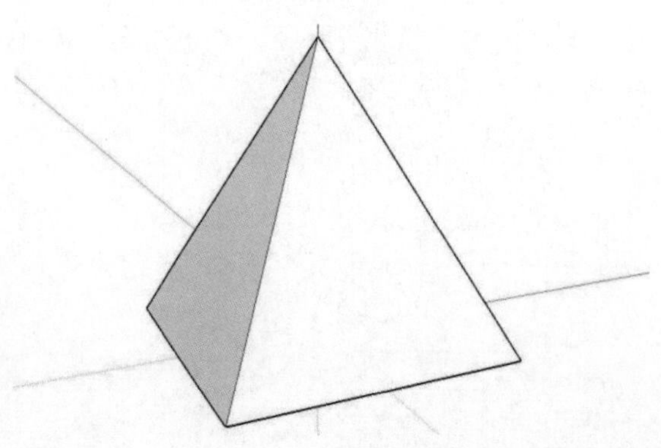

图 11.19　创建的四棱锥体

11.1.7　创建半球体

“半球体”命令用于绘制半球体。

【执行方式】

菜单栏：“扩展程序”→“三维体量”→“绘几何体”→“半球体”。

【操作步骤】

（1）选择菜单栏中的“扩展程序”→“三维体量”→“绘几何体”→“半球体”命令，打开如图 11.20 所示的“创建 Dome”对话框。

（2）输入半球体的参数，单击“好”按钮，创建半球体，如图 11.21 所示。

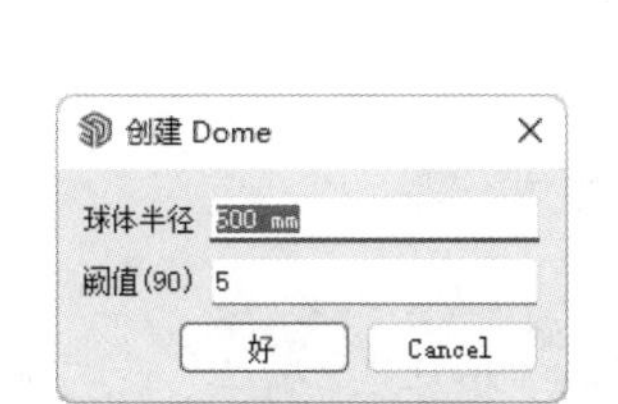

图 11.20　“创建 Dome”对话框

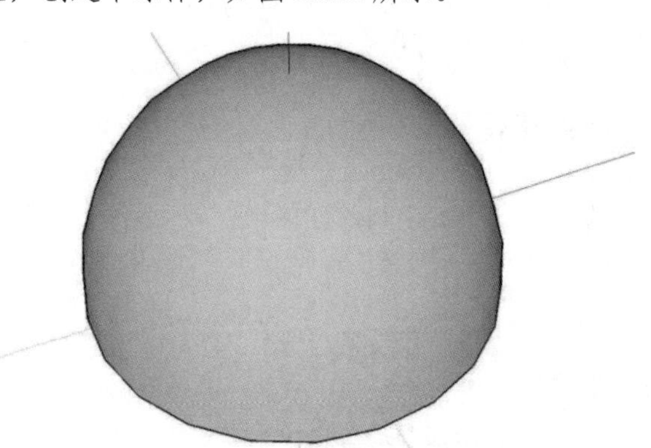

图 11.21　创建的半球体

11.1.8　创建几何球体

“几何球体”命令用于绘制几何球体。

【执行方式】

菜单栏：“扩展程序”→“三维体量”→“绘几何体”→“几何球体”。

【操作步骤】

（1）选择菜单栏中的“扩展程序”→“三维体量”→“绘几何体”→“几何球体”命令，打开如图 11.22 所示的“参数设置”对话框。

（2）输入多面球体参数后，单击“好”按钮，完成多面球体的创建。

在基元里面一共有 3 种类型，如图 11.23 所示，分别为 tetrahedron（四面体）、octahedron（八面体）、icosahedron（二十面体），如图 11.24 所示。

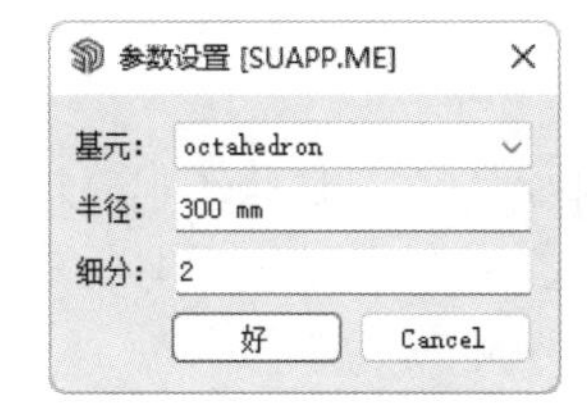

图 11.22　“参数设置”对话框

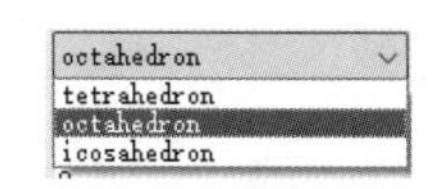

图 11.23　球体类型选择

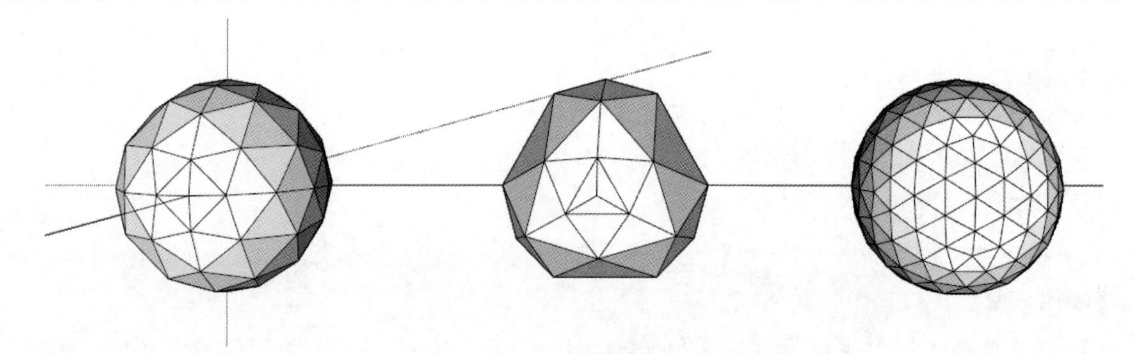

图 11.24　3 种类型的球体

通过设置半径参数来控制球体的大小。另外，细分值用于控制球体模型细节程度，但是不能够设置得太大，太大的话有可能会死机。

11.1.9　创建棱柱体

“棱柱体”命令用于绘制棱柱体。

【执行方式】

菜单栏：“扩展程序”→“三维体量”→“绘几何体”→“棱柱体”。

【操作步骤】

（1）选择菜单栏中的“扩展程序”→“三维体量”→“绘几何体”→“棱柱体”命令，打开如图 11.25 所示的“创建 Prism”对话框。其中棱柱边数不能少于 3，如果输入 2，单击“好”按钮，会打开如图 11.26 所示的提示框。

（2）输入参数后，单击“好”按钮，创建棱柱体，如图 11.27 所示。

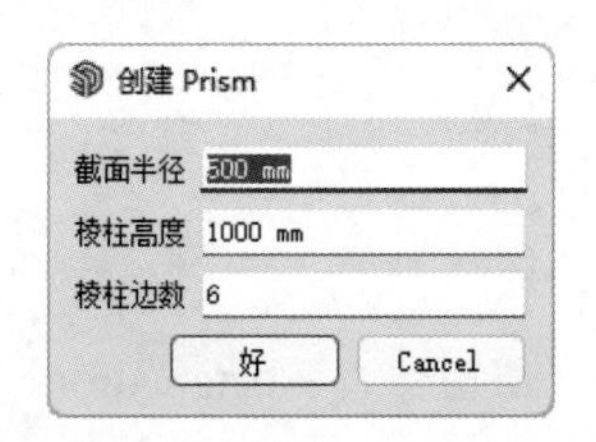

图 11.25　“创建 Prism”对话框

图 11.26　提示框

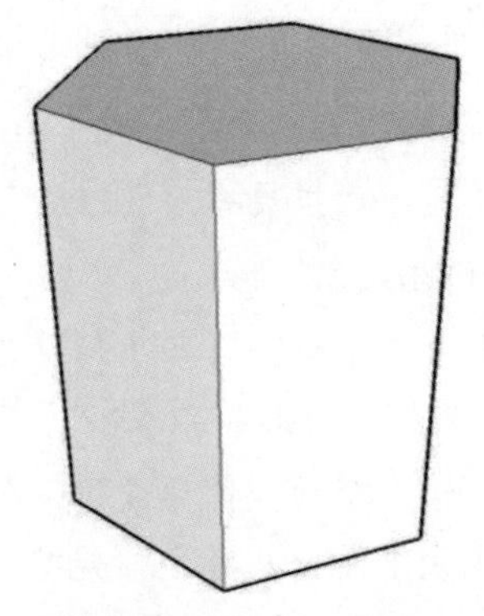

图 11.27　创建的棱柱体

扫一扫，看视频

动手学——绘制饮水机

本实例将通过绘制饮水机来重点学习创建几何体的相关命令，具体绘制流程如图 11.28 所示。

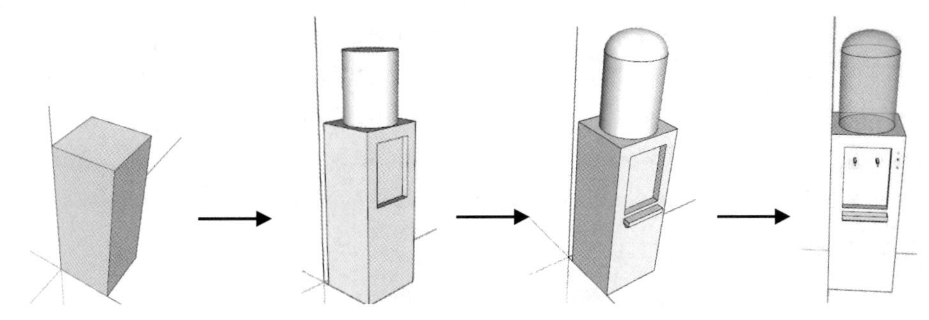

图 11.28　饮水机绘制流程

源文件：源文件\第 11 章\绘制饮水机.skp

【操作步骤】

（1）选择菜单栏中的“扩展程序”→“三维体量”→“绘几何体”→“立方体”命令，打开如图 11.29 所示的“创建 Box”对话框。设置参数，单击“好”按钮，创建立方体，如图 11.30 所示。

（2）单击“绘图”工具栏上的“矩形”按钮，双击打开上一步创建的立方体，在打开的立方体上绘制一个适当大小的矩形，如图 11.31 所示。

（3）单击“编辑”工具栏上的“推/拉”按钮，选取上一步绘制的矩形向内拉伸，如图 11.32 所示。

图 11.29　“创建 Box”对话框

图 11.30　创建立方体

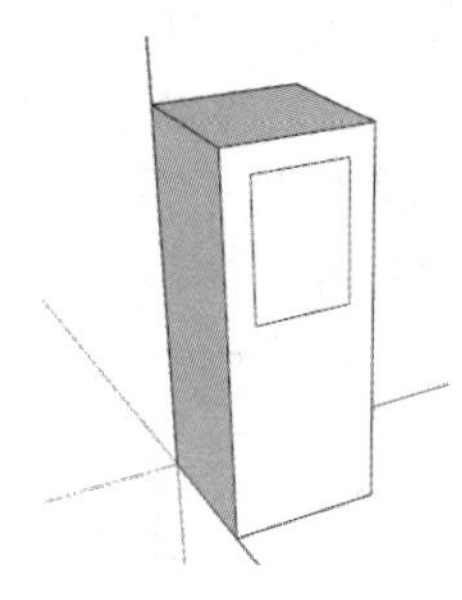

图 11.31　绘制矩形

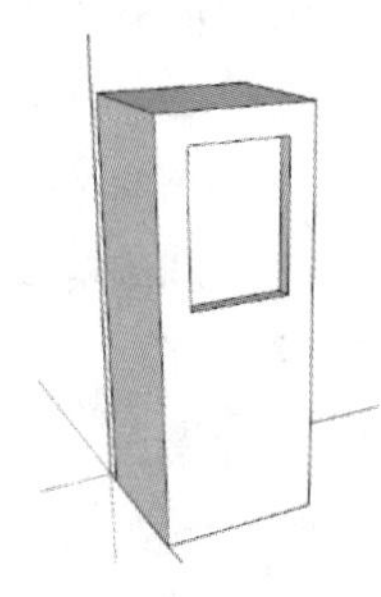

图 11.32　拉伸矩形

（4）选择菜单栏中的“扩展程序”→“三维体量”→“绘几何体”→“圆柱体”命令，打开如图 11.33 所示的“创建 Cylinder”对话框。设置参数，单击“好”按钮，创建圆柱体，如图 11.34 所示。

（5）双击上一步绘制的圆柱体，选取圆柱体上表面进行删除，如图 11.35 所示。

（6）单击“使用入门”工具栏上的“选择”按钮，选择删除圆柱面的圆边。选择菜单栏中的“扩展程序”→“三维体量”→“绘几何体”→“半球体”命令，创建一个半球体，并将其调整到适当大小，如图 11.36 所示。

图 11.33　设置参数

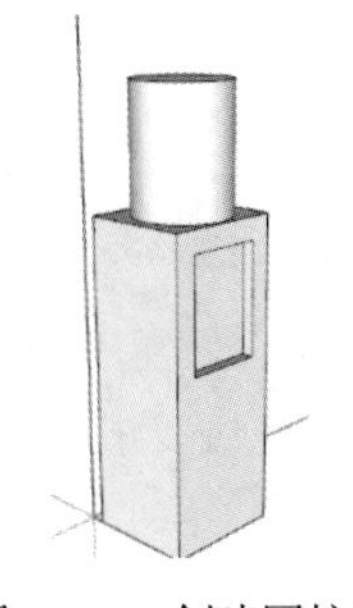

图 11.34　创建圆柱体

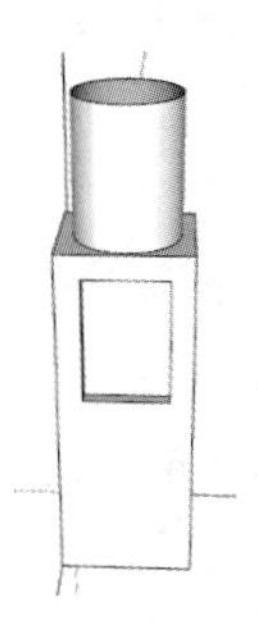

图 11.35　删除上表面

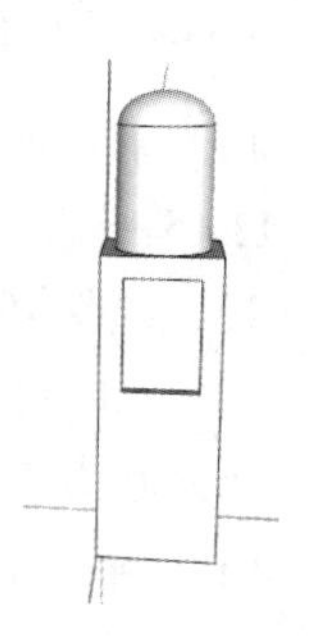

图 11.36　创建半球体

（7）选择菜单栏中的“扩展程序”→“三维体量”→“绘几何体”→“几何球体”命令，打开如图 11.37 所示的“参数设置”对话框。设置参数，单击“好”按钮，创建几何球体，如图 11.38 所示。

（8）单击“编辑”工具栏上的“移动”按钮，选取上一步绘制的几何球体，按住 Ctrl 键向下复制，如图 11.39 所示。

（9）选择菜单栏中的“扩展程序”→“三维体量”→“绘几何体”→“立方体”命令，然后设定数值，创建立方体，如图 11.40 所示。

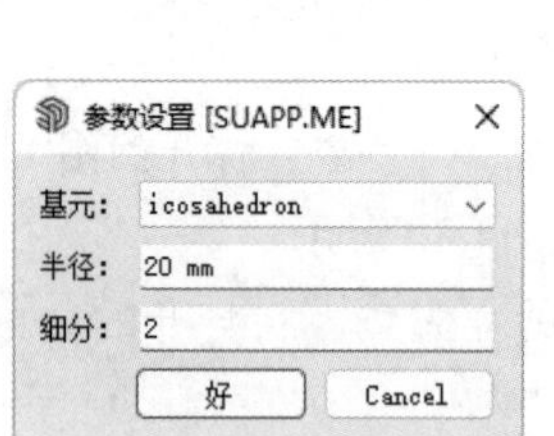
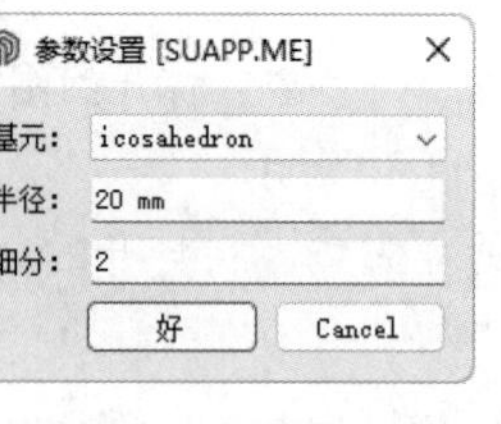

图 11.37　参数设置

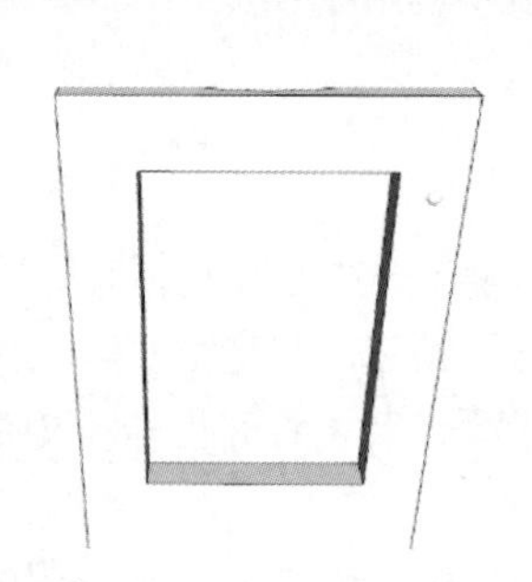

图 11.38　创建几何球体

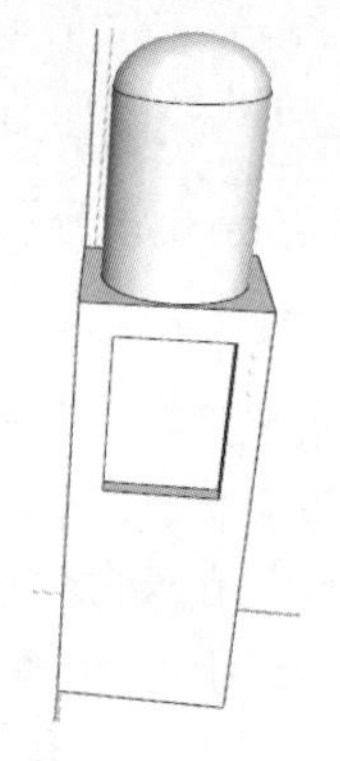

图 11.39　复制几何球体

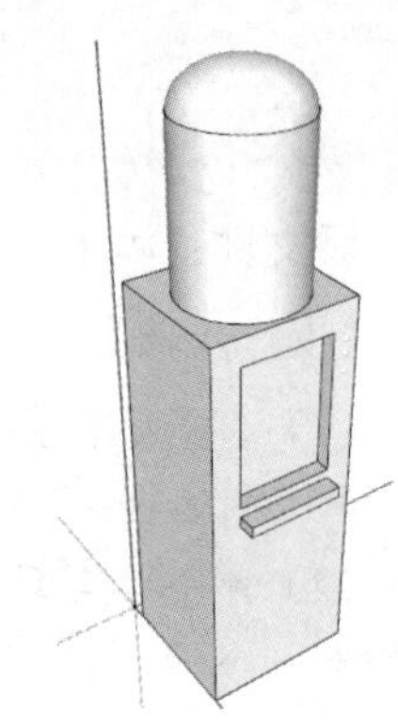

图 11.40　绘制立方体

（10）单击“绘图”工具栏上的“直线”按钮，绘制三角形，如图 11.41 所示。

（11）单击“编辑”工具栏上的“推/拉”按钮，选取三角形进行拉伸，如图 11.42 所示。

（12）双击图形，打开四棱锥体上方的长方体，选择立方体的上表面进行删除，如图 11.43 所示。

（13）选择菜单栏中的“扩展程序”→“三维体量”→“绘几何体”→“立方体”命令，在适当位置绘制一个立方体，如图 11.44 所示。

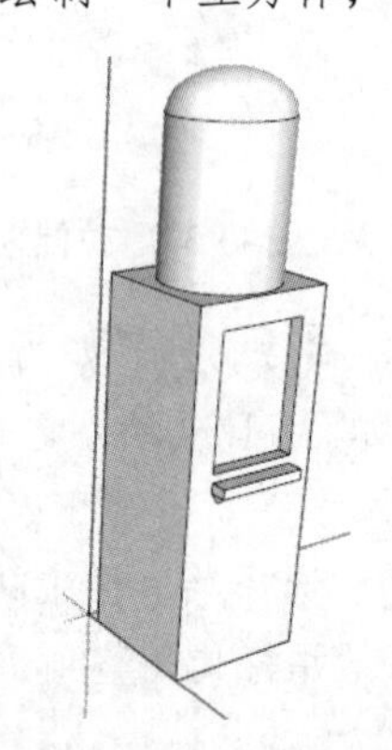
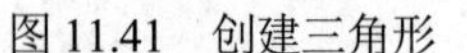

图 11.41　创建三角形

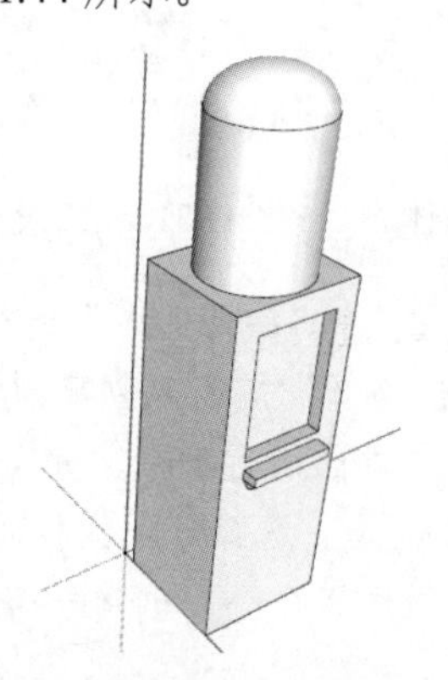

图 11.42　拉伸三角形

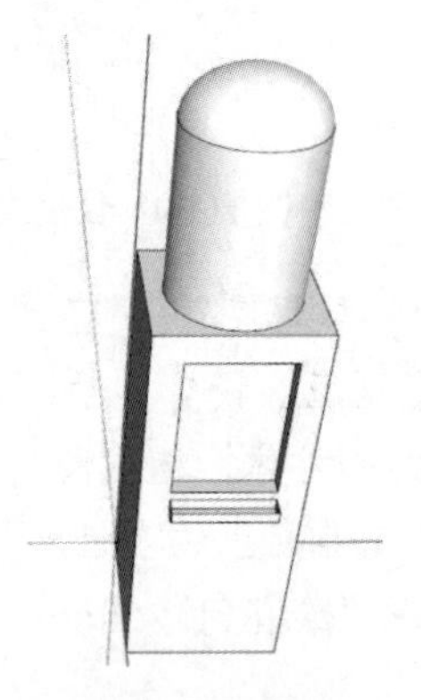

图 11.43　删除表面

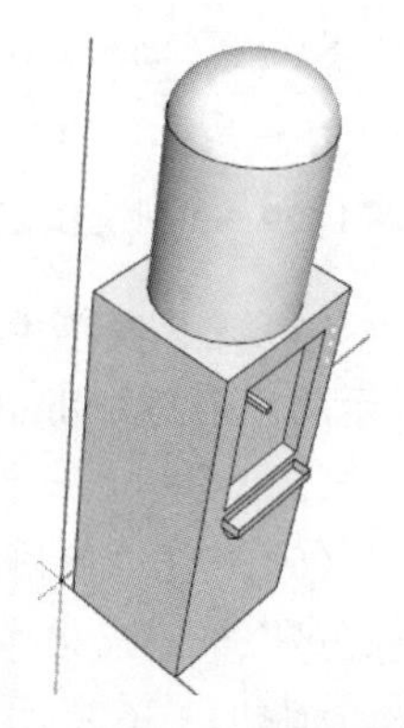

图 11.44　绘制立方体

（14）单击“编辑”工具栏上的“移动”按钮，选取上一步绘制的立方体的底边向下进行移动，如图 11.45 所示。

（15）选择菜单栏中的“扩展程序”→“三维体量”→“绘几何体”→“圆柱体”命令，在移动面后的立方体上绘制一个圆柱体，并将其旋转适当角度，如图 11.46 所示。

（16）单击“编辑”工具栏上的“移动”按钮，按住 Ctrl 键选取上一步绘制完成的“出水口”向右进行复制，如图 11.47 所示。

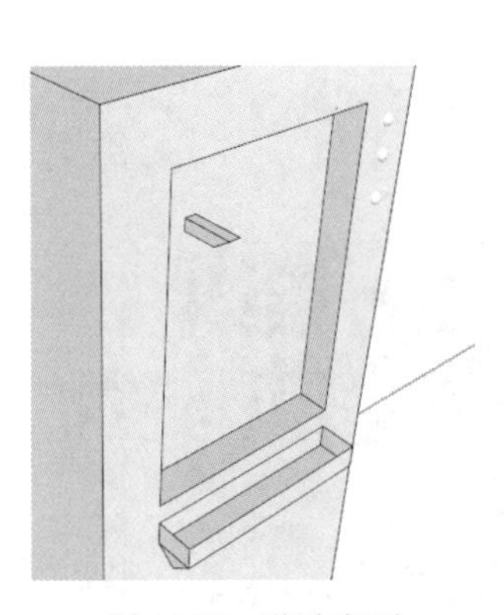

图 11.45　移动表面

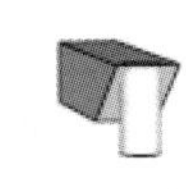

图 11.46　绘制圆柱体

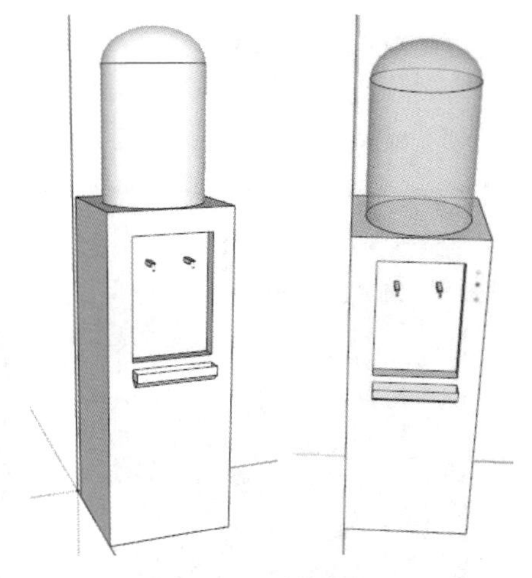

图 11.47　复制图形

11.2　创建楼梯

创建楼梯最为原始的方法是通过多重复制制作梯段，然后用路径跟随制作栏杆。现在利用插件工具将不同类型的楼梯进行分类，然后通过不同的参数对楼梯各个部分的形式进行控制，只需输入几个数字就可以创建出需要的楼梯。

楼梯踏步的高和宽是由人的步距与人腿的长度来确定的，踏步的宽度应该以不小于 24cm 为宜，踏步的高度通常不宜大于 17.5cm。一般情况下，踏步宽度以 27～30cm 为宜。普通的楼梯，台阶高度以 15cm 为宜，若超过 18cm，上楼梯时就容易感觉累。通常，单人通行的梯段一般不应小于 80cm，双人通行的梯段为 100～120cm。常规扶手的高度为 900mm，楼梯应至少在一侧设置扶手。

在建筑中，一段连续的楼梯踏步称为“跑”。每“跑”之间由“休息平台”连接。在形式上建筑楼梯主要有以下几种：

（1）自动扶梯，如图 11.48 所示。

（2）直跑楼梯，如图 11.49 所示。

图 11.48　自动扶梯

图 11.49　直跑楼梯

（3）双跑平行楼梯，如图 11.50 所示。

（4）双跑转角楼梯，如图 11.51 所示。

（5）螺旋楼梯，如图 11.52 所示。

图 11.50　双跑平行楼梯

图 11.51　双跑转角楼梯

图 11.52　螺旋楼梯

扫一扫，看视频

11.2.1　梯步拉伸

“梯步拉伸”功能可以对面逐个进行递增式的拉伸，用于制作台阶、梯步以及阶梯式地形等。

【执行方式】

- 菜单栏：“扩展程序”→“建筑设施”→“梯步拉伸”。
- 工具栏：“SUAPP 基本工具栏”→“梯步拉伸”。

【操作步骤】

（1）利用之前学过的命令绘制平面。

（2）单击“SUAPP 基本工具栏”→“梯步拉伸”按钮，命令行中提示默认的递增值是 150mm，这时单击第 1 级楼梯，软件会生成高度为 150mm 的楼梯。

（3）继续单击第 2 级楼梯，软件会生成高度为 300mm 的楼梯，递增的高度均为 150mm。同理绘制剩余楼梯，如图 11.53 所示。

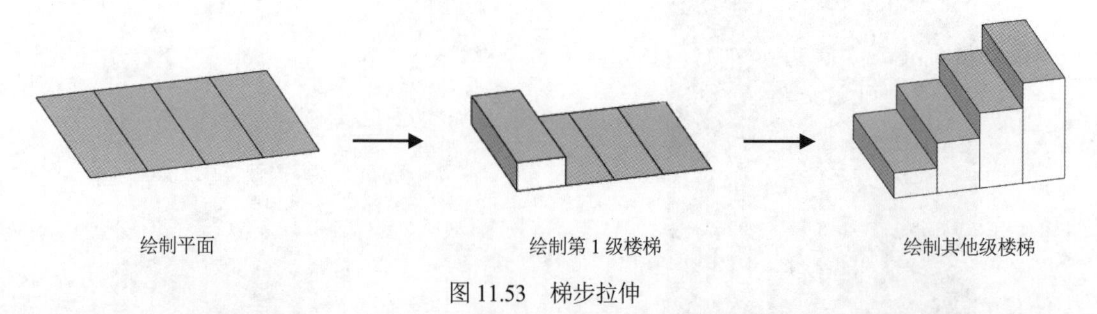

图 11.53　梯步拉伸

扫一扫，看视频

动手学——绘制圆形楼梯

本实例将通过绘制圆形楼梯来重点学习“梯步拉伸”命令，具体绘制流程如图 11.54 所示。

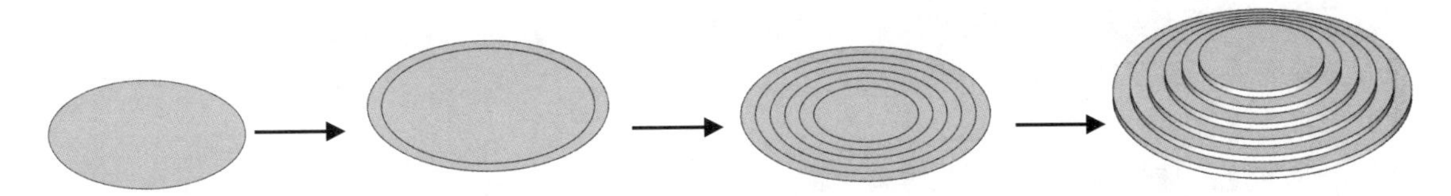

图 11.54　圆形楼梯绘制流程

源文件：源文件\第 11 章\绘制圆形楼梯.skp

【操作步骤】

（1）单击“绘图”工具栏上的“圆”按钮，绘制半径为 3000mm 的圆，如图 11.55 所示。

（2）单击“编辑”工具栏上的“偏移”按钮，将圆向内侧偏移 350mm，结果如图 11.56 所示。

（3）使用相同的方法，继续向内侧偏移，偏移的距离均为 350mm，如图 11.57 所示。

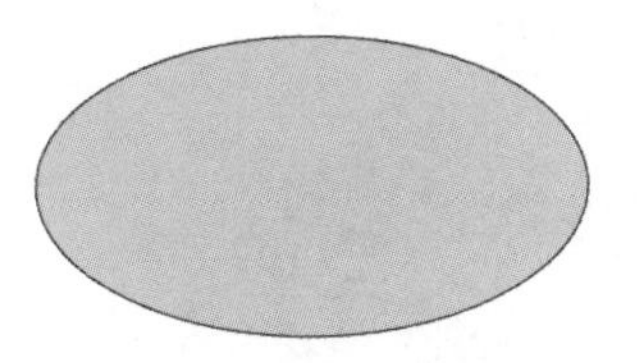

图 11.55　绘制圆

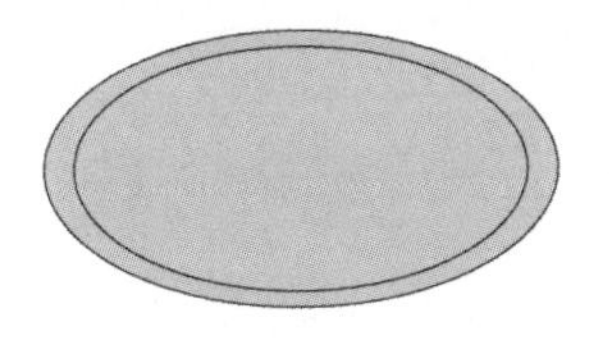

图 11.56　偏移圆

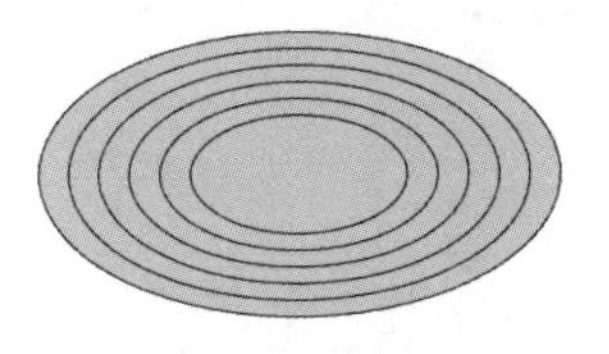

图 11.57　继续偏移圆

（4）单击“SUAPP 基本工具栏”→“梯步拉伸”按钮，命令行中提示默认的递增值是 150mm，这时单击第 1 级楼梯，软件会生成高度为 150mm 的楼梯，如图 11.58 所示。

（5）继续单击第 2 级楼梯，软件会生成高度为 300mm 的楼梯，递增的高度均为 150mm。同理绘制剩余楼梯，如图 11.59 所示。

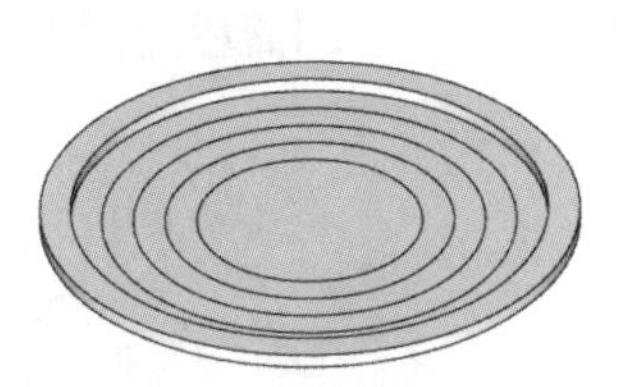

图 11.58　绘制第 1 级楼梯

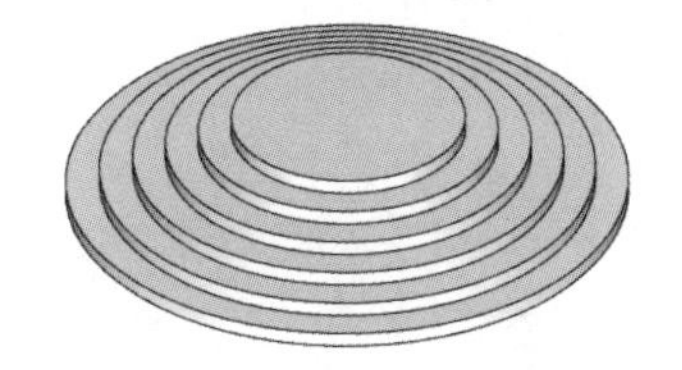

图 11.59　绘制剩余楼梯

11.2.2　双跑楼梯

双跑楼梯由于上完一层楼刚好回到原起步方位，与楼梯上升的空间回转往复性吻合，当上、下多层楼面时，比直跑楼梯节约交通面积并且可以缩短人流行走距离，是最常用的楼梯形式之一。

【执行方式】

菜单栏：“扩展程序”→“建筑设施”→“双跑楼梯”。

【操作步骤】

（1）选择菜单栏中的“扩展程序”→“建筑设施”→“双跑楼梯”命令，打开“参数设置”对话框。

1）楼梯宽度：楼梯每“跑”的宽度。

2）层高：从第 1 级踏步的底端到最后一级踏步的顶端的距离。

3）总踏步数：踏步的总数。

4）一跑步数：第一“跑”的踏步数。

5）踏步宽度：每一级踏步在行进方向上的宽度。

6）踏步前缘宽度：上一级踏步超出下一级踏步的距离。

7）下一层层高：从第 1 级踏步的底端到最后一级踏步的顶端的距离。

（2）设置完参数后，单击“好”按钮。

（3）继续打开另一个“参数设置”对话框，创建楼梯平台，注意在“楼梯末端”或“楼梯起始”创建平台，如图 11.60 所示。

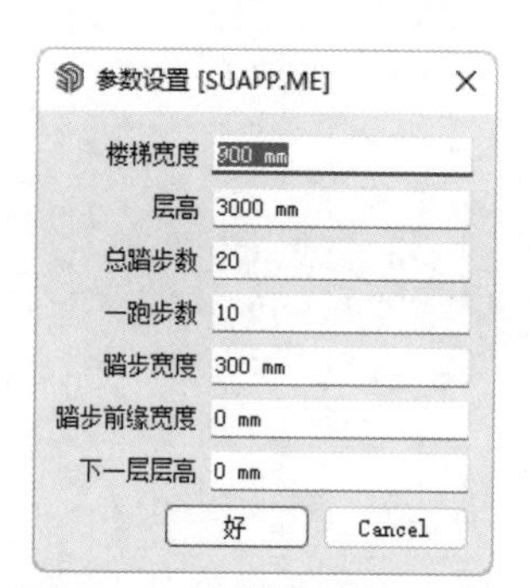

参数设置

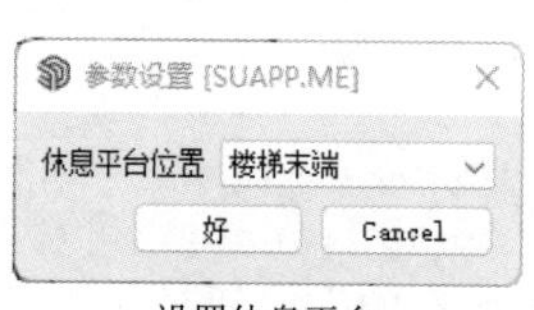

设置休息平台

双跑楼梯

图 11.60　双跑楼梯

扫一扫，看视频

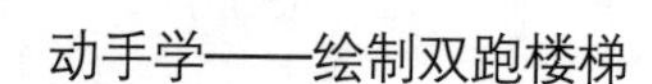

动手学——绘制双跑楼梯

本实例将通过绘制双跑楼梯来重点学习“双跑楼梯”命令，具体绘制流程如图 11.61 所示。

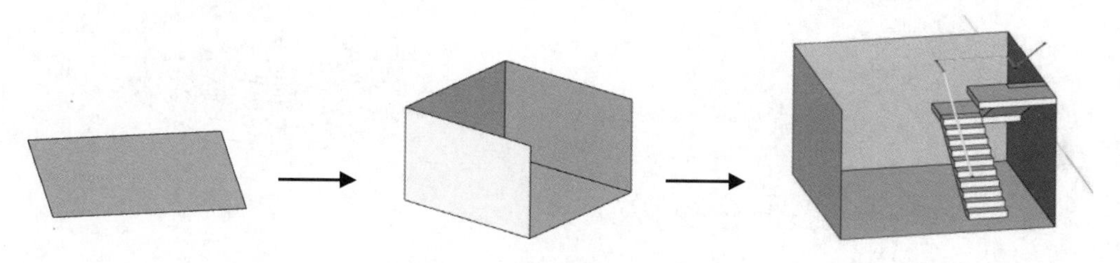

图 11.61　双跑楼梯绘制流程

源文件：源文件\第 11 章\绘制双跑楼梯.skp

【操作步骤】

（1）单击“绘图”工具栏上的“矩形”按钮，绘制长度和宽度为 5m 的矩形平面，如图 11.62 所示。

（2）单击“SUAPP 基本工具栏”→“拉线成面”按钮，拉伸高度为 3000mm，将矩形平面进行拉伸。双击完成绘制。

（3）打开提示框，提醒是否需要翻转面的方向，单击“是”按钮，如图 11.63 所示，软件继续打开另一个提示框，提醒拉伸结果是否需要生成群组，单击“是”按钮，如图 11.64 所示。这样生成的模型将自动创建为群组，如图 11.65 所示。

（4）双击模型，进入群组内部。这时模型外侧会有一个长方体的虚线框，然后单击“使用入门”工具栏上的“选择”按钮，在侧面单击，按 Delete 键，将侧面删除，如图 11.66 所示。

（5）选择菜单栏中的“扩展程序”→“建筑设施”→“双跑楼梯”命令，打开“参数设置”对话框，进行如图 11.67 所示的设置。设置完参数后，单击“好”按钮。

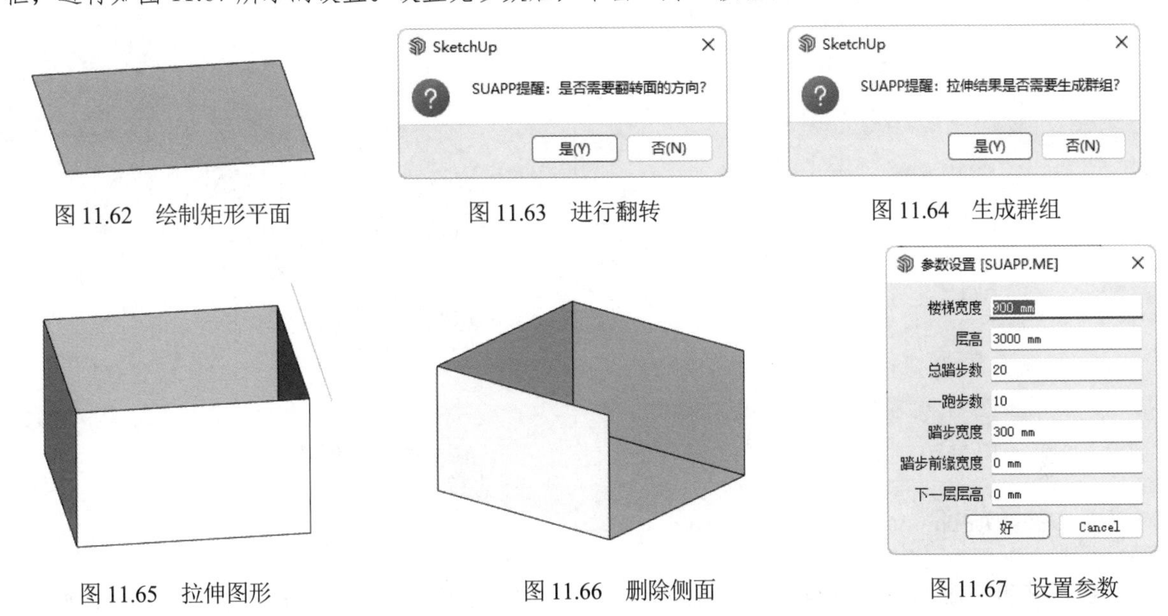

图 11.62　绘制矩形平面

图 11.63　进行翻转

图 11.64　生成群组

图 11.65　拉伸图形

图 11.66　删除侧面

图 11.67　设置参数

（6）继续打开另一个“参数设置”对话框，创建楼梯平台，在“楼梯末端”创建平台，绘制的楼梯如图 11.68 所示。

（7）单击“编辑”工具栏上的“移动”按钮，选择楼梯，以平台上的 1 点为基点，将其移动到矩形平面内部，如图 11.69 所示。

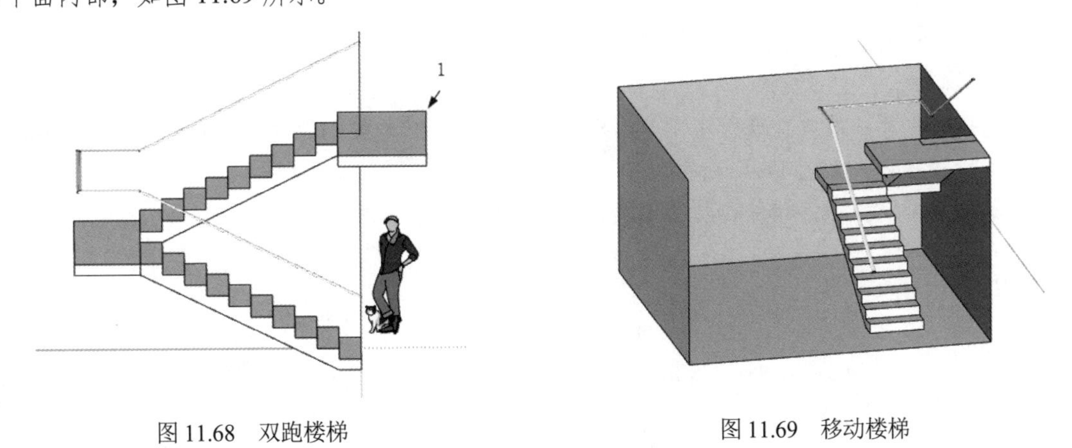

图 11.68　双跑楼梯

图 11.69　移动楼梯

11.2.3　转角楼梯

转角楼梯与直梯不同的地方在于，多出 90°的转角平台，一般可以分成 L 形与 U 形两种类型。

【执行方式】

菜单栏：“扩展程序”→“建筑设施”→“转角楼梯”。

【操作步骤】

（1）选择菜单栏中的“扩展程序”→“建筑设施”→“转角楼梯”命令，打开“参数设置”对话框，如图 11.70 所示。设置完参数后，单击“好”按钮。

（2）软件自动生成转角楼梯，如图 11.71 所示。

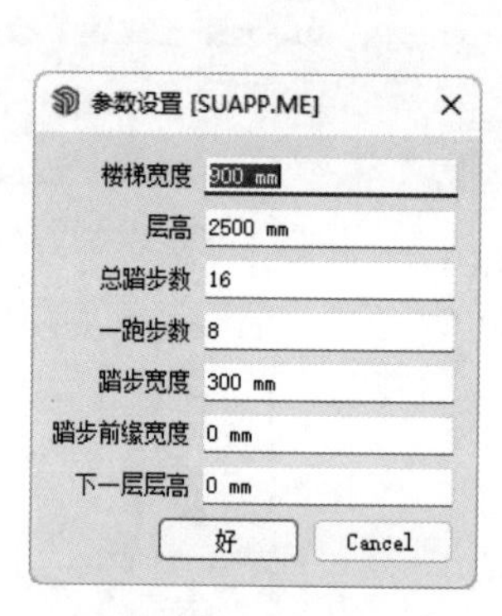

图 11.70 设置参数

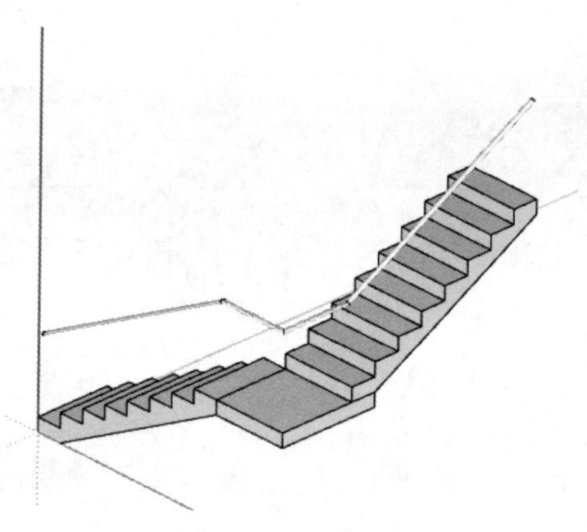

图 11.71 转角楼梯

11.2.4 参数旋梯

参数旋梯的结构轻巧，造型美观，常见于一般的公共建筑中，它不仅能满足建筑功能的要求，而且有特殊的空间艺术效果。参数楼梯的形式较多，采用较多的是中立柱螺旋楼梯，既有上述特点，又有占用面积小、布置灵活、构造简单、施工方便等优点，同时有较好的技术经济指标，因而在井塔、筒仓等煤炭工业建筑中采用较多。

【执行方式】

菜单栏：“扩展程序”→“建筑设施”→“参数旋梯”。

【操作步骤】

（1）选择菜单栏中的“扩展程序”→“建筑设施”→“参数旋梯”命令，打开“创建 Spstair”对话框，用于设置参数，如图 11.72 所示。

（2）单击“好”按钮，软件自动创建旋转楼梯，如图 11.73 所示。

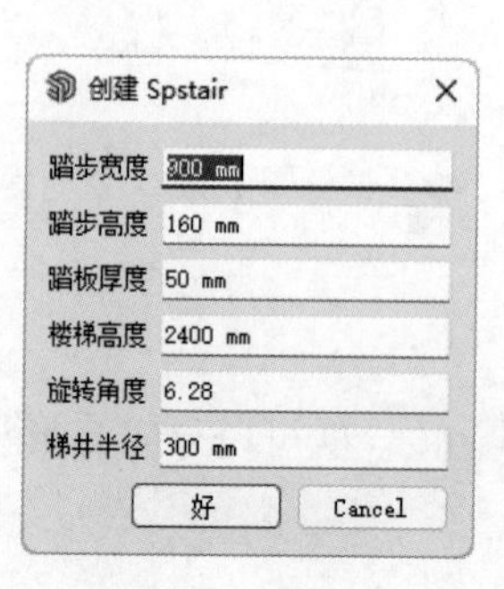

图 11.72 设置参数

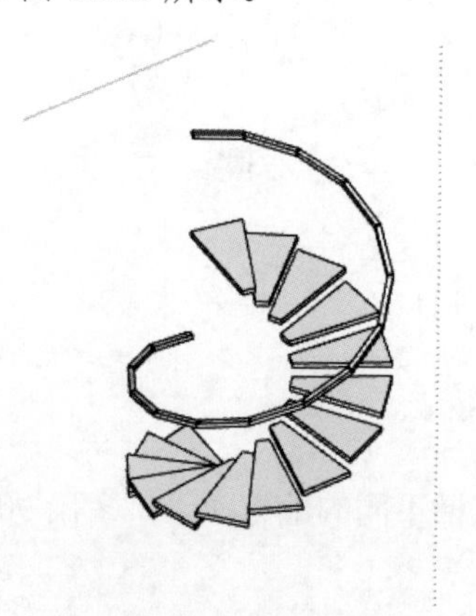

图 11.73 创建旋转楼梯

11.3 线转栏杆

使用“线转栏杆”命令可以在线上生成栏杆。

【执行方式】

- 菜单栏：“扩展程序”→“建筑设施”→“线转栏杆”命令。
- 工具栏：“SUAPP 基本工具栏”→“线转栏杆”按钮。

【操作步骤】

（1）单击“使用入门”工具栏上的“选择”按钮，选择最下侧边。

（2）选择菜单栏中的“扩展程序”→“建筑设施”→“线转栏杆”命令，打开如图 11.74 所示的“参数设置”对话框。设置扶手截面、立柱截面和其他参数，单击“好”按钮。

（3）软件继续打开另一个“参数设置”对话框，设置扶手宽度、扶手高度以及立柱的尺寸。单击“好”按钮，软件将自动生成栏杆。

图 11.74　线转栏杆

扫一扫，看视频

动手学——绘制小广场

本实例将通过绘制小广场来重点学习“线转栏杆”命令，具体绘制流程如图 11.75 所示。

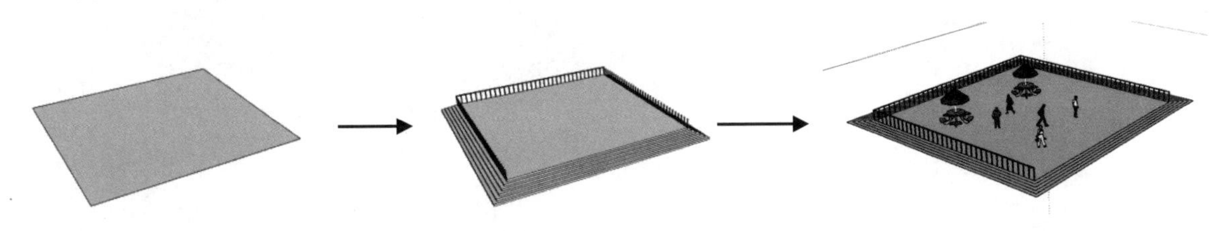

图 11.75　小广场绘制流程

源文件：源文件\第 11 章\绘制小广场.skp

【操作步骤】

（1）单击“绘图”工具栏上的“矩形”按钮，在绘图界面任意区域绘制一个 20m×20m 的矩形，如图 11.76 所示。

（2）单击“编辑”工具栏上的“偏移”按钮，偏移 5 次，偏移的距离设置为 300mm，如图 11.77 所示。

（3）单击“使用入门”工具栏上的“选择”按钮，按住 Ctrl 键，选择 3 条边，如图 11.78 所示。

（4）单击“SUAPP 基本工具栏”→“线转栏杆”按钮，打开如图 11.79 所示的“参数设置”对话框。设置“扶手截面”为“矩形”、“立柱截面”为“矩形”，不设置挡板，设置“栏杆高度”为900mm、“立柱间距”为500mm，单击“好”按钮。

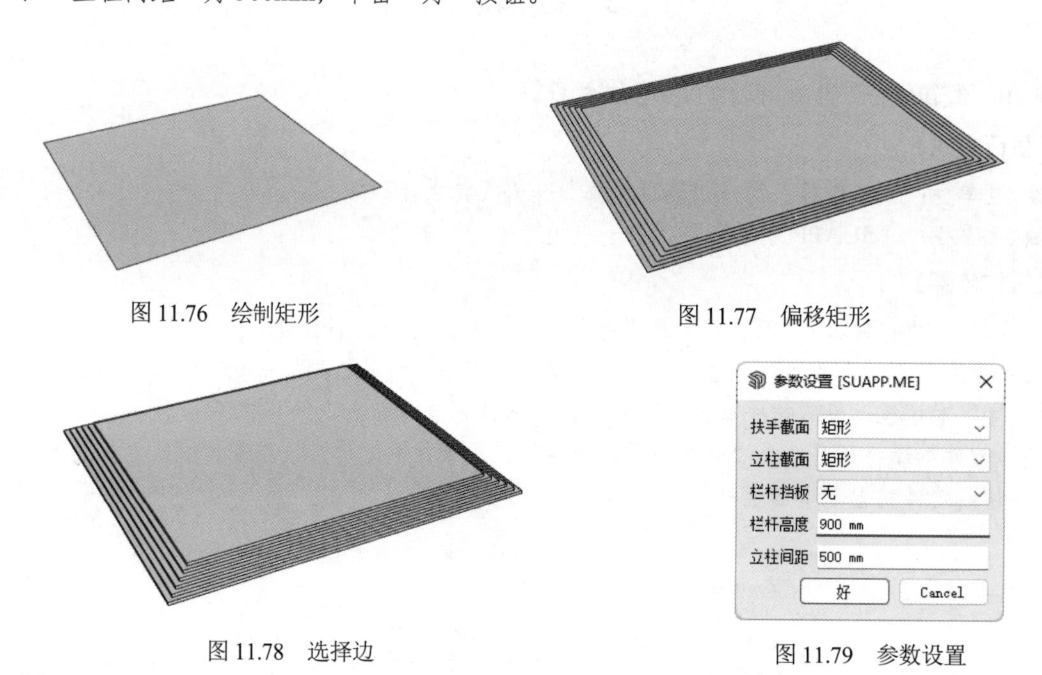

图 11.76　绘制矩形

图 11.77　偏移矩形

图 11.78　选择边

图 11.79　参数设置

（5）软件继续打开另一个“参数设置”对话框，如图 11.80 所示。设置“扶手宽度”为 60mm、“扶手高度”为 40mm、立柱的宽度和高度均为 50mm。单击“好”按钮，软件将自动生成栏杆，如图 11.81 所示。

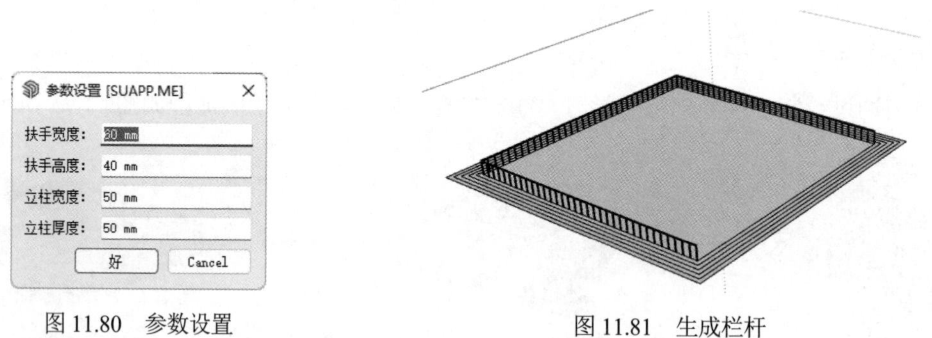

图 11.80　参数设置

图 11.81　生成栏杆

（6）将栏杆转角的地方进行放大，可以发现转角这个位置有两个栏杆，不符合实际情况，如图 11.82 所示。

（7）双击栏杆群组，进入群组内部。单击“使用入门”工具栏上的“选择”按钮，选择栏杆，按 Delete 键删除栏杆，如图 11.83 所示。

（8）双击栏杆群组，进入群组内部。单击“使用入门”工具栏上的“选择”按钮，选择栏杆，继续单击“编辑”工具栏上的“移动”按钮，调整栏杆的位置，如图 11.84 所示。

（9）单击“使用入门”工具栏上的“选择”按钮，在群组外侧双击退出群组，如图 11.85 所示。

（10）执行“默认面板”→“组件”命令，打开“组件”面板，找到野餐桌组件，将其插入模型，如图 11.86 所示。

（11）使用相同的办法在模型中插入人物组件，如图 11.87 所示。

图 11.82　放大转角位置

图 11.83　删除栏杆

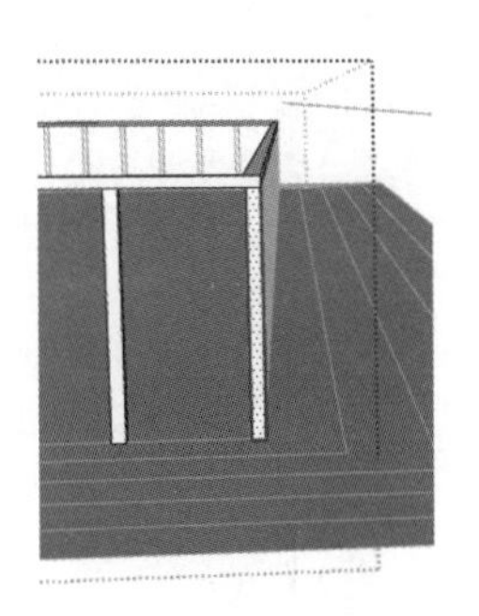

图 11.84　调整栏杆的位置

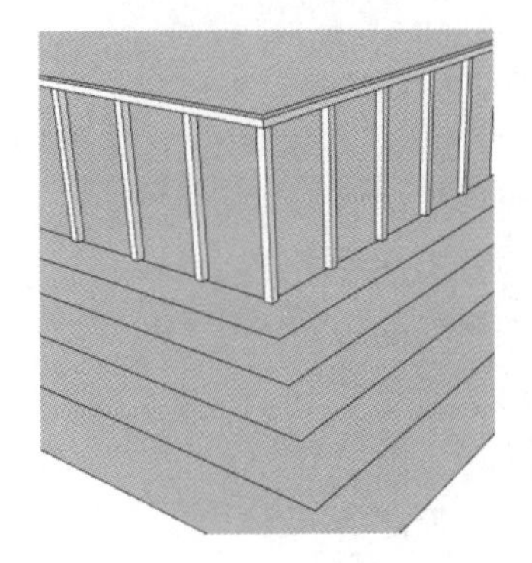

图 11.85　退出群组

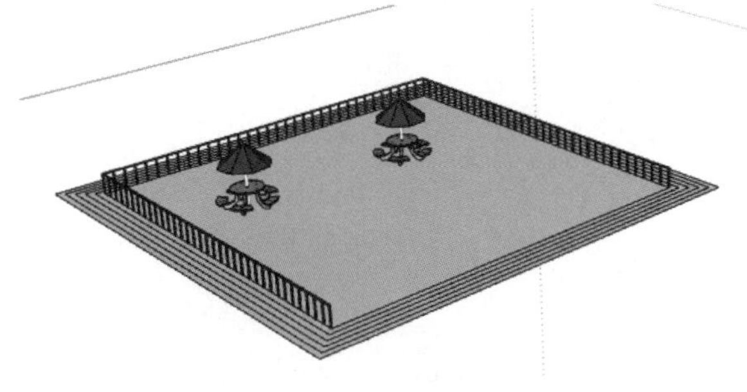

图 11.86　插入野餐桌组件

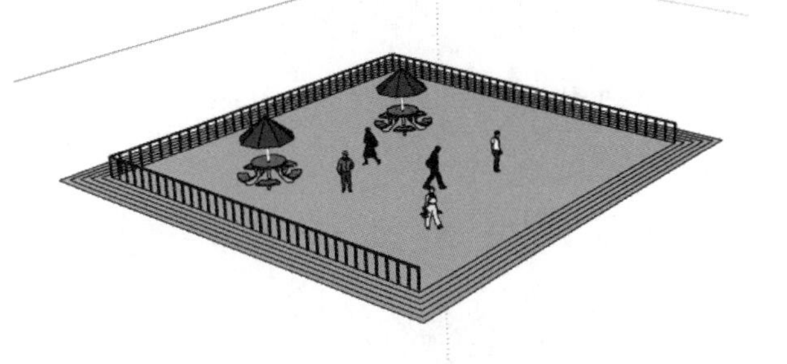

图 11.87　创建人物组件

第 12 章　修补工具与特殊图形插件

内容简介

本章详细介绍 SUAPP 插件中的修补工具与特殊图形插件及其相关命令，帮助读者掌握 SketchUp 修补工具和创建特殊图形的方法。

内容要点

- “修复直线”命令
- “选连续线”命令
- “焊接线条”命令
- “查找线头”命令
- “生成面域”命令
- “贝兹曲线”命令
- “螺旋线”命令
- “自由矩形”命令

案例效果

12.1　修 补 工 具

修补工具可以修补直线和平面。

扫一扫，看视频

12.1.1　修复直线

“修复直线”命令用于将分段的直线合并为一条直线，经常用于在 SketchUp 中导入 AutoCAD 图形。导入的 AutoCAD 图形的线段是分段的，这时使用此命令可以将多条直线进行合并。

【执行方式】

- 菜单栏：“扩展程序”→“线面工具”→“修复直线”。
- 工具栏：“SUAPP 基本工具栏”→“修复直线”。

【操作步骤】

（1）单击“绘图”工具栏上的“直线”按钮，绘制一条直线，然后选中直线，右击，在打开的快捷菜单中选择“拆分”命令，将直线拆分为 4 段，如图 12.1 所示。

（2）单击“使用入门”工具栏上的“选择”按钮，框选所有直线，然后单击“SUAPP 基本工具栏”→“修复直线”按钮，打开提示框，显示 3 条线已被修复，如图 12.2 所示。这时的直线已被合并为一条直线。

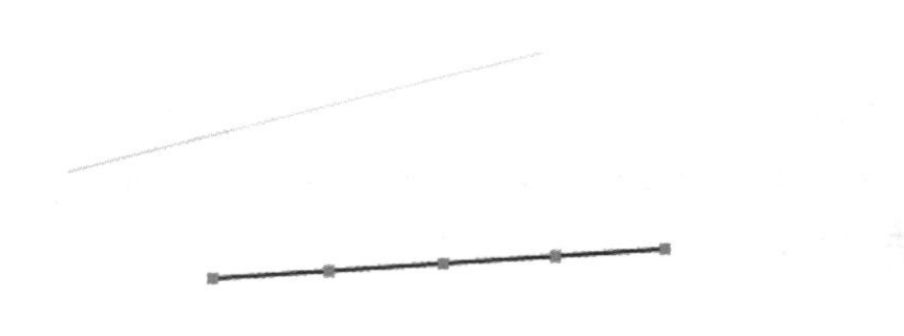

图 12.1　拆分直线

图 12.2　提示框

动手学——修补墙体

扫一扫，看视频

本实例将通过绘制修补墙体来重点学习“修复直线”命令，具体修补流程如图 12.3 所示。

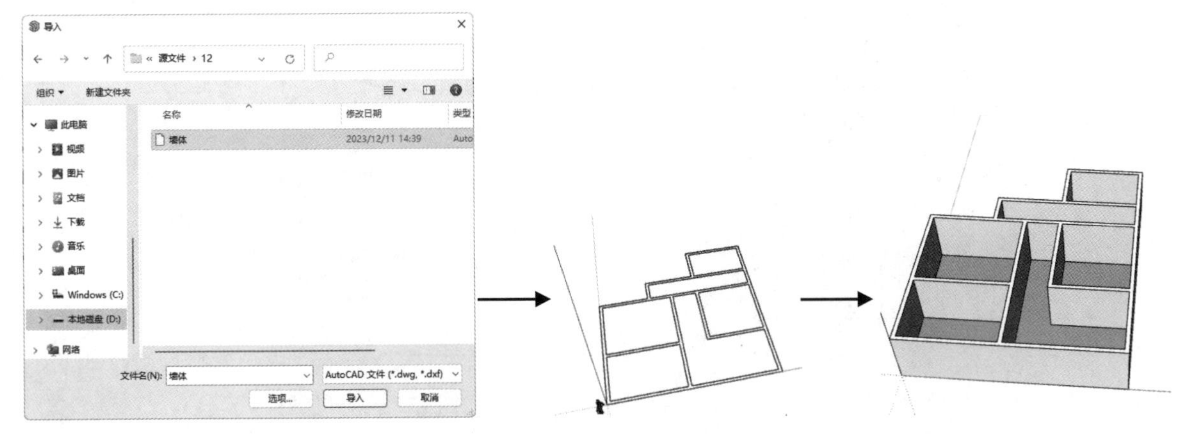

图 12.3　墙体修补流程

源文件：源文件\第 12 章\修补墙体.skp

【操作步骤】

（1）选择菜单栏中的“文件”→“导入”命令，找到源文件中的墙体图形，文件类型选择“AutoCAD 文件(*.dwg, *.dxf)”，如图 12.4 所示。单击“选项”按钮，打开如图 12.5 所示的“导入 AutoCAD DWG/DWF 选项”对话框。导入的单位设置为毫米，单击“好”按钮，返回到“导入”对话框，单击“导入”按钮，导入墙体图形。

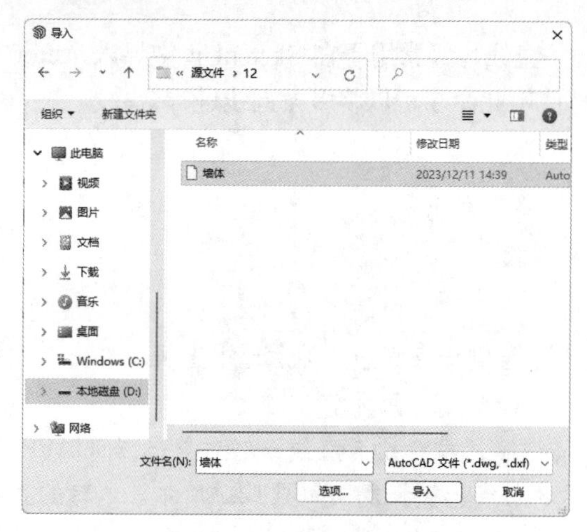

图 12.4 “导入”对话框

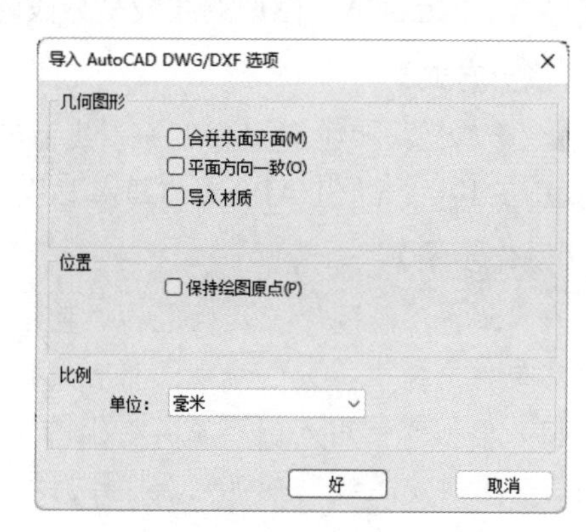

图 12.5 “导入 AutoCAD DWG/DWF 选项”对话框

（2）导入成功后，打开“导入结果”对话框，单击“关闭”按钮，如图 12.6 所示。

（3）导入到软件中的墙体是一个群组，需要进行炸开。单击“使用入门”工具栏上的“选择”按钮，选择墙体，然后右击，在弹出的快捷菜单中选择“炸开模型”命令，将模型分解，如图 12.7 所示。

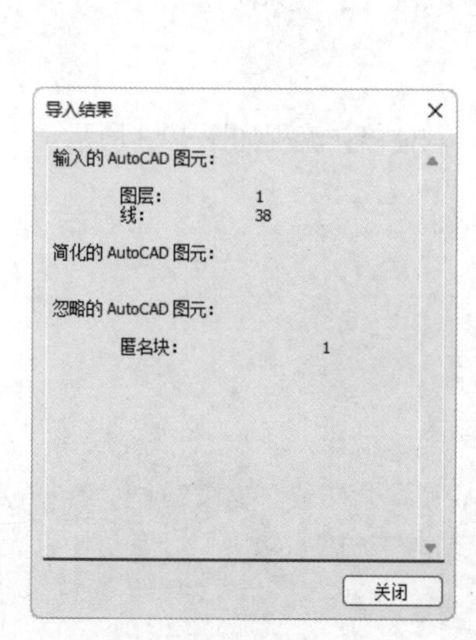

图 12.6 “导入结果”对话框

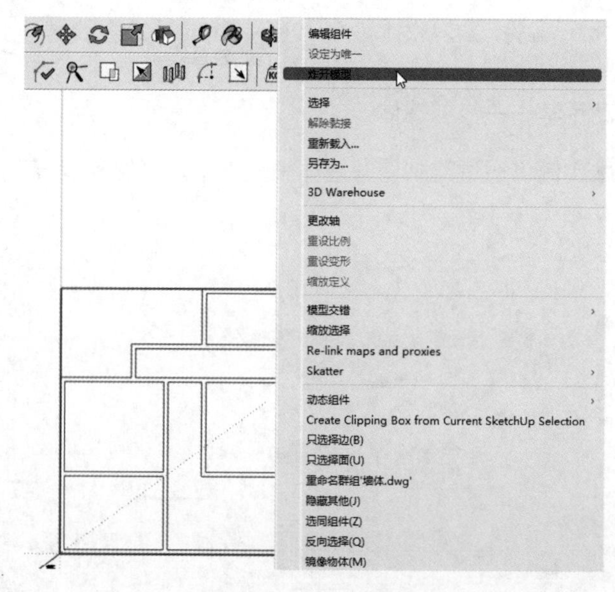

图 12.7 炸开模型

（4）切换视图到轴测图，单击“使用入门”工具栏上的“选择”按钮并按住 Ctrl 键，选择墙体，如图 12.8 所示。

（5）单击“SUAPP 基本工具栏”→“修复直线”按钮，打开提示框，显示 5 条线已被修复，如图 12.9 所示。这时拆分的直线被合并为一条直线。

（6）单击“使用入门”工具栏上的“选择”按钮并按住 Ctrl 键，选择墙体，然后单击“SUAPP 基本工具栏”→“面域”按钮，打开提示框，显示共有 7 个面生成，如图 12.10 所示。

（7）单击“编辑”工具栏上的“推/拉”按钮，选择墙体，沿着蓝轴推/拉 3000mm，绘制高度为 3000mm 的墙体，如图 12.11 所示。

图 12.8　选择墙体　　图 12.9　提示框　　图 12.10　提示框　　图 12.11　推/拉墙体

12.1.2　选连续线

扫一扫，看视频

“选连续线”命令用于选择连续的线。“修复直线”命令可以将多条在一条延伸线上的直线合并，而“选连续线”命令可以将围合起来的多条直线选中，结合 12.1.3 小节的“焊接线条”命令，将多条直线进行合并。

【执行方式】

- 菜单栏：“扩展程序”→“线面工具”→“选连续线”。
- 工具栏：“SUAPP 基本工具栏”→“选连续线”。

【操作步骤】

（1）单击“使用入门”工具栏上的“选择”按钮，选择其中一条边，如图 12.12 所示。

（2）单击“SUAPP 基本工具栏”→“选连续线”按钮，选择另外一条边。这时软件会将闭合区域内的所有边选中，如图 12.13 所示。

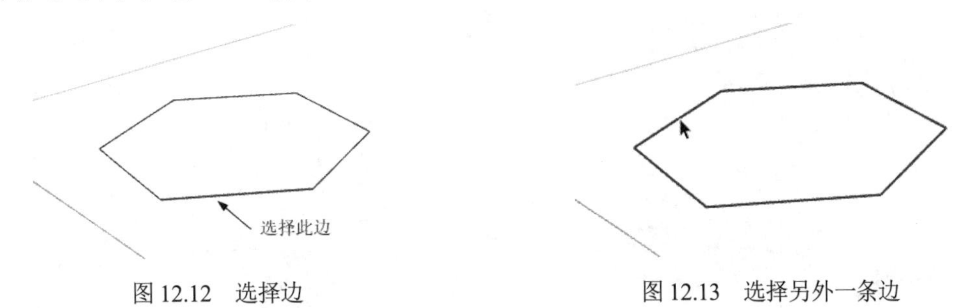

图 12.12　选择边　　图 12.13　选择另外一条边

12.1.3　焊接线条

“焊接线条”命令可以将多条线段转换成一条线段，使其成为一个整体。

【执行方式】

➘ 菜单栏：“扩展程序”→“线面工具”→“焊接线条”。

➘ 工具栏：“SUAPP 基本工具栏”→“焊接线条”。

【操作步骤】

（1）利用 12.1.2 小节所讲的命令，将所有线条选中。单击“SUAPP 基本工具栏”→“焊接线条”按钮，将图形转换为一个整体。单击图形上任意一点，整个图形会被选中，如图 12.14 所示。

（2）单击“SUAPP 基本工具栏”→“拉线成面”按钮，可以将六边形进行统一拉伸，而角点位置不会生成竖线，如图 12.15 所示。

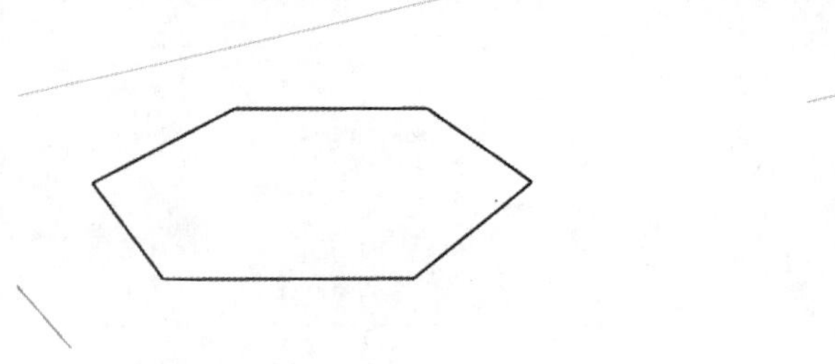

图 12.14　焊接线条

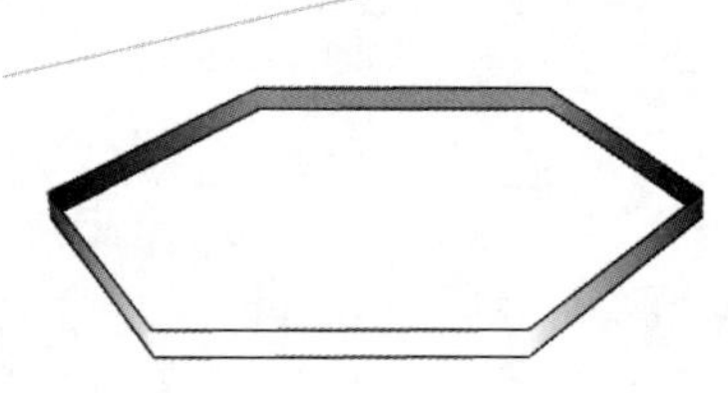

图 12.15　拉线成面

扫一扫，看视频

动手学——绘制弧形水池

本实例将通过绘制弧形水池来重点学习“选连续线”和“焊接线条”命令，具体绘制流程如图 12.16 所示。

图 12.16　弧形水池绘制流程

源文件：源文件\第 12 章\绘制弧形水池.skp

【操作步骤】

（1）选择菜单栏中的“文件”→“导入”命令，找到源文件中的弧形水池图形，文件类型选择“AutoCAD 文件（*.dwg, *.dxf）”，如图 12.17 所示。单击“选项”按钮，打开如图 12.18 所示的“导入 AutoCAD DWG/DWF 选项”对话框。导入图形的单位设置为毫米，单击“好”按钮，返回到“导入”对话框。单击“导入”按钮，导入墙体图形。

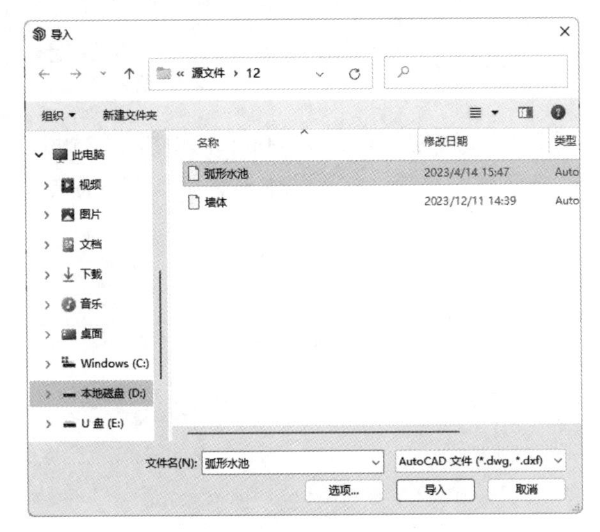

图 12.17　“导入”对话框

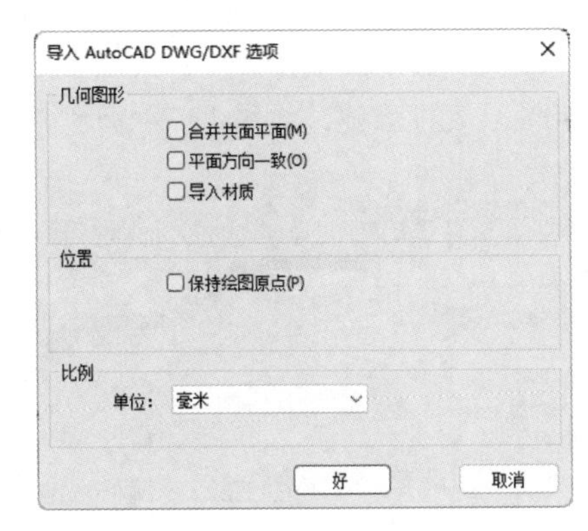

图 12.18　“导入 AutoCAD DWG/DWF 选项”对话框

（2）导入成功后，打开“导入结果”对话框，单击“关闭”按钮，如图 12.19 所示。导入的弧形水池太小，如图 12.20 所示，需要进行放大。单击“编辑”工具栏上的“比例”按钮，以原点为基点，放大 15 倍，结果如图 12.21 所示。

（3）单击“使用入门”工具栏上的“选择”按钮，选择水池，然后右击，在弹出的快捷菜单中选择“炸开模型”命令，将模型分解。

（4）单击“使用入门”工具栏上的“选择”按钮，选择水池上的一小段，然后单击“SUAPP 基本工具栏”→“选连续线”按钮，选择另外一条边。这时软件会将闭合区域内的所有边选中，如图 12.22 所示。

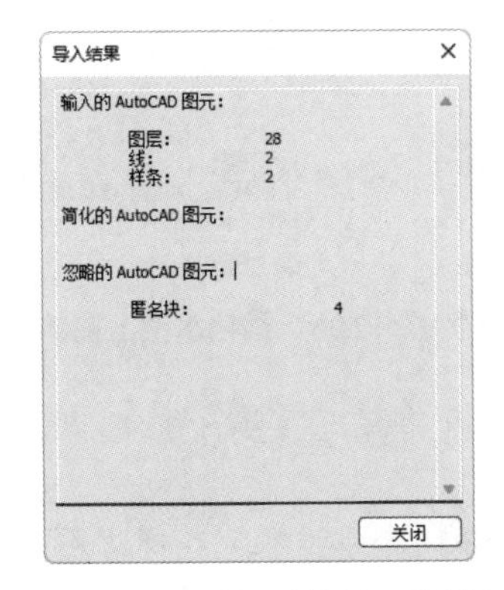

图 12.19　“导入结果”对话框

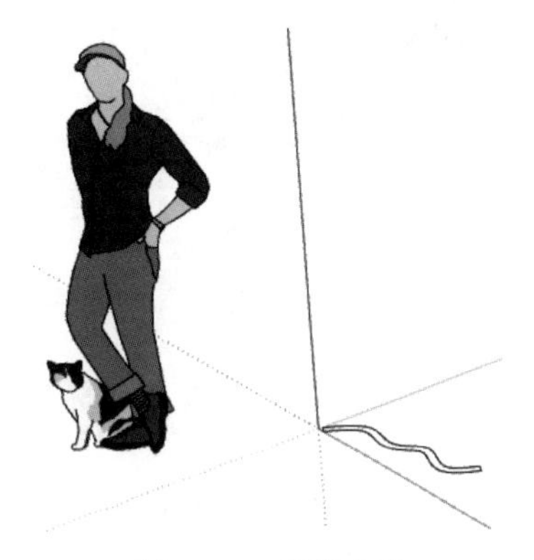

图 12.20　弧形水池

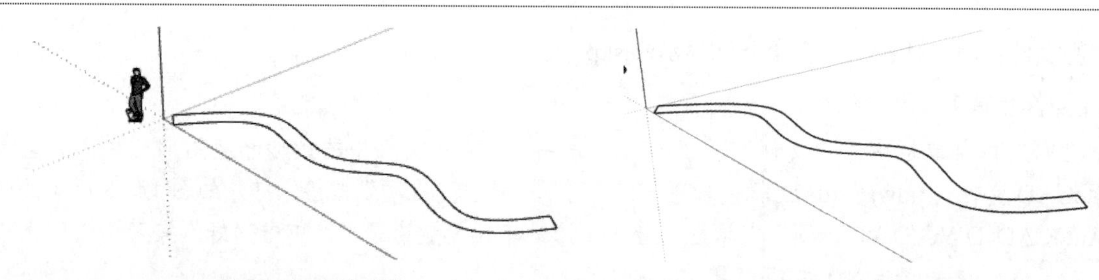

图 12.21　放大水池　　　　图 12.22　选择水池

（5）单击“SUAPP 基本工具栏”→“焊接线条”按钮，将图形转换为一个整体。单击图形上任意一点，整个图形会被选中。

（6）单击“编辑”工具栏上的“偏移”按钮，将水池向内侧偏移 100mm，如图 12.23 所示。

（7）单击“大工具集”工具栏上的“颜料桶”按钮，选择水纹下的水池材质，将不透明度设置为 40%，填充水池，如图 12.24 所示。

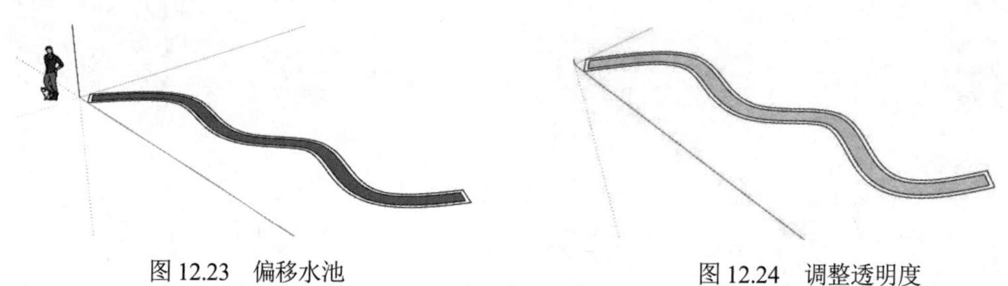

图 12.23　偏移水池　　　　图 12.24　调整透明度

（8）单击“使用入门”工具栏上的“选择”按钮，选择所有模型，然后单击“SUAPP 基本工具栏”→“面域”按钮，将外侧水池边生成面域。

（9）单击“编辑”工具栏上的“推/拉”按钮，选择水池边，沿着蓝轴推/拉 200mm。选择水，沿着蓝轴推/拉 100mm，如图 12.25 所示。

（10）选择水池上侧的内外边，然后右击，在弹出的快捷菜单中选择“柔化”命令，将边线柔化，如图 12.26 所示。

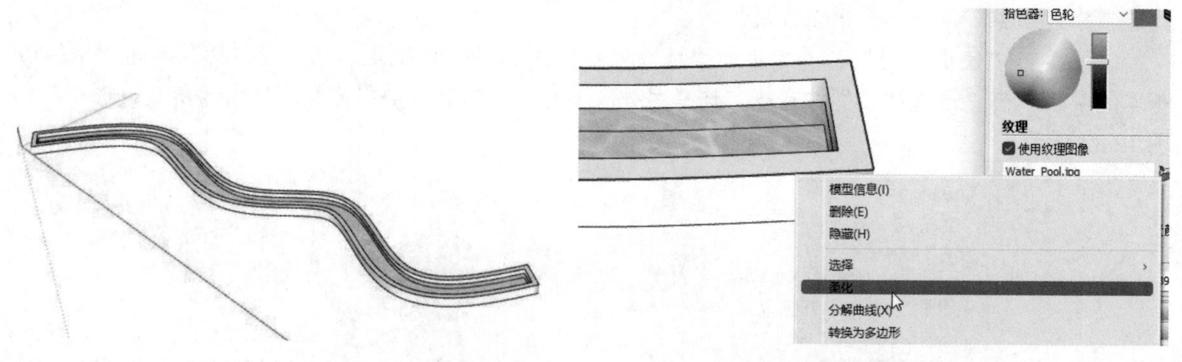

图 12.25　推/拉水池　　　　图 12.26　柔化水池上侧的内外边

（11）选择水池其他边，然后右击，在弹出的快捷菜单中选择“隐藏”命令，将其余边进行隐藏，如图 12.27 所示。

（12）单击“大工具集”工具栏上的“颜料桶”按钮，选择浅灰色花岗岩石头，赋予水池边，如图 12.28 所示。

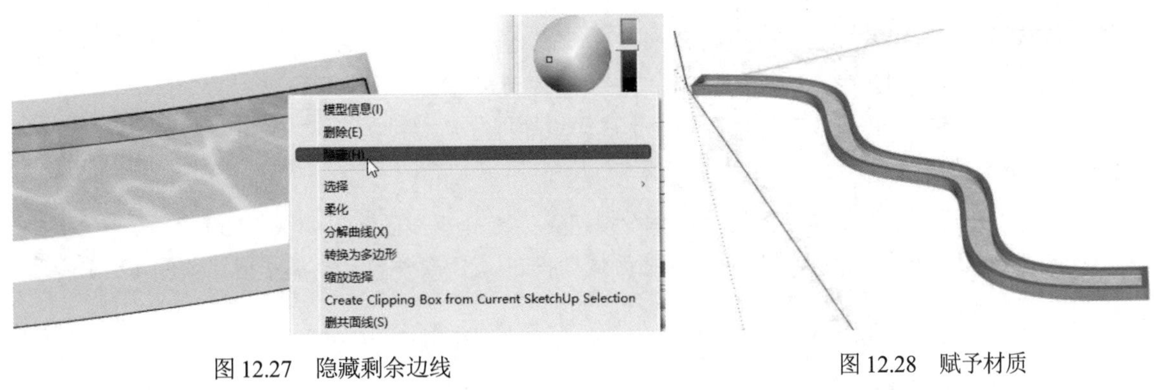

图 12.27　隐藏剩余边线　　　　图 12.28　赋予材质

扫一扫，看视频

12.1.4　查找线头

在建模过程中，有时想将一个面封口，却怎么也封不了口成不了面。因为线没有完全连上，还有线头在外面。由于显示的原因，可能有的线看起来像是闭合的，而实际上并没有，所以需要找出线头。

【执行方式】

➘ 菜单栏：“扩展程序”→“线面工具”→“查找线头”。

➘ 工具栏：“SUAPP 基本工具栏”→“查找线头”。

【操作步骤】

（1）单击“SUAPP 基本工具栏”→“查找线头”按钮，未闭合的位置会出现蓝色的圆形框。

（2）将鼠标指针移动到下侧的线头处，线头显示为红色的圆形框，红色的圆形框和蓝色的圆形框之间的距离在容差范围内时，单击，软件会自动绘制一条直线，将线头闭合，形成一个封闭的模型，如图 12.29 所示。

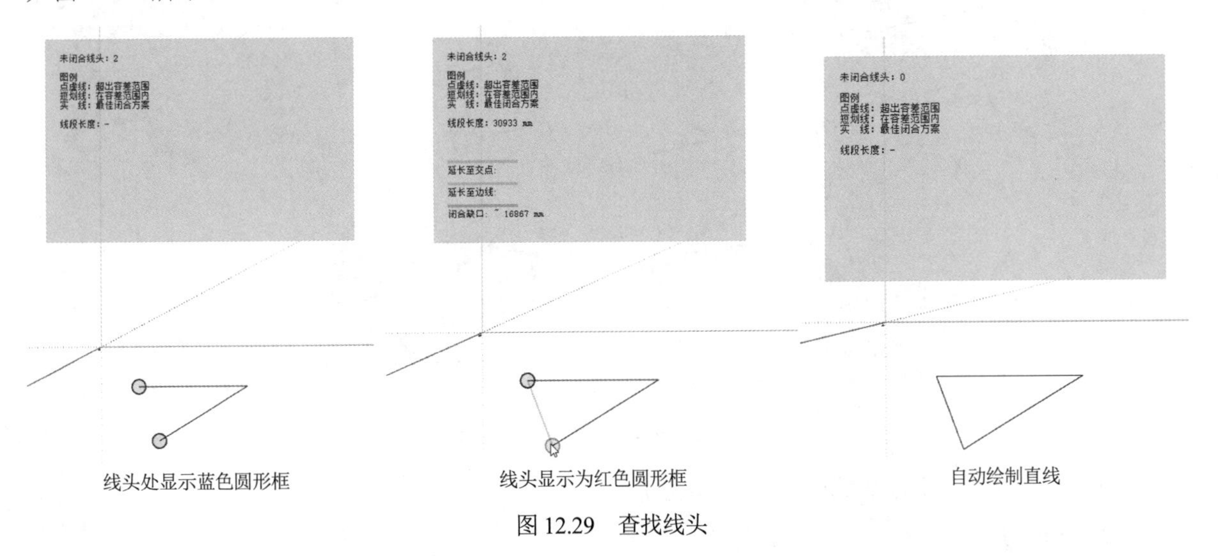

线头处显示蓝色圆形框　　线头显示为红色圆形框　　自动绘制直线

图 12.29　查找线头

12.1.5　生成面域

“生成面域”命令可以将封闭的区域生成平面。

【执行方式】

- 菜单栏：“扩展程序”→“线面工具”→“生成面域”。
- 工具栏：“SUAPP 基本工具栏”→“生成面域”。

【操作步骤】

（1）单击“使用入门”工具栏上的“选择”按钮，选择矩形区域，如图 12.30 所示。

（2）单击“SUAPP 基本工具栏”→“生成面域”按钮，软件自动生成平面，如图 12.31 所示。

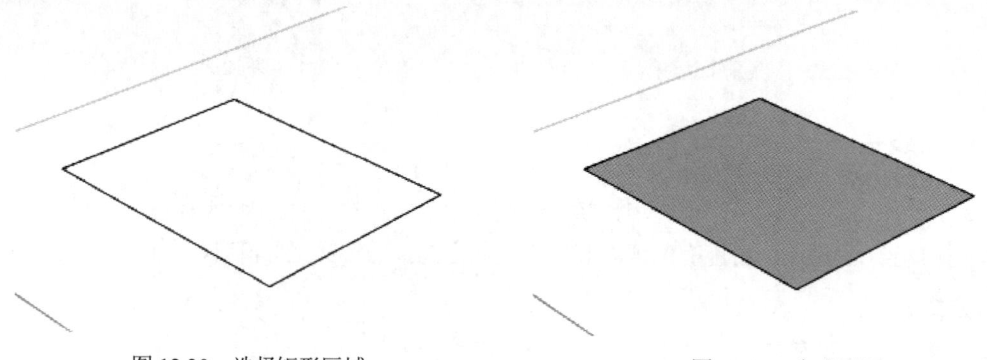

图 12.30　选择矩形区域　　图 12.31　生成平面

扫一扫，看视频

动手学——绘制建筑模型轮廓

本实例将通过绘制建筑模型轮廓来重点学习“生成面域”命令，具体绘制流程如图 12.32 所示。

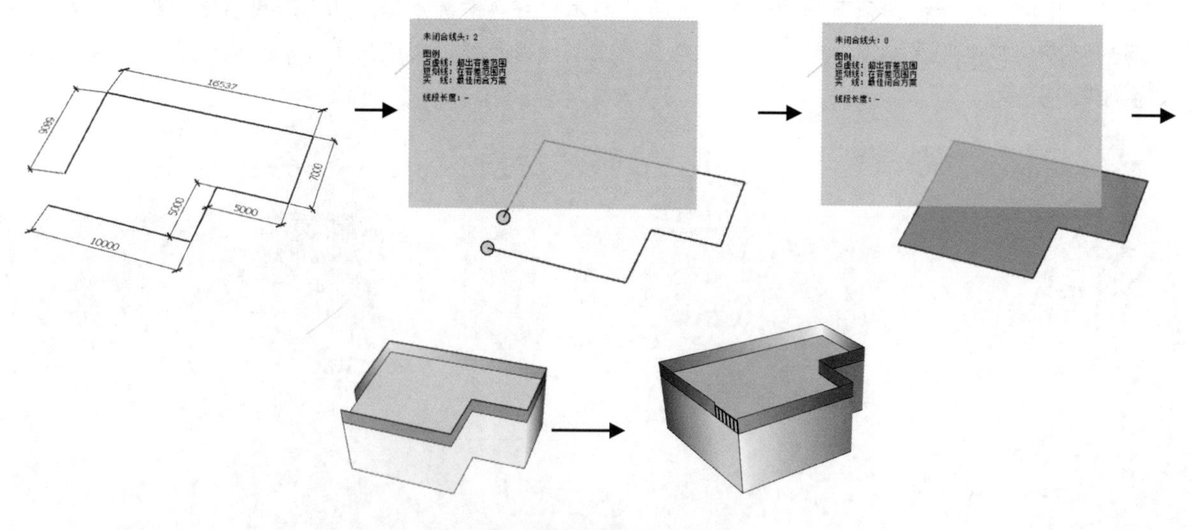

图 12.32　建筑模型轮廓绘制流程

源文件：源文件\第 12 章\绘制建筑模型轮廓.skp

【操作步骤】

（1）单击“绘图”工具栏上的“直线”按钮，依据图中标注的尺寸，绘制轮廓图，如图 12.33 所示。

（2）先选择其中一条边，然后单击“SUAPP 基本工具栏”→“选连续线”按钮，选择另外一条边。这时软件自动选中所有边线。

（3）单击“SUAPP 基本工具栏”→“焊接线条”按钮，将所有边线连接为一个整体，如图 12.34 所示。

（4）单击“使用入门”工具栏上的“选择”按钮，选择线条。单击“SUAPP 基本工具栏”→“面域”按钮，软件提示没有生成平面，如图 12.35 所示。

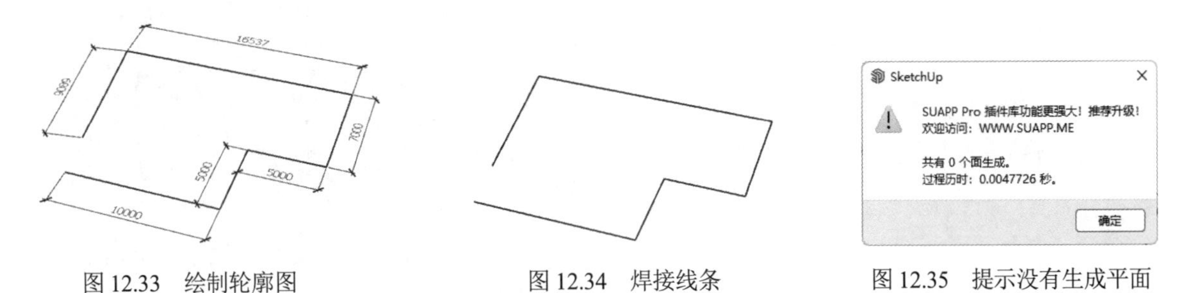

图 12.33　绘制轮廓图　　图 12.34　焊接线条　　图 12.35　提示没有生成平面

（5）单击“SUAPP 基本工具栏”→“查找线头”按钮，模型中出现两个蓝色的圆形框，显示出线头的位置，如图 12.36 所示。

（6）将鼠标指针移动到下侧的线头处，线头显示为红色的圆圈，红色的圆圈和蓝色的圆圈之间的距离在容差范围内时，单击，软件会自动绘制一条直线，将线头闭合，形成一个封闭的模型，如图 12.37 所示。

（7）单击“SUAPP 基本工具栏”→“生成面域”按钮，这时软件提示生成 1 个平面，如图 12.38 所示，生成的平面如图 12.39 所示。

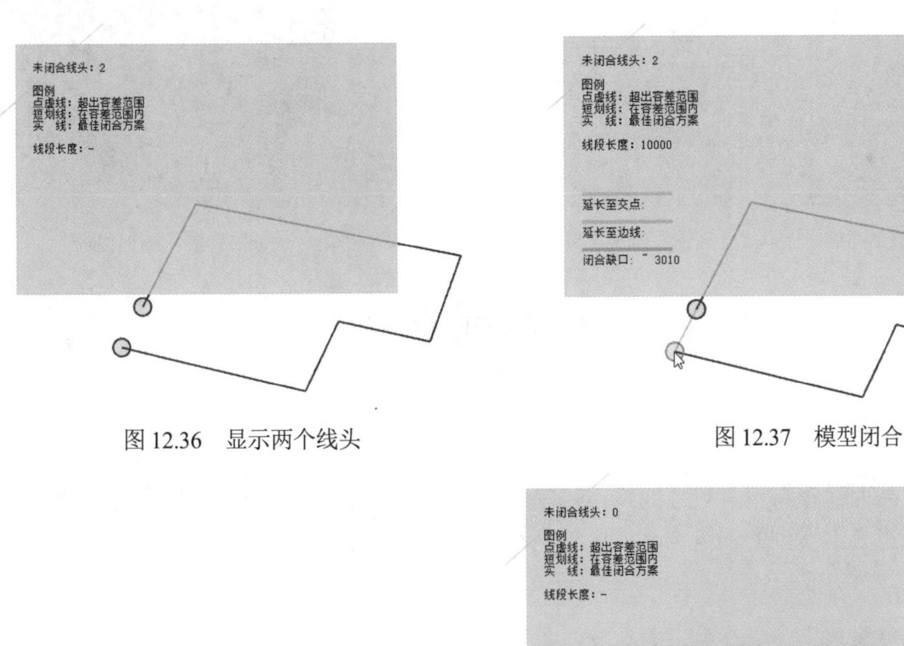

图 12.36　显示两个线头　　图 12.37　模型闭合

图 12.38　提示框

图 12.39　生成平面

（8）单击“编辑”工具栏中的“推/拉”按钮，将平面推/拉3000mm，形成建筑轮廓，如图12.40所示。

（9）单击“SUAPP基本工具栏”→“拉线成面”按钮，选择上侧的边线，绘制高度为1200mm的矮墙，不进行翻转，如图12.41所示。

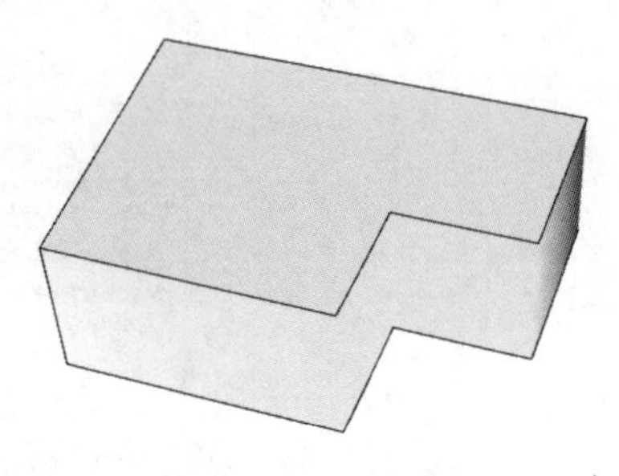

图12.40　推/拉平面

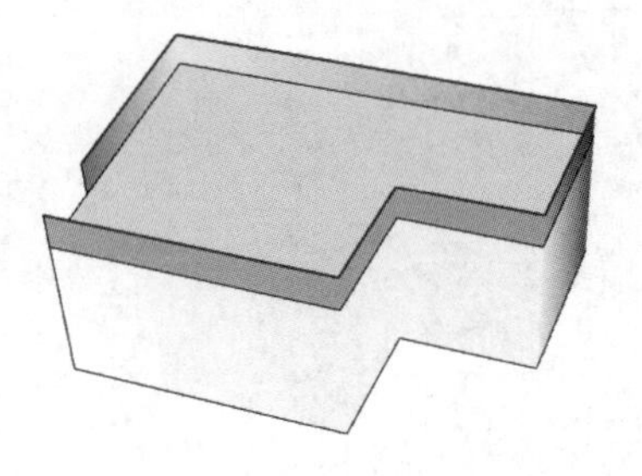

图12.41　拉线成面

（10）单击“使用入门”工具栏上的“选择”按钮，选择短线，然后单击“SUAPP基本工具栏”→“线转栏杆”按钮，打开如图12.42和图12.43所示的“参数设置”对话框。设置相应的参数，绘制栏杆，结果如图12.44所示。

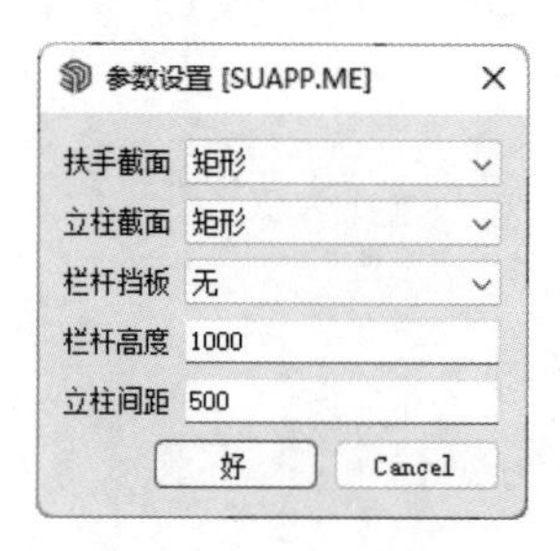

图12.42　设置参数

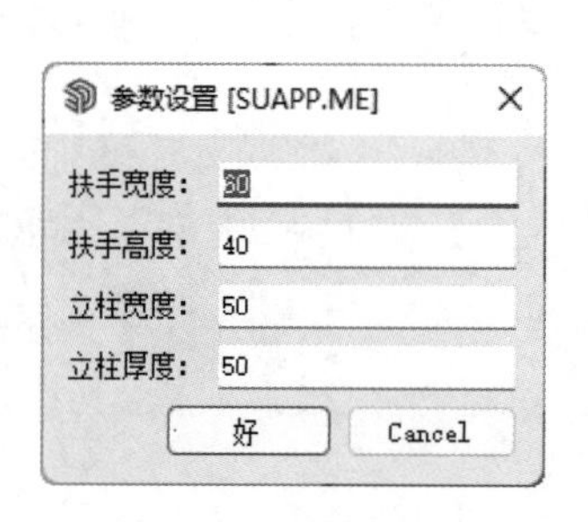

图12.43　设置参数

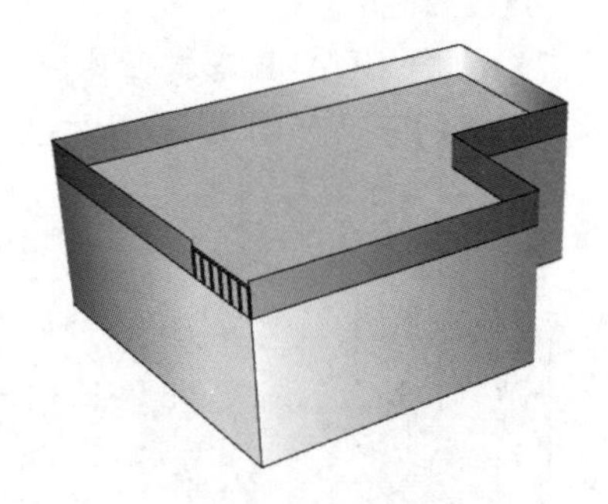

图12.44　绘制栏杆

12.2　创建特殊图形

扫一扫，看视频

12.2.1　创建贝兹曲线

在建模时，贝兹曲线很有用。贝兹曲线由线段与节点组成，节点是可以拖动的支点，线段像可伸缩的皮筋。在绘图工具上看到的钢笔工具就用于制作这种矢量曲线。

【执行方式】

菜单栏：“扩展程序”→“线面工具”→“贝兹曲线”。

【操作步骤】

1. 创建曲线

（1）选择菜单栏中的“扩展程序”→“线面工具”→“贝兹曲线”命令，在右下角的“节点数”控制框中会出现数字3，如图12.45所示。表示在点取第1个点后还要通过3个点来定义曲线，如图12.46～图12.48所示，最终的曲线如图12.49所示。

（2）点取第 1 个点后再点取 2 个点来定义曲线，选择“贝兹曲线”命令以后直接输入 2，如图 12.50 所示，然后参照上面的步骤定义曲线。

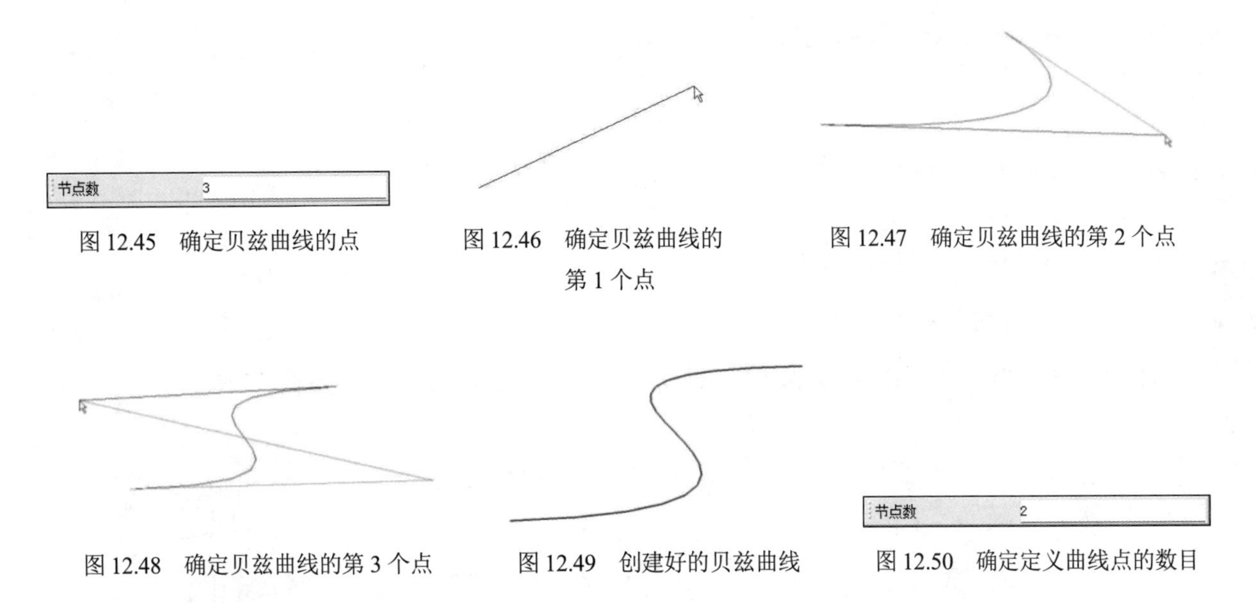

图 12.45　确定贝兹曲线的点

图 12.46　确定贝兹曲线的第 1 个点

图 12.47　确定贝兹曲线的第 2 个点

图 12.48　确定贝兹曲线的第 3 个点

图 12.49　创建好的贝兹曲线

图 12.50　确定定义曲线点的数目

2. 编辑曲线

（1）创建如图 12.51 所示的贝兹曲线。

（2）在曲线上右击，在弹出的快捷菜单中选择“编辑曲线”命令，如图 12.52 所示。然后移动贝兹曲线的控制点，如图 12.53 所示。

（3）点取连线的控制点，按住鼠标左键移动控制点，调整曲线，如图 12.54 所示。

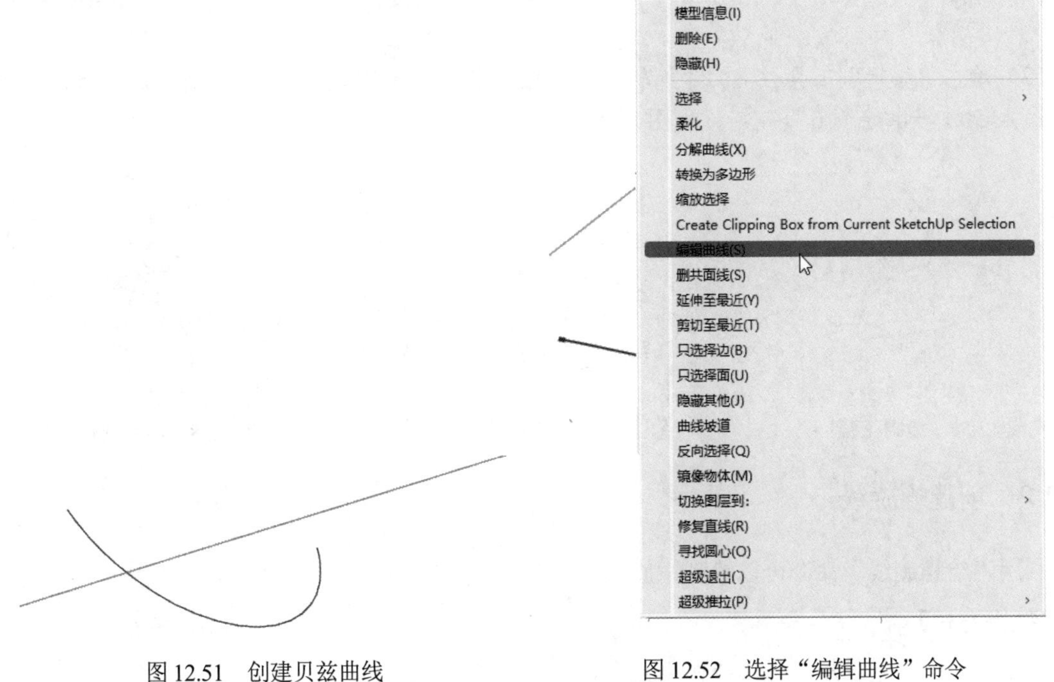

图 12.51　创建贝兹曲线

图 12.52　选择“编辑曲线”命令

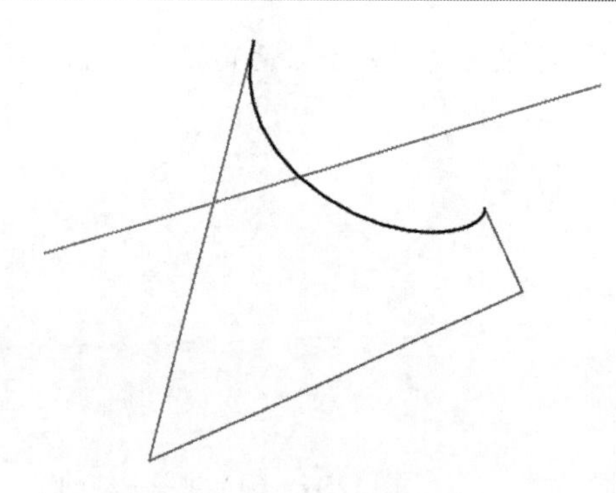

图 12.53　移动贝兹曲线的控制点

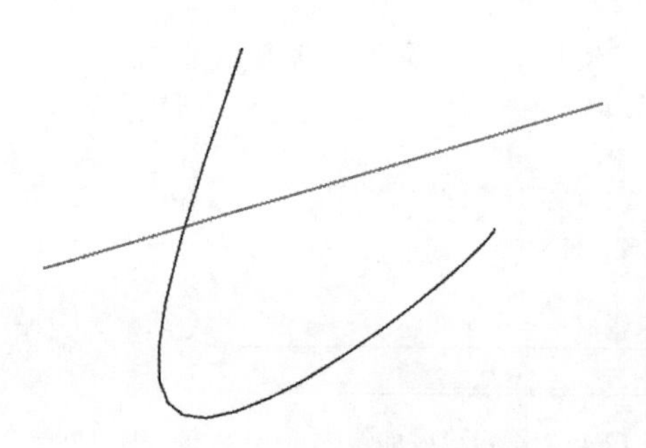

图 12.54　调整曲线

扫一扫，看视频

动手学——绘制花朵

本实例将通过绘制花朵来重点学习“贝兹曲线”命令，具体绘制流程如图 12.55 所示。

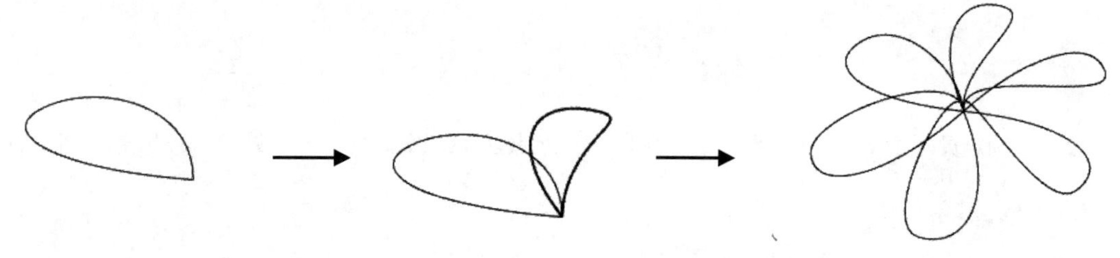

图 12.55　花朵绘制流程

源文件：源文件\第 12 章\绘制花朵.skp

【操作步骤】

（1）选择菜单栏中的“扩展程序”→“线面工具”→“贝兹曲线”命令，绘制一个花瓣，如图 12.56 所示。

（2）单击“编辑”工具栏上的“旋转”按钮，将花瓣复制旋转 60°，如图 12.57 所示，在命令行中输入 5*，一共绘制 6 个花瓣，如图 12.58 所示。

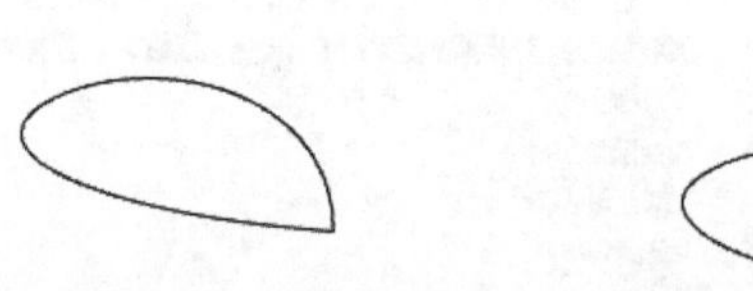

图 12.56　绘制花瓣

图 12.57　复制花瓣

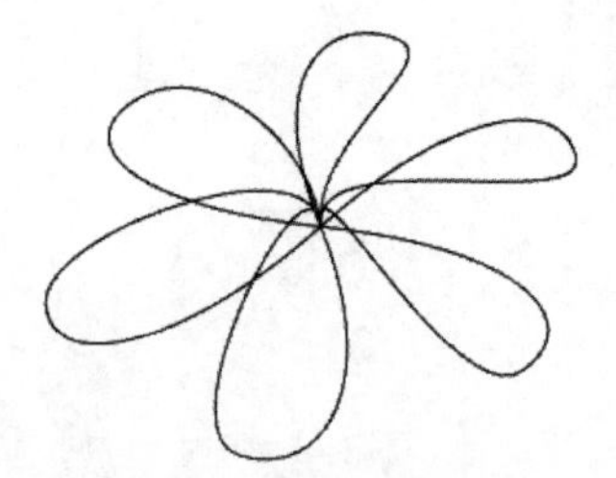

图 12.58　绘制其他花瓣

12.2.2　创建螺旋线

利用“绘螺旋线”命令可以绘制螺旋线。

【执行方式】

菜单栏：“扩展程序”→“线面工具”→“绘螺旋线”。

【操作步骤】

选择菜单栏中的“扩展程序”→“线面工具”→“绘螺旋线”命令，打开如图 12.59 所示的“参数设置”对话框。

（1）顶端半径：控制最后一个螺旋圆的半径。

（2）底端半径：控制第一个螺旋圆的半径。

（3）每圈高度：控制螺旋线在 Z 轴上的高度。

（4）总圈数：控制所创建的螺旋线的旋转圈数。

（5）每圈段数：控制所创建的螺旋线每一圈由几节线段组成。图 12.60 所示是按照图 12.59 所设置的参数创建的螺旋线。

图 12.59　“参数设置”对话框

图 12.60　创建的螺旋线

扫一扫，看视频

12.2.3　自由矩形

使用矩形工具只能创建与坐标轴平行或者垂直的矩形，如果要绘制的矩形与坐标轴成一定角度，只能先绘制矩形后再使用旋转工具进行旋转。使用“自由矩形”命令可以画出任意方向的矩形。

【执行方式】

工具栏：“SUAPP 基本工具栏”→“自由矩形”。

【操作步骤】

（1）单击“SUAPP 基本工具栏”→“自由矩形”按钮，在场景中点取两个点作为矩形的一条边，如图 12.61 所示。

（2）移动鼠标指针确定矩形第 1 个点的对角点，即确定第 3 个点，完成任意方向矩形的绘制，如图 12.62 所示。

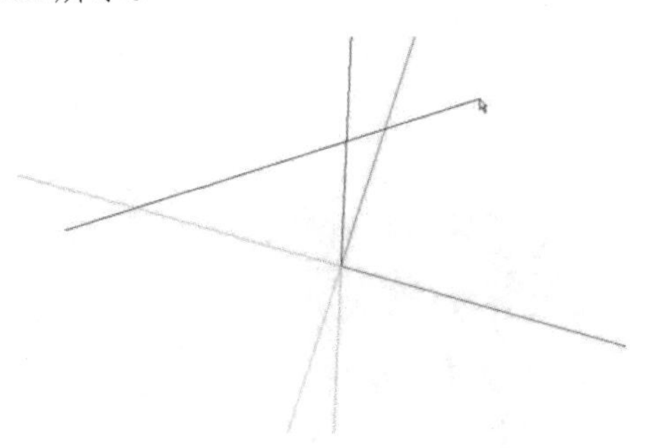

图 12.61　确定矩形的前两个点

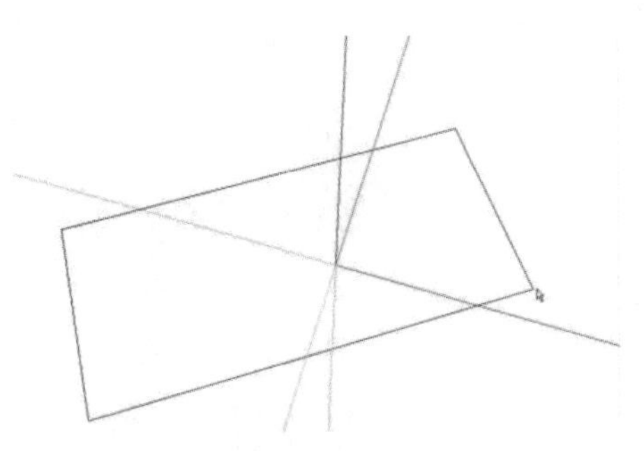

图 12.62　确定第 3 个点完成绘制

动手学——绘制簸箕

本实例将通过绘制簸箕来重点学习“自由矩形”命令，具体绘制流程如图 12.63 所示。

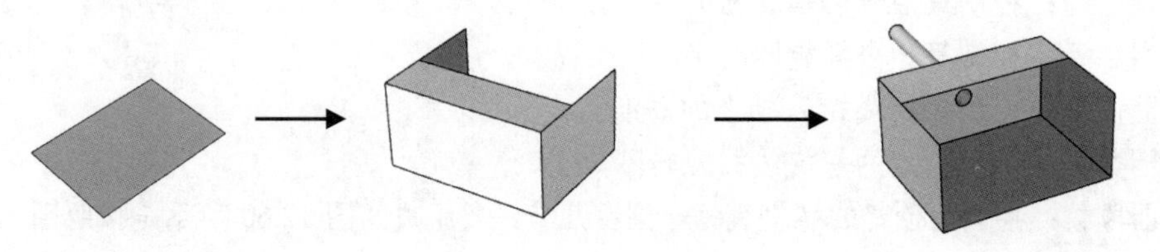

图 12.63　簸箕绘制流程

源文件：源文件\第 12 章\绘制簸箕.skp

【操作步骤】

（1）单击“SUAPP 基本工具栏”→“自由矩形”按钮，绘制 300mm×400mm 的底面，如图 12.64 所示。

（2）单击“SUAPP 基本工具栏”→“自由矩形”按钮，绘制其他侧面的矩形，高度为 120mm，结果如图 12.65 所示。

（3）单击“SUAPP 基本工具栏”→“自由矩形”按钮，绘制顶面的矩形，宽度为 150mm，如图 12.66 所示。

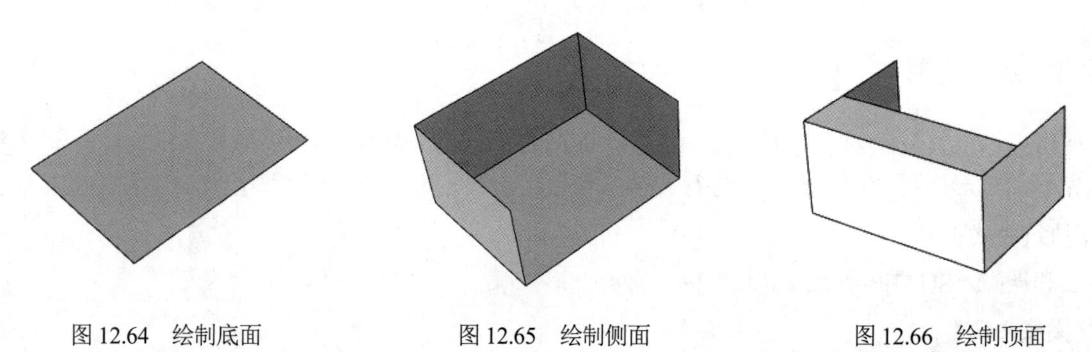

图 12.64　绘制底面　　图 12.65　绘制侧面　　图 12.66　绘制顶面

（4）单击“绘图”工具栏上的“直线”按钮，绘制辅助线。单击“绘图”工具栏上的“圆”按钮，在侧面绘制适当大小的圆，然后将辅助线删除，如图 12.67 所示。

（5）单击“编辑”工具栏上的“推/拉”按钮，推/拉的长度为 400mm，对圆形进行拉伸，如图 12.68 所示。

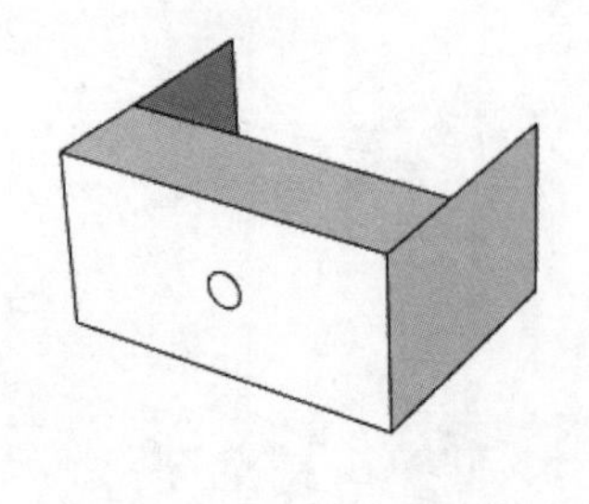

图 12.67　绘制圆

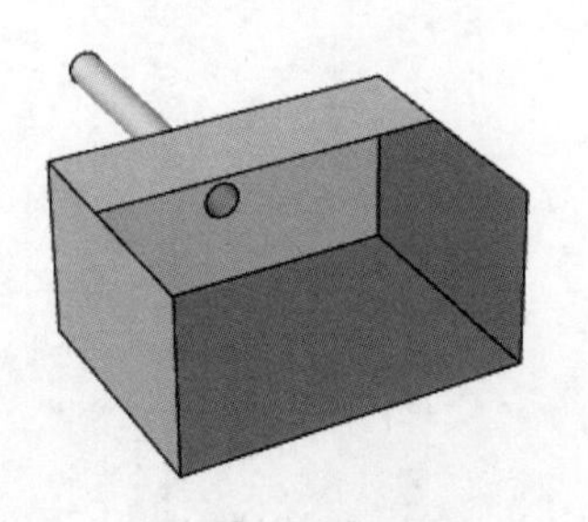

图 12.68　拉伸圆形

第 13 章　辅助编辑插件

内容简介

本章详细介绍 SUAPP 插件中的辅助编辑插件及其相关命令，帮助读者掌握 SketchUp 选择工具、常用工具和拉伸工具的使用方法。

内容要点

- “滑动翻面”命令
- “线倒圆角”命令
- “Z 轴归零”命令
- “路径阵列”命令
- “镜像物体”命令
- “联合推拉”命令
- “法线推拉”命令
- “向量推拉”命令

案例效果

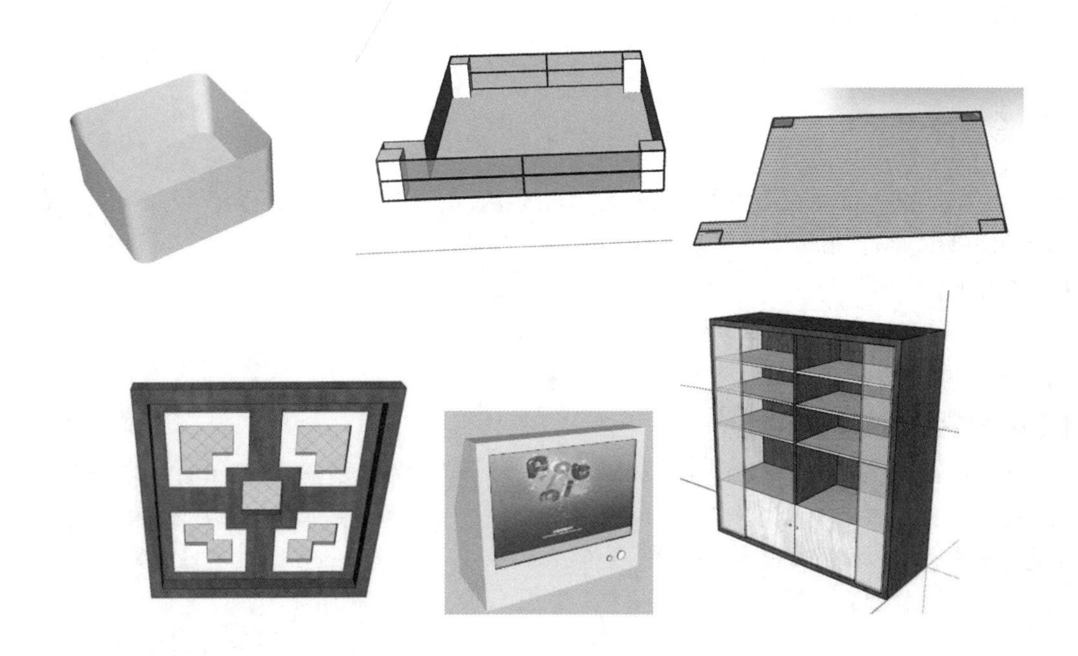

13.1 简单工具

简单工具包括滑动翻面、线倒圆角和 Z 轴归零命令。

扫一扫，看视频

13.1.1 滑动翻面

使用“滑动翻面”命令可以将模型翻转为正面，而且赋予的材质不会翻转，始终显示在正面，只是将背面翻转为正面。

【执行方式】

- 菜单栏：“扩展程序”→“线面工具”→“滑动翻面”。
- 工具栏：“SUAPP 基本工具栏”→“滑动翻面”。

【操作步骤】

（1）在“样式”面板中设置“正面颜色”为白色，“背面颜色”为灰色，因此绘制的长方体的侧面现在显示的为背面，如图 13.1 所示。

（2）单击“SUAPP 基本工具栏”→“滑动翻面”按钮，不需要单击，只需将鼠标指针从长方体的侧面划过，背面就翻转为了正面，如图 13.2 所示。

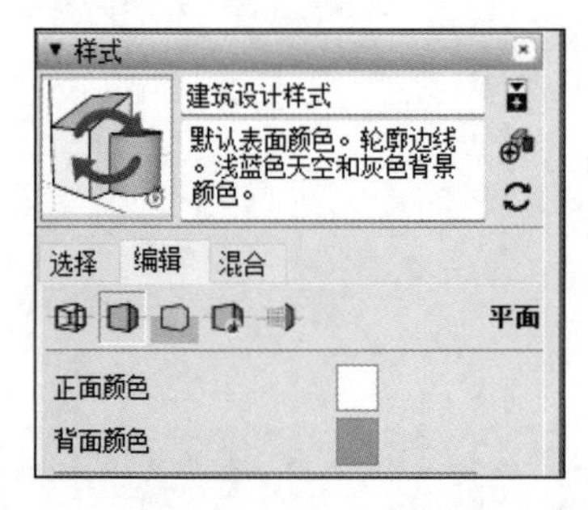

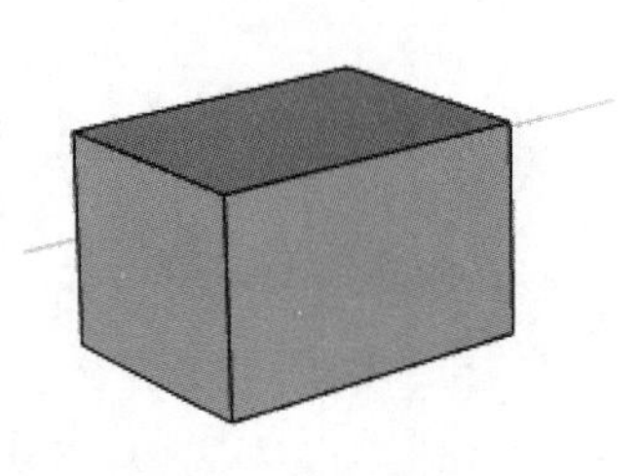

图 13.1　侧面为背面

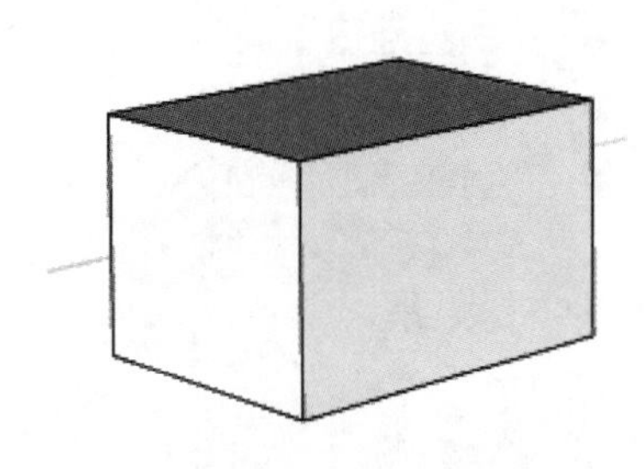

图 13.2　侧面为正面

13.1.2 线倒圆角

使用“线倒圆角”命令在选择两条相交或延长线相交的直线后，输入倒角半径并按回车键，即可绘制出带圆角的图形。

【执行方式】

- 菜单栏：“扩展程序”→“线面工具”→“线倒圆角”。
- 工具栏：“SUAPP 基本工具栏”→“线倒圆角”。

【操作步骤】

（1）单击“使用入门”工具栏上的“选择”按钮，将整个模型选中，如图 13.3 所示。

（2）单击“SUAPP 基本工具栏”→“线倒圆角”按钮，输入圆角半径后按回车键，软件自动将 4 个角进行圆角处理，如图 13.4 所示。

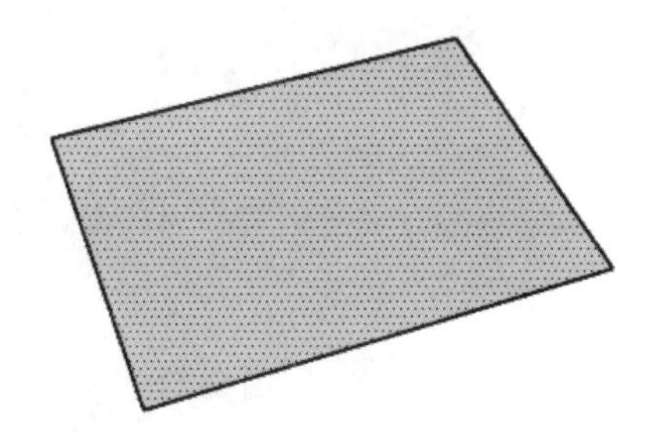

图 13.3　选中模型

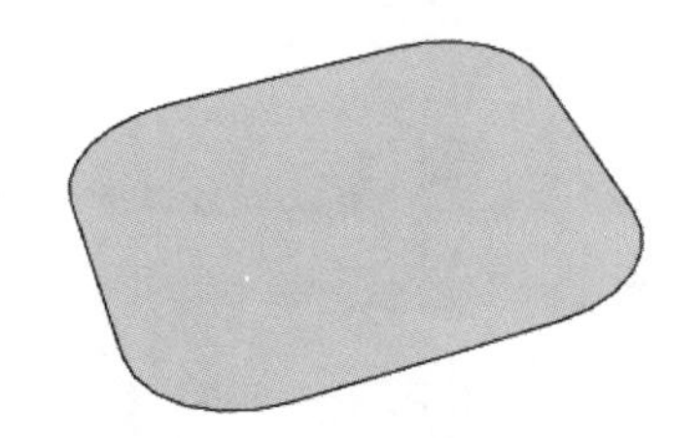

图 13.4　圆角处理

扫一扫，看视频

动手学——绘制饭盒

本实例将通过绘制饭盒来重点学习“线倒圆角”命令，具体绘制流程如图 13.5 所示。

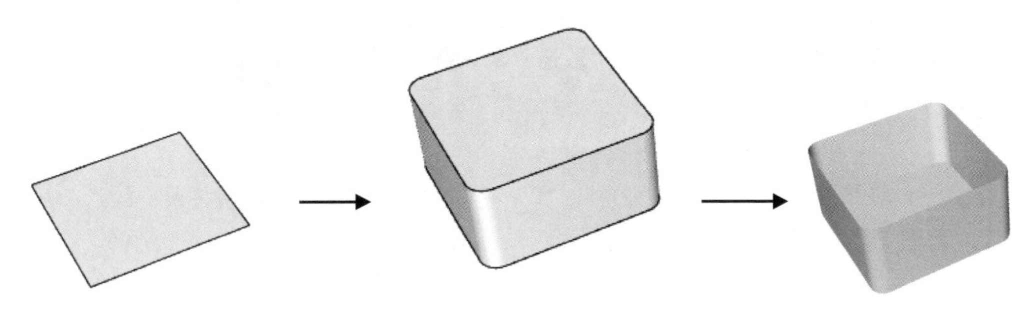

图 13.5　饭盒绘制流程

源文件：源文件\第 13 章\绘制饭盒.skp

【操作步骤】

（1）单击“绘图”工具栏上的“矩形”按钮，绘制边长为 100mm 的正方形，如图 13.6 所示。

（2）单击“使用入门”工具栏上的“选择”按钮，将整个模型选中，然后单击“SUAPP 基本工具栏”→“线倒圆角”按钮，输入圆角半径 10mm，按回车键，软件自动将 4 个角进行圆角处理，如图 13.7 所示。

（3）单击“SUAPP 基本工具栏”→“选连续线”按钮和“焊接线条”按钮，将模型创建为一个整体，如图 13.8 所示。

图 13.6　绘制正方形

图 13.7　圆角处理

图 13.8　创建为整体

（4）单击“编辑”工具栏上的“推/拉”按钮，推/拉 50mm，如图 13.9 所示。

（5）单击“使用入门”工具栏上的“选择”按钮，选择顶面，然后按 Delete 键，将顶面删除，如图 13.10 所示。

（6）单击“大工具集”工具栏上的“颜料桶”按钮，为模型赋予材质，结果如图 13.11 所示。

图 13.9　推/拉模型

图 13.10　删除顶面

图 13.11　赋予材质

扫一扫，看视频

13.1.3　Z 轴归零

使用“Z 轴归零”命令可以将所有的线条压平到 Z 轴为零的同一平面内。

【执行方式】

- 菜单栏：“扩展程序”→“辅助工具”→“Z 轴归零”。
- 工具栏：“SUAPP 基本工具栏”→“Z 轴归零”。

【操作步骤】

（1）绘制一个长方体，如图 13.12 所示。

（2）单击“SUAPP 基本工具栏”→“Z 轴归零”按钮，这时软件会自动将所有的线条压到 Z 轴为零的平面，如图 13.13 所示。

图 13.12　绘制模型

图 13.13　Z 轴归零

扫一扫，看视频

动手学——Z 轴归零

本实例通过将 Z 轴归零来重点学习“Z 轴归零”命令，具体绘制流程如图 13.14 所示。

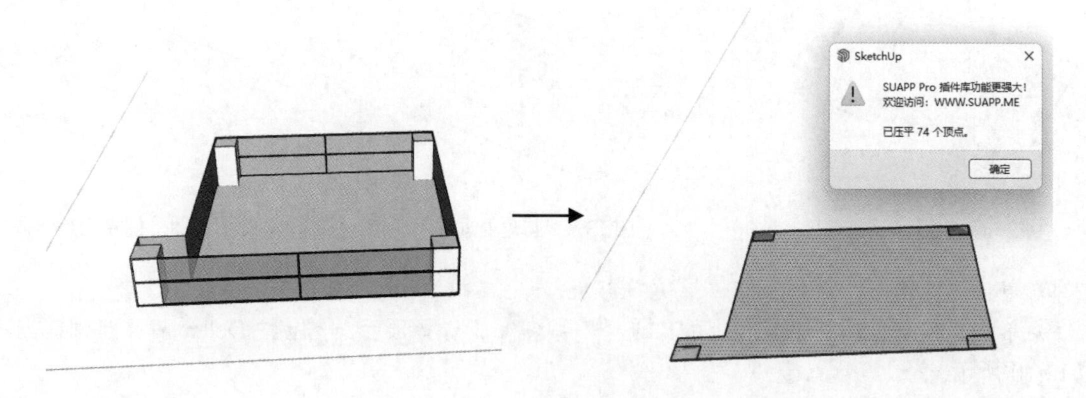

图 13.14　Z 轴归零绘制流程

源文件：源文件\第 13 章\Z 轴归零.skp

【操作步骤】

（1）选择菜单栏中的“文件”→“打开”命令，找到源文件中的原图形并打开，如图 13.15 所示。

（2）单击“SUAPP 基本工具栏”→“Z 轴归零”按钮，将所有模型压平到 Z 轴为零的同一平面内，如图 13.16 所示。

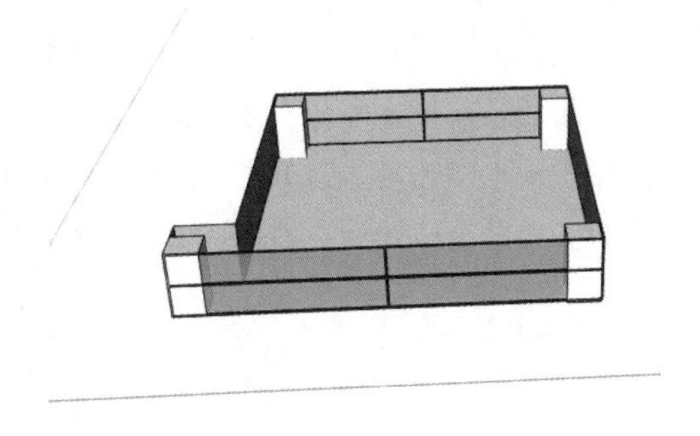

图 13.15　原图形

图 13.16　Z 轴归零

13.2　选 择 工 具

扫一扫，看视频

“选择”命令是 SketchUp 中很重要的命令之一，因为很多命令都要以选择模型作为前提。此命令配合其他命令时也只有进行全选、增加选择以及去除选择等简单的选择操作，但是如果配合插件进行选择，建模工作会变得事半功倍。

13.2.1　隐藏未选物体

使用“隐藏其他”命令可以将未选中的模型进行隐藏。

【执行方式】

快捷菜单：“隐藏其他”。

【操作步骤】

使用过 3ds MAX 软件的读者可能很喜欢其单独的编辑模式（Alt+Q），在 SketchUp 中也有单独编辑的功能。以图 13.17 中的窗户为例，首先选择窗户群组图形，然后右击，在弹出的快捷菜单中选择“隐藏其他”命令，使得场景中只显示当前选择的模型。这样等于是将当前物体进行单独编辑，如图 13.18 所示。

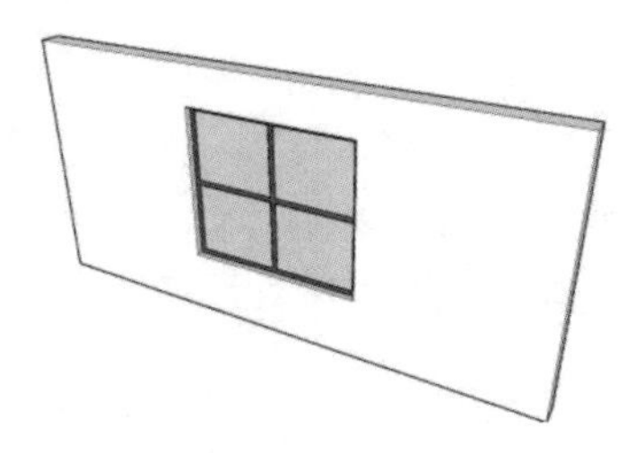

图 13.17　创建的实验场景

图 13.18　将多余部分隐藏后的模型

13.2.2 反向选择

使用“反向选择”命令可以将未选中的模型全部选中。

【执行方式】

快捷菜单：“反向选择”。

【操作步骤】

上面介绍的命令是反向选择物体以后隐藏之前的物体，即将当前选择以外的所有物体选中。首先选择窗户群组，右击，在弹出的快捷菜单中选择“反向选择”命令，如图 13.19 所示。此时将除了窗户以外的模型选中，如图 13.20 所示。接着右击，在弹出的快捷菜单中选择“创建群组”命令，完成群组的创建。

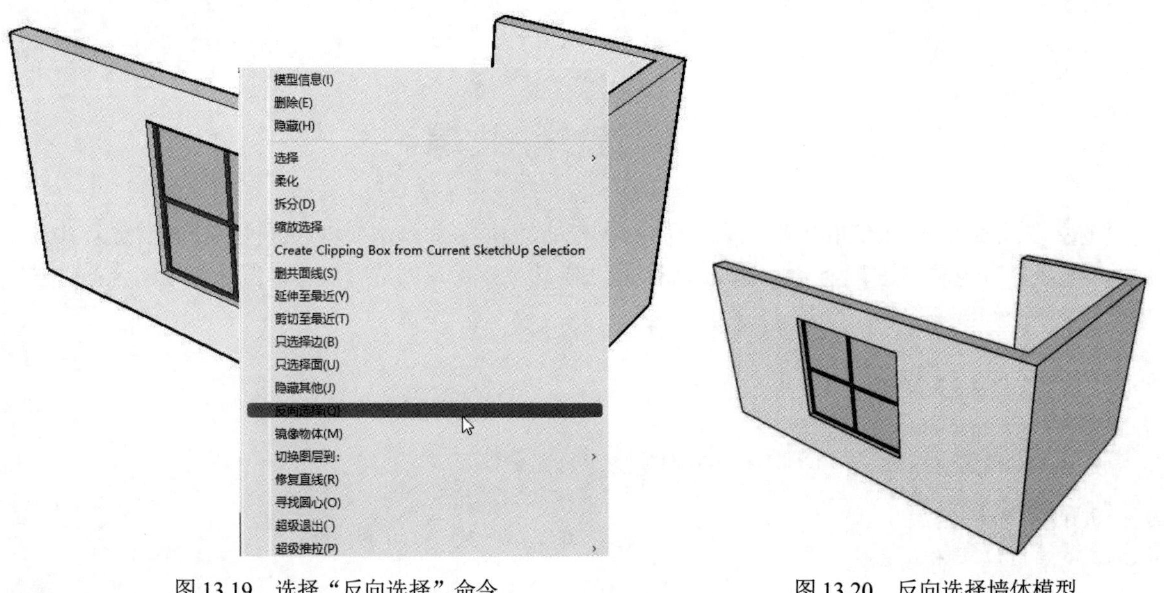

图 13.19 选择“反向选择”命令

图 13.20 反向选择墙体模型

13.2.3 仅选择边线

使用“只选择边”命令可以仅选择边线而不选择面。

【执行方式】

快捷菜单：“只选择边”。

【操作步骤】

在物体上连续单击，将面和线都选择到当前选择集，如图 13.21 所示。如果只想选择边线，右击，在弹出的快捷菜单中选择“只选择边”命令，则可以将选择集中的边保留而将面释放，如图 13.22 所示。

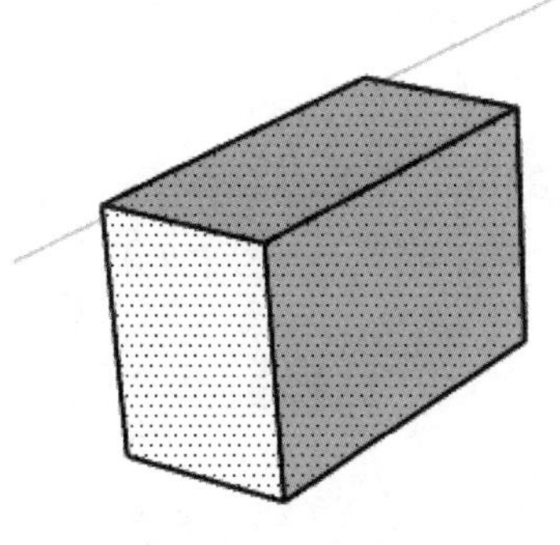

图 13.21　选择整个模型

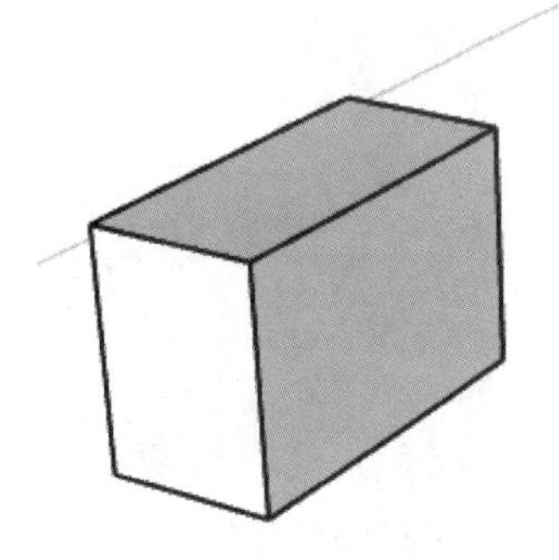

图 13.22　仅选择边线

13.2.4　仅选择面

使用“只选择面”命令可以仅选择面而不选择线。

【执行方式】

快捷菜单：“只选择面”。

【操作步骤】

创建如图 13.23 所示的模型，将立方体所有的边和面都选中。右击，在弹出的快捷菜单中选择“只选择面”命令，则在当前选择集中只有面被选择，如图 13.24 所示。

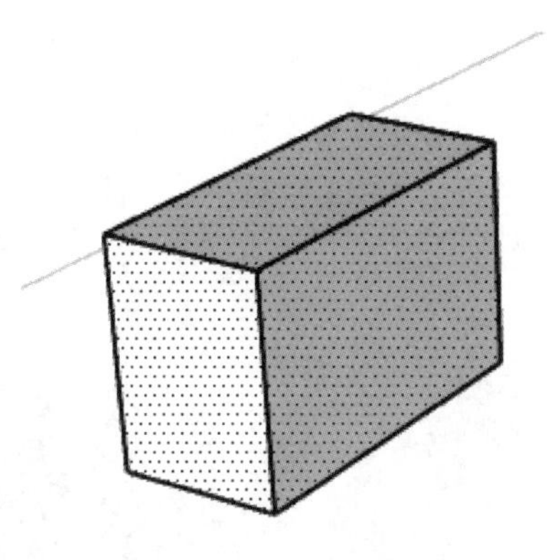

图 13.23　创建模型

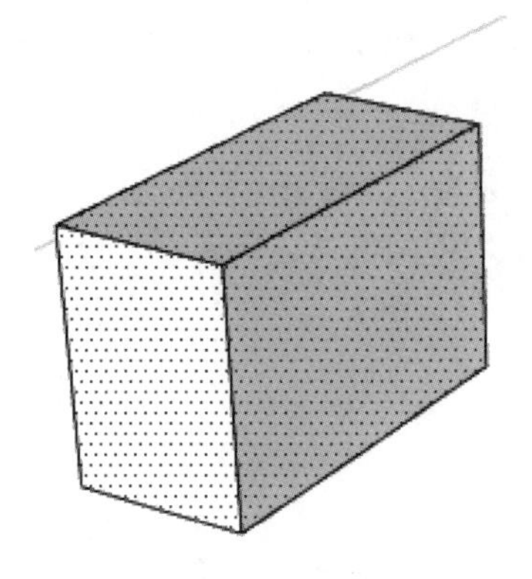

图 13.24　仅选择面

13.2.5　清除废线

使用“清除废线”命令可以清除没有用到的边线。

【执行方式】

菜单栏：“扩展程序”→“线面工具”→“清除废线”。

【操作步骤】

（1）创建如图 13.25 所示的模型。

（2）两段墙交接的地方有几根线是多余的，将它们删除后不会影响模型，删除后墙体看起来更有整体感。选择菜单栏中的“扩展程序”→“线面工具”→“清除废线”命令，删除多余的线段，如图 13.26 所示。

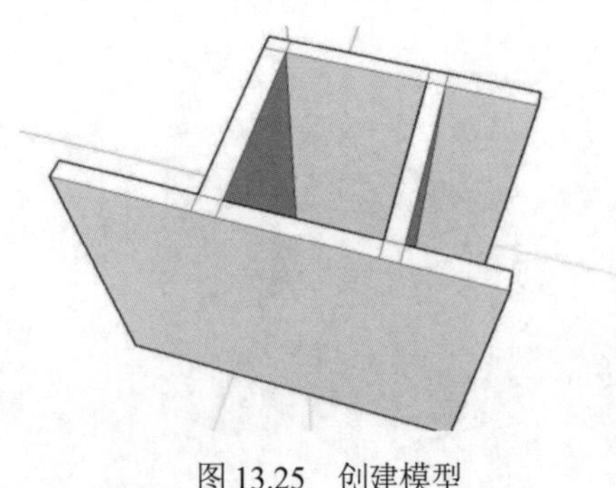

图 13.25　创建模型

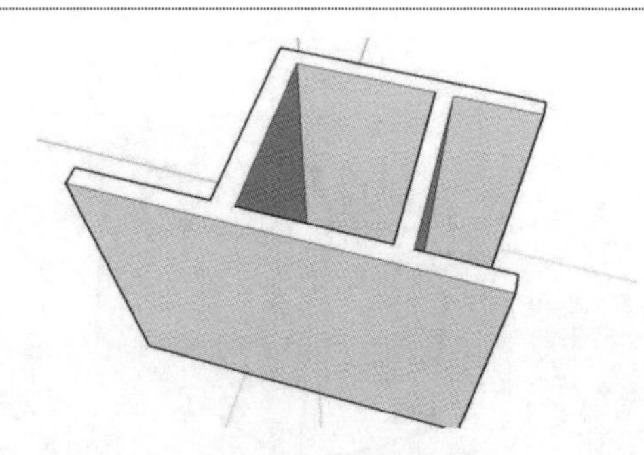

图 13.26　清除废线

13.3　常用工具

本节讲述的命令在建模时也是会经常用到的，使用这些命令可以节省绘图时间，提高绘图效率。

13.3.1　路径阵列

使用“路径阵列”命令可以沿着指定的路径将模型进行阵列。

【执行方式】

- 菜单栏：“扩展程序”→“辅助工具”→“路径阵列”。
- 工具栏：“SUAPP 基本工具栏”→“路径阵列”。

【操作步骤】

（1）选择圆弧，如图 13.27 所示。

（2）单击“SUAPP 基本工具栏”→“路径阵列”按钮，选择树进行阵列，如图 13.28 所示。

图 13.27　选择圆弧

图 13.28　阵列树

扫一扫，看视频

13.3.2　镜像物体

在 SketchUp 的基础命令中，镜像工具只能以坐标轴方向进行镜像。而插件中的“镜像物体”命令可以以点为中心、以线为轴或者沿着面进行镜像。

【执行方式】

- 菜单栏：“扩展程序”→“辅助工具”→“镜像物体”。

- 工具栏：“SUAPP 基本工具栏”→“镜像物体”。
- 快捷菜单：镜像物体。

【操作步骤】

1. 以点为中心镜像

高中所学的解析几何中就有求图形关于点对称的图形的题目，但是是二维的，现在凭借插件可在空间中使选择的模型关于空间中的点对称。

（1）选择要进行镜像的物体，右击，在弹出的快捷菜单中选择“镜像物体”命令，在场景中选取对称点。

（2）按回车键，软件提示是否删除源对象。单击“否”按钮，选择不删除源对象，完成镜像，如图 13.29 所示。

图 13.29　以点为中心镜像

2. 以线为中心镜像

（1）选择要进行镜像的物体，右击，在弹出的快捷菜单中选择“镜像物体”命令，在场景中选取对称线。

（2）按回车键，软件提示是否删除源对象。单击“否”按钮，选择不删除源对象，完成镜像，如图 13.30 所示。

图 13.30　以线为中心镜像

3. 以面为中心镜像

（1）选择要进行镜像的物体，右击，在弹出的快捷菜单中选择“镜像物体”命令，在场景中选取对称面。

（2）按回车键，软件提示是否删除源对象。单击“否”按钮，选择不删除源对象，完成镜像，如图 13.31 所示。

图 13.31　以面为中心镜像

动手学——绘制中式窗格

本实例将通过绘制中式窗格来重点学习“镜像物体”命令，具体绘制流程如图 13.32 所示。

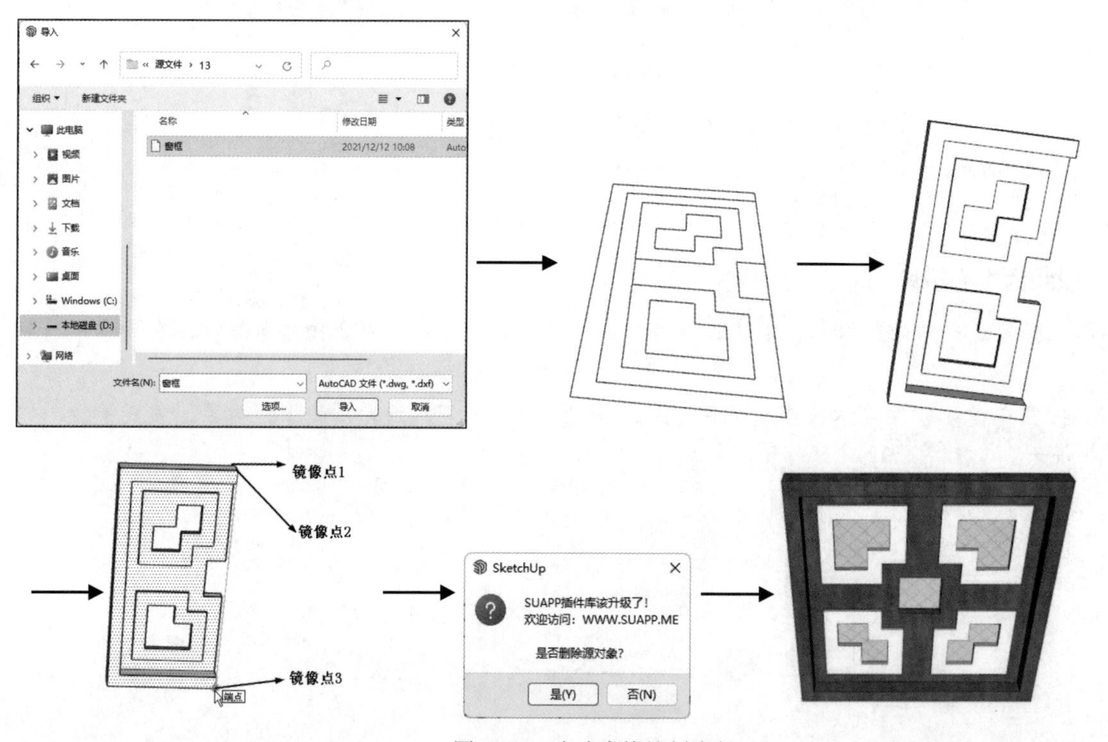

图 13.32　中式窗格绘制流程

源文件：源文件\第 13 章\绘制中式窗格.skp

【操作步骤】

（1）选择菜单栏中的“文件”→“导入”命令，打开如图 13.33 所示的“导入”对话框。将文件类型选择为“AutoCAD 文件（*.dwg, *.dxf）”，然后选择“窗框”图形。单击“选项”按钮，打开如图 13.34 所示的对话框。勾选“平面方向一致”复选框，单击“好”按钮返回到“导入”对话框。单击“导入”按钮，图形被加载到场景中，如图 13.35 所示。

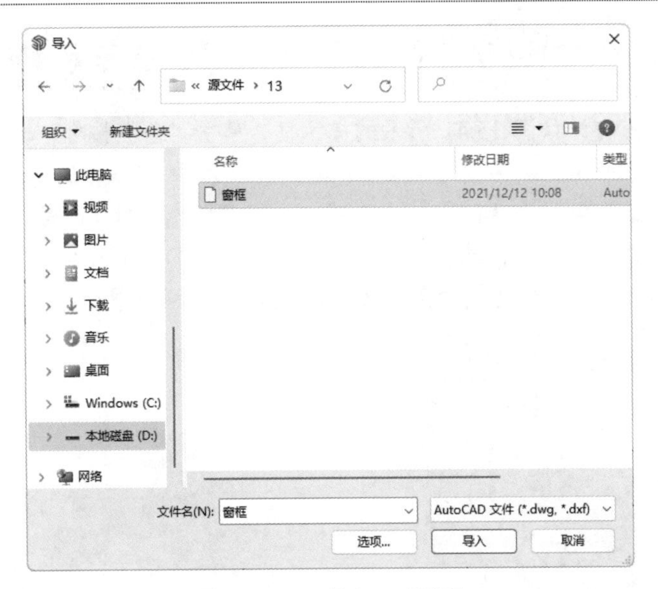

图 13.33 “导入”对话框

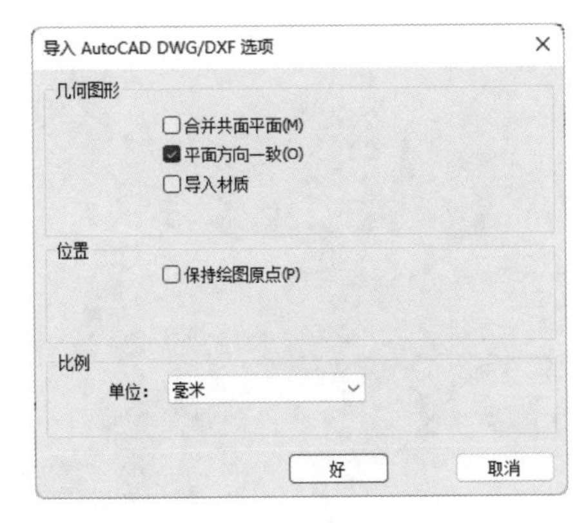

图 13.34 导入选项设置

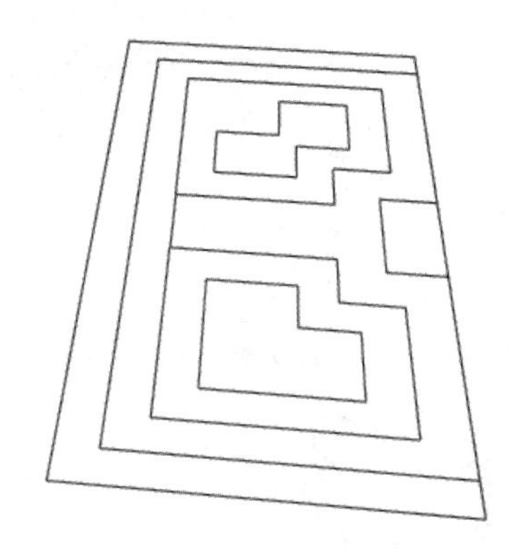

图 13.35 导入的图形

（2）单击“使用入门”工具栏上的“删除”按钮，将直线删除，如图 13.36 所示。

（3）单击“绘图”工具栏上的“直线”按钮，结合导入的图形绘制封闭面，如图 13.37 所示。

（4）单击“编辑”工具栏上的“推/拉”按钮，对封闭面进行拉伸。单击“使用入门”工具栏上的“选择”按钮，选择镂空面进行删除，如图 13.38 所示。

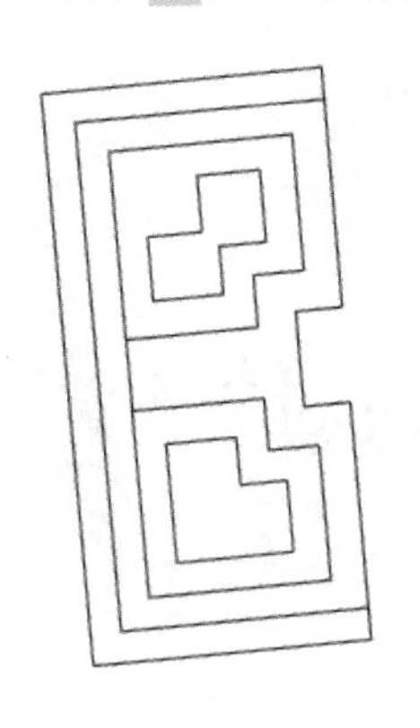

图 13.36 删除直线

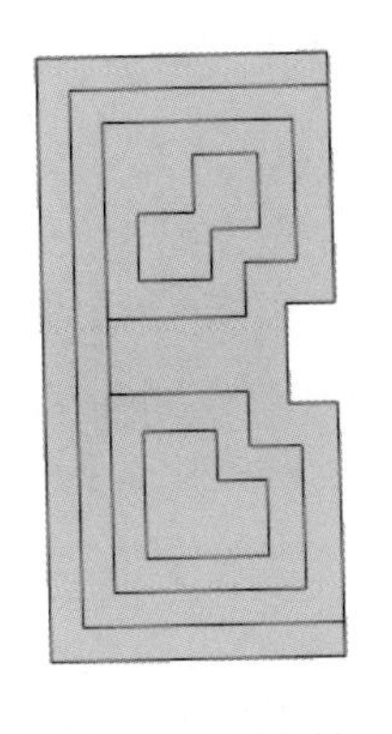

图 13.37 绘制封闭面

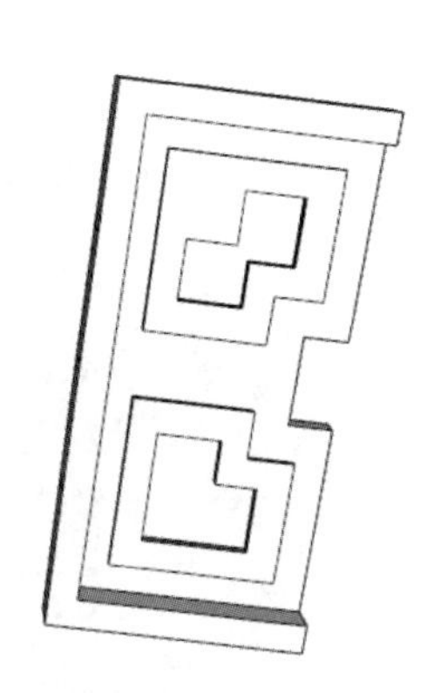

图 13.38 删除镂空面

（5）单击“使用入门”工具栏上的“选择”按钮，选择已经创建完的窗框的左半部分。右击，在弹出的快捷菜单中选择“镜像物体”命令，如图 13.39 所示。在绘图界面中选取如图 13.40 所示的点为镜像点。按回车键，打开如图 13.41 所示的提示框。单击“否”按钮，即不删除源对象，结果如图 13.42 所示。

（6）单击“绘图”工具栏上的“直线”按钮，在窗框内绘制封闭线段，作为玻璃。单击“使用入门”工具栏上的“选择”按钮，选择中间的多余线段，按 Delete 键删除。

（7）单击“大工具集”工具栏上的“颜料桶”按钮，为图形添加材质，如图 13.43 所示。

图 13.39　选择“镜像物体”命令

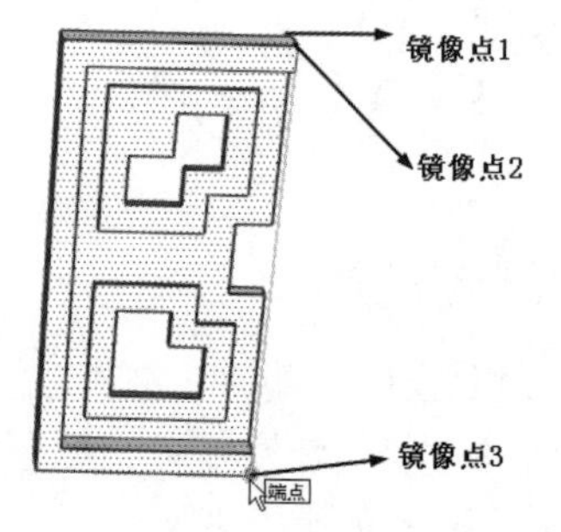

图 13.40　选取镜像点

图 13.41　提示框

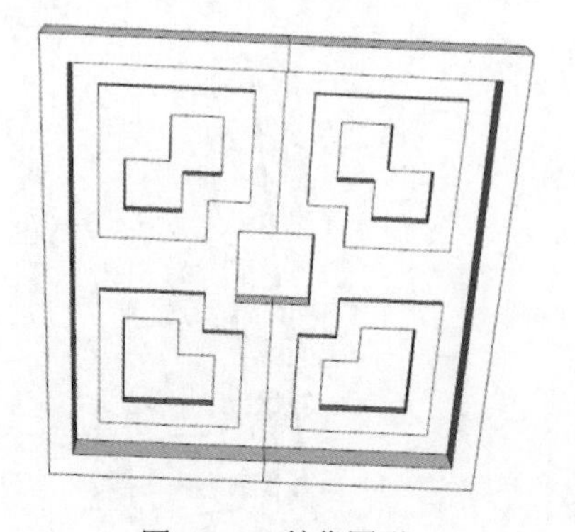

图 13.42　镜像图形

图 13.43　添加材质

13.4 拉 伸 工 具

基础命令中的“拉伸”有一定的限制性，拉伸的功能太单一，只能够沿坐标轴方向进行拉伸。本节介绍一些稍微复杂一点的拉伸工具。

13.4.1 联合推拉

扫一扫，看视频

“联合推拉”命令主要用于加厚模型。

【执行方式】

- 菜单栏：“扩展程序”→“三维工具”→“超级推拉”→“联合推拉”。
- 工具栏：“SUAPP 基本工具栏”→“联合推拉”按钮。
- 快捷菜单：“超级推拉”→“联合推拉”。

【操作步骤】

（1）单击“使用入门”工具栏上的“选择”按钮，框选绘制的模型，如图 13.44 所示。

（2）单击“SUAPP 基本工具栏”→“联合推拉”按钮，将模型进行推/拉，按回车键结束推/拉，结果如图 13.45 所示。

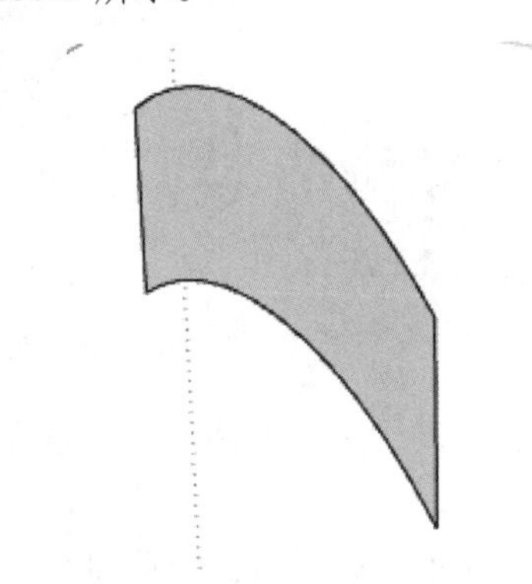

图 13.44 框选绘制的模型

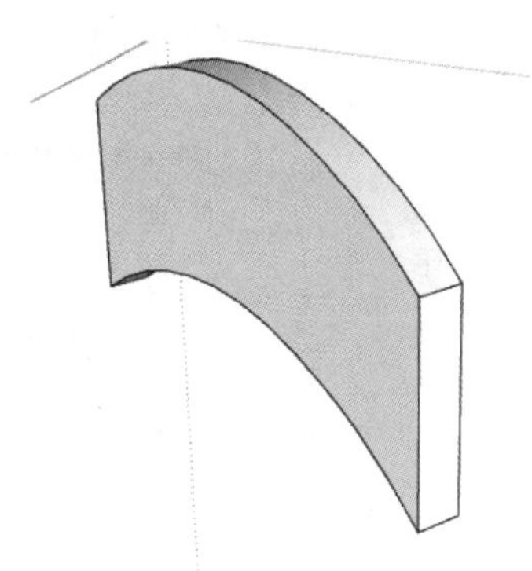

图 13.45 推/拉模型

动手学——绘制计算机

扫一扫，看视频

本实例将通过绘制计算机来重点学习“联合推拉”命令，具体绘制流程如图 13.46 所示。

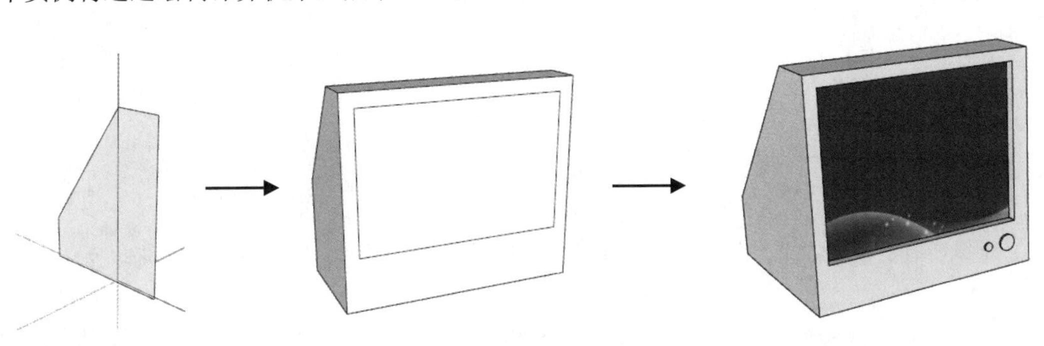

图 13.46 计算机绘制流程

源文件：源文件\第 13 章\绘制计算机.skp

【操作步骤】

（1）单击“绘图”工具栏上的“直线”按钮，在绘图区域任意位置绘制一个封闭的截面，如图 13.47 所示。

（2）单击“使用入门”工具栏上的“选择”按钮，选择上一步绘制的面，右击，在弹出的快捷菜单中选择“超级推拉”→“联合推拉”命令，如图 13.48 所示。选择水平方向进行推/拉，如图 13.49 所示。

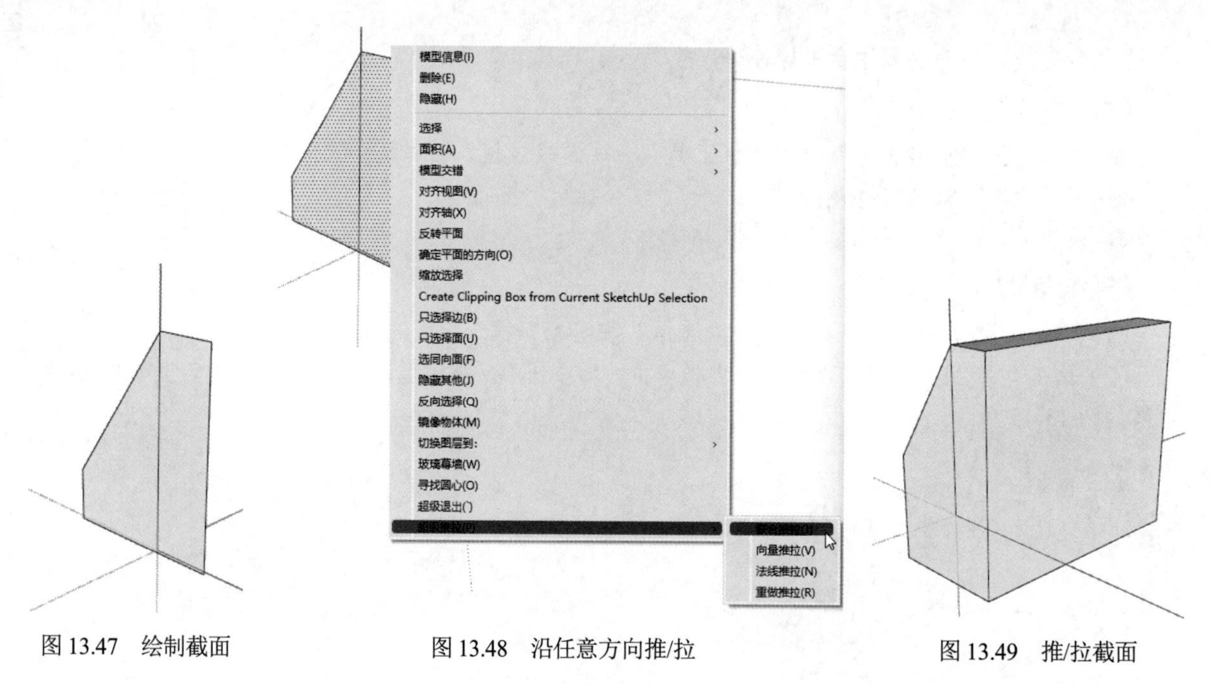

图 13.47　绘制截面　　图 13.48　沿任意方向推/拉　　图 13.49　推/拉截面

（3）单击“绘图”工具栏上的“矩形”按钮，在上一步拉伸的图形上绘制一个适当大小的矩形，如图 13.50 所示。

（4）单击“编辑”工具栏上的“推/拉”按钮，选取上一步绘制的矩形面向后拉伸，如图 13.51 所示。

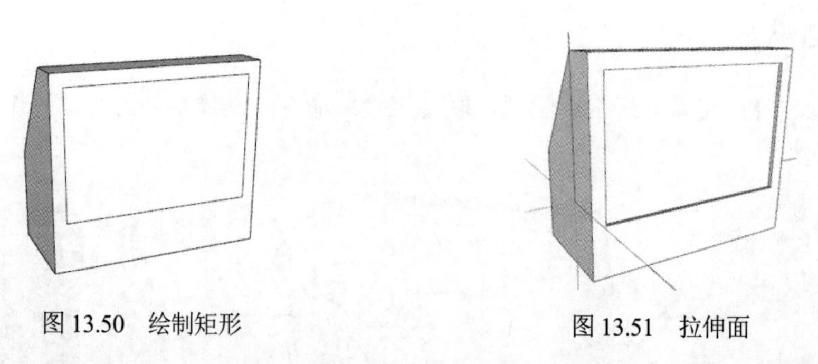

图 13.50　绘制矩形　　图 13.51　拉伸面

（5）选择所有的面，右击，在弹出的快捷菜单中选择“柔化/平滑曲线”命令，柔化边面，如图 13.52 所示。

（6）利用上述方法绘制按钮，完成计算机的绘制，然后单击“大工具集”工具栏上的“颜料桶”按钮，为图形添加材质，结果如图 13.53 所示。

图 13.52　柔化边面

图 13.53　绘制完成的计算机

13.4.2　法线推拉

“法线推拉”命令定义面的拉伸方向就是面的法线方向。面的法线就是面垂直于面的直线，面的法线方向就是面正面的朝向。

【执行方式】

- 菜单栏：“扩展程序”→“三维工具”→“超级推拉”→“法线推拉”。
- 快捷菜单：“超级推拉”→“法线推拉”。

【操作步骤】

（1）选择“插件”→“几何体”→“多面球体”命令，创建如图 13.54 所示的多面球体。

（2）按快捷键 Ctrl+A，将球体的面和边线都选中，如图 13.55 所示。右击，在弹出的快捷菜单中选择“只选择面”命令，选中所有面，如图 13.56 所示。

（3）选择菜单栏中的“扩展程序”→“三维工具”→“超级推拉”→“法线推拉”命令，输入要拉伸的距离，按回车键进行拉伸，结果如图 13.57 所示。

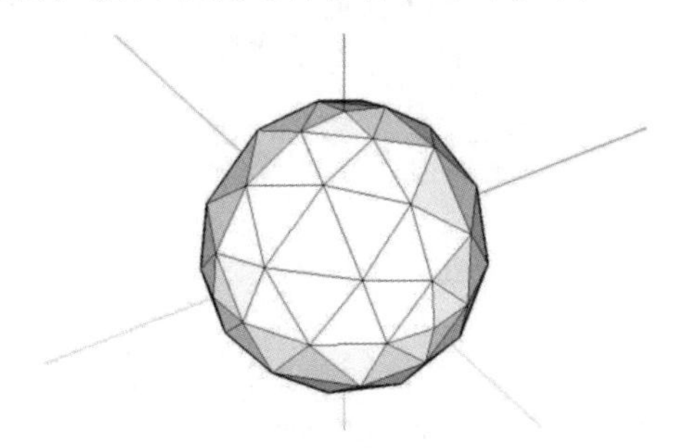

图 13.54　创建的多面球体

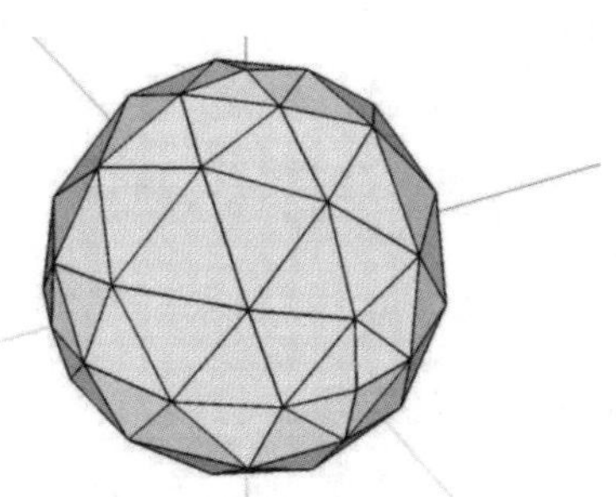

图 13.55　全部选中

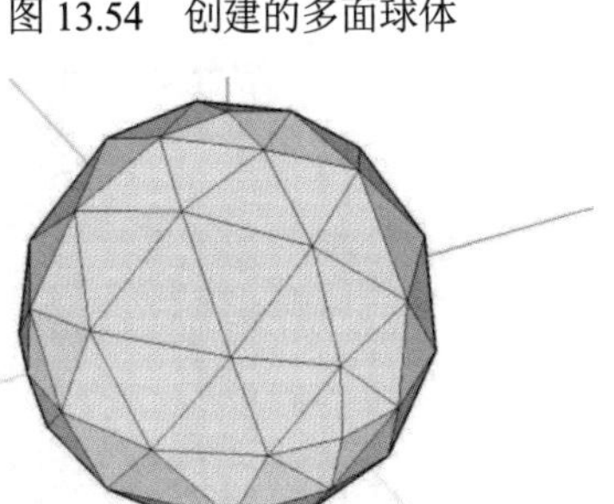

图 13.56　只选择面

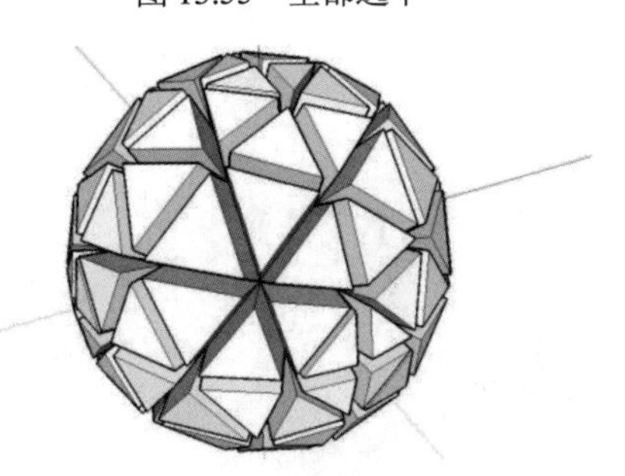

图 13.57　进行拉伸

13.4.3 向量推拉

使用“向量推拉”命令可以在任意方向拉伸面而形成体，面的拉伸方向是由绘制的直线定义的（方向是绘制直线时第 1 个点到第 2 个点的方向）。

【执行方式】

- 菜单栏：“扩展程序”→“三维工具”→“超级推拉”→“向量推拉”。
- 快捷菜单：“超级推拉”→“向量推拉”。

【操作步骤】

（1）创建如图 13.58 所示的模型（图中的线可以是任意方向，斜线、直线都可以）。

（2）选择菜单栏中的“扩展程序”→“三维工具”→“超级推拉”→“向量推拉”命令，打开如图 13.59 所示的提示框。

（3）选择面，然后选择菜单栏中的“扩展程序”→“三维工具”→“超级推拉”→“向量推拉”命令，选择直线的下端点，最后选择直线的上端点，创建模型。拉伸的方向为向上，如图 13.60 所示。如果绘制的直线是从上端点到下端点，模型就是向下拉伸，所以面的拉伸方向是由线的矢量方向决定的。

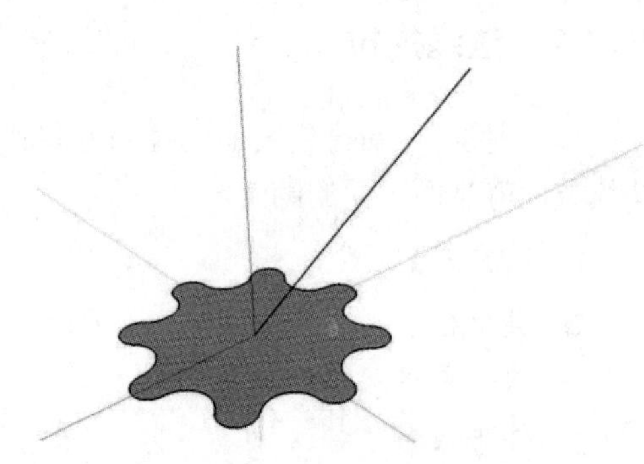

图 13.58 创建出的实验场景

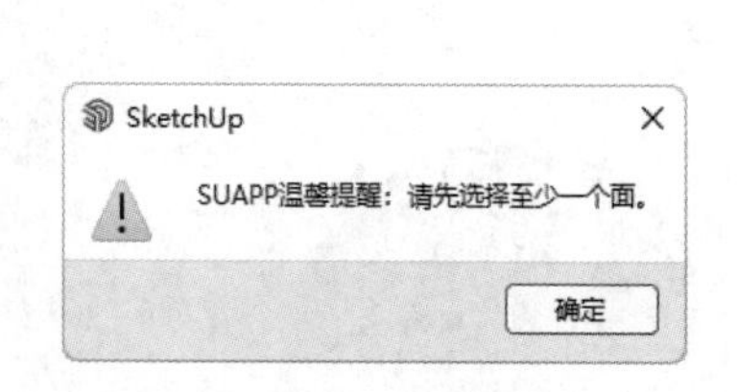

图 13.59 提示框

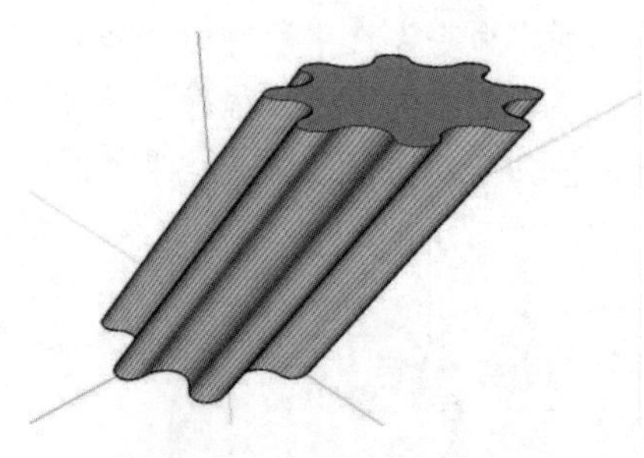

图 13.60 向 Z 轴正方向拉伸

动手学——绘制书柜

本实例将通过绘制书柜来重点学习“向量推拉”命令，具体绘制流程如图 13.61 所示。

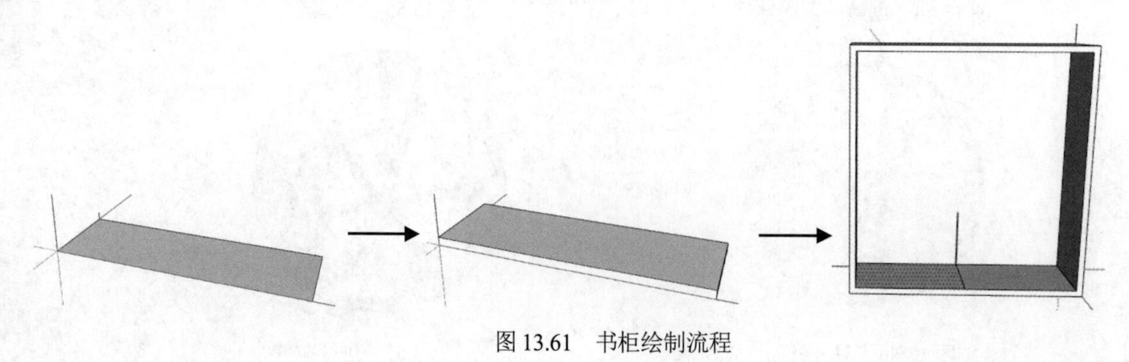

图 13.61 书柜绘制流程

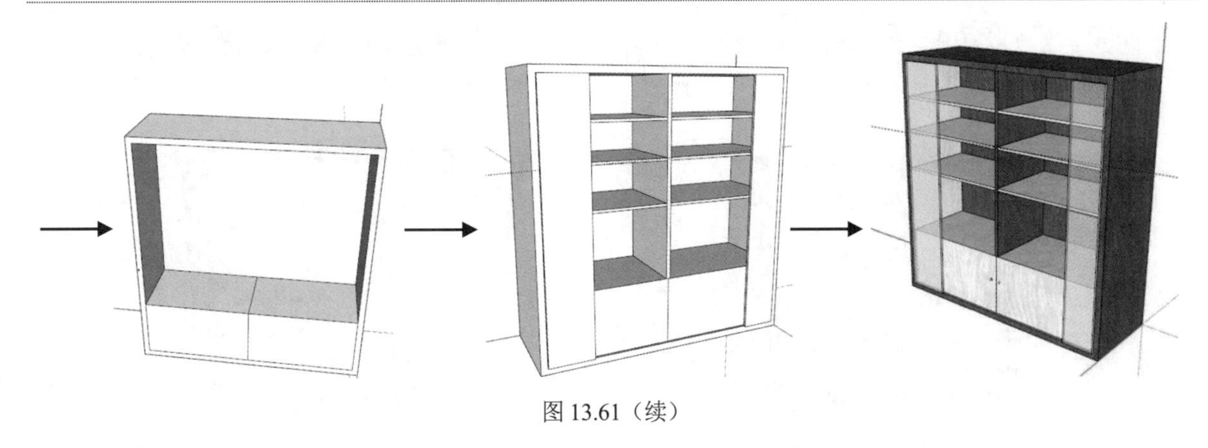
图 13.61（续）

源文件：源文件\第 13 章\绘制书柜.skp

【操作步骤】

（1）单击“绘图”工具栏上的“矩形”按钮，在绘图区域任意位置绘制一个适当大小的矩形，同时绘制一条直线，如图 13.62 所示。

（2）选择矩形，选择菜单栏中的“扩展程序”→“三维工具”→“超级推拉”→“向量推拉”命令，选择直线，进行推/拉，图形发生变化，如图 13.63 所示。

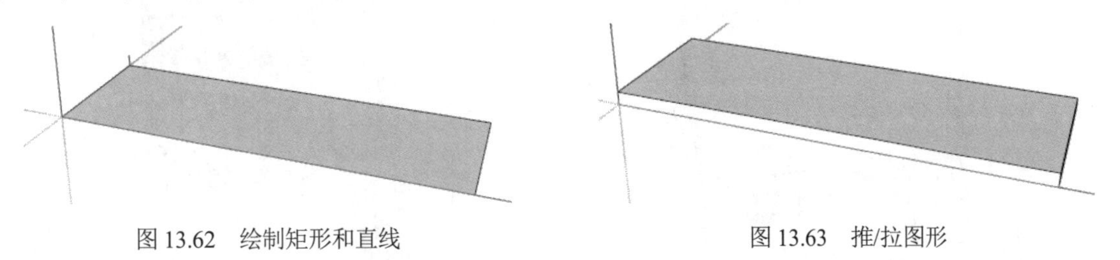
图 13.62　绘制矩形和直线　　图 13.63　推/拉图形

（3）单击“绘图”工具栏上的“矩形”按钮，在上一步绘制的矢量拉伸图形左侧绘制一个适当大小的矩形，并绘制一条直线，如图 13.64 所示。

（4）选择矩形，选择菜单栏中的“扩展程序”→“三维工具”→“超级推拉”→“向量推拉”命令，选择直线，进行推/拉，如图 13.65 所示。

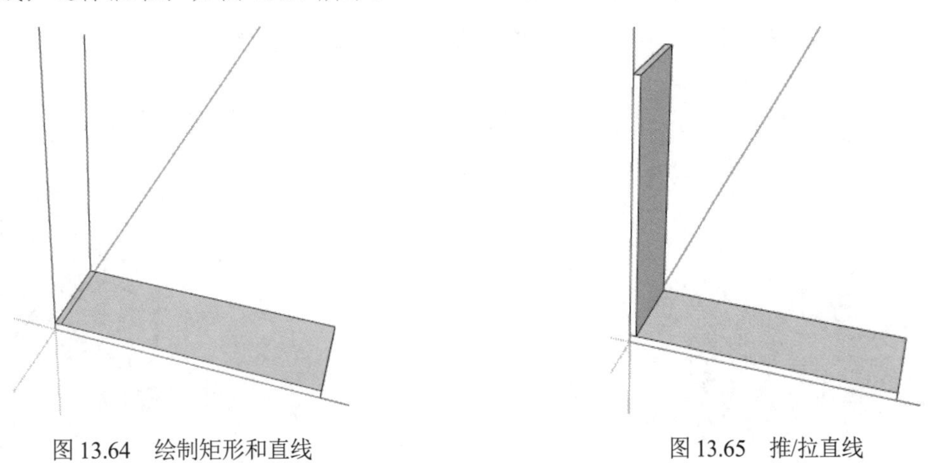
图 13.64　绘制矩形和直线　　图 13.65　推/拉直线

（5）利用上述方法绘制书柜的外部框架，如图 13.66 所示。

（6）单击“绘图”工具栏上的“矩形”按钮▢和“绘图”工具栏上的“线”按钮✏，在绘图区域任意位置绘制一个适当大小的矩形和一条直线，如图13.67所示。

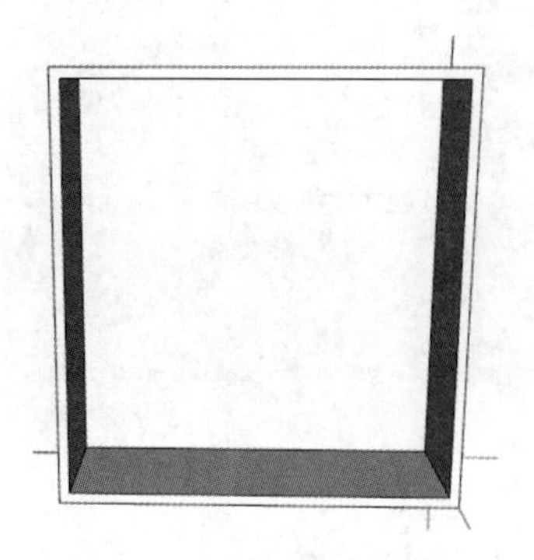

图13.66　绘制书柜外部框架

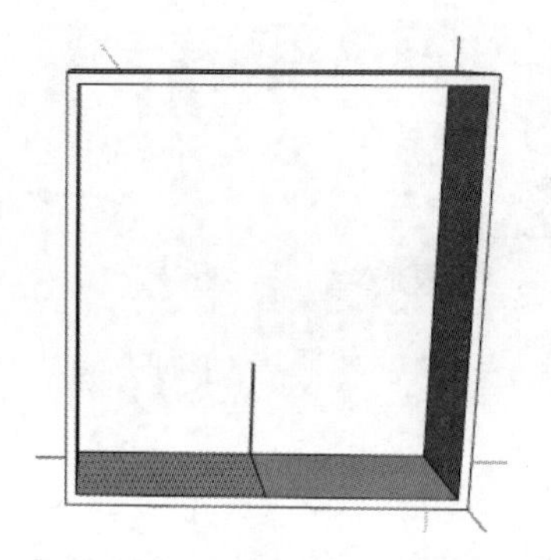

图13.67　绘制矩形和直线

（7）选择矩形，选择菜单栏中的“扩展程序”→“三维工具”→“超级推拉”→“向量推拉”命令，选择直线，进行推/拉，如图13.68所示。

（8）利用上述方法绘制书柜内部隔板，如图13.69所示。

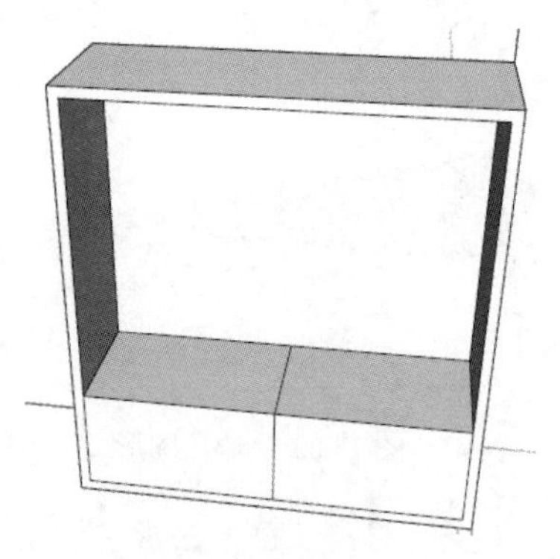

图13.68　推/拉直线

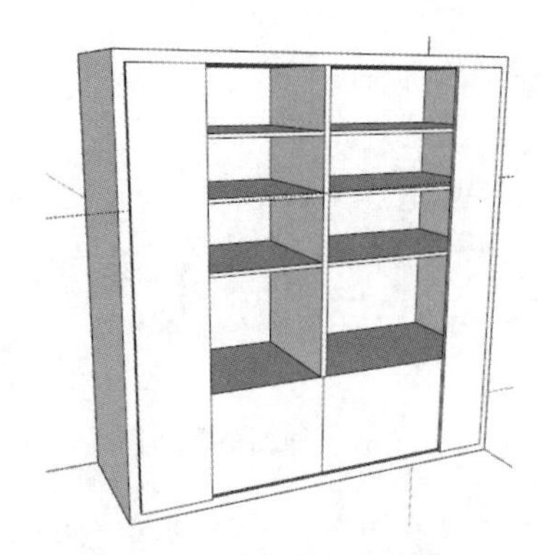

图13.69　绘制书柜内部隔板

（9）单击“绘图”工具栏上的“圆”按钮●和“绘图”工具栏上的“直线”按钮✏，在书柜的底柜适当位置绘制一个圆和一条直线，如图13.70所示。

（10）单击“SUAPP基本工具栏”→“联合推拉”按钮，对所绘制的图形进行拉伸，如图13.71所示。

（11）完成书柜的绘制，结果如图13.72所示。

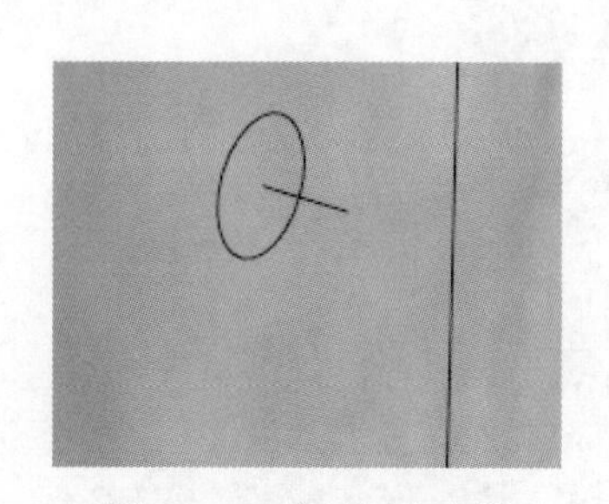

图13.70　绘制圆和直线

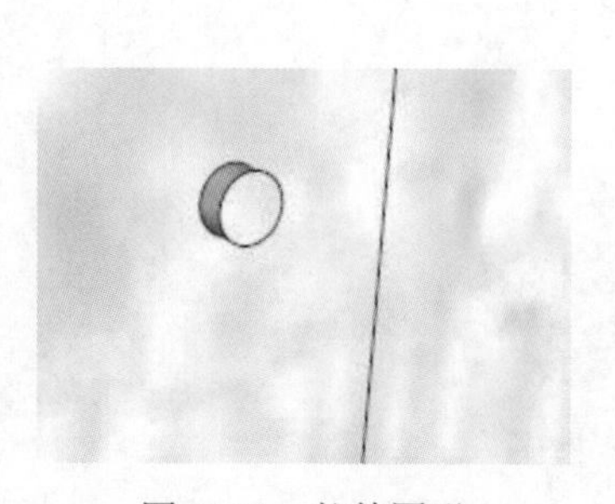

图13.71　拉伸图形

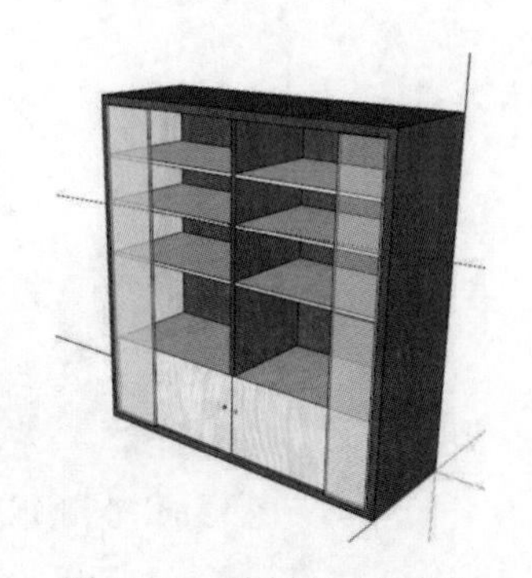

图13.72　绘制完成的书柜

第 14 章　三维工具插件

内容简介

本章详细介绍 SUAPP 插件中的三维工具插件及其相关命令，帮助读者掌握 SketchUp 形状工具、特色工具和创建栅格的方法。

内容要点

- “形体弯曲”命令
- “旋转缩放”命令
- “选同组件”命令
- “材质替换”命令
- “清理场景”命令
- “太阳北极”命令
- “自带相机”命令
- “栅格框架”命令
- “生成栅格”命令
- “三维网格”命令

案例效果

14.1 形状工具

形状工具包括形体弯曲和旋转缩放。

扫一扫，看视频

14.1.1 形体弯曲

使用“形体弯曲”命令可以使组按选定的曲线路径进行弯曲，进行弯曲的模型必须是群组或组件。首先选择一条沿红轴方向的直线，然后选择作为弯曲目标的曲线。

【执行方式】

- 菜单栏：“扩展程序”→“三维体量”→“形体弯曲”。
- 工具栏：“SUAPP 基本工具栏”→“形体弯曲”。

【操作步骤】

（1）选择左侧的竖向平面为弯曲的对象，如图 14.1 所示。

（2）单击“SUAPP 基本工具栏”→“形体弯曲”按钮，选择竖向平面下侧的直线，然后选择右侧的曲线进行形体弯曲，结果如图 14.2 所示。

图 14.1　选择竖向平面

图 14.2　形体弯曲

扫一扫，看视频

动手学——绘制异形长廊

本实例将通过绘制异形长廊来重点学习“形体弯曲”命令，具体绘制流程如图 14.3 所示。

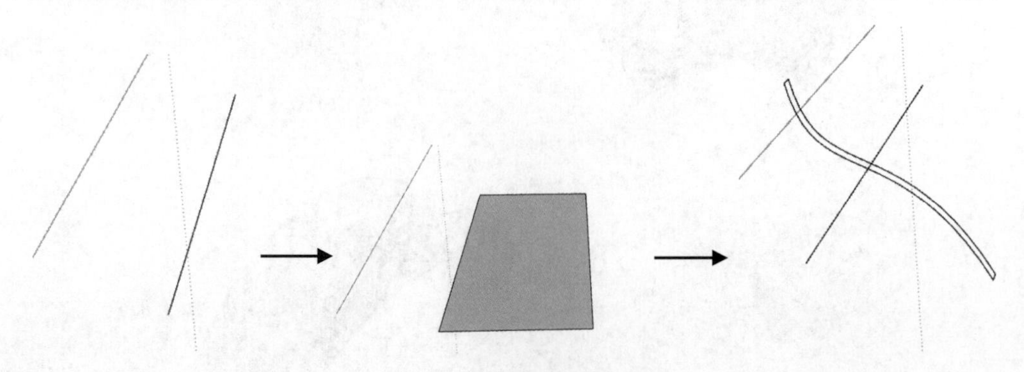

图 14.3　异形长廊绘制流程

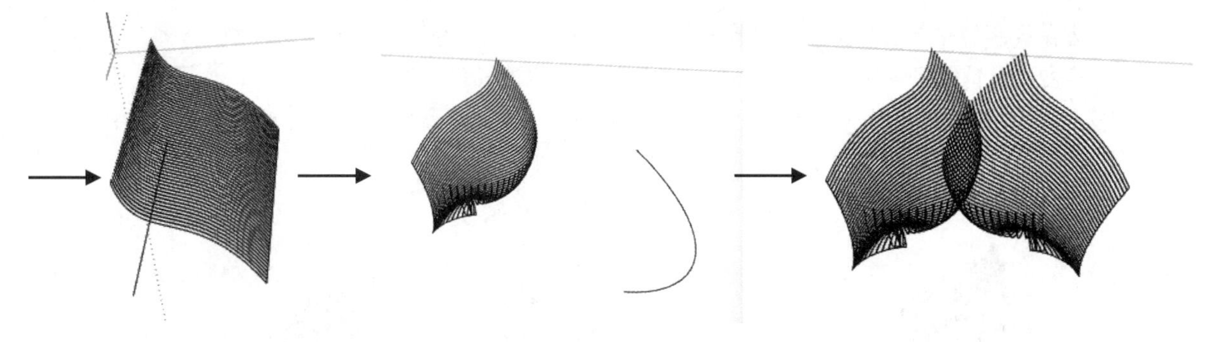

图 14.3（续）

源文件：源文件\第 14 章\绘制异形长廊.skp

【操作步骤】

（1）单击“绘图”工具栏上的“直线”按钮，绘制长度为 5m 且平行于红轴的直线，如图 14.4 所示。

（2）单击“绘图”工具栏上的“直线”按钮，指定适当的宽度绘制矩形，如图 14.5 所示。

图 14.4 绘制直线　　图 14.5 绘制矩形

（3）单击“编辑”工具栏上的“推/拉”按钮，推/拉 2500mm，如图 14.6 所示。

（4）选择菜单栏中的“扩展程序”→“线面工具”→“贝兹曲线”命令，绘制贝兹曲线，如图 14.7 所示。

（5）单击“使用入门”工具栏上的“删除”按钮，将多余的图形删除。

（6）单击“编辑”工具栏上的“移动”按钮并按住 Ctrl 键，进行复制，然后单击“绘图”工具栏上的“直线”按钮，将端口封闭，如图 14.8 所示。

（7）单击“编辑”工具栏上的“移动”按钮并按住 Ctrl 键，复制 49 份，间距为 100mm，如图 14.9 所示。

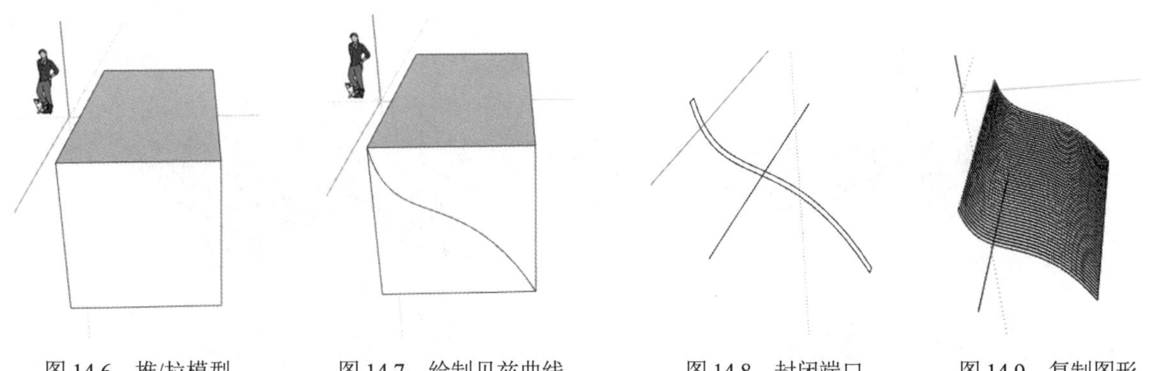

图 14.6 推/拉模型　　图 14.7 绘制贝兹曲线　　图 14.8 封闭端口　　图 14.9 复制图形

（8）选择绘制的左侧长廊，执行“编辑”→“创建组件”命令，将其创建为组件。

（9）单击“编辑”工具栏上的“移动”按钮并按住Ctrl键，将直线进行复制，如图14.10所示。

（10）选择菜单中的“扩展程序”→“线面工具”→“贝兹曲线”命令，再次绘制一条贝兹曲线，如图14.11所示。

图14.10　复制直线

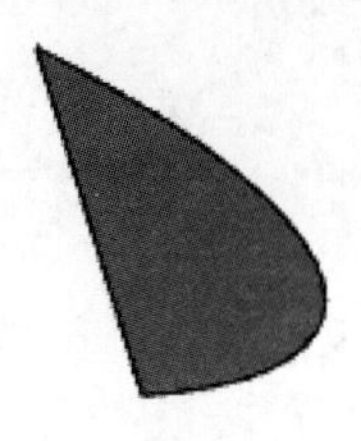

图14.11　再次绘制贝兹曲线

（11）单击“使用入门”工具栏上的“删除”按钮，将平面和多余的直线删除，只保留贝兹曲线，如图14.12所示。

（12）单击“使用入门”工具栏上的“选择”按钮，选择左侧长廊，然后单击“SUAPP基本工具栏”→“形体弯曲”按钮，选择左侧的直线，再选择右侧的曲线进行形体弯曲，结果如图14.13所示。

图14.12　保留贝兹曲线

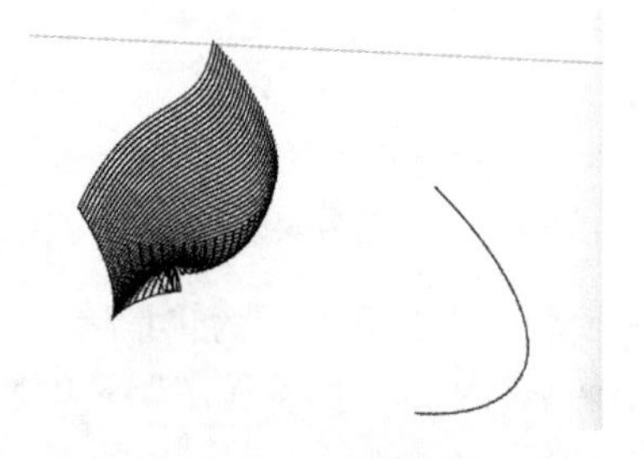

图14.13　形体弯曲

（13）单击“SUAPP基本工具栏”→“镜像物体”按钮，将弯曲的长廊进行镜像，如图14.14所示。

（14）单击“使用入门”工具栏上的“删除”按钮，删除除了长廊以外的所有图形，如图14.15所示。

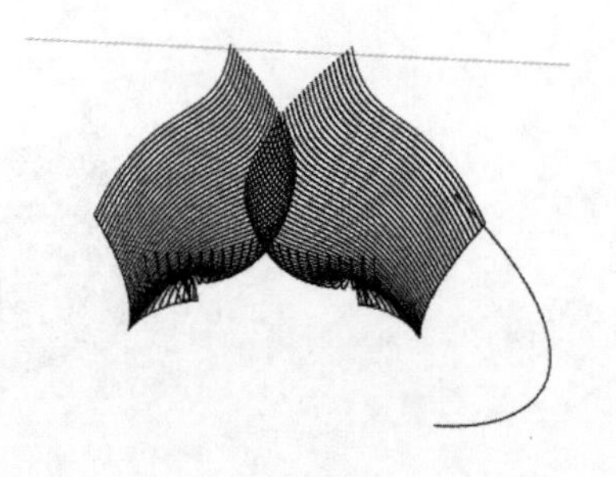

图14.14　镜像长廊

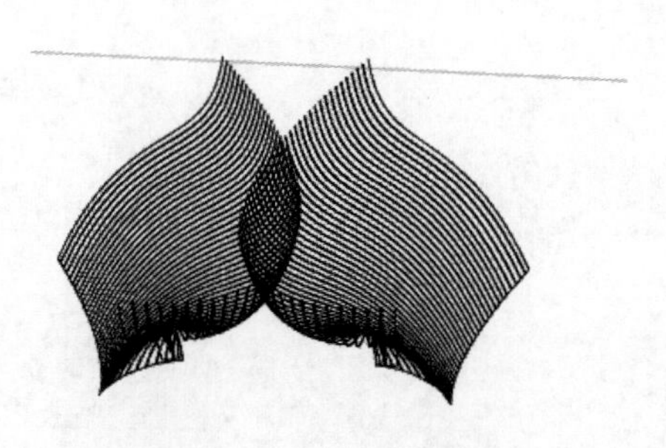

图14.15　删除其他图形

14.1.2　旋转缩放

使用“旋转缩放”命令可以在旋转图形的同时调整模型的比例。

【执行方式】

➘ 菜单栏：“扩展程序”→“辅助工具”→“旋转缩放”。

➘ 工具栏：“SUAPP 基本工具栏”→“旋转缩放”。

【操作步骤】

（1）单击“使用入门”工具栏上的“选择”按钮，将整个模型选中，如图 14.16 所示。

（2）单击“SUAPP 基本工具栏”→“旋转缩放”按钮，指定基点后，通过调整鼠标指针的位置确定旋转的角度，辅助线的长短决定调整缩放的比例，最后单击确认，结果如图 14.16 所示。

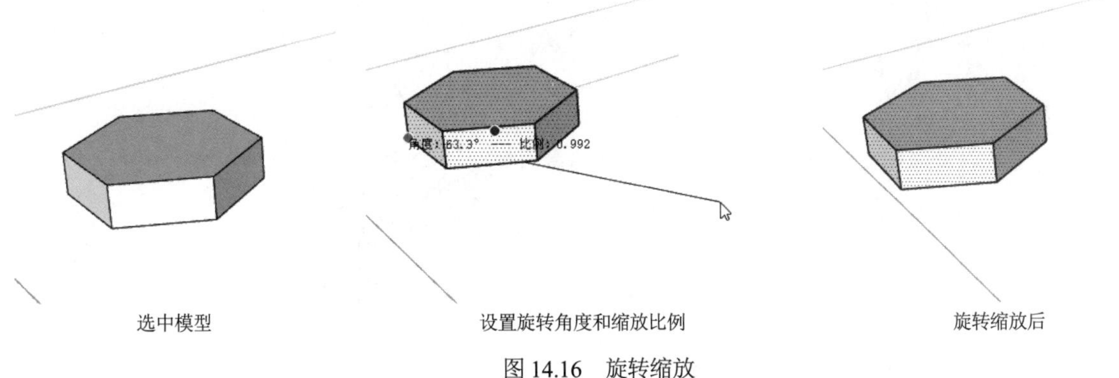

图 14.16　旋转缩放

动手学——绘制粉色的花朵

本实例将通过绘制粉色的花朵来重点学习“旋转缩放”命令，具体绘制流程如图 14.17 所示。

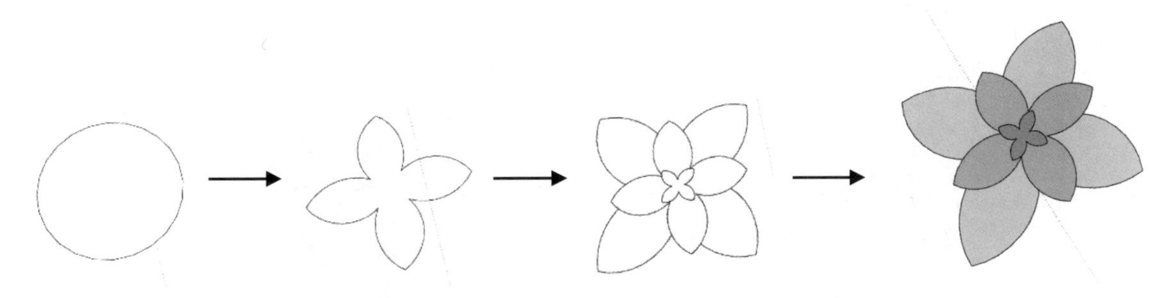

图 14.17　粉色花朵绘制流程

源文件：源文件\第 14 章\绘制粉色的花朵.skp

【操作步骤】

（1）单击“绘图”工具栏上的“圆”按钮，绘制圆，如图 14.18 所示。

（2）单击“绘图”工具栏上的“圆弧”按钮，在圆平面上绘制圆弧，如图 14.19 所示。

（3）单击“编辑”工具栏上的“旋转”按钮并按住 Ctrl 键，进行复制旋转，如图 14.20 所示。

（4）单击“使用入门”工具栏上的“删除”按钮，删除多余图形，如图 14.21 所示。

图 14.18　绘制圆

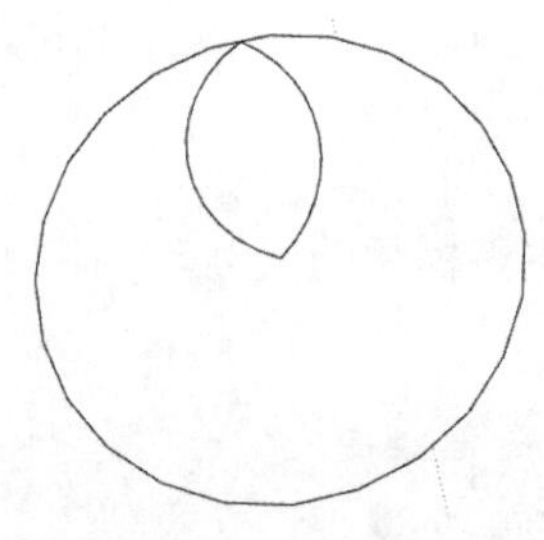
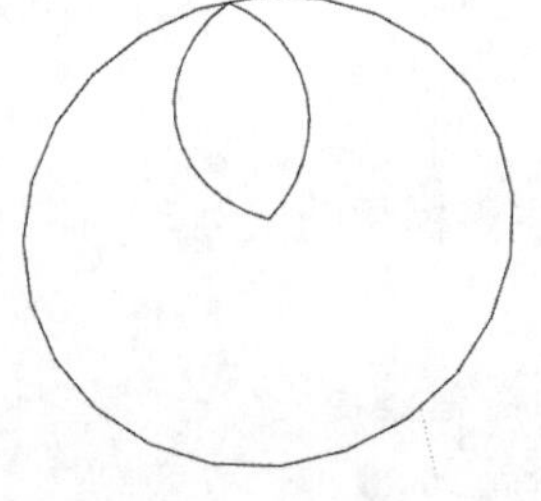

图 14.19　绘制圆弧

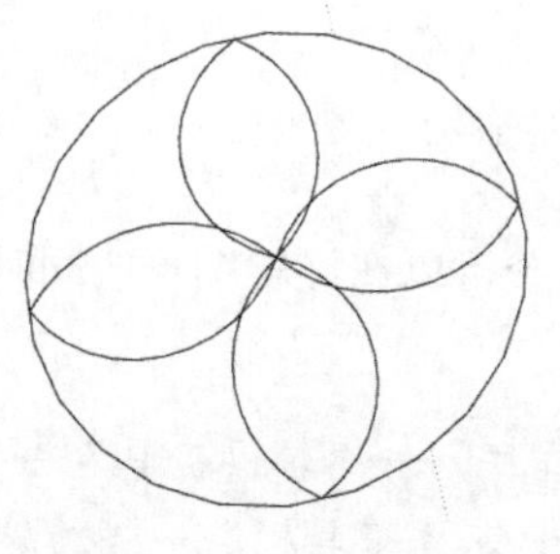

图 14.20　复制旋转

图 14.21　删除图形

（5）单击“编辑”工具栏上的“移动”按钮并按住 Ctrl 键，复制两次。单击“SUAPP 基本工具栏”→“旋转缩放”按钮，指定基点后，通过调整鼠标指针的位置，确定旋转的角度，辅助线的长短决定调整缩放的比例，最后单击确认，如图 14.22 所示。

（6）单击“编辑”工具栏上的“移动”按钮，将图形移动到一起，如图 14.23 所示。

图 14.22　旋转缩放图形

图 14.23　移动图形

（7）单击“使用入门”工具栏上的“删除”按钮，将图上的重合部分删除，如图 14.24 所示。

（8）单击“大工具集”工具栏上的“颜料桶”按钮，填充颜色，如图 14.25 所示。

图 14.24　删除重合部分

图 14.25　填充颜色

14.2 特色工具

特色工具包括选同组件、材质替换、清理场景、太阳北极和自带相机。

14.2.1　选同组件

使用“选同组件”命令可以将同一类组件全部选中，统一对组件进行编辑。

【执行方式】

- 菜单栏：“扩展程序”→“图层群组”→“选同组件”。
- 工具栏：“SUAPP 基本工具栏”→“选同组件”。

【操作步骤】

（1）单击“使用入门”工具栏上的“选择”按钮，将其中一个创建为组件的模型选中，如图 14.26 所示。

（2）单击“SUAPP 基本工具栏”→“选同组件”按钮，可以将同类组件的模型一起选中，结果如图 14.27 所示。

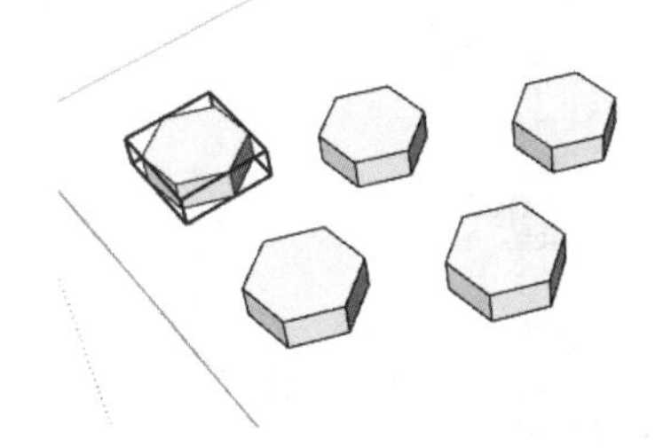

图 14.26　选中一个模型

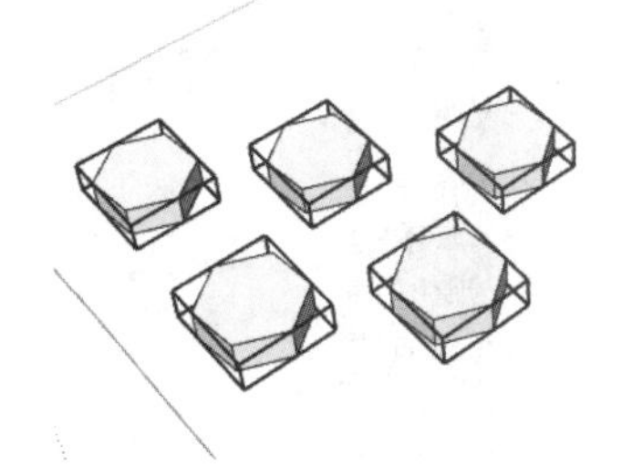

图 14.27　选中所有同类组件模型

14.2.2　材质替换

使用“材质替换”命令可以吸取新的材质，将材质统一进行替换。

【执行方式】

- 菜单栏：“扩展程序”→“渲染动画”→“材质替换”。
- 工具栏：“SUAPP 基本工具栏”→“材质替换”。

【操作步骤】

（1）单击“SUAPP 基本工具栏”→“材质替换”按钮，这时鼠标指针会变成一个小吸管，选择需要替换的材质。

（2）选择需要使用的材质，结果如图 14.28 所示。

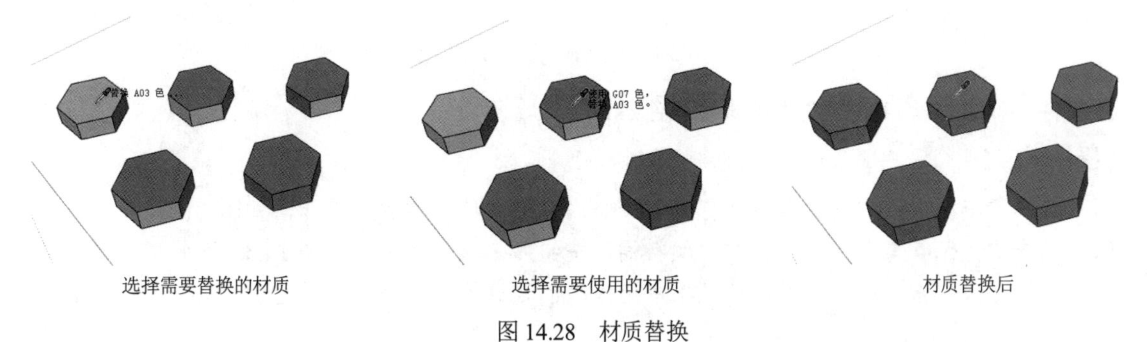

选择需要替换的材质　　选择需要使用的材质　　材质替换后

图 14.28　材质替换

14.2.3 清理场景

使用“清理场景”命令可以将场景中没有用到的组件、图层、材质和样式删除。

【执行方式】

- 菜单栏：“扩展程序”→“辅助工具”→“清理场景”。
- 工具栏：“SUAPP 基本工具栏”→“清理场景”。

【操作步骤】

单击“SUAPP 基本工具栏”→“清理场景”按钮，打开“参数设置”对话框。选择需要清理的部分，如图 14.29 所示。单击“好”按钮，显示清理报告，如图 14.30 所示。最后单击“确定”按钮。

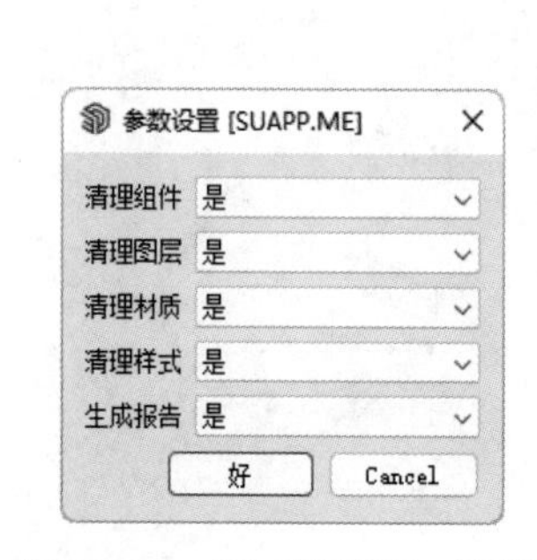

图 14.29 “参数设置”对话框

图 14.30 清理报告

扫一扫，看视频

动手学——更改花朵的颜色

本实例将通过更改花朵的颜色来重点学习“清理场景”命令，具体更改流程如图 14.31 所示。

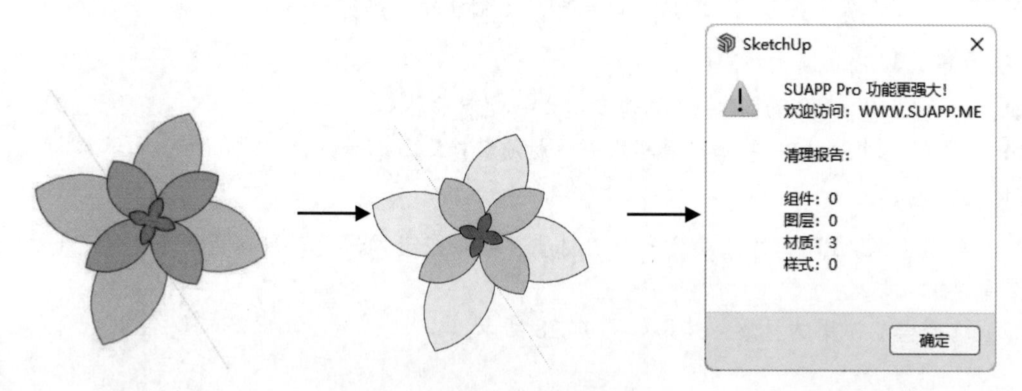

图 14.31 花朵颜色更改流程

源文件：源文件\第 14 章\更改花朵的颜色.skp

【操作步骤】

（1）选择菜单栏中的“文件”→“打开”命令，将源文件中的图形打开，如图 14.32 所示。

（2）单击“大工具集”工具栏上的“颜料桶”按钮，填充颜色，如图 14.33 所示。

（3）在图形上右击，在弹出的快捷菜单中选择“创建群组”命令，将模型创建为一个整体。

图 14.32　打开图形

图 14.33　填充颜色

（4）单击“SUAPP 基本工具栏”→“清理场景”按钮，打开“参数设置”对话框，如图 14.34 所示。选择需要清理的部分后单击“好”按钮，显示清理报告，如图 14.35 所示。最后单击“确定”按钮。

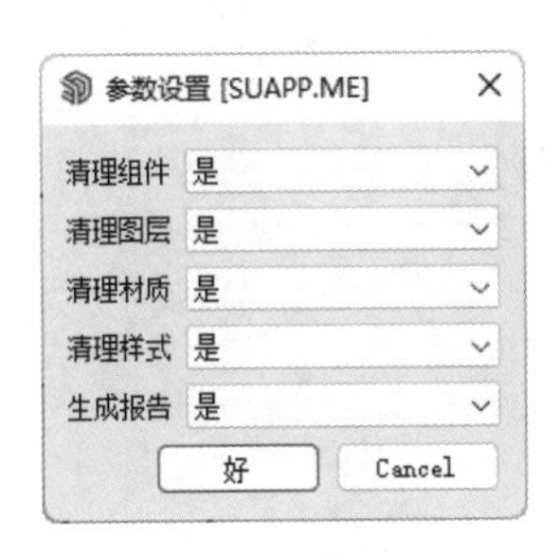

图 14.34　参数设置

图 14.35　清理报告

14.2.4　太阳北极

使用“太阳北极”命令可以改变阴影的角度。

【执行方式】

- 菜单栏：“扩展程序”→“辅助工具”→“太阳北极”。
- 工具栏：“SUAPP 基本工具栏”→“太阳北极”。

【操作步骤】

（1）将模型的阴影打开，如图 14.36 所示。

（2）单击“SUAPP 基本工具栏”→“太阳北极”按钮，鼠标指针就变成了大圆盘，通过移动鼠标指针的位置就可以调整模型中阴影的位置，如图 14.37 所示。

图 14.36　打开阴影

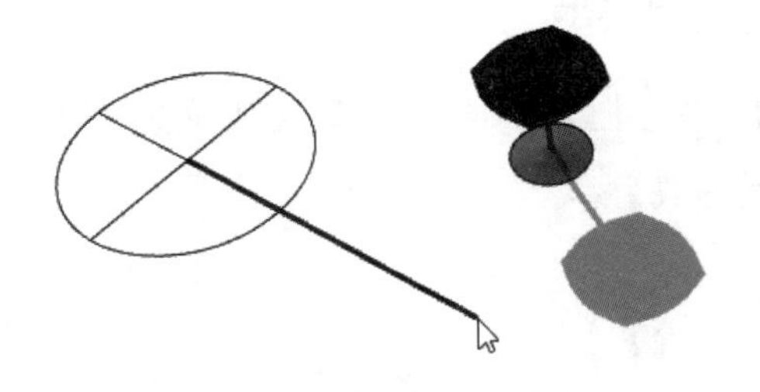

图 14.37　调整模型中阴影的位置

14.2.5 自带相机

使用“自带相机”命令调用“相机”对话框，可以设置相机的高宽比和视点的位置。

【执行方式】

- 菜单栏：“扩展程序”→“辅助工具”→“自带相机”。
- 工具栏：“SUAPP 基本工具栏”→“自带相机”。

【操作步骤】

单击“SUAPP 基本工具栏”→“自带相机”按钮，打开“相机”对话框。可以设置相关参数，调整相机的位置和高宽比等，如图 14.38 所示。

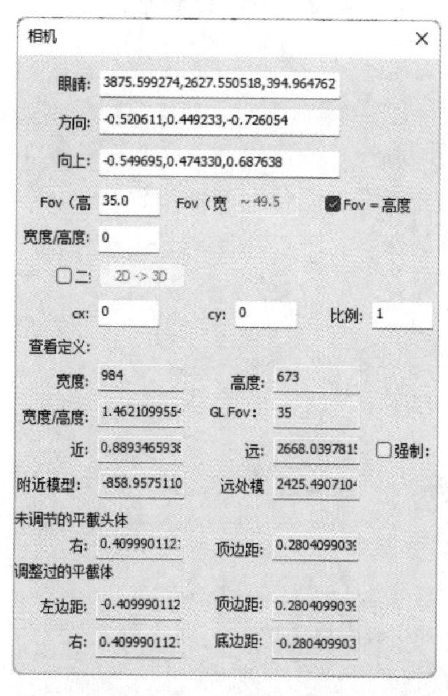

图 14.38 “相机”对话框

14.3 创建栅格

主栅格是基本参照系，由世界坐标轴中的 3 个固定平面定义，用于提供绘图的构造平面。栅格起辅助线的作用，通过捕捉栅格上的点可以进行模型定位，这样创建模型会事半功倍。

扫一扫，看视频

14.3.1 栅格框架

使用“栅格框架”命令可以直接在模型上创建栅格。

【执行方式】

菜单栏：“扩展程序”→“三维体量”→“栅格框架”。

【操作步骤】

（1）单击“使用入门”工具栏上的“选择”按钮，框选模型。

（2）选择菜单栏中的“扩展程序”→“三维体量”→“栅格框架”命令，打开“参数设置”对话框。设置相关参数，单击“好”按钮，创建栅格框架，如图 14.39 所示。

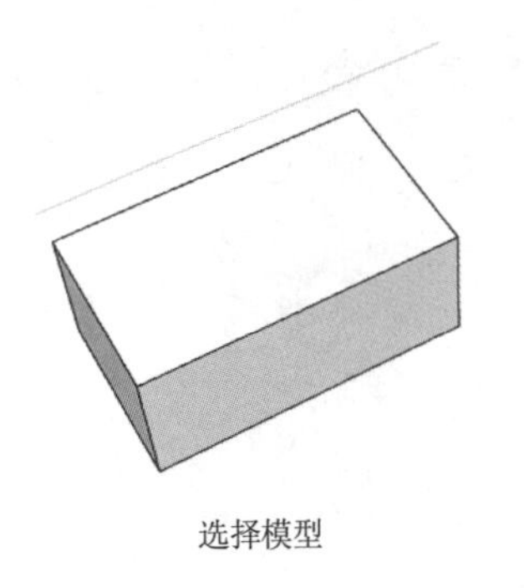

选择模型

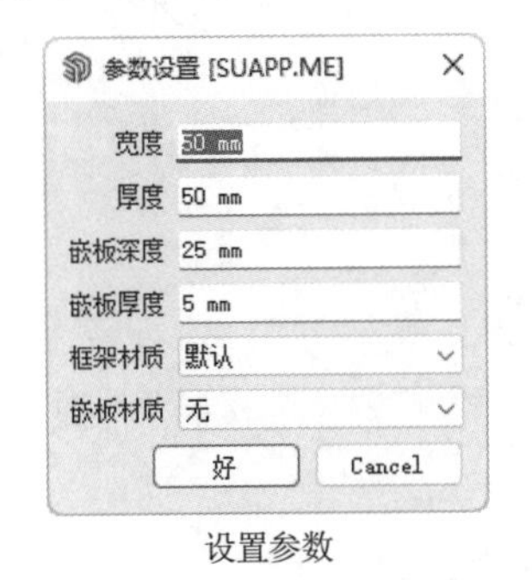

设置参数

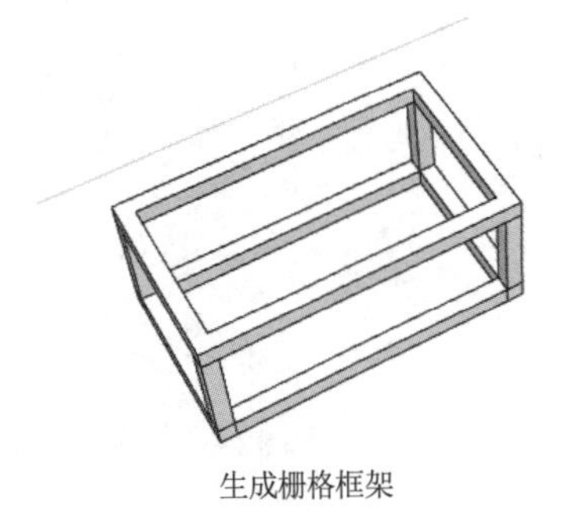

生成栅格框架

图 14.39　栅格框架

动手学——绘制玻璃桥

扫一扫，看视频

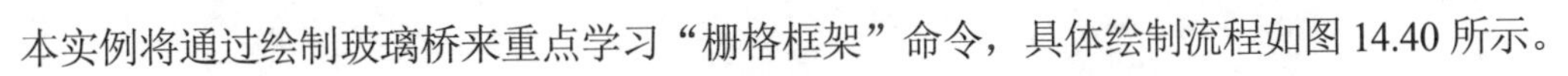

本实例将通过绘制玻璃桥来重点学习“栅格框架”命令，具体绘制流程如图 14.40 所示。

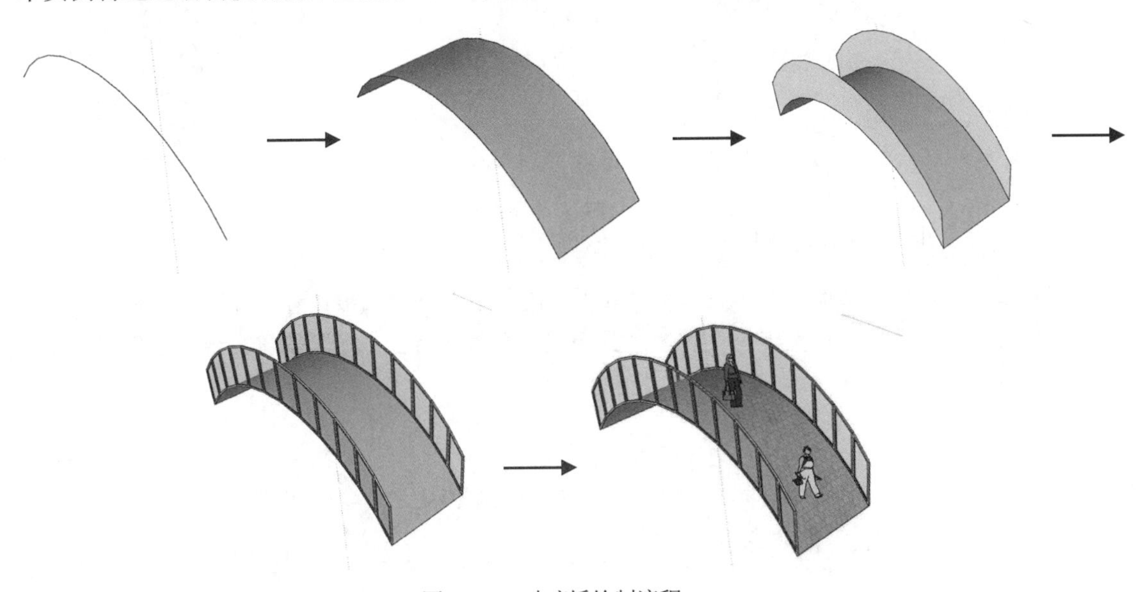

图 14.40　玻璃桥绘制流程

源文件：源文件\第 14 章\绘制玻璃桥.skp

【操作步骤】

（1）单击“绘图”工具栏上的“圆弧”按钮，绘制长度为 10m、高度为 2.5m 的圆弧，如图 14.41 所示。

（2）单击“SUAPP 基本工具栏”→“拉线成面”按钮，拉伸高度为 3m，绘制桥面，如图 14.42 所示。

（3）单击“SUAPP 基本工具栏”→“拉线成面”按钮，拉伸高度为 1.2m，绘制左侧扶手，如图 14.43 所示。

（4）单击“SUAPP 基本工具栏”→“拉线成面”按钮，拉伸高度为 1.2m，绘制右侧扶手，如图 14.44 所示。

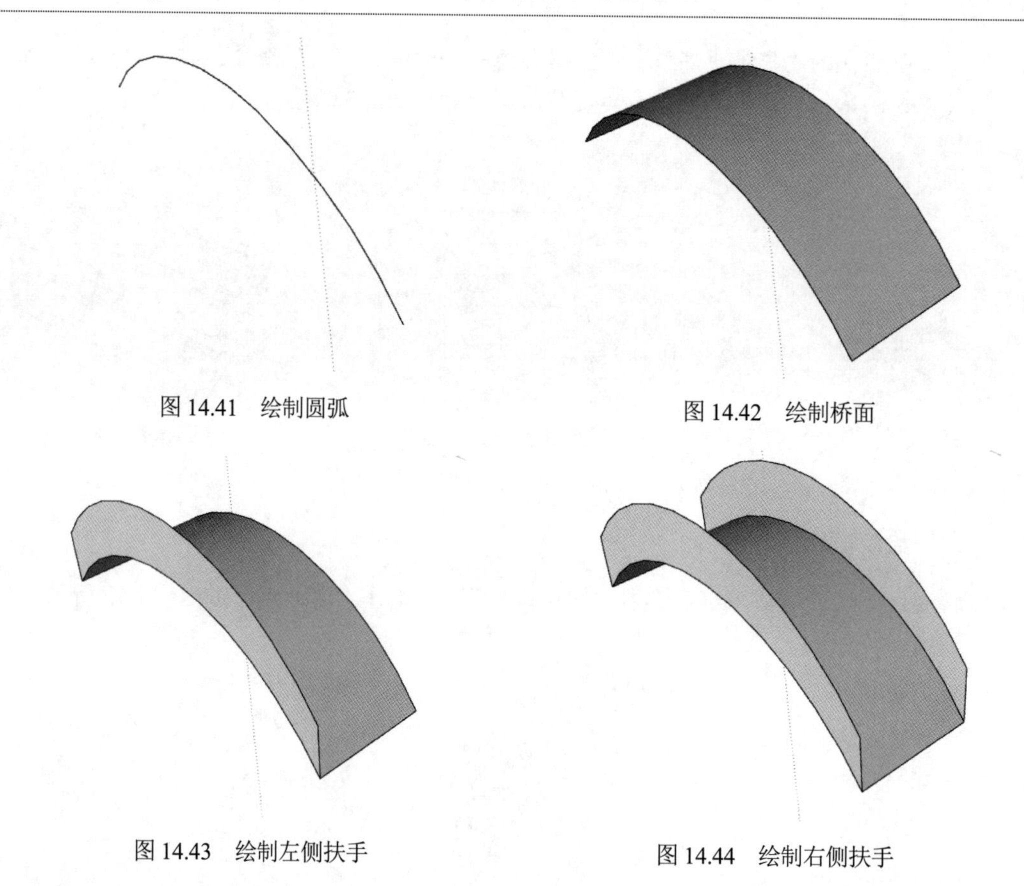

图 14.41　绘制圆弧

图 14.42　绘制桥面

图 14.43　绘制左侧扶手

图 14.44　绘制右侧扶手

（5）选择左侧扶手平面，选择菜单栏中的“扩展程序”→“三维体量”→“栅格框架”命令，打开“参数设置”对话框。设置相关参数，如图 14.45 所示。单击“好”按钮，绘制左侧玻璃扶手，如图 14.46 所示。

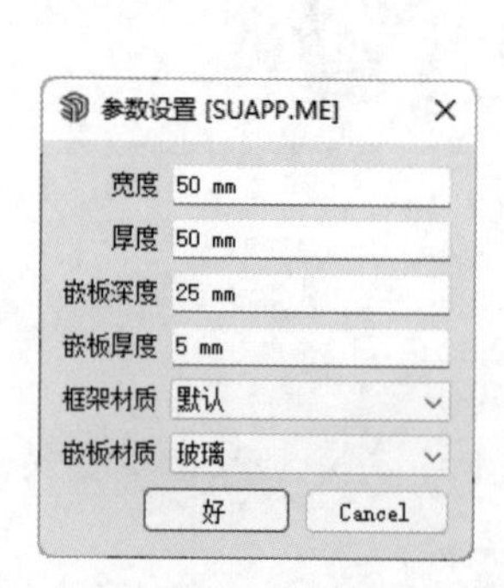

图 14.45　参数设置

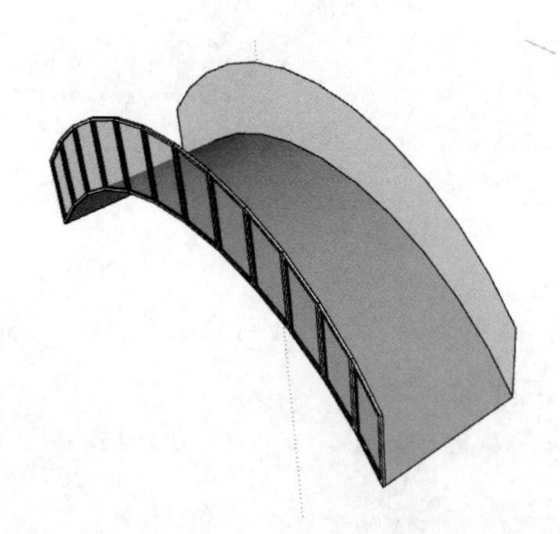

图 14.46　绘制左侧玻璃扶手

（6）选择右侧扶手平面，选择菜单栏中的“扩展程序”→“三维体量”→“栅格框架”命令，绘制右侧玻璃扶手，如图 14.47 所示。

（7）单击“大工具集”工具栏上的“颜料桶”按钮，为桥面赋予石头材质，如图 14.48 所示。

（8）将“组件”面板中的人物模型添加到桥上，如图 14.49 所示。

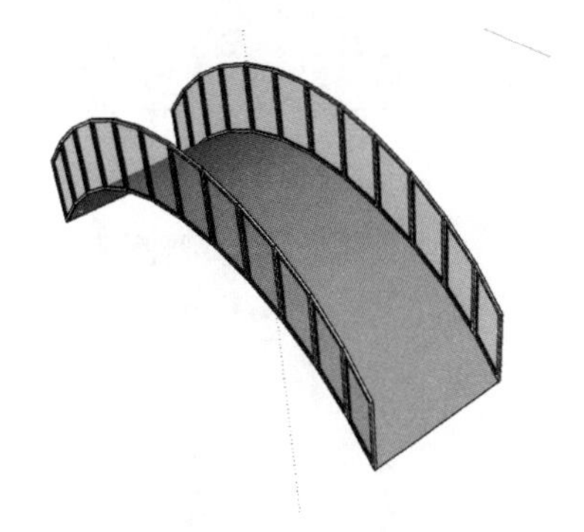

图 14.47　绘制右侧玻璃扶手

图 14.48　为桥面赋予材质

图 14.49　添加人物模型

14.3.2　生成栅格

使用“生成栅格”命令可以直接生成栅格模型。

【执行方式】

菜单栏：“扩展程序”→“三维体量”→“生成栅格”。

【操作步骤】

选择菜单栏中的“扩展程序”→“三维体量”→“生成栅格”命令，打开“参数设置”对话框，如图 14.50 所示。设置参数，生成栅格模型，如图 14.51 所示。

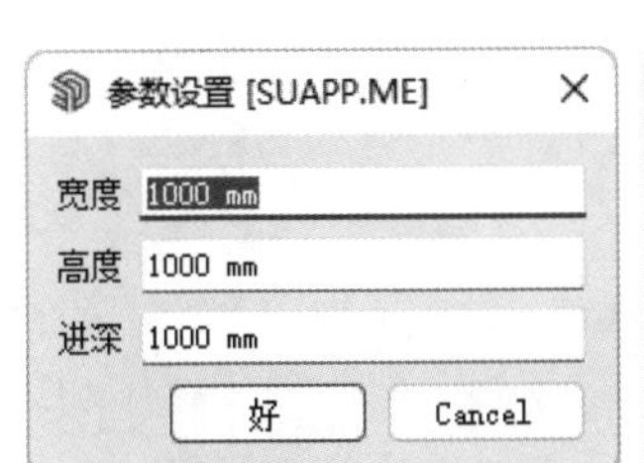

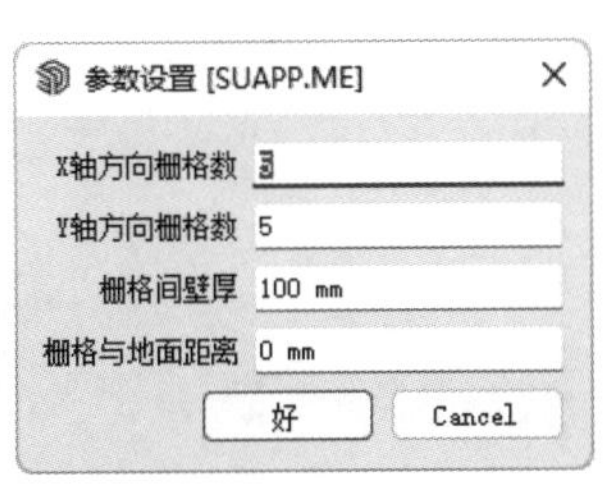

图 14.50　参数设置

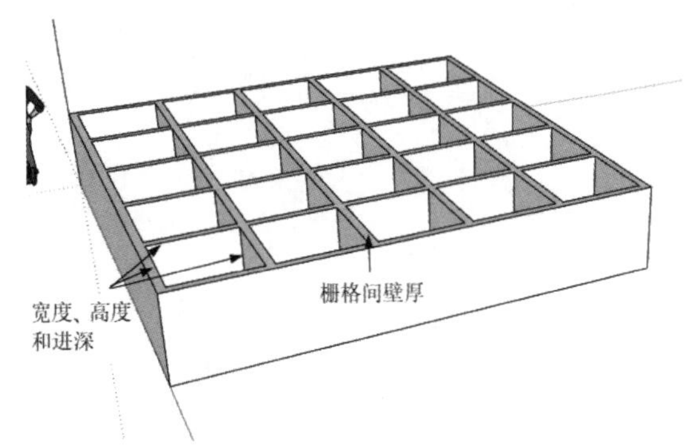

图 14.51　栅格模型

14.3.3　三维网格

使用“三维网格”命令可以在坐标原点生成平行于 3 个平面的网格。需要注意的是，创建出来的栅格是虚线（辅助线）。

【执行方式】

菜单栏：“扩展程序”→“三维体量”→“三维网格”。

【操作步骤】

选择菜单栏中的“扩展程序”→“三维体量”→“三维网格”命令，打开“参数设置”对话框，如图 14.52 所示。其中，“长度（X 轴）”和“宽度（Y 轴）”是指要创建栅格的长度和宽度，“网格间距”是指栅格间距大小。设置相应的参数，生成三维网格，如图 14.53 所示。

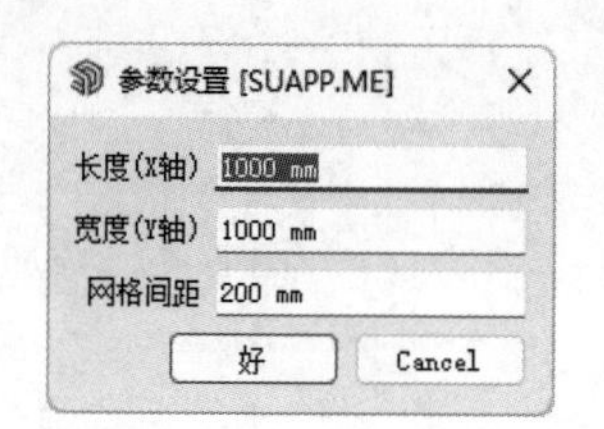

图 14.52 “参数设置”对话框

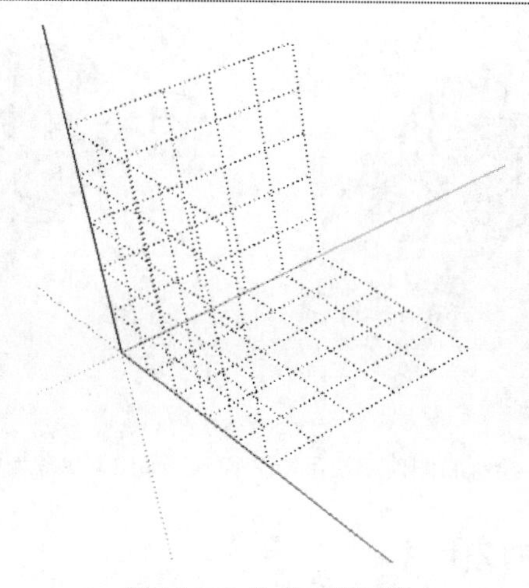

图 14.53 生成三维网格

第 15 章　古塔建模实例

内容简介

古塔是典型的古典建筑。本章将结合古塔的建筑实例，详细介绍利用 SketchUp 创建古典风格建筑模型的全部过程。

古建筑和现代建筑相比有很多曲面，读者应多注意曲面的创建方法。另外，模型的细部构件会造成计算机运转速度减慢，具体绘图时需要注意利用 SketchUp 提供的功能来提高计算机的运转速度。

通过本章的学习，可以帮助读者提高复杂建筑结构建模的能力。

源文件：源文件\第 15 章\古塔.skp

内容要点

- 建模准备
- 导入 AutoCAD 图形
- 创建底座
- 创建屋顶和屋面

案例效果

扫一扫，看视频

15.1　建 模 准 备

在第 2 章介绍过别墅的建模，现在来创建一个稍微有点挑战性的模型——古塔模型。古建筑很多是曲面的，而且古建筑的面特别多，计算机配置不高可能会经常死机。

15.1.1　单位设定

选择“窗口”→“模型信息”命令，打开“模型信息”对话框，选择“单位”选项，对参数进行具体设置，如图 15.1 所示。

15.1.2　边线显示设定

边线的显示形式会影响建模时捕捉的精确度。选择“默认面板”→“样式”命令，打开“样式”面板，在面板中打开“编辑”选项卡，具体设置如图 15.2 所示。

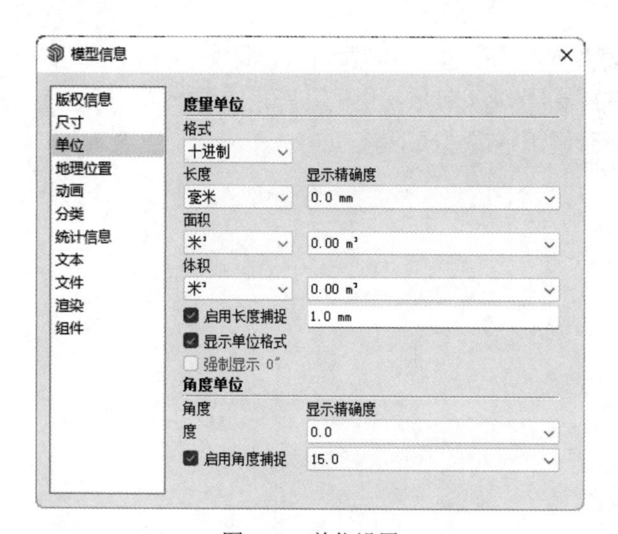

图 15.1　单位设置

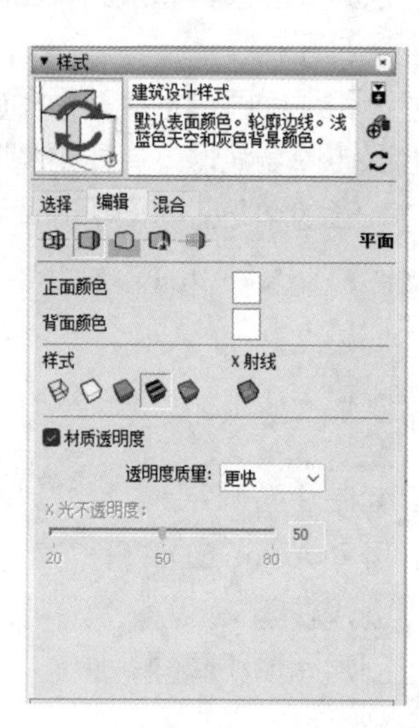

图 15.2　样式设置

15.1.3　整理 AutoCAD 图形

导入 AutoCAD 图形前需要对图形进行整理以节省后面的绘图时间，绘制好的 AutoCAD 图形中的部分内容在 SketchUp 中建模时不需要，如轴线标注，所以在导入到 SketchUp 中之前必须对 AutoCAD 图形的多余部分进行修整。

扫一扫，看视频

15.2　导入 AutoCAD 图形

AutoCAD 图形是建模的主要依据，所以在 SketchUp 中直接将 AutoCAD 图形导入。

15.2.1　直接导入 AutoCAD 图形

【操作步骤】

（1）选择“文件”→“导入”命令，打开“导入”对话框，如图 15.3 所示。将文件类型选择为“AutoCAD 文件（*.dwg, *.dxf）”，选择“底座平面图”，单击“选项”按钮。

（2）打开如图 15.4 所示的“导入 AutoCAD DWG/DXF 选项”对话框，勾选“保持绘图原点”复选框，“单位”设置为“毫米”，然后单击“好”按钮。

（3）返回“导入”对话框，单击“导入”按钮，打开“导入结果”对话框，如图 15.5 所示。单击“关闭”按钮，将 AutoCAD 图形导入到绘图区域中，如图 15.6 所示。

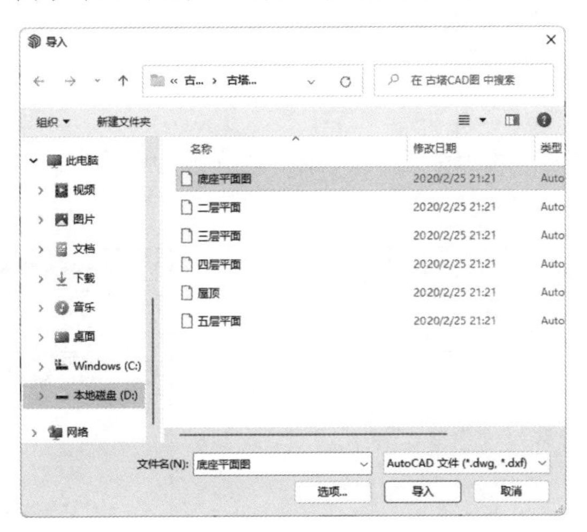

图 15.3　“导入”对话框

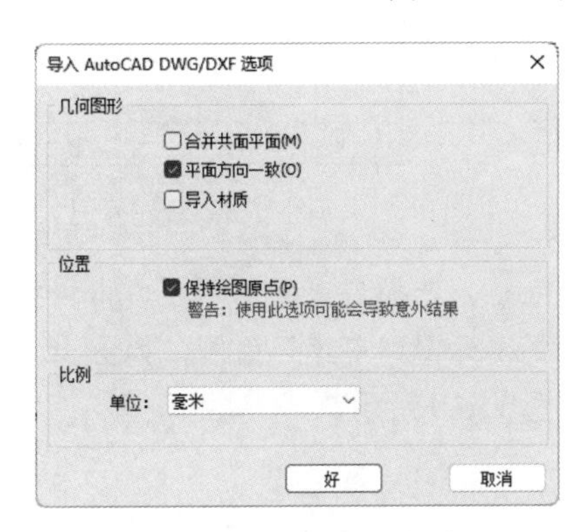

图 15.4　设置导入选项

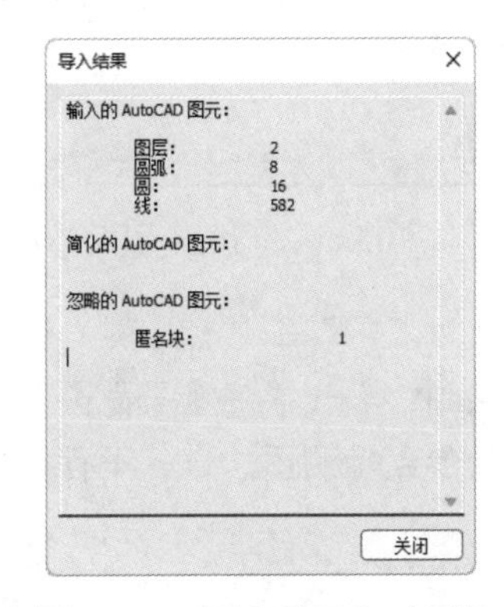

图 15.5　“导入结果”对话框

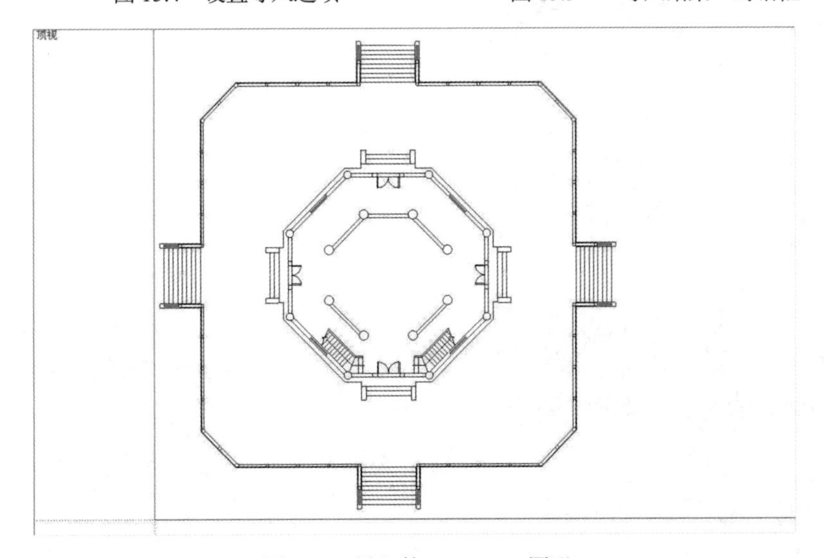

图 15.6　导入的 AutoCAD 图形

15.2.2　管理标记

【操作步骤】

（1）选择“默认面板”→“标记”命令，打开“标记”面板。此面板中仅有“未标记”标记，如图15.7所示。

（2）在“标记”面板中单击“添加标记”按钮⊕，出现新的标记。将新标记命名为“底座平面图”，如图15.8所示。

图15.7　“标记”面板

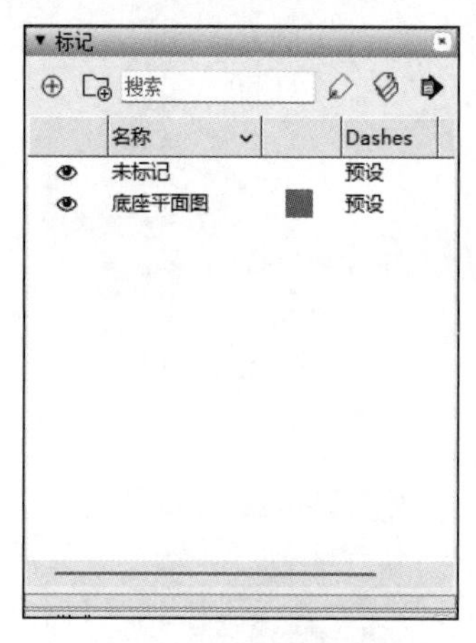

图15.8　新建标记

（3）单击“使用入门”工具栏上的“选择”按钮，选择底座平面图。右击，在弹出的快捷菜单中选择“切换图层到：”→“底座平面图”命令，更改标记到底座平面图，如图15.9所示。

（4）将视图切换到轴测图，进行平行投影，如图15.10所示。

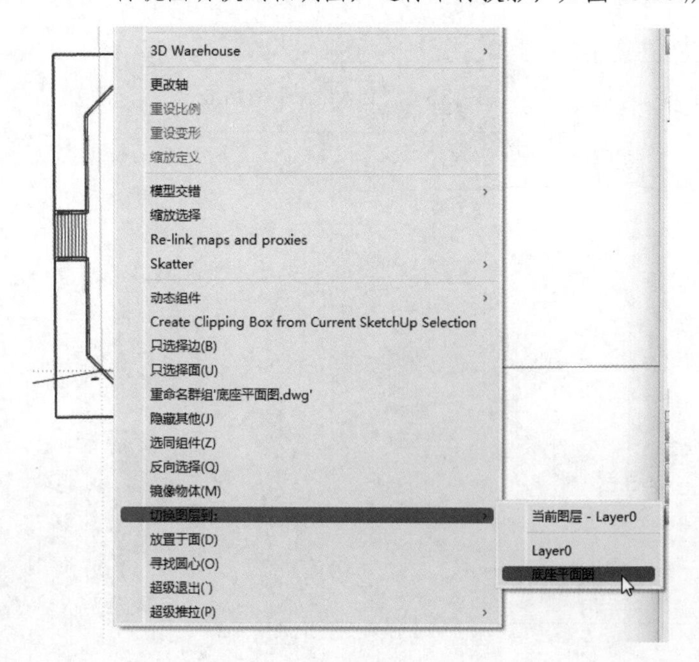

图15.9　更改标记

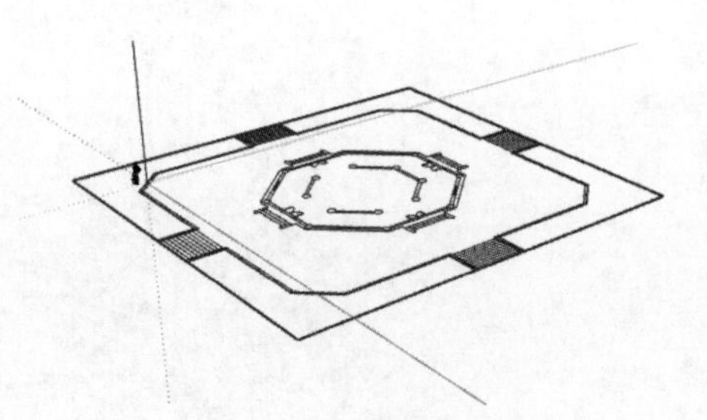

图15.10　调整视图显示

（5）利用之前的方法导入“二层平面”，新建标记为“二层平面图”。单击“使用入门”工具栏上的“选择”按钮，选择二层平面，如图 15.11 所示。

（6）单击“编辑”工具栏上的“移动”按钮，将二层平面进行放大，以如图 15.12 所示的点为基点，将二层平面移动到底座平面图第 2 个点的位置，如图 15.13 所示。将这两层平面图对齐。

（7）单击“编辑”工具栏上的“移动”按钮并按方向键“↑”，将蓝轴加粗。此时的图形只能沿蓝轴移动，将二层平面向上移动适当的距离，调整位置，如图 15.14 所示。

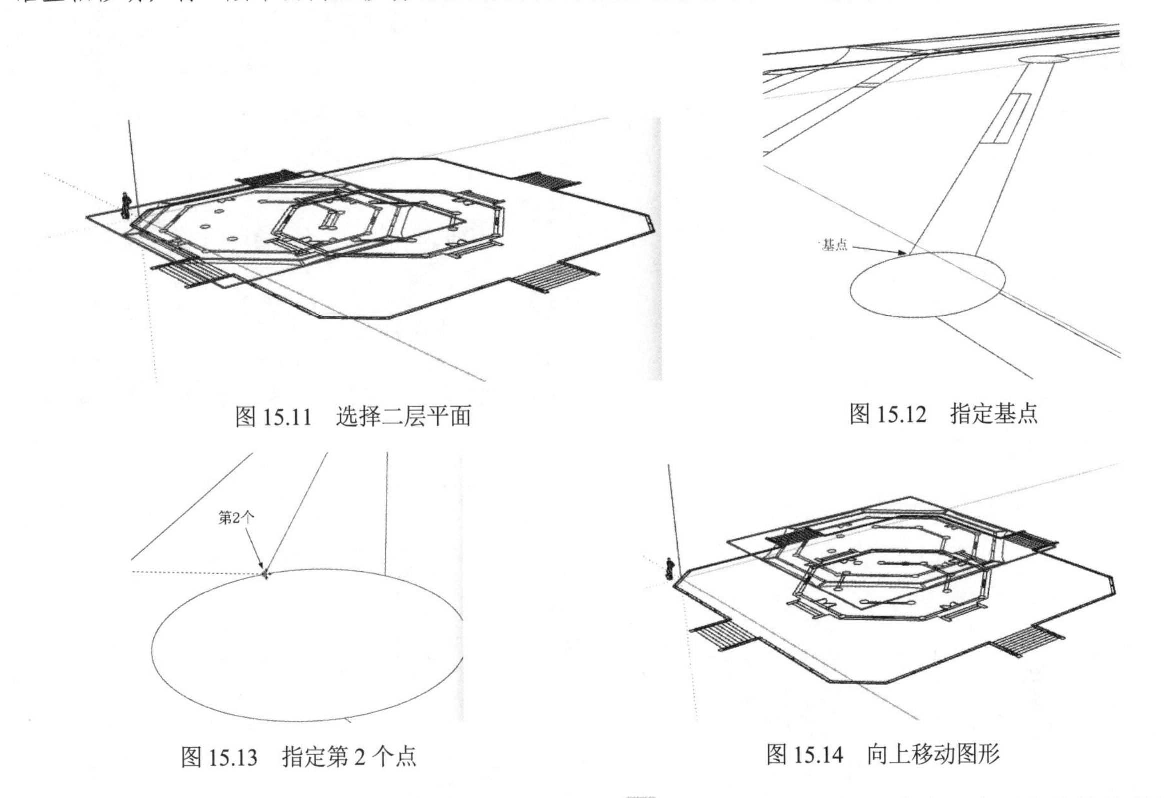

图 15.11　选择二层平面

图 15.12　指定基点

图 15.13　指定第 2 个点

图 15.14　向上移动图形

（8）单击“使用入门”工具栏上的“选择”按钮，选择二层平面图。右击，在弹出的快捷菜单中选择“切换图层到：”→“二层平面图”命令，更改标记到二层平面图。

（9）利用上述方法创建“三层平面图”“四层平面图”“五层平面图”和“屋顶层平面图”标记，并将图形更改到相应的标记，结果如图 15.15 所示。

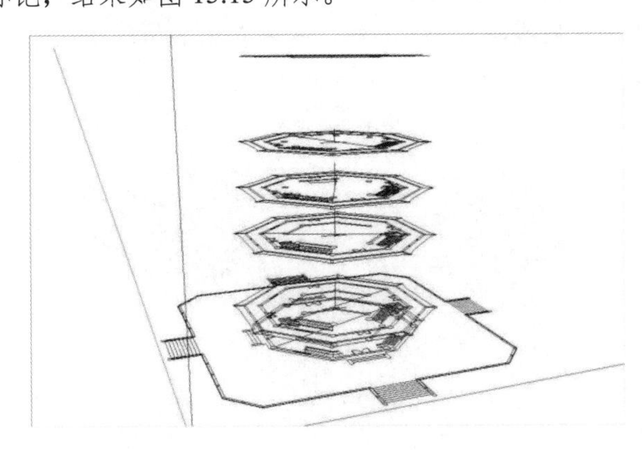

图 15.15　创建好的平面图形

扫一扫，看视频

15.3 创建底座

观察 AutoCAD 图形，可以发现塔是由底座、塔身以及屋顶组成的，所以建模分为 3 个部分。

15.3.1 放置 AutoCAD 图形

【操作步骤】

选择“默认面板”→“标记”命令，打开“标记”面板。单击“添加标记”按钮⊕，添加一个新标记，并命名为“底座”，将其设置为当前标记，如图 15.16 所示。

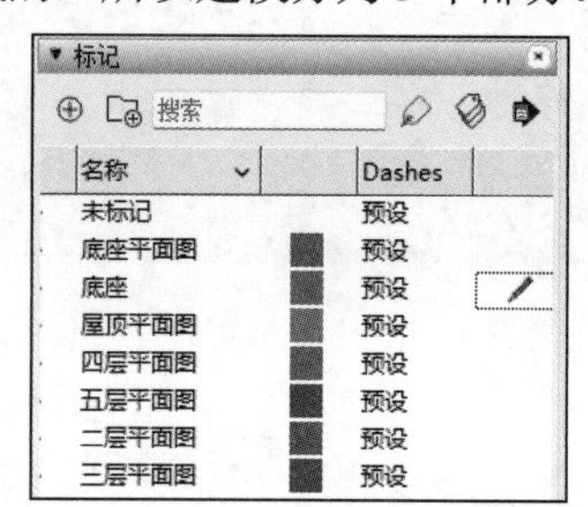

图 15.16　添加一个新标记并设置为当前标记

15.3.2 勾画并拉伸墙体

【操作步骤】

（1）选择“标记”面板，将除底座平面图以外的所有标记后的显示复选框取消勾选，这时除一层平面图外其他标记被隐藏，如图 15.17 所示。

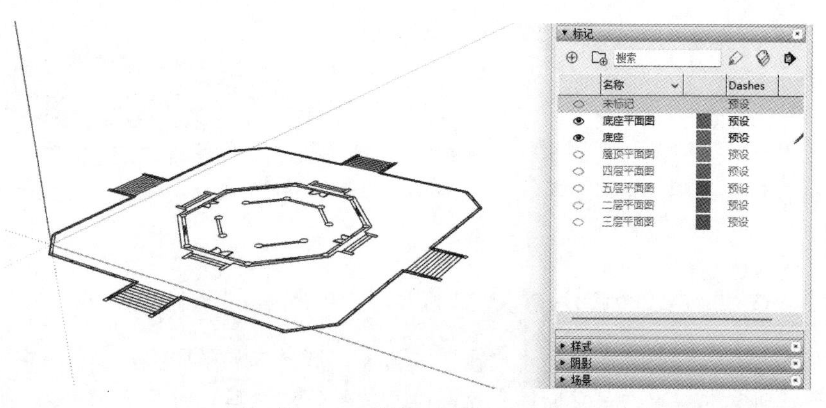

图 15.17　只显示底座平面

（2）单击“绘图”工具栏上的“直线”按钮（也可以按 L 键，L 键是系统默认的直线工具的快捷键），捕捉 AutoCAD 图形的底座轮廓进行勾画，最后封闭成面，如图 15.18 所示。

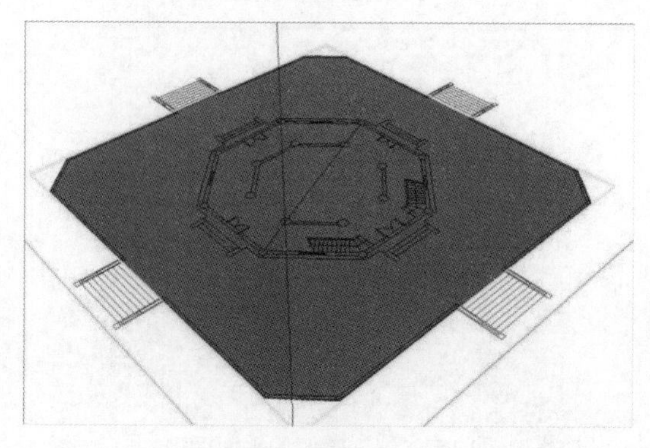

图 15.18　勾画出底座平面

（3）选择绘制的平面，右击，在弹出的快捷菜单中选择“创建群组”命令，如图 15.19 所示。

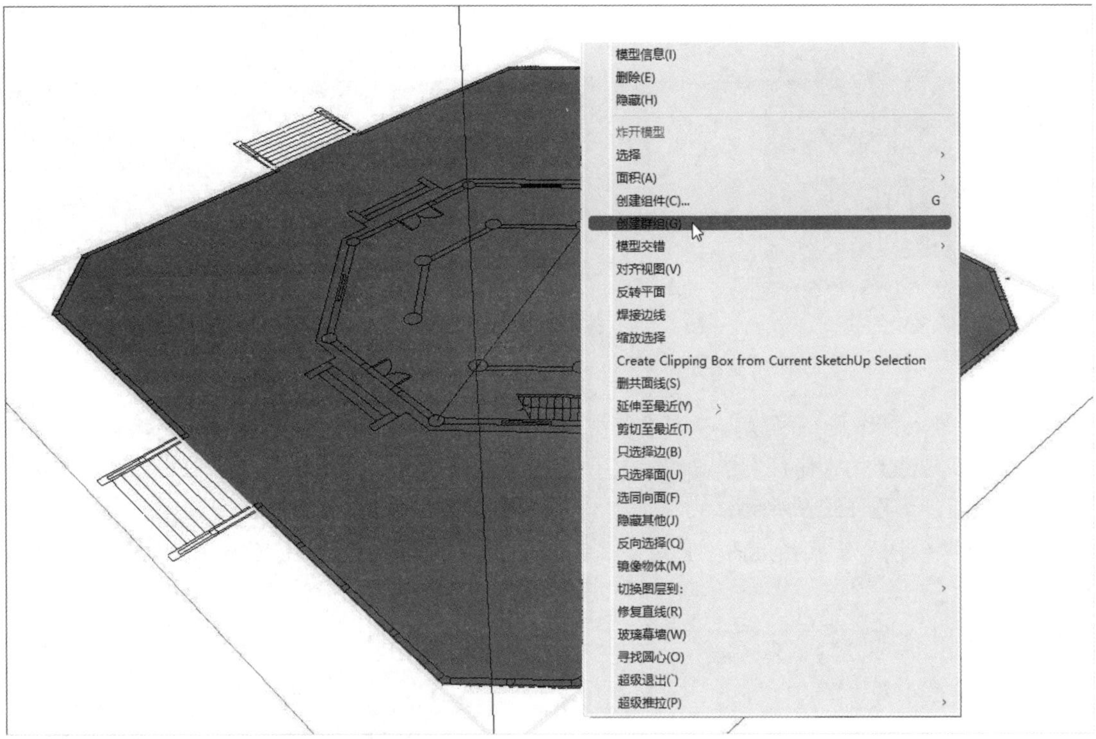

图 15.19 创建群组

（4）平面勾画出来以后，双击进入群组，然后单击“编辑”工具栏上的“推/拉”按钮，将这个平面向上拉伸 1150mm，如图 15.20 所示。

（5）双击进入群组，选择顶面，单击“编辑”工具栏上的“移动”按钮，同时按住 Ctrl 键向上复制移动顶面 200mm，如图 15.21 所示。

（6）将群组进行炸开，然后分别将下部图形和上部顶面创建为群组。

（7）单击“编辑”工具栏上的“偏移”按钮并按 Ctrl 键，将复制出来的面向外偏移 85mm，如图 15.22 所示。

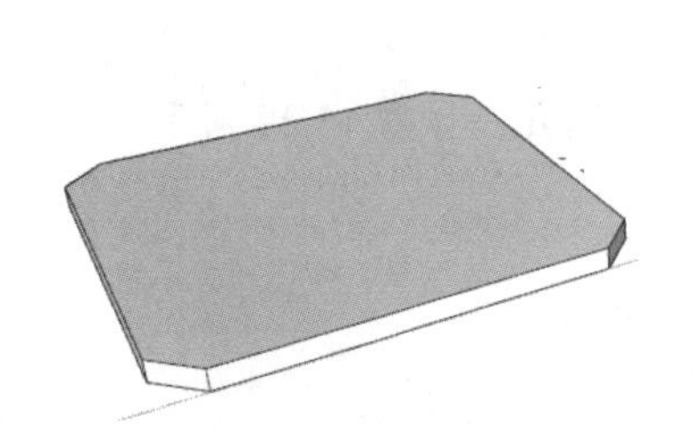

图 15.20 拉伸平面

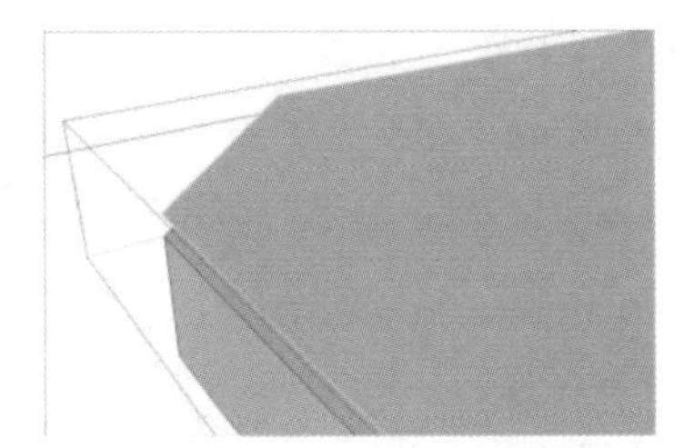

图 15.21 复制移动顶面

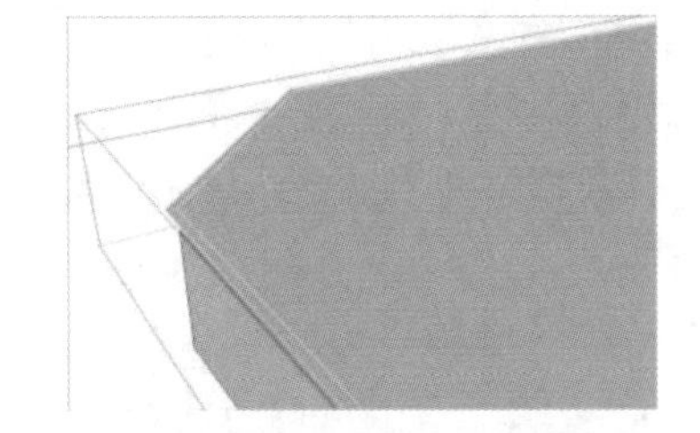

图 15.22 偏移复制出来的面

（8）单击“使用入门”工具栏上的“选择”按钮，选择复制出来的面并对里面多余的线进行删除，如图 15.23 所示。

（9）单击“使用入门”工具栏上的“选择”按钮，选择复制出来的顶面。单击“编辑”工具栏中的“推/拉”按钮，向下拉伸 200mm，如图 15.24 所示。

（10）单击“编辑”工具栏上的“移动”按钮，将底座平面图移动到与顶面重合的平面，如图 15.25 所示。

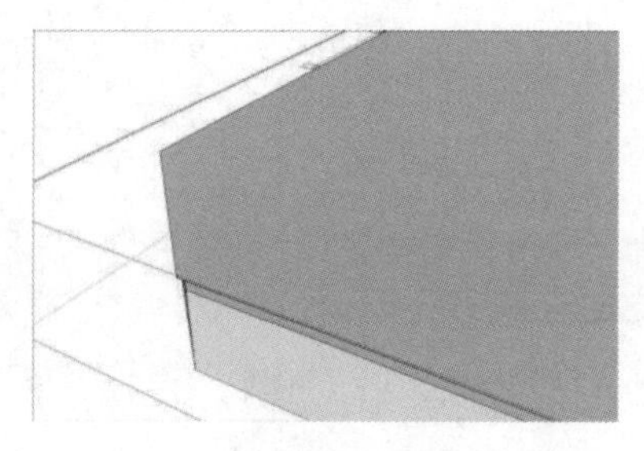

图 15.23 删除多余的线

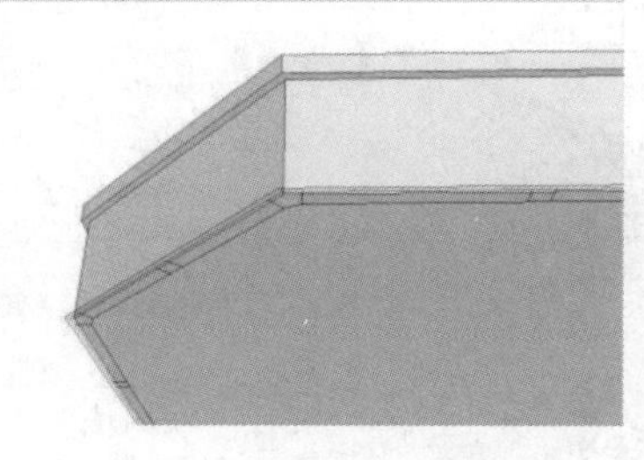

图 15.24 拉伸复制出的面成体

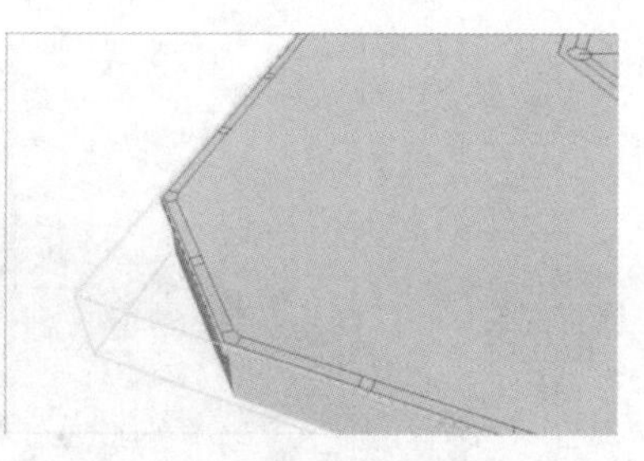

图 15.25 移动底座平面图到适当的位置

（11）双击进入群组进行编辑，单击“使用入门”工具栏上的“选择”按钮，选择顶面，然后单击“编辑”工具栏上的“偏移”按钮，将顶面外边线向内复制两次至 AutoCAD 图形内侧边线处，最后形成 3 个面，如图 15.26 所示。

（12）单击“绘图”工具栏上的“直线”按钮，捕捉底座平面图，将栏杆柱子的轮廓勾画出来，如图 15.27 所示。

图 15.26 再次偏移复制

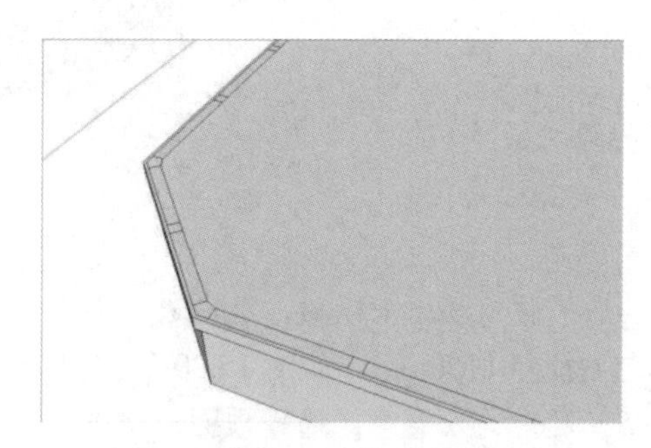

图 15.27 勾画出栏杆柱子的轮廓

（13）单击“使用入门”工具栏上的“选择”按钮，选择上一步创建的柱子面。单击“编辑”工具栏中的“推/拉”按钮，将柱子向上拉伸 1150mm，如图 15.28 所示。

（14）单击“绘图”工具栏上的“直线”按钮，沿着柱子之间的边缘线，绘制封闭边缘，然后单击“使用入门”工具栏上的“选择”按钮，选择上一步创建的柱子之间的面，单击“编辑”工具栏上的“推/拉”按钮，向上拉伸 140mm，拉伸后再分别向内侧拉伸 25mm，如图 15.29 所示。

（15）利用上述方法完成剩余柱子面的拉伸，如图 15.30 所示。

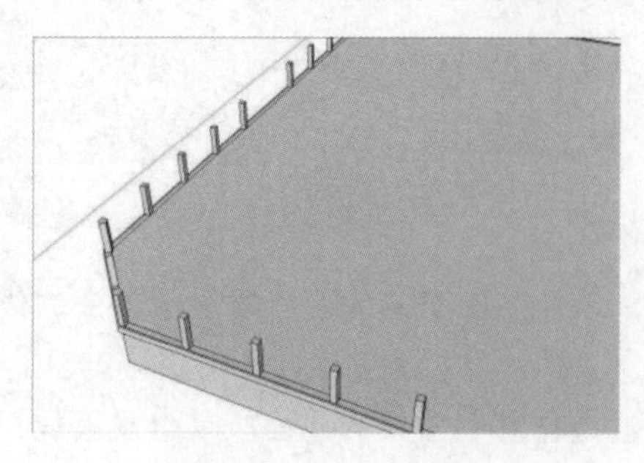

图 15.28 拉伸柱子

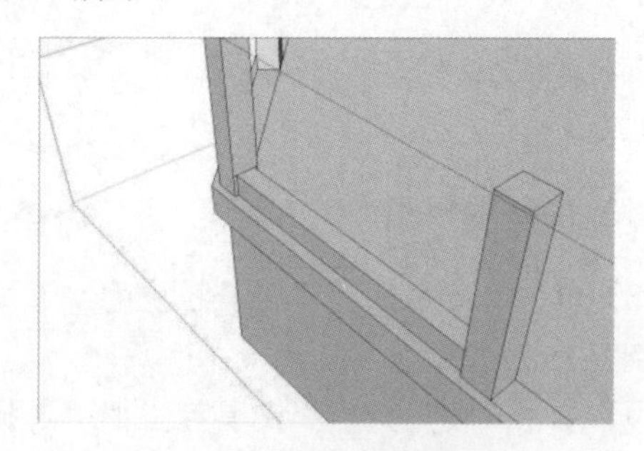

图 15.29 再拉伸其他部分

（16）按住 Ctrl 键，单击“编辑”工具栏上的“推/拉”按钮，出现拉伸图标，如图 15.31 所示。将面向上复制拉伸 400mm，如图 15.32 所示。

（17）利用上述方法，将两个面分别向内拉伸 15mm，如图 15.33 所示。

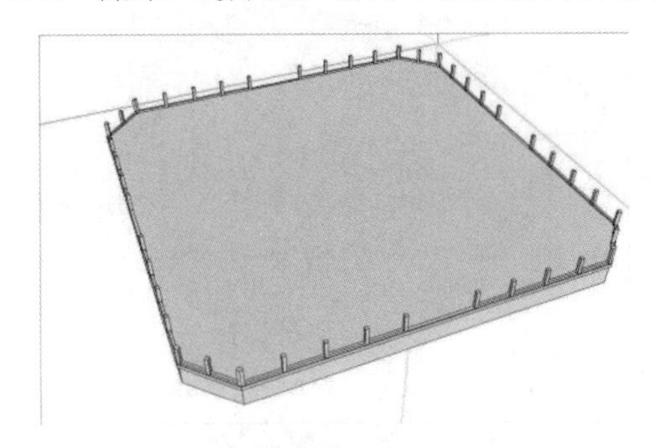

图 15.30 将剩下的部分向上拉伸

图 15.31 复制拉伸时的拉伸图标

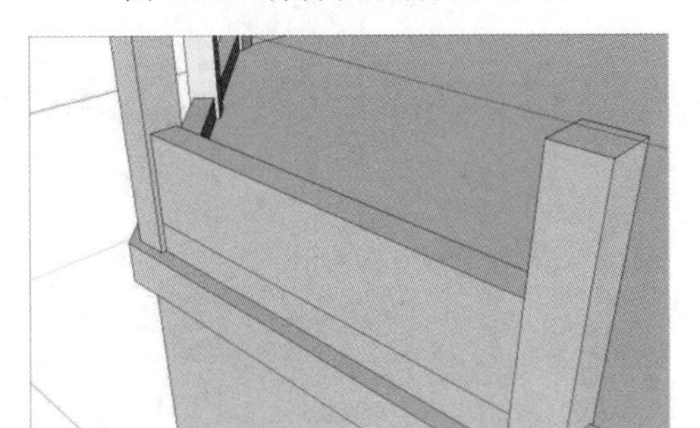

图 15.32 复制拉伸成体

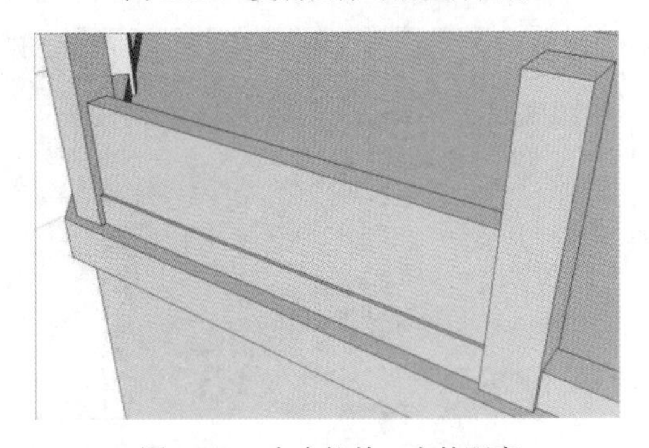

图 15.33 向内拉伸一定的距离

（18）将剩余部分的模型创建出来，如图 15.34 所示。

（19）选择前面创建的顶面，单击“编辑”工具栏上的“推/拉”按钮，将图形复制拉伸 85mm，如图 15.35 所示。

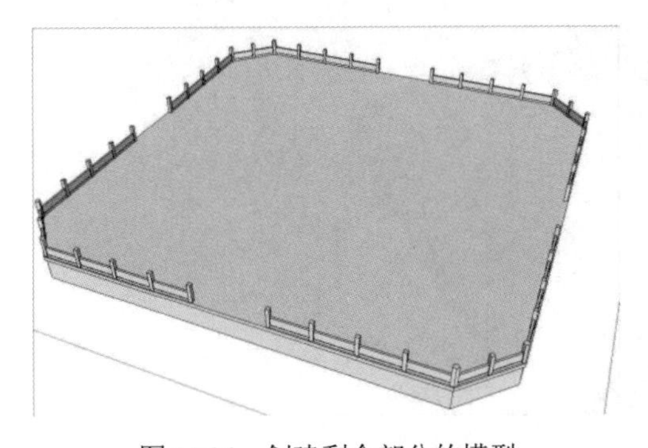

图 15.34 创建剩余部分的模型

图 15.35 再次复制拉伸

（20）选择上一步拉伸形成的两个面，单击“编辑”工具栏上的“推/拉”按钮，将面分别向外拉伸 15mm，如图 15.36 所示。

（21）利用上述方法再将剩余的应该创建的模型部分创建出来，如图 15.37 所示。

（22）单击“使用入门”工具栏上的“选择”按钮并按住 Ctrl 键，选择刚才创建的顶面，向上移动复制 270mm，如图 15.38 所示。

（23）单击“编辑”工具栏上的“推/拉”按钮，选择复制的面，向下拉伸 85mm，如图 15.39 所示。

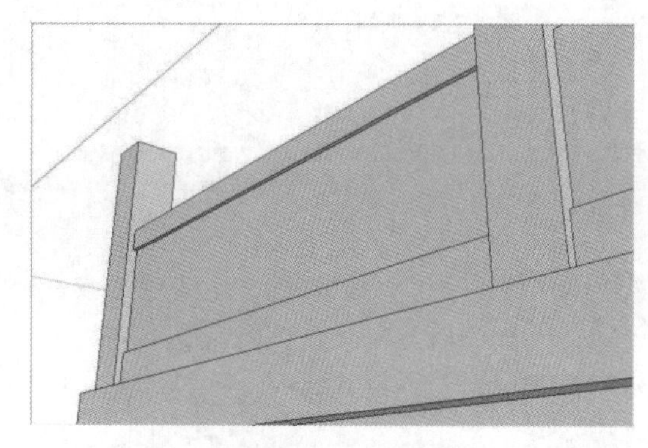

图 15.36　向外拉伸

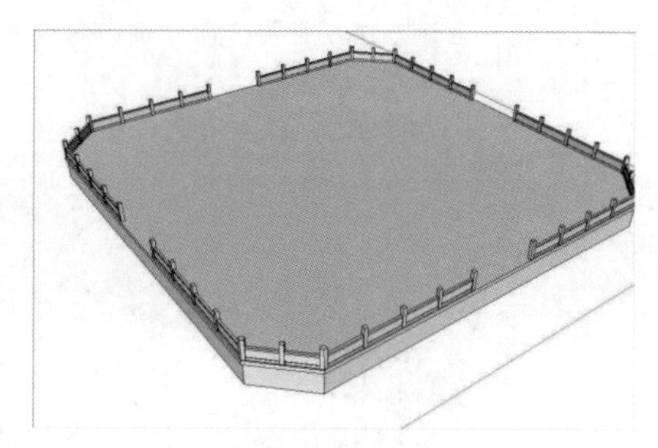

图 15.37　将剩余部分都创建出来

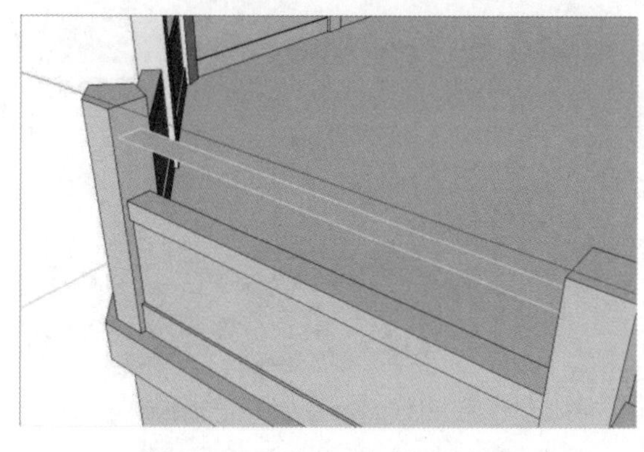

图 15.38　再次移动复制出其他面

图 15.39　拉伸复制的面成体

（24）利用上述方法将剩余的应该创建的模型部分创建出来，如图 15.40 所示。

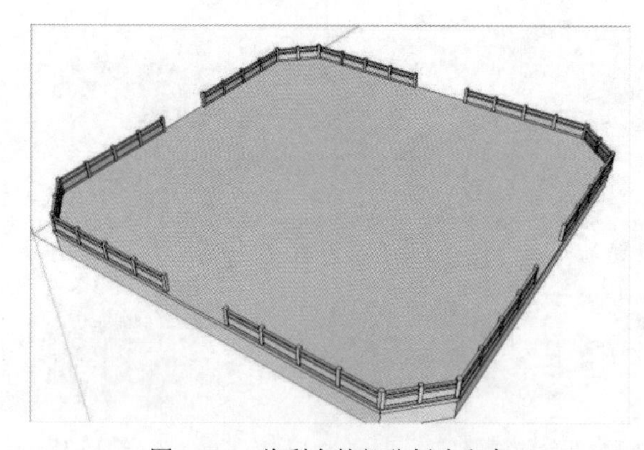

图 15.40　将剩余的部分创建出来

（25）隐藏底部平面图。选择“标记”面板中的底层平面图，单击“隐藏”按钮，隐藏图形。

（26）创建踏步。选择菜单栏中的“文件”→“导入”命令，将源文件中的“踏步栏杆”图形打开。单击“选项”按钮，打开如图 15.41 所示的对话框，进行参数设置，然后单击“好”按钮，返回到“导入”对话框。最后单击“导入”按钮，打开“导入结果”对话框，如图 15.42 所示。显示出踏步的立面图，如图 15.43 所示。

（27）绘制长方体。单击“绘图”工具栏上的“矩形”按钮和“编辑”工具栏上的“推/拉”按钮，绘制长方体，如图 15.44 所示。

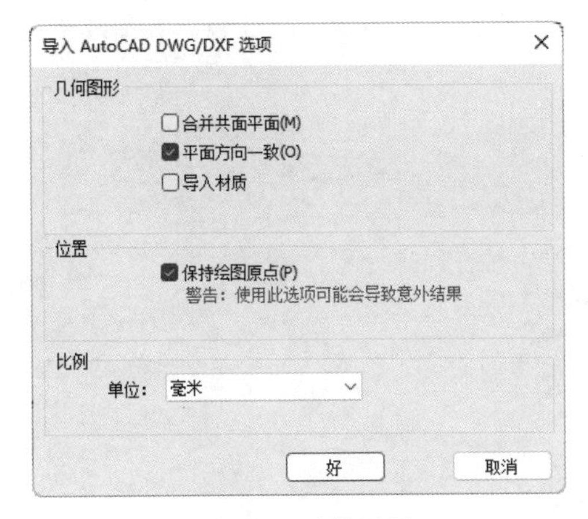

图 15.41 参数设置

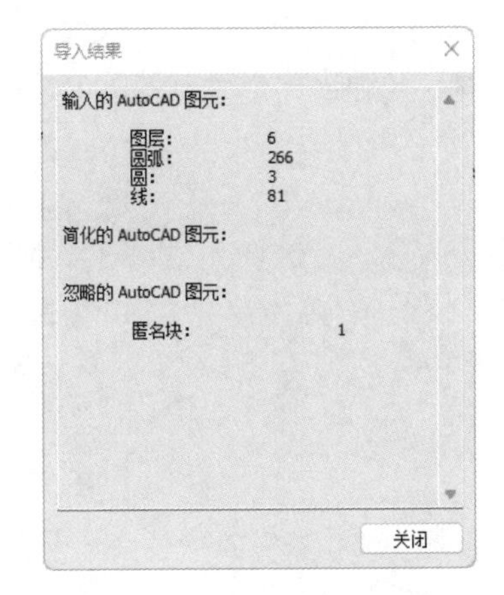

图 15.42 “导入结果”对话框

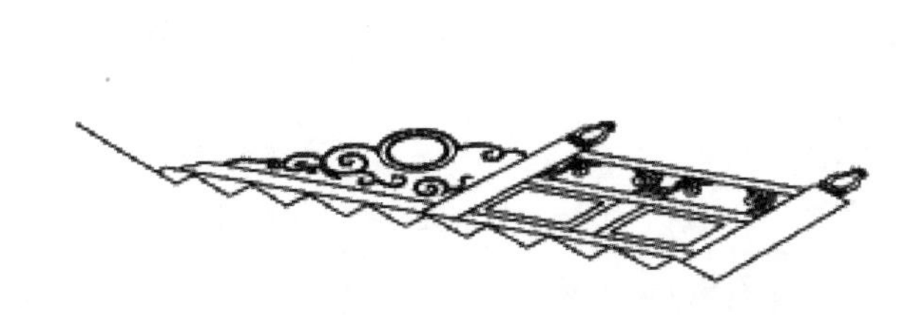

图 15.43 显示出踏步的立面图

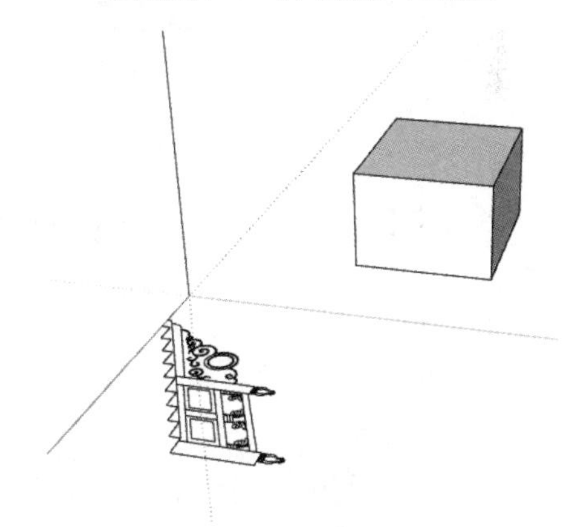

图 15.44 绘制长方体

（28）旋转踏步。单击“编辑”工具栏上的“旋转”按钮，将踏步栏杆进行立面旋转，如图 15.45 所示。

（29）移动踏步。单击“编辑”工具栏上的“移动”按钮，调整栏杆的位置，如图 15.46 所示。

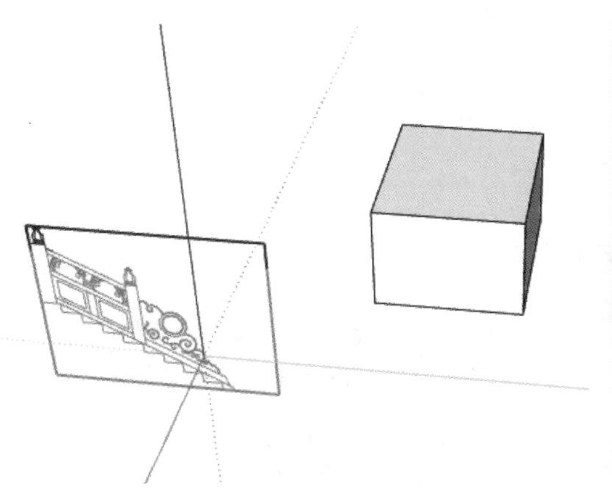

图 15.45 旋转图形

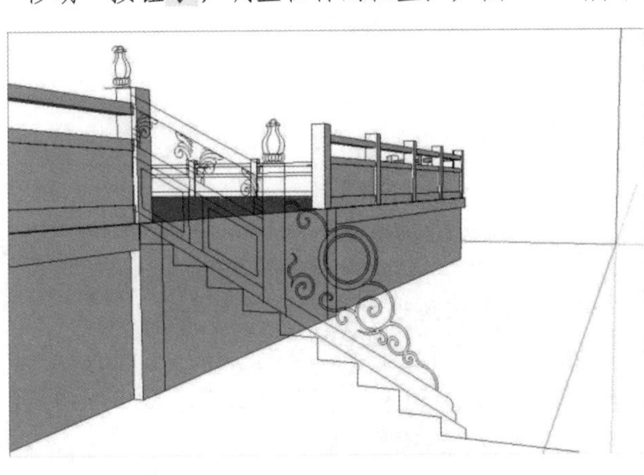

图 15.46 移动踏步

（30）单击“绘图”工具栏上的“矩形”按钮，捕捉立面图，绘制平面。选择平面，右击，在弹出的快捷菜单中选择“反转平面”和“创建群组”命令，将图形创建为群组。

（31）双击进入群组内部，然后单击“编辑”工具栏上的“推/拉”按钮，捕捉踏步的立面图最外侧的边缘，拉伸出一个面，如图 15.47 所示。

图 15.47　从底座中拉伸出一部分

（32）解组模型。选择上一步绘制的矩形群组，右击，在弹出的快捷菜单中选择“炸开模型”命令，进行解组。

（33）移动模型。单击“使用入门”工具栏上的“选择”按钮，选择右上角的边线。单击“编辑”工具栏上的“移动”按钮，参照立面图向下移动到最外侧踏步的上边缘，如图 15.48 所示。

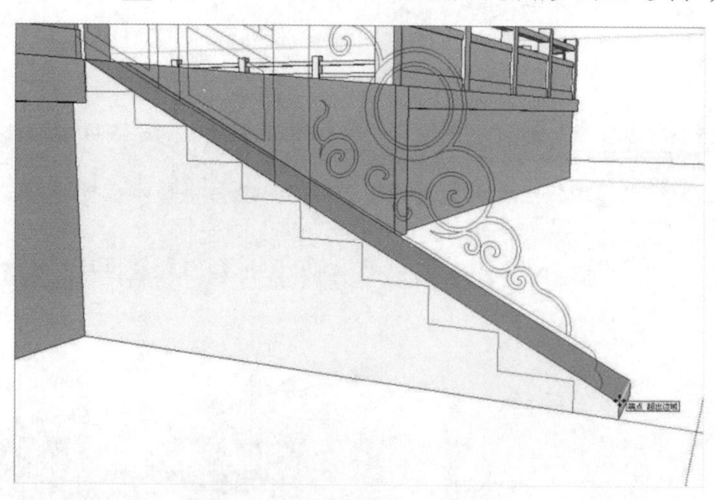

图 15.48　移动边线到适当的位置

（34）显示出踏步立面图并移动到适当的地方，单击“绘图”工具栏上的“直线”按钮和“圆弧”按钮，捕捉立面图，绘制平面，创建为群组。单击“编辑”工具栏上的“推/拉”按钮，然后再捕捉立面图拉伸出一个面，如图 15.49 所示。

（35）单击“绘图”工具栏上的“直线”按钮，捕捉立面图，将栏杆的轮廓勾画出来，如图 15.50 所示，然后将轮廓线创建为群组。

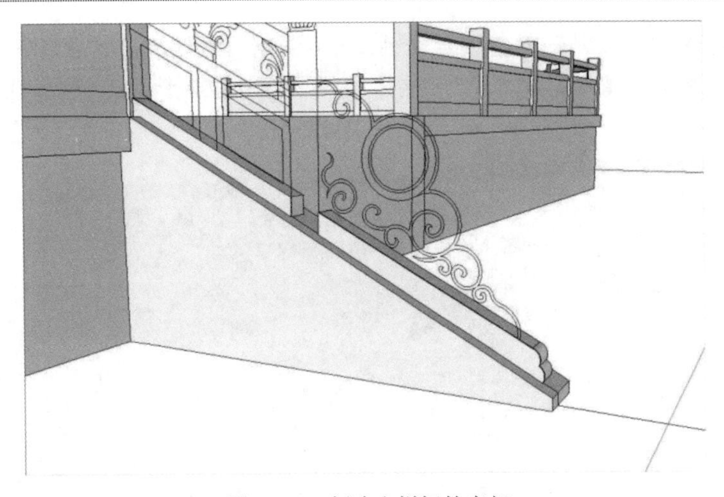

图 15.49　创建出栏杆的底部

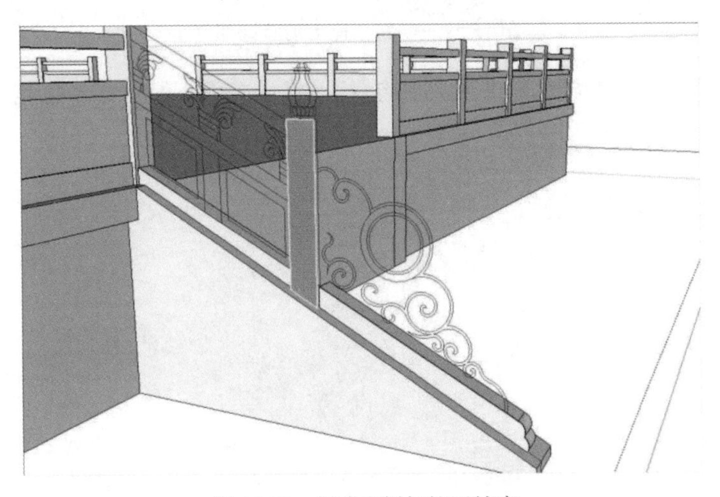

图 15.50　创建出栏杆柱子轮廓

（36）单击“编辑”工具栏上的“推/拉”按钮，选择上一步绘制的矩形面，然后将柱子拉伸到适当位置，如图 15.51 所示。

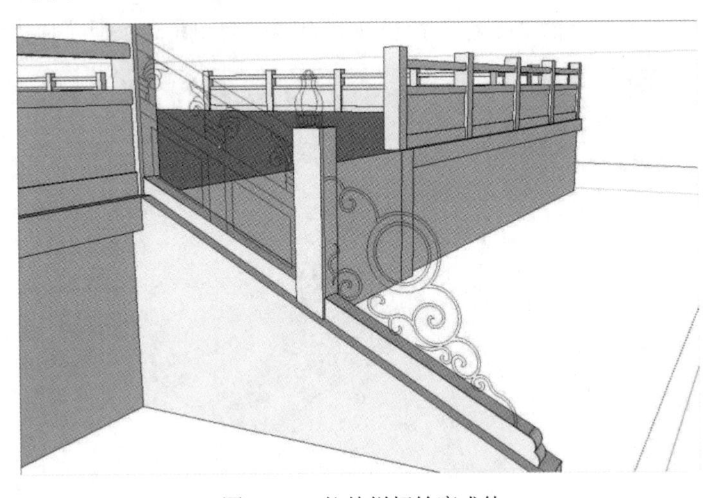

图 15.51　拉伸栏杆轮廓成体

（37）创建栏杆上的装饰部分。双击踏步群组，进入群组进行编辑，然后将需要使用的线选中，右击，在弹出的快捷菜单中选择“隐藏其他”命令，结果如图 15.52 所示。

图 15.52　创建栏杆上的装饰部分

（38）单击“绘图”工具栏上的“直线”按钮，将没有闭合的地方连接起来，成为封闭的面，如图 15.53 所示。

图 15.53　封闭成面

（39）单击“编辑”工具栏上的“推/拉”按钮，参照平面图将这个面拉伸成体，如图 15.54 所示。

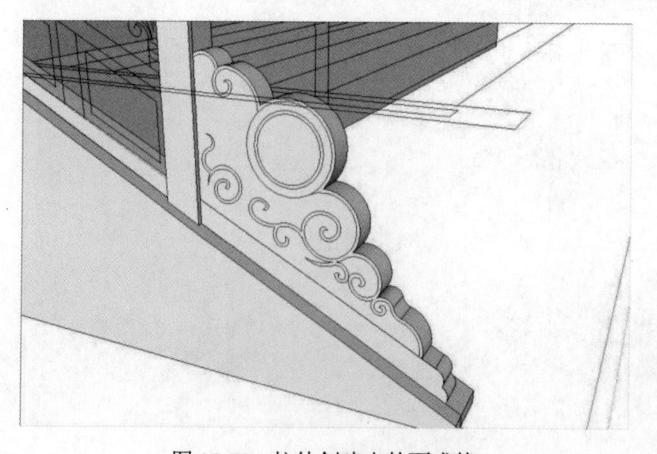

图 15.54　拉伸创建出的面成体

（40）单击“编辑”工具栏上的“推/拉”按钮，将上一步创建的面拉伸，完成模型的创建，如图 15.55 所示。

图 15.55　拉伸其他的花纹部分

（41）选择菜单栏中的“编辑”→“撤销隐藏”→“全部”命令，将隐藏部分显示。

（42）单击“绘图”工具栏上的“直线”按钮，结合底座平面图，绘制出踏步栏杆平面，并创建群组。单击“编辑”工具栏上的“推/拉”按钮，将绘制的踏步栏杆拉伸出一段距离以显示出底座部分，如图 15.56 所示。

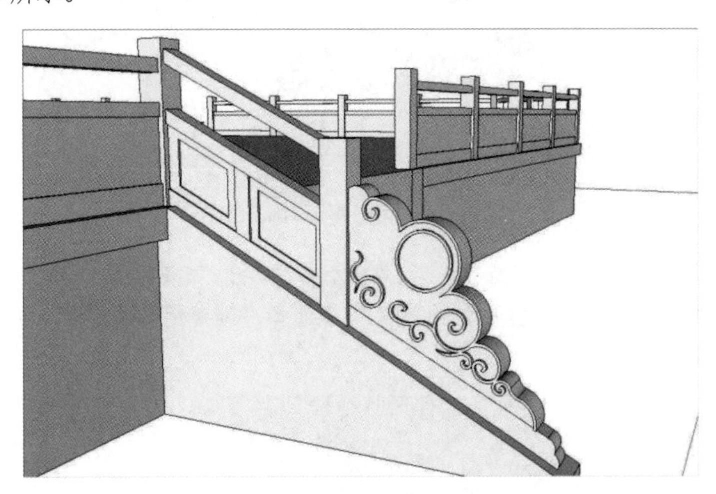

图 15.56　显示出底座部分

（43）单击“编辑”工具栏上的“移动”按钮并按住 Ctrl 键，复制出另外一侧的踏步栏杆，如图 15.57 所示。

（44）单击“绘图”工具栏上的“直线”按钮，绘制对角线，然后单击“编辑”工具栏上的“旋转”按钮并按住 Ctrl 键，复制旋转 90°，绘制出其他位置的踏步栏杆。最后单击“使用入门”工具栏上的“删除”按钮，删除辅助直线，如图 15.58 所示。

（45）隐藏踏步装饰云线。首先单击踏步栏杆群组进入群组进行编辑，选择踏步栏杆上面的装饰云线，右击，在弹出的快捷菜单中选择“创建群组”命令，将装饰云线创建为群组。选择云线群组，右击，在弹出的快捷菜单中选择“隐藏”命令，结果如图 15.59 所示。

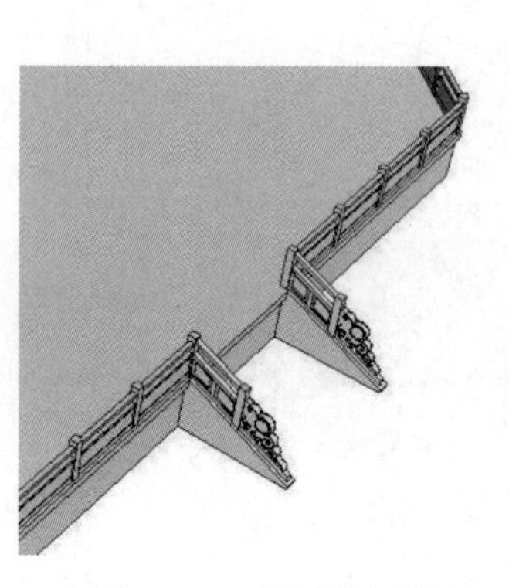

图 15.57　复制踏步栏杆

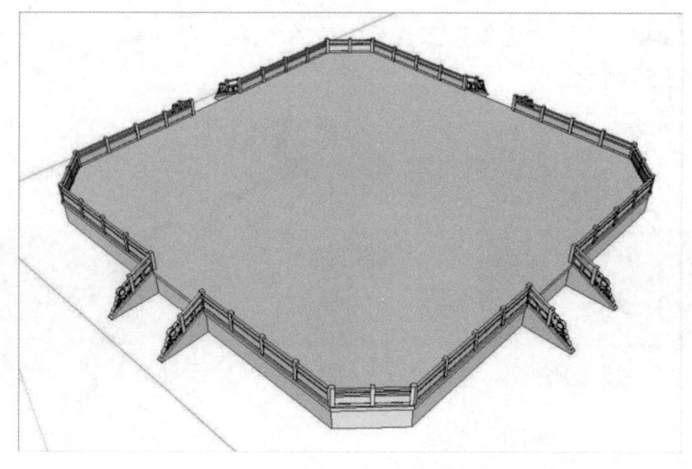

图 15.58　绘制其他位置的踏步栏杆

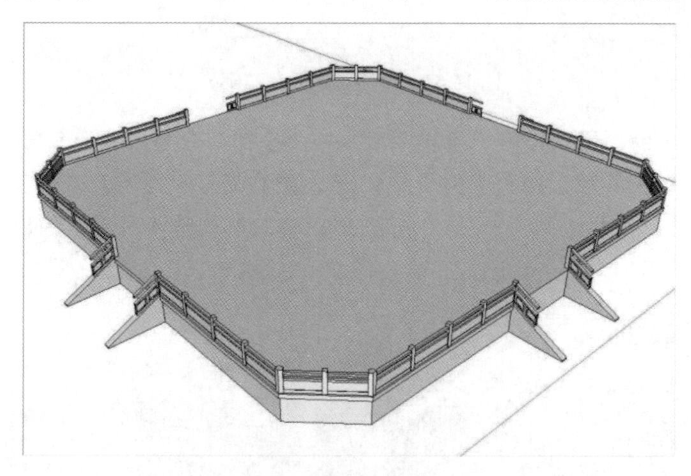

图 15.59　隐藏踏步装饰云线

（46）显示出底座平面图，单击“绘图”工具栏上的“矩形”按钮▣，捕捉底座平面图，勾画出踏步的面。双击创建的面，右击，在弹出的快捷菜单中选择“创建组件”命令，将平面图创建成组件，如图 15.60 所示。

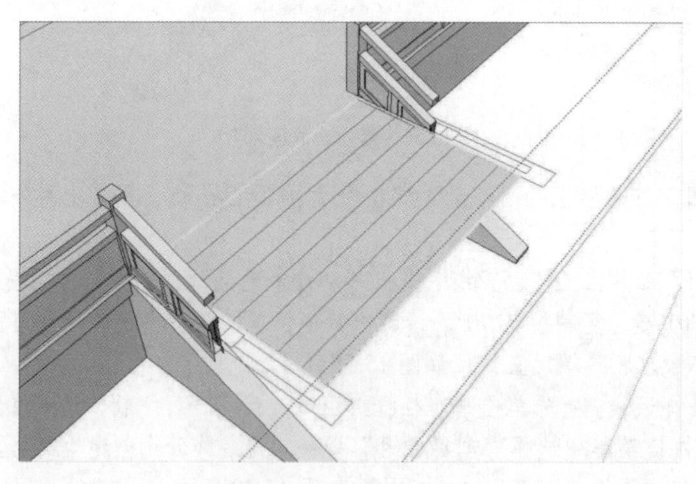

图 15.60　创建出踏步平面

（47）单击“绘图”工具栏上的“直线”按钮，再捕捉平面图，将踏步轮廓勾画出来。单击“编辑”工具栏上的“推/拉”按钮，选择绘制的踏步轮廓进行拉伸，拉伸高度差为 200mm，完成踏步的创建，如图 15.61 所示。

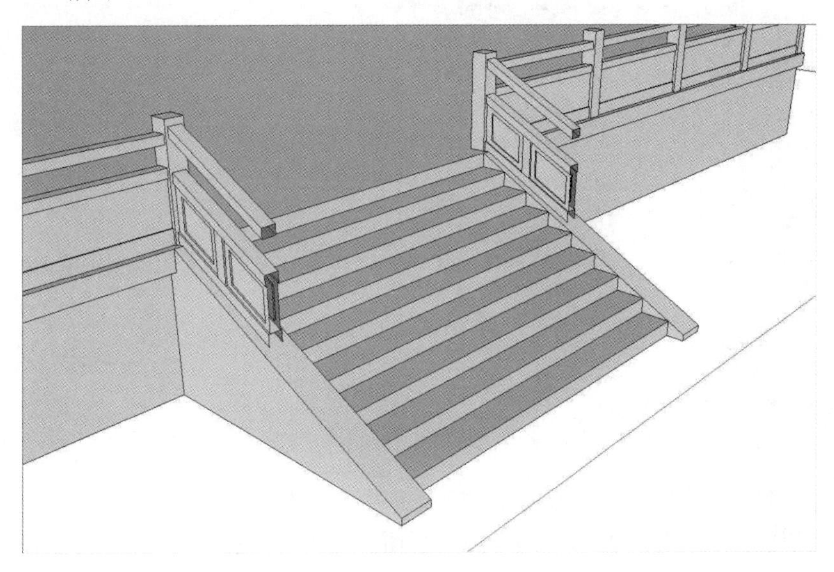

图 15.61 创建出踏步

（48）单击“绘图”工具栏上的“直线”按钮，绘制对角线，然后单击“编辑”工具栏上的“旋转”按钮并按住 Ctrl 键，复制旋转 90°，绘制出其他位置的踏步。最后单击“使用入门”工具栏上的“删除”按钮，删除辅助直线，结果如图 15.62 所示。

（49）利用前面讲述的方法，创建一个新的标记并命名为“莲台”，设置为当前标记，如图 15.63 所示。

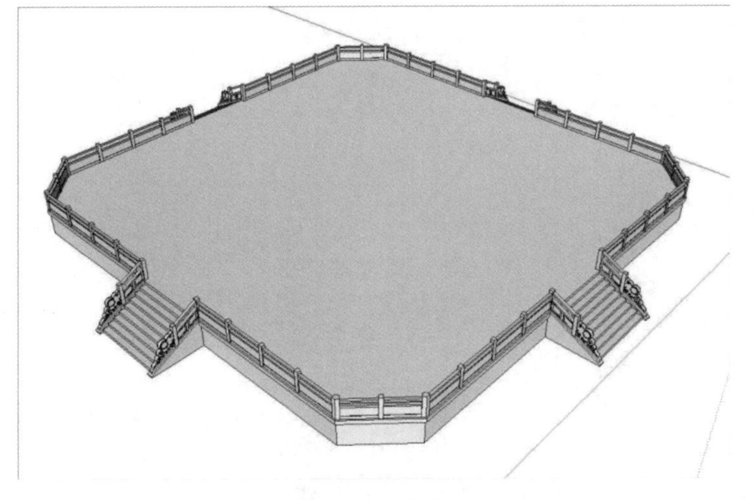

图 15.62 底座效果

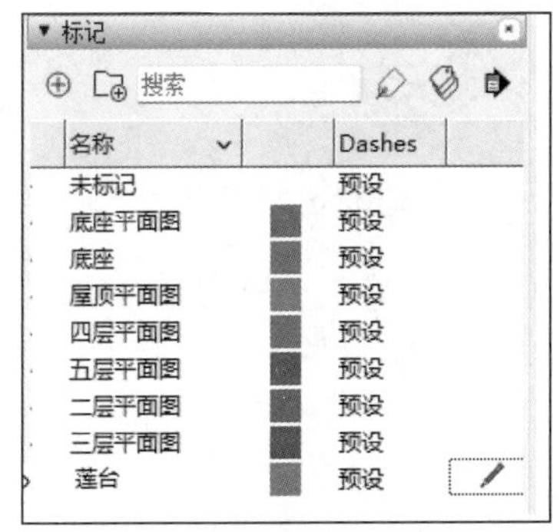

图 15.63 创建一个新标记

（50）选择菜单栏中的“文件”→“导入”命令，打开“导入”对话框，如图 15.64 所示。将文件类型选择为“AutoCAD 文件（*.dwg, *.dxf）”。选择“莲台”，单击“导入”按钮，打开“导入结果”对话框，如图 15.65 所示。单击“关闭”按钮，将莲台图形导入绘图区域。

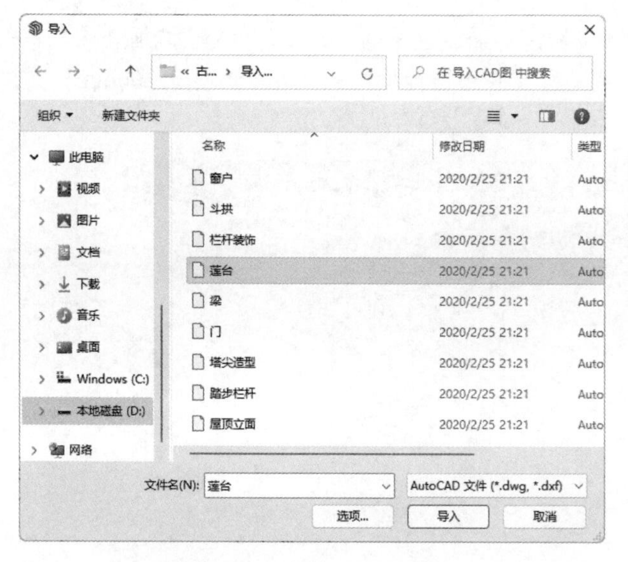

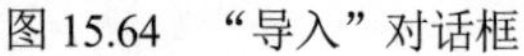

图 15.64 “导入”对话框

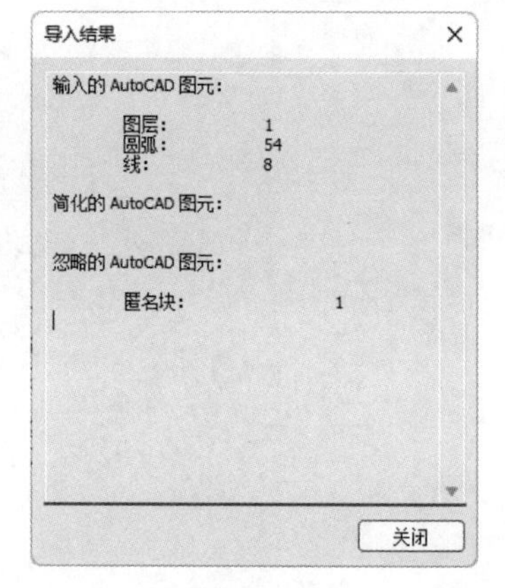

图 15.65 “导入结果”对话框

（51）由于导入到模型中的莲台图形太小，因此需要先将所有模型隐藏，然后单击“大工具集”工具栏上的“缩放范围”按钮，显示出莲台的立面图。单击“编辑”工具栏上的“比例”按钮，等比例放大 10 倍，如图 15.66 所示。

（52）单击“编辑”工具栏上的“旋转”按钮，将莲台图形进行旋转，如图 15.67 所示。

图 15.66 缩放莲台

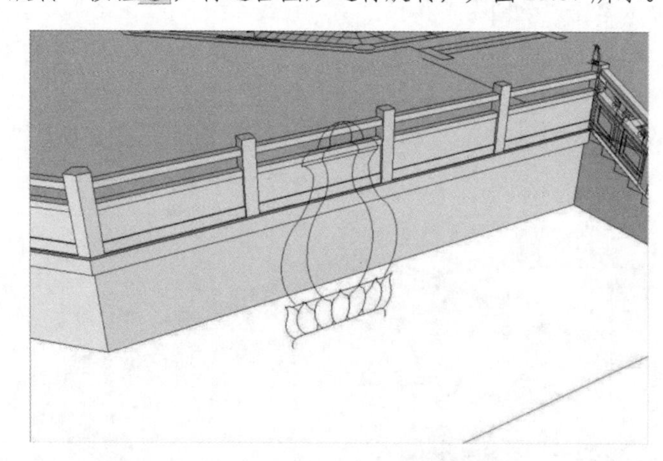

图 15.67 显示出莲台图形

（53）创建莲台的底座部分。单击“绘图”工具栏上的“直线”按钮和“圆弧”按钮，捕捉莲台的立面图勾画出如图 15.68 所示的底座轮廓线。

（54）单击“绘图”工具栏上的“圆”按钮，然后以底座的底边为直径绘制一个圆形作为路径，如图 15.69 所示。

（55）选择圆形的边线，单击“编辑”工具栏上的“路径跟随”按钮，再单击底面，完成莲台底座的绘制，将其创建为群组，如图 15.70 所示。

（56）单击“绘图”工具栏上的“圆”按钮，在底座的顶面绘制一个圆形，如图 15.71 所示。

（57）选择莲台底座的顶面，单击“编辑”工具栏上的“推/拉”按钮，将顶面向上拉伸到莲台底座的顶端，如图 15.72 所示。

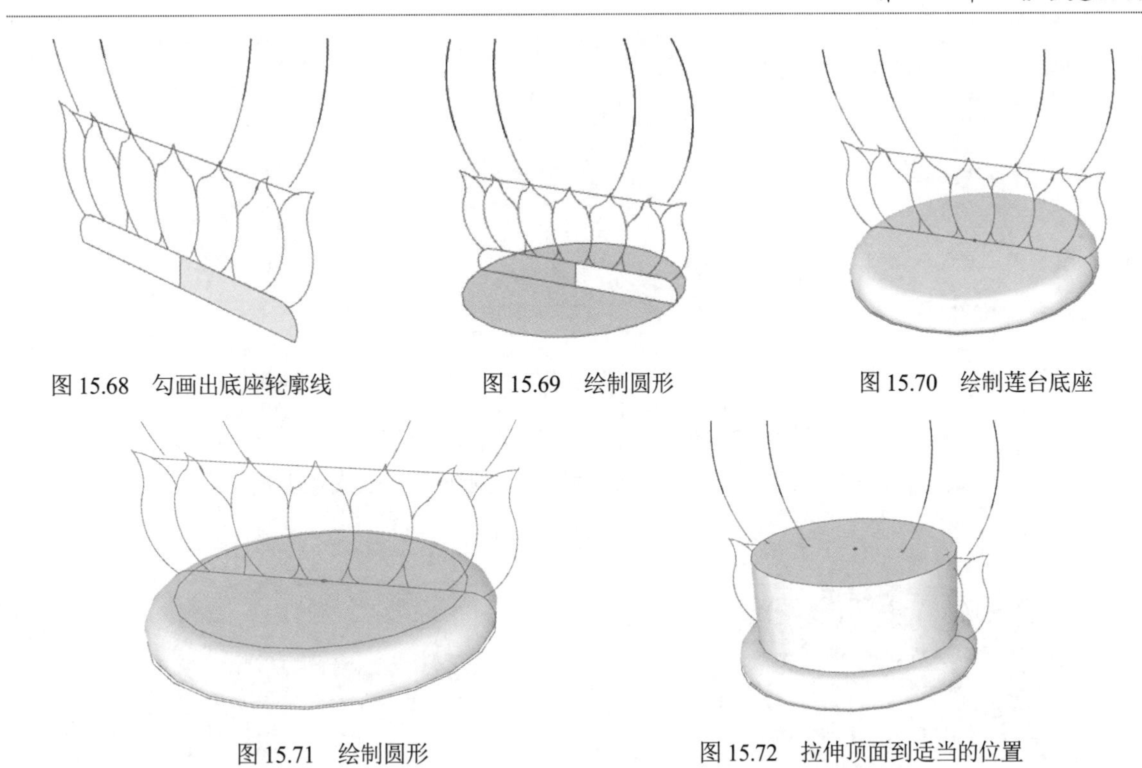

图 15.68　勾画出底座轮廓线　　图 15.69　绘制圆形　　图 15.70　绘制莲台底座

图 15.71　绘制圆形　　图 15.72　拉伸顶面到适当的位置

（58）选择上一步拉伸的顶面，单击“编辑”工具栏上的“比例”按钮并按住 Ctrl 键，将其进行中心缩放，如图 15.73 所示。

（59）单击“编辑”工具栏上的“移动”按钮并按住 Ctrl 键，将莲花复制到合适的位置，如图 15.74 所示。

（60）单击“绘图”工具栏上的“圆弧”按钮，绘制其中一瓣莲花造型，如图 15.75 所示。

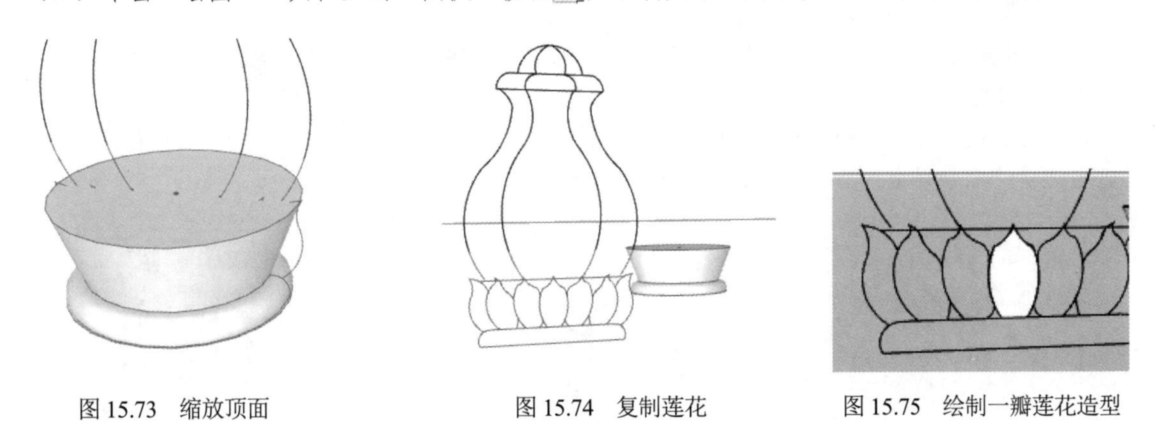

图 15.73　缩放顶面　　图 15.74　复制莲花　　图 15.75　绘制一瓣莲花造型

（61）单击“编辑”工具栏上的“移动”按钮，将莲花花瓣移动到空白区域。单击“绘图”工具栏上的“圆弧”按钮，绘制与莲花花瓣垂直的圆弧，如图 15.76 所示。

（62）选择圆弧的边线，单击“编辑”工具栏上的“路径跟随”按钮，再单击底面，完成莲台花瓣的绘制，如图 15.77 所示。

（63）选择菜单栏中的“编辑”→“隐藏”命令，将上面的边线隐藏，然后将其创建为群组，如图 15.78 所示。

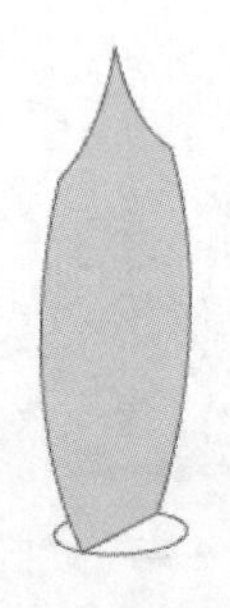

图 15.76　绘制圆弧

图 15.77　路径跟随

图 15.78　隐藏上面的边线

（64）单击“编辑”工具栏上的“移动”按钮，将模型并列放置，如图 15.79 所示。

（65）按住 Shift 键，单击“编辑”工具栏上的“旋转”按钮，以底座上顶面中心为基点旋转复制 12 个，如图 15.80 所示。

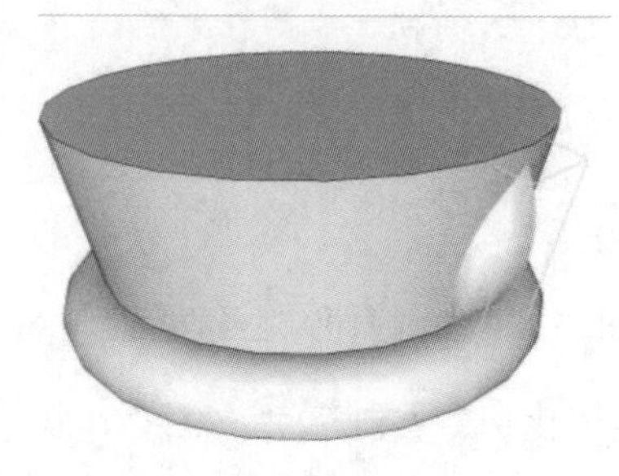

图 15.79　移动图形

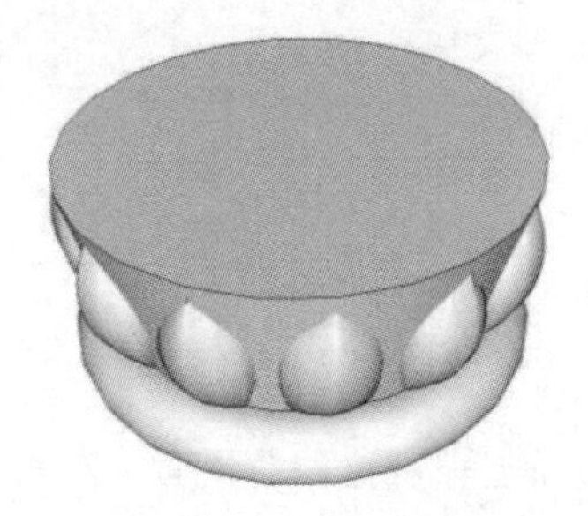

图 15.80　复制后的效果

（66）创建莲台上半部分。单击“绘图”工具栏上的“圆”按钮，以中间的部分线段为直径绘制一个圆。单击“绘图”工具栏上的“直线”按钮和“圆弧”按钮，捕捉平面图，勾画出如图 15.81 所示的平面图。

（67）选择圆的边线，单击“编辑”工具栏上的“路径跟随”按钮，选择上一步创建的面，创建如图 15.82 所示的模型。

（68）选择上一步创建的模型，按住 Ctrl 键，单击“编辑”工具栏上的“旋转”按钮，以底座顶面圆心为中心旋转复制 5 个刚才创建的模型，如图 15.83 所示。

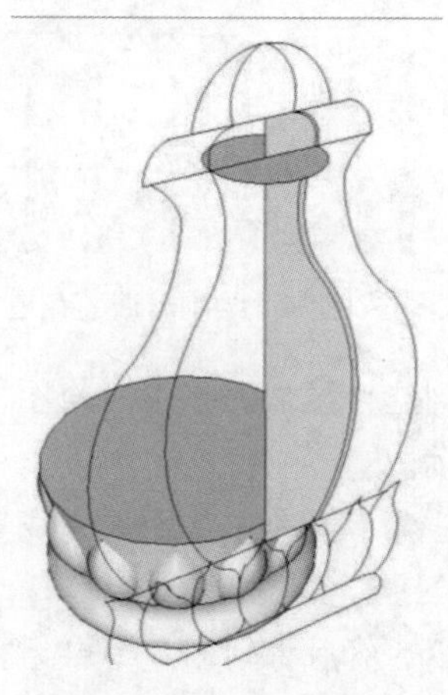

图 15.81　勾画出平面图

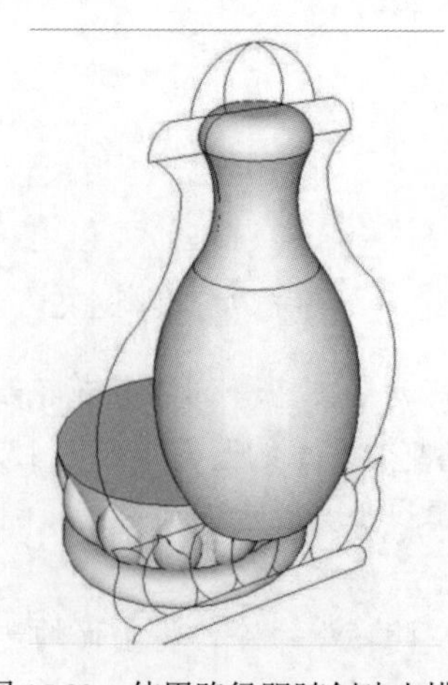

图 15.82　使用路径跟随创建出模型

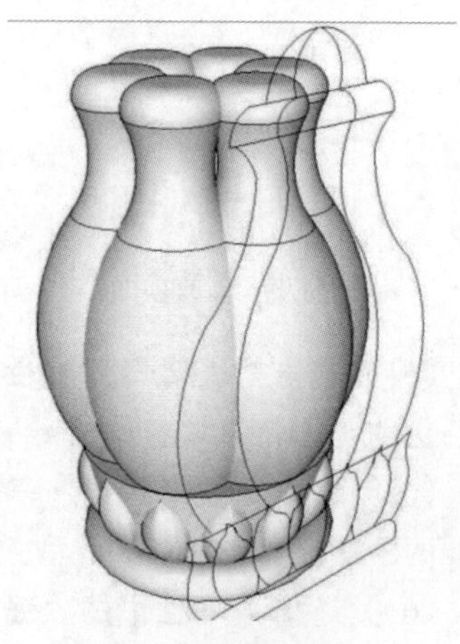

图 15.83　旋转复制

（69）单击“绘图”工具栏上的“圆”按钮，捕捉底座平面图，绘制一个圆形。单击“绘图”工具栏上的“直线”按钮和“圆弧”按钮，捕捉底座平面图绘制一个面，如图 15.84 所示。

（70）选择上一步绘制的圆的边线，单击“编辑”工具栏上的“路径跟随”按钮，创建出莲台顶部，如图 15.85 所示。

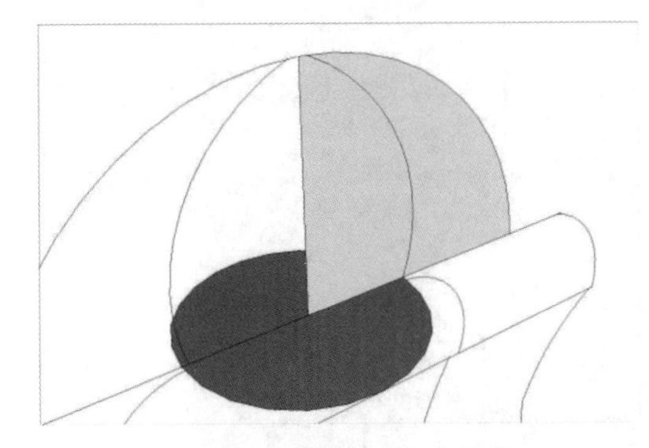

图 15.84　创建出路径和轮廓

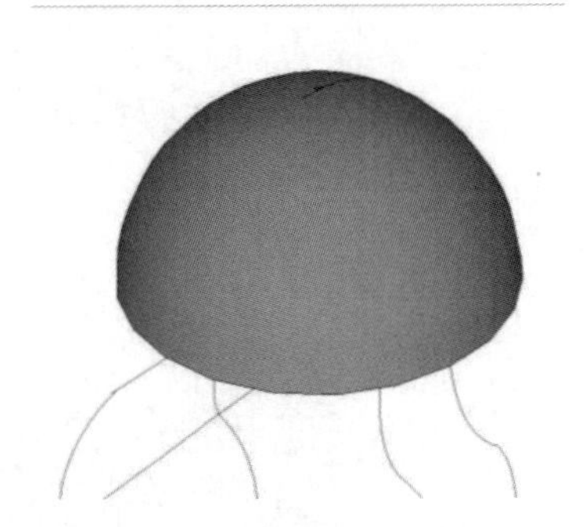

图 15.85　使用路径跟随创建出莲台顶部

（71）选择上一步创建的图形，按住 Ctrl 键，单击“编辑”工具栏上的“旋转”按钮，旋转复制 5 个相同的模型，如图 15.86 所示。将莲台的其他部分显示出来，如图 15.87 所示。显示出整个底座模型，如图 15.88 所示。

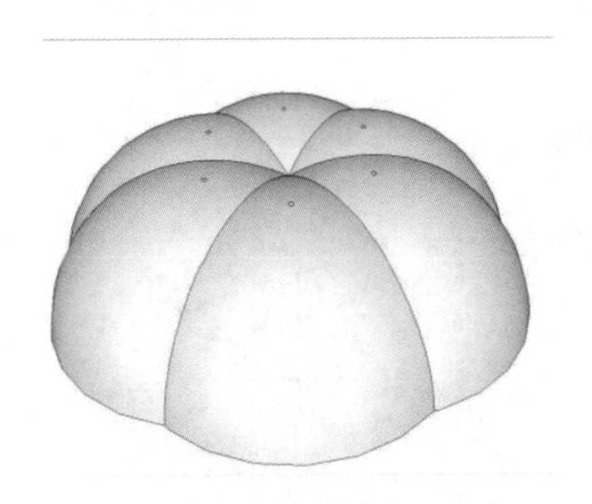

图 15.86　旋转复制模型

图 15.87　显示出莲台的其他部分

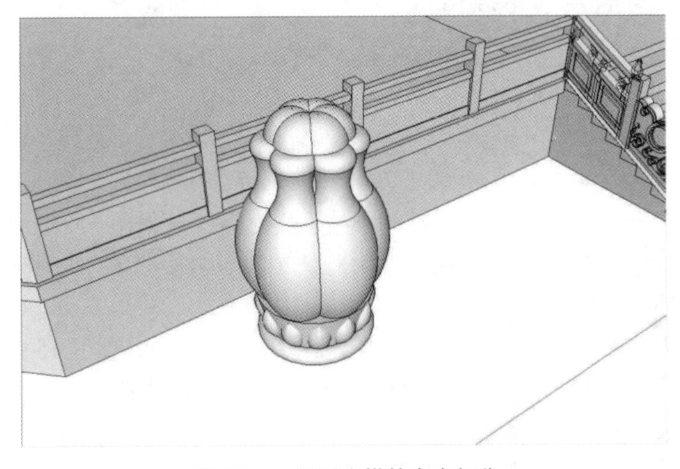

图 15.88　显示出塔的底座部分

（72）单击“使用入门”工具栏上的“选择”按钮，选择莲台模型。单击“编辑”工具栏上的“比例”按钮，将莲台缩小0.1倍。然后单击“编辑”工具栏上的“移动”按钮，将莲台放置到柱子上面，如图15.89所示。

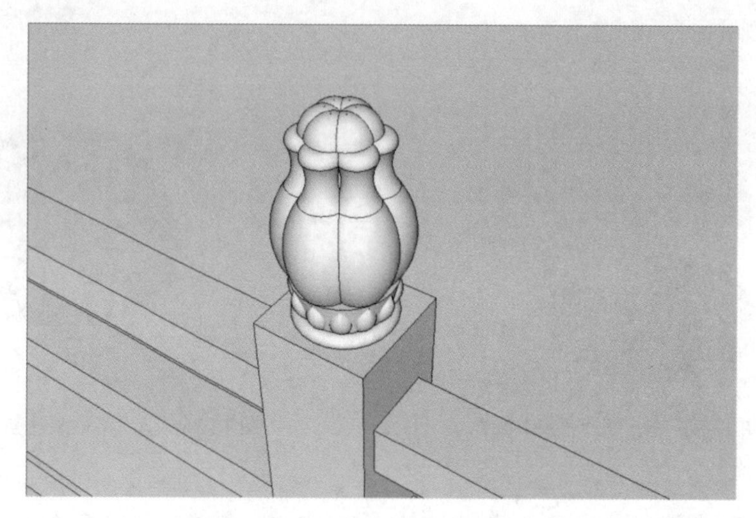

图15.89　缩小莲台并放置到柱子上面

（73）选择移动后的莲台，单击“编辑”工具栏上的“移动”按钮，按住Ctrl键，在其他柱子上也复制、放置莲台，如图15.90所示。

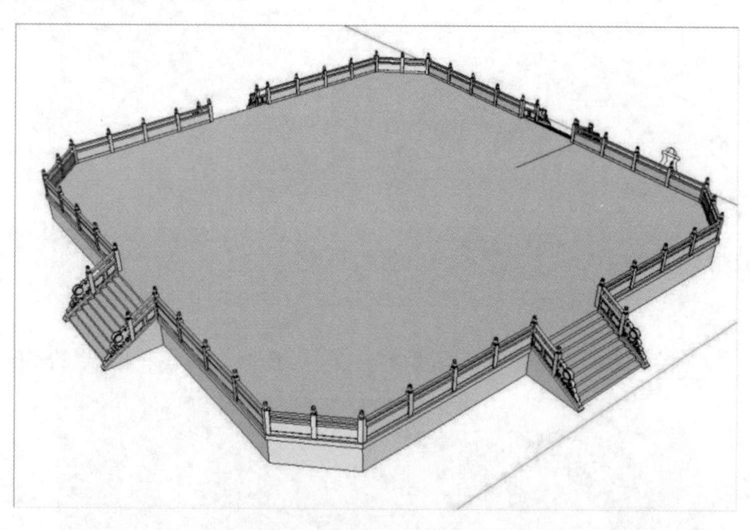

图15.90　复制莲台到其他柱子上

（74）选择“文件”→“导入”命令，打开“导入”对话框，如图15.91所示。将文件类型选择为“AutoCAD文件（*.dwg, *.dxf）”，选择“栏杆装饰”，单击“导入”按钮，将AutoCAD图形导入绘图区域，如图15.92所示。

（75）采用相同的方法对导入的图形进行旋转、缩放和移动操作，如图15.93所示。

（76）单击“绘图”工具栏上的“直线”按钮，绘制出装饰图的平面。单击“编辑”工具栏中的“推/拉”按钮，将绘制的装饰面拉伸。

（77）利用前面讲述的方法，绘制装饰图形底部，如图15.94所示。

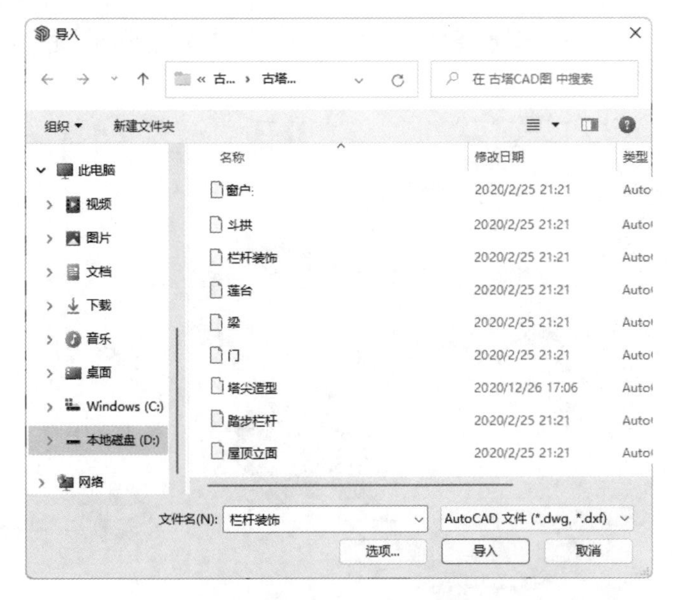

图 15.91　“导入”对话框

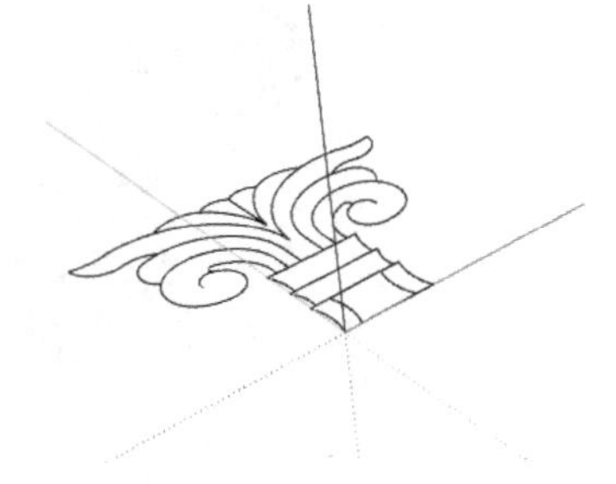

图 15.92　导入图形

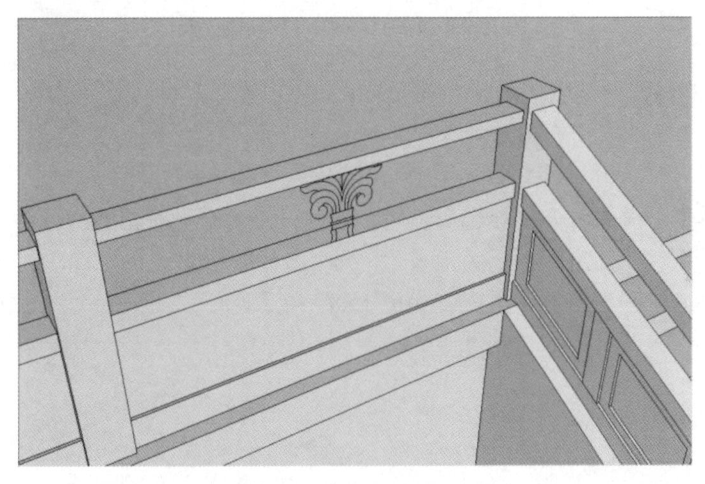

图 15.93　调整图形

图 15.94　绘制装饰图形底部

（78）将创建出来的装饰图形根据 AutoCAD 图形复制到适当的位置，完成底座的创建，结果如图 15.95 所示。

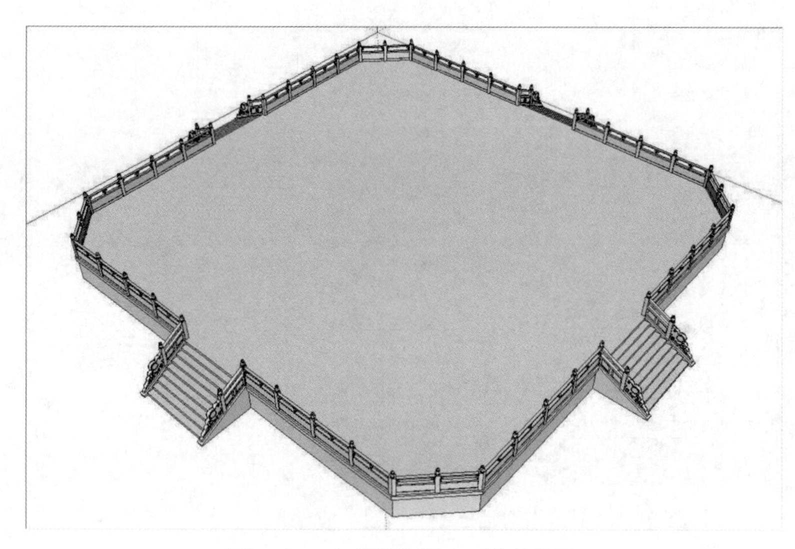

图 15.95　复制装饰图形到其他位置

15.3.3　创建主体部分

【操作步骤】

（1）创建主体模型。首先打开“标记”面板，新建一个标记并命名为“主体图”，设置为当前标记，然后再把“莲台”和“底座”标记关闭显示，如图 15.96 所示。

（2）在场景中将底座平面图显示出来，如图 15.97 所示。

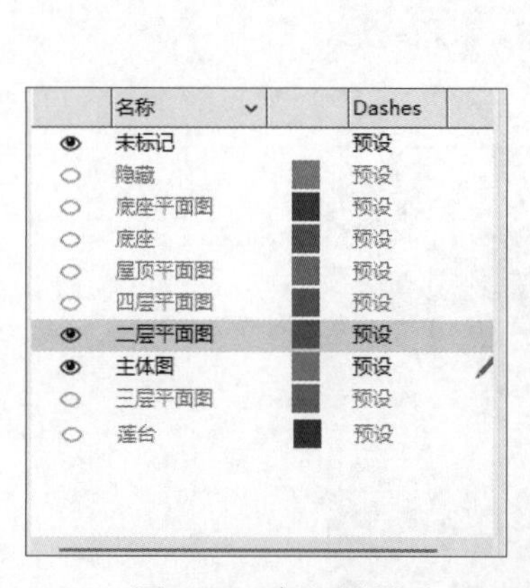

图 15.96　标记设置

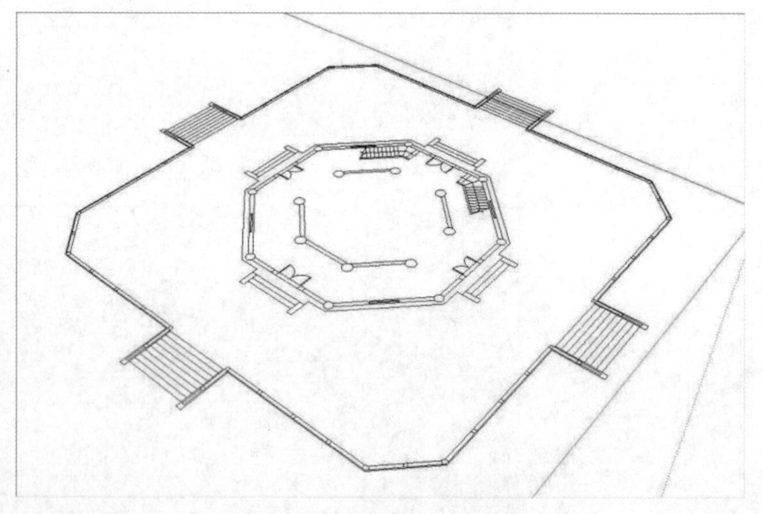

图 15.97　显示底座平面图

（3）单击“绘图”工具栏上的“直线”按钮，捕捉塔的一层模型，勾画出轮廓，如图 15.98 所示。

（4）单击“编辑”工具栏上的“推/拉”按钮，选择上一步勾画出的轮廓，向上拉伸 450mm，如图 15.99 所示。

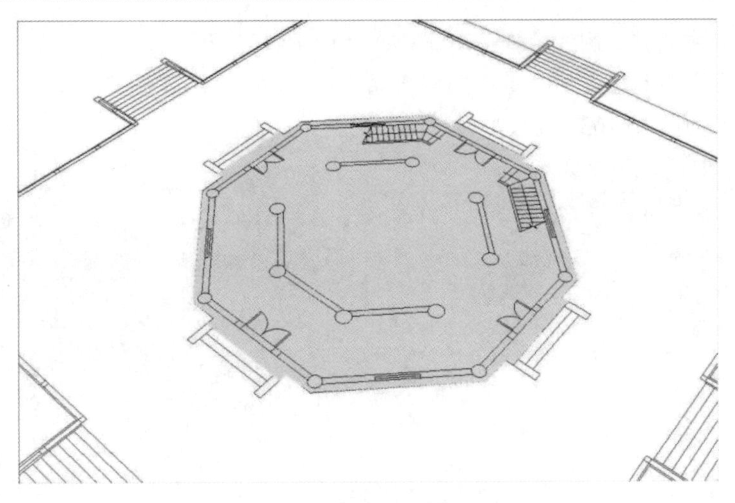

图 15.98　勾画出一层模型轮廓

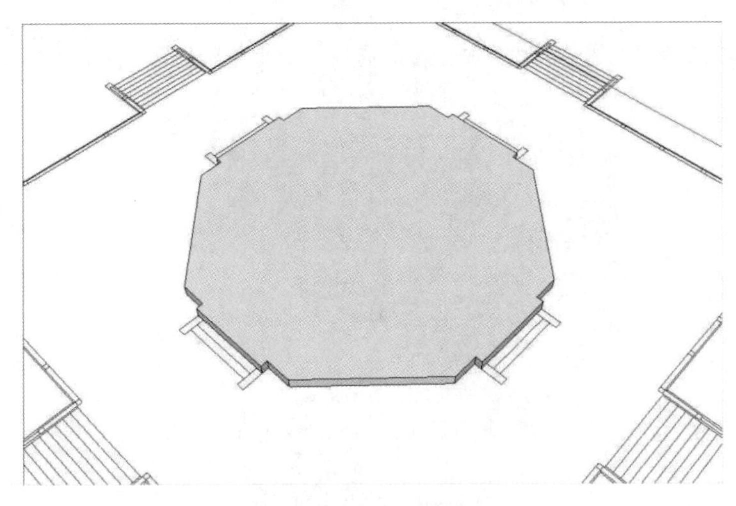

图 15.99　拉伸轮廓成体

（5）在上一步绘制的拉伸面中选择踏步面，按住 Ctrl 键，单击“编辑”工具栏上的“移动”按钮，复制出一个面。选择复制的面，单击“修改”工具栏上的“推/拉”按钮，结合 AutoCAD 图形进行拉伸，拉伸出踏步栏杆，如图 15.100 所示。

（6）单击“使用入门”工具栏上的“选择”按钮，选择拉伸面的上边线。单击“绘图”工具栏上的“移动”按钮，将栏杆外边线向下移动 330mm，如图 15.101 所示。

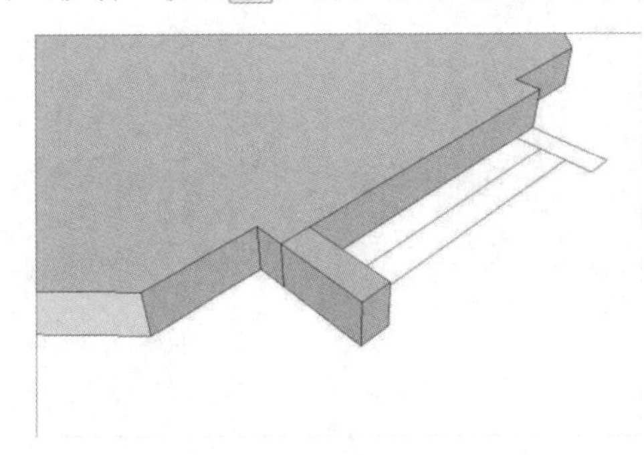

图 15.100　复制拉伸出一部分

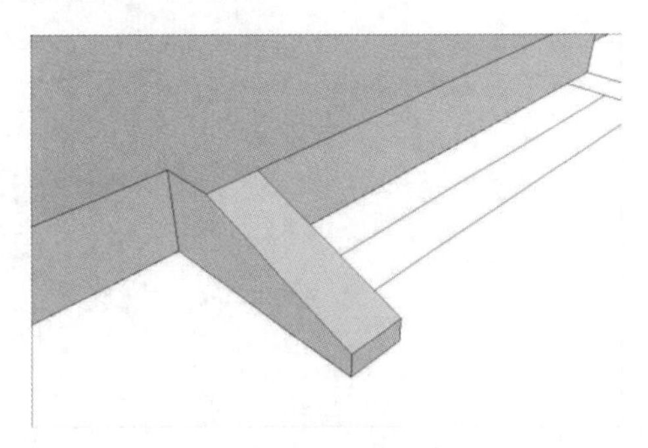

图 15.101　移动边线

（7）利用上述方法把另一侧的栏杆创建出来，如图 15.102 所示。

（8）单击“绘图”工具栏上的“矩形”按钮，结合 AutoCAD 图形勾画出踏步轮廓。双击踏步轮廓进行群组，结果如图 15.103 所示。

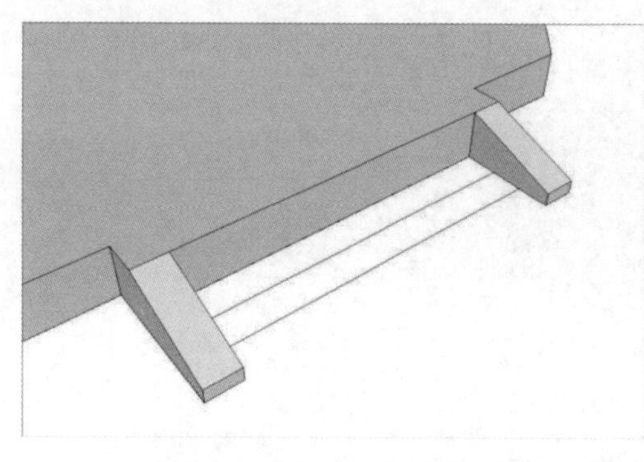

图 15.102　创建另一侧的栏杆

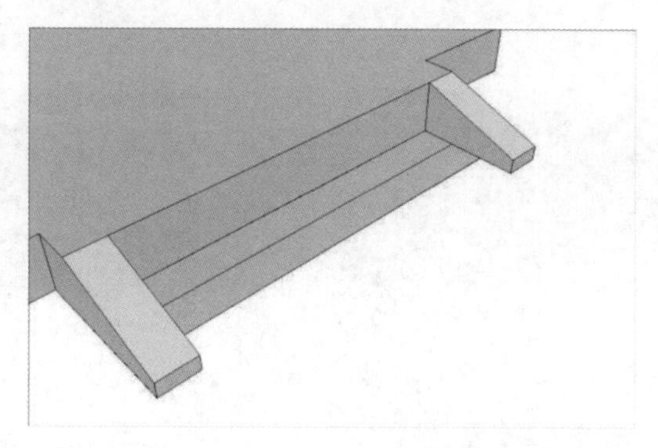

图 15.103　勾画出踏步轮廓

（9）单击“编辑”工具栏上的“推/拉”按钮，选择上一步创建的面，向上拉伸 300mm，如图 15.104 所示。

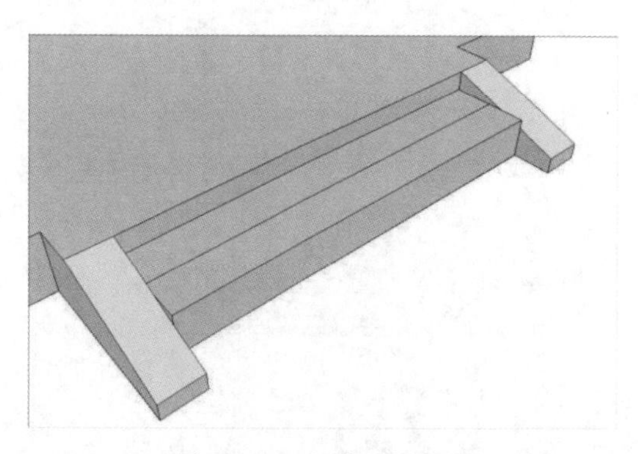

图 15.104　拉伸平面成体

（10）单击“编辑”工具栏上的“移动”按钮，选择第 2 个面，向下移动 150mm，然后使用上述方法将其他的踏步也创建出来，如图 15.105 所示。

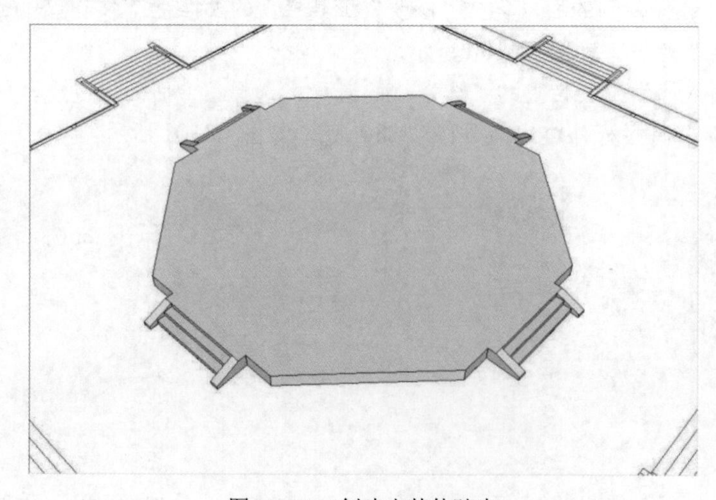

图 15.105　创建出其他踏步

（11）创建墙体。单击“绘图”工具栏上的“直线”按钮，结合 AutoCAD 图形，将墙体的外轮廓创建出来并将其创建为群组，如图 15.106 所示。

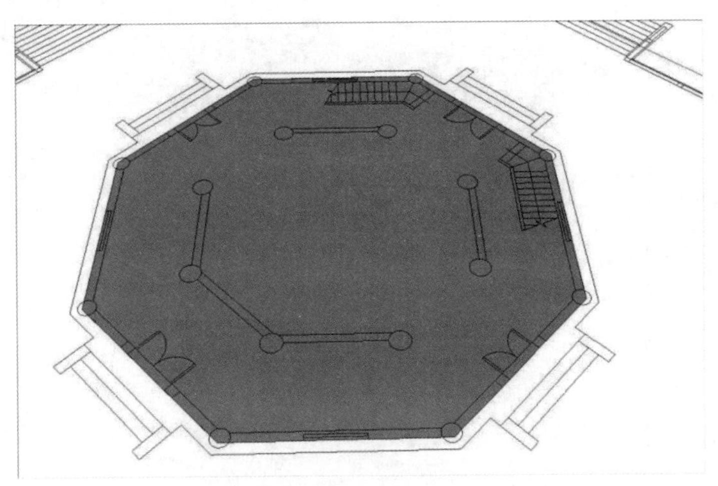

图 15.106　勾画一层外墙轮廓

（12）双击群组进入群组进行编辑。单击“编辑”工具栏上的“偏移”按钮，将外墙轮廓向内偏移复制到内墙轮廓，并将多余的面删除，如图 15.107 所示。

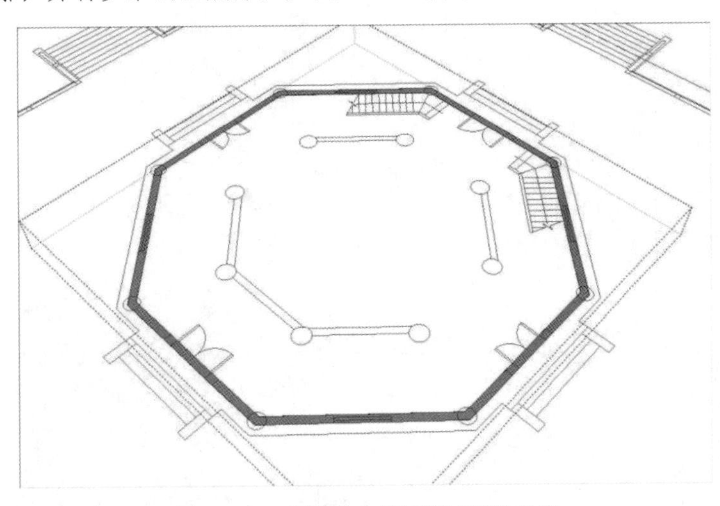

图 15.107　删除多余的面留下墙体轮廓

（13）单击“编辑”工具栏上的“推/拉”按钮，选择上一步绘制的墙体轮廓，向上拉伸 6600mm，如图 15.108 所示。

（14）创建门。将门的立面图显示出来，并放置到适当的位置，如图 15.109 所示。

（15）将门的外轮廓复制出来并粘贴进墙体群组，参照 AutoCAD 图形放置到适当的位置。单击“绘图”工具栏上的“直线”按钮和“圆”按钮，勾画出门洞轮廓，如图 15.110 所示。

（16）单击“编辑”工具栏上的“推/拉”按钮，选择上一步绘制的门洞轮廓进行拉伸，如图 15.111 所示。

（17）单击“绘图”工具栏上的“直线”按钮和“圆弧”按钮，沿着门的外轮廓创建面并创建为群组，如图 15.112 所示。

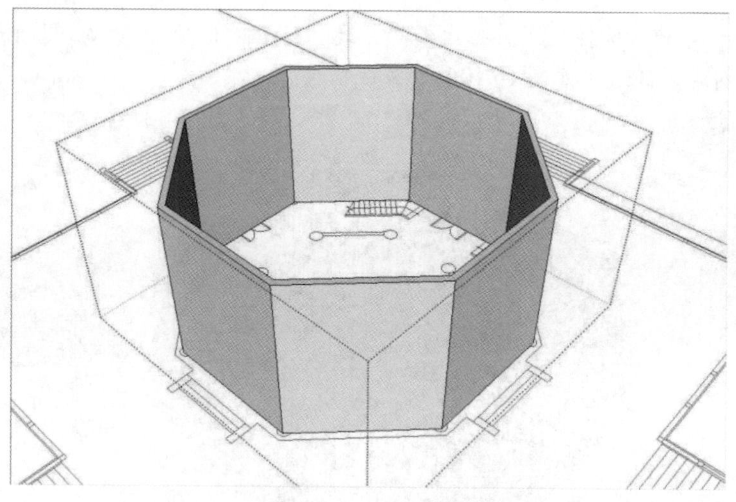

图 15.108　参照 AutoCAD 图形拉伸轮廓成墙体

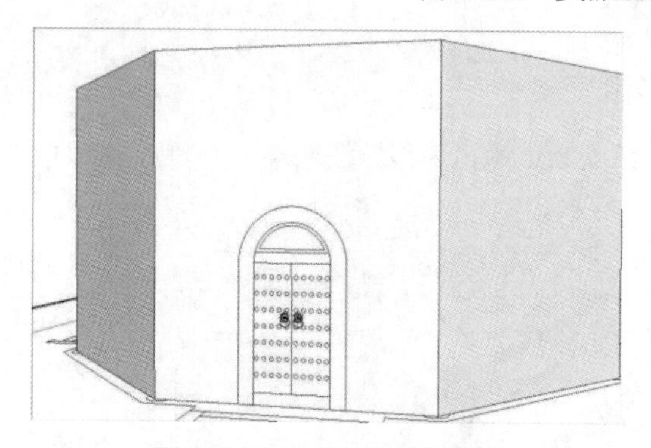

图 15.109　显示出门的立面图

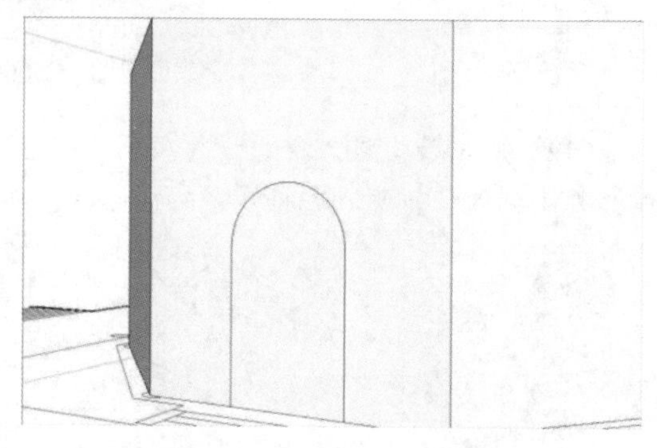

图 15.110　勾画出门洞轮廓

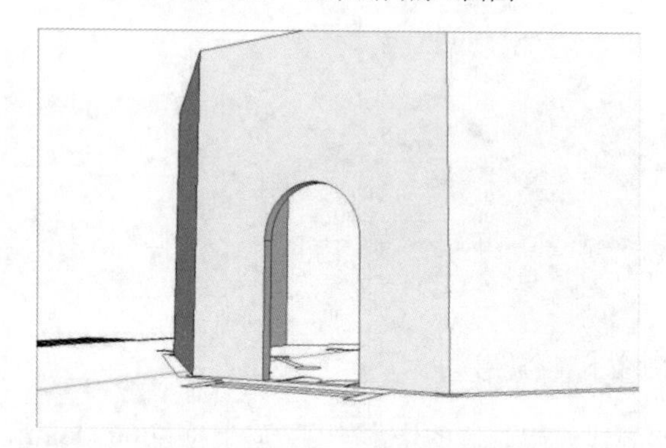

图 15.111　掏出门洞

图 15.112　创建面

（18）单击“编辑”工具栏上的“推/拉”按钮，选择绘制的门洞轮廓进行拉伸，如图 15.113 所示。

（19）单击“绘图”工具栏上的“直线”按钮和“圆弧”按钮，绘制弧形门框，然后单击“编辑”工具栏上的“推/拉”按钮，选择绘制的弧形门框进行拉伸，如图 15.114 所示。

（20）利用上述方法，参照门的 AutoCAD 图形在弧形门框下侧绘制模型，如图 15.115 所示。

（21）单击“绘图”工具栏上的“圆”按钮和“编辑”工具栏上的“推/拉”按钮，绘制圆并进行拉伸，使其成为门模型，如图 15.116 所示。

图 15.113　拉伸门洞

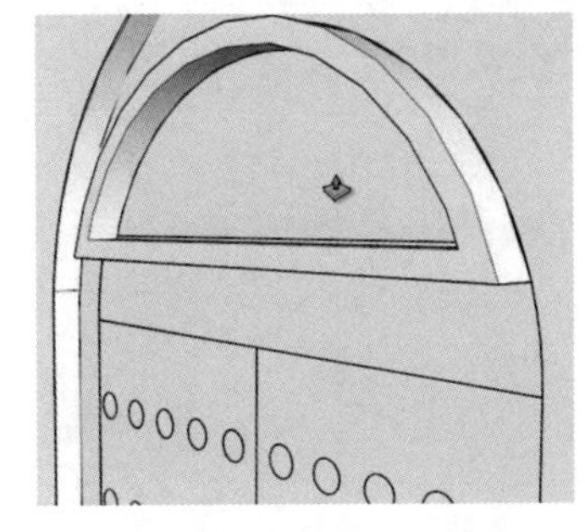

图 15.114　拉伸门框上侧

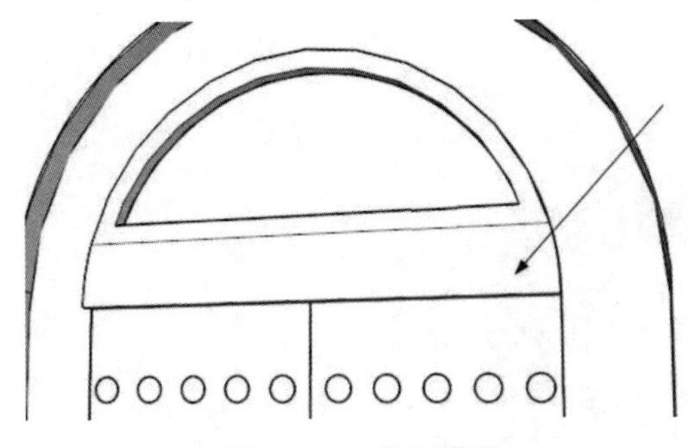

图 15.115　绘制模型

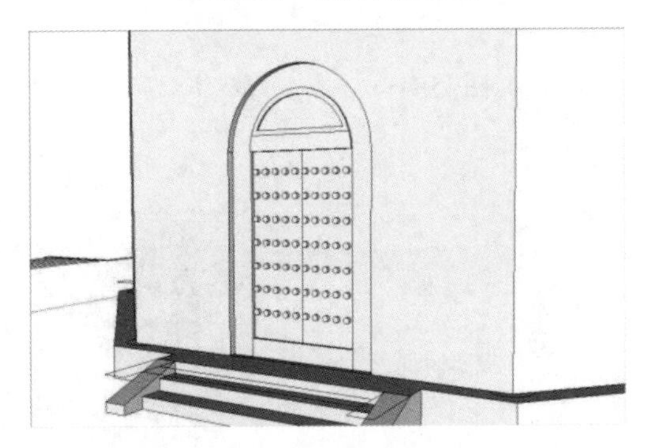

图 15.116　拉伸轮廓成体

（22）创建门环。单击“绘图”工具栏上的“圆”按钮，绘制半径分别为 95mm 和 90mm 的两个圆，创建出门环，如图 15.117 所示。

（23）单击“绘图”工具栏上的“圆”按钮，然后参照 AutoCAD 图形勾画出门环轮廓，如图 15.118 所示。

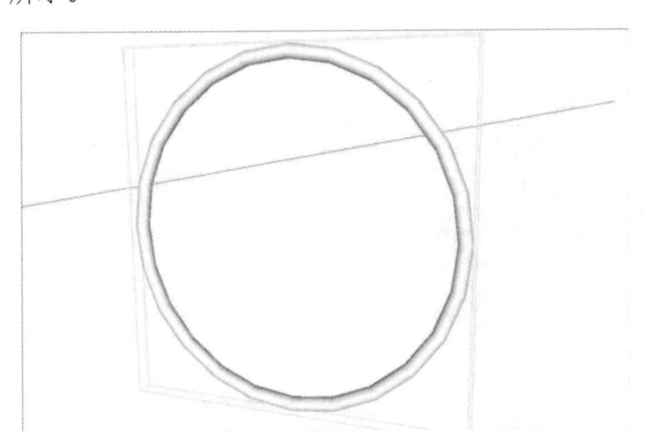

图 15.117　创建门环

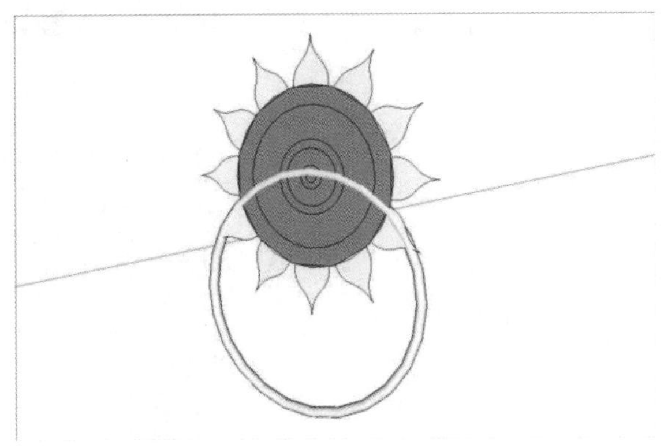

图 15.118　勾画出门环轮廓

（24）单击“编辑”工具栏上的“推/拉”按钮，选择上一步勾画出的门环轮廓进行拉伸，如图 15.119 所示。

（25）选择上一步拉伸的轮廓体，单击“编辑”工具栏上的“移动”按钮，复制一个到另一侧，如图 15.120 所示。

（26）单击“编辑”工具栏上的“旋转”按钮，选择创建的门图形，按住 Ctrl 键将门旋转复制到其他门洞，如图 15.121 所示。

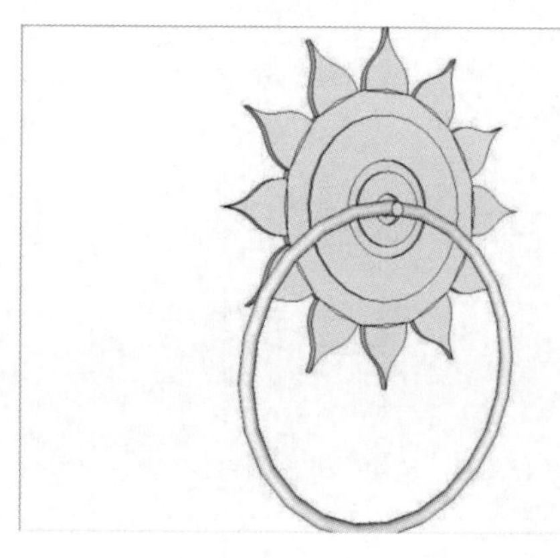

图 15.119　拉伸轮廓成体

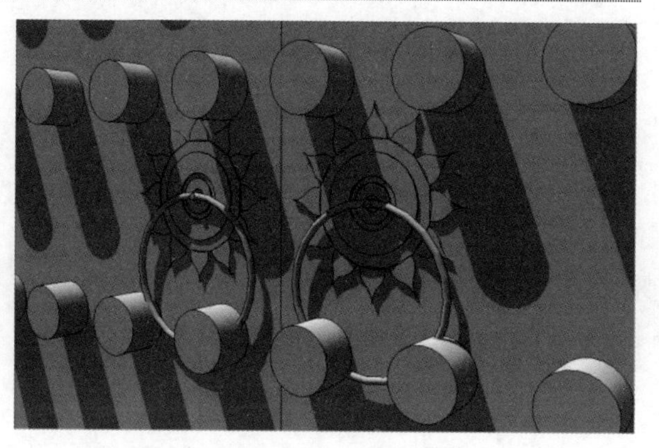

图 15.120　复制轮廓体

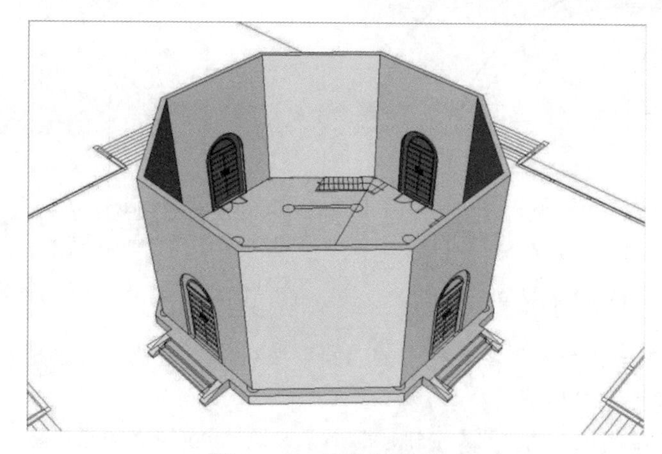

图 15.121　旋转复制大门

（27）利用上述方法将窗户创建出来，如图 15.122 所示。

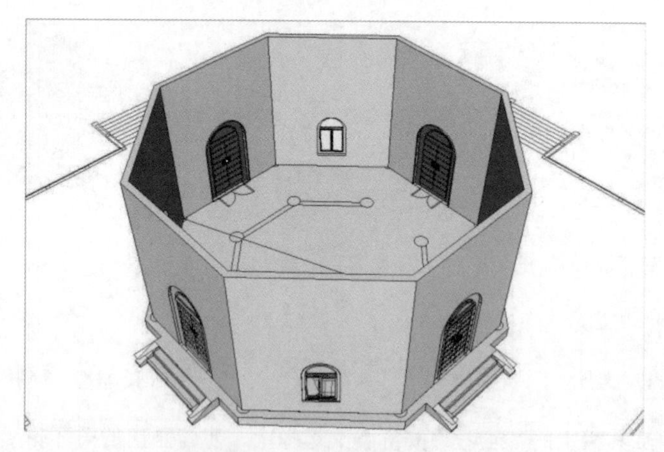

图 15.122　创建出窗户

（28）创建柱子。单击“绘图”工具栏上的“圆”按钮，捕捉 AutoCAD 平面图，在柱子平面勾画出柱子轮廓，如图 15.123 所示。

（29）单击“编辑”工具栏上的“推/拉”按钮，选择上一步创建的柱子轮廓，向上拉伸 6600mm，如图 15.124 所示。

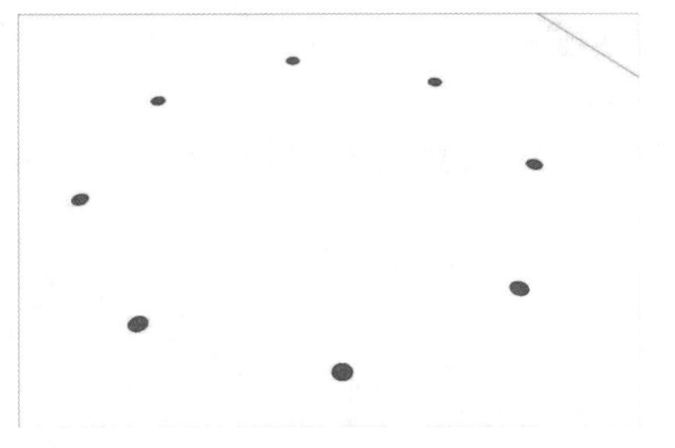

图 15.123　勾画出柱子轮廓

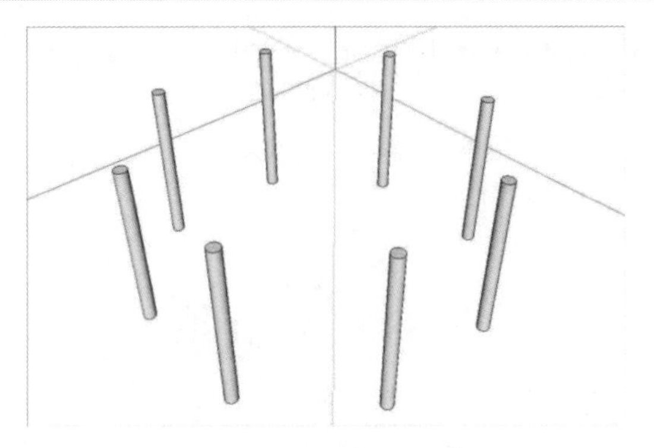

图 15.124　拉伸柱子轮廓

（30）显示出墙体平面图，然后将柱子和墙体进行模型交错并将交线显示出来，最后的效果如图 15.125 所示。

（31）创建梁。将梁的立面图放置到适当的位置，如图 15.126 所示。

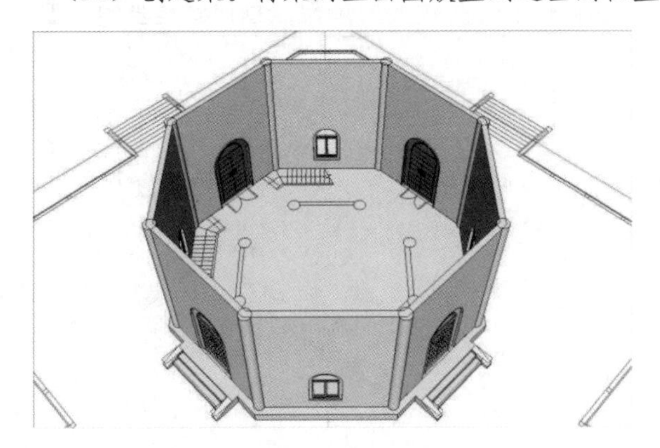

图 15.125　模型交错

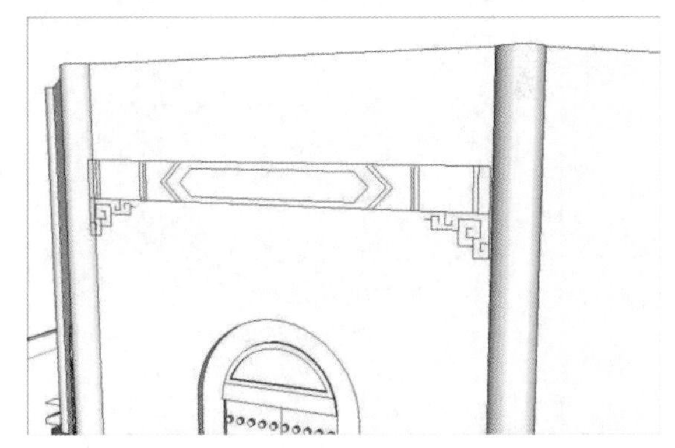

图 15.126　显示梁的 AutoCAD 图形

（32）单击“绘图”工具栏上的“直线”按钮，捕捉梁的 AutoCAD 图形，勾画出梁的平面，如图 15.127 所示。

（33）单击“编辑”工具栏上的“推/拉”按钮，将上一步勾画的面拉伸成体。单击“编辑”工具栏上的“旋转”按钮，按住 Ctrl 键，将拉伸的体旋转复制到其他位置，完成梁的创建，如图 15.128 所示。

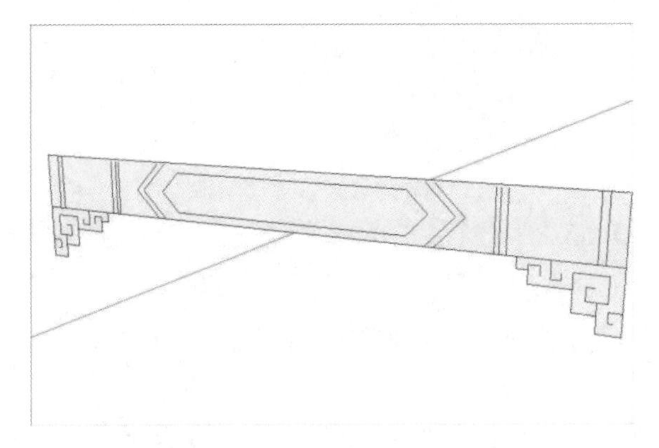

图 15.127　勾画出梁的平面

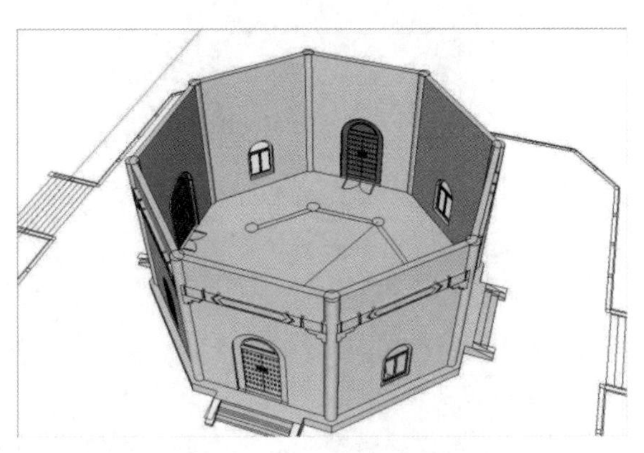

图 15.128　拉伸轮廓成体

（34）创建斗拱。单击“绘图”工具栏上的“矩形”按钮▣，捕捉 AutoCAD 图形的底边线为边长，生成一个正方形并创建为群组，勾画出斗拱的底面，如图 15.129 所示。

（35）单击“编辑”工具栏上的“推/拉”按钮◈，向上拉伸至如图 15.130 所示的位置。

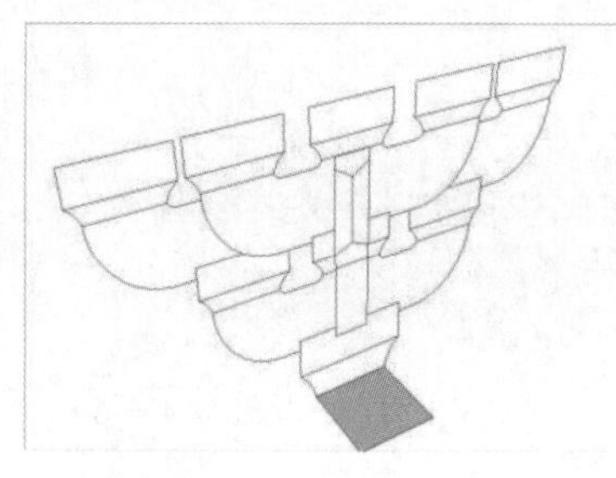

图 15.129　勾画出斗拱的底面

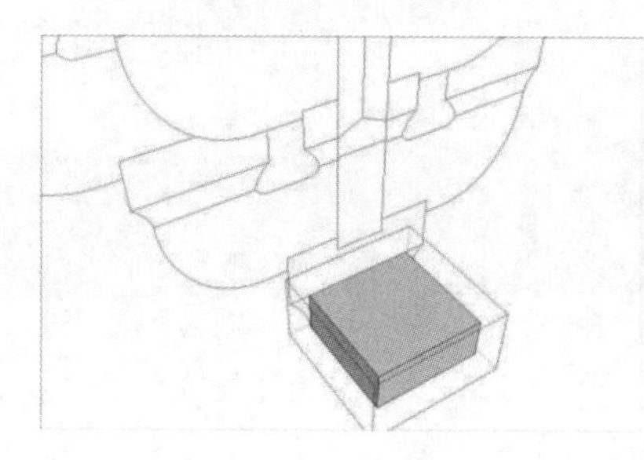

图 15.130　拉伸底面

（36）单击“编辑”工具栏上的“比例”按钮▣，将上一步拉伸的面进行放大，如图 15.131 所示。

（37）单击“编辑”工具栏上的“推/拉”按钮◈，选择上一步放大的顶面，拉伸到适当的位置，如图 15.132 所示。

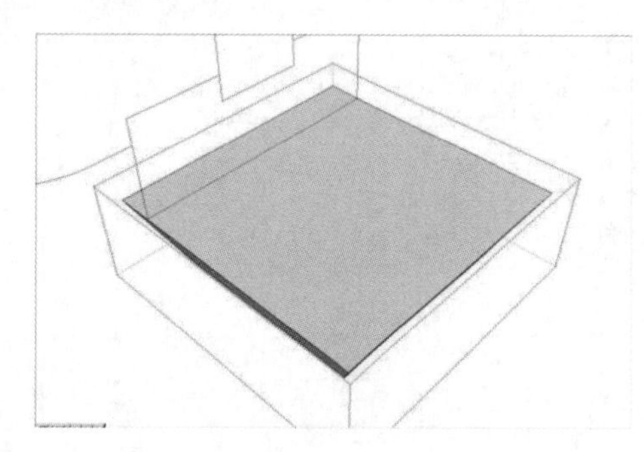

图 15.131　放大顶面

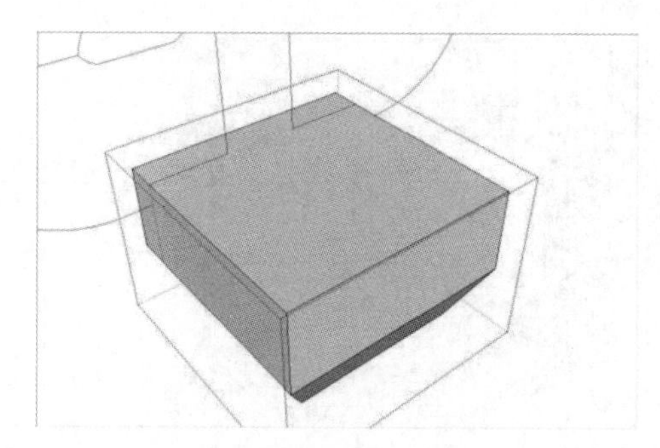

图 15.132　拉伸顶面

（38）单击“绘图”工具栏上的“直线”按钮✎，在顶面使用画笔工具勾画出如图 15.133 所示的轮廓。单击“编辑”工具栏上的“推/拉”按钮，将上一步勾画的轮廓向下拉伸，绘制槽，如图 15.134 所示。

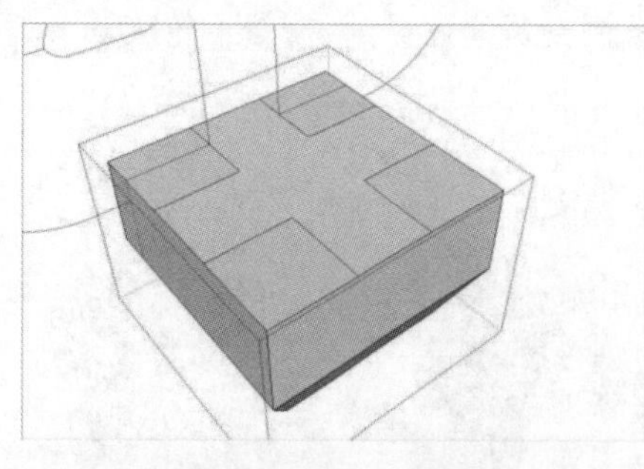

图 15.133　勾画轮廓

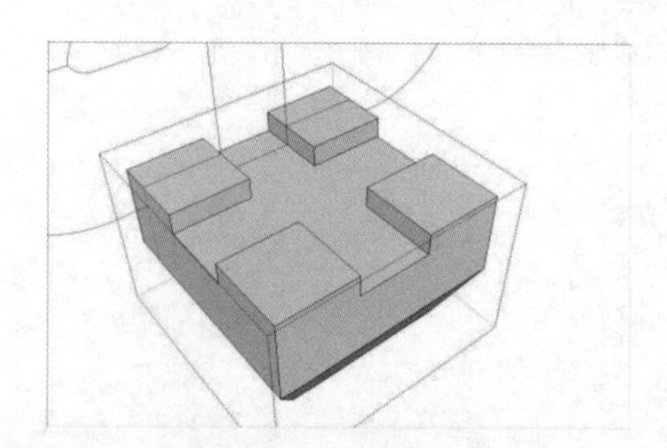

图 15.134　向下拉伸出槽

（39）单击“绘图”工具栏上的“直线”按钮✎，捕捉 AutoCAD 图形，绘制如图 15.135 所示的面并将其创建为群组。

（40）单击“编辑”工具栏上的“推/拉”按钮◈，然后将这个面拉伸成体并放置到凹槽中，如图 15.136 所示。

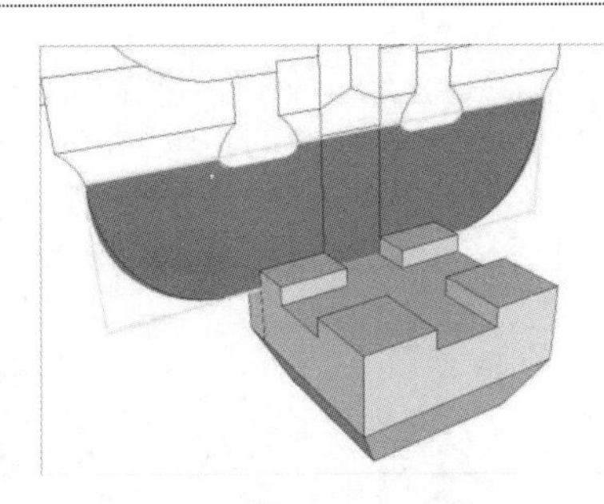

图 15.135　绘制面

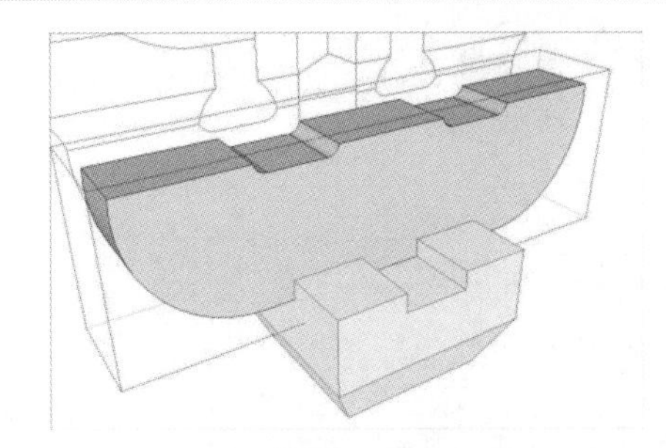

图 15.136　拉伸成体

（41）单击“编辑”工具栏上的“旋转”按钮，选择上一步绘制的拉伸体，按住 Ctrl 键，旋转复制一个相同的模型，如图 15.137 所示。

（42）利用上述方法将其他斗拱创建出来，如图 15.138 所示。

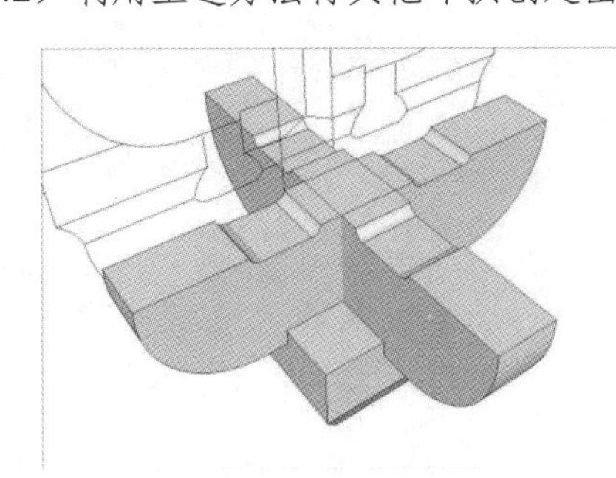

图 15.137　旋转复制

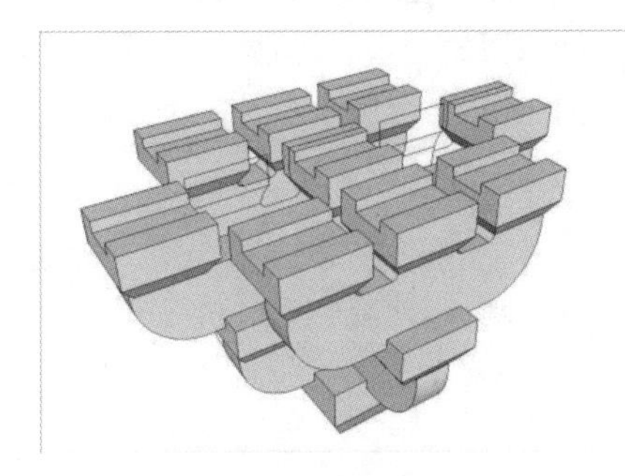

图 15.138　创建其他斗拱

（43）选择斗拱模型，单击“编辑”工具栏上的“移动”按钮，按住 Ctrl 键，将模型复制到一层适当的地方，如图 15.139 所示。

（44）创建完二层平面图，利用上述方法完成除屋顶以外的所有模型的创建，如图 15.140 所示。

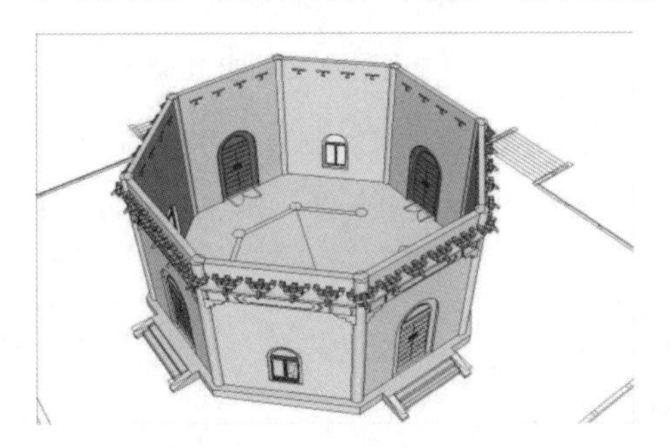

图 15.139　旋转复制

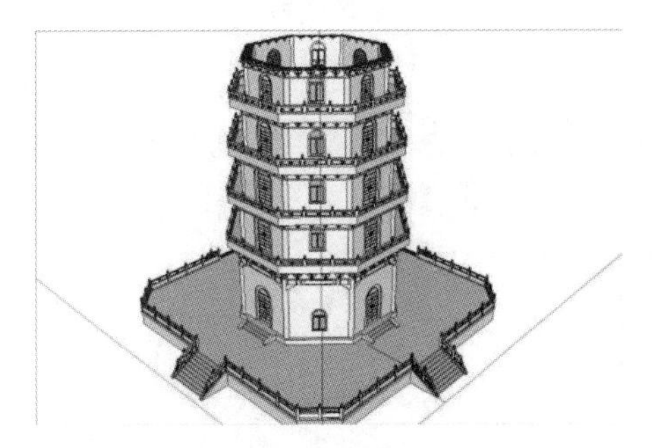

图 15.140　创建出其他楼层的模型

15.4　创建屋顶和屋面

【操作步骤】

（1）在场景中只显示塔的顶面，如图 15.141 所示。

（2）单击“绘图”工具栏上的“直线”按钮，捕捉 AutoCAD 图形，将塔顶面的一半轮廓勾画出来，如图 15.142 所示。

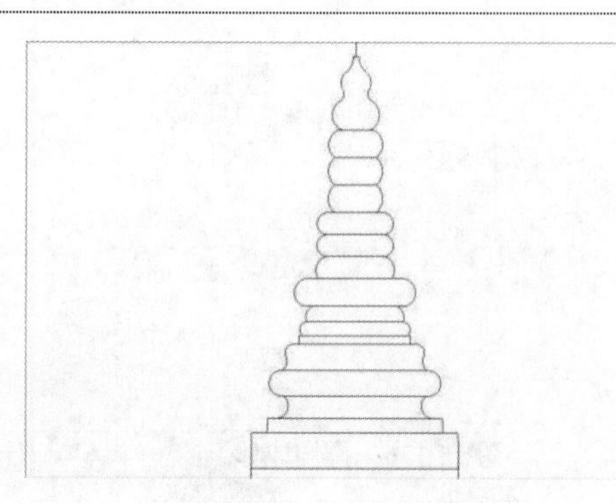

图 15.141　显示塔的顶面

图 15.142　勾画出一半轮廓

（3）单击“绘图”工具栏上的“圆”按钮，在上一步勾画的轮廓底部绘制一个适当大小的圆作为路径跟随的路径，如图 15.143 所示。

（4）选择绘制圆的边线，单击“编辑”工具栏上的“路径跟随”按钮，选择勾画的轮廓，创建出模型，如图 15.144 所示。

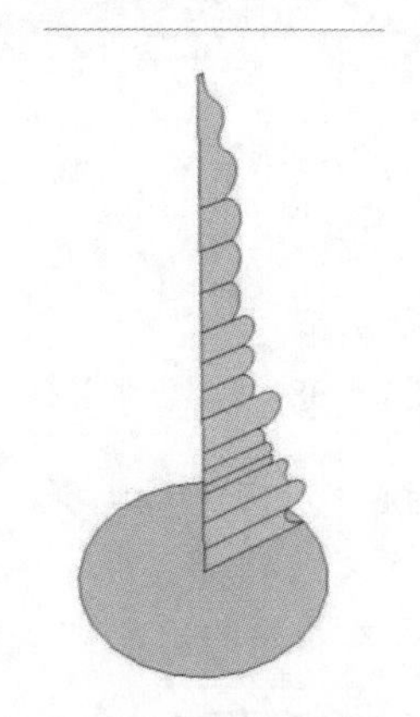

图 15.143　绘制圆作为路径

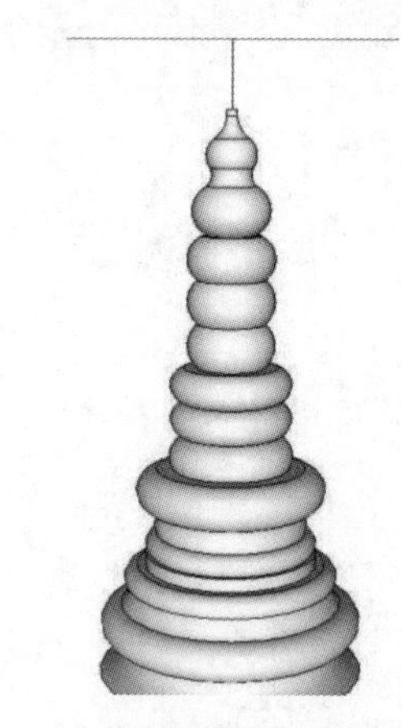

图 15.144　使用路径跟随创建出模型

（5）显示屋顶平面图，单击“绘图”工具栏上的“直线”按钮，绘制直线，如图 15.145 所示。

（6）选择上一步绘制的直线，单击“编辑”工具栏上的“旋转”按钮，按住 Ctrl 键，将这条直线旋转复制 45°，如图 15.146 所示。

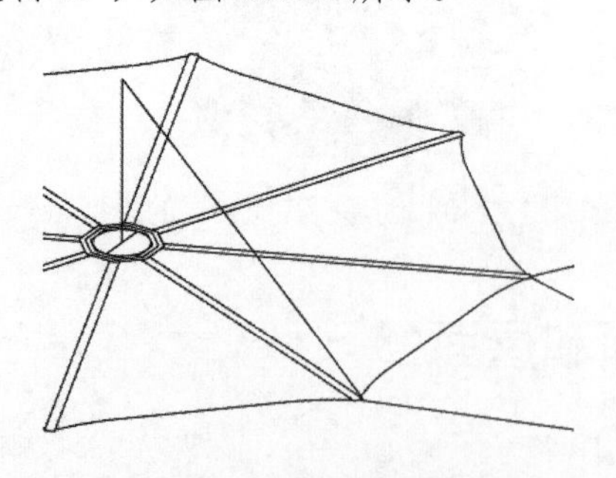

图 15.145　绘制直线

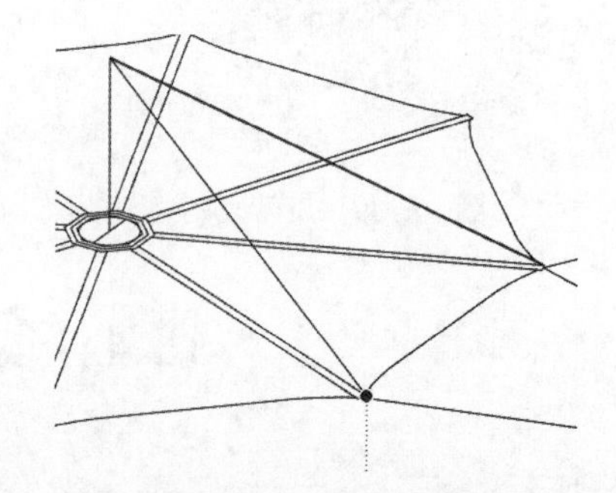

图 15.146　旋转复制

（7）单击“绘图”工具栏上的“直线”按钮，封闭边缘，如图 15.147 所示。

（8）单击“使用入门”工具栏上的“删除”按钮，删除多余直线，如图 15.148 所示。

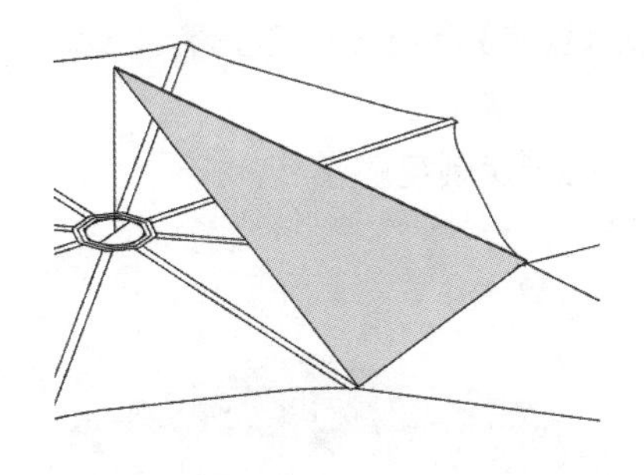

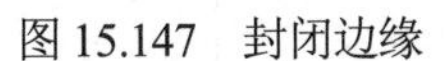

图 15.147　封闭边缘

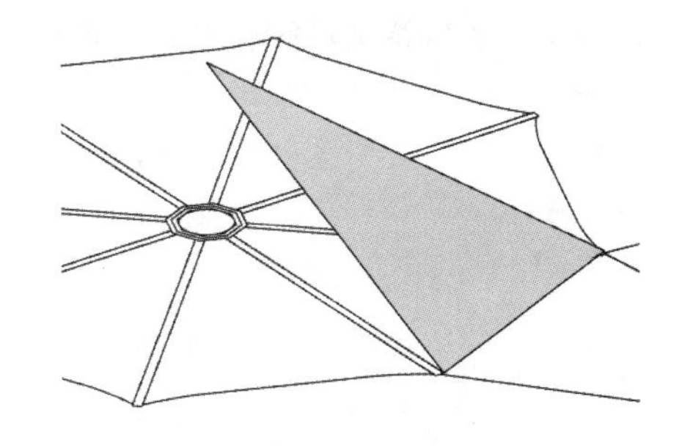

图 15.148　删除直线

（9）选择之前创建的面域，右击，在弹出的快捷菜单中选择“创建群组”命令，如图 15.149 所示。

（10）单击“编辑”工具栏上的“推/拉”按钮，选择上一步创建群组后的图形。按住 Ctrl 键，将面进行推/拉并向上复制，如图 15.150 所示。

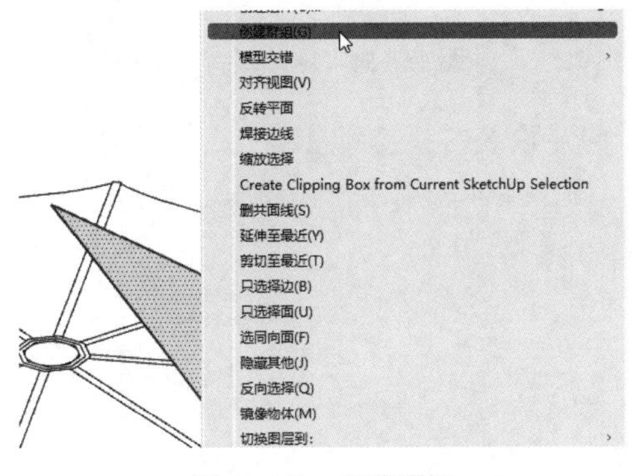

图 15.149　创建群组

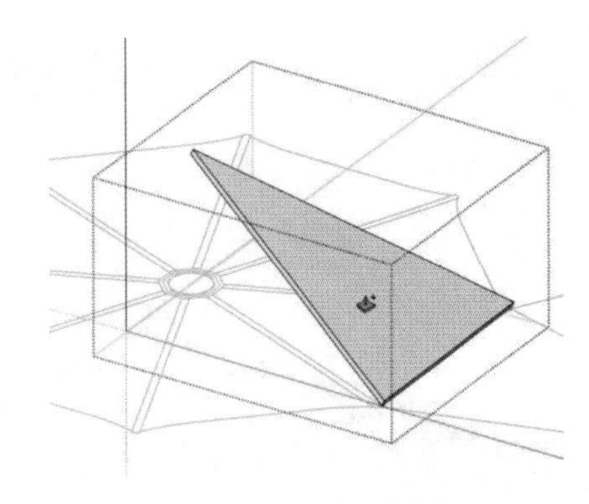

图 15.150　向上复制

（11）单击“绘图”工具栏上的“直线”按钮和“圆”按钮，捕捉 AutoCAD 图形，勾画出屋脊轮廓，如图 15.151 所示。

（12）单击“绘图”工具栏上的“直线”按钮，然后再根据 AutoCAD 图形，创建出一条路径，如图 15.152 所示。

图 15.151　勾画出屋脊轮廓

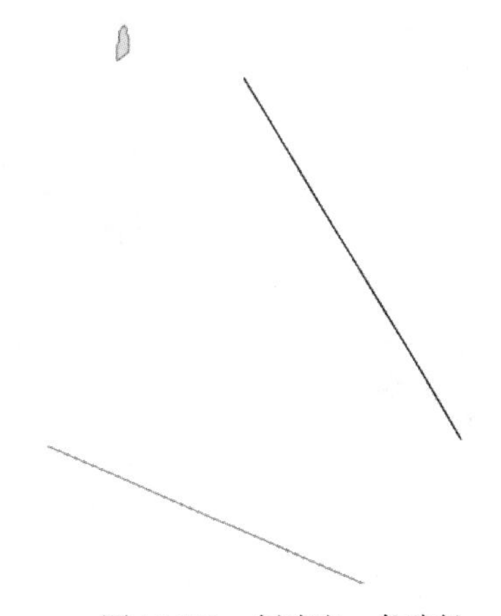

图 15.152　创建出一条路径

（13）选择上一步创建的路径，单击“编辑”工具栏上的“路径跟随”按钮，选择勾画的屋脊轮廓，将屋脊创建出来，如图 15.153 所示。

（14）单击“编辑”工具栏上的“旋转”按钮，选择上一步创建的屋脊，按照中心点旋转复制，如图 15.154 所示。

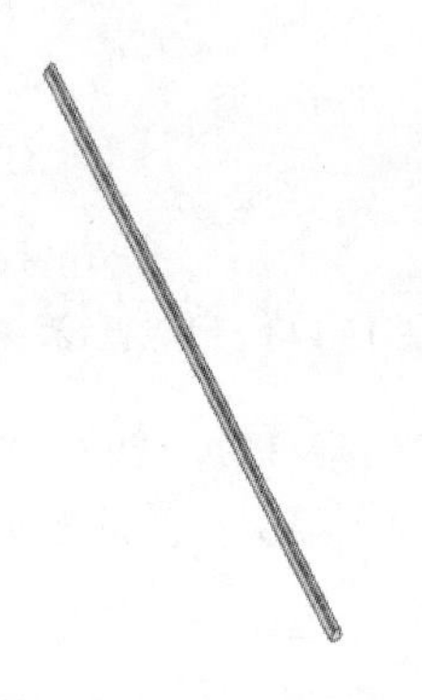

图 15.153　创建出屋脊

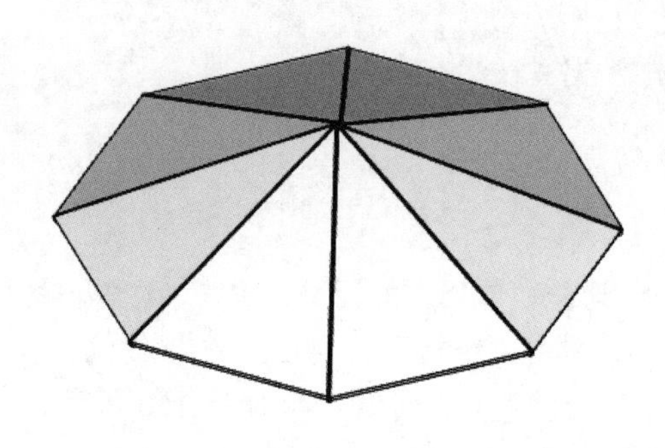

图 15.154　旋转复制

（15）单击“编辑”工具栏上的“移动”按钮，将屋顶装饰放置到屋顶上，如图 15.155 所示。

（16）创建一层楼层的屋面。根据 AutoCAD 图形勾画出屋面轮廓线，如图 15.156 所示。

图 15.155　将屋顶装饰放置到屋顶上

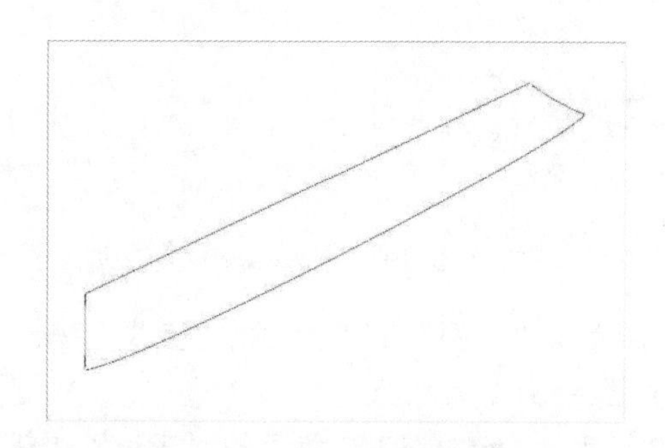

图 15.156　勾画出屋面轮廓线

（17）单击“编辑”工具栏上的“推/拉”按钮，推/拉图形，如图 15.157 所示。

（18）利用创建屋顶屋脊的方法，将屋面的屋脊创建出来，如图 15.158 所示。

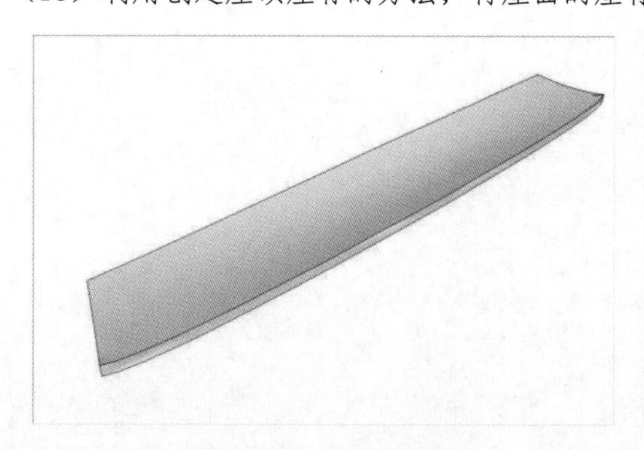

图 15.157　创建出曲面

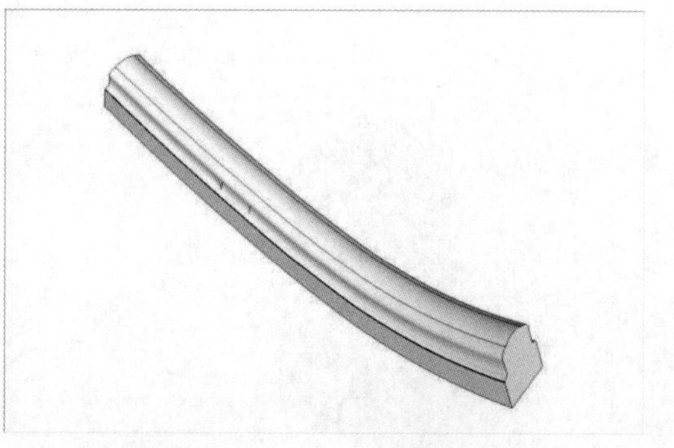

图 15.158　创建出屋面的屋脊

（19）旋转复制模型，完成一层屋面的创建，如图 15.159 所示。

图 15.159　旋转复制

（20）使用相同的方法，将其他楼层的屋面创建出来，如图 15.160 所示。

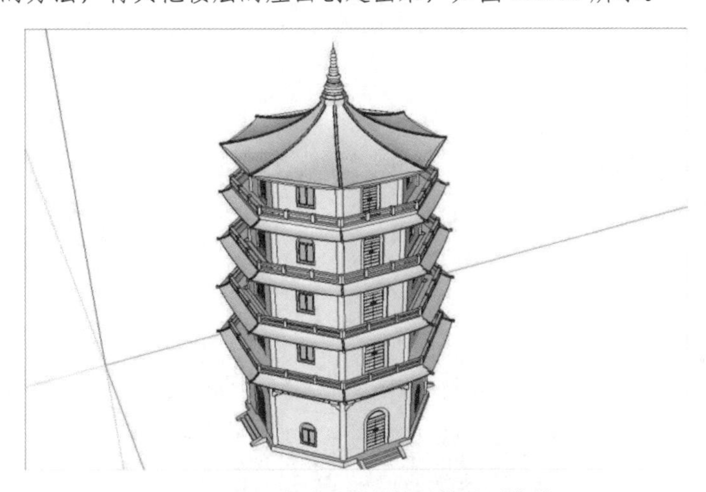

图 15.160　创建出其他楼层的屋面模型

（21）把所有隐藏的模型显示出来，完成模型的创建，如图 15.161 所示。

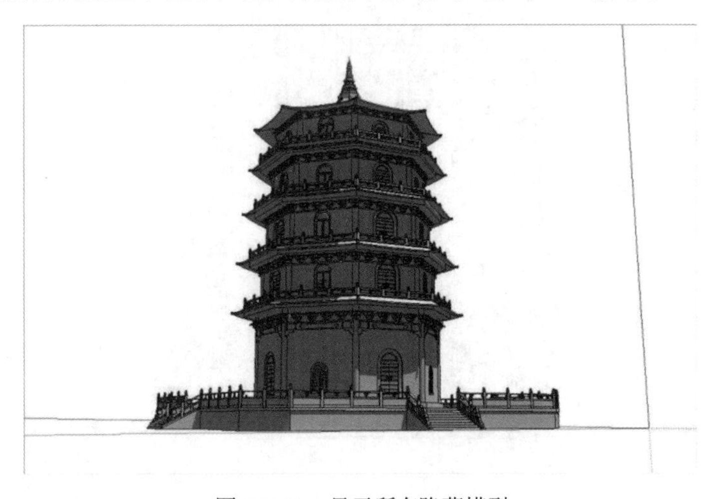

图 15.161　显示所有隐藏模型

第 16 章　居民楼建模实例

内容简介

高层建筑是当代城市建筑常见的结构形式，本章将结合一个居民楼高层建筑实例，详细介绍 SketchUp 在实际应用中的技巧和一些解决实际问题的经验。

通过本章的学习，读者能够初步掌握 SketchUp 的实际应用技巧。

源文件：源文件\第 16 章\居民楼.skp

内容要点

- SketchUp 效果图的建模思路
- AutoCAD 图形的导入
- SketchUp 常用工具的使用

案例效果

扫一扫，看视频

16.1 建模前的准备

打开一个新的场景或者在旧的场景里选择菜单栏中的“文件”→“新建”命令，都会出现 SketchUp 默认的操作界面。建模环境的设置主要包括建模单位、快捷键以及快捷键的导入和导出。

【操作步骤】

1．设置建模单位

（1）选择菜单栏中的“窗口”→“模型信息”命令，打开“模型信息”对话框，选择“单位”选项，如图 16.1 所示。

（2）在“格式”中选择“十进制”，在“长度”中选择“毫米”，“显示精确度”设置为 0.0mm。关闭对话框，完成单位的设置。

2．设置快捷键

（1）选择菜单栏中的“窗口”→“系统设置”命令，打开“SketchUp 系统设置”对话框。选择“快捷方式”选项，在“功能”列表中选择相应的命令，添加或修改快捷方式，如图 16.2 所示。

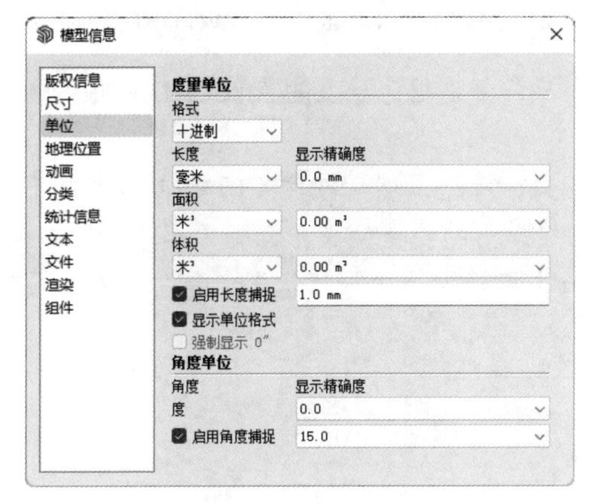

图 16.1 “单位”选项

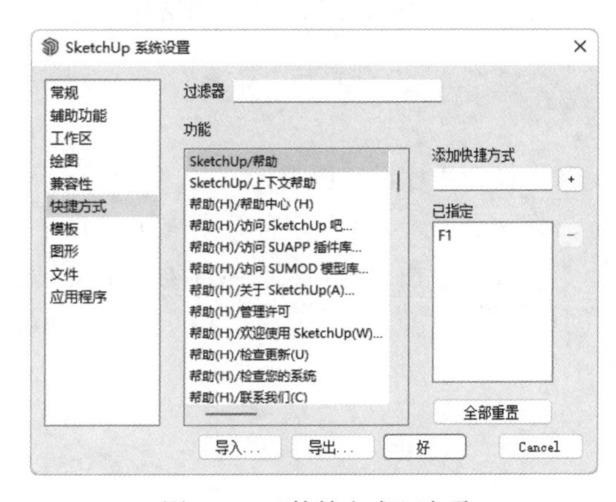

图 16.2 “快捷方式”选项

（2）单击“导入”按钮，可以导入设置的快捷键；单击“导出”按钮，可以将设置的快捷键进行导出。

16.2 建 立 模 型

16.2.1 四至十四层（标准层）模型

扫一扫，看视频

【操作步骤】

1．导入平面和立面

（1）打开一个 SketchUp 场景，选择“文件”→“导入”命令，打开“导入”对话框，如图 16.3 所示。

（2）文件类型选择“AutoCAD 文件（*.dwg, *.dxf）”，然后找到在 AutoCAD 中修改好的文件，单击“选项”按钮，打开“导入 AutoCAD DWG/DXF 选项”对话框，如图 16.4 所示。

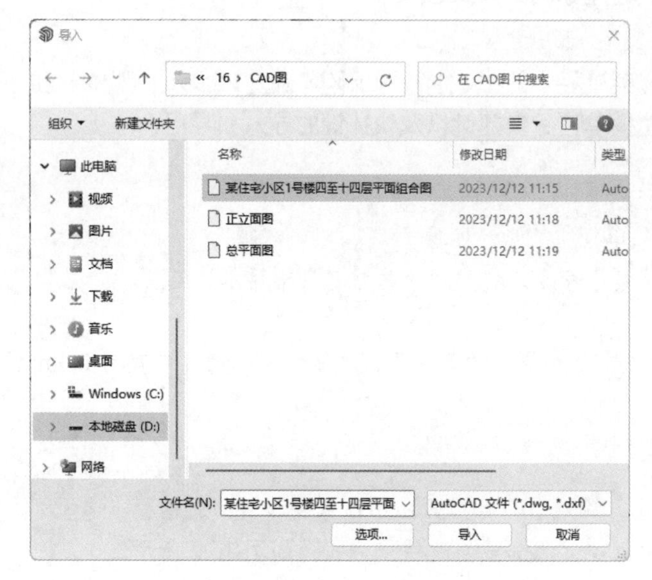

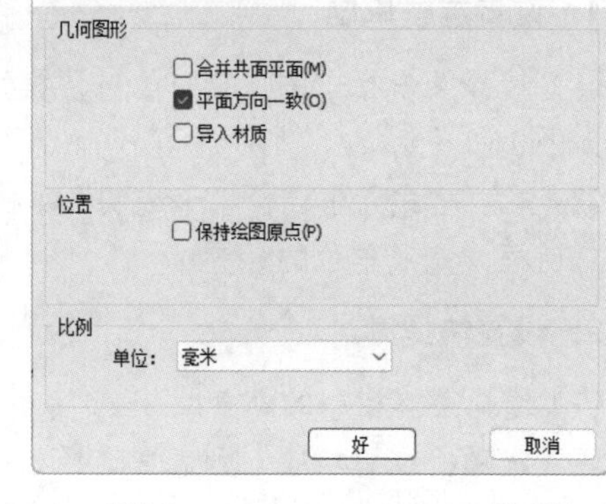

图 16.3 “导入”对话框

图 16.4 “导入 AutoCAD DWG/DXF 选项”对话框

（3）将“单位”设置成“毫米”，勾选“平面方向一致”复选框，导入的 AutoCAD 图形如图 16.5 所示。

（4）打开“标记”面板，单击“未标记”下面的第一个标记，然后按住 Ctrl 键再单击最下面的标记，将除了“未标记”以外的所有标记选中。右击，在弹出的快捷菜单中选择“删除标记”命令，打开“删除包含图元的标记”对话框，设置“分配另一个标记”为“未标记”，单击“好”按钮，如图 16.6 所示。

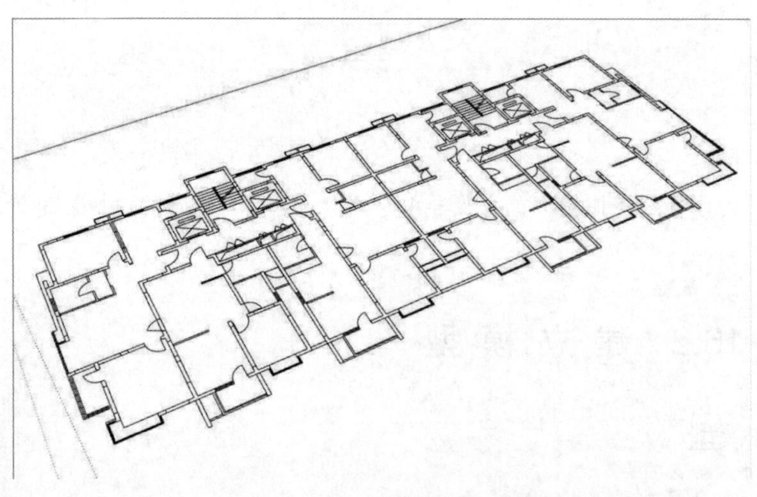

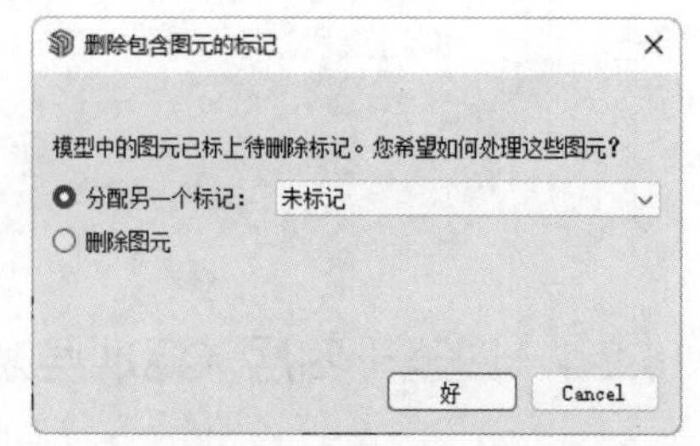

图 16.5 导入的 AutoCAD 图形

图 16.6 删除标记选项

（5）在“标记”面板中建立“平面图”标记，将刚刚导入的 AutoCAD 图形进行框选，并将其标记转换为“平面图”标记。

（6）继续执行上述操作，导入建筑模型立面图，放置到适当位置。

（7）打开“标记”面板，建立“正立面”标记，并将立面图中的标记全部转换到“正立面”标记，方便以后管理。

（8）在绘图区域绘制一个长方体。单击“编辑”工具栏上的“旋转”按钮，在立方体上选择一点，将立面图旋转 90°，如图 16.7 所示。

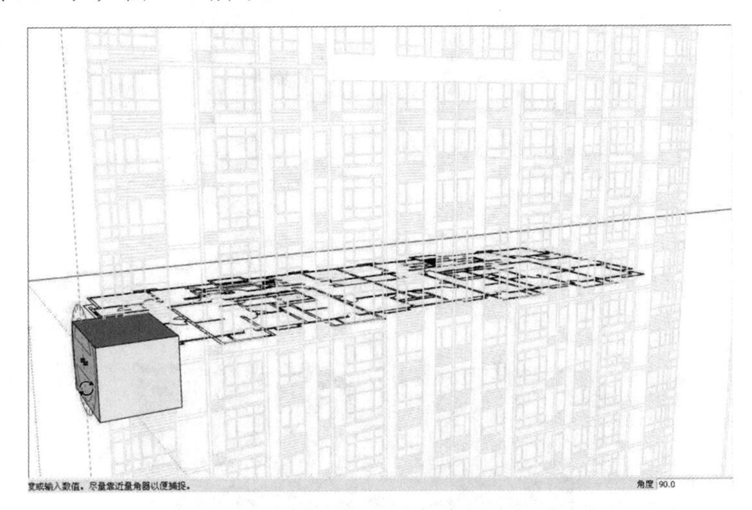

图 16.7 旋转立面图

2. 拉伸平面轮廓

（1）单击“标记”面板中“正立面”标记左侧的“隐藏”按钮，将正立面隐藏，仅显示平面图，如图 16.8 所示。

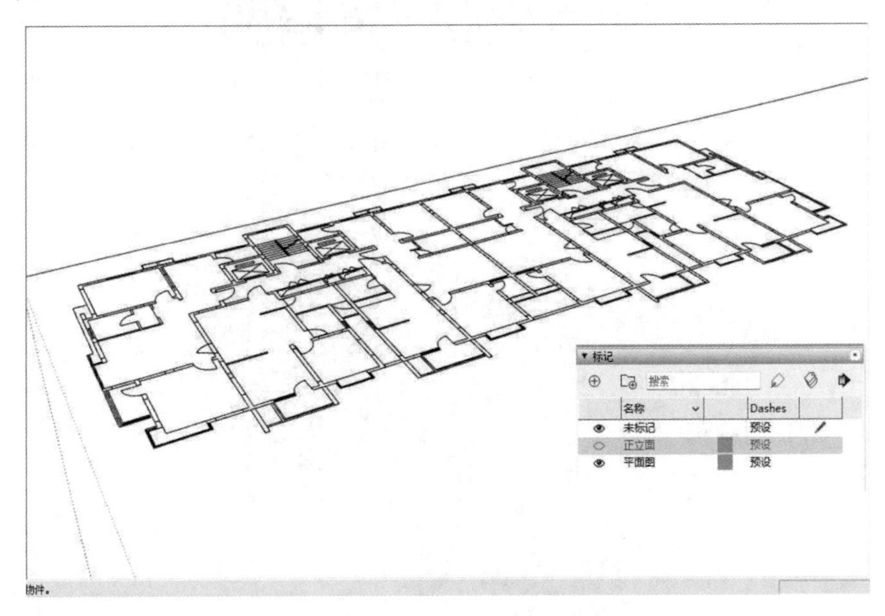

图 16.8 只显示平面图

（2）单击“视图”工具栏上的“顶视图”按钮，将图形切换到顶视图，如图 16.9 所示。单击“绘图”工具栏上的“直线”按钮，选取平面图上任意一点为起点，顺着平面图的左半部分勾画出墙体轮廓，闭合成面，如图 16.10 所示。

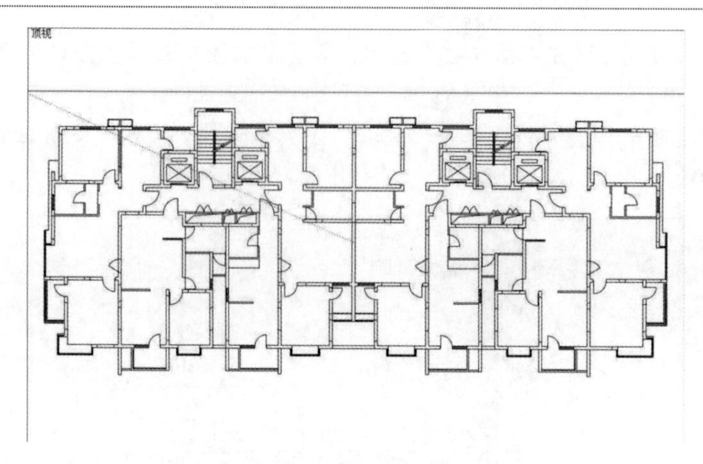

图 16.9　切换到顶视图

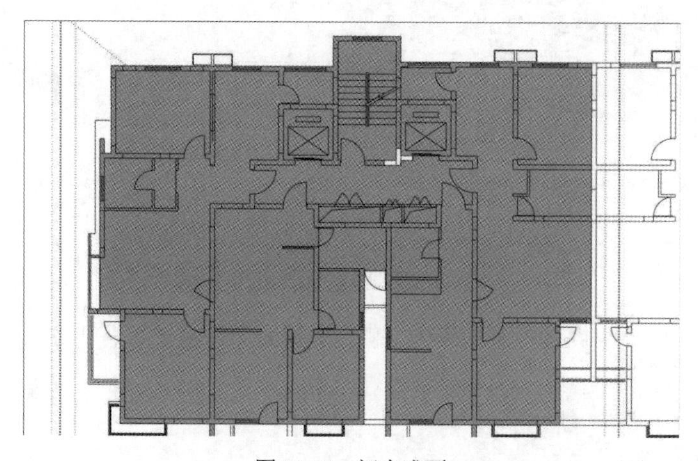

图 16.10　闭合成面

（3）单击“编辑”工具栏上的“推/拉”按钮，选择上一步创建的面，向上进行拉伸，输入层高3000（表示拉伸3000mm），按回车键，结果如图16.11所示。

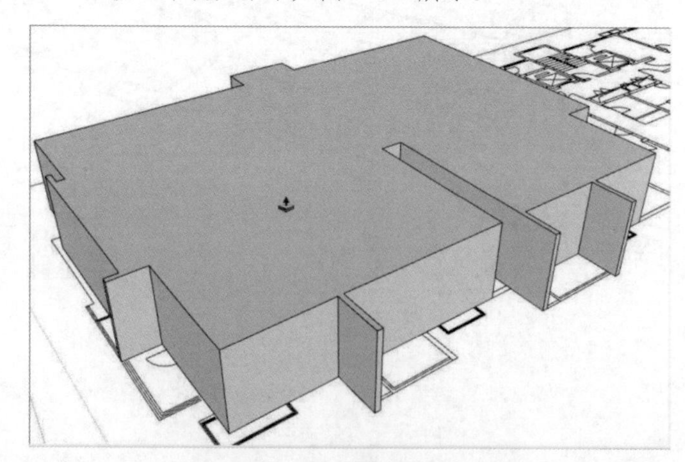

图 16.11　拉伸面成体

（4）选择拉伸的墙体，右击，在弹出的快捷菜单中选择“创建群组”命令，将拉伸墙体创建为群组，如图16.12所示。

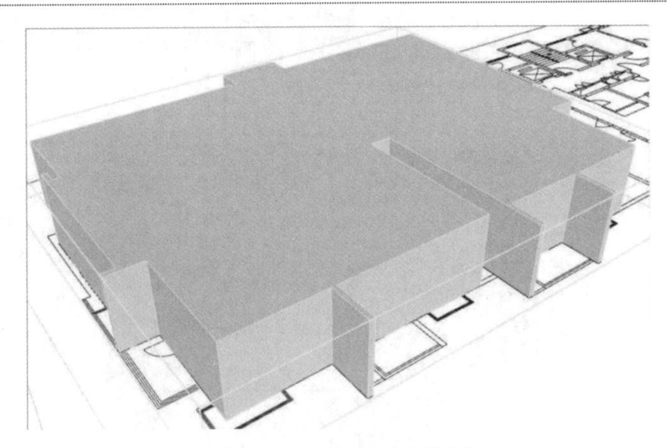

图 16.12 创建墙体为群组

3. 立面建模

（1）打开“标记”面板，勾选“正立面”复选框，显示出正立面，如图 16.13 所示。

图 16.13 显示正立面

（2）创建正立面窗框。单击“绘图”工具栏上的“矩形”按钮，捕捉 AutoCAD 立面图窗框的两个角点绘制一个矩形。双击选择面和面的边线，右击，在弹出的快捷菜单中选择“创建群组”命令，群组所选择的物体，如图 16.14 所示。

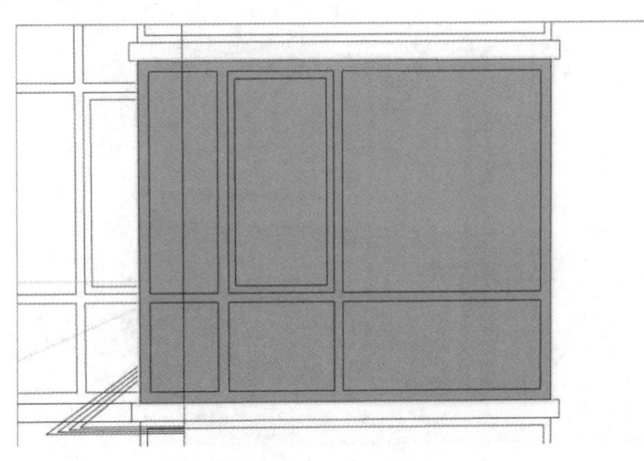

图 16.14 绘制矩形并群组

（3）双击刚刚创建的群组进入群组内部，结合导入的侧立面图划分出窗框平面，如图 16.15 所示，然后选择划分好的平面，按 Delete 键将它们删除，如图 16.16 所示。

图 16.15　划分窗框平面

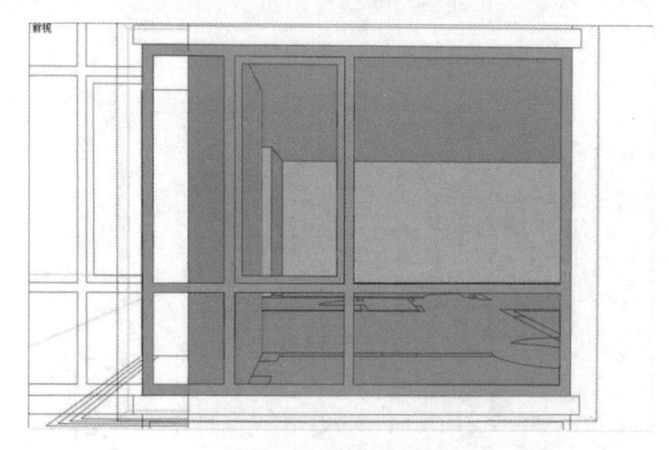

图 16.16　删除多余的面

（4）单击“编辑”工具栏上的“推/拉”按钮，选择上一步删除面的窗框图形向外拉伸，大窗框向外拉伸 60mm，小窗框向外拉伸 40mm。单击“使用入门”工具栏上的“选择”按钮，按 Esc 键退出群组编辑，如图 16.17 所示。

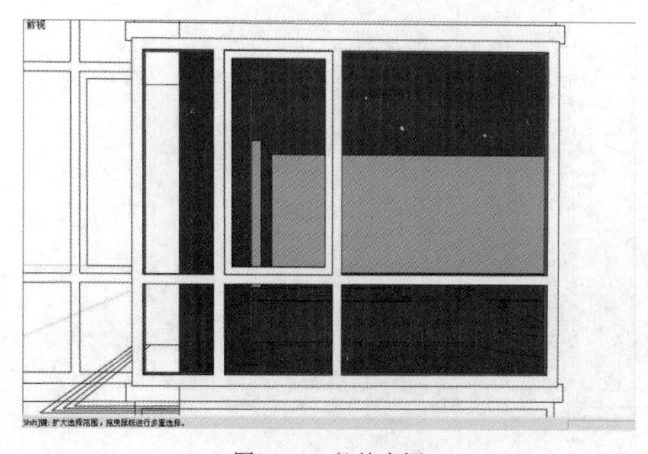

图 16.17　拉伸窗框

☞教你一招

将“选择”命令的快捷键设置成空格键，这样只要使用完一个命令后习惯性地敲击空格键，即可转换到“选择”命令，以便继续其他编辑。在其他命令状态下按 Esc 键，不能关闭群组。

（5）在窗框内部用平面矩形工具创建一个平面作为窗户的玻璃，玻璃应该镶在窗框上，调节出玻璃的材质并赋予刚创建的平面，如图 16.18 所示。

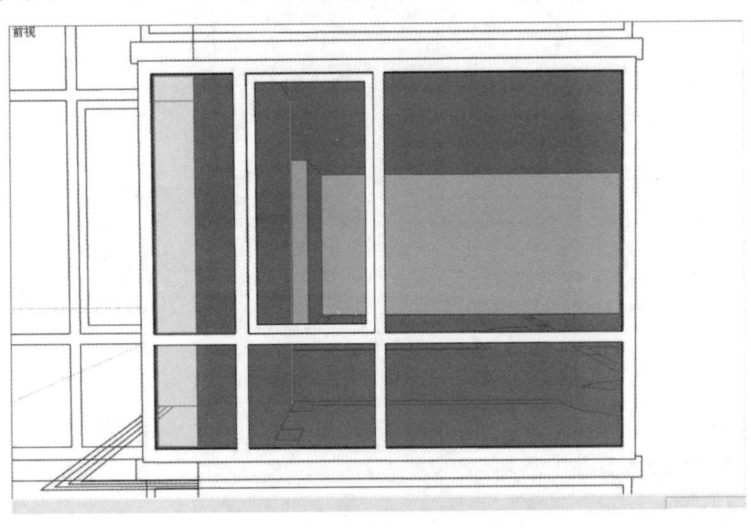

图 16.18 创建玻璃

注意：

创建玻璃面的时候一定要让正面向外，否则导入 3ds MAX 后会看不见。

（6）单击“绘图”工具栏上的“矩形”按钮，继续捕捉导入的 AutoCAD 侧立面图绘制出上下窗台的轮廓，如图 16.19 所示。双击两个平面，确定窗台轮廓全部被选中，右击，在弹出的快捷菜单中选择“创建群组”命令，将窗台轮廓创建为群组。

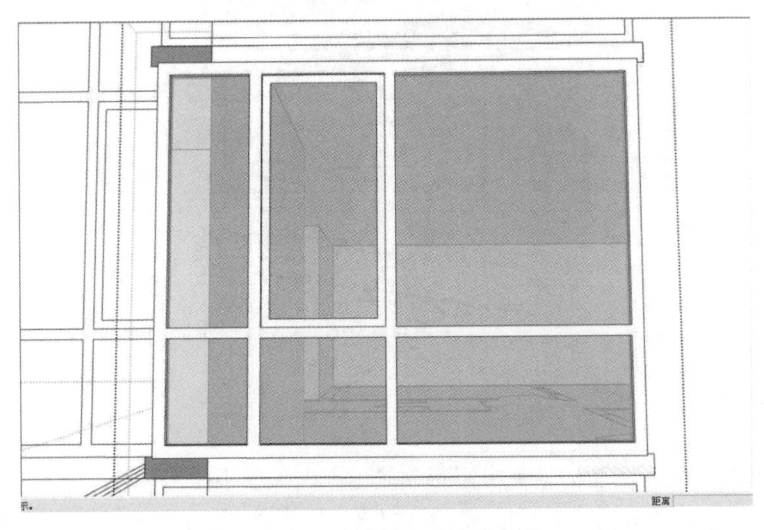

图 16.19 创建上下窗台的轮廓

（7）双击上一步创建的群组进入群组内部，单击“编辑”工具栏上的“推/拉”按钮，分别选择群组里的两个面，捕捉到AutoCAD平面图上窗台的距离进行拉伸，如图16.20所示。

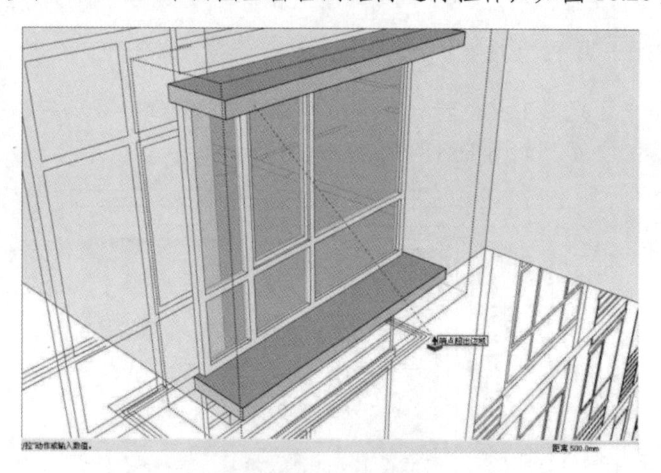

图16.20 拉伸窗台

☞教你一招

> 对于拉伸的距离，有3种确定的方法：第1种是捕捉平面上的点拉伸平面，使之对齐平面上的点；第2种是在AutoCAD中测量需要拉伸的实际尺寸，拉伸的时候直接输入尺寸；第3种是根据建筑的常规尺寸来确定，墙一般厚200mm，窗框一般厚60mm。

（8）单击“绘图”工具栏上的“矩形”按钮，继续捕捉导入的AutoCAD侧立面图，绘制出百叶窗的轮廓。双击两个平面确定百叶窗被全部选中。右击，在弹出的快捷菜单中选择“创建群组”命令，将百叶窗创建为群组。

（9）双击上一步创建的群组进入群组内部，单击“编辑”工具栏上的“推/拉”按钮，分别选择群组里的百叶窗，捕捉到AutoCAD平面图上百叶窗的距离进行拉伸，如图16.21所示。

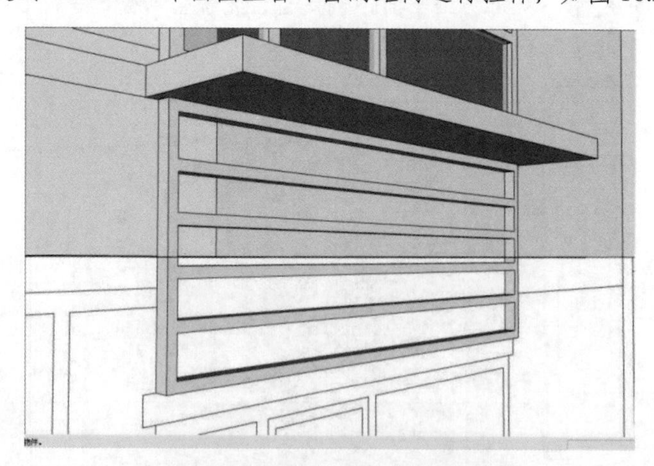

图16.21 创建窗台下面的百叶窗

（10）按照上述方法将正立面的其他窗图形创建出来，如图16.22所示。

（11）将除了平面图以外的所有标记隐藏。单击“绘图”工具栏上的“直线”按钮，捕捉AutoCAD平面图，勾画出墙体内轮廓，如图16.23所示。

图 16.22 创建其他窗图形

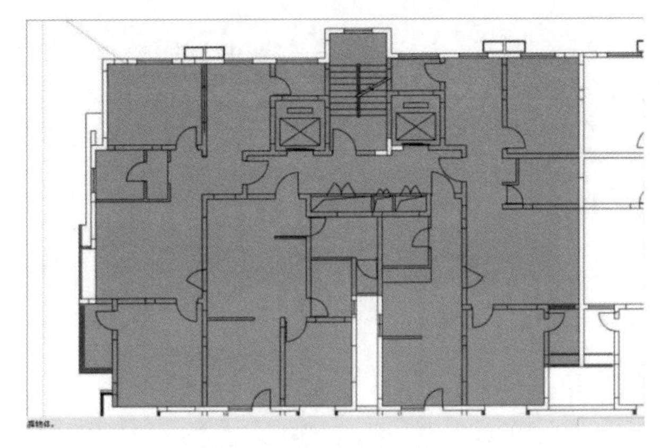

图 16.23 勾画出墙体内轮廓

（12）选择上一步创建的墙体内轮廓面，单击“编辑”工具栏上的“推/拉”按钮，将轮廓面向上拉伸 120mm。双击拉伸的轮廓面，确定所有轮廓面被选中。右击，在弹出的快捷菜单中选择“创建群组”命令，将其创建为群组，如图 16.24 所示。

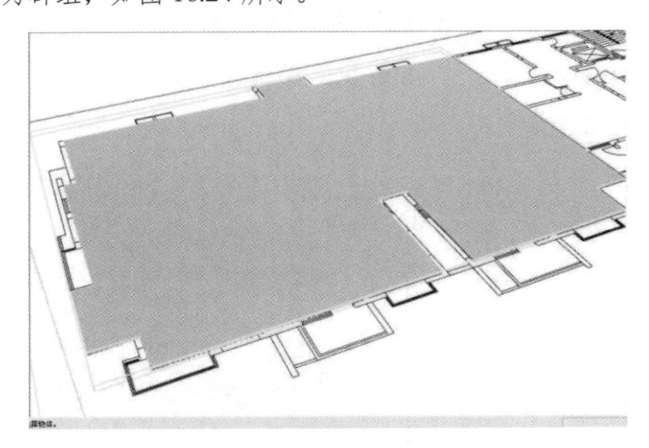

图 16.24 拉伸楼板并创建为群组

（13）建立阳台栏杆和阳台门。将除了正立面图以外的所有标记隐藏，旋转视图到适当的位置，单击“绘图”工具栏上的“矩形”按钮，结合导入的 AutoCAD 正立面图，勾画出阳台门轮廓，如图 16.25 所示。

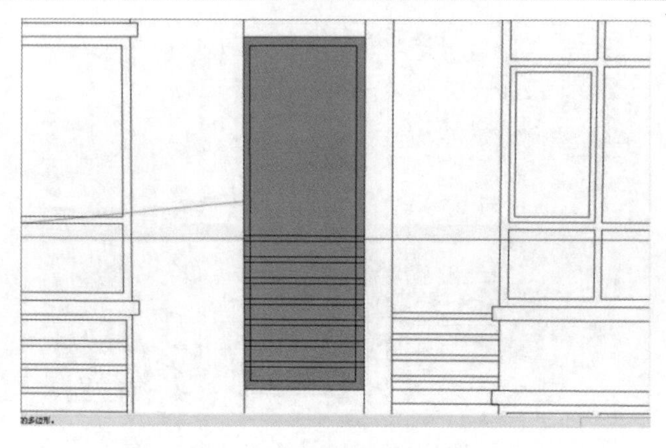

图 16.25　勾画出阳台门轮廓

（14）双击上一步勾画的阳台门轮廓，将阳台门全部选中。右击，在弹出的快捷菜单中选择“创建群组”命令，将阳台门轮廓线进行群组。双击创建的群组进入群组内部，选择中间的面，将其删除，如图 16.26 所示。

图 16.26　删除多余的面

（15）单击“编辑”工具栏上的“推/拉”按钮，将创建的阳台门轮廓向外拉伸 60mm，如图 16.27 所示。双击群组，退出群组编辑模式。

图 16.27　拉伸成体

（16）单击“绘图”工具栏上的“矩形”按钮■，捕捉门框内部角点绘制一个平面，并将其赋予玻璃材质。双击平面进行群组，如图 16.28 所示。

图 16.28　赋予玻璃材质

（17）选择创建好的门框和玻璃，右击，在弹出的快捷菜单中选择“隐藏”命令。单击“绘图”工具栏上的“矩形”按钮■，结合 AutoCAD 立面图，勾画出栏杆平面，并将其全部选中进行群组，如图 16.29 所示。

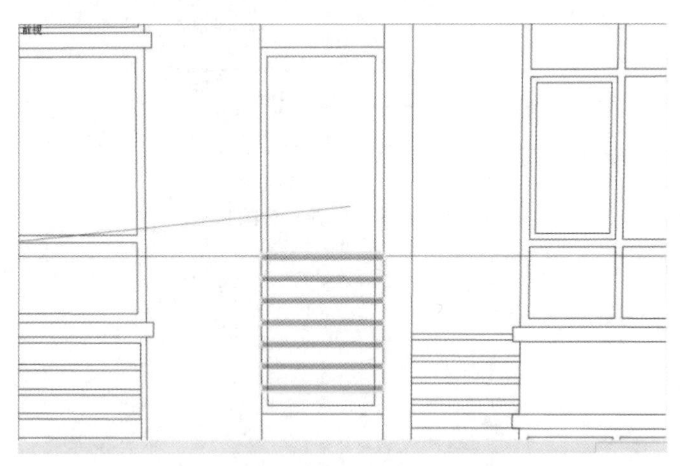

图 16.29　群组阳台栏杆的平面

☞**教你一招**

将物体群组的方法有两种：第 1 种是先将创建出来的第 1 个物体群组，然后进入群组创建其他的物体；第 2 种是将所有物体创建完以后利用选择的添加功能，将要群组的物体都选择到一起然后群组。

（18）单击“编辑”工具栏上的“推/拉”按钮◆，选择上面创建的阳台栏杆，向外拉伸 60mm，如图 16.30 所示。

☞**教你一招**

拉伸一次之后，如果在其他面上双击，就会拉伸和上次拉伸相同的距离。

（19）利用上述方法创建其他的阳台门和栏杆，如图 16.31 所示。

图 16.30　拉伸成体

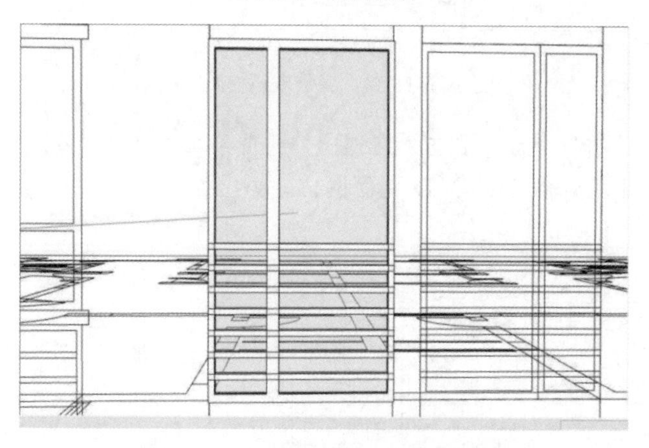

图 16.31　创建其他的阳台门和栏杆

（20）选择“编辑”→“撤销隐藏”→“全部”命令，显示出所有物体。选择侧立面图并按住 Ctrl 键，单击“编辑”工具栏上的“移动”按钮，拖动侧立面图，复制出一个立面图到墙体轮廓天井外墙上，如图 16.32 所示。

图 16.32　复制立面图

（21）双击墙体轮廓组进入群组内部，单击“绘图”工具栏上的“矩形”按钮，捕捉墙体轮廓，绘制一个矩形。单击“使用入门”工具栏上的“选择”按钮，选择创建的矩形面进行删除，墙体轮廓上出现门洞，如图 16.33 所示。

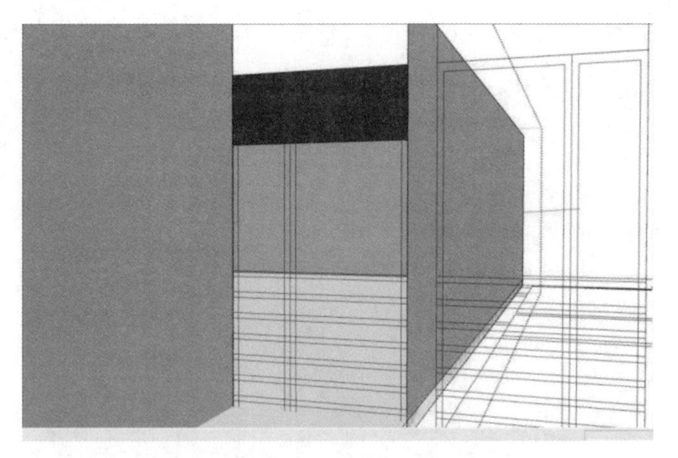

图 16.33 在墙体轮廓上掏门洞

（22）利用上述方法绘制其他阳台门洞，如图 16.34 所示。

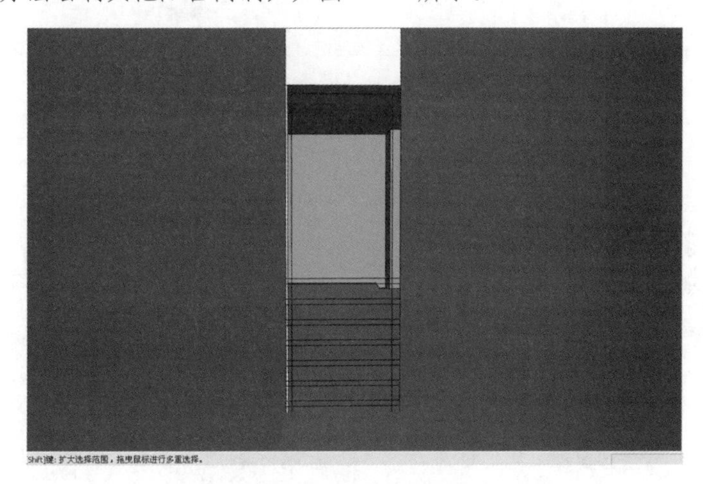

图 16.34 将其他门洞掏出来

（23）将除了正立面图以外的所有标记隐藏，利用创建阳台栏杆的方法绘制剩余的空调百叶窗，如图 16.35 所示。

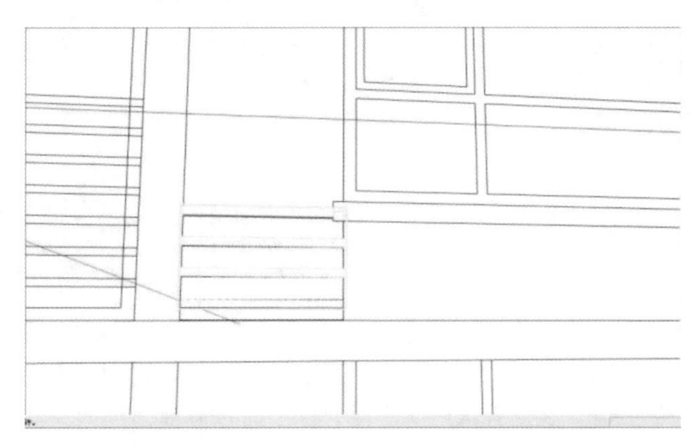

图 16.35 绘制剩余的空调百叶窗

（24）选择“编辑”→“撤销隐藏”→“全部”命令，显示所有物体。选择建好的物体，单击“编辑”工具栏上的“移动”按钮，结合捕捉功能，移动到平面图的适当位置（保持所有物体的 X 和 Z 坐标不变），最后得到如图 16.36 所示的模型。

图 16.36　移动物体

☞教你一招

移动的技巧就是在移动时寻找与 Y 轴平行的方向，等移动线变成绿色后（已经与 Y 轴平行）按住 Ctrl 键（这个时候就锁定 Y 轴了），再去捕捉平面图上的点。

如果有物体挡住了平面图，则可以使用 X 光模式，这样就可以看见和捕捉被挡住的平面图，如图 16.37 所示。

图 16.37　在 X 光模式下捕捉平面图

（25）旋转视图到合适的位置，单击“绘图”工具栏上的“矩形”按钮，结合捕捉功能在创建好的窗框内侧绘制一个平面，并将平面进行群组以创建侧面窗，如图 16.38 所示。

（26）单击“建筑施工”工具栏上的“卷尺工具”按钮，选择窗框上的两个点确定窗框宽度为 60mm，测量工具将立面分成了上、下两个小窗。利用“矩形”工具，在刚刚创建的面上将窗划分出来。

图 16.38 创建侧面窗

（27）双击创建的群组进入群组内部，单击“绘图”工具栏上的“直线”按钮，选取上面的一个顶点向下绘出一条长 60mm 的线段，再从这条线段的端点向里绘出另外一条长 60mm 的线段，新的端点就是内部窗框的一个顶点，如图 16.39 所示。

图 16.39 捕捉第 1 个点

（28）单击“建筑施工”工具栏上的“卷尺工具”按钮，单击窗框上边缘到中间分隔的上边缘，测出距离约为 1270mm。

（29）单击“绘图”工具栏上的“直线”按钮，在之前创建好的矩形平面上面靠里的点向下绘出一条长 1270mm 的线段，接着从线段下面的端点向外（平行 Y 轴）绘出一条 60mm 的线段，线段新的端点就是内部窗框的另外一个端点，如图 16.40 所示。

（30）单击“绘图”工具栏上的“矩形”按钮，结合两个顶点绘制一个平面，然后单击“使用入门”工具栏上的“选择”按钮，选择中间的面和绘制的辅助线进行删除，创建窗框轮廓，如图 16.41 所示。

图 16.40　捕捉第 2 个点

图 16.41　删除多余的面

（31）利用相同的方法选中下面的小窗，然后单击“编辑”工具栏上的“推/拉”按钮，对小窗进行拉伸。单击“绘图”工具栏上的“矩形”按钮，在创建的小窗内部绘制一个平面作为窗户玻璃，如图 16.42 所示。

图 16.42　绘制平面作为窗户玻璃

（32）选择上一步创建的侧面窗框，按住 Ctrl 键，单击“编辑”工具栏上的“移动”按钮，对图形进行拖动，复制到另外一边。这样一个完整的凸窗就创建完成了，如图 16.43 所示。

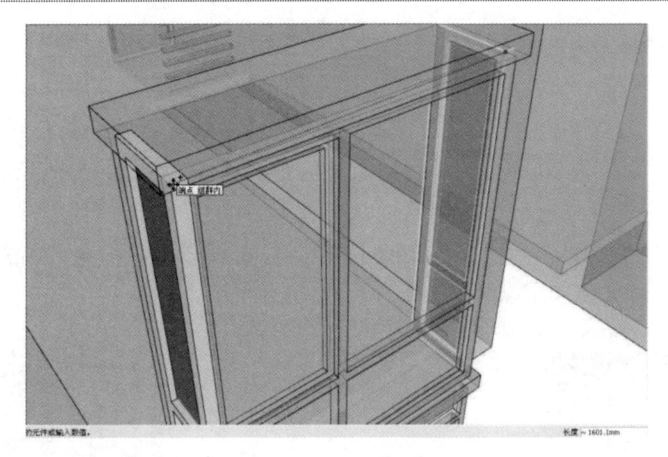

图 16.43 复制侧窗

（33）利用相同的办法将其他侧面的窗和侧面的空调百叶窗创建出来，最后效果如图 16.44 所示。

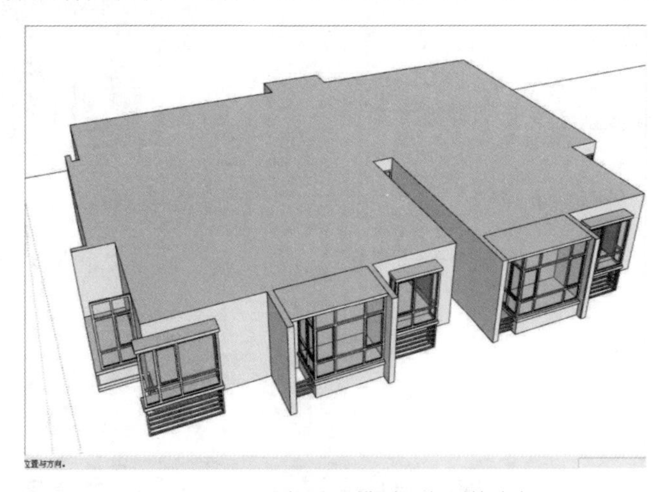

图 16.44 完成标准层模型正立面的建立

（34）旋转视图到侧立面，单击“编辑”工具栏上的“移动”按钮，选择 AutoCAD 侧立面图进行移动，使其与外墙轮廓相连，如图 16.45 所示。

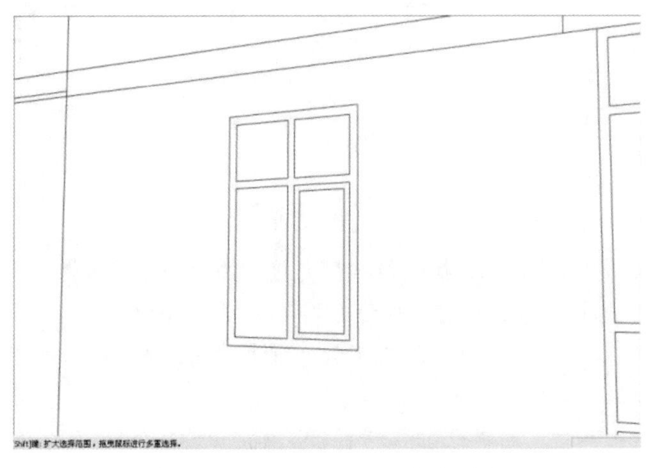

图 16.45 导入 AutoCAD 侧立面图

（35）双击墙体轮廓组，进入群组内部，单击“绘图”工具栏上的“矩形”按钮，结合 AutoCAD 立面图在墙体轮廓上捕捉窗的外轮廓，在墙体上划分出一个矩形平面。

（36）单击“编辑”工具栏上的“推/拉”按钮，选择上一步创建的矩形平面，向内推/拉 200mm（在 AutoCAD 平面图中量的是 200mm），然后选择面进行删除，如图 16.46 所示。

（37）双击墙体轮廓群组退出群组，按照创建窗框的方法将这个窗的窗框创建出来。

（38）单击“绘图”工具栏上的“矩形”按钮，在上一步绘制的窗框内部绘制一个矩形，完成窗户玻璃的建立，窗户效果如图 16.47 所示。

图 16.46　在墙体轮廓上掏出窗洞

图 16.47　建立好的窗户

（39）按照介绍过的方法将其他窗户都创建出来，标准层上的窗户和墙以及百叶窗创建完成，最终结果如图 16.48 所示。

图 16.48　建立其他的窗户

（40）创建装饰分隔。观察平面图，找到层与层交接处的装饰分隔。旋转视图到适当的位置，选择墙体轮廓侧立面图以及平面图以外的所有物体进行隐藏，如图 16.49 所示。

（41）单击“绘图”工具栏上的“矩形”按钮，捕捉 AutoCAD 侧立面图，将侧立面上的装饰分隔勾画出来并分别进行群组，如图 16.50 所示。

（42）单击“编辑”工具栏上的“推/拉”按钮，捕捉平面上表示分隔的边缘线，对每个装饰分隔进行拉伸，如图 16.51 所示。

图 16.49　隐藏部分标记

图 16.50　勾画出装饰分隔

图 16.51　拉伸装饰分隔

☞教你一招

若平面上没有表示分隔的边缘线，则参考 AutoCAD 原图里的长度（50mm）。

（43）使用同样的方法将正立面上的装饰分隔创建出来，如图 16.52 所示。

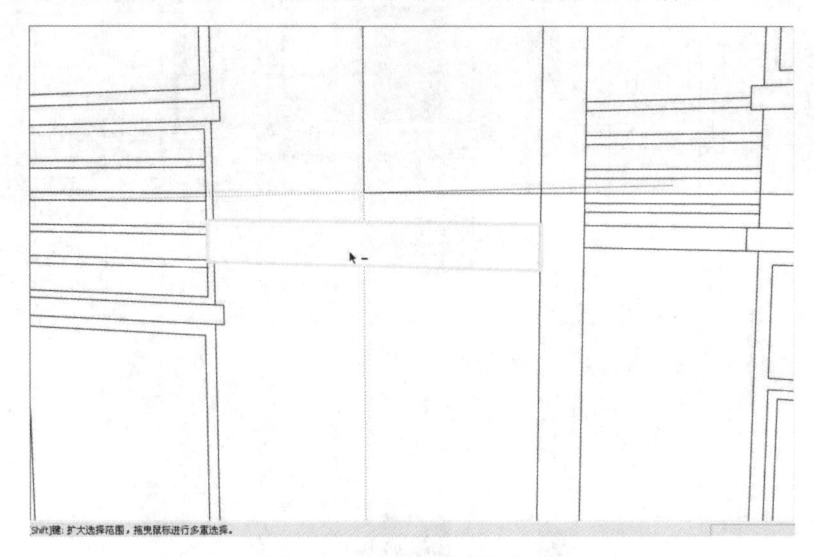

图 16.52　建立正立面的装饰分隔

注意：

在 AutoCAD 中，可以看见还有一些装饰分隔，但不是每一层都有，如图 16.53 所示。这一步只创建那些每一层都有的物体，剩下的在将楼层都复制完成以后，再对照立面图将其创建出来。

图 16.53　参照的 AutoCAD 图形

（44）标准层建模的最后一步就是根据自己的喜好给模型指定材质。在这个标准层中，可以分成这样几种材质：墙、窗框、门框、百叶、装饰分隔、楼板、栏杆、玻璃。

☞教你一招

在赋予材质的时候一般采用色彩就行了，在 SketchUp 中赋予材质的好处就是在导入 3ds MAX 后可以根据拥有相同材质的物体进行选择，方便重新赋予材质（在 3ds MAX 中要重新赋予材质，所以在 SketchUp 中只要将材质分开就行了）。图 16.54 所示是笔者根据喜好赋予材质后标准层平面的模型效果。

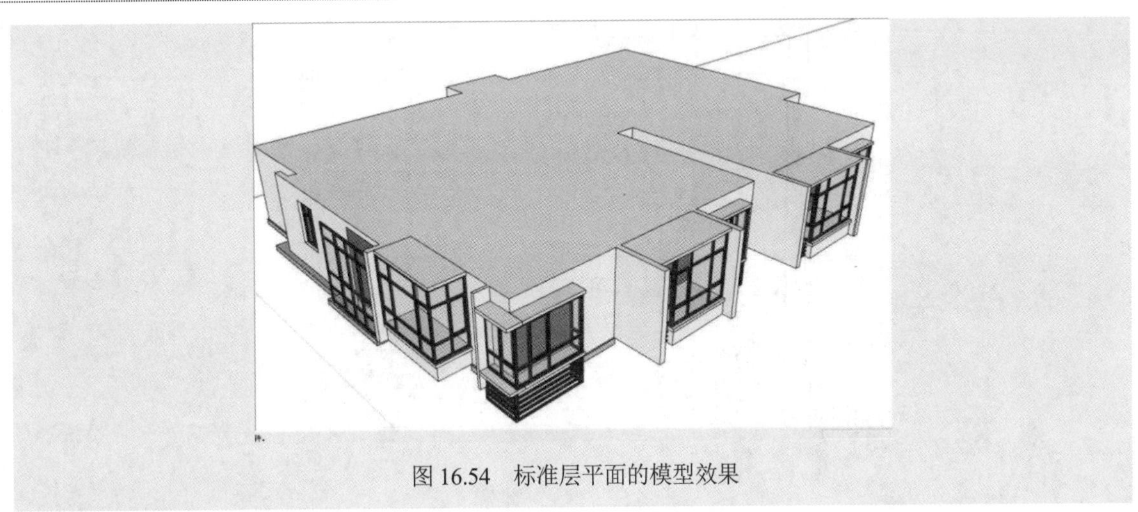

图16.54 标准层平面的模型效果

16.2.2 裙楼模型的建立

【操作步骤】

1．裙楼侧面建模

（1）打开建模场景，打开“标记”面板，单击“添加标记”按钮⊕，新建一个名为“标准层”的标记。在场景中选择“标准层”的所有部件，更改标记属性为“标准层”标记。

（2）取消除了侧立面以外的所有标记显示复选框的勾选，将这些标记都隐藏。旋转视图到适当位置，首先建立侧立面的百叶分隔。使用平面矩形工具按照窗框的创建方法将百叶分隔和镶嵌的玻璃创建出来（拉伸100mm）并分别进行群组，如图16.55所示。

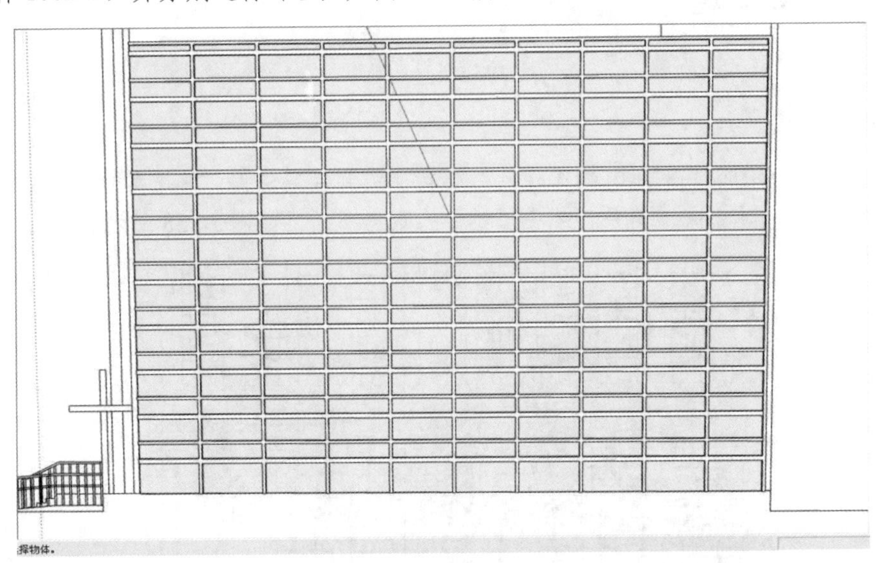

图16.55 建立裙楼分隔

（3）单击“编辑”工具栏上的“推/拉”按钮，将两边的护墙拉伸300mm。同样，将女儿墙墙体拉伸200mm，女儿墙扶手拉伸300mm，并分别进行群组，如图16.56所示。

（4）利用上述方法捕捉AutoCAD图形绘制出墙角，如图16.57所示。

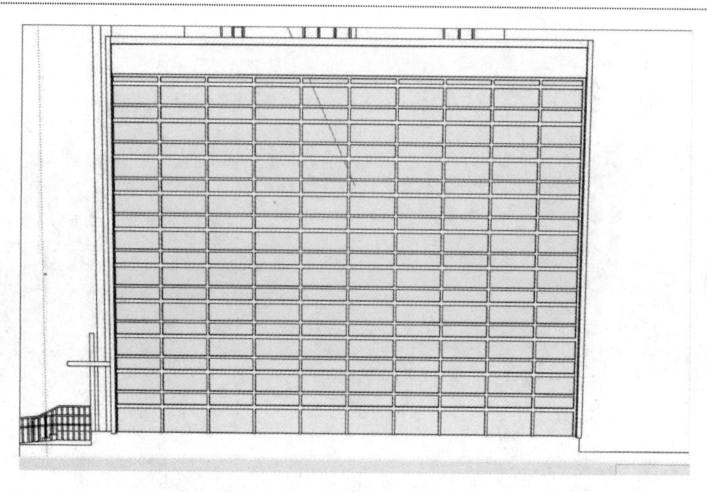

图 16.56　建立护墙和女儿墙

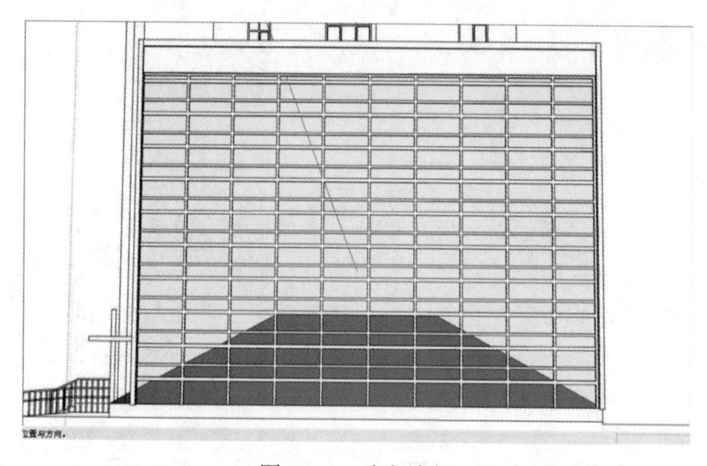

图 16.57　建立墙角

2．裙楼正面建模

（1）将除了正立面图以外的所有物体隐藏。旋转视图到合适位置，使用和创建侧立面相同的方法将正立面的百叶分隔创建出来，但是百叶分隔拉伸的距离不同，如图 16.58 所示。

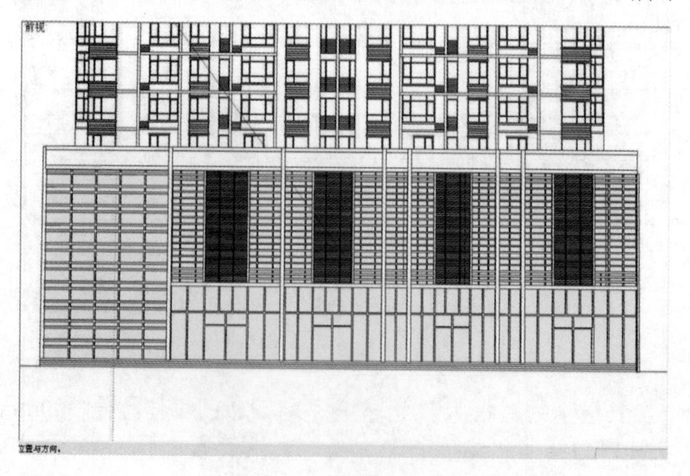

图 16.58　建立正立面分隔

（2）单击“绘图”工具栏上的“直线”按钮，捕捉正立面图上的踏步，勾画出踏步轮廓。单击“编辑”工具栏上的“推/拉”按钮，从下到上分别向外拉伸5100mm、4800mm、4500mm、4200mm，如图16.59所示。

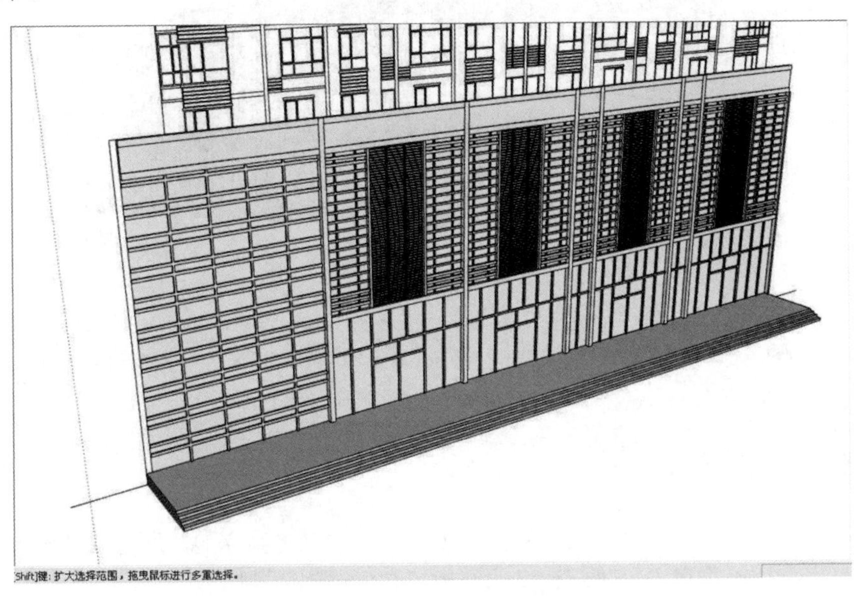

图16.59　建立正立面踏步

（3）选择图形，单击“编辑”工具栏上的“移动”按钮，将两个立面模型组合到一起，如图16.60所示。

图16.60　组合模型

（4）比照平面建出楼板，并将另外两个面封闭起来。分别赋予不同的材质，如图16.61所示。再新建一个名为“裙楼”的标记，将所有裙楼物体的标记属性改为“裙楼”，并勾选这个标记的显示选项。

图 16.61　赋予材质

16.2.3　十五至十八层模型

由于十五至十八层只是在标准层的基础上做了一些变化以丰富立面，所有的建模方法都已经在上面的介绍中涉及了，所以这里不再进行过多的介绍，具体过程请参照教学视频。

扫一扫，看视频

16.2.4　屋顶层模型

【操作步骤】

（1）屋顶包括女儿墙部分和屋顶的装饰板部分。打开建模场景，如图 16.62 所示。导入在 AutoCAD 中调整好的十九层和屋顶层平面图，将其所在的标记名称改为“屋顶平面”。

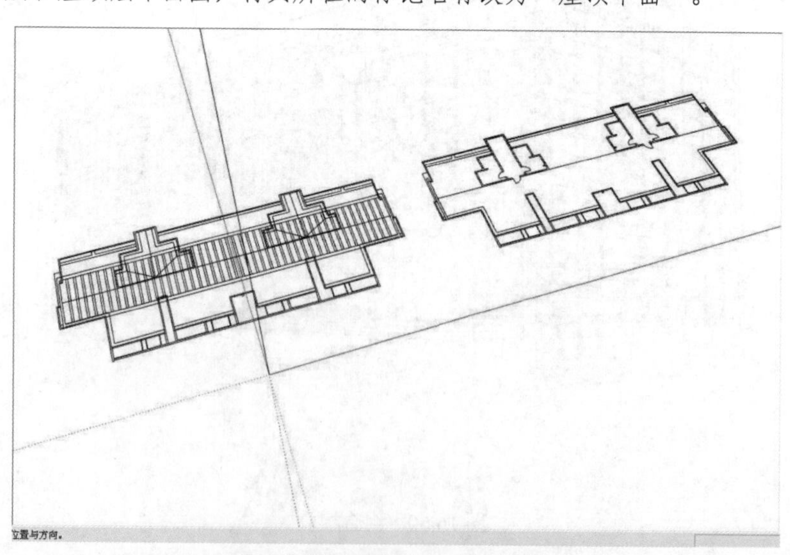

图 16.62　导入屋顶 AutoCAD 图形

（2）单击“绘图”工具栏上的“直线”按钮，捕捉十九层平面，将女儿墙轮廓、楼梯井轮廓以及装饰板的支撑墙轮廓勾画出来，并分别进行群组，如图 16.63 所示。

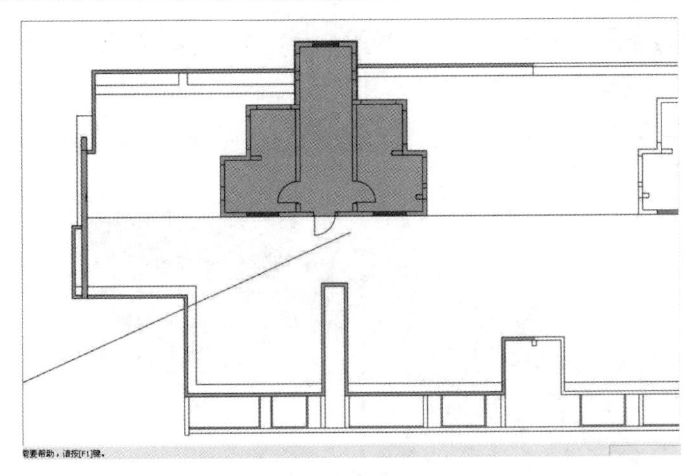

图 16.63　勾画出轮廓

（3）单击“编辑”工具栏上的“推/拉”按钮，将女儿墙、屋顶装饰板的支撑墙，还有楼梯井分别拉伸 700mm、5300mm、5300mm，如图 16.64 所示。

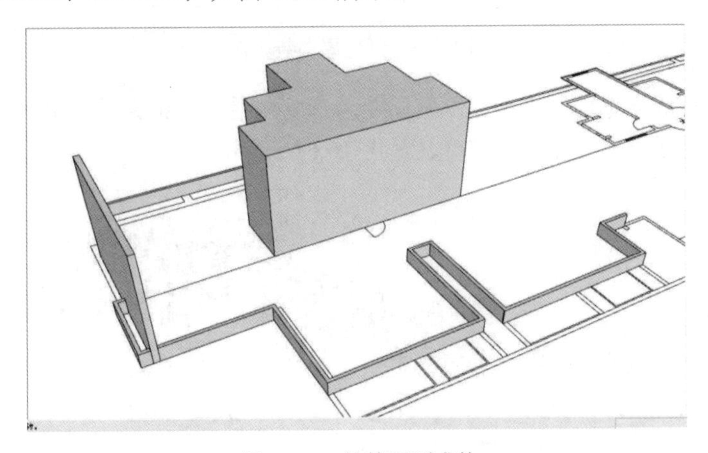

图 16.64　拉伸平面成体

（4）打开“标记”面板，将立面图进行显示，并将其移动到楼梯井相连的墙面上，再依照立面图将楼梯井的门窗创建出来，如图 16.65 所示。

图 16.65　创建门窗

（5）单击“绘图”工具栏上的“矩形”按钮▧，在屋顶平面捕捉 AutoCAD 图形，将屋顶装饰板的轮廓勾画出来。单击“编辑”工具栏上的“推/拉”按钮◈，将装饰板轮廓向上拉伸 300mm 并进行群组。根据 AutoCAD 图形将其放到刚才建好的其他部分上，如图 16.66 所示。

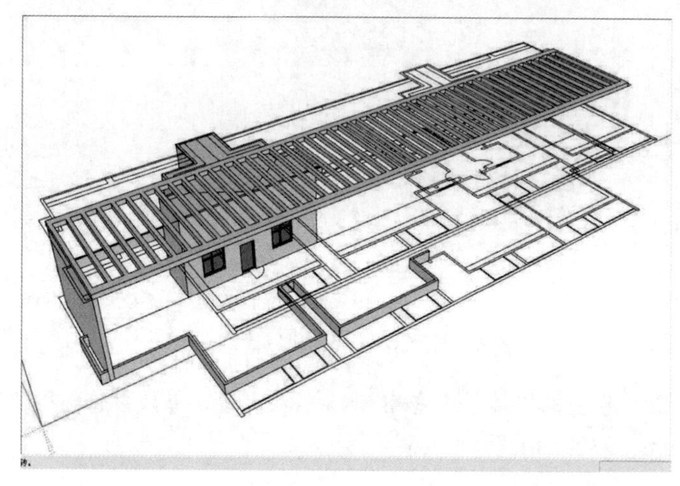

图 16.66　创建屋顶装饰板

（6）将屋顶装饰板的支撑墙、楼梯井以及女儿墙都复制后进行镜像，然后对齐到平面图，并分别赋予不同物体不同的材质，完成屋顶的模型，如图 16.67 所示。

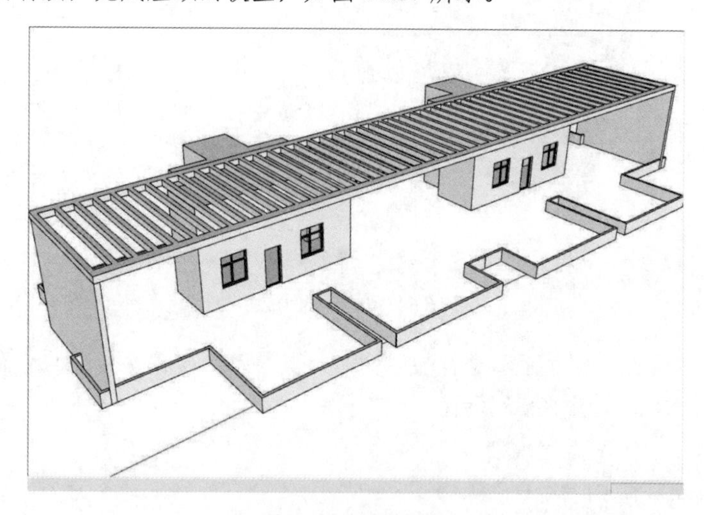

图 16.67　赋予材质

扫一扫，看视频

16.2.5　修改总模型

【操作步骤】

（1）将所有标记都显示出来，再把刚才建好的各层模型根据立面图组合起来，如图 16.68 所示。

（2）将除了正立面图以外的所有标记都隐藏。在立面图上把不是每层都有的装饰钢架比照 AutoCAD 图形画出来并向内拉伸 200mm，再赋予一种材质，如图 16.69 所示。

（3）将所有标记显示出来，比照 AutoCAD 图形检查模型，如果没有问题，将所有 AutoCAD 图形标记删除，并将标记内容一并删除，完成模型的建立，如图 16.70 所示。

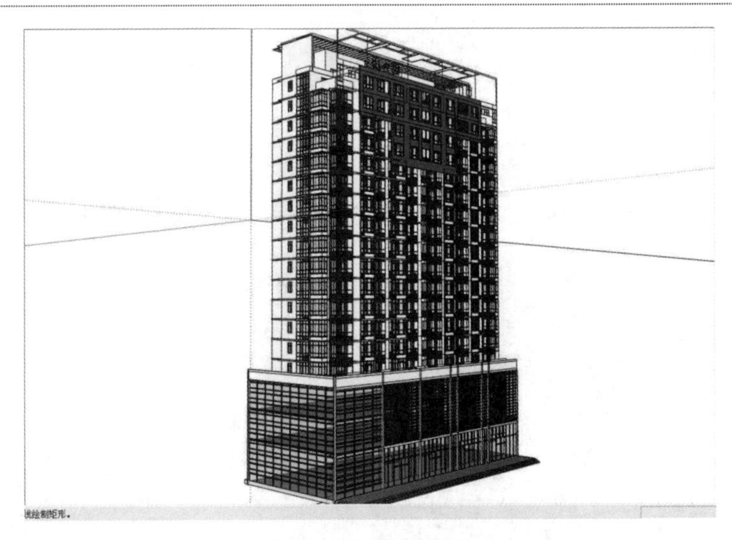

图 16.68 组合模型

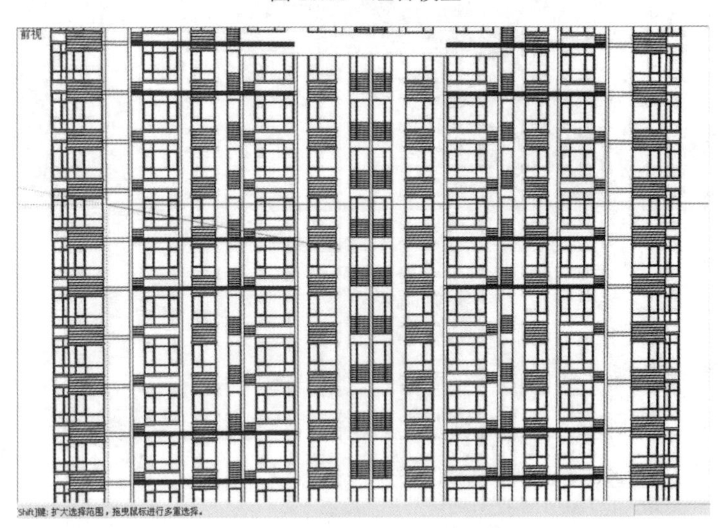

图 16.69 创建正立面装饰钢架

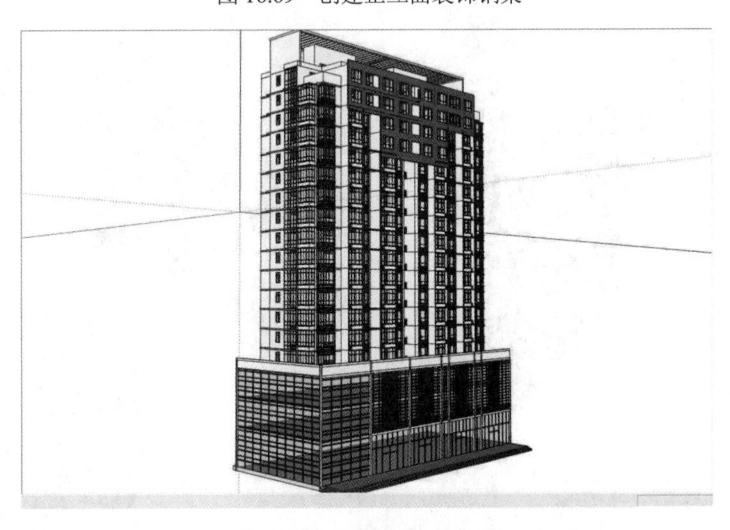

图 16.70 删除多余的标记

扫一扫，看视频

16.2.6 总平面模型

【操作步骤】

（1）将所有标记隐藏，在 AutoCAD 中将总平面图改好并导入到 SketchUp 中，如图 16.71 所示。

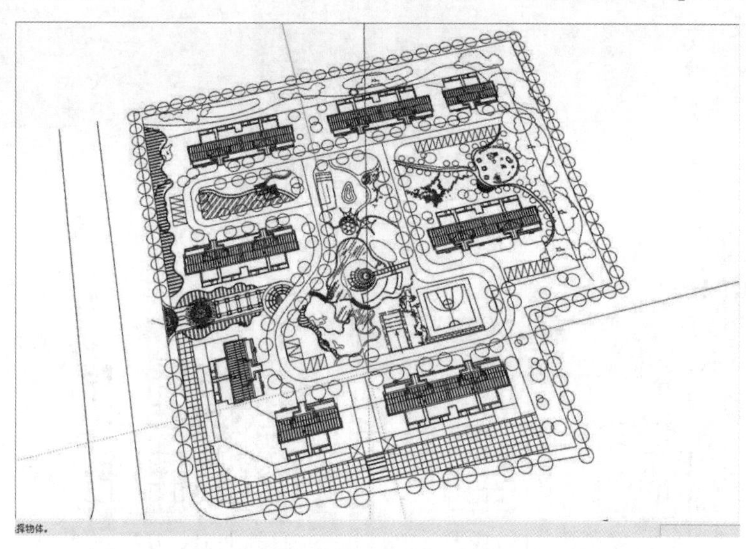

图 16.71 导入总平面图

（2）将裙楼标记显示出来，单击“编辑”工具栏上的“移动”按钮，移动总平面图与裙楼模型对齐，如图 16.72 所示。

（3）将裙楼模型隐藏，单击“绘图”工具栏上的“直线”按钮，捕捉 AutoCAD 图形，将道路和人行道的轮廓勾画出来成面。单击“编辑”工具栏上的“推/拉”按钮，将面进行拉伸，然后分别进行群组（道路向下拉伸 100mm，人行道向上拉伸 200mm）。最后分别赋予不同的颜色，如图 16.73 所示。

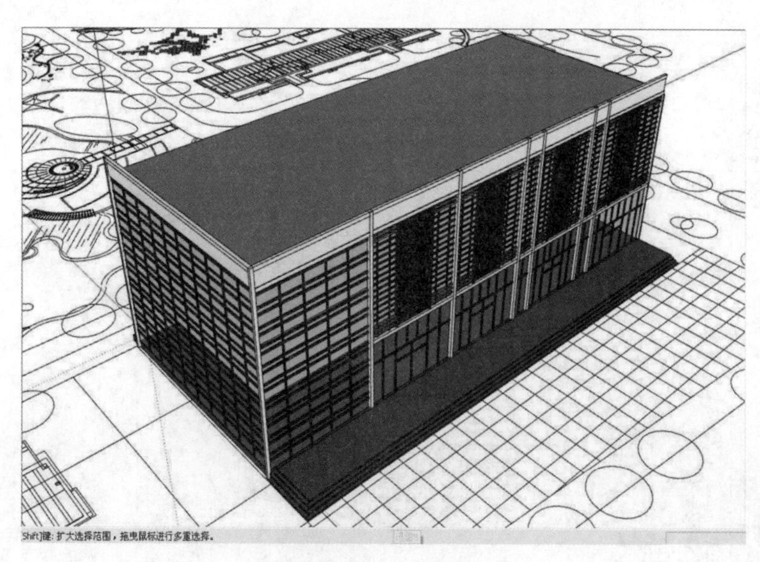

图 16.72 对齐模型

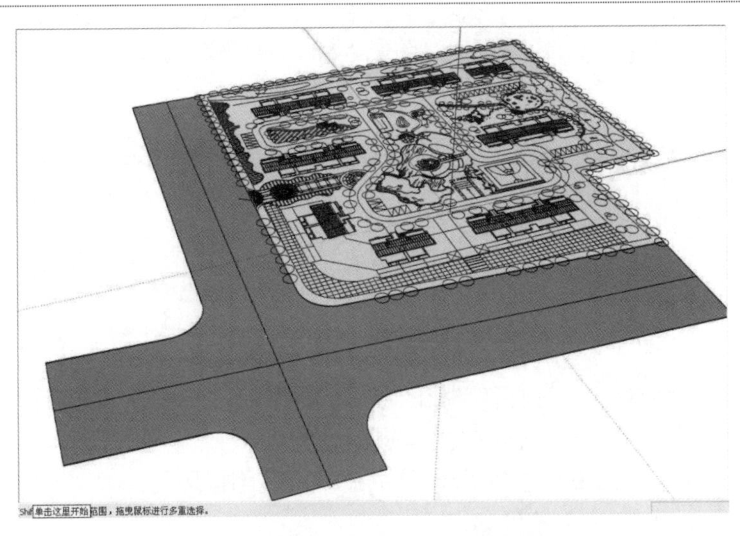

图 16.73 勾画出道路和基地轮廓并拉伸成体

（4）将 SketchUp 中总平面的 AutoCAD 图形删除，将道路和人行道的模型放到总平面标记中，然后将所有的标记都显示出来，得到最终的模型，如图 16.74 所示。

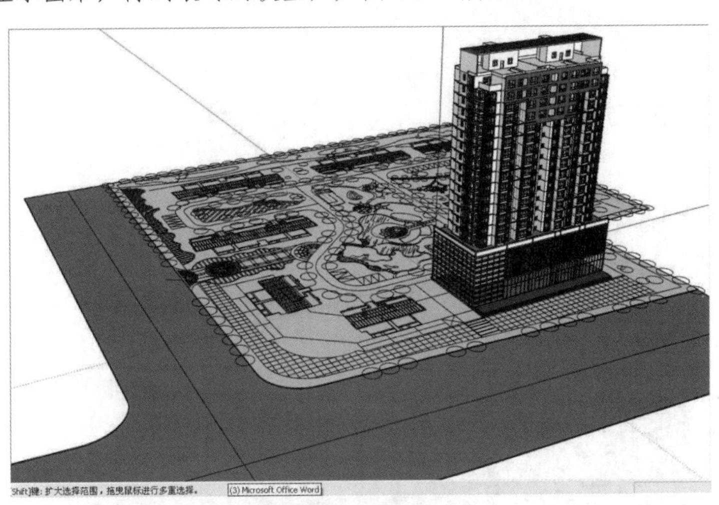

图 16.74 最终的模型

第 17 章　办公大楼建模实例

内容简介

办公大楼是当代城市建筑中常见的结构形式。本章将结合一个办公大楼建筑实例，详细介绍 SketchUP 在实际应用中的技巧和一些解决实际问题的经验。

通过本章的学习，读者能够初步掌握 SketchUP 的实际应用技巧。

源文件：源文件\第 17 章\办公大楼.skp

内容要点

- 办公大楼模型
- 办公大楼“阴影”动画
- 办公大楼“生长”动画

案例效果

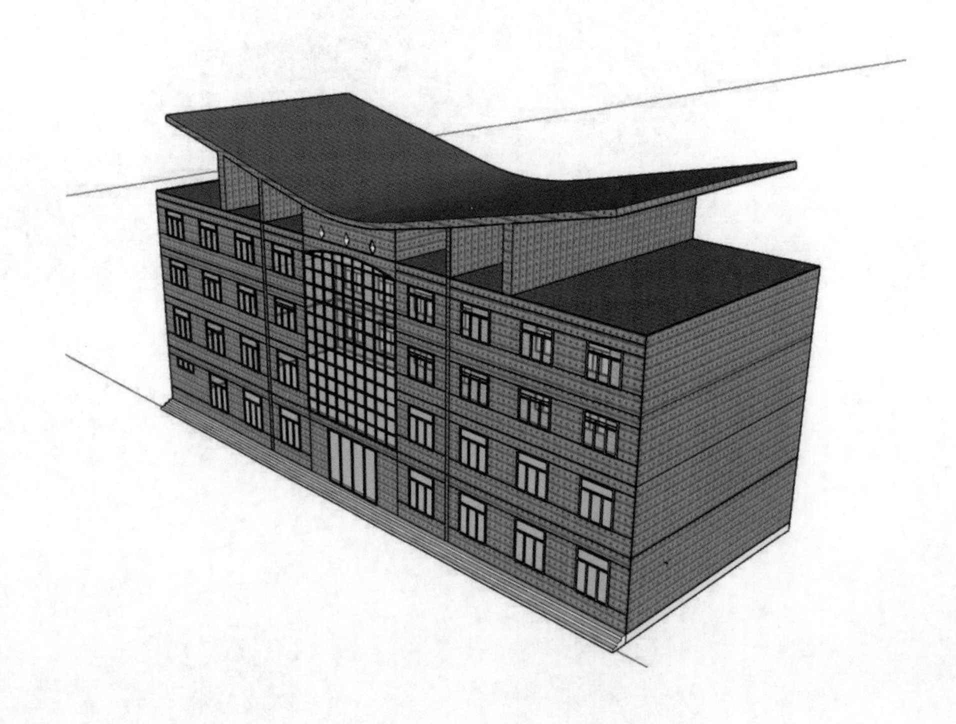

17.1　办公大楼模型

扫一扫，看视频

17.1.1　建模准备

打开一个新的场景或者在旧的场景里执行“文件”→“新建”命令，出现 SketchUp 默认的操作界面。建模环境的设置主要包括建模单位、快捷键以及快捷键的导入和导出。

【操作步骤】

1. 设置建模单位

（1）选择菜单栏中的“窗口”→“模型信息”命令，打开“模型信息”对话框。选择“单位”选项，如图 17.1 所示。

（2）在“格式”中选择“十进制”，在“长度”中选择“毫米”，“显示精确度”设置为 0.0mm，关闭对话框，完成单位的设置。

2. 设置快捷键

选择菜单栏中的“窗口”→“系统设置”命令，打开“SketchUp 系统设置”对话框。选择“快捷方式”选项，在“功能”列表中选择相应的命令，添加或修改快捷方式，如图 17.2 所示。

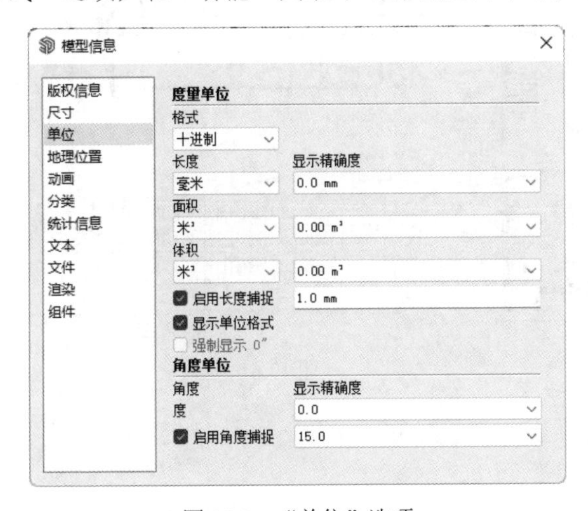

图 17.1　“单位”选项

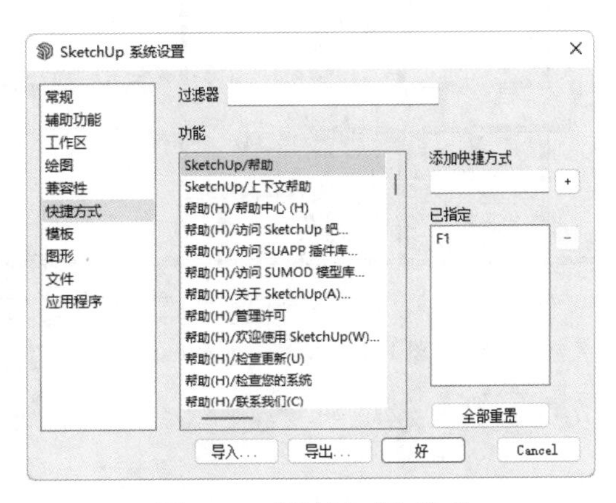

图 17.2　“快捷方式”选项

17.1.2　立面图的导入

扫一扫，看视频

【操作步骤】

1. 导入平面和立面

（1）选择菜单栏中的“文件”→“导入”命令，打开“导入”对话框，如图 17.3 所示。

（2）文件类型选择“AutoCAD 文件（*.dwg, *.dxf）”，然后找到在 AutoCAD 中修改好的文件，单击“选项”按钮，打开“导入 AutoCAD DWG/DXF 选项”对话框，如图 17.4 所示。

图 17.3　“导入”对话框

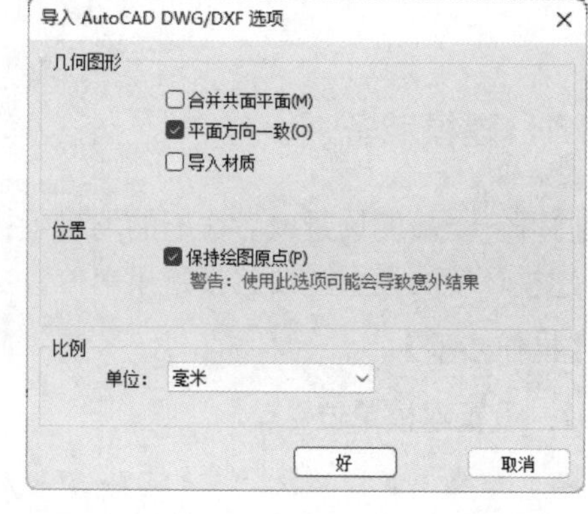

图 17.4　“导入 AutoCAD DWG/DXF 选项”对话框

（3）将“单位”修改成“毫米”，勾选“保持绘图原点”复选框，导入后的 AutoCAD 图形如图 17.5 所示。

（4）选择“文件”→“导入”命令，导入正立面图，放置到适当位置，如图 17.6 所示。

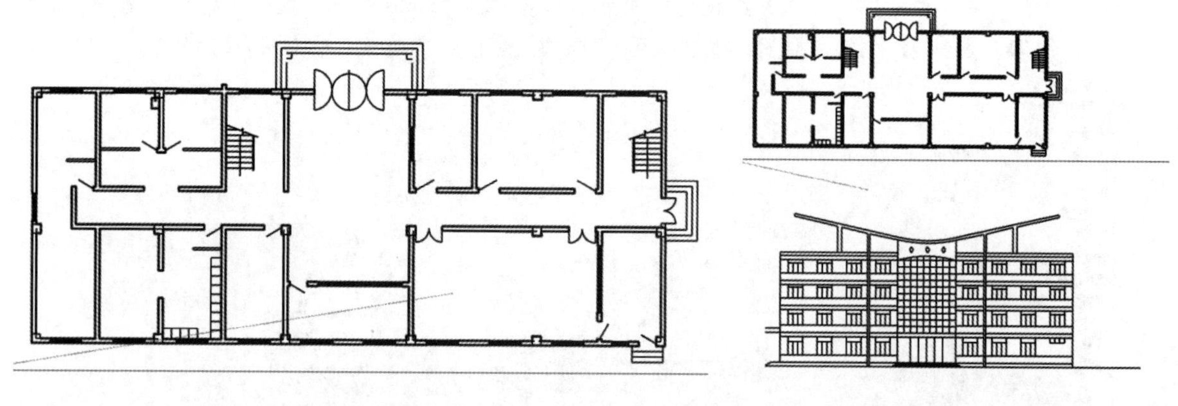

图 17.5　导入后的 AutoCAD 图形

图 17.6　导入正立面图

（5）选择“文件”→“导入”命令，导入侧立面图，放置到适当位置，如图 17.7 所示。

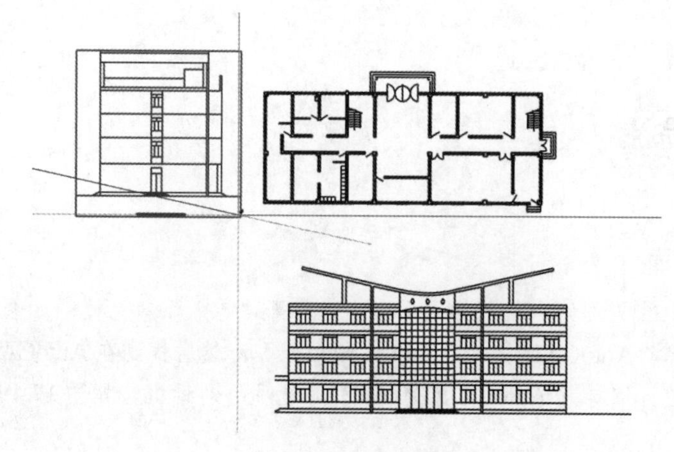

图 17.7　导入侧立面图

（6）打开“标记”面板，新建标记“正立面”“侧立面”“一层平面图”，并将导入的图形分别放在需要的标记内，方便以后管理，如图 17.8 所示。

（7）单击“绘图”工具栏上的“矩形”按钮▣，在空白绘图区域绘制一个矩形，如图 17.9 所示。

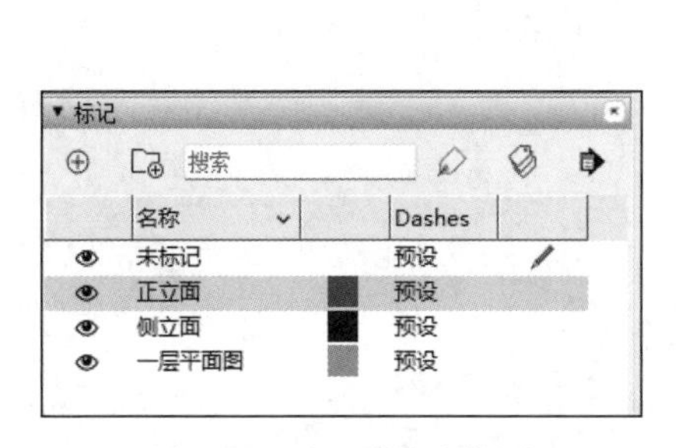

图 17.8　导入建筑立体图

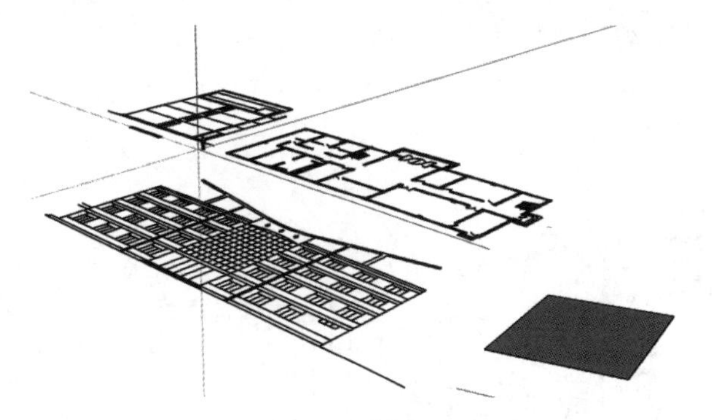

图 17.9　绘制矩形

（8）单击“编辑”工具栏上的“推/拉”按钮，选择上一步绘制的矩形作为推/拉面向上推/拉，如图 17.10 所示。

（9）单击“使用入门”工具栏上的“选择”按钮，确定正立面图为选中状态，然后单击“编辑”工具栏上的“旋转”按钮，在立方体上选择一点，将正立面图旋转 90°，如图 17.11 所示。

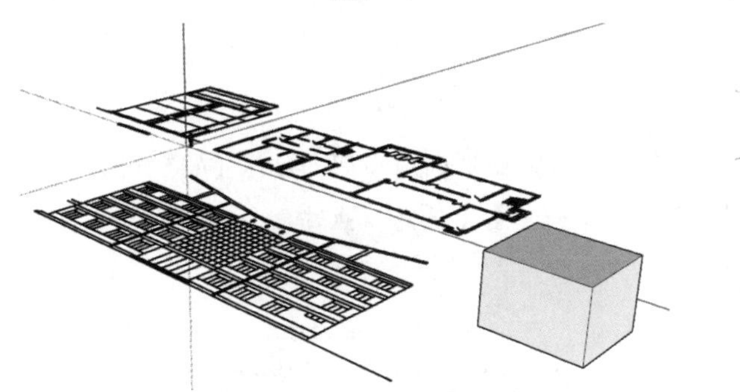

图 17.10　推/拉矩形

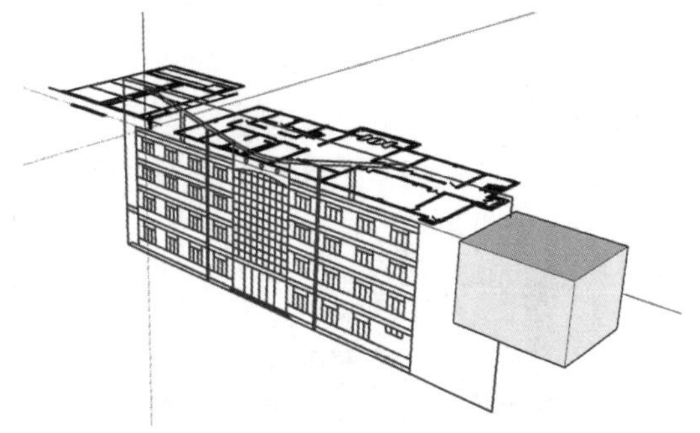

图 17.11　布置好 AutoCAD 图形

（10）单击“使用入门”工具栏上的“选择”按钮，确定侧立面图为选中状态，然后单击“编辑”工具栏上的“旋转”按钮，在立方体上选择一点，连续旋转侧立面图，并利用移动工具将旋转后的正立面及侧立面图放置到合适的位置，如图 17.12 所示。

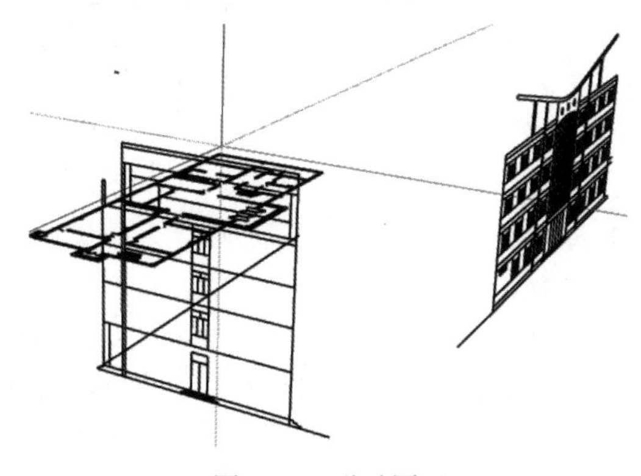

图 17.12　移动图形

2. 拉伸平面轮廓

（1）单击“使用入门”工具栏上的“选择”按钮，确定侧立面图为选中状态。单击“编辑”工具栏上的“移动”按钮，将导入的正立面图移动放置到一层平面图处。同理，选择侧立面图为移动对象，将其与正立面图贴合在一起，如图 17.13 所示。

（2）打开“标记”面板，将侧立面和正立面的标记隐藏，图形中只显示平面图，如图 17.14 所示。

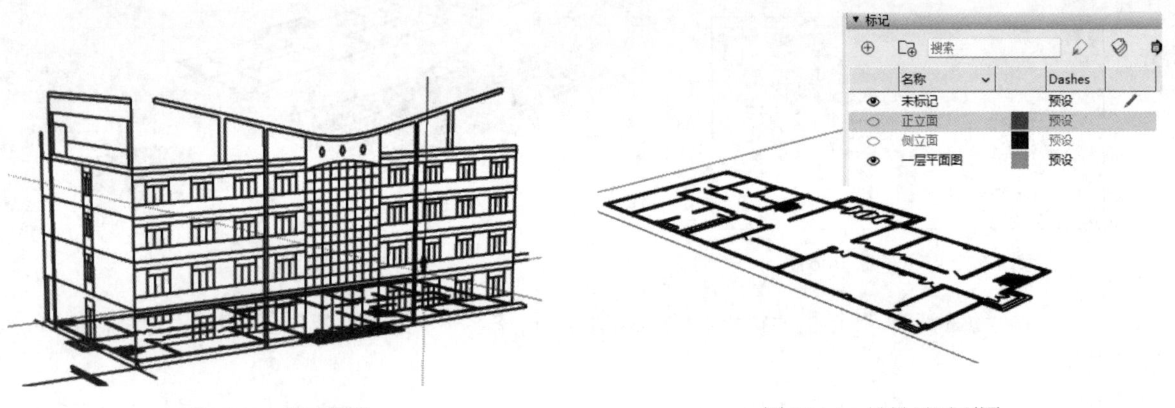

图 17.13　移动图形

图 17.14　只显示平面图

扫一扫，看视频

17.1.3　一层楼体模型

【操作步骤】

（1）单击“视图”工具栏上的“顶视图”按钮，将图形切换到顶视图，如图 17.15 所示。

（2）单击“绘图”工具栏上的“直线”按钮，选取平面图上任意一点为起点，顺着平面图的左半部分勾画出墙体轮廓，闭合成面，如图 17.16 所示。

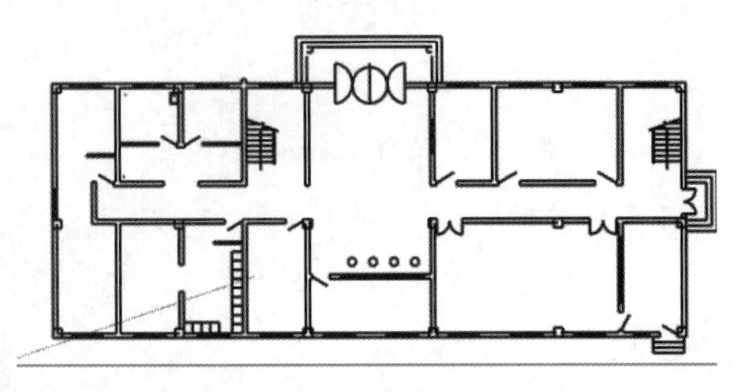

图 17.15　切换视图

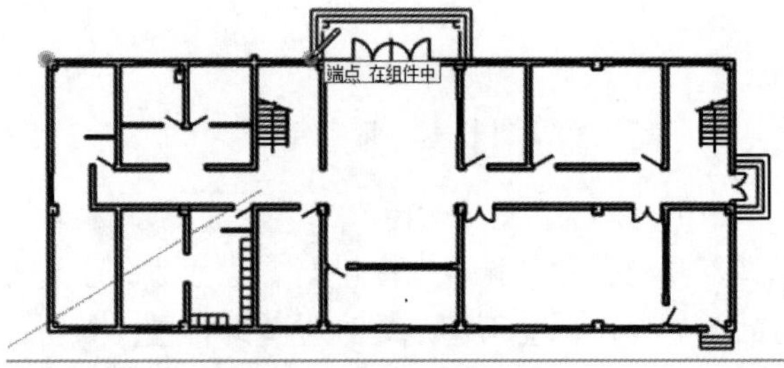

图 17.16　闭合成面

（3）使用直线工具并按住 Shift 键，强制使直线平行于任意一条坐标轴。这样就可以捕捉要对齐的点（可以捕捉不在同一条直线上的点），如图 17.17 所示。

（4）在勾线时利用 Shift 键+鼠标中键，然后单击“相机”工具栏上的“平移”按钮，同时滚动鼠标中键（放大或缩小图形）进行建模。

（5）默认情况下，SketchUp 是开启捕捉功能的（实体捕捉和角度捕捉）。实体捕捉包括点（端点、中点、交点）、线（线上任意一点）、面（面上任意一点），在使用某些需要定位的工具时，移动鼠标指针，当靠近上述的点时所捕捉的点就会以不同的颜色闪亮。单击定位到点，完成边线的绘制形成面，如图 17.18 所示。

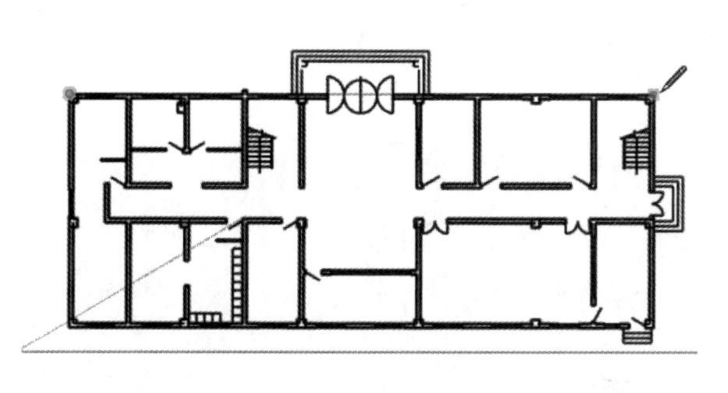

图 17.17　捕捉要对齐的点

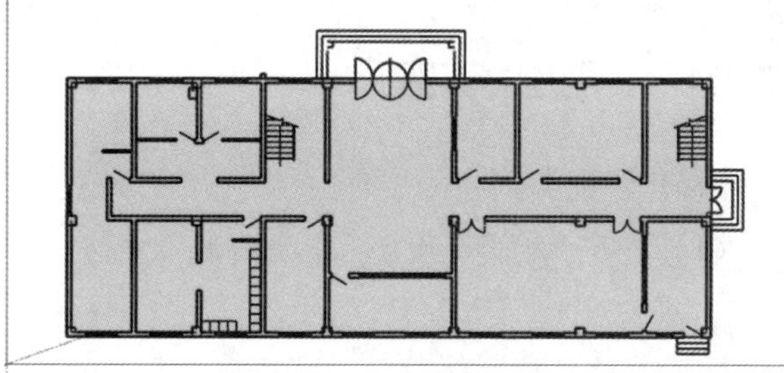

图 17.18　闭合线成面

（6）选择内部墙体面作为删除对象，按 Delete 键将其删除，如图 17.19 所示。

（7）单击“编辑”工具栏上的“推/拉”按钮，选择第（5）步创建的面，向上进行拉伸。最后在“数据交互”文本框中直接输入层高 4050（表示拉伸 4050mm），按回车键，结果如图 17.20 所示。

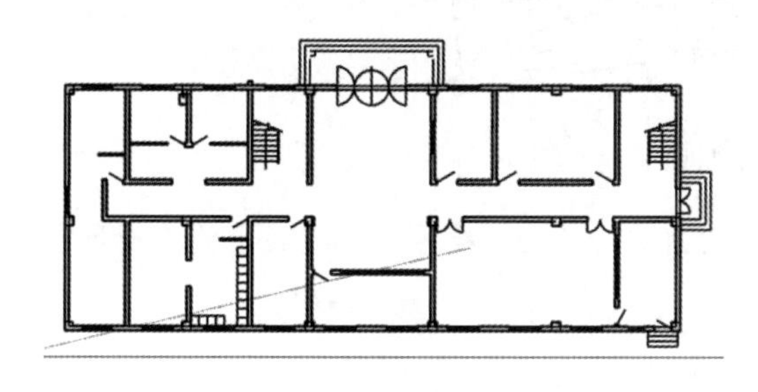

图 17.19　删除内部面

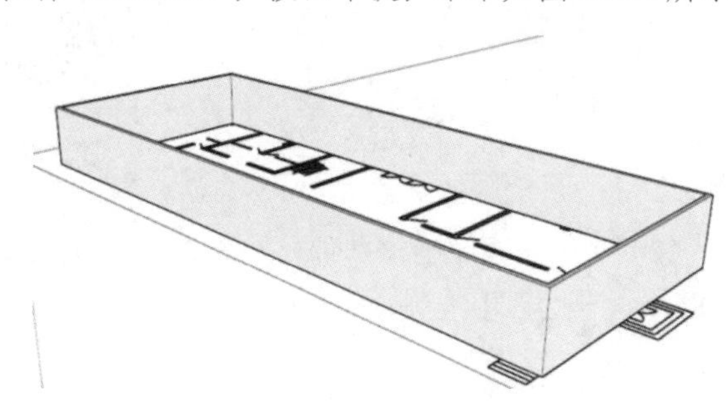

图 17.20　拉伸面成体

（8）双击拉伸的墙体轮廓，右击，在弹出的快捷菜单中选择“创建群组”命令，将墙体轮廓进行群组，如图 17.21 所示。

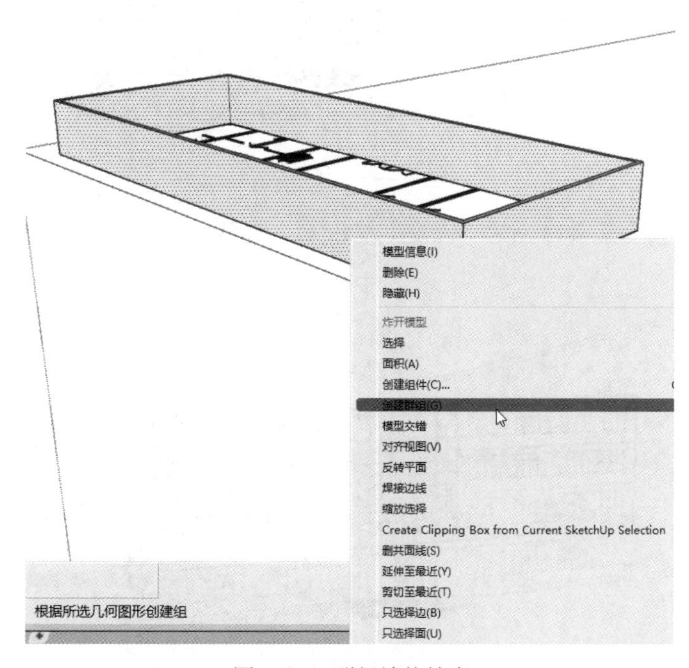

图 17.21　群组墙体轮廓

17.1.4　一层正立面图

【操作步骤】

（1）打开“标记”面板，取消隐藏正立面图，在图形中显示出正立面图，如图 17.22 所示。

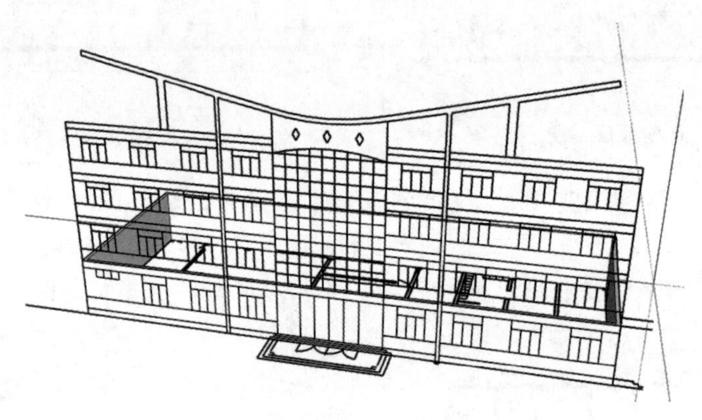

图 17.22　显示正立面图

（2）进入一层平面墙体编辑状态，对照 AutoCAD 立面图，单击“绘图”工具栏上的“矩形”按钮▢，结合立面图绘制一个矩形，如图 17.23 所示。

图 17.23　绘制矩形

（3）单击“使用入门”工具栏上的“选择”按钮↖，选择上一步绘制的矩形，按 Delete 键删除，如图 17.24 所示。

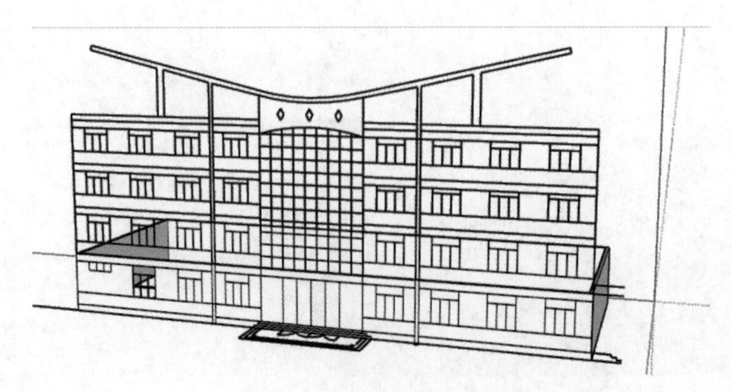

图 17.24　删除矩形留出窗洞

（4）创建正立面窗框。单击“绘图”工具栏上的“矩形”按钮，捕捉 AutoCAD 立面图窗框的两个角点绘制一个矩形。在面上双击选择面和面的边线，右击，在弹出的快捷菜单中选择“创建群组”命令。最后群组所选择的物体，如图 17.25 所示。

（5）双击刚刚创建的群组进入群组内部，结合导入的正立面图划分出窗框平面。

（6）单击“测量”工具栏上的“卷尺工具”按钮，选择窗框两点确定窗框宽度是 60mm（此时的窗户矩形为单独编辑状态），用测量工具将正立面窗框划分出来，矩形上出现多个测量点，如图 17.26 所示。

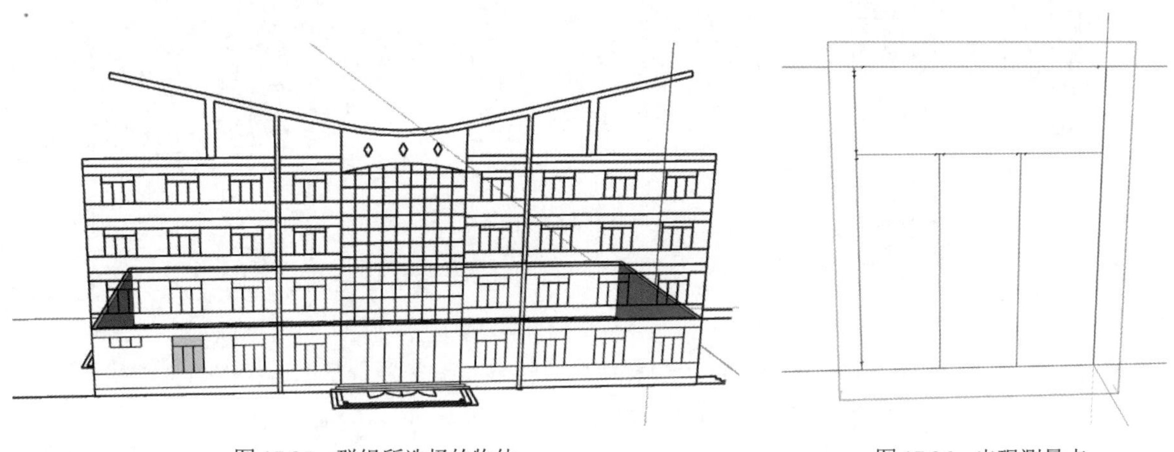

图 17.25　群组所选择的物体　　图 17.26　出现测量点

（7）单击“绘图”工具栏上的“直线”按钮，捕捉测量参考点，如图 17.27 所示。根据上一步绘制的测量点绘制窗框线，窗框线间距均为 60mm，如图 17.28 所示。

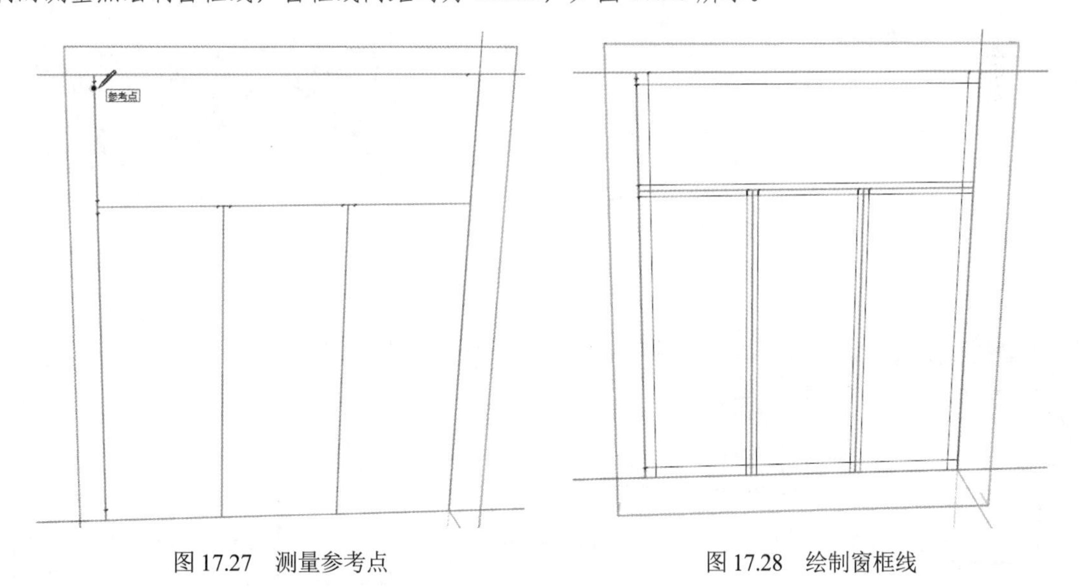

图 17.27　测量参考点　　图 17.28　绘制窗框线

（8）单击“使用入门”工具栏上的“选择”按钮，选择上一步绘制完窗框线的图形形成的单独面，按 Delete 键将其删除，如图 17.29 所示。

（9）单击“编辑”工具栏上的“推/拉”按钮，选择上一步删除面的窗图形向外拉伸，大窗框向外拉伸 100mm，如图 17.30 所示。

（10）单击“使用入门”工具栏上的“选择”按钮，选择窗框上多余的线条，将其删除，如图 17.31 所示。双击窗框图形，退出窗框单独编辑模式。

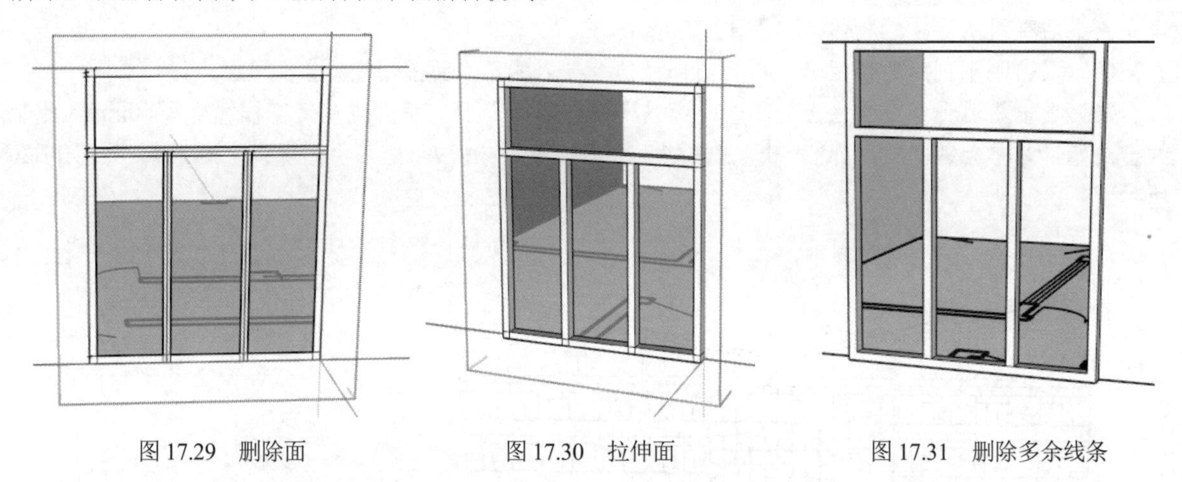

图 17.29　删除面　　图 17.30　拉伸面　　图 17.31　删除多余线条

（11）在窗框内部用“平面矩形”命令创建一个平面作为窗的玻璃，玻璃应该镶在窗框上，如图 17.32 所示。

（12）单击“大工具集”工具栏上的“颜料桶”按钮，打开“材质”面板。单击“材质选择”下拉按钮，在下拉列表中选择“玻璃和镜子”材质，如图 17.33 所示。

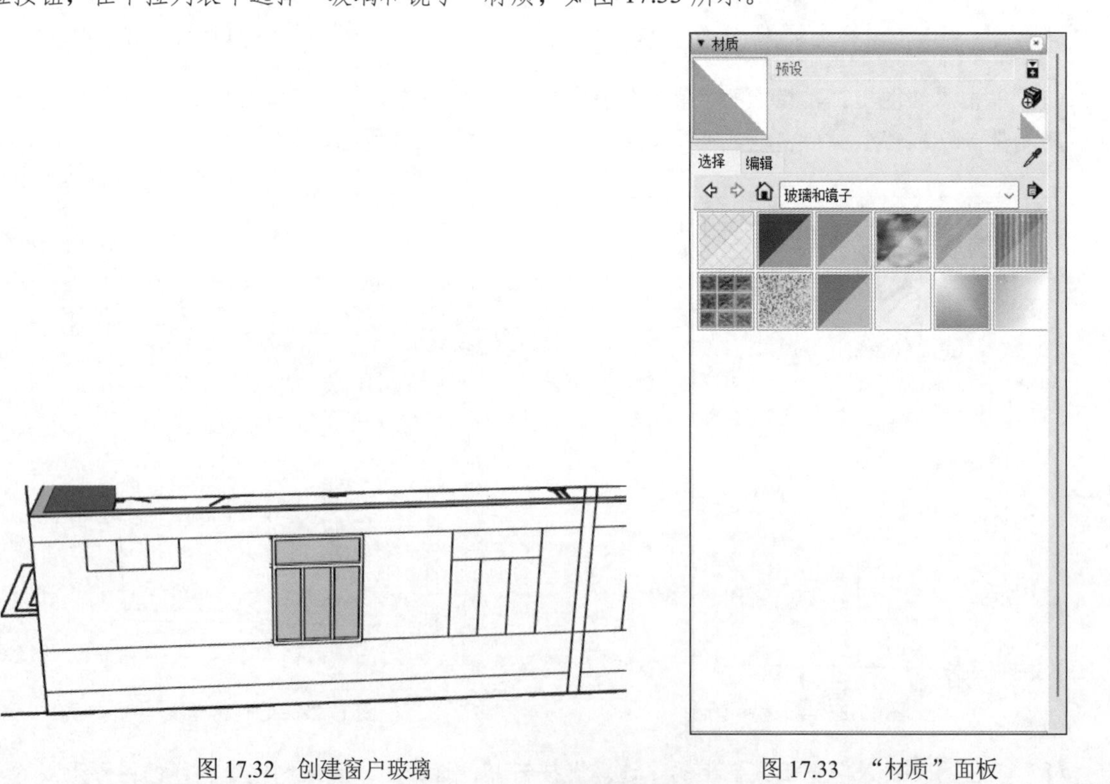

图 17.32　创建窗户玻璃　　图 17.33　“材质”面板

（13）单击“半透明安全玻璃”材质，如图 17.34 所示。这时鼠标指针在界面上发生变化，如图 17.35 所示。单击玻璃材质并赋予刚刚创建的平面，如图 17.36 所示。

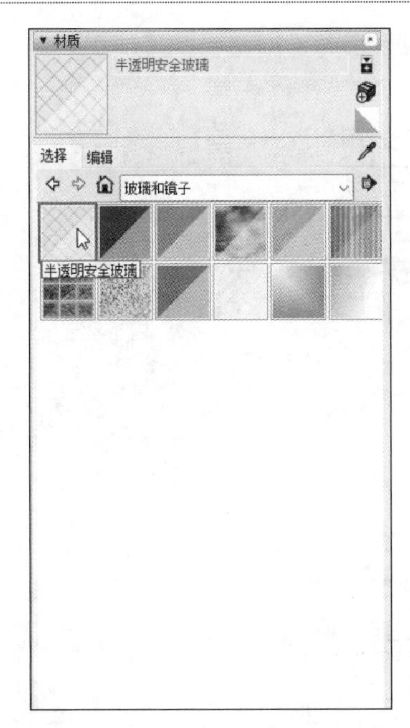

图 17.34　“半透明安全玻璃”材质

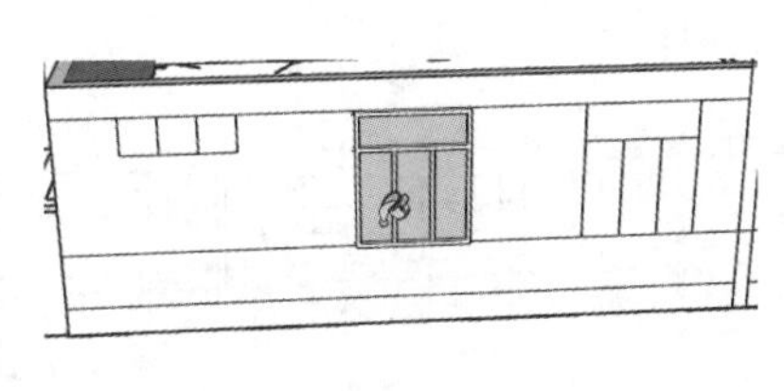

图 17.35　鼠标指针发生变化

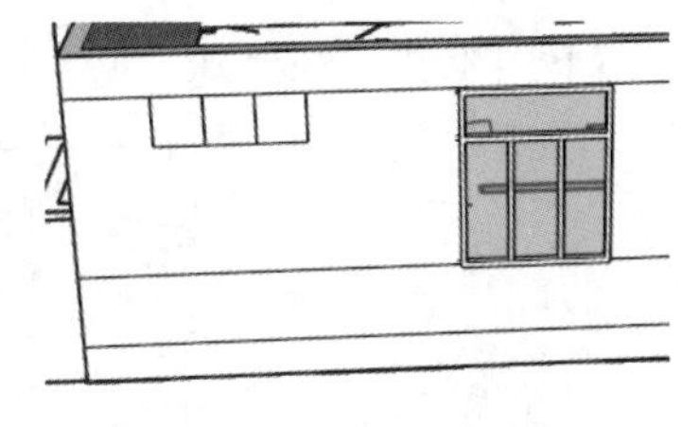

图 17.36　赋予玻璃材质

（14）单击“使用入门”工具栏上的“选择”按钮，选择创建完成的窗户和玻璃。右击，在弹出的快捷菜单中选择“创建群组”命令，如图 17.37 所示。将窗户和玻璃群组成一个整体，以方便后面操作。

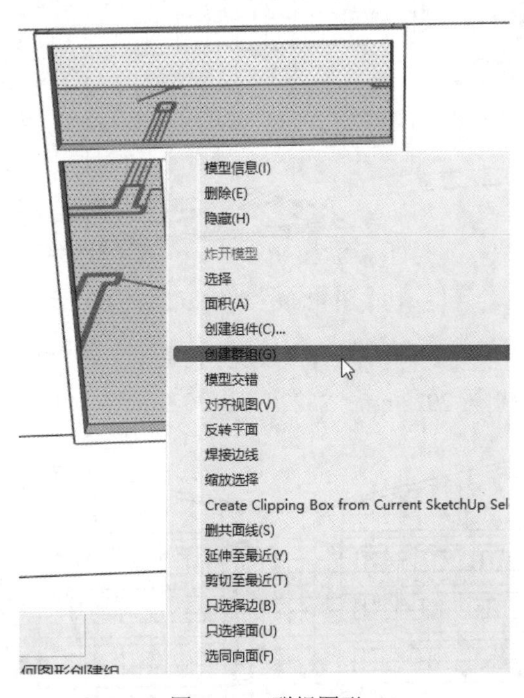

图 17.37　群组图形

（15）单击“编辑”工具栏上的“移动”按钮，选择上一步群组的窗户图形作为移动对象，按住 Ctrl 键对窗户图形执行移动复制操作，并将其放置到剩余的窗洞内，如图 17.38 所示。

图 17.38 移动复制窗户

（16）利用上述方法完成一层左上角小窗户的绘制，如图 17.39 所示。

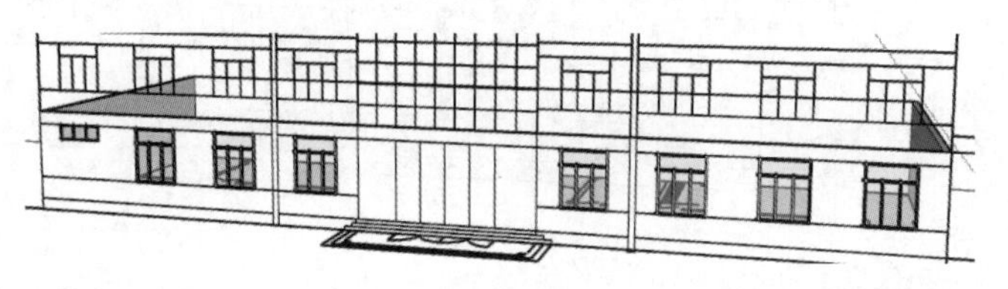

图 17.39 绘制窗户

（17）单击“绘图”工具栏上的“矩形”按钮，捕捉一层入口处台阶图形，绘制 3 个矩形，如图 17.40 所示。

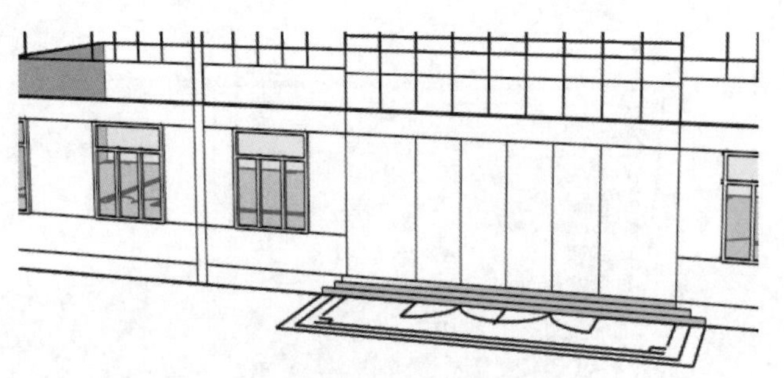

图 17.40 绘制矩形

（18）单击“编辑”工具栏上的“推/拉”按钮，选择上一步绘制的 3 个矩形并将其向外侧进行推/拉，推/拉距离由上至下分别为 2022mm、2322mm、2622mm，如图 17.41 所示。

图 17.41 推/拉图形

（19）选择上一步绘制的台阶图形，右击，在弹出的快捷菜单中选择“创建群组”命令，将台阶图形组合成一个整体。

（20）双击墙体进入墙体内部，出现编辑外框，如图 17.42 所示。

图 17.42　编辑墙体

（21）单击“绘图”工具栏上的“矩形”按钮，捕捉入口门，绘制一个矩形，如图 17.43 所示。

图 17.43　绘制矩形

（22）单击“使用入门”工具栏上的“选择”按钮，选择上一步绘制的矩形面，将其删除，如图 17.44 所示。双击墙体，退出单独编辑模式。

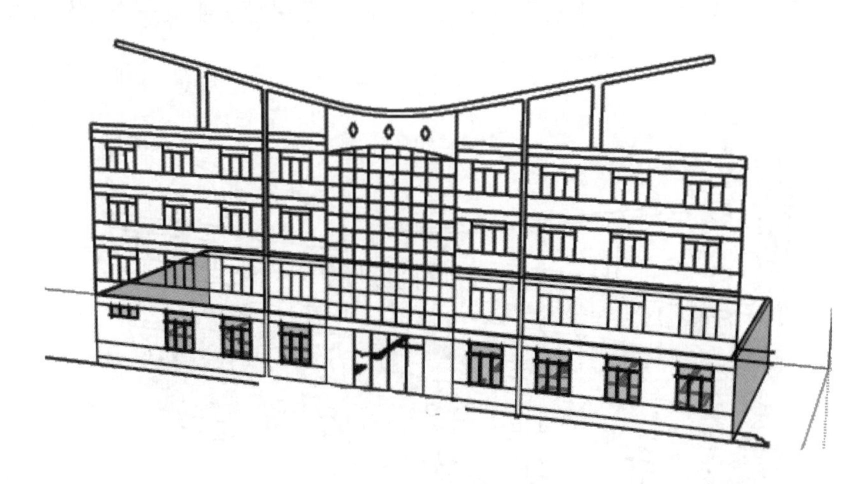

图 17.44　删除面

（23）利用前面讲述的绘制窗户的方法完成入户门的绘制，如图 17.45 所示。

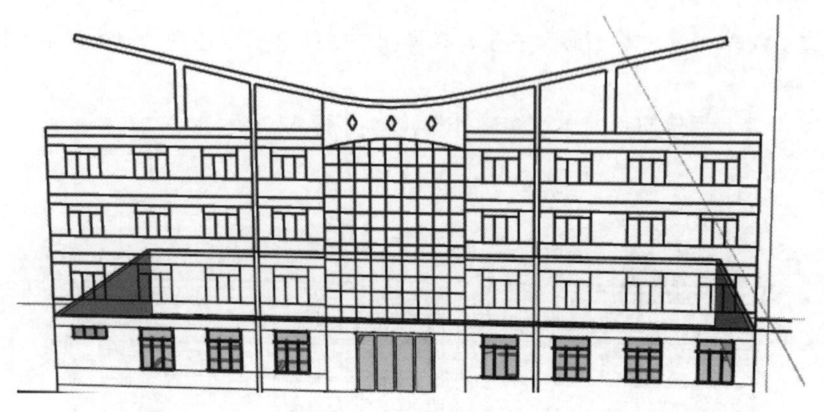

图 17.45　绘制入户门

（24）打开“标记”面板，将正立面隐藏，将侧立面显示出来，如图 17.46 所示。

（25）单击“绘图”工具栏上的“直线”按钮，根据侧立面图勾画出底部台阶轮廓线，如图 17.47 所示。选择创建面，右击，在弹出的快捷菜单中选择“创建群组”命令，进行群组。

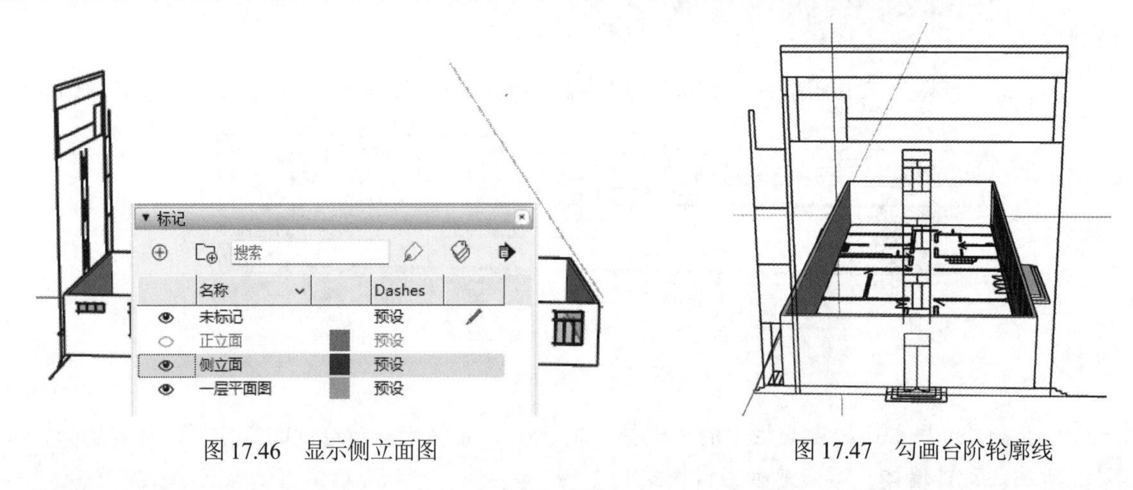

图 17.46　显示侧立面图　　　　图 17.47　勾画台阶轮廓线

（26）单击“绘图”工具栏上的“直线”按钮，勾画底层平面图形成一个面并将其进行群组，如图 17.48 所示。

图 17.48　群组图形

（27）单击“编辑”工具栏上的“推/拉”按钮，选择上一步绘制的面，向下推/拉，推/拉距离为 450mm，如图 17.49 所示。

（28）双击上一步创建的台阶面进入单独编辑模式，单击“绘图”工具栏上的“直线”按钮，勾画入户门处的台阶线，如图 17.50 所示。

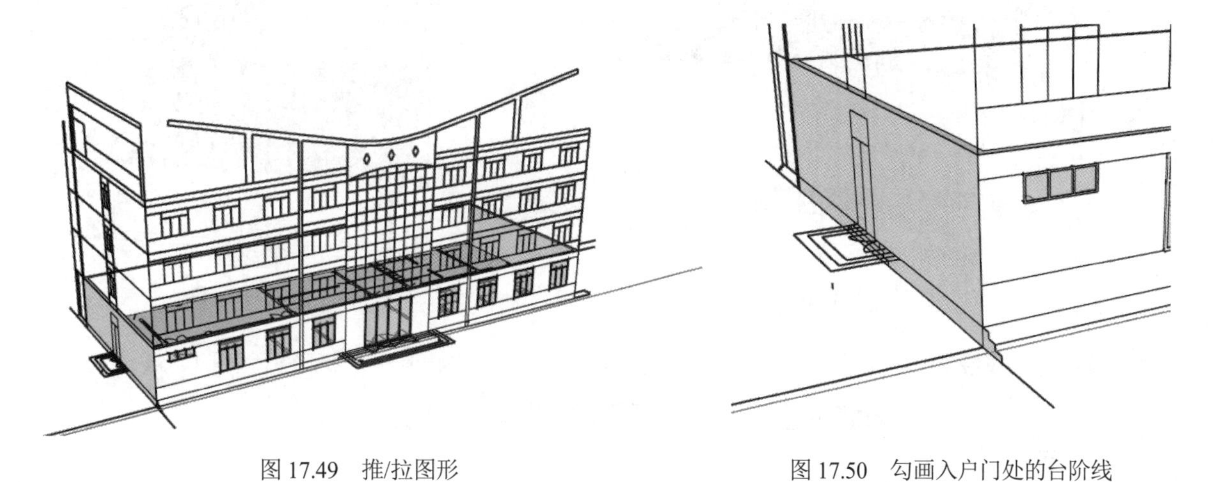

图 17.49　推/拉图形　　　　图 17.50　勾画入户门处的台阶线

（29）单击“编辑”工具栏上的“推/拉”按钮，选择上一步图形中的台阶线，结合一层平面图完成台阶的推/拉，如图 17.51 所示。

（30）利用正立面图楼梯的画法完成侧立面图楼梯的绘制，然后将一层平面图隐藏，如图 17.52 所示。

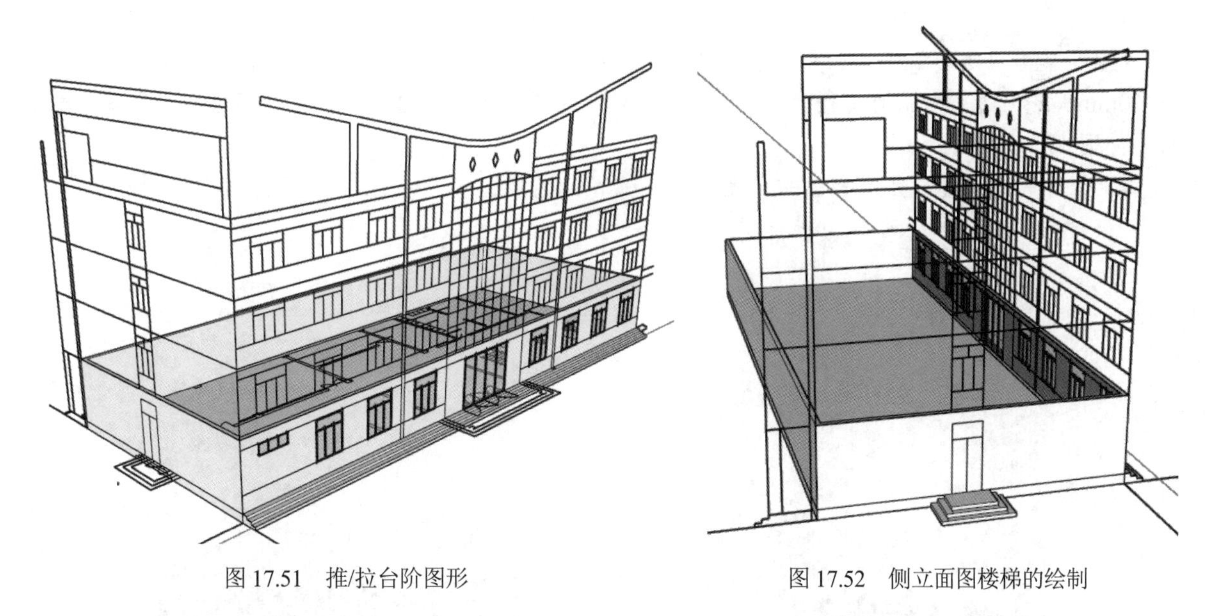

图 17.51　推/拉台阶图形　　　　图 17.52　侧立面图楼梯的绘制

（31）双击墙体面进入编辑模式，单击“绘图”工具栏上的“矩形”按钮，在墙体上捕捉门图形绘制矩形，如图 17.53 所示。

（32）单击“使用入门”工具栏上的“选择”按钮，选择上一步绘制的矩形，将其删除，如图 17.54 所示。双击，退出单独编辑模式。

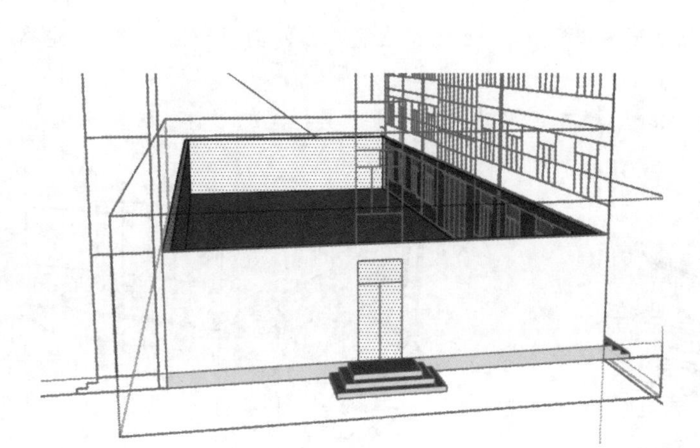

图 17.53　绘制矩形

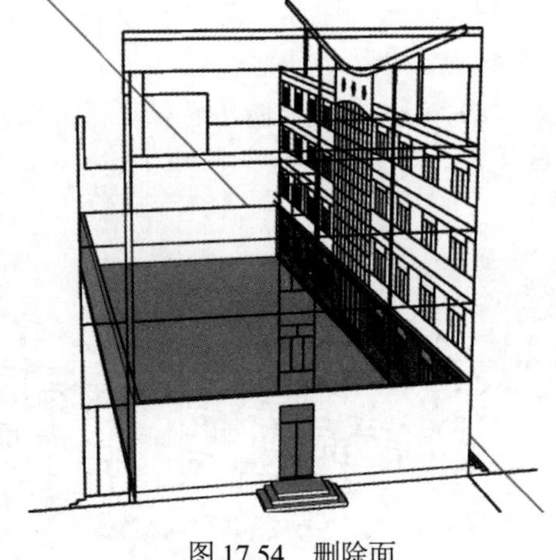

图 17.54　删除面

（33）单击“绘图”工具栏上的“矩形”按钮，捕捉门洞绘制一个矩形，如图 17.55 所示。

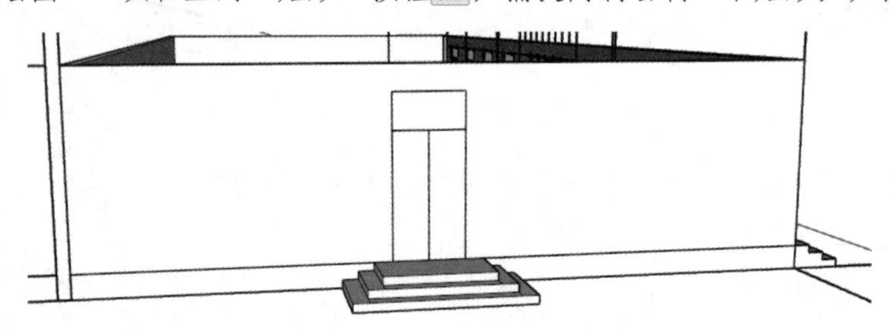

图 17.55　绘制矩形

（34）单击“建筑施工”工具栏上的“卷尺工具”按钮，选择入户门上的两个点确定窗框宽度为 60mm（此时的入户门为单独编辑状态），用测量工具将入户门框划分出来，矩形上出现多个测量点，如图 17.56 所示。

（35）单击“绘图”工具栏上的“直线”按钮，连接上一步绘制的测量点，如图 17.57 所示。

图 17.56　添加测量点

图 17.57　连接测量点

（36）单击“使用入门”工具栏上的“选择”按钮，选择上一步分隔出来的面，将其删除，如图 17.58 所示。

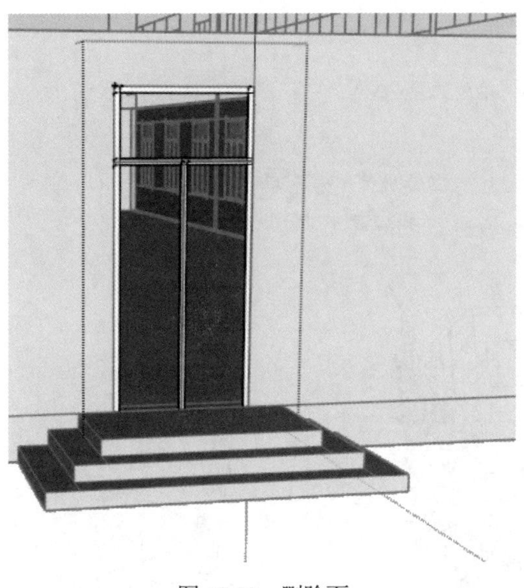

图 17.58　删除面

（37）单击“编辑”工具栏上的“推/拉”按钮，选择之前绘制的门框图形，将其向外侧推/拉。外框推/拉 100mm，内框推/拉 80mm，如图 17.59 所示。

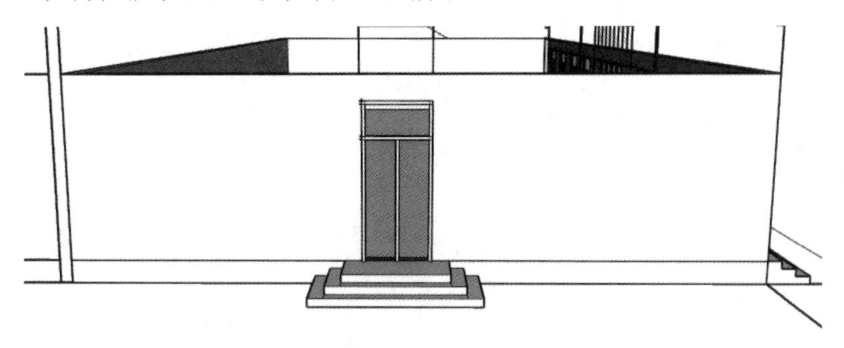

图 17.59　推/拉图形

（38）利用前面创建窗户玻璃的方法创建门玻璃并赋予材质，如图 17.60 所示。

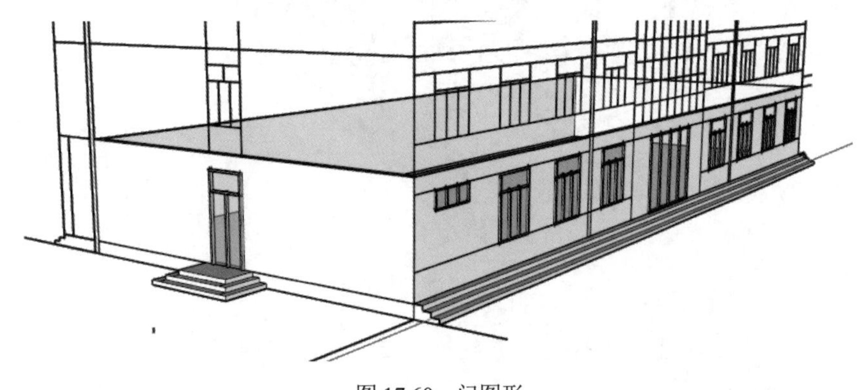

图 17.60　门图形

扫一扫，看视频

17.1.5 二层楼体模型

【操作步骤】

（1）选择菜单栏中的“文件”→“导入”命令，选择二层平面图为导入对象，导入二层平面图，如图 17.61 所示。

（2）单击“绘图”工具栏上的“矩形”按钮，捕捉墙体图绘制一个矩形，形成一个闭合面。右击矩形，在弹出的快捷菜单中选择“创建群组”命令进行群组，如图 17.62 所示。

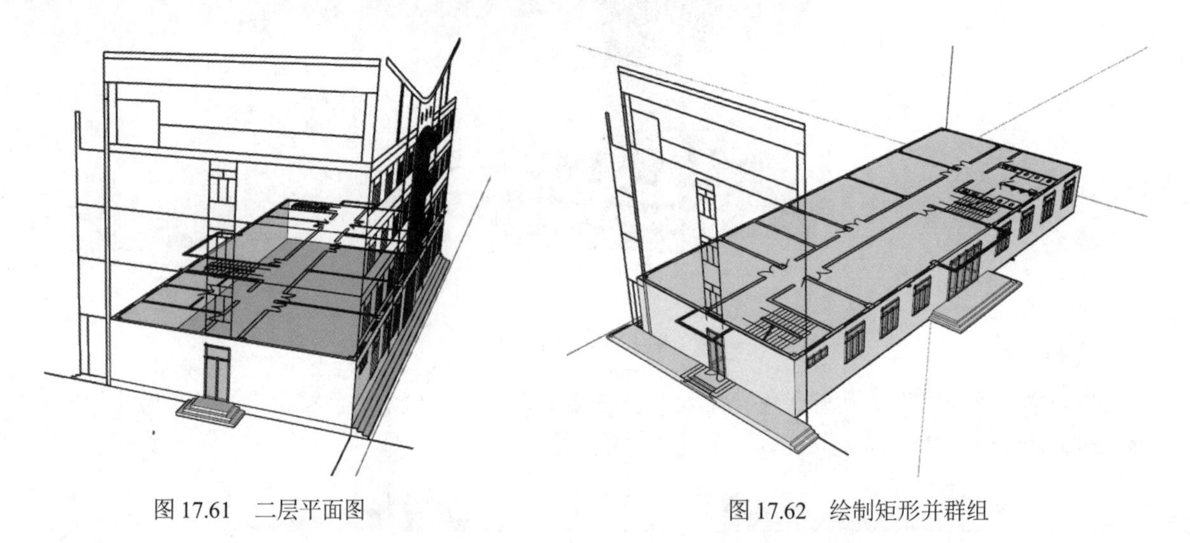

图 17.61 二层平面图　　图 17.62 绘制矩形并群组

（3）单击“编辑”工具栏上的“偏移”按钮，选择上一步绘制的面，将其向内进行偏移。

（4）单击“使用入门”工具栏上的“选择”按钮，选择内部面，将其删除，如图 17.63 所示。

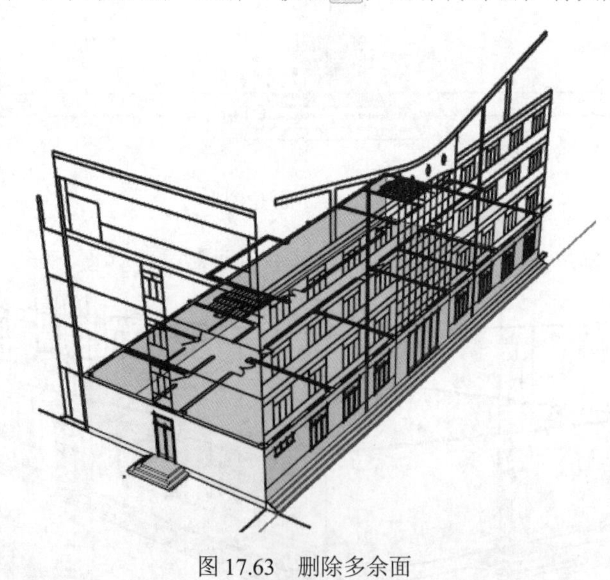

图 17.63 删除多余面

（5）单击“编辑”工具栏上的“推/拉”按钮，选择上一步剩余的墙体，将其向上推/拉。推/拉距离为 3300mm，如图 17.64 所示。

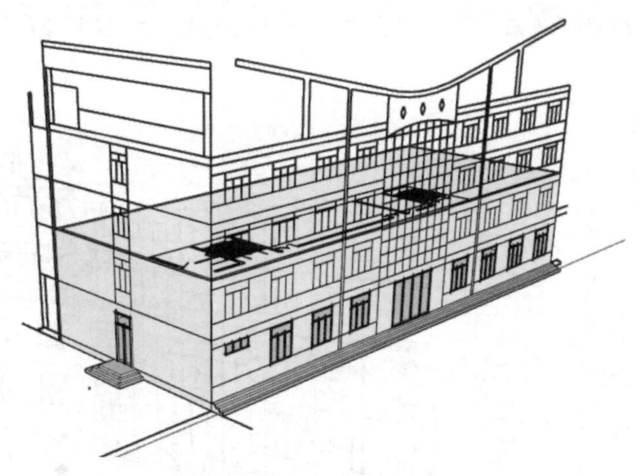

图 17.64　推/拉墙体

（6）窗洞的创建方法基本相同，这里不再详细阐述。具体操作方法可参考前面的内容，如图 17.65 所示。

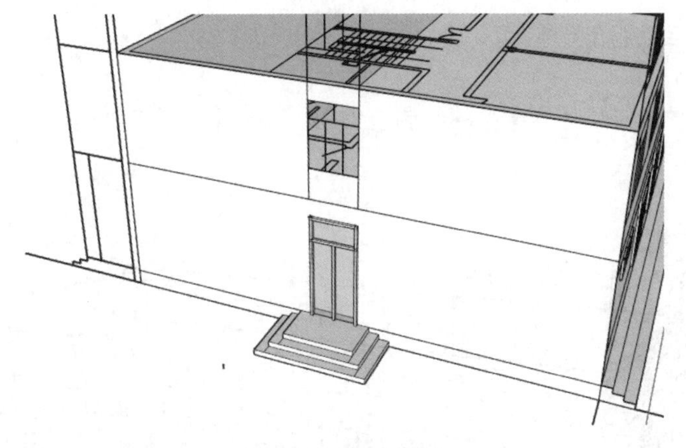

图 17.65　抠出窗洞

（7）利用绘制入户门的方法绘制二层窗户，如图 17.66 所示。

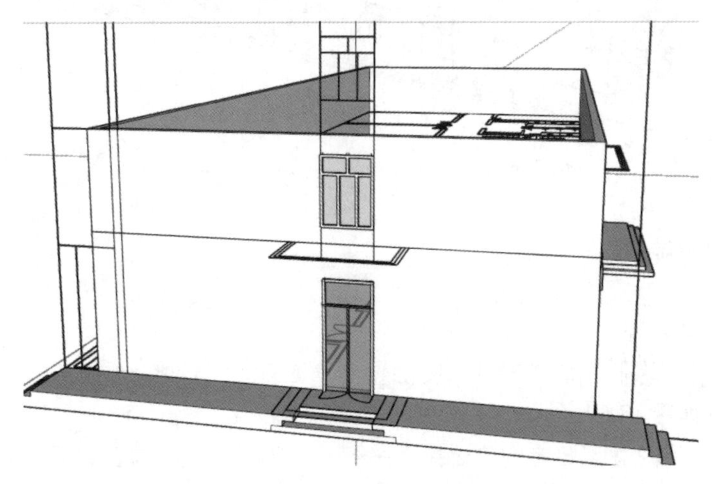

图 17.66　绘制二层窗户

（8）利用一层窗户的绘制方法完成二层正立面窗户的绘制，如图 17.67 所示。

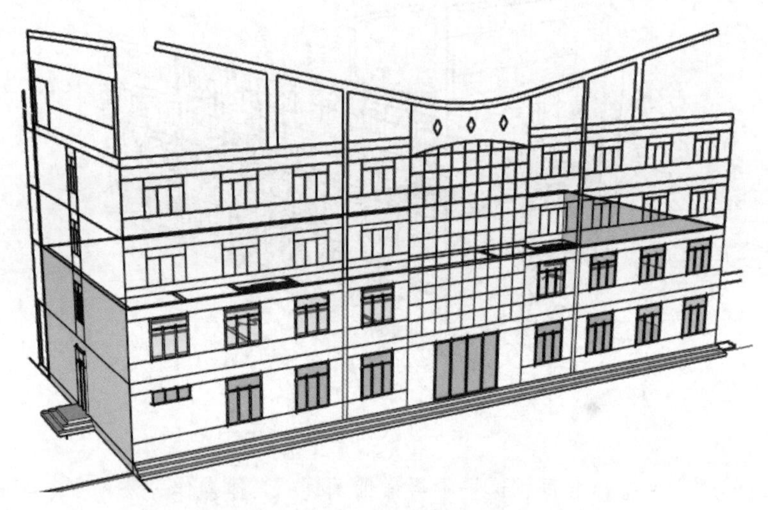

图 17.67　绘制二层正立面窗户

扫一扫，看视频

17.1.6　三层和四层楼体模型

同上所述完成三层和四层楼体模型的绘制，如图 17.68 所示。

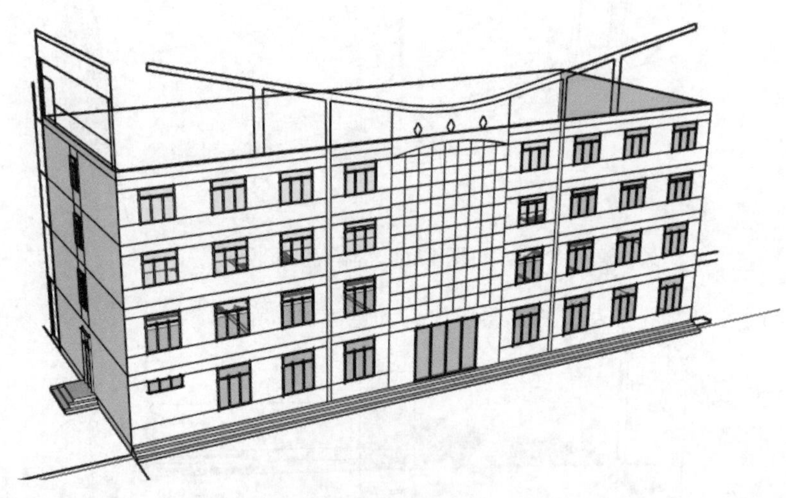

图 17.68　绘制三层和四层楼体模型

扫一扫，看视频

17.1.7　幕墙及剩余墙体

【操作步骤】

（1）单击“绘图”工具栏上的“直线”按钮和“圆弧”按钮，勾画正立面图幕墙，然后闭合使其形成单独的面，如图 17.69 所示。

（2）单击“使用入门”工具栏上的“选择”按钮，选择上一步勾画的面，按 Delete 键删除，如图 17.70 所示。

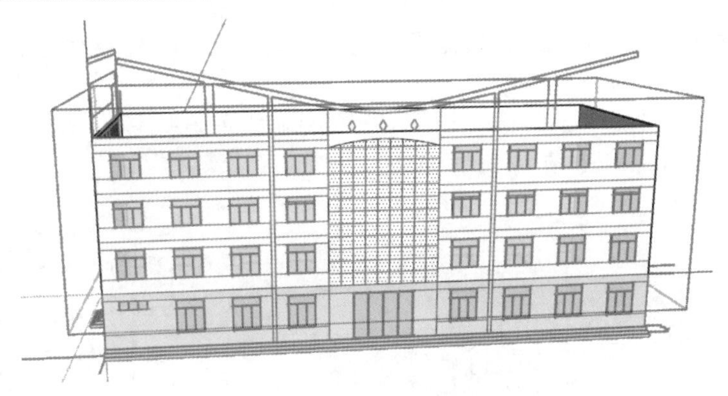

图 17.69 勾画幕墙面

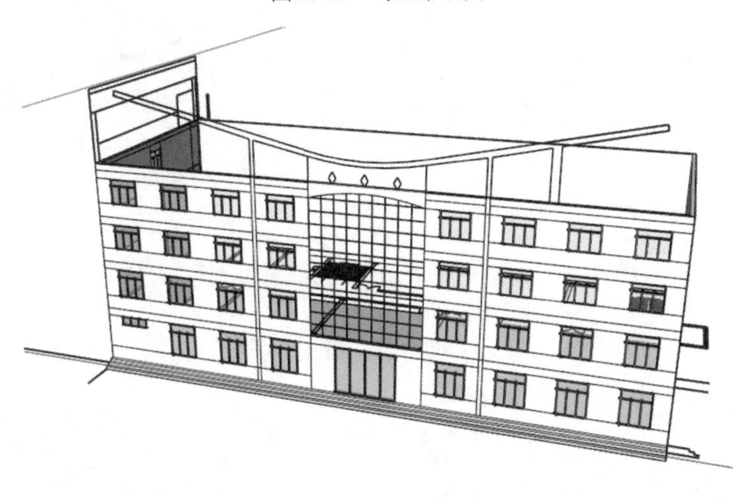

图 17.70 删除面

（3）单击“圆弧”按钮和“直线”按钮，绘制玻璃幕墙封闭面。右击面，在弹出的快捷菜单中选择“创建群组”命令，使其合并为组，如图 17.71 所示。

（4）双击创建的群组进入群组内部，单击“绘图”工具栏上的“直线”按钮，选取上面的一个顶点，向下绘出一条长 60mm 的线段，再从这条线段的端点向里绘出另外一条长 60mm 的线段，新的端点就是内部窗框的一个顶点，如图 17.72 所示。

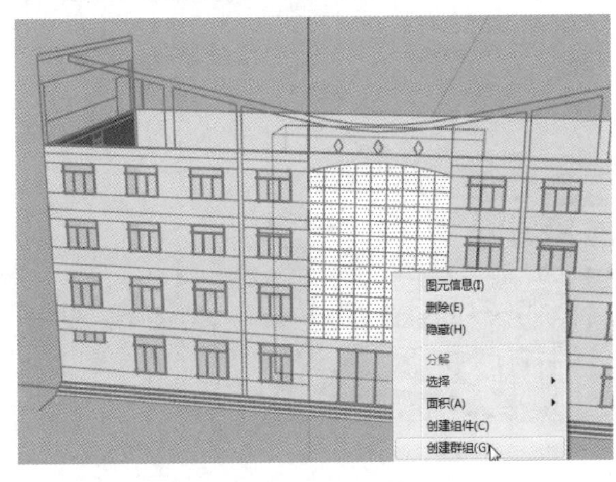

图 17.71 创建群组

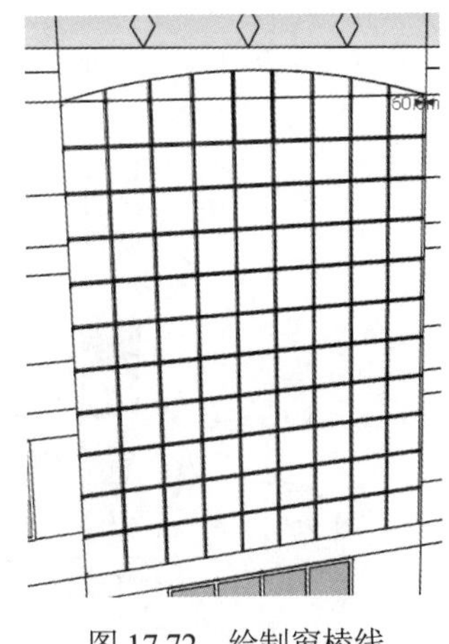

图 17.72 绘制窗棱线

（5）单击“使用入门”工具栏上的“选择”按钮，选择线形成的单独面，将其删除，如图 17.73 所示。

（6）单击“编辑”工具栏上的“推/拉”按钮，选择上一步删除面的玻璃幕墙框，将其向外进行推/拉，推/拉距离为 60mm，如图 17.74 所示。

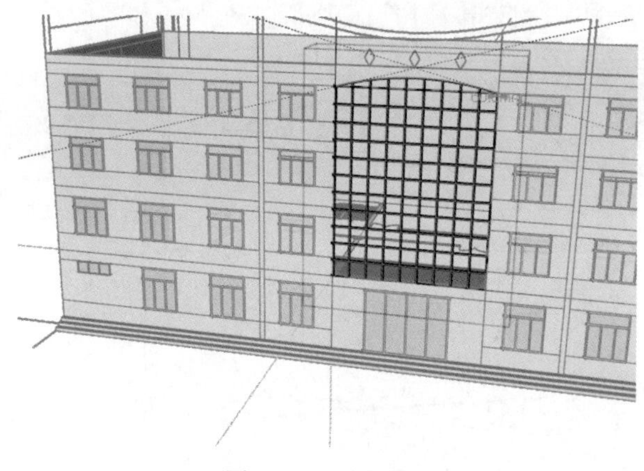

图 17.73　删除图形

图 17.74　推/拉窗体

（7）利用窗户玻璃的创建方法完成窗户玻璃幕墙的绘制，如图 17.75 所示。

（8）参照正立面绘制背立面图，如图 17.76 所示。

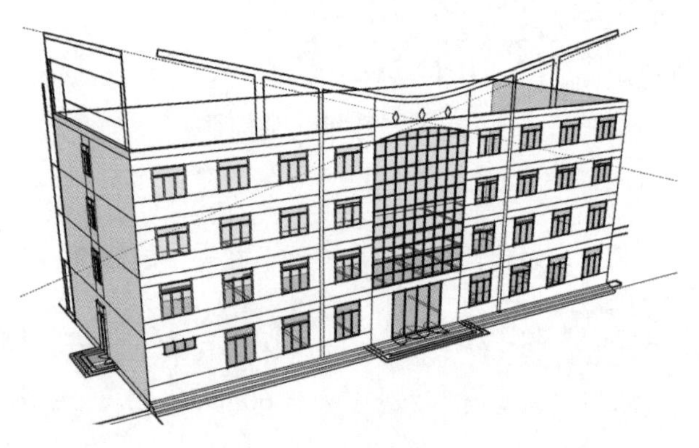

图 17.75　绘制玻璃幕墙

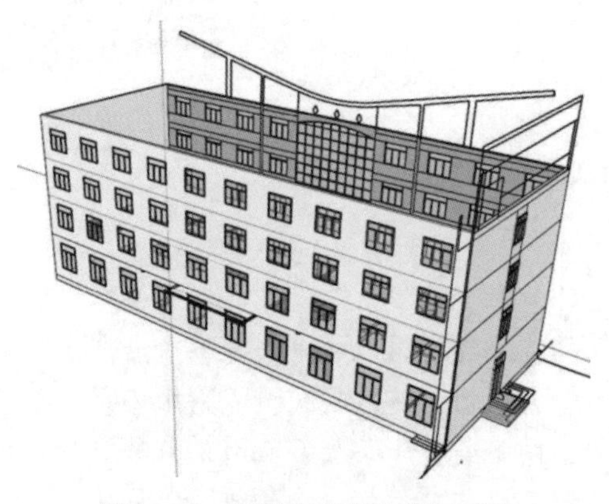

图 17.76　绘制玻璃幕墙背立面图

（9）单击“绘图”工具栏上的“矩形”按钮，勾画楼顶，绘制一个封闭矩形面，如图 17.77 所示。

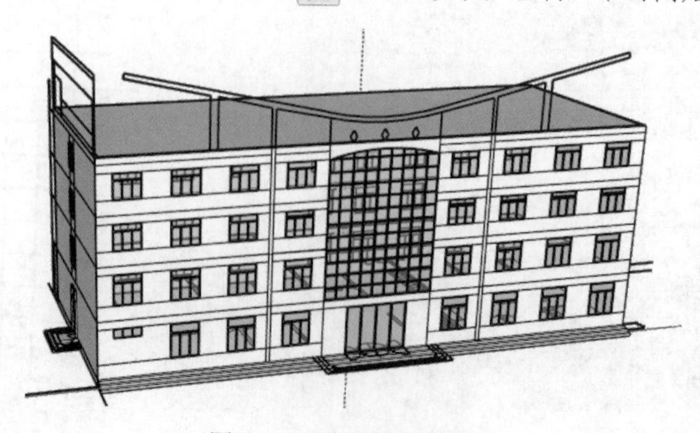

图 17.77　绘制封闭矩形面

扫一扫，看视频

17.1.8　楼板模型的创建

【操作步骤】

（1）单击“绘图”工具栏上的“直线”按钮和“圆弧”按钮，勾画正立面图的屋顶造型，如图 17.78 所示。

（2）单击“编辑”工具栏上的“推/拉”按钮，选择上一步勾画的屋顶造型，将其向后推/拉，推/拉距离为 14000mm，如图 17.79 所示。

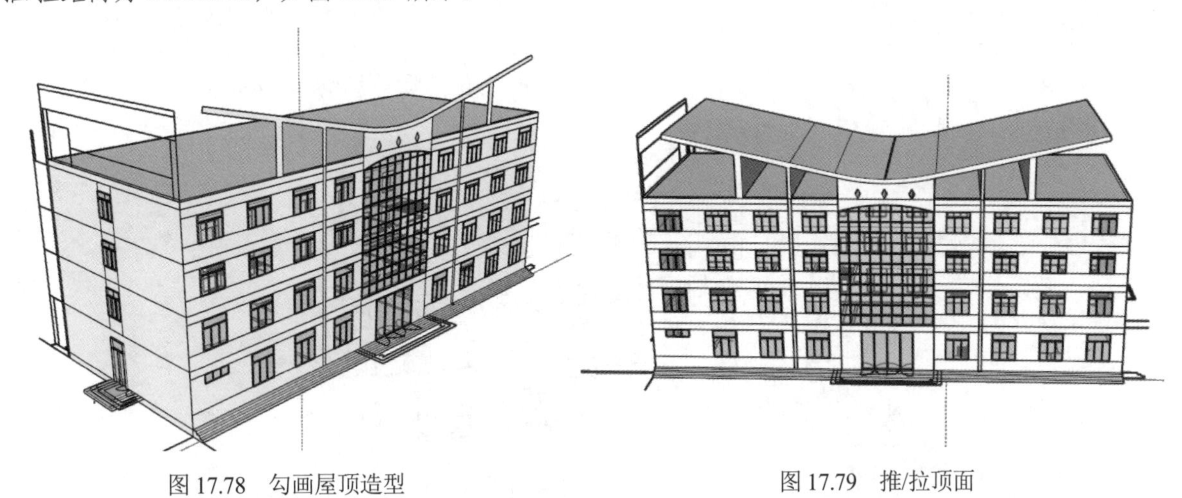

图 17.78　勾画屋顶造型　　图 17.79　推/拉顶面

（3）单击“使用入门”工具栏上的“选择”按钮，选择上一步图形中所有导入的平面图，按 Delete 键删除，如图 17.80 所示。

（4）选择菜单栏中的“编辑”→“删除参考线”命令，将图形中的参考线删除，如图 17.81 所示。

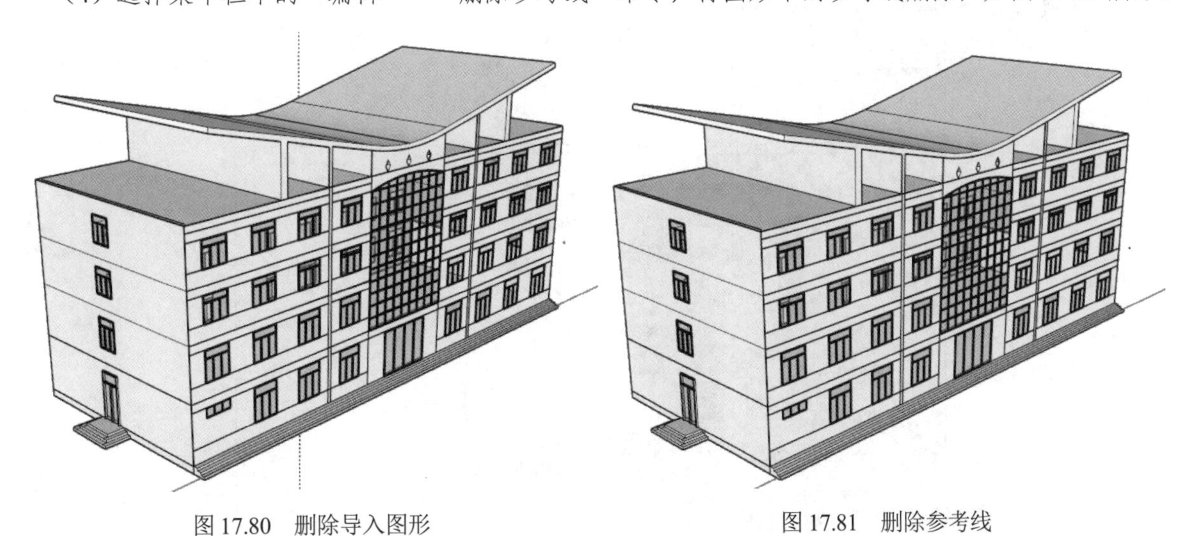

图 17.80　删除导入图形　　图 17.81　删除参考线

（5）选择办公大楼顶面图形，单击“默认面板”中的“柔化边线”面板，进行相关属性的设置，如图 17.82 所示。办公大楼柔化边线后的结果如图 17.83 所示。

（6）选择不需要的边线，将其隐藏，如图 17.84 所示。

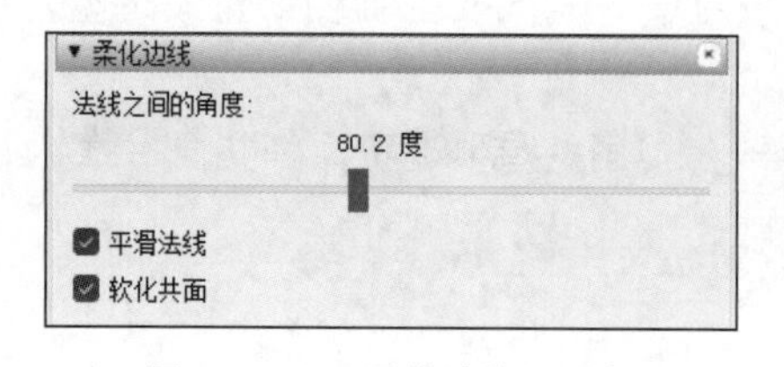

图 17.82 “柔化边线”面板

图 17.83 办公大楼图形

图 17.84 隐藏边线

（7）单击“大工具集”工具栏上的“颜料桶”按钮，打开“材质”面板，选择“瓦片”，切换到“编辑”选项卡，进行相应设置，如图 17.85 所示。

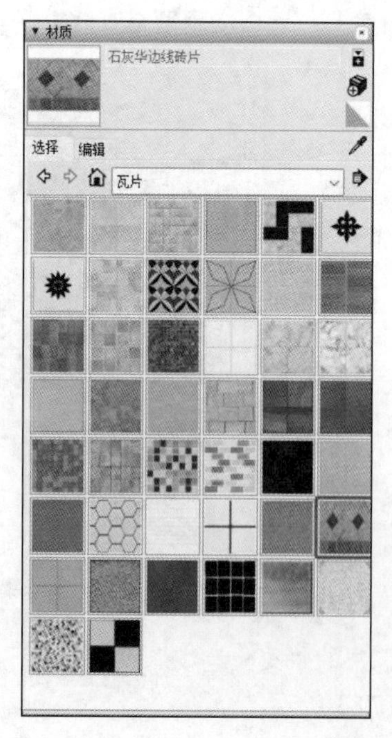

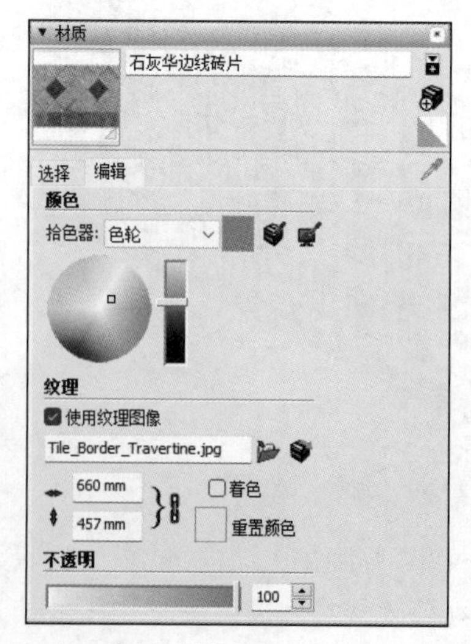

图 17.85 “材质”面板

（8）单击模型，将材质赋予楼体模型，如图 17.86 所示。

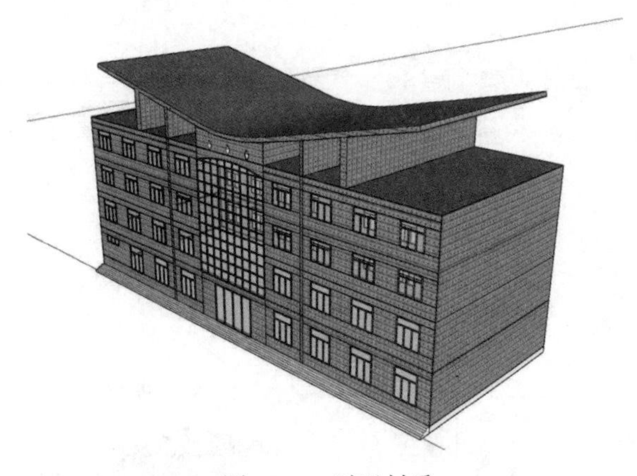

图 17.86　赋予材质

17.2　办公大楼“阴影”动画

扫一扫，看视频

【操作步骤】

（1）选择菜单栏中的“文件”→“打开”命令，打开“办公大楼”图形，如图 17.87 所示。

图 17.87　打开的场景

（2）地球上不同地区、不同季节物体的阴影变化是不一样的，所以要首先设定地区。选择菜单栏中的“窗口”→“模型信息”命令，在打开的对话框中选择“地理位置”选项，如图 17.88 所示。

（3）单击“手动设置位置”按钮，打开如图 17.89 所示的对话框。

（4）完成位置设置后，选择“默认面板”→“阴影”面板，设置阴影。

（5）创建场景，制作同一天中太阳运行所引起的阴影变化。也可以制作同一时刻一年中物体阴影的变化。

（6）将月份调节到 9（9 月），然后将“时间”滑块移动到 6 点左右，如图 17.90 所示。

（7）调整场景视角，如图 17.91 所示。

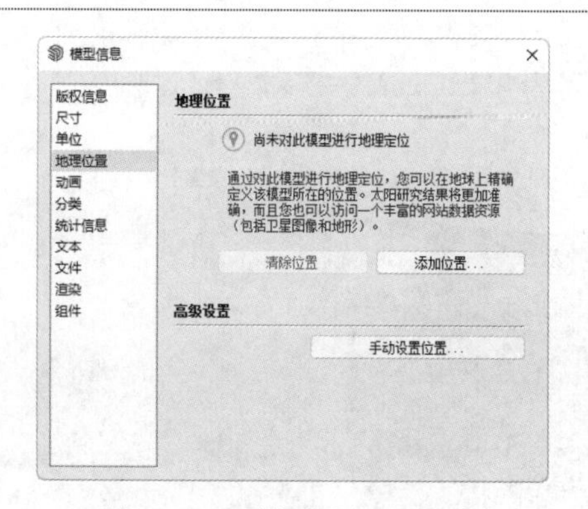

图 17.88 “模型信息”对话框

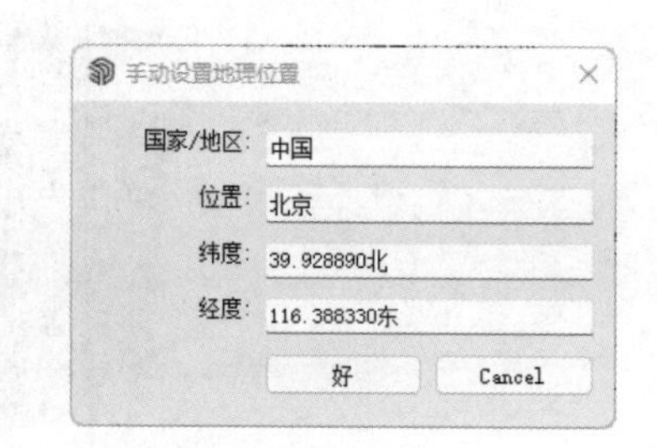

图 17.89 设置地理位置

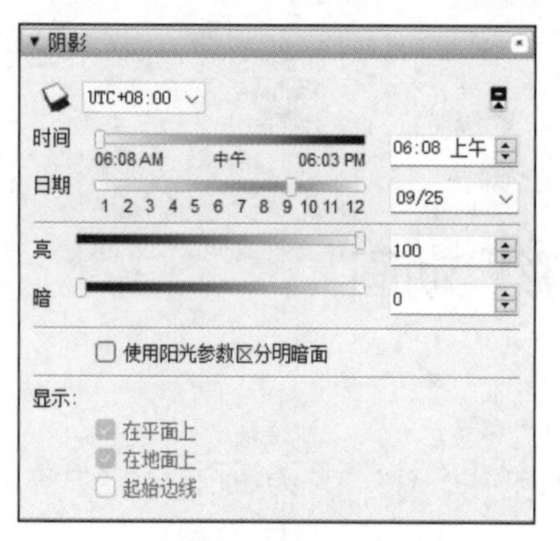

图 17.90 设置阴影参数

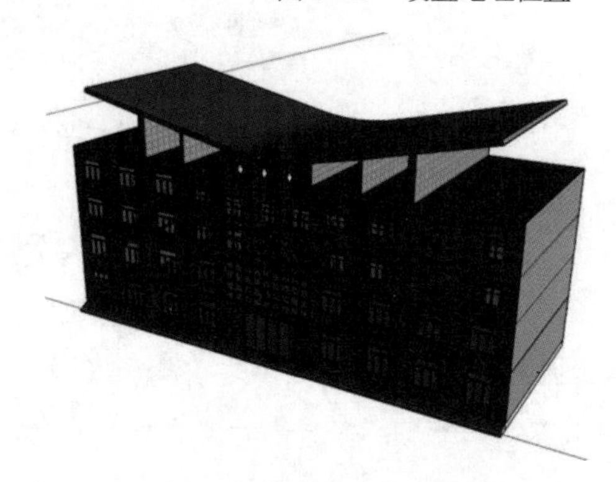

图 17.91 调整场景视角

（8）选择菜单栏中的“窗口”→“场景”命令，创建第 1 个场景，命名为“6:00”，如图 17.92 所示。

（9）将时间调整到 9 点左右，如图 17.93 所示。创建新的场景，命名为“9:00”，如图 17.94 所示。

（10）再分别创建“12:00”“15:00”“18:00”几个场景，如图 17.95 所示。

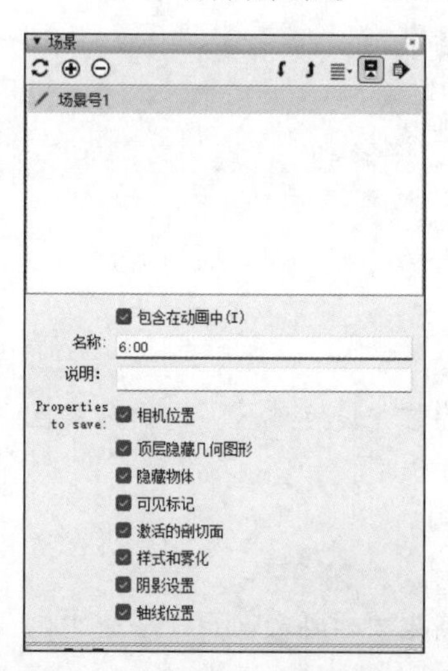

图 17.92 给第 1 个场景命名

图 17.93 在“阴影”面板上调整时间

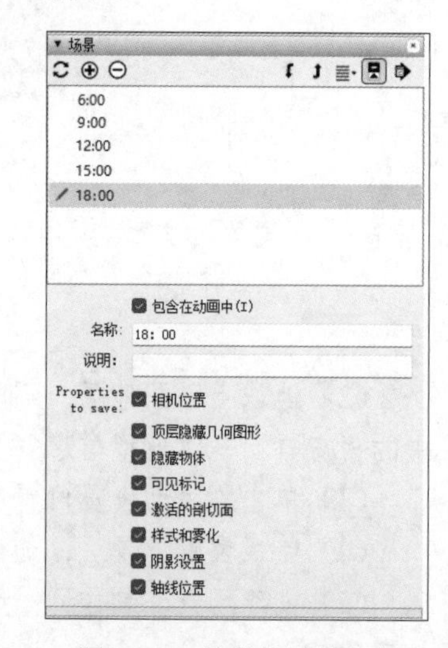

图 17.94 给其他场景命名

（11）选择菜单栏中的“窗口”→“模型信息”命令，打开“模型信息”对话框，选择“动画”选项，调整动画播放时间，如图 17.96 所示。

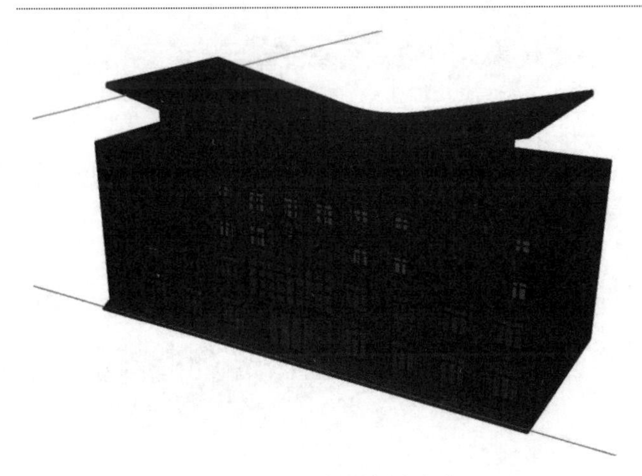

图 17.95　场景创建完成

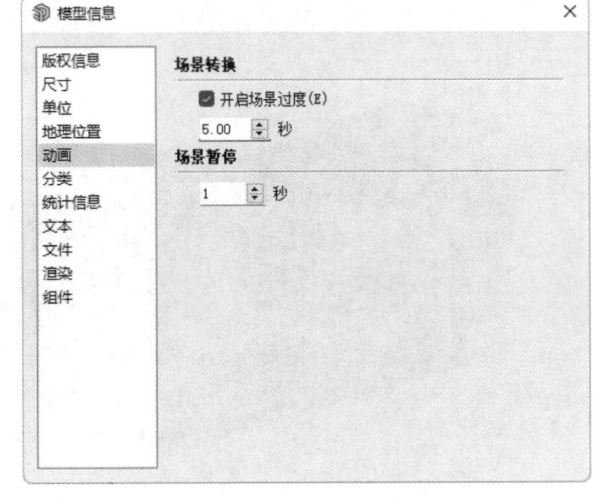

图 17.96　调整动画播放时间

(12) 选择菜单栏中的“视图”→“动画”→“播放动画”命令，播放制作完成的动画。

(13) 选择菜单栏中的“文件”→“导出”→“动画”命令，打开“输出动画”对话框，如图 17.97 所示。

(14) 输入导出动画的路径和名称，单击“选项”按钮，打开“输出选项”对话框，如图 17.98 所示。

(15) 设置相关参数后，再输出动画。

图 17.97　“输出动画”对话框

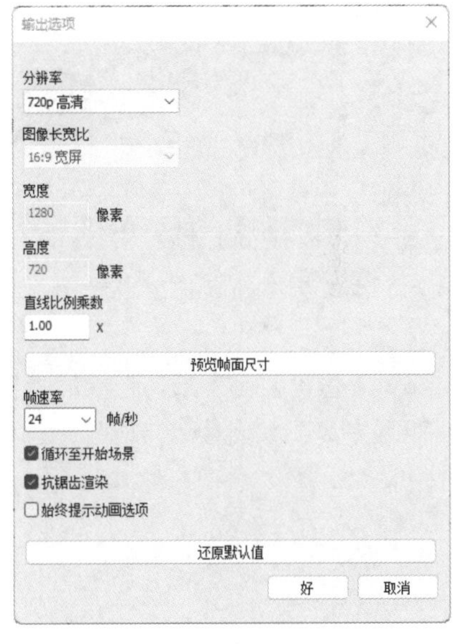

图 17.98　“输出选项”对话框

扫一扫，看视频

17.3　办公大楼“生长”动画

【操作步骤】

(1) 打开文件名为“办公大楼”的模型，如图 17.99 所示。

(2) 单击“截面”工具栏上的“剖切面”按钮，将剖切面移动到如图 17.100 所示的位置并创建第 1 个场景。

（3）将剖切面移动到如图 17.101 所示的位置，并创建第 2 个场景。

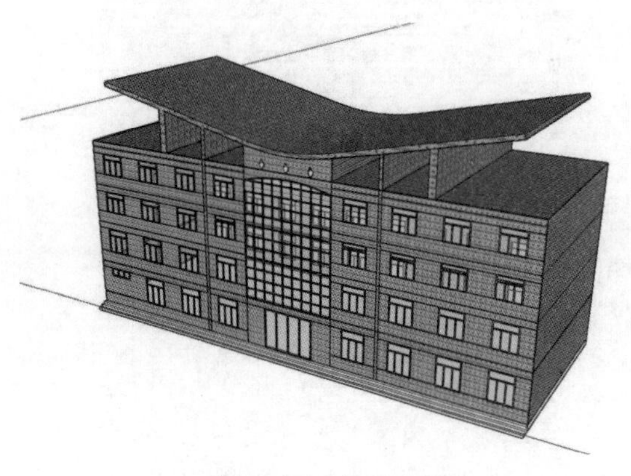

图 17.99　实验场景

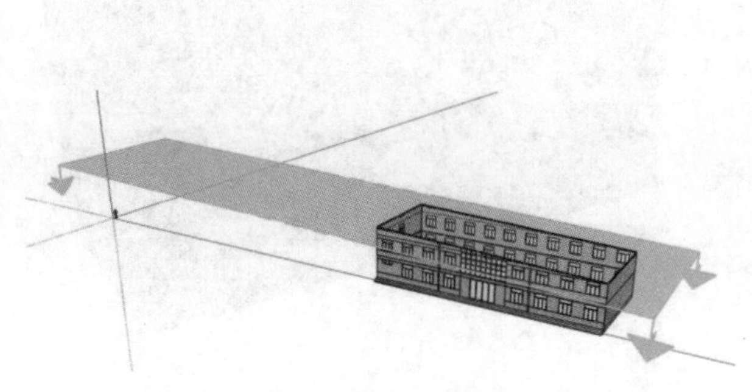

图 17.100　创建剖切面并创建第 1 个场景

（4）单击“截面”工具栏上的“显示剖切面”按钮（也可以双击剖切面），使剖切面不被激活，如图 17.102 所示。

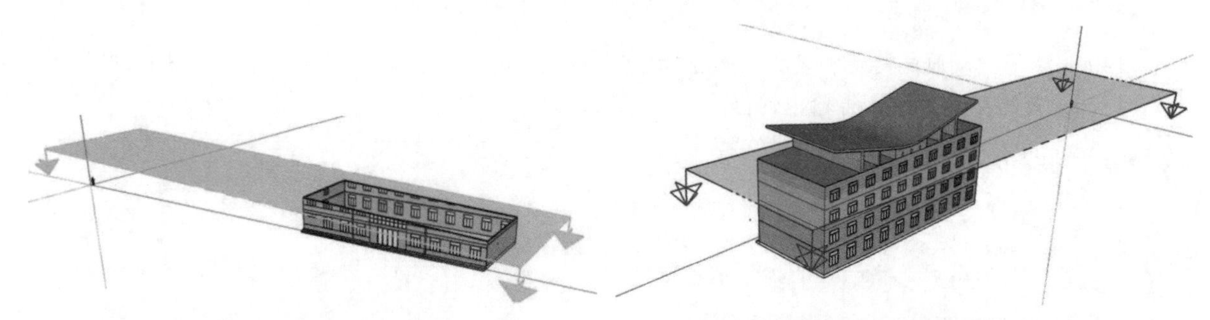

图 17.101　创建第 2 个场景　　图 17.102　使剖切面不被激活

（5）在第 2 个场景标签上右击，在弹出的快捷菜单中选择“更新”命令，将场景更新，如图 17.103 所示。

（6）单击“截面”工具栏上的“显示剖切面”按钮，隐藏剖切面，如图 17.104 所示。单击播放动画即可完成公办大楼“生长”动画的制作。

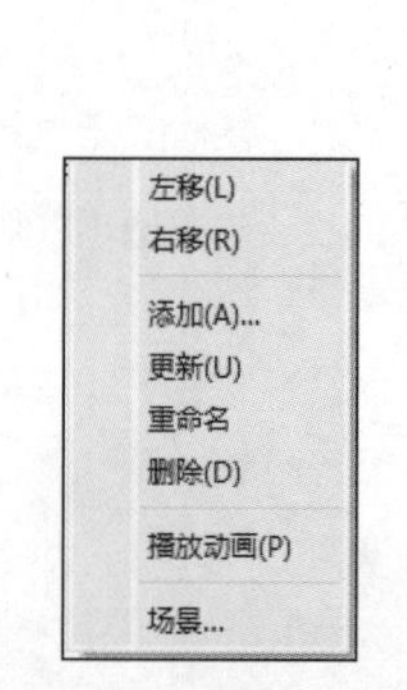

图 17.103　更新第 2 个场景

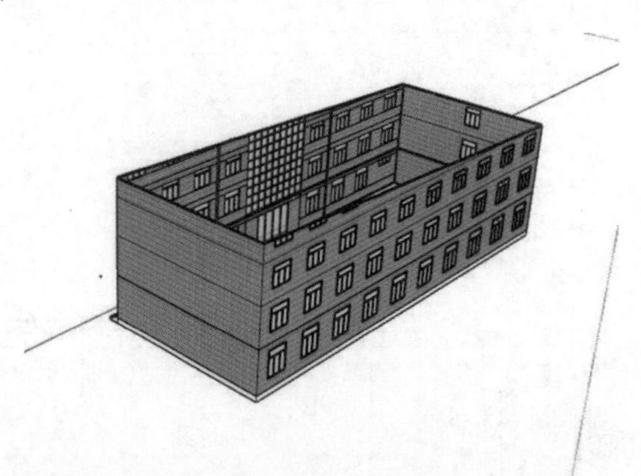

图 17.104　隐藏剖切面